delta 11

Lehrerband

Mathematik für Gymnasien

Schätz
Eisentraut

C.C.BUCHNER

delta

Mathematik für Gymnasien
Herausgegeben von Ulrike Schätz und Franz Eisentraut

Der Lehrerband zu delta 11 wurde verfasst von Birgit Brandl, Matthias Brandl, Franz Eisentraut, Stefan Ernst, Karl-Heinz Sänger, Ulrike Schätz, Hans Scheick und Verena Thiel

1. Auflage, 4. Druck 2016

Alle Drucke dieser Auflage sind, weil untereinander unverändert, nebeneinander benutzbar.

Gestaltung und Herstellung: Wildner+Designer GmbH, Fürth
Druck und Bindung: creo Druck & Medienservice GmbH, Bamberg

www.ccbuchner.de

ISBN 978-3-7661-**8281**-4

Inhaltsverzeichnis

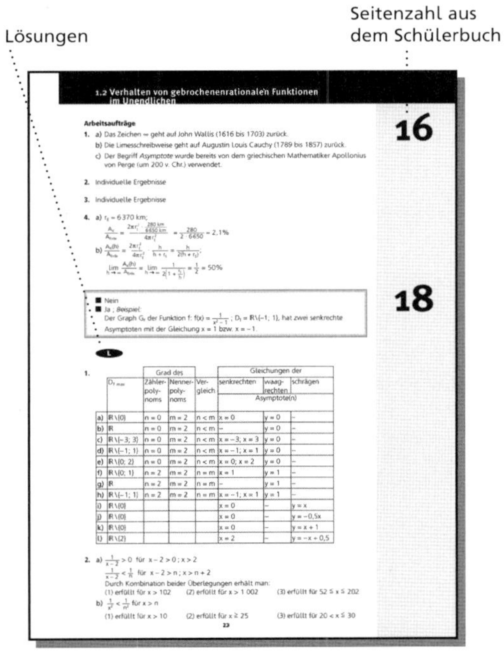

Lösungen

Im Lösungsteil sind die Lösungen der Aufgaben aus dem Schulbuch (einschließlich der Arbeitsaufträge, Verständnisfragen und der Wiederholungsaufgaben) angegeben. Wo es sinnvoll erscheint, werden auch Angaben zum Lösungsweg gemacht oder es werden unterschiedliche Lösungsmöglichkeiten aufgezeigt. Dabei wurde großer Wert auf eine übersichtliche Darstellung der Lösungen gelegt.

Für eine schnelle Orientierung im Lehrerband sind in der Randspalte die entsprechenden Seitenzahlen des Schulbuchs groß abgedruckt.

Die Lösungen sind durch das Symbol „L" gekennzeichnet; unter „W" findet man die Lösungen der Wiederholungsaufgaben. Die beigefügte CD enthält die Dateien aller Abbildungen, Grafiken und Tabellen sowie Lösungen aus dem Lehrerband, die sich besonders gut für die Präsentation auf Folien o. ä. eignen. Inhalte, die auf der CD zu finden sind, sind durch das Symbol gekennzeichnet.

Trainingsband

Zu delta 11 gibt es den vom Bayerischen Staatsministerium für Unterricht und Kultus genehmigten Trainingsband zur gezielten Vorbereitung auf Klausuren und auf das Abitur. Die Aufgaben berücksichtigen die Anforderungen des G8-Abiturs. Anhand der ausführlich dargestellten Lösungen können die Schülerinnen und Schüler ihre Bearbeitungen der Aufgaben selbst überprüfen.

delta 11 Trainingsband BN 8271

112 Seiten, Lösungen auf CD

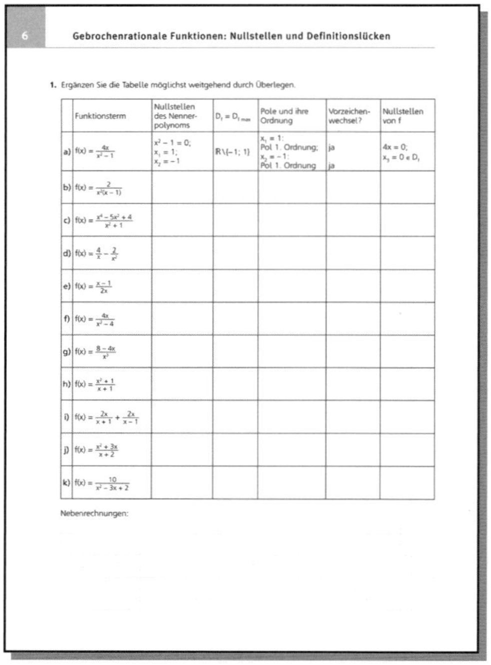
6 Gebrochenrationale Funktionen: Nullstellen und Definitionslücken

1. Ergänzen Sie die Tabelle möglichst weitgehend durch Überlegen.

	Funktionsterm	Nullstellen des Nennerpolynoms	$D_f = D_{f\,max}$	Pole und ihre Ordnung	Vorzeichenwechsel?	Nullstellen von f
a)	$f(x) = \frac{4x}{x^2-1}$	$x^2 - 1 = 0$; $x_1 = 1$; $x_2 = -1$	$\mathbb{R}\setminus\{-1; 1\}$	$x_1 = 1$: Pol 1. Ordnung; $x_2 = -1$: Pol 1. Ordnung	ja; ja	$4x = 0$; $x_3 = 0 \in D_f$
b)	$f(x) = \frac{2}{x^2(x-1)}$					
c)	$f(x) = \frac{x^4 - 5x^2 + 4}{x^2+1}$					
d)	$f(x) = \frac{4}{x} - \frac{2}{x^2}$					
e)	$f(x) = \frac{x-1}{2x}$					
f)	$f(x) = \frac{4x}{x^2-4}$					
g)	$f(x) = \frac{8-4x}{x^3}$					
h)	$f(x) = \frac{x^2+1}{x+1}$					
i)	$f(x) = \frac{2x}{x+1} + \frac{2x}{x-1}$					
j)	$f(x) = \frac{x^2+3x}{x+2}$					
k)	$f(x) = \frac{10}{x^2-3x+2}$					

Nebenrechnungen:

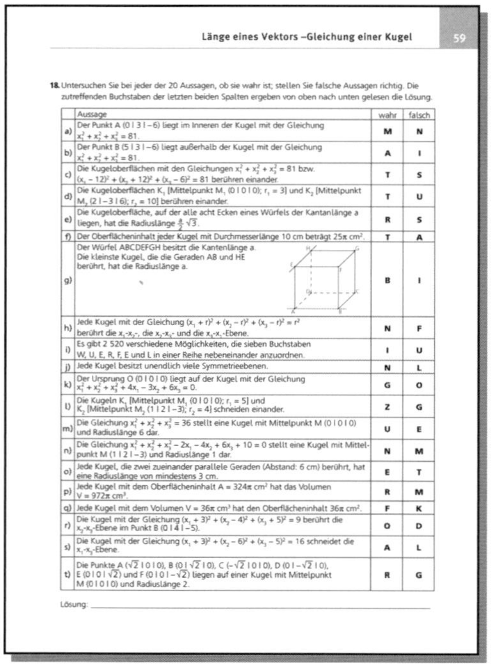
Länge eines Vektors – Gleichung einer Kugel 59

18. Untersuchen Sie bei jeder der 20 Aussagen, ob sie wahr ist; stellen Sie falsche Aussagen richtig. Die zutreffenden Buchstaben der letzten beiden Spalten ergeben von oben nach unten gelesen die Lösung.

	Aussage	wahr	falsch
a)	Der Punkt A (0 | 3 | −6) liegt im Inneren der Kugel mit der Gleichung $x_1^2 + x_2^2 + x_3^2 = 81$.	M	N
b)	Der Punkt B (5 | 3 | −6) liegt außerhalb der Kugel mit der Gleichung $x_1^2 + x_2^2 + x_3^2 = 81$.	A	I
c)	Die Kugeloberflächen mit den Gleichungen $x_1^2 + x_2^2 + x_3^2 = 81$ bzw. $(x_1 - 12)^2 + (x_2 + 12)^2 + (x_3 - 6)^2 = 81$ berühren einander.	T	S
d)	Die Kugeloberflächen K_1 [Mittelpunkt M_1 (0 | 0 | 0); $r_1 = 3$] und K_2 [Mittelpunkt M_2 (2 | −3 | 6); $r_2 = 10$] berühren einander.	T	U
e)	Die Kugeloberfläche, auf der alle acht Ecken eines Würfels der Kantenlänge a liegen, hat die Radiuslänge $\frac{a}{2}\sqrt{3}$.	R	S
f)	Der Oberflächeninhalt jeder Kugel mit Durchmesserlänge 10 cm beträgt 25π cm².	T	A
g)	Der Würfel ABCDEFGH besitzt die Kantenlänge a. Die kleinste Kugel, die die Geraden AB und HE berührt, hat die Radiuslänge a.	B	I
h)	Jede Kugel mit der Gleichung $(x_1 + r)^2 + (x_2 - r)^2 + (x_3 - r)^2 = r^2$ berührt die x_1x_2-, die x_1x_3- und die x_2x_3-Ebene.	N	F
i)	Es gibt 2 520 verschiedene Möglichkeiten, die sieben Buchstaben W, U, E, R, F, E und L in einer Reihe nebeneinander anzuordnen.	I	U
j)	Jede Kugel besitzt unendlich viele Symmetrieebenen.	N	L
k)	Der Ursprung O (0 | 0 | 0) liegt auf der Kugel mit der Gleichung $x_1^2 + x_2^2 + x_3^2 + 4x_1 - 3x_2 + 6x_3 = 0$.	G	O
l)	Die Kugeln K_1 [Mittelpunkt M_1 (0 | 0 | 0); $r_1 = 5$] und K_2 [Mittelpunkt M_2 (1 | 2 | −3); $r_2 = 4$] schneiden einander.	Z	G
m)	Die Gleichung $x_1^2 + x_2^2 + x_3^2 = 36$ stellt eine Kugel mit Mittelpunkt M (0 | 0 | 0) und Radiuslänge 6 dar.	U	E
n)	Die Gleichung $x_1^2 + x_2^2 + x_3^2 - 2x_1 - 4x_2 + 6x_3 + 10 = 0$ stellt eine Kugel mit Mittelpunkt M (1 | 2 | −3) und Radiuslänge 1 dar.	N	M
o)	Jede Kugel, die zwei zueinander parallele Geraden (Abstand: 6 cm) berührt, hat eine Radiuslänge von mindestens 3 cm.	E	T
p)	Jede Kugel mit dem Oberflächeninhalt A = 324π cm² hat das Volumen V = 972π cm³.	R	M
q)	Jede Kugel mit dem Volumen V = 36π cm³ hat den Oberflächeninhalt 36π cm².	F	K
r)	Die Kugel mit der Gleichung $(x_1 + 3)^2 + (x_2 - 4)^2 + (x_3 + 5)^2 = 9$ berührt die x_1x_2-Ebene im Punkt B (0 | 4 | −5).	O	D
s)	Die Kugel mit der Gleichung $(x_1 + 3)^2 + (x_2 - 6)^2 + (x_3 - 5)^2 = 16$ schneidet die x_1x_3-Ebene.	A	L
t)	Die Punkte A ($\sqrt{2}$ | 0 | 0), B (0 | $\sqrt{2}$ | 0), C ($-\sqrt{2}$ | 0 | 0), D (0 | $-\sqrt{2}$ | 0), E (0 | 0 | $\sqrt{2}$) und F (0 | 0 | $-\sqrt{2}$) liegen auf einer Kugel mit Mittelpunkt M (0 | 0 | 0) und Radiuslänge 2.	R	G

Lösung: ______

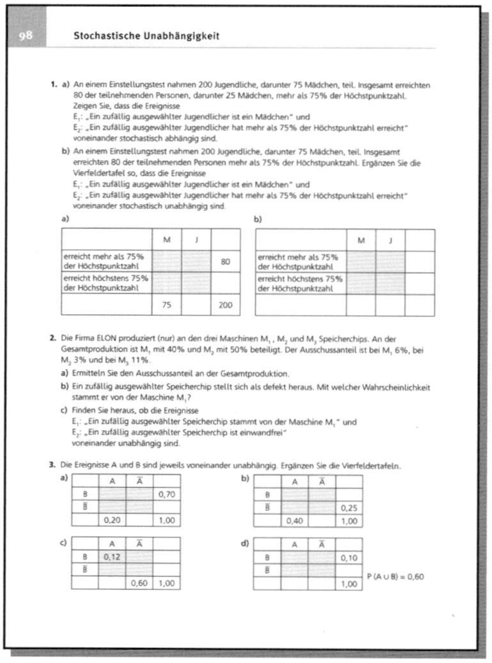
98 Stochastische Unabhängigkeit

1. a) An einem Einstellungstest nahmen 200 Jugendliche, darunter 75 Mädchen, teil. Insgesamt erreichten 80 der teilnehmenden Personen, darunter 25 Mädchen, mehr als 75% der Höchstpunktzahl. Zeigen Sie, dass die Ereignisse
E_1: „Ein zufällig ausgewählter Jugendlicher ist ein Mädchen" und
E_2: „Ein zufällig ausgewählter Jugendlicher hat mehr als 75% der Höchstpunktzahl erreicht"
voneinander stochastisch abhängig sind.

b) An einem Einstellungstest nahmen 200 Jugendliche, darunter 75 Mädchen, teil. Insgesamt erreichten 80 der teilnehmenden Personen mehr als 75% der Höchstpunktzahl. Ergänzen Sie die Vierfeldertafel so, dass die Ereignisse
E_1: „Ein zufällig ausgewählter Jugendlicher ist ein Mädchen" und
E_2: „Ein zufällig ausgewählter Jugendlicher hat mehr als 75% der Höchstpunktzahl erreicht"
voneinander stochastisch unabhängig sind.

a)

	M	J	
erreicht mehr als 75% der Höchstpunktzahl			80
erreicht höchstens 75% der Höchstpunktzahl			
	75		200

b)

	M	J	
erreicht mehr als 75% der Höchstpunktzahl			
erreicht höchstens 75% der Höchstpunktzahl			

2. Die Firma ELON produziert (nur) an den drei Maschinen M_1, M_2 und M_3 Speicherchips. An der Gesamtproduktion ist M_1 mit 40% und M_3 mit 50% beteiligt. Der Ausschussanteil ist bei M_1 6%, bei M_2 3% und bei M_3 11%.
a) Ermitteln Sie den Ausschussanteil an der Gesamtproduktion.
b) Ein zufällig ausgewählter Speicherchip stellt sich als defekt heraus. Mit welcher Wahrscheinlichkeit stammt er von der Maschine M_1?
c) Finden Sie heraus, ob die Ereignisse
E_1: „Ein zufällig ausgewählter Speicherchip stammt von der Maschine M_1" und
E_2: „Ein zufällig ausgewählter Speicherchip ist einwandfrei"
voneinander unabhängig sind.

3. Die Ereignisse A und B sind jeweils voneinander unabhängig. Ergänzen Sie die Vierfeldertafeln.

a)

	A	Ā	
B			
B̄			0,70
	0,20		1,00

b)

	A	Ā	
B			
B̄			0,25
	0,40		1,00

c)

	A	Ā	
B	0,12		
B̄			
		0,60	1,00

d)

	A	Ā	
B			0,10
B̄			
			1,00

P (A ∪ B) = 0,60

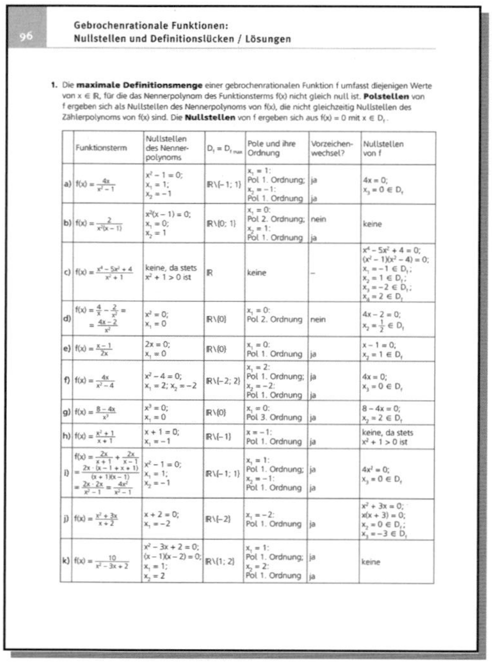
96 Gebrochenrationale Funktionen: Nullstellen und Definitionslücken / Lösungen

1. Die **maximale Definitionsmenge** einer gebrochenrationalen Funktion f umfasst diejenigen Werte von x ∈ ℝ, für die das Nennerpolynom des Funktionsterms f(x) nicht gleich null ist. **Polstellen** von f ergeben sich als Nullstellen des Nennerpolynoms von f(x), die nicht gleichzeitig Nullstellen des Zählerpolynoms von f(x) sind. Die **Nullstellen** von f ergeben sich aus f(x) = 0 mit x ∈ D_f.

	Funktionsterm	Nullstellen des Nennerpolynoms	$D_f = D_{f\,max}$	Pole und ihre Ordnung	Vorzeichenwechsel?	Nullstellen von f
a)	$f(x) = \frac{4x}{x^2-1}$	$x^2 - 1 = 0$; $x_1 = 1$; $x_2 = -1$	$\mathbb{R}\setminus\{-1; 1\}$	$x_1 = 1$: Pol 1. Ordnung; $x_2 = -1$: Pol 1. Ordnung	ja; ja	$4x = 0$; $x_3 = 0 \in D_f$
b)	$f(x) = \frac{2}{x^2(x-1)}$	$x^2(x-1) = 0$; $x_1 = 0$; $x_2 = 1$	$\mathbb{R}\setminus\{0; 1\}$	$x_1 = 0$: Pol 2. Ordnung; $x_2 = 1$: Pol 1. Ordnung	nein; ja	keine
c)	$f(x) = \frac{x^4 - 5x^2 + 4}{x^2+1}$	keine, da stets $x^2 + 1 > 0$ ist	$\mathbb{R}$	keine	–	$x^4 - 5x^2 + 4 = 0$; $(x^2-1)(x^2-4) = 0$; $x_1 = -1 \in D_f$; $x_2 = 1 \in D_f$; $x_3 = -2 \in D_f$; $x_4 = 2 \in D_f$
d)	$f(x) = \frac{4}{x} - \frac{2}{x^2} = \frac{4x-2}{x^2}$	$x^2 = 0$; $x_1 = 0$	$\mathbb{R}\setminus\{0\}$	$x_1 = 0$: Pol 2. Ordnung	nein	$4x - 2 = 0$; $x_2 = \frac{1}{2} \in D_f$
e)	$f(x) = \frac{x-1}{2x}$	$2x = 0$; $x_1 = 0$	$\mathbb{R}\setminus\{0\}$	$x_1 = 0$: Pol 1. Ordnung	ja	$x - 1 = 0$; $x_2 = 1 \in D_f$
f)	$f(x) = \frac{4x}{x^2-4}$	$x^2 - 4 = 0$; $x_1 = 2$; $x_2 = -2$	$\mathbb{R}\setminus\{-2; 2\}$	$x_1 = 2$: Pol 1. Ordnung; $x_2 = -2$: Pol 1. Ordnung	ja; ja	$4x = 0$; $x_3 = 0 \in D_f$
g)	$f(x) = \frac{8-4x}{x^3}$	$x^3 = 0$; $x_1 = 0$	$\mathbb{R}\setminus\{0\}$	$x_1 = 0$: Pol 3. Ordnung	ja	$8 - 4x = 0$; $x_2 = 2 \in D_f$
h)	$f(x) = \frac{x^2+1}{x+1}$	$x + 1 = 0$; $x_1 = -1$	$\mathbb{R}\setminus\{-1\}$	$x = -1$: Pol 1. Ordnung	ja	keine, da stets $x^2 + 1 > 0$ ist
i)	$f(x) = \frac{2x}{x+1} + \frac{2x}{x-1} = \frac{2x \cdot (x-1) + x \cdot (x+1)}{(x+1)(x-1)} = \frac{2x \cdot 2x}{x^2-1} = \frac{4x^2}{x^2-1}$	$x^2 - 1 = 0$; $x_1 = 1$; $x_2 = -1$	$\mathbb{R}\setminus\{-1; 1\}$	$x_1 = 1$: Pol 1. Ordnung; $x_2 = -1$: Pol 1. Ordnung	ja; ja	$4x^2 = 0$; $x_3 = 0 \in D_f$
j)	$f(x) = \frac{x^2+3x}{x+2}$	$x + 2 = 0$; $x_1 = -2$	$\mathbb{R}\setminus\{-2\}$	$x_1 = -2$: Pol 1. Ordnung	ja	$x^2 + 3x = 0$; $x(x+3) = 0$; $x_2 = 0 \in D_f$; $x_3 = -3 \in D_f$
k)	$f(x) = \frac{10}{x^2-3x+2}$	$x^2 - 3x + 2 = 0$; $(x-1)(x-2) = 0$; $x_1 = 1$; $x_2 = 2$	$\mathbb{R}\setminus\{1; 2\}$	$x_1 = 1$: Pol 1. Ordnung; $x_2 = 2$: Pol 1. Ordnung	ja; ja	keine

delta 11 Trainingsband (verkleinerte Musterseiten; Original farbig)

LÖSUNGEN

L

6

1. a) $2x - 54 = 11x;$
$-9x = 54;$
$x = -6 \in G; \quad L = \{-6\}$

b) $2(x-4) + 18 = 1 - (2x+4);$
$2x - 8 + 18 = 1 - 2x - 4;$
$2x + 10 = -2x - 3;$
$4x = -13;$
$x = -\frac{13}{4} = -3{,}25 \in G; \quad L = \{-3{,}25\}$

c) $\frac{x+7}{x^2+1} = 0; \; x + 7 = 0; \; x = -7 \notin G; \; L = \{\,\}$

d) $\frac{x+1}{2^x} = 0; \; x + 1 = 0; \; x = -1 \in G; \; L = \{-1\}$

e) $(3-x)^2 - (4+x)^2 = 0;$
$9 - 6x + x^2 - 16 - 8x - x^2 = 0;$
$-14x - 7 = 0; \quad 14x = -7; \quad x = -0{,}5 \in G; \; L = \{-0{,}5\}$

f) $y^2 + 11y^2 - 12 = 0;$
$12y^2 = 12$
$y^2 = 1; \quad y_1 = 1 \in G; \quad y_2 = -1 \in G; \; L = \{-1\,;\,1\}$

g) $2y^2 - 6y + 1 = 0;$
$y = \frac{6 \pm \sqrt{36-8}}{4} = \frac{6 \pm 2\sqrt{7}}{4} = \frac{3 \pm \sqrt{7}}{2};$
$y_1 = \frac{1}{2}(3 + \sqrt{7}) \in G; \; y_2 = \frac{1}{2}(3 - \sqrt{7}) \in G;$
$L = \left\{\frac{1}{2}(3 + \sqrt{7}); \frac{1}{2}(3 - \sqrt{7})\right\}$

h) $15(7-x) - 7(7-x) = 7 - x;$
$8(7-x) - (7-x) = 0;$
$7(7-x) = 0;$
$x = 7 \in G; \; L = \{7\}$

i) $x^2 - 5x - 6 = 0;$
$(x-6)(x+1) = 0;$
$x_1 = 6 \in G; \; x_2 = -1 \in G; \; L = \{-1\,;\,6\}$

j) $y^2 - 6 = 0;$
$y^2 = 6; \quad y_1 = \sqrt{6} \notin G; \quad y_2 = -\sqrt{6} \in G; \; L = \{-\sqrt{6}\}$

k) $x + \frac{2}{x} = 0; \quad x^2 + 2 = 0; \; L = \{\,\}$

l) $\frac{x^3 + x^2 + 4x}{2x^2} = 0;$
$x^3 + x^2 + 4x = 0;$
$x(x^2 + x + 4) = 0;$
$x_1 = 0 \notin G;$
$x^2 + x + 4 = 0; \; D = 1 - 16 = -12 < 0; \; L = \{\,\}$

m) $y^3 - 3y^2 + 2y = 0;$
$y(y^2 - 3y + 2) = 0;$
$y(y-2)(y-1) = 0;$
$y_1 = 0 \notin G;$
$y_2 = 2 \in G;$
$y_3 = 1 \in G; \; L = \{1\,;\,2\}$

n) $(x^2 - 9)(x^2 - 1) = 0;$
$(x-3)(x+3)(x-1)(x+1) = 0;$
$x_1 = 3 \in G;$
$x_2 = -3 \in G;$
$x_3 = 1 \in G;$
$x_4 = -1 \in G; \; L = \{-3\,;\,-1\,;\,1\,;\,3\}$

o) $\frac{x^2 - 3}{x^2 - 9} = 0; \; x^2 - 3 = 0; \; x^2 = 3;$
$x_1 = \sqrt{3} \in G; \; x_2 = -\sqrt{3} \notin G; \; L = \{\sqrt{3}\}$

p) $\frac{ax^2 - 5}{x^2} = 0$; $ax^2 - 5 = 0$; $x^2 = \frac{5}{a} > 0$ wegen $a \in \mathbb{R}^+$;
$x_1 = \sqrt{\frac{5}{a}} \in G$; $x_2 = -\sqrt{\frac{5}{a}} \in G$;
$L = \left\{-\sqrt{\frac{5}{a}} ; \sqrt{\frac{5}{a}}\right\}$

q) $(\log_{10}y)^2 = 1$; $\log_{10}y = \pm 1$;
$y_1 = 10 \in G$; $y_2 = \frac{1}{10} \in G$;
$L = \left\{\frac{1}{10} ; 10\right\}$

r) $2^x + 4 \cdot 2^{-x} - 5 = 0$;
$2^{2x} + 4 - 5 \cdot 2^x = 0$;
$2^{2x} - 5 \cdot 2^x + 4 = 0$;
$(2^x - 4)(2^x - 1) = 0$;
$2^x - 4 = 0$; $2^x = 4 = 2^2$; $x_1 = 2 \in G$;
$2^x - 1 = 0$; $2^x = 1 = 2^0$; $x_2 = 0 \in G$;
$L = \{0 ; 2\}$

s) $2\sin x = 1$; $\sin x = \frac{1}{2}$; $x \in]0 ; \pi[$:
$x_1 = \frac{\pi}{6} \in 6$; $x_2 = \frac{5\pi}{6} \in G$;
$L = \left\{\frac{\pi}{6} ; \frac{5\pi}{6}\right\}$

t) $\cos \frac{x}{2} = \frac{1}{2}$; $x \in]\frac{\pi}{2} ; \frac{3\pi}{2}[$: $\frac{x}{2} = \frac{\pi}{3}$; $x = \frac{2\pi}{3} \in G$;
$L = \frac{2\pi}{3}$

u) $3^{x^2-5} = 81^x$; $3^{x^2-5} = 3^{4x}$;
$x^2 - 5 = 4x$; $x^2 - 4x - 5 = 0$;
$(x - 5)(x + 1) = 0$;
$x_1 = 5 \in G$; $x^2 = -1 \in G$; $L = \{-1 ; 5\}$

v) $(x + 5)(x^2 - x - 12) = 0$;
$(x + 5)(x - 4)(x + 3) = 0$;
$x_1 = -5 \in G$; $x_2 = 4 \in G$; $x_3 = -3 \in G$;
$L = \{-5 ; -3 ; 4\}$

2. a) I $y = -x + 2$ eingesetzt in
II $4x + 3y = 2$ ergibt
$4x + 3(-x + 2) = 2$;
$4x - 3x + 6 = 2$;
$x = -4$ eingesetzt in I ergibt $y = 4 + 2 = 6$;
$L = \{(-4 ; 6)\}$

b) I $3x + 5y = 10$
II $3x + 2y = 13$
I – II $3y = -3$; $y = -1$ eingesetzt in I:
$3x - 5 = 10$; $3x = 15$; $x = 5$;
$L = \{(5 ; -1)\}$

c) I $2x - y - 5 = 0$
II $x + y - 1 = 0$
I + II $3x - 6 = 0$; $3x = 6$; $x = 2$
eingesetzt in II ergibt
$2 + y - 1 = 0$;
$y = -1$;
$L = \{(2 ; -1)\}$

d) I $x + y = 5$
II $2y - 2 = -2x + 8$
II' $2x + 2y = 10$; $| : 2$
$x + y = 5$ (identisch mit I)
Das Gleichungssystem hat unendlich viele Lösungen:
$L = \{(x ; y) \mid y = -x + 5\}$

3. a) $2x - 14 > 0$; $2x > 14$; $x > 7$;
$L =]7\,;\,\infty[$

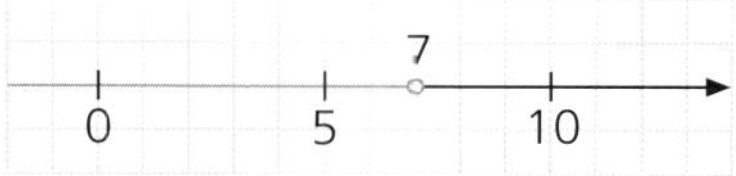

b) $1 - 0{,}5x \leqq 4$; $-0{,}5x \leqq 3$; $x \geqq -6$;
$L = [-6\,;\,\infty[$

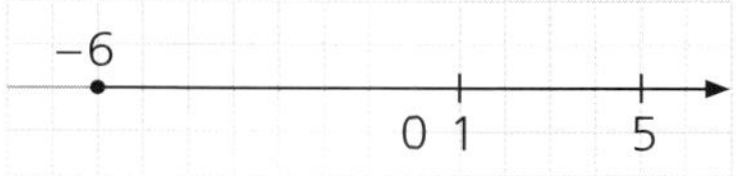

c) $2x(x + 1) < 0$

1. Fall: $2x > 0 \;\wedge\; x + 1 < 0$
$x > 0 \;\wedge\; x < -1$: nicht möglich

2. Fall: $2x < 0 \;\wedge\; x + 1 > 0$
$x < 0 \;\wedge\; x > -1$
$-1 < x < 0$;
$L =]-1\,;\,0[$

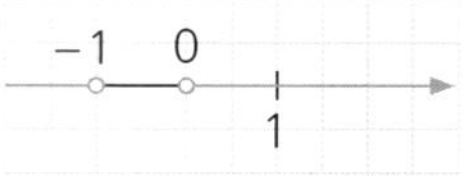

d) $1 < x - 5 \leqq 2$;
$6 < x \leqq 7$;
$L =]6\,;\,7]$

e) $x^2(x - 5) \geqq 0$ Da stets $x^2 \geqq 0$ ist, muss entweder $x = 0$ sein oder $x - 5 \geqq 0$;
$x \geqq 5$;
$L = \{0\} \cup [5\,;\,+\infty[$

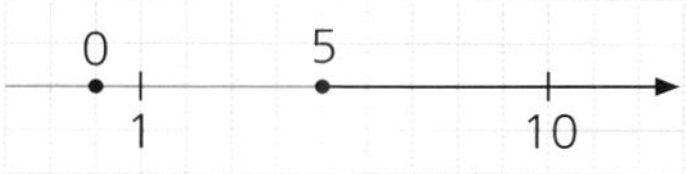

f) $x(x - 1)(x - 3) < 0$
Vorzeichen der Faktoren bei negativem Produktwert:

+	+	−	d. h. (1) $x > 0 \;\wedge\; x > 1 \;\wedge\; x < 3$; $1 < x < 3$
+	−	+	d. h. (2) $x > 0 \;\wedge\; x < 1 \;\wedge\; x > 3$; nicht möglich
−	+	+	d. h. (3) $x < 0 \;\wedge\; x > 1 \;\wedge\; x > 3$; nicht möglich
−	−	−	d. h. (4) $x < 0 \;\wedge\; x < 1 \;\wedge\; x < 3$; $x < 0$

$L = \mathbb{R}^- \cup]1\,;\,3[$

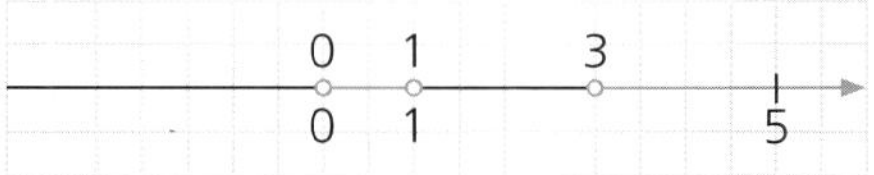

g) $2^x(x - 1) > 0$ Wegen $2^x > 0$ für jeden Wert von $x \in \mathbb{R}$
muss $x - 1 > 0$, also $x > 1$ sein:
$L =]1\,;\,\infty[$

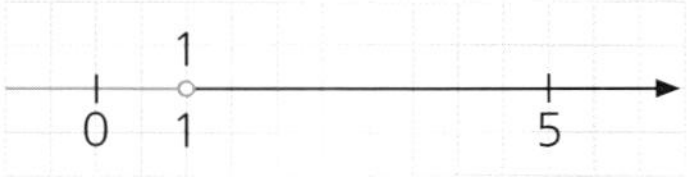

h) $x^2 + \frac{1}{x^2 + 1} > 0$ gilt für jeden Wert von $x \in \mathbb{R}$: $L = \mathbb{R}$.

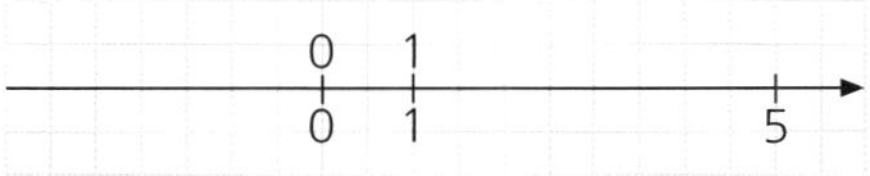

4.

	$D_{f\,max}$	G_f achsensymmetrisch zur y-Achse	G_f punktsymmetrisch zum Ursprung
a)	$\mathbb{R}$	x	–
b)	$\mathbb{R} \setminus \{-1;\,1\}$	–	x
c)	$\mathbb{R}_0^+$	–	–
d)	$\mathbb{R}$	x	–
e)	$\mathbb{R}$	x	–
f)	$\mathbb{R}$	–	x

zu e)

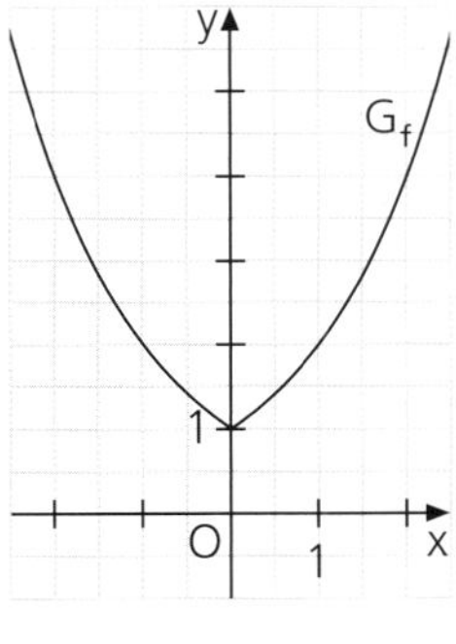

zu f)

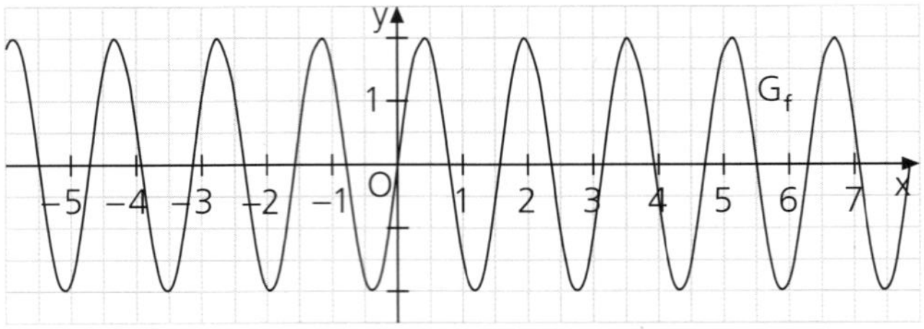

5.

	$x \to +\infty$	$x \to -\infty$
a)	$f(x) \to +\infty$	$f(x) \to -\infty$
b)	$f(x) \to 0+$	$f(x) \to 0+$
c)	$f(x) \to 0+$	$f(x) \to 0-$
d)	$f(x) \to 4-$	$f(x) \to 4-$
e)	$f(x) \to 0$	$f(x) \to 0$
f)	keine Aussage möglich	

6. Allgemein: $y = mx + t$ mit $m = \frac{y_B - y_A}{x_B - x_A}$ bzw. $\frac{y - y_A}{x - x_A} = \frac{y_B - y_A}{x_B - x_A}$ $\quad (x_A \neq x_B)$

a) $y = 1{,}5x$

b) $\frac{y+4}{x-1} = \frac{1+4}{-2-1} = -\frac{5}{3}$;

$y + 4 = -\frac{5}{3}(x-1)$; $\quad y = -\frac{5}{3}x - \frac{7}{3}$; $\quad 5x + 3y + 7 = 0$

c) $y = -x - 1$

d) $y = 4$

e) $x = -3$

f) $\frac{y-3}{x-1} = \frac{-3-3}{-1-1} = \frac{-6}{-2} = 3$;

$y - 3 = 3x - 3$; $\quad y = 3x$

7

7. a) $P_a = \left(\frac{5}{6}\right)^6 \approx 33{,}5\%$

b) $P_b = 1 \cdot \frac{5}{6} \cdot \frac{4}{6} \cdot \frac{3}{6} \cdot \frac{2}{6} \cdot \frac{1}{6} = \frac{120}{6^5} \approx 1{,}5\%$

c) $P_c = \frac{1}{2} \cdot \left(\frac{1}{2}\right)^4 \cdot \frac{1}{2} = \frac{1}{64} \approx 1{,}6\%$

d) $P_d = 1 - \left(\frac{5}{6}\right)^6 \approx 66{,}5\ \%$

e) $P_e = \frac{1}{6} \cdot \left(\frac{5}{6}\right)^5 \cdot 6 = \left(\frac{5}{6}\right)^5 = \frac{3\,125}{7\,776} \approx 40{,}2\ \%$

f) $P_f = \left(\frac{5}{6}\right)^6 + 6 \cdot \frac{1}{6} \cdot \left(\frac{5}{6}\right)^5 = \left(\frac{5}{6}\right)^5 \cdot \left(\frac{5}{6} + 1\right) \approx 73{,}7\%$

8. a)

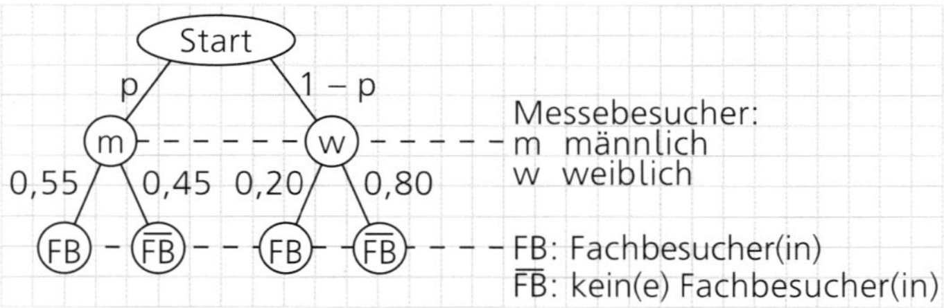

$0{,}55p + 0{,}20(1 - p) = 0{,}40$;

$0{,}55p + 0{,}20 - 0{,}20p = 0{,}40$;

$0{,}35p = 0{,}20$;

$p = \frac{0{,}20}{0{,}35} = \frac{4}{7}$: Insgesamt $\frac{4}{7} \approx 57{,}1\%$ der Messegäste sind männliche Fachbesucher.

b) $P_{FB}(m) = \frac{\frac{4}{7} \cdot 0{,}55}{0{,}40} = \frac{11}{14} \approx 78{,}6\%$

Die augewählte Person ist mit einer Wahrscheinlichkeit von etwa 79% männlich.

9. (1) a) Das Dreieck ABC ist gleichschenklig, da $\overline{BC} = \sqrt{3^2 + 5^2}$ cm $= \sqrt{34}$ cm $= \overline{CA}$ ist; somit gilt $x_H = 5$.

$m_{CA} = \frac{5}{3}$; $m_{h_b} = -\frac{3}{5}$;

h_b: $y = -\frac{3}{5}x + t$;

$B \in h_b$: $1 = -\frac{3}{5} \cdot 8 + t$; $t = 5{,}8$;

h_b: $y = -0{,}6x + 5{,}8$;

da $x_H = 5$ ist folgt $y_H = 2{,}8$: H (5 | 2,8).

$\tan\alpha = \frac{5}{3}$; $\alpha \approx 59°$;

$\gamma \approx 180° - 2 \cdot 59° = 62°$

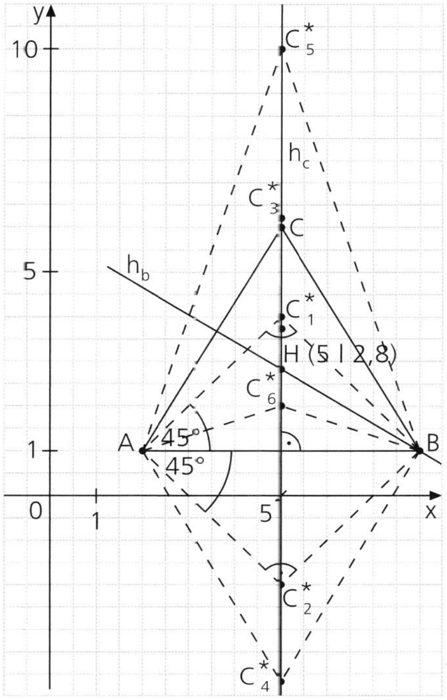

b) Für C_1^* (5 | 4) und für C_2^* (5 | −2) ist das Dreieck ABC_1^* bzw. das Dreieck AC_2^*B rechtwinklig.

Hinweis: $y_{C^*_{1,2}} = 1 \pm \frac{1}{2}\overline{AB} = 1 \pm 3$

Für C_3^* (5 | 1 + $3\sqrt{3}$) und für C_4^* (5 | 1 − $3\sqrt{3}$) ist das Dreieck ABC_3^* bzw. das Dreieck AC_4^*B gleichseitig.

Hinweis: $y_{C^*_{3,4}} = 1 \pm \frac{1}{2}\overline{AB} \cdot \sqrt{3} = 1 \pm 3\sqrt{3}$

C_5^* (5 | h); $A_{\text{Viereck } ACBC_5^*} = \frac{1}{2} \cdot \overline{AB} \cdot (h-1) - \frac{1}{2} \cdot \overline{AB} \cdot 5 = \frac{1}{2} \cdot 6 \cdot (h-1) - \frac{1}{2} \cdot 6 \cdot 5 =$
$= 3h - 3 - 15 = 3h - 18$;
$3h - 18 = 12$; $h = 10$; C_5^* (5 | 10)

C_6^* (5 | h*); $A_{\text{Viereck } AC_6^*BC} = \frac{1}{2} \cdot 6 \cdot 5 - \frac{1}{2} \cdot 6 \cdot (h^* - 1) = 18 - 3h^*$;

$18 - 3h^* = 12$; $h^* = 2$; C_6^* (5 | 2)

Hinweis: $y_{C^*_{5,6}} = y_C \pm 4 = 6 \pm 4$

(2) a) *Beispiele*:
OD ∥ ER; ∢ DOR = ∢ EDO;
$\overline{DE} = \overline{RO}$ (= $\sqrt{50} = 5\sqrt{2}$) : das Trapez ODER ist gleichschenklig; das Trapez ODER ist achsensymmetrisch zur Geraden g mit der Gleichung x = 4.

b) $\overline{MO} = \sqrt{(-4)^2 + (-3)^2} = 5$

$\overline{MD} = \sqrt{4^2 + (-3)^2} = 5$

$\overline{ME} = \sqrt{3^2 + 4^2} = 5$

$\overline{MR} = \sqrt{(-3)^2 + 4^2} = 5$

Da $\overline{MO} = \overline{MD} = \overline{ME} = \overline{MR}$ ist, ist M der Mittelpunkt des Umkreises des Trapezes ODER.

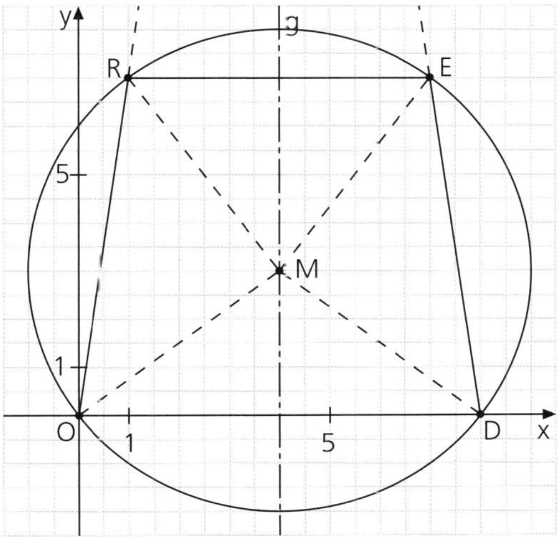

c) 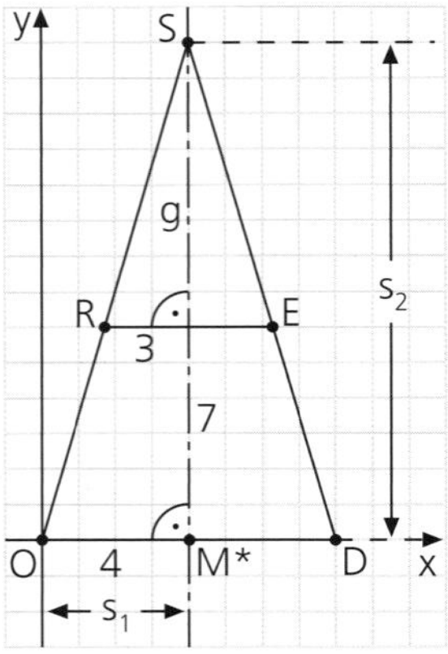

(Skizze nicht maßstäblich)

$s_1 = x_s = x_{M^*} = 4$; da die Geraden SO und g von dem Parallelenpaar ER und OD geschnitten werden, gilt nach dem 2. Strahlensatz für die „X-Figur" OSM*:

$\frac{s_2 - 7}{s_2} = \frac{3}{4}$; $4s_2 - 28 = 3s_2$; $s_2 = 28$; S (4 | 28)

10. a) $r^{*2}\pi = 4r^2\pi$; $r^{*2} = 4r^2$; $r^* = 2r$: r* ist doppelt so groß wie r.

b) $V_{\text{Luft usw.}} = 14\text{ cm} \cdot 7{,}0\text{ cm} \cdot 7{,}4\text{ cm} - 16 \cdot \frac{4}{3} \cdot (1{,}7\text{ cm})^3 \cdot \pi \approx$

$\approx 725{,}2\text{ cm}^3 - 329{,}3\text{ cm}^3 = 395{,}9\text{ cm}^3$:

$\frac{395{,}9\text{ cm}^3}{725{,}2\text{ cm}^3} \approx 0{,}546 = 54{,}6\%$

Von der Packung ist also weniger als die Hälfte „Inhalt".

c) $h = 6\text{ cm}$; $r = 6\text{ cm}$;

$V = r^2\pi h = (6\text{ cm})^2 \cdot \pi \cdot 6\text{ cm} = 216\pi\text{ cm}^3 \approx 679\text{ cm}^3$

$A = 2r^2\pi + 2r\pi h = 2 \cdot (6\text{ cm})^2 \cdot \pi + 2 \cdot 6\text{ cm} \cdot \pi \cdot 6\text{ cm} = 144\pi\text{ cm}^2 \approx 452\text{ cm}^2$

11. 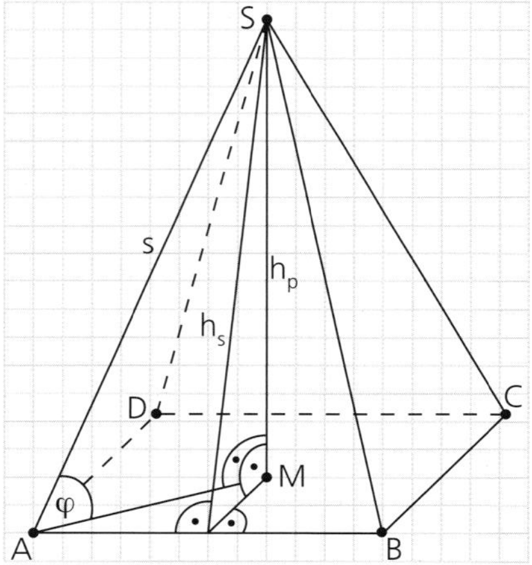

Basishöhe h_s jeder der vier Seitenflächen:

$h_s^2 = (8\text{ cm})^2 + (3\text{ cm})^2 = 73\text{ cm}^2$; $h_s \approx 8{,}5\text{ cm}$;

$A_p \approx (6\text{ cm})^2 + 4 \cdot \frac{1}{2} \cdot 6\text{ cm} \cdot 8{,}5\text{ cm} = 36\text{ cm}^2 + 102\text{ cm}^2 = 138\text{ cm}^2$

$V_p = \frac{1}{3} \cdot (6\text{ cm})^2 \cdot 8\text{ cm} = 96\text{ cm}^3$

$\tan\varphi = \frac{8}{3\sqrt{2}}$; $\varphi \approx 62{,}1°$

$V_k = \frac{1}{3}(3\sqrt{2}\text{ cm})^2 \cdot \pi \cdot 8\text{ cm} = 48\pi\text{ cm}^3 \approx 150{,}8\text{ cm}^3$

$s^2 = \overline{SA}^2 = (3\sqrt{2}\text{ cm})^2 + (8\text{ cm})^2 = (18 + 64)\text{ cm}^2 = 82\text{ cm}^2$; $s \approx 9{,}1\text{ cm}$;

$A_K = (3\sqrt{2}\text{ cm})^2\pi + 3\sqrt{2}\text{ cm} \cdot \pi \cdot \overline{SA} = 18\pi\text{ cm}^2 + 3\sqrt{2}\text{ cm} \cdot \pi \cdot \sqrt{82}\text{ cm} =$

$= 18\pi\text{ cm}^2 + 6\sqrt{41}\,\pi\text{ cm}^2 \approx 177\text{ cm}^2$

$\frac{V_P}{V_K} \approx \frac{96\text{ cm}^3}{150{,}8\text{ cm}^3} \approx 64\%$

Die Pyramide nimmt etwa 64% des Kegelvolumens ein.

Kapitel 1

Karl Theodor Wilhelm Weierstraß
geb. 31. 10. 1815 in Ostenfelde (Westfalen)
gest. 19. 2. 1897 in Berlin

Karl Weierstraß wurde als erstes Kind einer Beamtenfamilie geboren. Sein Vater war sich der Wichtigkeit einer guten Ausbildung seines Sohns bewusst und ermöglichte diesem eine gute Schulbildung. Weierstraß besuchte das Gymnasium Theodorianum in Paderborn und begann 1834 in Bonn das Studium von Rechtswissenschaften und Finanzwesen, brach dieses Studium aber nach acht Semestern ab, um sich ganz der Mathematik zu widmen. Da sein Vater keine weitere Ausbildung finanzieren konnte, besuchte Weierstraß 1839 die Theologische und Philosophische Akademie in Münster, wo er bereits nach einem Jahr ein Lehramtsexamen ablegen konnte. Nach dem erfolgreichen Abschluss seiner Prüfungen im Jahr 1840 arbeitete er als Lehrer an verschiedenen Instituten und Gymnasien. Neben seiner Lehrtätigkeit widmete er sich in dieser Zeit mathematischen Forschungen und veröffentlichte 1854 eine Abhandlung über elliptische Funktionen, die ihn sofort berühmt machte; er erhielt dafür die Ehrendoktorwürde der Universität Königsberg. 1856 wurde Weierstraß dann außerordentlicher Professor an der Universität in Berlin; 1864 erhielt er dort einen Lehrstuhl. Seine Vorlesungen wurden von zahlreichen Studenten und auch von Mathematikerkollegen besucht, da Weierstraß seine Forschungsergebnisse häufig zunächst nicht veröffentlichte, sondern in seinen Vorlesungen vortrug.
Weierstraß erhielt zahlreiche Auszeichnungen, unter anderem die Helmholtz-Medaille der Berliner Akademie der Wissenschaften und die Copley-Medaille der Royal Society. Von 1873 bis 1874 war er Rektor der Berliner Universität. Er war bis zu seinem Lebensende wissenschaftlich tätig.
Nach schwerer Krankheit starb Weierstraß 1897 in Berlin.

Das Hauptwerk Weierstraß' galt der Fundierung der Analysis und der Entwicklung der Funktionentheorie. Er leistete wichtige Beiträge zur Theorie der elliptischen Funktionen, zur Differentialgeometrie und zur Variationsrechnung.
Einige Sätze der Mathematik sind nach Weierstraß benannt, so in der Analysis der Satz von Bolzano-Weierstraß und der Satz von Lindemann-Weierstraß.
Eine Reihe bedeutender Mathematiker zählt zu den Schülern von Weierstraß, unter ihnen Georg Cantor, M. G. Mittag-Leffler, H. A. Schwarz, Felix Klein und auch Sofia Kowalewskaja. Weierstraß unterrichtete Sofia Kowalewskaja privat, da Frauen im 19. Jahrhundert noch nicht zum Studium zugelassen waren. Sie erhielt 1883 eine Einladung an die Universität Stockholm und wurde 1884 die erste Professorin für Mathematik in Europa.

10

Arbeitsaufträge

1. Individuelle Ergebnisse

2. a) $\frac{y}{2} = \frac{x + x + 6}{x}$;
$y = \frac{2(2x + 6)}{x} = \frac{4(x + 3)}{x} = 4 + \frac{12}{x}$; $x > 0$

b)

x	0,5	1	2	3	4	6	8	12
y	28	16	10	8	7	6	5,5	5

c)

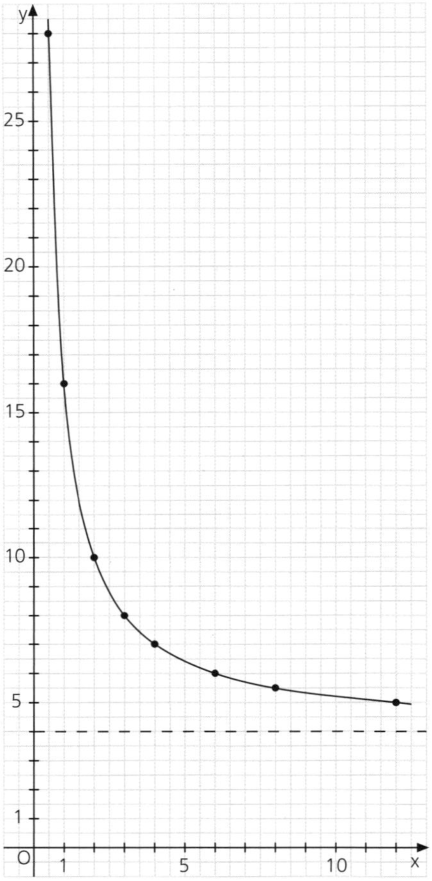

3. Individuelle Lösungen

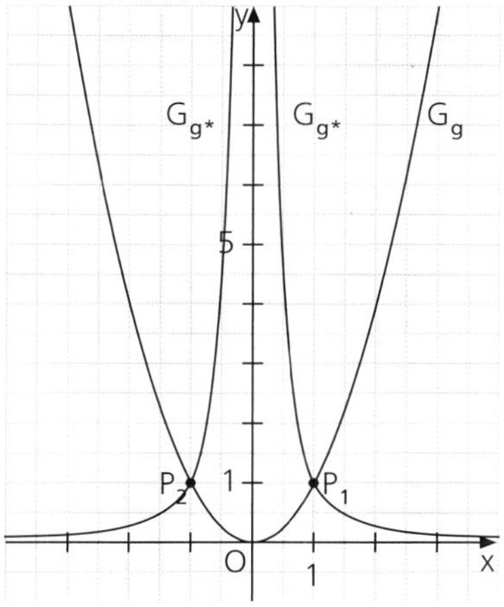

G_g und G_{g^*} haben miteinander die Punkte P_1 (1 | 1) und P_2 (–1 | ´) gemeinsam.

4. a) $\frac{1}{f} = \frac{1}{g} + \frac{1}{b}$; $| \cdot fgb$
$bg = bf + gf$; $| -bf$
$b(g - f) = gf$; $| : (g - f)\ (g \neq f)$
$b(g) = \frac{gf}{g - f}$

g	3f	2f	1,5f	1,2f	f	0,5f
b(g)	1,5f	2f	3f	6f	–	–f
Bild	r	r	r	r	–	v

(r: reelles Bild; v: virtuelles Bild)

b) Für reelle Bilder gilt

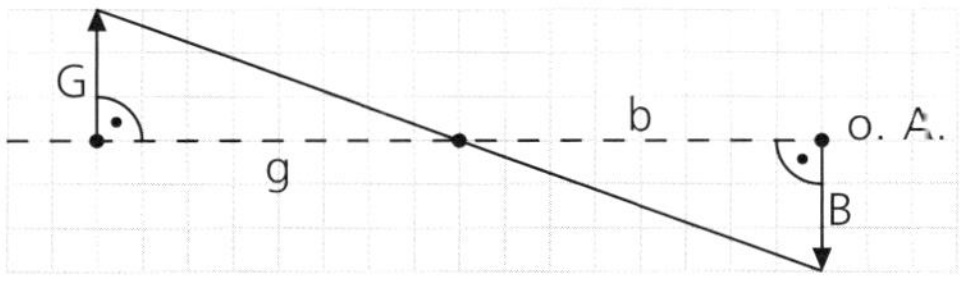

$\frac{B}{G} = \frac{b}{g}$ (2. Strahlensatz; „X-Figur"), also $\frac{B}{G} = \frac{\frac{gf}{g-f}}{g} = \frac{f}{g - f}$:

Vergrößertes Bild: $f > g - f$;
$f < g < 2f$

Gleichgroßes Bild: $f = g - f$
$g = 2f$

Verkleinertes Bild: $f < g - f$
$g > 2f$

■ Nein: G_f enthält den Punkt P (2 | 1) nicht.

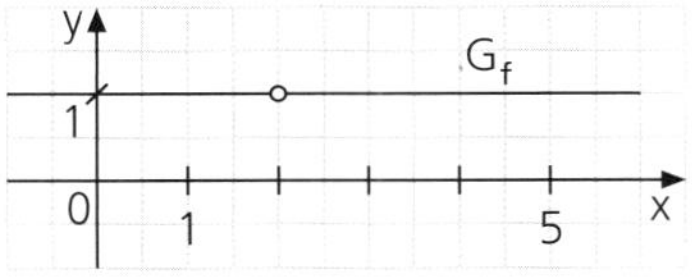

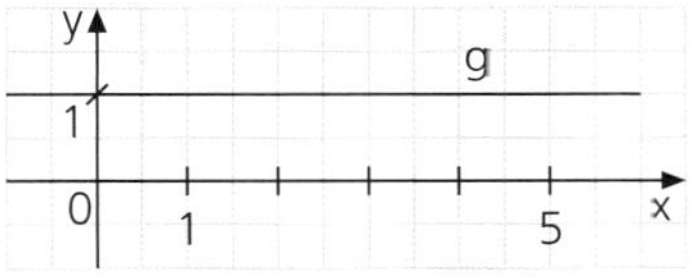

■ Nein: Die Funktion f besitzt genau eine Definitionslücke, nämlich $x = -1$; die Funktion g hat zwei Definitionslücken, nämlich $x_1 = -1$ und $x_2 = -2$.

■ Ja. *Beispiel*: Die Funktion f: $f(x) = \frac{x^2 + 1}{x^2 + 2}$; $D_f = \mathbb{R}$.

13

L

1.

	a)	b)	c)	d)	e)	f)
$D_{f\,max}$	$\mathbb{R}\setminus\{0\}$	$\mathbb{R}$	$\mathbb{R}\setminus\{0\}$	$\mathbb{R}\setminus\{0\}$	$\mathbb{R}\setminus\{0\}$	$\mathbb{R}\setminus\{4\}$
Nullstelle(n)	–	0	–2	–	–1; 1	0

	g)	h)	i)	j)	k)	l)
$D_{f\,max}$	$\mathbb{R}\setminus\{2\}$	$\mathbb{R}\setminus\{-2; 2\}$	$\mathbb{R}\setminus\{0; 2\}$	$\mathbb{R}\setminus\{-1; 1\}$	$\mathbb{R}\setminus\{0\}$	$\mathbb{R}$
Nullstelle(n)	–2	3	1	–2,5	–	0

Nullstellen:

a) $x + \frac{2}{x} = 0; \mid \cdot x \quad x^2 + 2 = 0$: Diese Gleichung besitzt keine reelle Lösung.

b) $5 - \frac{5}{x^2+1} = 0; \mid \cdot (x^2 + 1) \quad 5x^2 + 5 - 5 = 0;\ 5x^2 = 0;\ x = 0 \in D_f$

c) $x^3 + 4x^2 + 4x = 0;\ x(x^2 + 4x + 4) = 0;\ x(x + 2)^2 = 0;\ x_1 = 0 \notin D_f;\ x_2 = -2 \in D_f$

$\lim\limits_{x \to \infty} \frac{x^3 + 4x^2 + 4x}{2x^3} = \lim\limits_{x \to \infty} \left(\frac{1}{2} + \frac{2}{x} + \frac{2}{x^2}\right) = \frac{1}{2}$

d) f hat keine Nullstellen, da für jeden Wert von $x \in D_f$ stets $x^2 + \frac{1}{x^2} > 0$ ist.

e) $x^2 - \frac{1}{x^2} = 0; \mid \cdot x^2 \quad x^4 - 1 = 0;\ (x^2 + 1)(x - 1)(x + 1) = 0;\ x_1 = 1 \in D_f;\ x_2 = -1 \in D_f$

f) $x = 0 \in D_f$

$\lim\limits_{x \to \infty} \frac{x}{x-4} = \lim\limits_{x \to \infty} \frac{1}{1 - \frac{4}{x}} = \frac{1}{1} = 1$

g) $x + 2 = 0;\ x = -2 \in D_f$

h) $x^2 - 5x + 6 = 0;\ (x - 2)(x - 3) = 0;\ x_1 = 2 \notin D_f;\ x_2 = 3 \in D_f$

i) $\frac{1}{x-2} + \frac{1}{x} = 0; \mid \cdot x(x - 2) \quad x + x - 2 = 0; \mid +2 \quad 2x = 2; \mid : 2 \quad x = 1 \in D_f$

$\lim\limits_{x \to \infty} \left(\frac{1}{x-2} + \frac{1}{x}\right) = 0 + 0 = 0$

j) $2x + 5 = 0;\ 2x = -5;\ x = -2{,}5 \in D_f$

k) f hat keine Nullstellen, da für jeden Wert von $x \in D_f$ stets $x^2 + 9 > 0$ ist.

l) $2x = 0;\ x = 0 \in D_f$

$\lim\limits_{x \to \infty} \frac{2x}{x^2 + 4} = \lim\limits_{x \to \infty} \frac{\frac{2}{x}}{1 + \frac{4}{x^2}} = \frac{0}{1} = 0$

2.

	a)	b)	c)	d)
Polstelle(n)	$x = 5$	$x = 5$	(1) $x_1 = 2$; (2) $x_2 = -2$	$x = -1$
Pol(e) mit Vorzeichenwechsel	X		(1) X (2) X	
Pol(e) ohne Vorzeichenwechsel		X		X
Annäherung von rechts	$f(x) \to \infty$	$f(x) \to \infty$	(1) $f(x) \to \infty$ (2) $f(x) \to -\infty$	$f(x) \to \infty$
Annäherung von links	$f(x) \to -\infty$	$f(x) \to \infty$	(1) $f(x) \to -\infty$ (2) $f(x) \to \infty$	$f(x) \to \infty$
Gleichung(en) der senkrechten Asymptote(n)	$x = 5$	$x = 5$	(1) $x = 2$ (2) $x = -2$	$x = -1$

3. a) G_f besitzt keine senkrechte Asymptote.

b) G_f besitzt die senkrechte Asymptote a_1 mit der Gleichung $x = 3$ und die senkrechte Asymptote a_2 mit der Gleichung $x = -3$.

c) G_f besitzt die senkrechte Asymptote a_1 mit der Gleichung $x = -1$ und die senkrechte Asymptote a_2 mit der Gleichung $x = 3$.

d) G_f besitzt genau eine senkrechte Asymptote a, nämlich die y-Achse; Gleichung: $x = 0$.

4. a) Für jeden Wert von $x \in D_f$ ist sowohl der Zähler wie auch der Wert des Nennerterms positiv, also $f(x) > 0$.
Für jeden Wert von $x \in D_f$ ist der Wert des Nennerterms größer oder gleich 9 und somit der Funktionswert f(x) kleiner oder gleich 3.

b) Für jeden Wert von $x \in D_f$ gilt $f(-x) = \frac{27}{9 + (-x)^2} = \frac{27}{9 + x^2} = f(x)$; also ist G_f symmetrisch zur y-Achse.

c)

x	0	±0,5	±1	±2	±3	±4
f(x)	3	≈ 2,9	2,7	≈ 2,1	1,5	≈ 1,1

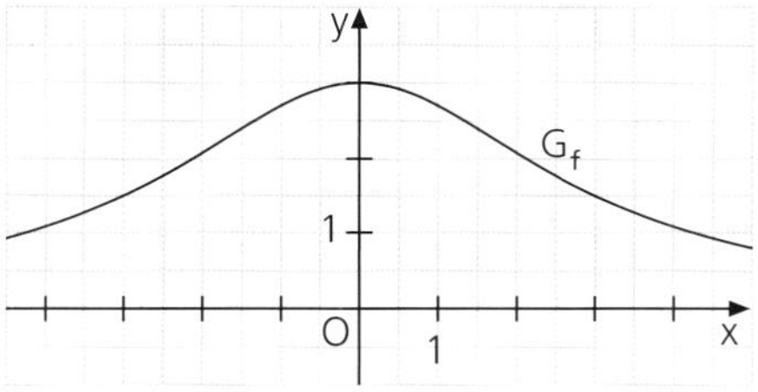

d) $ax^2 = \frac{27}{9 + x^2}$; $| \cdot (9 + x^2)$

$9ax^2 + ax^4 = 27$; $| -27$

$ax^4 + 9ax^2 - 27 = 0$;

$x^2 = \frac{-9a \pm \sqrt{81a^2 + 108a}}{2a}$;

Für jeden Wert von $a \in \mathbb{R}^+$ gilt $2a > 0$ und $81a^2 + 108a > 0$ und $\sqrt{81a^2 + 108a} > 9a$, also $\frac{-9a + \sqrt{81a^2 + 108a}}{2a} > 0$. Somit haben G_f und die Parabel P_a für jeden Wert von $a \in \mathbb{R}^+$ zwei Punkte gemeinsam.

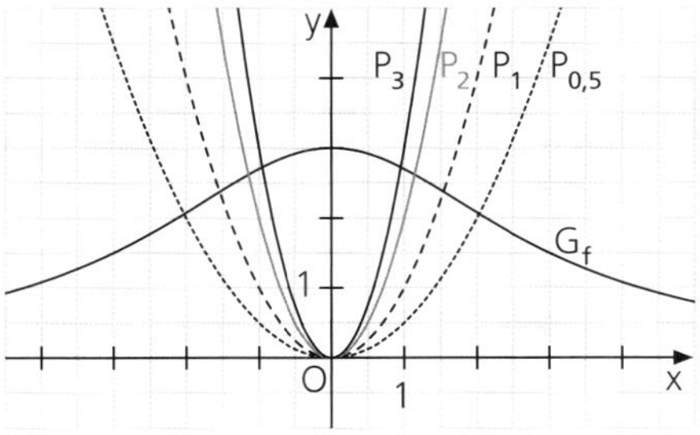

5. a) G_f hat jeweils eine „Lücke" im Kurvenverlauf, die bei G_g fehlt.

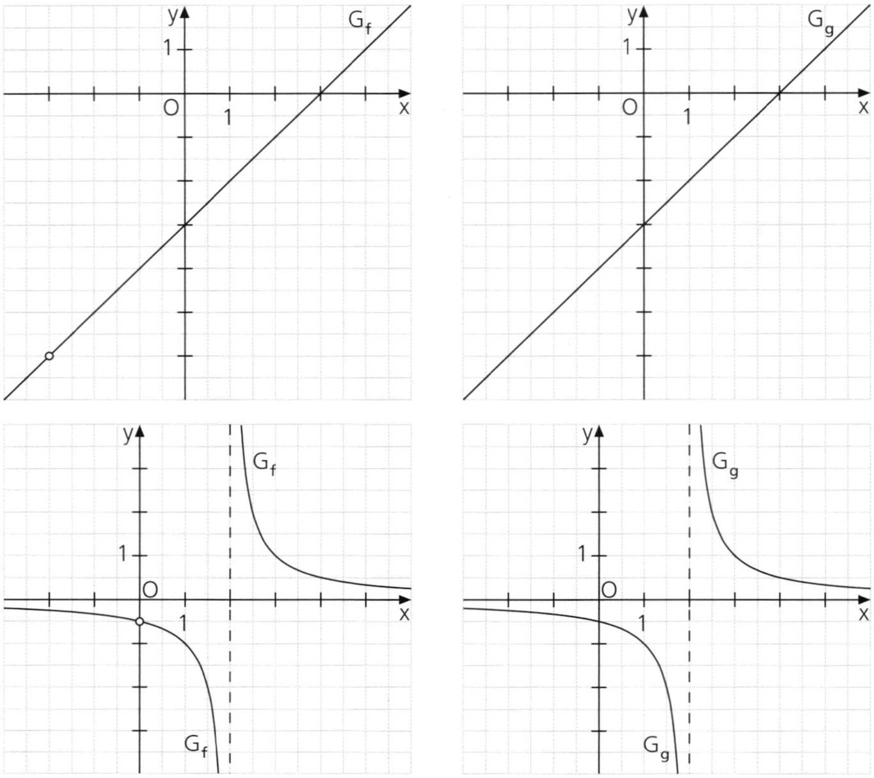

b) *Beispiele*: (1) f: $f(x) = \frac{x^2 - 4}{x - 2}$; $D_f = D_{f\,max}$:
x = 2 ist eine stetig hebbare Definitionslücke von f.

(2) f: $f(x) = \frac{x + 1}{x^3 + 1}$; $D_f = D_{f\,max}$:
x = −1 ist eine stetig hebbare Definitionslücke von f.

(3) f: $f(x) = \frac{x^2}{x(x + 5)}$; $D_f = D_{f\,max}$:
x = 0 ist eine stetig hebbare Definitionslücke von f.

(4) f: $f(x) = \frac{x - 1}{x^2 - 1}$; $D_f = D_{f\,max}$:
x = 1 ist eine stetig hebbare Definitionslücke von f.

6. *Beispiele*:

a) (1) f: $f(x) = \frac{x(x - 1)}{x^2 + 1}$; $D_f = D_{f\,max}$ (2) f: $f(x) = \frac{x - x^2}{4 + 2x^2}$; $D_f = D_{f\,max}$

(3) f: $f(x) = \frac{x^2(x - 1)}{x^2 + x + 1}$; $D_f = D_{f\,max}$

b) (1) g: $g(x) = \frac{4}{x^2 + 1}$; $D_g = D_{g\,max}$ (2) g: $g(x) = \frac{0{,}5}{0{,}125 + x^2}$; $D_g = D_{g\,max}$

(3) g: $g(x) = \frac{16}{x^2 + 4}$; $D_g = D_{g\,max}$

c) (1) h: $h(x) = \frac{2}{x}$; $D_h = D_{h\,max}$ (2) h: $h(x) = \frac{x^2 + 1}{x^3}$; $D_h = D_{h\,max}$

(3) h: $h(x) = \frac{5x^2 - 3}{x}$; $D_h = D_{h\,max}$

d) (1) k: $k(x) = \frac{-100}{(x - 4)(x - 5)^2}$; $D_k = D_{k\,max}$ (2) k: $k(x) = \frac{x - 100}{(x - 4)(x - 5)^2}$; $D_k = D_{k\,max}$

(3) k: $k(x) = \frac{x^2 - 100}{(x - 4)(x - 5)^2}$; $D_k = D_{k\,max}$

7. Für jeden Wert von $x \in D_f$ gilt $f(-x) = \frac{8 \cdot (-x)}{(-x)^2 + 2} = -\frac{8x}{x^2 + 2} = -f(x)$; also ist G_f punktsymmetrisch zum Ursprung.

x	0	± 0,5	± 1	$\pm\sqrt{2}$	± 2	± 3	± 4
f(x)	0	≈ ± 1,8	≈ ± 2,7	≈ ± 2,8	≈ ± 2,7	≈ ± 2,2	≈ ± 1,8

Für welche Werte des Parameters $a \in \mathbb{R}$ hat G_f mit der Parallelen p zur x-Achse mit der Gleichung $y = a$ mindestens einen Punkt gemeinsam?

$\frac{8x}{x^2+2} = a;\ |\cdot(x^2+2)$ $\quad ax^2 + 2a = 8x;\ |-8x$ $\quad ax^2 - 8x + 2a = 0;$

$D = 64 - 4 \cdot a \cdot 2a = 64 - 8a^2$; G_f und p haben entweder einen oder zwei gemeinsame Punkte, wenn $D \geqq 0$, also wenn $64 - 8a^2 \geqq 0$, d. h. wenn $8a^2 \leqq 64$, also $a^2 \leqq 8$ und damit $|a| \leqq 2\sqrt{2} \approx 2{,}83$ ist.

Hieraus folgt, dass für jeden Wert von $x \in \mathbb{R}$ stets $-2\sqrt{2} \leqq f(x) \leqq -2\sqrt{2}$ ist.

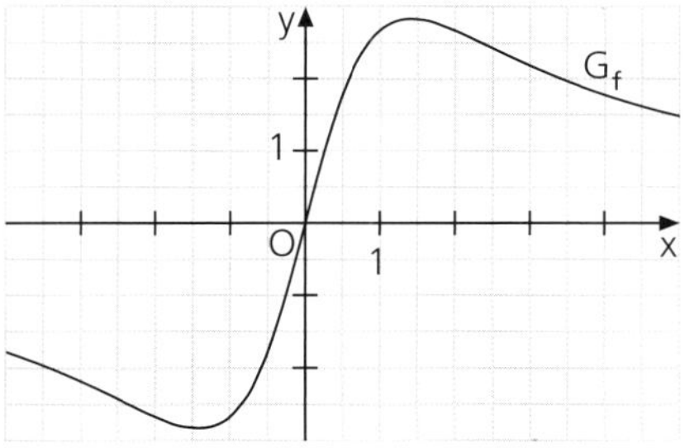

8.

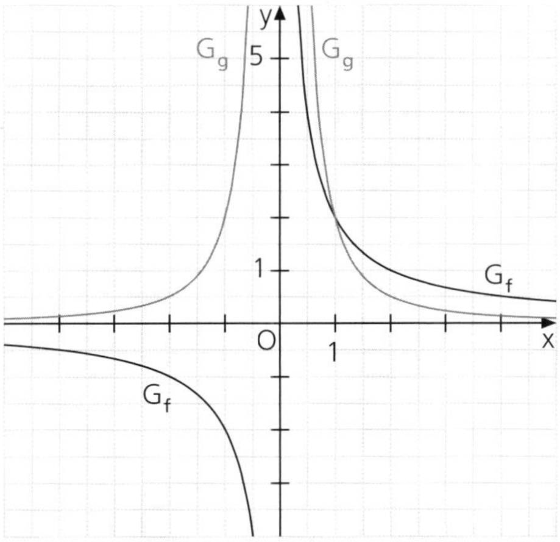

Es ist $f(x) = \frac{2}{x} > 10$, wenn $0 < x < 0{,}2$ ist, und $f(x) = \frac{2}{x} > 100$, wenn $0 < x < 0{,}02$ ist.
Es ist $g(x) = \frac{2}{x^2} > 10$, wenn $0 < x^2 < 0{,}2$, also $0 < |x| < \sqrt{0{,}2} = 0{,}2\sqrt{5} \approx 0{,}447$ ist,
und $g(x) = \frac{2}{x^2} > 100$, wenn $0 < x^2 < 0{,}02$, also $0 < |x| < 0{,}1\sqrt{2} \approx 0{,}141$ ist.

9. Individuelle Lösungen

Beispiel: $f(x) = \frac{x^2-1}{x^2-4}$; $D_f = D_{f\,max} = \mathbb{R}\setminus\{-2; 2\}$

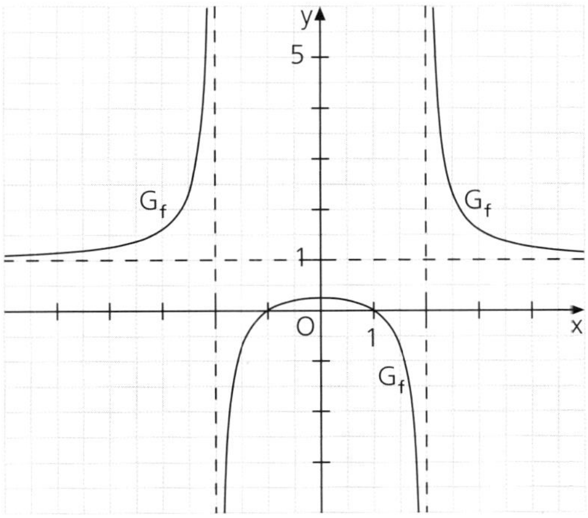

15

10. Verschiebt man G_f in Richtung der y-Achse um eine Einheit nach unten, so erhält man G_g.
Verschiebt man G_f in Richtung der x-Achse um eine Einheit nach links, so erhält man G_h.
Verschiebt man G_f in Richtung der x-Achse um zwei Einheiten nach rechts, so erhält man G_k.

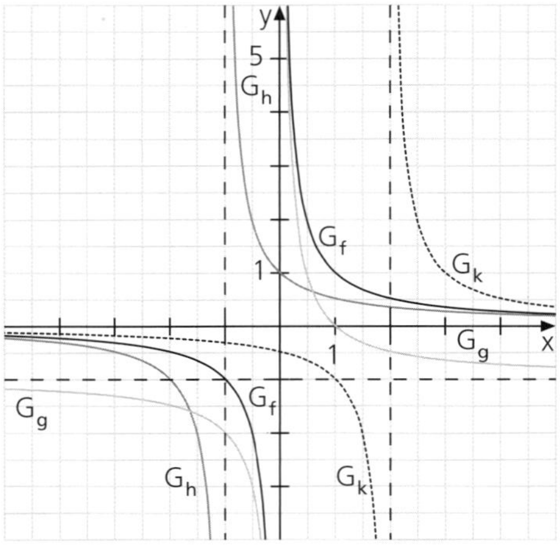

11. a) $f(4) = 20;\ 20 = \frac{10}{4a + b};$ | $\cdot$ [(4a + b) : 10] (1) 8a + 2b = 1
$f(10) = 1;\ 1 = \frac{10}{10a + b};$ | $\cdot$ (10a + b) (2) 10a + b = 10; | −10a (2′) b = 10 − 10a
eingesetzt in (1) 8a + 20 − 20a = 1; | −20 −12a = −19; | : (−12) $a = \frac{19}{12};$
eingesetzt in (2′) $b = 10 - \frac{190}{12} = -\frac{35}{6};$
$f(x) = \frac{10}{\frac{19}{12}x - \frac{35}{6}} = \frac{120}{19x - 70}$

b) Etwa 1,2 Liter

12. ① und C: aus f(x) = 2 folgt $\frac{1}{f(x)} = \frac{1}{2}$.
② und D: von den verbleibenden sechs Graphen sind nur G_g und $G_{\frac{1}{g}}$ mit $g(x) = x^2$ und $\frac{1}{g(x)} = \frac{1}{x^2}$ symmetrisch zur y-Achse.
③ und A: aus h(x) = x folgt $\frac{1}{h(x)} = \frac{1}{x}$, also z. B. aus h(2) = 2 der Funktionswert $\frac{1}{h(2)} = \frac{1}{2}$.
④ und B: die Zuordnung der übrigen Paare wurde begründet; also müssen ④ und B einander zugeordnet sein: $k(x) = \frac{x}{\sqrt{|x|}};\ \frac{1}{k(x)} = \frac{\sqrt{|x|}}{x};$ Probe: $k(\frac{1}{4}) = \frac{1}{2};\ \frac{1}{k(\frac{1}{4})} = 2$ ✓

W

W1 $x(x^2 - 3x + 2) = 0;\quad x(x - 1)(x - 2) = 0;\quad x_1 = 0;\ x_2 = 1;\ x_3 = 2$

W2 Größe ε des kleinsten Winkels (∢ DER): $\tan \varepsilon = \frac{3}{4};\ \varepsilon \approx 37°$

W3 Das Dreieck RED ist rechtwinklig mit der Hypotenusenlänge $\overline{ED} = 5$ LE.
Also ist $r_{Umkreis} = \left(\frac{1}{2}\overline{ED} =\right) 2{,}5$ LE und $A_{Umkreis} = 2{,}5^2 \cdot \pi$ FE ≈ 20 FE.
Somit ist $A_{RED} = \left(\frac{1}{2} \cdot 4 \text{ LE} \cdot 3 \text{ LE} = 6 \text{ FE}\right) \approx \frac{1}{3} A_{Umkreis}$.

16

Arbeitsaufträge

1. a) Das Zeichen ∞ geht auf John Wallis (1616 bis 1703) zurück.

b) Die Limesschreibweise geht auf Augustin Louis Cauchy (1789 bis 1857) zurück.

c) Der Begriff *Asymptote* wurde bereits von dem griechischen Mathematiker Apollonius von Perge (um 200 v. Chr.) verwendet.

2. Individuelle Ergebnisse

3. Individuelle Ergebnisse

4. a) $r_E \approx 6\,370$ km;

$$\frac{A_K}{A_{Erde}} = \frac{2\pi r_E^2 \cdot \frac{280\text{ km}}{6\,650\text{ km}}}{4\pi r_E^2} = \frac{280}{2 \cdot 6650} \approx 2{,}1\%$$

b) $\frac{A_K(h)}{A_{Erde}} = \frac{2\pi r_E^2}{4\pi r_E^2} \cdot \frac{h}{h + r_E} = \frac{h}{2(h + r_E)}$;

$$\lim_{h \to \infty} \frac{A_K(h)}{A_{Erde}} = \lim_{h \to \infty} \frac{1}{2\left(1 + \frac{r_E}{h}\right)} = \frac{1}{2} = 50\%$$

18

- Nein
- Ja ; *Beispiel:*
  Der Graph G_f der Funktion f: $f(x) = \frac{1}{x^2 - 1}$; $D_f = \mathbb{R}\setminus\{-1; 1\}$, hat zwei senkrechte Asymptoten mit der Gleichung x = 1 bzw. x = –1.

L

1.

		Grad des			Gleichungen der		
	$D_{f\,max}$	Zählerpolynoms	Nennerpolynoms	Vergleich	senkrechten	waagrechten	schrägen
					Asymptote(n)		
a)	$\mathbb{R}\setminus\{0\}$	n = 0	m = 2	n < m	x = 0	y = 0	–
b)	$\mathbb{R}$	n = 0	m = 2	n < m	–	y = 0	–
c)	$\mathbb{R}\setminus\{-3; 3\}$	n = 0	m = 2	n < m	x = –3; x = 3	y = 0	–
d)	$\mathbb{R}\setminus\{-1; 1\}$	n = 0	m = 2	n < m	x = –1; x = 1	y = 0	–
e)	$\mathbb{R}\setminus\{0; 2\}$	n = 0	m = 2	n < m	x = 0; x = 2	y = 0	–
f)	$\mathbb{R}\setminus\{0; 1\}$	n = 2	m = 2	n = m	x = 1	y = 1	–
g)	$\mathbb{R}$	n = 2	m = 2	n = m	–	y = 1	–
h)	$\mathbb{R}\setminus\{-1; 1\}$	n = 2	m = 2	n = m	x = –1; x = 1	y = 1	–
i)	$\mathbb{R}\setminus\{0\}$				x = 0	–	y = x
j)	$\mathbb{R}\setminus\{0\}$				x = 0	–	y = –0,5x
k)	$\mathbb{R}\setminus\{0\}$				x = 0	–	y = x + 1
l)	$\mathbb{R}\setminus\{2\}$				x = 2	–	y = –x + 0,5

2. a) $\frac{1}{x-2} > 0$ für $x - 2 > 0$; $x > 2$

$\frac{1}{x-2} < \frac{1}{n}$ für $x - 2 > n$; $x > n + 2$

Durch Kombination beider Überlegungen erhält man:

(1) erfüllt für x > 102 (2) erfüllt für x > 1 002 (3) erfüllt für $52 \leqq x \leqq 202$

b) $\frac{1}{x^2} < \frac{1}{n^2}$ für x > n

(1) erfüllt für x > 10 (2) erfüllt für $x \geqq 25$ (3) erfüllt für $20 < x \leqq 30$

3. a) $\frac{x}{x-4} = \frac{x-4+4}{x-4} = 1 + \frac{4}{x-4}$

$\lim\limits_{x \to \pm\infty} f(x) = 1$; $\quad |f(x) - 1| = \left|\frac{4}{x-4}\right| < \frac{1}{100}$

erfüllt für $|x - 4| > 400$, also für $x > 404 \;\vee\; x < -396$

b) $\frac{x+5}{x-1} = \frac{x-1+6}{x-1} = 1 + \frac{6}{x-1}$

$\lim\limits_{x \to \pm\infty} f(x) = 1$; $\quad |f(x) - 1| = \left|\frac{6}{x-1}\right| < \frac{1}{100}$

erfüllt für $|x - 1| > 600$, also für $x > 601 \;\vee\; x < -599$

c) $\frac{2x^2}{x^2+1} = \frac{2x^2+2-2}{x^2+1} = \frac{2(x^2+1)-2}{x^2+1} = 2 - \frac{2}{x^2+1}$

$\lim\limits_{x \to \pm\infty} f(x) = 2$; $\quad |f(x) - 2| = \left|\frac{-2}{x^2+1}\right| = \frac{2}{x^2+1} < \frac{1}{100}$

erfüllt für $x^2 + 1 > 200$; $|x| > \sqrt{199}$; $x \in \mathbb{R} \setminus [-\sqrt{199}; \sqrt{199}]$

4. a) $\lim\limits_{x \to \pm\infty}\left(\frac{2x^3+1}{x} - 2x^2\right) = \lim\limits_{x \to \pm\infty}\left(2x^2 + \frac{1}{x} - 2x^2\right) = \lim\limits_{x \to \pm\infty} \frac{1}{x} = 0$

b) $\lim\limits_{x \to \pm 5} \frac{x^2-25}{2(x+5)} = \lim\limits_{x \to \pm 5} \frac{(x-5)(x+5)}{2(x+5)} = \lim\limits_{x \to \pm 5} \frac{x-5}{2}$;

$\lim\limits_{x \to +5} \frac{x-5}{2} = 0$; $\lim\limits_{x \to -5} \frac{x-5}{2} = -5$

c) $\lim\limits_{x \to \pm\infty} \frac{4x^2+1}{2x^2} = \lim\limits_{x \to \pm\infty}\left(2 + \frac{1}{2x^2}\right) = 2$

d) $\lim\limits_{x \to 0} (\cos x + 2x) = \cos(0) + 2 \cdot 0 = 1$

5.

	f(x)	$D_{f\ max}$	Gleichungen der senkrechten Asymptoten	Nullstellen	$\lim\limits_{x \to \pm\infty} f(x)$	Gleichungen der waagrechten Asymptoten
a)	$\frac{4}{x^2-1}$	$\mathbb{R}\setminus\{-1; 1\}$	$x = -1$; $x = 1$	–	0	$y = 0$
b)	$\frac{x}{x^2+1}$	$\mathbb{R}$	–	$x = 0$	0	$y = 0$
c)	$\frac{x^2+2x+1}{4x^2}$	$\mathbb{R}\setminus\{0\}$	$x = 0$	$x = -1$	$\frac{1}{4}$	$y = \frac{1}{4}$
d)	$\frac{6x}{1-x^2}$	$\mathbb{R}\setminus\{-1; 1\}$	$x = -1$; $x = 1$	$x = 0$	0	$y = 0$

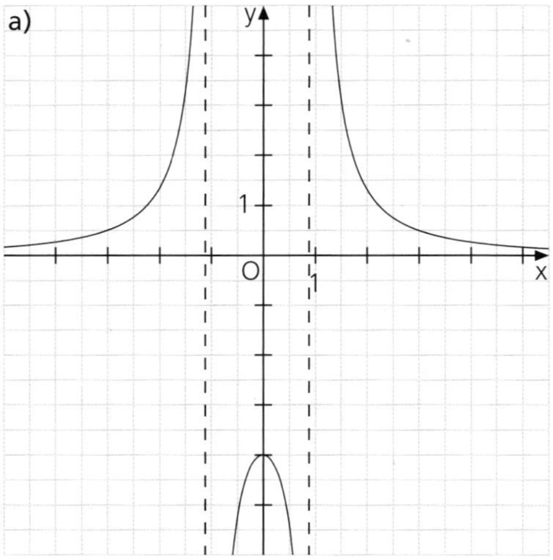

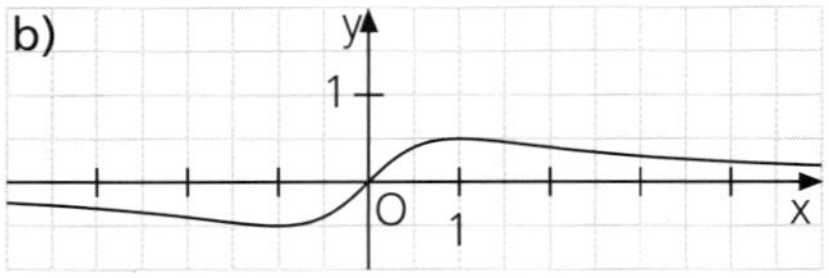

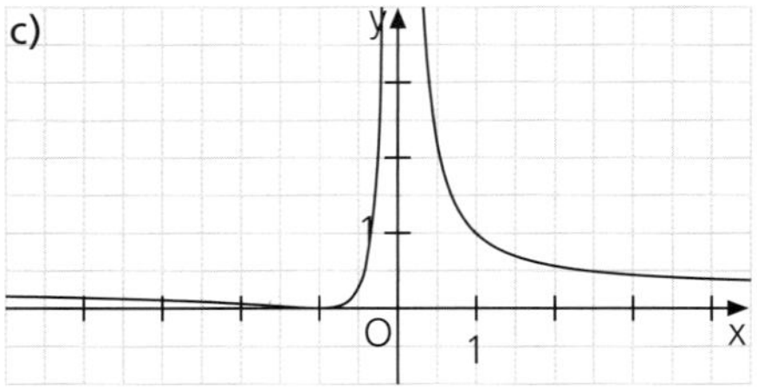

Der Graph zu Teilaufgabe a) ist symmetrisch zur y-Achse; die Graphen zu den Teilaufgaben b) und d) sind punktsymmetrisch zu O (0 | 0).

d)

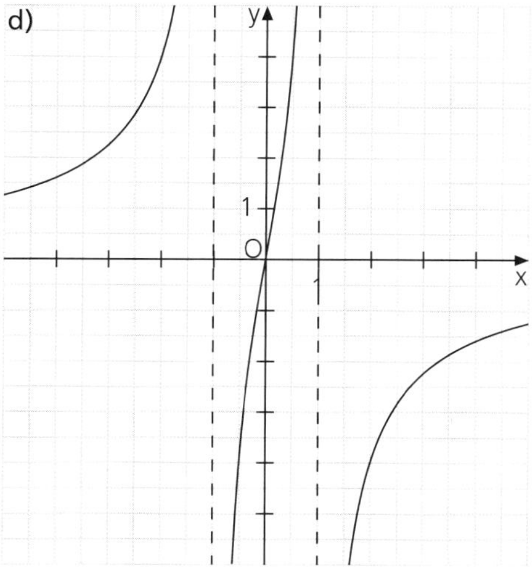

6. Für jeden Wert von $x \in D_f$ gilt $f(-x) = \frac{2(-x)^2}{(-x)^2 + 1} = \frac{2x^2}{x^2 + 1} = f(x)$

a) $f(x) = \frac{2x^2}{x^2 + 1} = \frac{2x^2 + 2 - 2}{x^2 + 1} = \frac{2(x^2 + 1) - 2}{x^2 + 1} = 2 - \frac{2}{x^2 + 1}$

Für alle $x \in \mathbb{R}$ ist $x^2 \geqq 0$ und damit Zähler und Nenner des Funktionsterms stets nichtnegativ.
Damit ist $f(x) \geqq 0$ für alle $x \in \mathbb{R}$.
Da $\frac{2}{x^2 + 1} > 0$ für alle $x \in \mathbb{R}$, gilt $0 \leqq f(x) \leqq 2$ für alle $x \in \mathbb{R}$.
$W_f = [0; 2[$

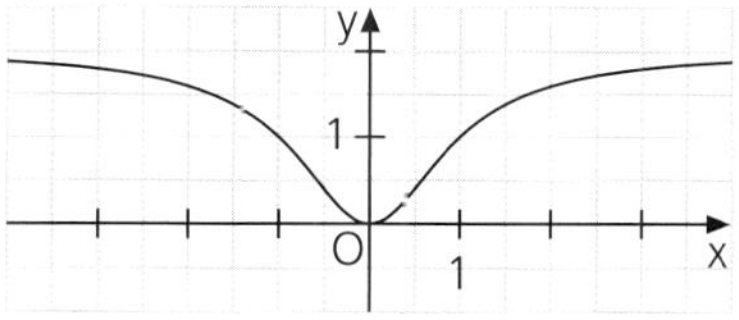

b) $f(x) = a$: $2 - \frac{2}{x^2 + 1} = a$;
$2 - a = \frac{2}{(x^2 + 1)}$;
$x^2 + 1 = \frac{2}{2 - a}$;
$x^2 = \frac{2}{2 - a} - 1 = \frac{a}{2 - a} > 0$ für $0 < a < 2$

Diese Gleichung hat 2 Lösungen $x_{1,2} = \pm\sqrt{\frac{a}{2 - a}}$, somit hat g mit G_f zwei Punkte gemeinsam.
$a = 1$: $x_1 = 1$; A* (1 | 1)
$x_2 = -1$; B* (−1 | 1)

Das Viereck A*OB*C ist ein Quadrat (mit 4 gleich langen Seiten, 4 rechten Winkeln und paarweise parallelen Gegenseiten; es ist sowohl punktsymmetrisch wie auch achsensymmetrisch.

c) $\lim\limits_{x \to \pm\infty} f(x) = \lim\limits_{x \to \pm\infty} \left(2 - \frac{2}{x^2 + 1}\right) = 2$
Damit ist die Gerade g: y = 2 waagrechte Asymptote von G_f.
$2 - f(x) = \frac{2}{x^2 + 1} < \frac{1}{50}$ ist erfüllt für $x^2 > 99$, also für $|x| > \sqrt{99}$.

W

W1 h: $y = 5 - \frac{1}{2}x$ $m_h = -\frac{1}{2}$ $m_g = 2$ da $g \perp h$, also $m_g \cdot m_h = -1$ ist.
g: $y = 2x + t_g$; mit $A \in g$: $y = 2x - 5$

W2 Jede Raute, die kein Quadrat ist, und jedes Rechteck, das kein Quadrat ist, besitzt genau 2 Symmetrieachsen.

W3 $a_{Sechseck} = 36\text{ cm} : 6 = 6\text{ cm}$, $A_{Sechseck} = 6 \cdot \frac{(6\text{ cm})^2}{4}\sqrt{3} = 54\sqrt{3}\text{ cm}^2 \approx 94\text{ cm}^2$

21

L

1. $f_1 = \frac{f}{1 - \frac{v}{c}}$

Für eine sinnvolle Betrachtung muss $v < c$ vorausgesetzt werden.
Damit gilt $0 < v < c$;

$0 < \frac{v}{c} < 1$;

$0 < 1 - \frac{v}{c} < 1$

Der Wert des Quotienten (= f_1) ist damit größer als der Zähler (= f).

2. In der Zeit T, in der sich die Welle um λ ausbreitet, bewegt sich der Sender um $\Delta s = v \cdot T$.
Für den Empfänger erhöht sich damit die Wellenlänge auf
$\lambda_2 = \lambda + v \cdot T = \lambda + v \cdot \frac{\lambda}{c} = \lambda\left(1 + \frac{v}{c}\right)$.
Der Beobachter hört eine Schwingung mit der Frequenz $f_2 = \frac{c}{\lambda_2} = \frac{c}{\lambda\left(1 + \frac{v}{c}\right)} = \frac{f}{1 + \frac{v}{c}}$
Da wiederum $0 < \frac{v}{c} < 1$ gilt, ist f_2 nun kleiner als f.

3. (I) $f_1 = \frac{f}{1 - \frac{v}{c}}$

(II) $f_2 = \frac{f}{1 + \frac{v}{c}}$

(I) : (II) : $\frac{f_1}{f_2} = \frac{1 + \frac{v}{c}}{1 - \frac{v}{c}}$

$\frac{f_1}{f_2} - \frac{f_1}{f_2} \cdot \frac{v}{c} = 1 + \frac{v}{c}$

$\frac{f_1}{f_2} - 1 = \left(1 + \frac{f_1}{f_2}\right) \cdot \frac{v}{c}$ woraus die Behauptung folgt

a) $\frac{f_1}{f_2} = \frac{6}{5}$; $\frac{v}{c} = \frac{1}{11}$; $v = \frac{1}{11} c \approx 110 \frac{km}{h}$

b) $\frac{f_1}{f_2} = \frac{3}{2}$; $\frac{v}{c} = \frac{1}{5}$; $v = \frac{1}{5} c \approx 240 \frac{km}{h}$

c) $\frac{f_1}{f_2} = 2$; $\frac{v}{c} = \frac{1}{3}$; $v = \frac{1}{3} c \approx 410 \frac{km}{h}$

4. Das Frequenzverhältnis $\frac{f_{vorher}}{f_{nachher}}$ ist durch $\frac{1 + \frac{v}{c}}{1 - \frac{v}{c}} = \frac{c + v}{c - v} = \frac{1\,224 + 136}{1\,224 - 136} = \frac{5}{4}$ gegeben.
Für dan Beobachter sinkt also der wahrgenommene Ton um eine große Terz.
Hinweis: Die Anzahl x der Halbtöne des Intervalls ergibt sich aus $\left(\sqrt[12]{2}\right)^x = \frac{5}{4}$ zu $x = 4$.

5. Sirius ist ein Doppelsternsystem, über das man sich bei den bekannten Quellen informieren kann.

6. Aus der Beziehung
(2) $\frac{\lambda^*}{\lambda} = \sqrt{\frac{c + v}{c - v}}$ ergibt sich
$\sqrt{\frac{c + v}{c - v}} = 1{,}158$ also $v = 0{,}146$; $c \approx 44\,000 \frac{km}{s}$,
aus der Näherungsbeziehung
(1) $\frac{\lambda^*}{\lambda} = \frac{c + v}{c} =$ hätte sich $v = 0{,}158c \approx 47\,000 \frac{km}{s}$ ergeben.

L

1.

	$D_{f\,max}$	Nullstellen	Pol(e) bzw. Gleichung(en) der senkrechten Asymptoten
a)	$\mathbb{R}\setminus\{-1; 1\}$	$x = 0$	$x = -1$; $x = 1$
b)	$\mathbb{R}\setminus\{-1; 1\}$	$x = 0$	$x = -1$; $x = 1$
c)	$\mathbb{R}\setminus\{-1; 1\}$	$x = 0$	$x = -1$; $x = 1$
d)	$\mathbb{R}\setminus\{-1\}$	–	$x = -1$
e)	$\mathbb{R}\setminus\{1\}$	$x = 0$	$x = 1$
f)	$\mathbb{R}$	$x_1 = -1$; $x_2 = 1$	–
g)	$\mathbb{R}\setminus\{-1\}$	–	$x = -1$
h)	$\mathbb{R}\setminus\{-1\}$	$x = 0$	$x = -1$
i)	$\mathbb{R}\setminus\{1\}$	$x = 0$	$x = 1$
j)	$\mathbb{R}\setminus\{0\}$	–	$x = 0$
k)	$\mathbb{R}$	–	–
l)	$\mathbb{R}\setminus\{0\}$	$x_1 = -1$; $x_2 = 2$	$x = 0$

2. a) $x = -1$ ist Nullstelle des Zählerpolynoms, der gekürzte Funktionsterm [$f(x) = x^2 + 1$] ist ganzrational.

b) $f(x) = \frac{(x^2 - 9)(x + 5)}{(x - 3)} = (x + 3)(x + 5)$ ist ganzrational.

c) $x = 2$ ist nicht Nullstelle des Zählerpolynoms, f(x) ist gebrochenrational.

d) $f(x) = \frac{x^4 - x^2}{x^2 - 1} = \frac{x^2(x^2 - 1)}{(x^2 - 1)} = x^2$

Der gekürzte Funktionsterm ist ganzrational.

3. (1) w (2) w (3) w

(4) f 40% der Graphen dieser Funktionen [d), e), f) und h)] besitzen eine schräge Asymptote.

(5) f 20% der Graphen dieser Funktionen [b) und f)] sind punktsymmetrisch zum Ursprung.

(6) w (7) w (8) w (9) w

(10) f 10% der Graphen dieser Funktionen [g)] besitzen einen Pol ohne Vorzeichenwechsel.

4. a) $f(x) = (x + 1) + \frac{6}{x}$

b) $g(x) = (0{,}5x + 0{,}5) + \frac{2}{x}$

c) $h(x) = \frac{x - 1 + 5}{x - 1} = 1 + \frac{5}{x - 1}$

d) $i(x) = \frac{(x - 6)(x + 1)}{x(x - 6)} = \frac{x + 1}{x} = 1 + \frac{1}{x}$

Waagrechte Asymptoten besitzen G_h und G_i; schräge Asymptoten besitzen G_f (Asymptote a: $y = x + 1$) und G_g [Asymptote a: $y = \frac{1}{2}(x + 1)$].

5. Individuelle Lösungen:

a) mögliches Beispiel: $f(x) = \frac{x - 1}{x^2}$ $D_f = \mathbb{R}\setminus\{0\}$

b) mögliches Beispiel: $f(x) = \frac{2x - 2}{x}$ $D_f = \mathbb{R}\setminus\{0\}$

c) mögliches Beispiel: $f(x) = \frac{x + 1}{x^3}$ $D_f = \mathbb{R}\setminus\{0\}$

d) mögliches Beispiel: $f(x) = \frac{x^2}{x^2 - 4}$ $D_f = \mathbb{R}\setminus\{-2; 2\}$

6. $f(x) = \frac{4x + 5}{x^2 - 1}$ $D_f = \mathbb{R}\setminus\{-1; 1\}$

a) x-Achsenpunkt: $f(x) = 0$ $x = -1{,}2$: $S(-1{,}2 \mid 0)$

y-Achsenpunkt: $f(0) = -5$: $T(0 \mid -5)$

23

b) Polstellen liegen an beiden Definitionslücken vor.

$f(x) = \frac{4x + 5}{(x-1)(x+1)}$ An beiden Nullstellen des Nenners liegen Pole 1. Ordnung vor, damit Pole mit Vorzeichenwechsel.

$\lim\limits_{x \to -1+} f(x) = +\infty$ damit $\lim\limits_{x \to 1-} f(x) = -\infty$

$\lim\limits_{x \to -1+} f(x) = -\infty$ damit $\lim\limits_{x \to -1-} f(x) = +\infty$

$\lim\limits_{x \to \pm\infty} f(x) = \lim\limits_{x \to \pm\infty} \frac{\frac{4}{x} + \frac{5}{x^2}}{1 - \frac{1}{x^2}} = \frac{0}{1} = 0$

Gleichungen der Asymptoten: $y = 0$; $x = -1$; $x = +1$

c)

x	−4	−3	−2,5	−2	−0,5	0	1,5	2	3	4
f(x)	−0,73	−0,88	−0,95	−1	−4	−5	8,8	4,33	2,13	1,4

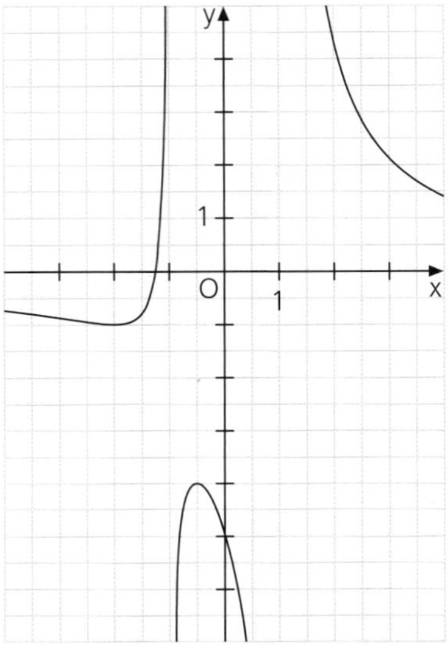

d) $f(0) = \frac{k \cdot 0 + 5}{0^2 - 1} = -5 = y_T$:
T liegt auf jedem der Graphen G_{f_k}.
Die Lage der Asymptoten wird [vgl. Teilaufgabe b)] nicht durch die Wahl des Parameters k beeinflusst.

7. a) $f(-x) = \frac{1}{2} \cdot (-x) + \frac{2}{(-x)} = -\frac{1}{2x} - \frac{2}{x} = -f(x)$
d. h. G_f ist punktsymmetrisch zum Ursprung.

b) Nullstellen: $\frac{1}{2}x + \frac{2}{x} = 0$; $| \cdot x \neq 0$
$\frac{1}{2}x^2 + 2 = 0$;
$x^2 = -4$; keine Lösung in ℝ, d. h. f hat keine Nullstelle.
Bei der Definitionslücke x = 0 liegt ein Pol der Ordnung 1, d. h. ein Pol mit Vorzeichenwechsel vor.

c)

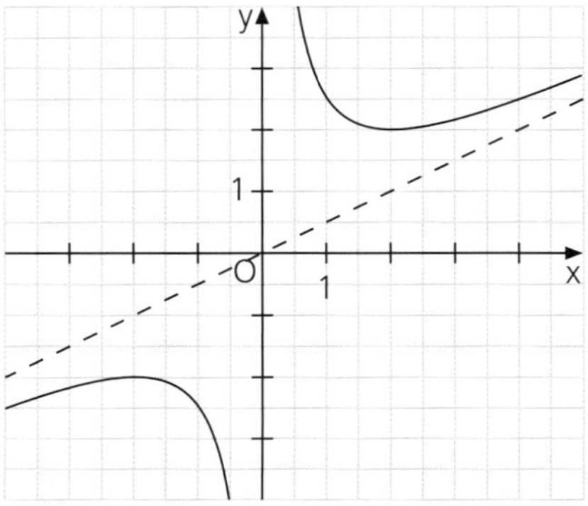

d) $f(x) - \frac{1}{2}x < \frac{1}{10}$;
$\frac{2}{x} < \frac{1}{10} = \frac{2}{20}$
$x > 20$: Für jeden Wert von $x > 20$ gilt $f(x) - \frac{1}{2}x < \frac{1}{10}$.

e) $f(x) = g(x) + \frac{2}{x}$, d. h. f(x) weicht von g(x) um den Wert des Terms $\frac{2}{x}$ ab.
Da $\lim\limits_{x \to \pm\infty} \frac{2}{x} = 0$ ist, ist die Gerade g (schräge) Asymptote von G_f.

8. a) $f(x) = \frac{x^2 - 16}{x^2 - 9} = \frac{(x-4)(x+4)}{(x-3)(x+3)}$ $D_f = \mathbb{R}\setminus\{3; -3\}$
Nullstellen: $x_1 = -4$ und $x_2 = 4$
Pole mit Vorzeichenwechsel: $x_3 = -3$ und $x_4 = 3$

b) $c > 0$ zwei Nullstellen: $x = \pm\sqrt{c}$;
$c = 0$ eine Nullstelle: $x = 0$;
$c < 0$ keine Nullstelle
$d > 0$ zwei Pole: $x = \pm\sqrt{d}$ (mit Vorzeichenwechsel)
$d = 0$ ein Pol: $x = 0$ (ohne Vorzeichenwechsel)
$d < 0$ kein Pol

(1) Zwei Nullstellen, kein Pol: z. B. für $c = 2$, $d = -2$
(2) Keine Nullstelle, zwei Pole: z. B. für $c = -2$; $d = 2$
(3) Weder Nullstelle noch Pol: z. B. für $c = -2$; $d = -2$
$cd > 0$: I $c > 0$ und $d > 0$ oder II $c < 0$ und $d < 0$
I Zwei Nullstellen, zwei Pole oder II keine Nullstelle, kein Pol
Dies ist für den linken und den mittleren Graphen erfüllt.
$cd < 0$: III $c > 0$ und $d < 0$ oder IV $c < 0$ und $d > 0$
III Zwei Nullstellen, kein Pol oder IV keine Nullstelle, zwei Pole
Dies (IV) ist für den rechten Graphen erfüllt.
V $0 < d < c$: Dies ist für den mittleren Graphen erfüllt.

9.

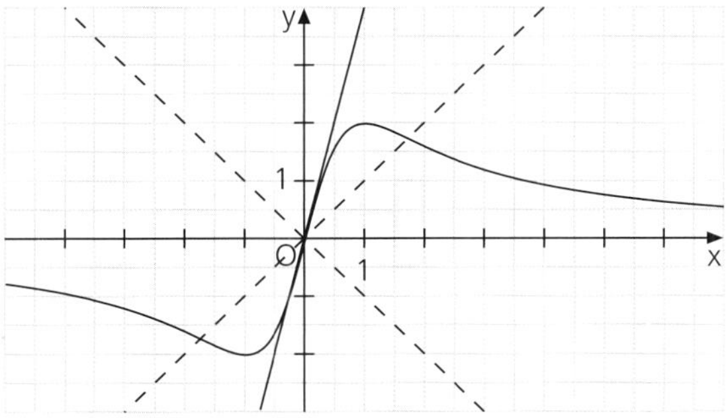

a) $D_{f\,max} = \mathbb{R}$, da der Nennerterm keine Nullstellen besitzt.
$f(-x) = \frac{4(-x)}{(-x)^2 + 1} = \frac{-4x}{x^2 + 1} = -f(x)$: Also ist G_f punktsymmetrisch zum Ursprung.

b) $\frac{4x}{x^2 + 1} = ax$;
$4x = ax(x^2 + 1)$; erfüllt für $x_1 = 0 \in D_f$
$4 = a(x^2 + 1)$;
$x^2 = \frac{4}{a} - 1$; genau eine Lösung: $x = 0$ für $a = 4$
genau zwei Lösungen: $x = \pm\sqrt{\frac{4}{a} - 1}$, also für $0 < a < 4$

a	$-\infty < a < 0$	$0 < a < 4$	$a = 4$	$4 < a < \infty$
Anzahl der gemeinsamen Punkte	1	3	1	1
Art	Schnittpunkt	Schnittpunkte	Berührpunkt	Schnittpunkt

10. a) $U_1 = 3 \cdot a_1 = 24$ cm

$U_2 \left(= 2 \cdot 3 \cdot \frac{a_1}{2}\right) = U_3 \left(= 4 \cdot 3 \cdot \frac{a_1}{4}\right) = \ldots = U_n \left(= 2^{n-1} \cdot 3 \cdot \frac{a_1}{2^{n-1}}\right) = 24$ cm

Höhe eines gleichseitigen Dreiecks der Seitenlänge a: $\frac{\sqrt{3}}{2}\,a$

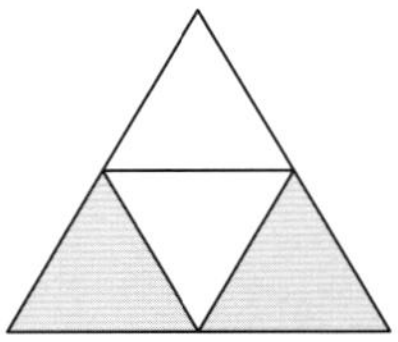

$A_1 = \frac{1}{2} \cdot a_1 \cdot \frac{\sqrt{3}}{2}\,a_1 = \frac{\sqrt{3}}{4}\,a_1^2 = 16\sqrt{3}$ cm²

$A_2 = 2 \cdot \frac{1}{2} \cdot \frac{a_1}{2} \cdot \frac{\sqrt{3}}{2} \cdot \frac{a_1}{2} = \frac{\sqrt{3}}{8}\,a_1^2 = 8\sqrt{3}$ cm²

$\ldots\ A_n = \frac{\sqrt{3}}{2^{n+1}} \cdot a_1^2 = \frac{32}{2^n}\sqrt{3}$ cm²

Die fortlaufende Halbierung der Flächen ist auch elementargeometrisch zu erkennen.

b) $\lim\limits_{n \to \infty} U_n = 24$ cm

$\lim\limits_{n \to \infty} A_n = 0$

11. a) $n = 1$: $f_1(x) = \frac{x - 4x^2 + 5}{x^2} = \frac{1}{x} - 4 + \frac{5}{x^2}$;

$\lim\limits_{x \to \pm\infty} f_1(x) = -4$ Asymptotengleichung: $y = -4$

b) $n = 3$: $f_3(x) = \frac{x^3 - 4x^2 + 5}{x^2} = x - 4 + \frac{5}{x^2}$; Asymptotengleichung: $y = x - 4$

12. $f(x) = \frac{x^3 + 1}{x} = x^2 + \frac{1}{x}$

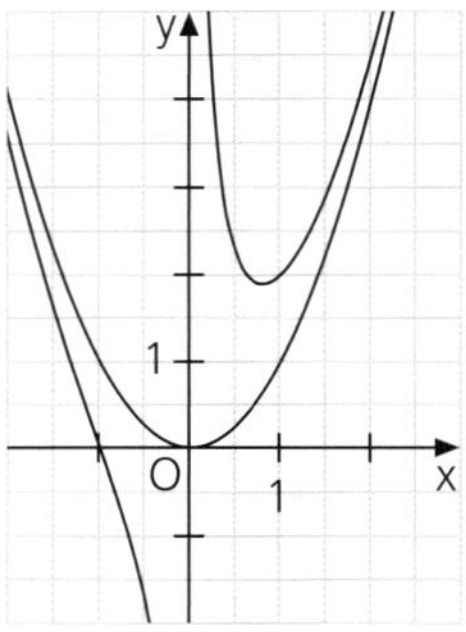

$g(x) = x^2$

$f(x) - g(x) = \frac{1}{x}$ gibt die Entfernung zweier senkrecht übereinander liegender Punkte der Grafen G_f und G_g wieder.

$\lim\limits_{x \to \pm\infty} [f(x) - g(x)] = \lim\limits_{x \to \pm\infty} \frac{1}{x} = 0$; d. h. die Graphen G_f und G_g nähern sich für $|x| \to \infty$ beliebig, ohne einander zu berühren.

13. a)

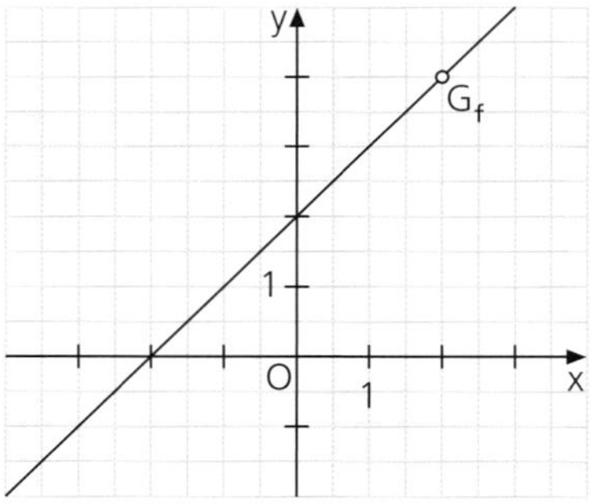

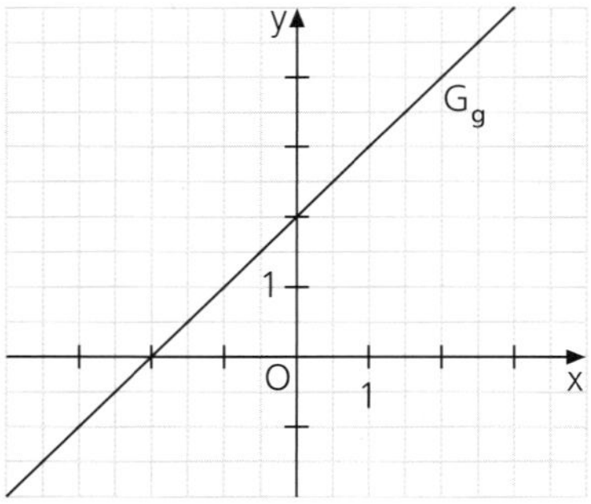

Die Graphen beider Funktionen sind für $x \neq 2$ identisch, da für $x \neq 2$ gilt:

$f(x) = \frac{(x-2)(x+2)}{x-2} = x + 2 = g(x)$.

f hat an der Stelle $x = 2$ eine stetig hebbare Definitionslücke.

b) mögliche Beispiele:

h: $h(x) = \frac{x}{x}$; $D_h = \mathbb{R}\setminus\{0\}$

k: $k(x) = \frac{x^2 \cdot (x-1)}{x-1}$; $D_k = \mathbb{R}\setminus\{1\}$

l: $l(x) = \frac{x \cdot (x-7)}{x-7}$; $D_l = \mathbb{R}_0^+\setminus\{7\}$

14.

Funktion (S. 24)	Anzahl der Nullstellen	Anzahl der Pole	horizontale Asymptote des Graphen der Funktion	senkrechte Asymptote(n) des Graphen der Funkion	Abbildung (S. 25)
f	2	2	$y = \frac{2}{3}$	$x = \pm\frac{2}{3}\sqrt{3}$	(5)
g	0	1	$y = 0$	$x = -1$	(4)
h	1	1	$y = 1$	$x = -2$	(2)
i	0	1	$y = 0$	$x = 2$	(1)
j	2	1	–	$x = -1$	(3)
k	0	1	–	$x = 1$	(6)

15. $h(x) = \frac{12x + 1\,600}{5x + 2}$

a) $f(x) = \frac{12x + 1\,600}{5(x + 0{,}4)} = \frac{2{,}4x + 320}{x + 0{,}4} =$

$= \frac{2{,}4(x + 0{,}4) - 0{,}96 + 320}{x + 0{,}4} = \frac{2{,}4(x + 0{,}4) + 319{,}04}{x + 0{,}4} = 2{,}4 + \frac{319{,}04}{x + 0{,}4}$

Je größer die Stückzahl x ist, umso kleiner ist der Wert von $\frac{319{,}04}{x + 0{,}4}$, also nehmen die Herstellungskosten je Heft mit zunehmender Stückzahl ab; sie nähern sich dem Wert 2,4 € / Stück.

b) Herstellungskosten pro Hausaufgabenheft:
$h(200) \approx 3{,}99$ €
$h(1\,000) \approx 2{,}72$ €
$h(5\,000) \approx 2{,}46$ €
Die Herstellungskosten je Heft sinken bei großen Stückzahlen mit jedem zusätzlich hergestellten Heft nur noch gering, bei kleineren Stückzahlen stärker.

c) $h(2\,000) \approx 2{,}56$ €. Gewinnn pro Heft: 44 ct.
Gesamtgewinn aus dem Auftrag: 66 €

d) Einkaufspreis: 13 250 €

verkaufter Anteil	verkaufte Stückzahl	Einnahme	Gewinn/ Verlust
60%	3 000	10 500 €	–2 750 €
75%	3 750	13 125 €	–125 €
90%	4 500	15 750 €	+2 500 €

gesuchte Verkaufsrate r
$r \cdot 5\,000 \cdot 3{,}50$ € $= 13\,250$ €
$r \approx 75{,}7\%$

W

W1 Through every point $P \notin g$ there exists exactly one line parallel to the line g.

W2 $x_1 = 2,\quad x_2 = -2;\quad x_3 = 3;\quad x_4 = -3$

W3 $\frac{5!}{3! \cdot 2!} \cdot \left(\frac{1}{2}\right)^3 \cdot \left(\frac{1}{2}\right)^2 = 31{,}25\%$

26

L

1.

	Nullstelle(n)	Polstelle(n)	$D_{f\,max}$
a)	$x = 0$	$x = 1$	$\mathbb{R}\setminus\{1\}$
b)	$x_1 = 0;\ x_2 = 1$	$x = -1$	$\mathbb{R}\setminus\{-1\}$
c)	$x = 0$	–	$\mathbb{R}$

2.

Funktion	f_1	f_2	f_3
Nullstelle(n)	–	–	–
Polstelle(n)	$x = 0$	$x = 0$	$x = 0$
Verhalten für $x \to +\infty$	$f(x) \to 0+$	$f(x) \to 1+$	$f(x) \to +\infty$
Verhalten für $x \to -\infty$	$f(x) \to 0-$	$f(x) \to 1+$	$f(x) \to -\infty$
Der Graph verläuft durch die Quadranten	III und I	II und I	III und I
Achsenpunkte des Graphen	–	–	–
Symmetrieverhalten: Der Funktionsgraph ist	punktsymmetrisch zum Ursprung	symmetrisch zur y-Achse	punktsymmetrisch zum Ursprung
Gleichungen der Asymptoten des Graphen	$x = 0$; $y = 0$	$x = 0$; $y = 1$	$x = 0$; $y = x$

3. a) $\lim\limits_{x \to \pm\infty} \frac{4 - x^2}{1 + 2x^2} = \lim\limits_{x \to \pm\infty} \frac{\frac{4}{x^2} - 1}{\frac{1}{x^2} + 2} = \frac{-1}{2} = -0{,}5$

b) $\lim\limits_{x \to \pm\infty}\left[\left(\frac{2x}{1 + 4x}\right)^2\right] = \lim\limits_{x \to \pm\infty}\left[\left(\frac{2}{\frac{1}{x} + 4}\right)^2\right] = \left(\frac{2}{4}\right)^2 = 0{,}25$

c) $\lim\limits_{x \to \pm\infty} \frac{6 - x}{6 + x^2} = \lim\limits_{x \to \pm\infty} \frac{\frac{6}{x^2} - \frac{1}{x}}{\frac{1}{x^2} + 2} = \frac{0}{2} = 0$

4. $\lim\limits_{x \to \pm\infty} \frac{kx^2 + 8x + 1}{3x^2 + 1} = \lim\limits_{x \to \pm\infty} \frac{k + \frac{8}{x} + \frac{1}{x^2}}{3 + \frac{1}{x^2}} = \frac{k}{3};\quad \frac{k}{3} = 2;\quad k = 6$

5. a)

Nummer der Figur	Umfangslänge der Figur (in cm)	Flächeninhalt der Figur (in cm²)
(1)	$U_1 = 4a_1 = 4 \cdot 8 = 32$	$A_1 = a_1^2 = 8^2 = 64$
(2)	$a_2 = \frac{1}{2} a_1 = 4$ $U_2 = 6a_2 = 6 \cdot 4 = 24$	$A_2 = 2a_2^2 = 2 \cdot \left(\frac{1}{2} a_1\right)^2 = 2 \cdot 4^2 = 32$
(3)	$a_3 = \frac{1}{2}a_2 = \frac{1}{2^2} a_1 = 2$ $U_3 = 10a_3 = 10 \cdot 2 = 20$	$A_3 = 4a_3^2 = 4 \cdot \left(\frac{1}{2^2} a_1\right)^2 = 4 \cdot 2^2 = 16$
(n)	$a_n = \frac{1}{2^{n-1}} \cdot a_1$ $U_n = (2^n + 2) \cdot 2^{4-n} = 2^4 + 2^{5-n}$	$A_n = 2^{n-1} \cdot \left(\frac{a_1}{2^{n-1}}\right)^2 = 2^{n-1} \cdot \left(\frac{2^3}{2^{n-1}}\right)^2 =$ $= 2^{n-1} \cdot 2^{8-2n} = 2^{7-n}$

b) $\lim\limits_{n \to +\infty} U_n = 16 \qquad \lim\limits_{n \to +\infty} A_n = 0$

6.

Funktionsgleichung	a)	b)	c)	d)
Wertetabelle	D	C	A	B
Graph	(4)	(1)	(3)	(2)

Kapitel 2

Gottfried Wilhelm Leibniz
geb. 1. 7. 1646 in Leipzig
gest. 14. 11. 1716 in Hannover

1646	Gottfried Wilhelm Leibniz wird in Leipzig geboren Eltern: Friedrich Leibniz (Universitätsprofessor) und Catharina geb. Schmuck
1653–1661	Besuch der Nicolaischule in Leipzig
1661–1666	Studium in Leipzig und Jena
1666	Promotion zum Doktor beider Rechte in Altdorf
1672–1676	Aufenthalt in Paris; Bekanntschaft mit Huygens
1672–1673	Bau einer Rechenmaschine
1673	Reise nach London; Leibniz wird in die Royal Society aufgenommen
1676	Leibniz wird Bibliothekar in den Diensten des Herzogs Johann von Braunschweig/Lüneburg; Reise nach London Beginn seines Briefwechsels mit Newton
1676	Übersiedlung nach Hannover
1684	In der Zeitschrift *Acta Eruditorum* erscheint Leibniz' erste Veröffentlichung der Infinitesimalrechnung *Nova methodus pro maximis et minimis*
1685	Auftrag zur Abfassung der Geschichte des Welfenhauses
1687–1690	Recherchereise zum Ursprung des Welfenhauses nach Frankfurt, Würzburg, München, Wien, Venedig, Ferrara, Rom, Florenz, Bologna und Prag
1691	Ernennung zum Leiter der Wolfenbütteler Bibliothek
1696	Ernennung zum Geheimen Justizrat
1700	Gründung der Akademie der Wissenschaften in Berlin Leibniz wird auswärtiges Mitglied der Académie des Sciences in Paris
1702	Erste Aufzeichnungen zur Théodicée
1705	Treffen mit Zar Peter dem Großen
1706	Höhepunkt des Prioritätenstreits um die Erfindung der Infinitesimalrechnung
1709	Ernennung zum Freiherrn von Leibniz
1712	Im Prioritätenstreit wird gegen Leibniz entschieden; Leibniz wird des Plagiats beschuldigt
1712	Ernennung zum russischen Geheimen Justizrat
1712–1714	Treffen mit Prinz Eugen; Planung einer Akademie der Wissenschaften in Wien
1716	14. November: Leibniz stirbt in Hannover

Gottfried Wilhelm Leibniz war Philosoph, Mathematiker, Physiker, Jurist, Historiker und Diplomat. Er entwickelte gleichzeitig mit Isaac Newton, aber unabhängig von ihm die Differential- und Integralrechnung. Auf Leibniz geht eine Reihe von mathematischen Begriffen, u. a. *Funktion*, *Konstante*, *Variable*, *Koordinate*, *Parameter*, zurück.
Eine bedeutende philosophische Leistung Leibniz' war die Entwicklung der Monadentheorie. Er sah die Welt als die „beste aller möglichen Welten" an.

Isaac Newton
geb. 4. 1. 1643 in Woolsthorpe
gest. 31. 3. 1727 in London

1643	Newton wird als Sohn eines Gutsbesitzers in Woolsthorpe geboren
1650–1658	Besuch verschiedener Schulen
1661	Newton tritt in das Trinity College in Cambridge ein Studium der Werke von Euklid, Kopernikus, Kepler, Galilei und Descartes
1665	Newton erwirbt den Grad eines Bachelor of Arts; Pestzeit: Schließung der Colleges
1665–1667	Forschungstätigkeit in Woolsthorpe
1667	Newton kehrt nach Cambridge zurück
1668	Studienabschluss: Master of Arts
1669	Beginn der Lehrtätigkeit in Cambridge
1672	Newton wird Mitglied der Royal Society
1676	Beginn des Briefwechsels mit Leibniz
1682	Newton entdeckt das allgemeine Gravitationsgesetz
1688	Newton zieht als Abgeordneter ins Unterhaus ein
1699	Newton wird Direktor der Königlichen Münzanstalt in London
1703	Newton wird Präsident der Royal Society und behält dieses Amt bis zu seinem Lebensende
1706	Höhepunkt des Prioritätenstreits um die Erfindung der Infinitesimalrechnung
1712	Im Prioritätenstreit wird gegen Leibniz entschieden; Leibniz wird des Plagiats beschuldigt
1727	Newton stirbt in London; er wird in der Westminster Abbey beigesetzt.

Newton ist der Begründer der neuzeitlichen Naturwissenschaft. Er entwickelte gleichzeitig mit Leibniz, aber unabhängig von ihm die Differential- und Integralrechnung.
Er leitete aus den Keplerschen Gesetzen das Gravitationsgesetz ab und formulierte die Grundgleichungen der Mechanik, erklärte die Bewegung der Planeten um die Sonne sowie die Gezeiten.
Weitere bedeutende Erkenntnisse, u. a. in der Optik, der Strömungslehre und der Akustik, gehen auf Newton zurück.

28

Arbeitsaufträge

1. a) Im Intervall $y_1 =]-\infty; 2[$ steigt der Graph G_f, im Intervall $I_2 =]2; 4[$ fällt er, und im Intervall $]4; \infty[$ steigt er.
Für betragsgroße Werte von x verläuft G_f sehr steil; fast waagrecht verläuft G_f in der Umgebung der Kurvenpunkte H (2 | f(2)) und T (4 | f(4)), besonders „flach“ (d. h. wenig stark gekrümmt) in der Umgebung des Kurvenpunktes W (3 | f(3)).

b) $f(0) = 0$; $f(1) = \frac{1}{3} - 3 + 8 = 5\frac{1}{3}$;
$m_g = \frac{5\frac{1}{3}}{1} = 5\frac{1}{3}$

c)

$[x_1; x_2]$	[1; 2]	[2; 3]	[3; 4]	[4; 5]	[5; 6]
m	$1\frac{1}{3}$	$-\frac{2}{3}$	$-\frac{2}{3}$	$1\frac{1}{3}$	$5\frac{1}{3}$

$[x_1; x_2]$	[0; 2]	[2; 4]	[4; 6]	[0; 3]	[3; 6]	[0; 6]
m	$3\frac{1}{3}$	$-\frac{2}{3}$	$3\frac{1}{3}$	2	2	2

2. a) (1) Individuelle Beschreibungen.
(2) Zunahme (in Mio. pro Jahr)
1990 bis 1995: $\frac{3{,}8 - 0{,}27}{5} \approx 0{,}71$;
2002 bis 2007: $\frac{96{,}4 - 59{,}1}{5} = 7{,}46$
Von 2002 bis 2007 war die durchschnittliche jährliche Zunahme etwa zehnmal so stark wie im Zeitraum von 1990 bis1995.

b) Im Jahr 2000 war der Anstieg am größten.

c) Geht man jeweils von einer etwa gleichmäßigen Zunahme der Anzahl der Verträge im Zeitraum von 1990 bis 1995 (bzw. von 2002 bis 2005) aus, dann betrug die Zunahme im Jahr 1993 (bzw. 2003) etwa 0,71 Mio. (bzw. 6,73 Mio.) Veträge.

d) 2000 bis 2005: $\frac{7{,}3 - 48{,}2}{5}$ Mio. $\approx 6{,}2$ Mio.;
1999: (23,5 – 13,9) Mio. = 9,6 Mio. > 6,2 Mio.

e) 1998:
Anzahl der Verträge: $13{,}9 \cdot 10^6$
Anzahl der Einwohner: $82{,}057 \cdot 10^6$
Anzahl der Verträge auf je 100 Einwohner: $\frac{13{,}9 \cdot 10^6}{82{,}057 \cdot 10^6} \cdot 100 \approx 17$
2007:
Anzahl der Verträge: $96{,}4 \cdot 10^6$
Anzahl der Einwohner: $82{,}218 \cdot 10^6$
Anzahl der Verträge auf je 100 Einwohner: $\frac{96 \cdot 10^6}{82{,}218 \cdot 10^6} \cdot 100 \approx 117$

f) Zunahme (in Mio. pro Jahr) 2002 bis 2007: 7,46
Setzt man voraus, dass der Anstieg etwa gleich bleibt, dann gibt es im Jahr 2012 etwa $(96{,}4 + 5 \cdot 7{,}46)$ Mio., also etwa 134 Mio. Verträge.

30

■

Abbildung	mittlere Änderungsrate im Intervall [a; b]
links	positiv
in der Mitte	negativ
rechts	null

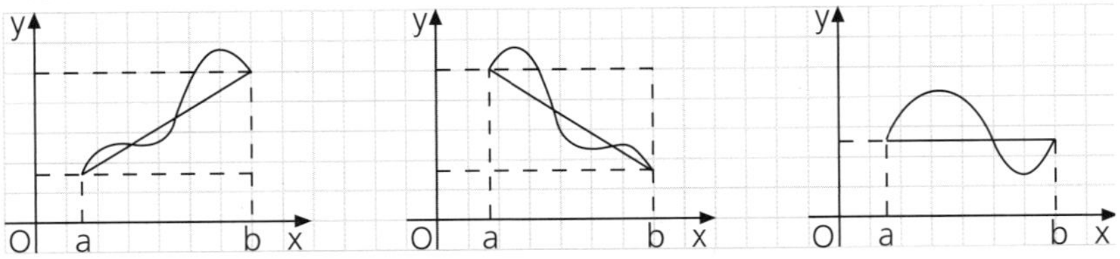

Unabhängig von der Wahl der Größe $c \leqq b$ ist die mittlere Änderungsrate im Intervall [a; c] stets positiv.

Je nach dem Wert der Größe c ist die mittlere Änderungsrate positiv, null oder negativ.

Je nach dem Wert der Größe c ist die mittlere Änderungsrate positiv, null oder neativ.

■ Die mittlere Änderungsrate bedeutet hier die Durchschnittsgeschwindigkeit.

L

1.

	[−2; −1]	[−1; −0,5]	[1; 2]	[1; 3]	[2; 3]	[1; 5]
$f(x) = x^2$	−3	−1,5	3	4	5	6
$f(x) = 0{,}5x^4$	−7,5	−0,9375	7,5	20	32,5	78
$f(x) = \frac{1}{x}$	−0,5	−2	−0,5	$-\frac{1}{3}$	$-\frac{1}{6}$	$-\frac{1}{5}$
$f(x) = \frac{4}{x+3}$	−2	$-\frac{4}{5}$	$-\frac{1}{5}$	$-\frac{1}{6}$	$-\frac{2}{15}$	$-\frac{1}{8}$

2. $f_1(x) = x^3 + 1$

$P_1\ (0 \mid 1)$, $Q_1\ (1 \mid 2)$, $R_1\ (2 \mid 9)$

P_1Q_1: $m_{P_1Q_1} = \frac{2-1}{1-0} = 1$; also $y = x + t$

P_1 eingesetzt: $1 = 0 + t$; $t = 1$; $y = x + 1$

Die Sekante hat die Steigung 1, also ist $\varphi_{11} = 45°$.

Q_1R_1: $m_{Q_1R_1} = \frac{9-2}{2-1} = 7$; also $y = 7x + t$

Q_1 eingesetzt: $2 = 7 \cdot 1 + t$; $t = -5$; $y = 7x - 5$

$\tan \varphi_{21} = 7$; $\varphi_{21} \approx 81{,}9°$

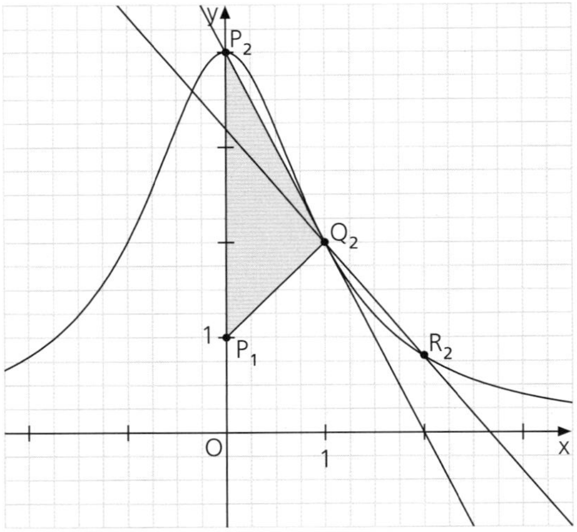

$f_2(x) = \frac{4}{x^2 + 1}$

$P_2\ (0 \mid 4)$; $Q_2\ (1 \mid 2)$, $R_2\ (2 \mid \frac{4}{5})$

P_2Q_2: $m_{P_2Q_2} = \frac{2-4}{1-0} = -2$, also $y = -2x + t$

P_2 eingesetzt: $4 = -2 \cdot 0 + t$, $t = 4$; $y = -2x + 4$

$\tan \varphi_{12} = -2$; $\varphi_{12} \approx 116{,}6°$

Q_2R_2: $m_{Q_2R_2} = \frac{\frac{4}{5} - 2}{2-1} = -\frac{6}{5}$; also $y = -\frac{6}{5}x + t$

Q_2 eingesetzt $2 = -\frac{6}{5} \cdot 1 + t$; $t = 3\frac{1}{5}$, $y = -1{,}2x + 3{,}2$

$\tan \varphi_{22} = -1{,}2$; $\varphi_{22} \approx 129{,}8°$

$A_{\Delta P_1Q_2P_2} = \frac{1}{2} \cdot \overline{P_1P_2} \cdot x_{Q_2} = \frac{1}{2} \cdot 3 \cdot 1 = 1{,}5$

3. a) Beispiel: f: $f(x) = x^2$; $D_f = \mathbb{R}$, $I = [-1; 2]$
b) Beispiel: f: $f(x) = x^2$; $D_f = \mathbb{R}$, $I = [-2; 1]$
c) Beispiel: f: $f(x) = x^2$; $D_f = \mathbb{R}$, $I = [-1; 1]$

a)
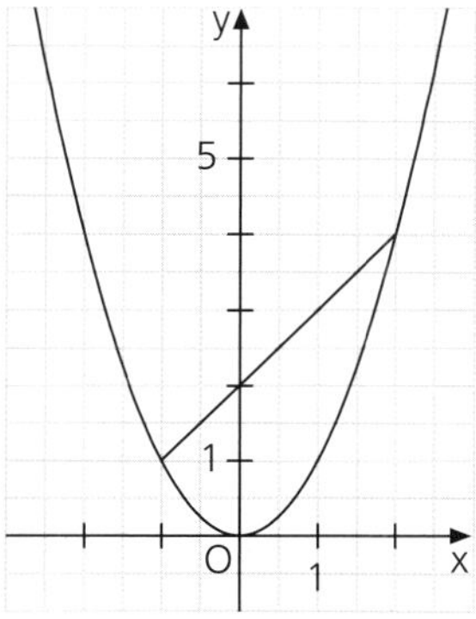

b)
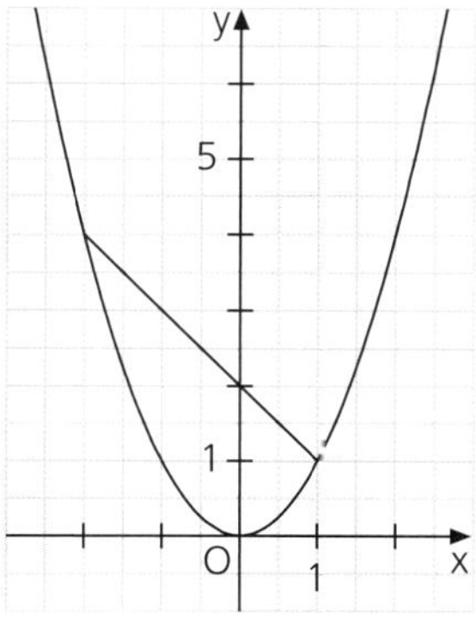

c)
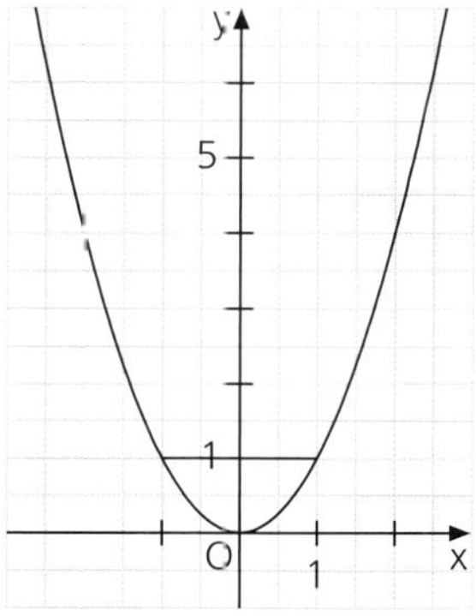

31

4. $f(x) = mx + t$, $a < b$
$$\frac{f(b) - f(a)}{b - a} = \frac{mb + t - (ma + t)}{b - a} = \frac{m(b - a)}{b - a} = m$$
Der Differenzquotient ist unabhängig von a und b gleich der Steigung m der Geraden, die Graph der Funktion f ist. Bei linearen Funktionen ist jede Sekante gleich dem Graphen der Funktion selbst.

5. a) $\frac{f(1 + h) - f(1)}{1 + h - 1} = \frac{4(1 + h)^2 - 4}{h} = \frac{4 + 8h + 4h^2 - 4}{h} = 4h + 8$

b) $\frac{f(a + 1) - f(a)}{a + 1 - a} = \frac{(a + 1)^2 - 2(a + 1) - (a^2 - 2a)}{1} =$
$= a^2 + 2a + 1 - 2a - 2 - a^2 + 2a = 2a - 1$

c) $\frac{f(1 + h) - f(1)}{1 + h - 1} = \frac{\frac{1}{1 + h} - 1}{h} = \frac{1 - (1 + h)}{(1 + h)h} = \frac{-h}{(1 + h)h} = -\frac{1}{1 + h}$

d) $\frac{f(\pi) - f\left(\frac{5\pi}{6}\right)}{\pi - \frac{5\pi}{6}} = \frac{\sin\pi - \sin\frac{5\pi}{6}}{\frac{\pi}{6}} = \frac{0 - \frac{1}{2}}{\frac{\pi}{6}} = -\frac{3}{\pi}$

$y = -\frac{3}{\pi}x + t$
$(\pi \mid \sin\pi)$ eingesetzt: $0 = -\frac{3}{\pi} \cdot \pi + t$; $t = 3$
$y = -\frac{3}{\pi}x + 3$

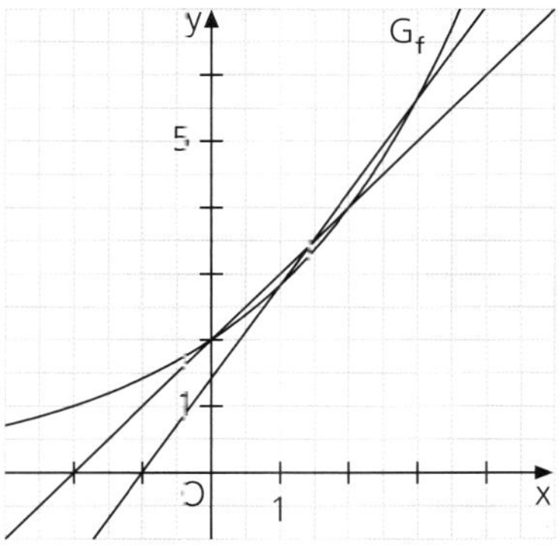

6. $\frac{f(a + 1) - f(a)}{a + 1 - a} = \frac{2^{a+1} - 2^a}{1} = 2 \cdot 2^a - 2^a = 2^a = f(a)$
$f(a) = 1$; $2^a = 1$; $a = 0$
$f(a) = \sqrt{2}$; $2^a = \sqrt{2}$; $a = \frac{1}{2}$

7. a) Bedingung: $\frac{f(2) - f(0)}{2 - 0} = 0$; $f(2) = f(0)$
Beispiele: $f(x) = (x - 1)^2$ mit $f(2) = f(0) = 1$
$f(x) = x(x - 2)$ mit $f(2) = f(0) = 0$

b) Bedingung: $\frac{f(2) - f(0)}{2 - 0} = 1$; $f(2) = f(0) + 2$
Beispiele: $f(x) = \frac{1}{2}x^2$ mit $f(0) = 0$, $f(2) = 2$
$f(x) = \left(\sqrt{3}\right)^x$ mit $f(0) = 1$, $f(2) = 3$

c) Bedingung: $\frac{f(2) - f(0)}{2 - 0} = -2$; $f(2) = f(0) - 4$
Beispiel: $f(x) = -x^2$ mit $f(0) = 0$; $f(2) = -4$
$f(x) = -\sqrt{12x + 1}$ mit $f(0) = -1$, $f(2) = -5$

8. a) $\frac{f(2) - f(1)}{2 - 1} = \frac{8 - 2}{1} = 6$

b) $\frac{f(10) - f(0)}{10 - 0} = \frac{200 - 0}{10} = 20$

c) $\frac{f(20) - f(10)}{20 - 10} = \frac{800 - 200}{10} = 60$

d) $\frac{f(100) - f(50)}{100 - 50} = \frac{20\,000 - 5\,000}{50} = 300$

9. a) $\frac{\Delta V}{\Delta r} = \frac{V_2 - V_1}{r_2 - r_1} = \frac{\frac{4}{3}\pi r_2^3 - \frac{4}{3}\pi r_1^3}{r_2 - r_1} = \frac{\frac{4}{3}\pi \cdot [(15\text{ cm})^3 - (10\text{ cm})^3]}{15\text{ cm} - 10\text{ cm}} = \frac{1\,900\,\pi}{3}\text{ cm}^2$

b) $\frac{\Delta A}{\Delta r} = \frac{A_2 - A_1}{r_2 - r_1} = \frac{4\pi r_2^2 - 4\pi r_1^2}{r_2 - r_1} = \frac{4\pi\,(r_2^2 - r_1^2)}{r_2 - r_1} = 4\pi\,(r_2 + r_1) = 100\pi\text{ cm}$

10. a) $f(x) = (x - 1)(x^2 + 4x + 4) = (x - 1)(x + 2)^2$; Nullstellen $x_1 = 1$, $x_2 = -2$ (doppelt)

b)

$-\infty < x < -2$	$-2 < x < 1$	$1 < x < +\infty$
$f(x) < 0$	$f(x) < 0$	$f(x) > 0$

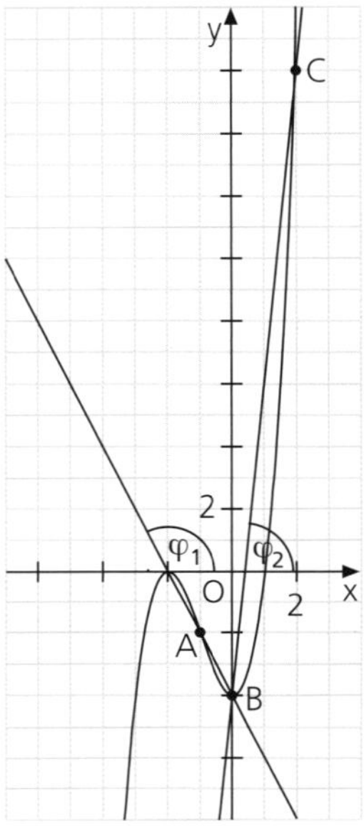

c) A (−1 | −2), B (0 | −4), C (2 | 16)

l_1: $\frac{f(0) - f(-1)}{0 - (-1)} = \frac{-4 - (-2)}{1} = -2$

also: $y = -2x + t$

B eingesetzt: $-4 = 0 + t$; $t = -4$; s_1: $y = -2x - 4$

$\tan \varphi_1 = -2$; $\varphi_1 \approx 116{,}6°$

l_2: $\frac{f(2) - f0)}{2 - 0} = \frac{16 - (-4)}{2} = 10$

also: $y = 10x + t$

B eingesetzt: $-4 = 0 + t$; $t = -4$; s_2: $y = 10x - 4$

$\tan \varphi_2 = 10$; $\varphi_2 \approx 84{,}3°$

l_3: $\frac{f(2) - f(-1)}{2 - (-1)} = \frac{16 - (-2)}{3} = 6$

$y = 6x + t$;

also: A eingesetzt: $-2 = -6 + t$

$t = 4$; s_3: $y = 6x + 4$

$\tan \varphi_3 = 6$; $\varphi_3 \approx 80{,}5°$

11. a) $\frac{f(1) - f(0)}{1 - 0} = \frac{1{,}5 - 1}{1} = 0{,}5$

$\frac{f(2) - f(1)}{2 - 1} = \frac{2{,}25 - 1{,}5}{1} = 0{,}75$

$\frac{f(2) - f(0)}{2 - 0} = \frac{2{,}25 - 1}{2} = 0{,}625$

b) $\frac{f(1) - f(0)}{1 - 0} = \frac{1 - 0}{1} = 1$

$\frac{f(2) - f(1)}{2 - 1} = \frac{\sqrt{2} - 1}{1} = \sqrt{2} - 1 \approx 0{,}41$

$\frac{f(2) - f(0)}{2 - 0} = \frac{\sqrt{2} - 0}{2} = \frac{\sqrt{2}}{2} \approx 0{,}71$

c) $\frac{f(1) - f(0)}{1 - 0} = \frac{-2 - (-4)}{1} = 2$

$\frac{f(2) - f(1)}{2 - 1} = \frac{-\frac{4}{5} - (-2)}{1} = \frac{6}{5} = 1{,}2$

$\frac{f(2) - f(0)}{2 - 0} = \frac{-\frac{4}{5} - (-4)}{2} = 1\frac{3}{5} = 1{,}6$

32

12. a)

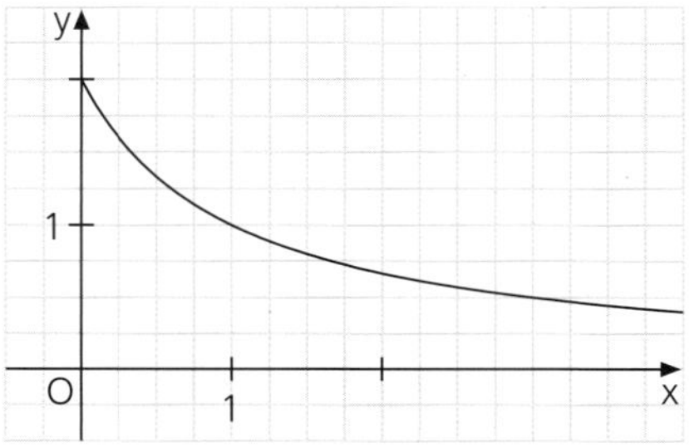

b) I_1: $\frac{f(1) - f(0)}{1 - 0} = \frac{1 - 2}{1} = -1$
also $y = -x + t$
$(0 \mid 2)$ eingesetzt : $2 = 0 + t$; $t = 2$; s_1: $y = -x + 2$
I_2: $\frac{f(2) - f(0)}{2 - 0} = \frac{\frac{2}{3} - 2}{2} = -\frac{2}{3}$; s_2: $y = -\frac{2}{3}x + 2$
I_3: $\frac{f(b) - f(0)}{b - 0} = \frac{\frac{2}{b+1} - 2}{b} = \frac{2 - 2(b+1)}{b(b+1)} = \frac{-2b}{b(b+1)} = -\frac{2}{b+1}$;
s_3: $y = -\frac{2}{b+1}x + t$; $(0 \mid b)$ eingesetzt $b = \frac{-2}{b+1} \cdot 0 + t$;
$t = b$; s_3 : $y = -\frac{2}{b+1}x + b$

13. a)

Zeitraum	1950-1970	1970-1985	1985-1993	1993-1995	1995-2006	2006-2020	2020-2050
mittlere jährliche Änderungsrate in Mio/Jahr	0,44	−0,027	0,45	0,25	0,055	−0,12	−0,31

b) 2000: 81,8 Mio + 5 · 0,055 Mio = 82,1 Mio
2010: 82,4 Mio + 4 · (−0,12 Mio) = 81,9 Mio

c)

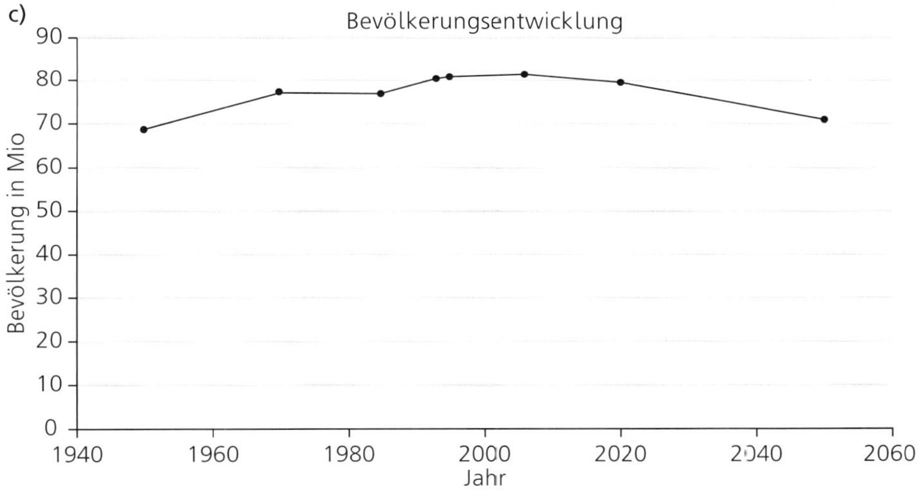

14. $\frac{38 - 18}{5 - 2}\,\frac{m}{s} = \frac{20}{3}\,\frac{m}{s}$; $\frac{22 - 11}{5 - 2}\,\frac{m}{s} = \frac{11}{3}\,\frac{m}{s}$; $\frac{28 - 14}{5 - 2} = \frac{14}{3}\,\frac{m}{s}$
Die mittleren Änderungsraten geben die mittleren Geschwindigkeiten in den jeweiligen Zeitintervallen an.

15. a) [2; 5] b) [5; 8] c) [0; 2]

W

W1 Auswahlmöglichkeiten: $\frac{8 \cdot 7 \cdot 6 \cdot 5}{4!} = 70$
Anordnungsmöglichkeiten unter der Berücksichtigung der Orientierung: $\frac{4!}{4} = 6$
Gesamtanzahl der Anordnungsmöglichkeiten: $70 \cdot 6 = 420$

W2 $12 + 8 \cdot 3 = 36$

W3 $\frac{x}{y} = \frac{2}{3}$; $x = \frac{2}{3}y$
$\frac{y}{z} = \frac{4}{5}$; $z = \frac{5}{4}y$
$\frac{x + y}{z - y} = \frac{\frac{2}{3}y + y}{\frac{5}{4}y - y} = \frac{\frac{5}{3}y}{\frac{1}{4}y} = \frac{5}{3} \cdot 4 = \frac{20}{3}$

33

L

i	a_1	b_i	$f(a_i)$	$f(b_1)$	x_i	$f(x_i)$
1	0	1	−1	+0,459697694	+0,685073357	−0,089299276
2	+0,685073357	1	−0,089299276	+0,459697694	+0,736298997	−0,004660040
3	+0,736298997	1	−0,004660040	+0,459697694	+0,738945355	−0,000233926
4	+0,738945355	1	−0,000233926	+0,459697694	+0,739078130	−0,000011720

Arbeitsaufträge

1.

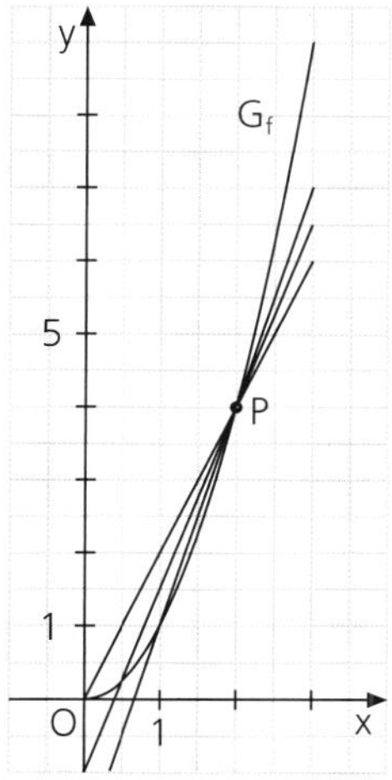

a)

$[x_1; x_2]$	[0; 2]	[0,5; 2]	[1; 2]	[1,5; 2]
m_{PQ}	2	2,5	3	3,5

$[x_1; x_2]$	[1,7; 2]	[1,9; 2]	[1,99; 2]	[1,999; 2]
m_{PQ}	3,7	3,9	3,99	3,999

b) Die ersten drei Sekanten haben die Gleichung $y = 2x$; $y = 2{,}5x - 1$ bzw. $y = 3x - 2$ (vgl. die Abbildung).

c) Für Q → P (2 | 4) dreht sich die Sekante s im Gegenuhrzeitersinn um den Punkt P. Als Grenzlage für s ergibt sich die Tangente t_P: $y = 4x - 4$ an G_f im Punkt P.

d) Individuelle Ergebnisse

e) $\frac{f(x) - f(2)}{x - 2} = \frac{x^2 - 4}{x - 2} = \frac{(x-2)(x+2)}{x - 2} = x + 2;\ x \neq 2$

Für x → 2 strebt der Wert des Differenzenquotienten gegen die Zahl m = 4; sie bedeutet geometrisch die Steigung der Tangente t_P an G_f in P.

2. Individuelle Ergebnisse

3.

Zeit (in s) seit Beginn des freien Falls	1	2	3	4	5	6
Weg y (in m), den der Körper in dieser Zeit zurückgelegt hat	4,9	19,6	44,1	78,5	122,6	176,6

Zeitintervall I (in s)	[2,0; 3,0]	[2,5; 3]	[2,9; 3]	[2,99; 3]	[2,999; 3]
Mittlere Geschwindigkeit (in $\frac{m}{s}$) in I	24,53	26,98	28,94	29,38	29,43

Zeitintervall I (in s)	[3,0; 4,0]	[3,0; 3,5]	[3,0; 3,1]	[3,0; 3,01]	[3,0; 3,001]
Mittlere Geschwindigkeit (in $\frac{m}{s}$) in I	34,34	31,88	29,92	29.48	29,43

37

Die mittlere Geschwindigkeit nähert sich dem Wert 29,43 $\frac{m}{s}$.
Man kann die Momentangeschwindigkeit zum Zeitpunkt t_0 (z.B. $t_0 = 3{,}0$ s) als gemeinsamen Grenzwert der Durchschnittsgeschwindigkeit im Intervall $[t; t_0]$ bzw. im Intervall $[t_0; t]$ für $t \rightarrow t_0$ definieren.

- m
- Ja: $x > 0$: $\frac{f(x) - f(0)}{x - 0} = \frac{x^3 - 0}{x - 0} = x^2$; $\lim\limits_{x \to 0+} x^2 = 0$

  $x < 0$: $\frac{f(x) - f(0)}{x - 0} = \frac{-x^3 - 0}{x - 0} = -x^2$; $\lim\limits_{x \to 0-} (-x^2) = 0$
- G_f hat im Graphpunkt $P\,(x_0 \mid f(x_0))$ eine horizontale Tangente.

L

1. Individuelle Lösungen

Joseph Louis Lagrange
geb. 25. 1. 1736 in Turin
gest. 10. 4. 1813 in Paris

Joseph Louis Lagrange wurde am 25. 1. 1736 in Turin als Sohn eines Kriegsschatzmeisters geboren. Da sein Vater durch gewagte Spekulationen sein Vermögen verloren hatte, konnte der Sohn nicht die Offizierslaufbahn wählen, wie es Tradition der Familie war. Joseph Louis Lagrange besuchte das Turiner Kolleg, beschäftigte sich aber schon in der Schulzeit mit Mathematik, speziell mit Geometrie.
Bereits mit 19 Jahren erhielt er einen Lehrstuhl für Mathematik an der Königlichen Offiziersschule in Turin. Seine ersten wissenschaftlichen Veröffentlichungen waren Arbeiten über Differentialgleichungen und über Variationsrechnung.
Dem Ruf König Friedrichs II. von Preußen folgend ging Lagrange 1766 als Direktor der Preußischen Akademie der Wissenschaften nach Berlin. Er wurde dort Nachfolger von Leonhard Euler und war zwanzig Jahre lang in Berlin wissenschaftlich tätig. Nach dem Tod Friedrichs II. ging Lagrange nach Paris; er wurde dort in die Akademie der Wissenschaften sowie in die Kommission für das Münzwesen und in das Komitee für Erfindungen und deren Anwendungen aufgenommen.
Für kurze Zeit lehrte er an der neu errichteten École Normale Superieure, später an der École Polytechnique. 1788 veröffentlichte er ein bedeutendes Werk über Theoretische Physik, die *Mécanique analytique*. 1797 folgte die *Théorie des fonctions analytiques*; in diesem Werk unternahm er den Versuch, die Infinitesimalrechnung neu zu begründen.
Unter Napoleon I. wurde er Mitglied des Senats und erhielt den Titel eines Grafen.
Joseph Louis Lagrange starb am 10.4.1813 in Paris; er ist eine der 72 Persönlichkeiten, deren Namen auf dem Eiffelturm eingraviert sind.

Lagrange begründete die Analytische Mechanik. Weitere Forschungsgebiete waren das Dreikörperproblem der Himmelsmechanik (er entdeckte 1772 die Lagrange-Punkte L1 bis L5, deren Bedeutung für die Stationierung von Satelliten erst Ende des 20. Jahrhunderts erkannt wurde), Variationsrechnung und Funktionentheorie.
Die Schreibweise f'(x) geht auf Lagrange zurück.

2. a) $P_1\,(2 \mid 1)$: $m = \lim\limits_{x \to 2} \frac{f(x) - f(2)}{x - 2} = \lim\limits_{x \to 2} \frac{\frac{1}{4}x^2 - 1}{x - 2} =$

$= \lim\limits_{x \to 2} \frac{\frac{1}{4}(x^2 - 4)}{x - 2} = \lim\limits_{x \to 2} \frac{\frac{1}{4}(x + 2)(x - 2)}{x - 2} = \lim\limits_{x \to 2} \frac{1}{4}(x + 2) = 1$

$y = x + t$

$P_1\,(2 \mid 1)$: $1 = 2 + t$; $t = -1$; t_{P_1}: $y = x - 1$

b) $P_2\,(-1\,|\,\frac{1}{4})$: $m = \lim\limits_{x\to -1} \frac{f(x) - f(-1)}{x-(-1)} = \lim\limits_{x\to -1} \frac{\frac{1}{4}x^2 - \frac{1}{4}}{x+1} =$

$= \lim\limits_{x\to -1} \frac{\frac{1}{4}(x+1)(x-1)}{x+1} = \lim\limits_{x\to -1} \frac{1}{4}(x-1) = -\frac{1}{2}$

$y = -\frac{1}{2}x + t$

$P_2\,(-1\,|\,\frac{1}{4})$: $\frac{1}{4} = -\frac{1}{2}\cdot(-1) + t$; $t = -\frac{1}{4}$; t_{P_2}: $y = -\frac{1}{2}x - \frac{1}{4}$

c) $P_3\,(-2\,|\,1)$: $m = \lim\limits_{x\to -2} \frac{f(x) - f(-2)}{x-(-2)} = \lim\limits_{x\to -2} \frac{\frac{1}{4}x^2 - 1}{x+2} =$

$= \lim\limits_{x\to -2} \frac{\frac{1}{4}(x+2)(x-2)}{x+2} = \lim\limits_{x\to -2} \frac{1}{4}(x-2) = -1$

$y = -x + t$

$P_3\,(-2\,|\,1)$: $1 = -(-2) + t$; $t = -1$; t_{P_3}: $y = -x - 1$

d) $P_4\,(x_0\,|\,\frac{1}{4}x_0^2)$: $m = \lim\limits_{x\to x_0} \frac{\frac{1}{4}x^2 - \frac{1}{4}x_0^2}{x - x_0} = \lim\limits_{x\to x_0} \frac{\frac{1}{4}(x-x_0)(x+x_0)}{x-x_0} =$

$= \lim\limits_{x\to x_0} \frac{1}{4}(x + x_0) = \frac{1}{4}\cdot 2x_0 = \frac{1}{2}x_0$

$y = \frac{1}{2}x_0 x + t$

$P_4\,(x_0\,|\,\frac{1}{4}x_0^2)$: $\frac{1}{4}x_0^2 = \frac{1}{2}x_0^2 + t$; $t = -\frac{1}{4}x_0^2$; t_{P_4}: $y = \frac{1}{2}x_0 x - \frac{1}{4}x_0^2$

$t_{P_1} \cap t_{P_3}$: $x - 1 = -x - 1$

$2x = 0$; $\quad x = 0$

$y = 0 - 1 = -1$; $\quad T\,(0\,|\,-1)$

$t_{P_1} \perp t_{P_3}$; Man erhält t_{P_3} duch Spiegelung von t_{P_1} an der y-Achse.

$A = \frac{1}{2}\cdot 4 \cdot 2 = 4$

$\overline{P_1T} = \sqrt{2^2 + 2^2} = \sqrt{8} = 2\sqrt{2}$

$U = 4 + 4\sqrt{2}$

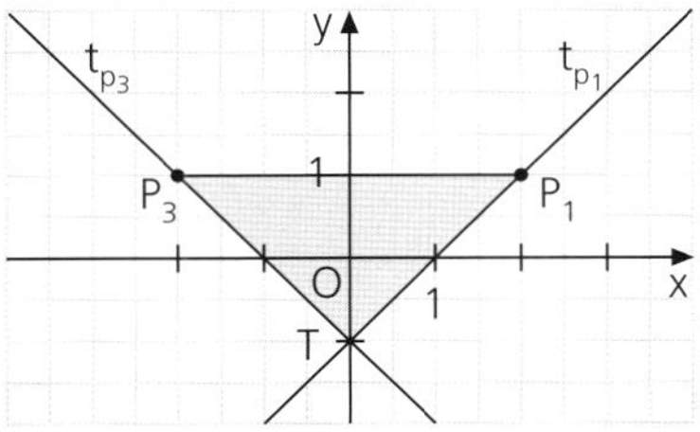

3. a) $P\,(3\,|\,-2)$

$m = \lim\limits_{x\to 3} \frac{f(x) - f(3)}{x-3} = \lim\limits_{x\to 3} \frac{-\frac{1}{3}x^2 + 1 - (-2)}{x-3} = \lim\limits_{x\to 3} \frac{-\frac{1}{3}x^2 + 3}{x-3}$

$= \lim\limits_{x\to 3} \frac{-\frac{1}{3}(x-3)(x+3)}{x-3} = \lim\limits_{x\to 3} \left[-\frac{1}{3}(x+3)\right] = -2$

$y = -2x + t$

$P\,(3\,|\,-2)$: $-2 = -6 + t$; $t = 4$; $y = -2x + 4$

$\tan\varphi = -2$; $\varphi \approx 116{,}6°$

b) $P\,(3\,|\,0)$

$m = \lim\limits_{x\to 3} \frac{f(x) - f(3)}{x-3} = \lim\limits_{x\to 3} \frac{(x-3)^2 - 0}{x-3} = \lim\limits_{x\to 3} (x-3) = 0$

$y = 0\cdot x + t$

$P\,(3\,|\,0)$: $0 = 0 + t$; $t = 0$; $y = 0$; $\varphi = 0°$

c) $P\,(3\,|\,\frac{1}{6})$

$m = \lim\limits_{x\to 3} \frac{f(x) - f(3)}{x-3} = \lim\limits_{x\to 3} \frac{\frac{1}{2x} - \frac{1}{6}}{x-3} = \lim\limits_{x\to 3} \frac{\frac{3-x}{6x}}{x-3} = \lim\limits_{x\to 3} \frac{-(x-3)}{6x(x-3)} = \lim\limits_{x\to 3} \frac{-1}{6x} = -\frac{1}{18}$

$y = -\frac{1}{18}x + t$

$P\,(3\,|\,\frac{1}{6})$: $\frac{1}{6} = -\frac{1}{18}\cdot 3 + t$; $t = \frac{1}{3}$; $y = -\frac{1}{18}x + \frac{1}{3}$

$\tan\varphi = -\frac{1}{18}$; $\varphi \approx 176{,}8°$

$0° < 96{,}3° < 116{,}6° < 176{,}8°$

d) P (3 | 6)

$m = \lim\limits_{x \to 3} \frac{f(x) - f(3)}{x - 3} = \lim\limits_{x \to 3} \frac{x^2 - x - 6}{x - 3} = \lim\limits_{x \to 3} \frac{(x - 3)(x + 2)}{x - 3} = \lim\limits_{x \to 3} (x + 2) = 5$

$y = 5x + t;$

P (3 | 6): $6 = 15 + t;\ t = -9;\ y = 5x - 9$

$\tan \varphi = 5;\ \varphi \approx 78{,}7°$

4. a) $m = \frac{\Delta y}{\Delta x} \approx \frac{2{,}5 - 1{,}3}{3{,}5 - 2} = \frac{1{,}2}{1{,}5} = \frac{4}{5}$

$t = -0{,}3$

$y = \frac{4}{5}x - 0{,}3$

b) S (0 | 0,5); $f(x) = ax^2 + 0{,}5$

$Q \in G_f$: $1{,}3 = a \cdot 2^2 + 0{,}5$

$4a = 0{,}8$

$a = 0{,}2$

$f(x) = 0{,}2x^2 + 0{,}5$

$m = \lim\limits_{x \to 2} \frac{f(x) - f(2)}{x - 2} = \lim\limits_{x \to 2} \frac{0{,}2x^2 + 0{,}5 - 1{,}3}{x - 2} = \lim\limits_{x \to 2} \frac{0{,}2x^2 - 0{,}8}{x - 2} =$

$= \lim\limits_{x \to 2} \frac{0{,}2(x^2 - 4)}{x - 2} = \lim\limits_{x \to 2} [0{,}2(x + 2)] = 0{,}8$; also $y = 0{,}8x + t$

Q (2 | 1,3): $1{,}3 = 0{,}8 \cdot 2 + t;\ t = 1{,}3 - 1{,}6 = -0{,}3;\ y = 0{,}8x - 0{,}3$

5. a) $f'(2) = \lim\limits_{x \to 2} \frac{f(x) - f(2)}{x - 2} = \lim\limits_{x \to 2} \frac{\frac{1}{3}x^2 - \frac{4}{3}}{x - 2} = \lim\limits_{x \to 2} \frac{\frac{1}{3}(x^2 - 4)}{x - 2} = \lim\limits_{x \to 2} \left[\frac{1}{3}(x + 2)\right] = \frac{4}{3}$

b) $f'(-1) = \lim\limits_{x \to -1} \frac{f(x) - f(-1)}{x - (-1)} = \lim\limits_{x \to -1} \frac{(x - 2)^2 - 9}{x + 1} = \lim\limits_{x \to -1} \frac{x^2 - 4x + 4 - 9}{x + 1} =$

$= \lim\limits_{x \to -1} \frac{x^2 - 4x - 5}{x + 1} = \lim\limits_{x \to -1} \frac{(x - 5)(x + 1)}{x + 1} = \lim\limits_{x \to -1} (x - 5) = -6$

c) $f'(2) = \lim\limits_{x \to 2} \frac{f(x) - f(2)}{x - 2} = \lim\limits_{x \to 2} \frac{\frac{6}{x} - 3}{x - 2} = \lim\limits_{x \to 2} \frac{\frac{6 - 3x}{x}}{x - 2} = \lim\limits_{x \to 2} \frac{-3(x - 2)}{x(x - 2)} = \lim\limits_{x \to 2} \left(\frac{-3}{x}\right) = -\frac{3}{2}$

d) $f'(9) = \lim\limits_{x \to 9} \frac{f(x) - f(9)}{x - 9} = \lim\limits_{x \to 9} \frac{\sqrt{x} - 3}{x - 9} = \lim\limits_{x \to 9} \frac{\sqrt{x} - 3}{(\sqrt{x} - 3)(\sqrt{x} + 3)} = \lim\limits_{x \to 9} \frac{1}{\sqrt{x} + 3} = \frac{1}{6}$

6.

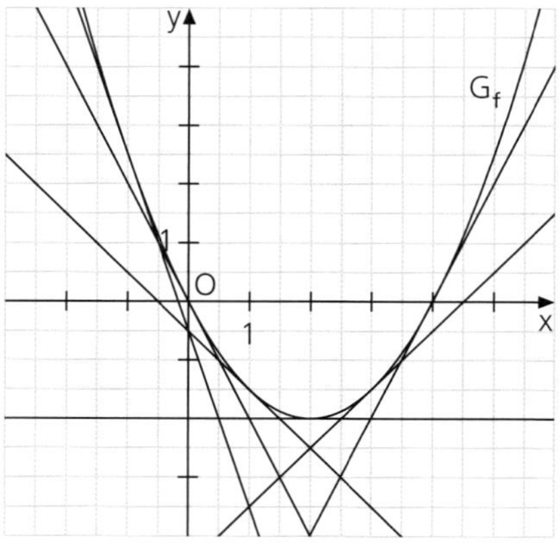

a) $f'(1) = \lim\limits_{x \to 1} \frac{\frac{1}{2}x^2 - 2x - \left(-1\frac{1}{2}\right)}{x - 1} = \lim\limits_{x \to 1} \frac{\frac{1}{2}(x^2 - 4x + 3)}{x - 1} = \lim\limits_{x \to 1} \frac{\frac{1}{2}(x - 1)(x - 3)}{x - 1} = \lim\limits_{x \to 1} \left[\frac{1}{2}(x - 3)\right] = -1$

b) $f'(-1) = \lim\limits_{x \to -1} \frac{\frac{1}{2}x^2 - 2x - 2\frac{1}{2}}{x - (-1)} = \lim\limits_{x \to -1} \frac{\frac{1}{2}(x^2 - 4x - 5)}{x + 1} = \lim\limits_{x \to -1} \frac{\frac{1}{2}(x + 1)(x - 5)}{x + 1} = \lim\limits_{x \to -1} \left[\frac{1}{2}(x - 5)\right] = -3$

c) $f'(0) = \lim\limits_{x \to 0} \frac{\frac{1}{2}x^2 - 2x}{x - 0} = \lim\limits_{x \to 0} \left(\frac{1}{2}x - 2\right) = -2$

d) $f'(2) = \lim\limits_{x \to 2} \frac{\frac{1}{2}x^2 - 2x - (-2)}{x - 2} = \lim\limits_{x \to 2} \frac{\frac{1}{2}(x^2 - 4x + 4)}{x - 2} = \lim\limits_{x \to 2} \frac{\frac{1}{2}(x - 2)^2}{x - 2} = \lim\limits_{x \to 2} \left[\frac{1}{2}(x - 2)\right] = 0$

e) $f'(4) = \lim\limits_{x \to 4} \frac{\frac{1}{2}x^2 - 2x - 0}{x - 4} = \lim\limits_{x \to 4} \frac{\frac{1}{2}x\,(x - 4)}{x - 4} = \lim\limits_{x \to 4} \frac{1}{2}x = 2$

f) $f'(3) = \lim\limits_{x \to 3} \frac{\frac{1}{2}x^2 - 2x - \left(-1\frac{1}{2}\right)}{x - 3} = \lim\limits_{x \to 3} \frac{\frac{1}{2}(x^2 - 4x + 3)}{x - 3} = \lim\limits_{x \to 3} \frac{\frac{1}{2}(x - 1)(x - 3)}{x - 3} = \lim\limits_{x \to 3} \left[\frac{1}{2}(x - 1)\right] = 1$

7. a) $f(x) = 0$

$1{,}5 - 2{,}5x - x^2 = 0 \quad x_{1,2} = \frac{2{,}5 \pm \sqrt{(-2{,}5)^2 - 4 \cdot (-1) \cdot 1{,}5}}{2 \cdot (-1)} = \frac{2{,}5 \pm 3{,}5}{-2}$; $N_1\,(-3 \mid 0)$, $N_2\,(\frac{1}{2} \mid 0)$

$x_{S_1} = \frac{-3 + \frac{1}{2}}{2} = -\frac{5}{4}$; $y_{S_1} = f(x_{S_1}) = 1{,}5 - 2{,}5 \cdot \left(-\frac{5}{4}\right) - \left(\frac{5}{4}\right)^2 = 3\frac{1}{16} \quad S_1\,(-\frac{5}{4} \mid 3\frac{1}{16})$

b) $m_1 = \lim\limits_{x \to -3} \frac{f(x) - f(-3)}{x - (-3)} = \lim\limits_{x \to -3} \frac{1{,}5 - 2{,}5x - x^2 - 0}{x + 3} = \lim\limits_{x \to -3} \frac{-(x + 3)\left(x - \frac{1}{2}\right)}{x + 3} = \lim\limits_{x \to -3} \left[-\left(x - \frac{1}{2}\right)\right] = 3{,}5$

$y = 3{,}5x + t$

$N_1\,(-3 \mid 0)$: $0 = 3{,}5 \cdot (-3) + t$; $t = 10{,}5$; t_1: $y = 3{,}5x + 10{,}5$

$m_2 = \lim\limits_{x \to \frac{1}{2}} \frac{f(x) - f(\frac{1}{2})}{x - \frac{1}{2}} = \lim\limits_{x \to \frac{1}{2}} \frac{-(x + 3)\left(x - \frac{1}{2}\right)}{x - \frac{1}{2}} = \lim\limits_{x \to \frac{1}{2}} [-(x + 3)] = -3{,}5$

$y = -3{,}5x + t$

$N_2\,(\frac{1}{2} \mid 0)$: $0 = -3{,}5 \cdot \frac{1}{2} + t$; $t = 1{,}75$; t_2: $y = -3{,}5x + 1{,}75$

Schnittpunkt: $3{,}5x + 10{,}5 = -3{,}5x + 1{,}75$

$7x = -8{,}75$

$x = -1{,}25$

$y = 3{,}5 \cdot (-1{,}25) + 10{,}5 = 6\frac{1}{8}$

$S\,(-1{,}25 \mid 6\frac{1}{8})$

P_2: $y = 2f(x) \quad x_{S_2} = x_{S_1} = -\frac{5}{4}$

$y_{S_2} = 2 \cdot x_{S_2} \cdot 3\frac{1}{16} = 6\frac{1}{8}$

also $S_2 = S$.

c) $f^*(x) = -f(x) = x^2 + 2{,}5x - 1{,}5$

t_2^*: $y = -3{,}5x - 10{,}5$

t_2^*: $y = 3{,}5x - 1{,}75$

8. $(x - x_0)(x^2 + xx_0 + x_0^2) = x^3 + x^2x_0 + xx_0^2 - x^2x_0 - xx_0^2 - x_0^3 = x^3 - x_0^2$ ✓

Individuelle Erläuterungen

$f'(0) = 0$, $f'(-1) = 3$, $f'(1) = 3$, $f'(-2) = 12$, $f'(2) = 12$, $f'(-x_0) = 3x_0^2$:

$f'(-x_0) = f'(x_0)$

G_f ist punktsymmetrisch zum Ursprung. Deshalb hat die Tangente an G_f im Punkt $(-x_0 \mid x_0^3)$ die gleiche Steigung wie die Tangente an G_f im Punkt $(x_0 \mid x_0^3)$.

38

9. Gemeinsame Punkte von G_f und G_g:

$0{,}25x^3 - 3x^2 + 9x = -x^2 + 5x$;

$0{,}25x^3 - 2x^2 + 4x = 0$; $\mid : 0{,}25$

$x^3 - 8x^2 + 16x = 0$;

$x(x^2 - 8x + 16) = 0$;

$x(x - 4)^2 = 0$

$x_1 = 0$: einfache „Nullstelle": Schnittpunkt von G_f und G_g:

$S\,(0 \mid 0)$

$x_2 = 4$: doppelte „Nullstelle": Berührpunkt B von G_f und G_g:

$B\,(4 \mid g(4))$; also $B\,(4 \mid 4)$

Tangentensteigung:

$\lim\limits_{x \to 4} \frac{g(x) - g(4)}{x - 4} = \lim\limits_{x \to 4} \frac{-x^2 + 5x - 4}{x - 4} = \lim\limits_{x \to 4} \frac{-(x^2 - 5x + 4)}{x - 4} =$

$= \lim\limits_{x \to 4} \frac{-(x - 4)(x - 1)}{x - 4} = \lim\limits_{x \to 4} [-(x - 1)] = -3$

Tangentengleichung:
t_B: $y = -3x + t$; $B \in t_B$: $4 = -12 + t$; $t = 16$;
t_B: $y = -3x + 16$

10. a) Für $x > -1$: $\lim\limits_{x \to -1+} \frac{f(x) - f(-1)}{x - (-1)} =$
$\lim\limits_{x \to -1+} \frac{x + 1 - 0}{x + 1} = \lim\limits_{x \to -1+} 1 = 1$
Für $x < -1$:
$\lim\limits_{x \to -1-} \frac{f(x) - f(-1)}{x - (-1)} = \lim\limits_{x \to -1-} \frac{-(x + 1) - 0}{x + 1} =$
$= \lim\limits_{x \to -1-} (-1) = -1 \neq 1$
f ist an der Stelle $x_0 = -1$ nicht differenzierbar.

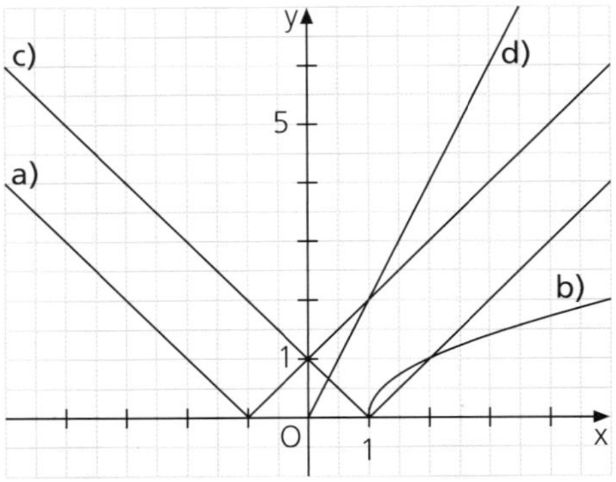

b) $\lim\limits_{x \to 2} \frac{f(x) - f(2)}{x - 2} = \lim\limits_{x \to 2} \frac{\sqrt{x-1} - 1}{x - 2} =$
$= \lim\limits_{x \to 2} \frac{\sqrt{x-1} - 1}{(x - 1) - 1} =$
$= \lim\limits_{x \to 2} \frac{\sqrt{x-1} - 1}{(\sqrt{x-1} + 1)(\sqrt{x-1} - 1)} =$
$= \lim\limits_{x \to 2} \frac{1}{\sqrt{x-1} + 1} = \frac{1}{2}$
f ist an der Stelle $x_0 = 2$ differenzierbar mit $f'(2) = \frac{1}{2}$.

c) Für $x > 1$: $\lim\limits_{x \to 1+} \frac{f(x) - f(1)}{x - 1} = \lim\limits_{x \to 1+} \frac{-(1 - x) - 0}{x - 1} = \lim\limits_{x \to 1+} \frac{x - 1}{x - 1} = \lim\limits_{x \to 1+} 1 = 1$
Für $x < 1$: $\lim\limits_{x \to 1-} \frac{f(x) - f(1)}{x - 1} = \lim\limits_{x \to 1-} \frac{1 - x - 0}{x - 1} = \lim\limits_{x \to 1-} (-1) = -1 \neq 1$
f ist an der Stelle $x_0 = 1$ nicht differenzierbar.

d) Für $x > 0$: $\lim\limits_{x \to 0+} \frac{f(x) - f(0)}{x - 0} = \lim\limits_{x \to 0+} \frac{x + x - 0}{x} = \lim\limits_{x \to 0+} \frac{2x}{x} = \lim\limits_{x \to 0+} 2 = 2$
Für $x < 0$: $\lim\limits_{x \to 0-} \frac{f(x) - f(0)}{x - 0} = \lim\limits_{x \to 0-} \frac{x - x - 0}{x} = \lim\limits_{x \to 0-} 0 = 0 \neq 2$
f ist an der Stelle $x_0 = 0$ nicht differenzierbar.

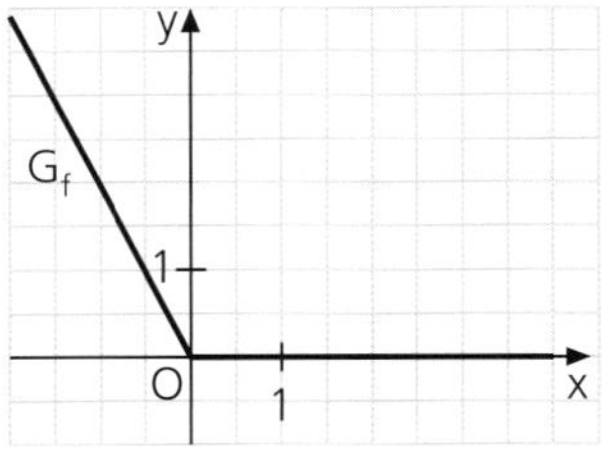

e) $x > 0$: $\lim\limits_{x \to 0+} \frac{x - x - 0}{x - 0} = \lim\limits_{x \to 0+} \frac{0}{x} = \lim\limits_{x \to 0+} 0 = 0$
$x < 0$: $\lim\limits_{x \to 0-} \frac{-x - x - 0}{x - 0} = \lim\limits_{x \to 0-} \frac{-2x}{x} = \lim\limits_{x \to 0-} (-2) = -2 \neq 0$
f ist an der Stelle $x_0 = 0$ nicht differenzierbar.

f) $x > 0$: $\lim\limits_{x \to 0+} \frac{3x^2 - 0}{x - 0} = \lim\limits_{x \to 0+} \frac{3x^2}{x} = \lim\limits_{x \to 0+} (3x) = 0$
$x < 0$: $\lim\limits_{x \to 0-} \frac{-3x^2 - 0}{x - 0} = \lim\limits_{x \to 0-} \frac{-3x^2}{x} = \lim\limits_{x \to 0-} (-3x) = 0$:
f ist an der Stelle $x_0 = 0$ differenzierbar.

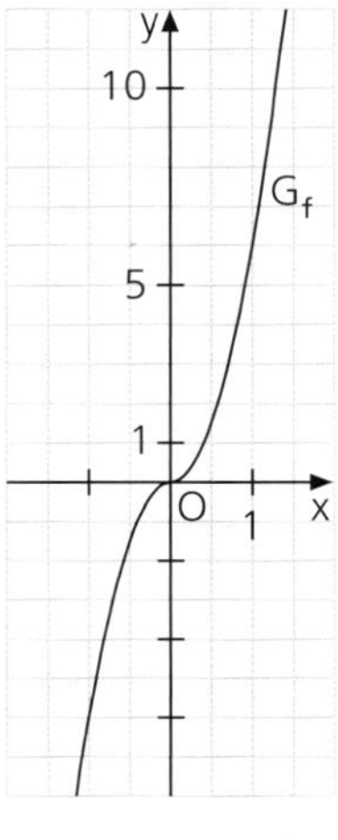

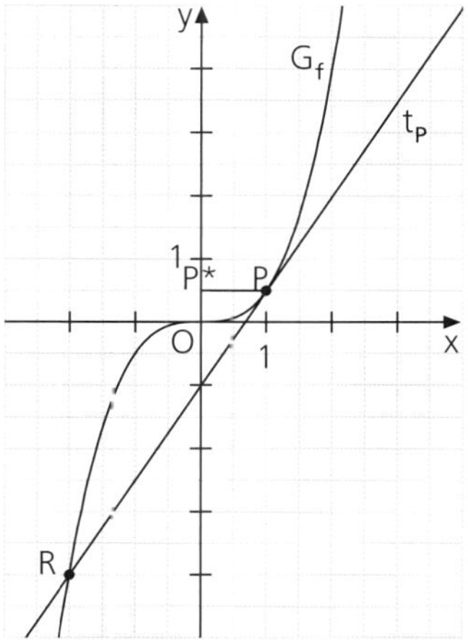

11. a) $P(1 \mid \frac{1}{2})$

$m = \lim\limits_{x \to 1} \frac{f(x) - f(1)}{x - 1} = \lim\limits_{x \to 1} \frac{\frac{1}{2}x^3 - \frac{1}{2}}{x - 1} = \lim\limits_{x \to 1} \frac{\frac{1}{2}(x^3 - 1)}{x - 1}$ (*)

$= \lim\limits_{x \to 1} \frac{\frac{1}{2}(x - 1)(x^2 + x + 1)}{x - 1} = \lim\limits_{x \to 1} \frac{1}{2}(x^2 + x - 1) = \frac{3}{2}$

(*) vgl. Aufgabe 8.

$y = \frac{3}{2}x + t$

$P(1 \mid \frac{1}{2})$: $\frac{1}{2} = \frac{3}{2} + t$; $t = -1$; t_P: $y = \frac{3}{2}x - 1$

$\tan \varphi = \frac{3}{2}$; $\varphi = 56{,}3°$

b) $S(\frac{2}{3} \mid 0)$, $O(0 \mid 0)$, $T(0 \mid -1)$

Berechnung von x_S: $\frac{3}{2}x_S - 1 = 0$

$\frac{3}{2}x_S = 1$

$x_S = \frac{2}{3}$

$A_{SOT} = \frac{1}{2} \cdot 1 \cdot \frac{2}{3} = \frac{1}{3}$

$P^*(0 \mid \frac{1}{2})$, $A_{PP^*T} = \frac{1}{2} \cdot \frac{3}{2} \cdot 1 = \frac{3}{4}$ =

$\sphericalangle STO = \sphericalangle PTP^*$; $\sphericalangle TOS = \sphericalangle TP^*P = 90°$: Die Dreiecke SOT und PP*T stimmen also in zwei Winkeln überein.

$\Delta SOT \sim \Delta PP^*T$ (WW-Satz)

$\frac{A_{SOT}}{A_{PP^*T}} = \frac{\frac{1}{3}}{\frac{3}{4}} = \frac{1}{3} \cdot \frac{4}{3} = \frac{4}{9}$

c) Anschauliche Lösung mit „Nachrechnen": Vermutung $R(-2 \mid -4)$

$\frac{1}{2} \cdot (-2)^3 = -4$, also $R \in G_f$

$\frac{3}{2} \cdot (-2) - 1 = -4$, also $R \in t_P$

Rechnerische Lösung:

$\frac{1}{2}x^3 = \frac{3}{2}x - 1$

$\frac{1}{2}x^3 - \frac{3}{2}x + 1 = 0$

$x^3 - 3x + 2 = 0$

$x_1 = 1$ ist eine Lösung, da $P \in G_f$ und $P \in t_P$.

$(x^3 - 3x + 2) : (x - 1) = x^2 + x - 2$

$-(x^3 - x^2)$

$x^2 - 3x$

$-(x^2 - x)$

$-2x + 2$

$-(-2x + 2)$

0

$x^2 + x - 2 = 0$

$x_{2,3} = \frac{-1 \pm \sqrt{1 - 4 \cdot 1 \cdot (-2)}}{2} = \frac{-1 \pm 3}{2}$

$x_2 = -2$, $x_3 = 1 = x_1$

x_2 in t_P: $\frac{3}{2} \cdot (-2) - 1 = -4$

Lösung durch Überlegung:

Da t_P Tangente an G_f in P ist, ist $x_1 = 1$ doppelte Nullstelle von $x^3 - 3x + 2 = 0$.
Durch Überlegen findet man als weitere Nullstelle $x = -2$.
[Probe $(-2)^3 - 3(-2) + 2 = 0$] und somit $R(-2 \mid -4)$

12. a) Ansatz für t_Q: $y = mx + t$

$m = \frac{\Delta y}{\Delta x} = \frac{0 - 2}{4 - 2} = \frac{-2}{2} = -1$; $y = -x + t$

$S(4 \mid 0)$: $0 = -4 + t$; $t = 4$; t_Q: $y = -x + 4$

Zu zeigen: t_Q ist Tangente an G_{f_4} in Q

1. Möglichkeit: $f'(2) = \lim\limits_{x \to 2} \frac{f_4(x) - f_4(2)}{x - 2} = \lim\limits_{x \to 2} \frac{\frac{4}{x} - 2}{x - 2} = \lim\limits_{x \to 2} \frac{\frac{4 - 2x}{x}}{x - 2} = \lim\limits_{x \to 2} \frac{-2(x-2)}{x(x-2)} =$
$= \lim\limits_{x \to 2} \frac{-2}{x} = -1$ ✓

$f_4'(2) = m_{t_Q}$ im gemeinsamen Punkt Q, also ist t_Q Tangente an G_{f_4} in Q.

2. Möglichkeit: Bestimmung gemeinsamer Punkte von t_Q und G_{f_4}

$\frac{4}{x} = -x + 4$

$4 = -x^2 + 4x$

$x^2 - 4x + 4 = 0$

$(x - 2)^2 = 0$

x = 2 ist doppelte Lösung, also ist t_Q Tangente an G_{f_4}. ✓

T (0 I 4); $A_{OST} = \frac{1}{2} \cdot 4 \cdot 4 = 8$

Q ist Mittelpunkt von [ST], da $\overline{QT} = \sqrt{2^2 + 2^2} = \sqrt{8} = 2\sqrt{2} = \overline{QS}$ ist;
d. h. Q teilt [ST] im Verhältnis 1: 1.

b) $f_3(x) = \frac{3}{x}$

G_{f_3} hat im I. Quadranten eine Tangente mit Steigung –1.

$f_3'(x_0) = \lim\limits_{x \to x_0} \frac{f_3(x) - f_3(x_0)}{x - x_0} = \lim\limits_{x \to x_0} \frac{\frac{3}{x} - \frac{3}{x_0}}{x - x_0} = \lim\limits_{x \to x_0} \frac{3x_0 - 3x}{xx_0(x - x_0)} = \lim\limits_{x \to x_0} \frac{-3(x - x_0)}{xx_0(x - x_0)} = \lim\limits_{x \to x_0} \frac{-3}{xx_0} = \frac{-3}{x_0^2}$

$f_3'(x_0) = -1$, $-\frac{3}{x_0^2} = -1$; $-3 = -x_0^2$; $x_0^2 = 3$; $|x_0| = \sqrt{3}$

R liegt im I. Quadranten, also $x_0 = \sqrt{3}$

$f_3(\sqrt{3}) = \frac{3}{\sqrt{3}} = \sqrt{3}$; R $(\sqrt{3}; \sqrt{3})$

c) Der Rotationskörper ist ein Kegel. Die Grundfläche hat die Radiuslänge $r = \overline{OS}$, die Höhe des Kegels beträgt $\overline{OT}$.

Volumen: $V = \frac{1}{3} Gh = \frac{1}{3} \cdot \overline{OS}^2 \cdot \pi \cdot \overline{OT} = \frac{1}{3} \cdot 4^2 \cdot \pi \cdot 4 = 21\frac{1}{3}\pi$

Oberflächeninhalt: $A = \overline{OS}^2 \cdot \pi + M = \overline{OS}^2 \cdot \pi + r\pi m = \overline{OS}^2 \cdot \pi + \overline{OS} \cdot \pi \cdot \overline{ST}$
$= 4^2\pi + 4 \cdot \pi \cdot 4\sqrt{2} = 16\pi + 16\pi\sqrt{2} = 16\pi(1 + \sqrt{2}) \approx 121{,}4$

(Formel für M: vgl. Merkhilfe)

39

13. a) f ist nicht definiert für x = 0, also $D_{f\,max} = \mathbb{R}\setminus\{0\}$
g ist nicht definiert für $x^2 = 0$, also $D_{g\,max} = \mathbb{R}\setminus\{0\}$
$D_{f\,max} = D_{g\,max}$ Die Aussage ist wahr.

b) Beide Funktionen haben an der Stelle x = 0 einen Pol, ihre Graphen somit die y-Achse als senkrechte Asymptote.

oder: $\lim\limits_{x \to 0-} \frac{1}{x} = -\infty$, $\lim\limits_{x \to 0+} \frac{1}{x} = +\infty$

$\lim\limits_{x \to 0-} \frac{1}{x^2} = +\infty$, $\lim\limits_{x \to 0+} \frac{1}{x^2} = +\infty$

Die Aussage ist wahr.

c) $f(-x) = \frac{1}{-x} = -\frac{1}{x} = -f(x)$, also ist G_f punktsymmetrisch zum Ursprung.
Die Aussage ist wahr.

d) $g(-x) = \frac{1}{(-x)^2} = \frac{1}{x^2} = g(x)$, also ist G_g achsensymmetrisch zur y-Achse.
Die Aussage ist wahr.

e) $f(x) = g(x)$, $\frac{1}{x} = \frac{1}{x^2}$; $x^2 = x$; $x^2 - x = 0$; $x(x - 1) = 0$

$x_1 = 0 \notin D_f$; $x^2 = 1 \in D_f$ ist einzige Lösung: P (1 I 1) ist einziger gemeinsamer Punkt von G_f und G_g.
Die Aussage ist wahr.

f) $f'(1) = \lim\limits_{x \to 1} \frac{f(x) - f(1)}{x - 1} = \lim\limits_{x \to 1} \frac{\frac{1}{x} - 1}{x - 1} = \lim\limits_{x \to 1} \frac{\frac{1 - x}{x}}{x - 1} = \lim\limits_{x \to 1} \frac{-(x - 1)}{x(x - 1)} = \lim\limits_{x \to 1} \frac{-1}{x} = -1$

$g'(1) = \lim\limits_{x \to 1} \frac{g(x) - g(1)}{x - 1} = \lim\limits_{x \to 1} \frac{\frac{1}{x^2} - 1}{x - 1} = \lim\limits_{x \to 1} \frac{\frac{1 - x^2}{x^2}}{x - 1} = \lim\limits_{x \to 1} \frac{-(x^2 - 1)}{x^2(x - 1)} =$

$= \lim\limits_{x \to 1} \frac{-(x + 1)(x - 1)}{x^2(x - 1)} = \lim\limits_{x \to 1} \frac{-(x + 1)}{x^2} = -2,$

also $f'(1) > g'(1)$.
Die Aussage ist falsch.

g) $f'(2) = \lim\limits_{x \to 2} \frac{f(x) - f(2)}{x - 2} = \lim\limits_{x \to 2} \frac{\frac{1}{x} - \frac{1}{2}}{x - 2} = \lim\limits_{x \to 2} \frac{2 - x}{2x(x - 2)} = \lim\limits_{x \to 2} \frac{-1}{2x} = -\frac{1}{4}$

$g'(2) = \lim\limits_{x \to 2} \frac{g(x) - g(2)}{x - 2} = \lim\limits_{x \to 2} \frac{\frac{1}{x^2} - \frac{1}{4}}{x - 2} = \lim\limits_{x \to 2} \frac{4 - x^2}{4x^2(x - 2)} = \lim\limits_{x \to 2} \frac{-(x^2 - 4)}{4x^2(x - 2)} = \lim\limits_{x \to 2} \frac{-(x + 2)}{4x^2} = -\frac{1}{4}$,

also $f'(2) = g'(2)$.

Die Aussage ist wahr.

h) $\lim\limits_{x \to \pm\infty} \frac{1}{x} = 0$, $\lim\limits_{x \to \pm\infty} \frac{1}{x^2} = 0$; also ist die x-Achse horizontale Asymptote von G_f und G_g.

Die Aussage ist wahr.

i) Für $-\infty < x < 0$ ist stets $\frac{1}{x} < 0$ und $\frac{1}{x^2} > 0$.

Die Aussage ist wahr.

j) $f(x) > g(x)$: $\frac{1}{x} > \frac{1}{x^2}$; $\frac{1}{x} - \frac{1}{x^2} > 0$; $\frac{x - 1}{x^2} > 0$; $x >$ ´

Die Aussage ist falsch.

k) $\frac{1}{x} = x$; $x^2 = 1$; $|x| = 1$

$f(1) = 1 = h(1)$

also: h schneidet G_f in S (1 | 1)

$f'(1) = -1$ (vgl. Teilaufgabe f))

$f'(1) \cdot m_h = -1 \cdot 1 = -1$: h steht senkrecht auf der Tangente in S, da das Produkt der Steigungen –1 beträgt.

Die Aussage ist wahr.

l) $S \in h$, $S \in G_g$ (vgl. Teilaufgabe e))

$m_h \cdot g'(1) = 1 \cdot (-2) = -2$

Zusammenfassung:

a) wahr

b) wahr

c) wahr

d) wahr

e) wahr

f) falsch; $f'(1) > g'(1)$

g) wahr

h) wahr

i) falsch; für $-\infty < x < 0$ und $0 < x < 1$ gilt stets $f(x) < g(x)$

j) falsch; für $1 < x < \infty$ gilt stets $f(x) > g(x)$

k) wahr

l) erste Aussage wahr, zweite Aussage falsch

14. a) G_{f_2} und G_{f_4} sind achsensymmetrisch zur y-Achse.

G_{f_3} und G_{f_5} sind punktsymmetrisch zum Ursprung.

Alle Graphen verlaufen durch den Koordinatenursprung und durch P (1 | 1), G_{f_2} und G_{f_4} haben darüber hinaus den Punkt (–1 | 1) gemeinsam, G_{f_3} und G_{f_5} den Punkt (–1 | 1).

Die Tangenten werden von G_{f_3} bis G_{f_5} zunehmend steiler.

b) $f_2'(1) = \lim\limits_{x \to 1} \frac{f_2(x) - f_2(1)}{x - 1} = \lim\limits_{x \to 1} \frac{x^2 - 1}{x - 1} = \lim\limits_{x \to 1} (x + 1) = 2$

$f_3'(1) = \lim\limits_{x \to 1} \frac{x^3 - 1}{x - 1} = \lim\limits_{x \to 1} (x^2 + x + 1) = 3$ (vgl. Aufgabe 8)

$f_4'(1) = \lim\limits_{x \to 1} \frac{x^4 - 1}{x - 1} = \lim\limits_{x \to 1} \frac{(x^2 + 1)(x^2 - 1)}{x - 1} = \lim\limits_{x \to 1} \frac{(x^2 + 1)(x + 1)(x - 1)}{x - 1} = \lim\limits_{x \to 1} (x^2 + 1)(x + 1) = 4$

$f_5'(1) = \lim\limits_{x \to 1} \frac{x^5 - 1}{x - 1} = \lim\limits_{x \to 1} (x^4 + x^3 + x^2 + x + 1) = 5$

$$
\begin{array}{l}
(x^5 - 1) : (x - 1) = x^4 + x^3 + x^2 + x + 1 \\
\underline{-(x^5 - x^4)} \\
\quad x^4 \\
\quad \underline{-(x^4 - x^3)} \\
\qquad x^3 \\
\qquad \underline{-(x^3 - x^2)} \\
\qquad\quad x^2 \\
\qquad\quad \underline{-(x^2 - x)} \\
\qquad\qquad x - 1 \\
\qquad\qquad \underline{-(x - 1)} \\
\qquad\qquad\quad 0
\end{array}
$$

Vermutung: $f'_{10}(1) = 10$; $f'_n(1) = n$ ($n \in \mathbb{N}$)

c) t_2: $y = 2x + t$
$1 = 2 \cdot 1 + t$; $t = -1$; t_2 : $y = 2x - 1$
$2x - 1 = 0$; $x = \frac{1}{2}$; $N_2\ (\frac{1}{2}\ |\ 0)$; $T_2\ (0\ |\ -1)$
t_3: $y = 3x + t$
$1 = 3 \cdot 1 + t$; $t = -2$; t_3: $y = 3x - 2$
$3x - 2 = 0$; $x = \frac{2}{3}$; $N_3\ (\frac{2}{3}\ |\ 0)$, $T_3\ (0\ |\ -2)$
t_4: $y = 4x + t$
$1 = 4 \cdot 1 + t$; $t = -3$; t_4: $y = 4x - 3$
$N_4\ (\frac{3}{4}\ |\ 0)$, $T_4\ (0\ |\ -3)$
t_5: $y = 5x - 4$, $N_5\ (\frac{4}{5}\ |\ 0)$, $T_5\ (0\ |\ -4)$
Vermutung: t_n: $y = nx - (n - 1)$, $N_n\ (\frac{n-1}{n}\ |\ 0)$, $T_n\ (0\ |\ -(n - 1))$

W

W1

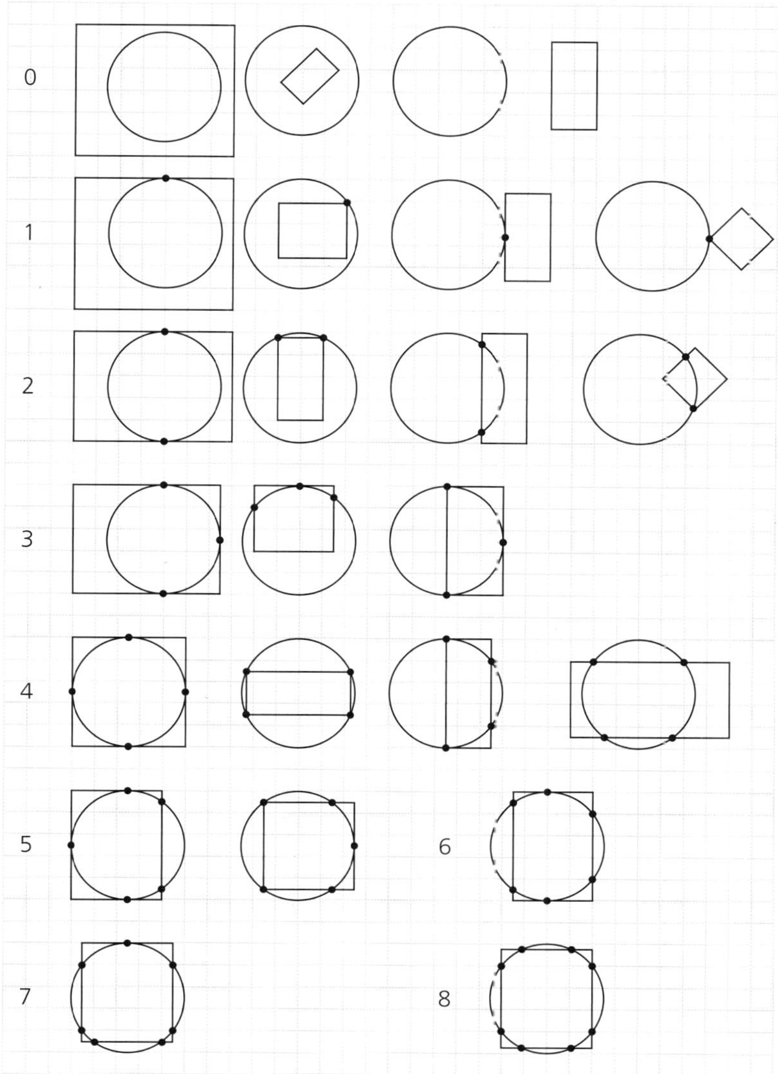

W2 $5x + \frac{19}{3} \leqq 2x - \frac{2}{3}$;

$3x \leqq -\frac{21}{3} = -7$

$x \leqq -\frac{7}{3}$

$L =]-\infty; -\frac{7}{3}]$

W3 $(x^2 + 4)(x^2 - 9) = 0$;

Es gilt für jeden Wert von $x \in \mathbb{R}$: $x^2 + 4 \geqq 4$

$x^2 - 9 = 0$; $x_1 = -3$; $x_2 = 3$

$L = \{-3, 3\}$

40

L

1. Individuelle Lösungen

2. a) f ist an der Stelle x_1 zwar stetig, aber nicht differenzierbar; an der Stelle x_2 ist f stetig und differenzierbar.

b) f ist an der Stelle x_1 und an der Stelle x_2 jeweils stetig, aber nicht differenzierbar.

c) f ist an der Stelle x_1 und an der Stelle x_2 jeweils unstetig und damit auch nicht differenzierbar.

d) f ist an der Stelle x_1 zwar stetig, aber nicht differenzierbar; an der Stelle x_2 ist f stetig und differenzierbar.

3. Wenn f an der Stelle $x = x_0$ differenzierbar ist, gilt $\lim\limits_{h \to 0} \frac{f(x_0 + h) - f(x_0)}{h} = f'(x_0)$;

also gilt für $h \neq 0$

$\frac{f(x_0 + h) - f(x_0)}{h} = f'(x_0) + \varepsilon(h)$ mit $\lim\limits_{h \to 0} \varepsilon(h) = 0$.

Daraus folgt:

$f(x_0 + h) - f(x_0) = h \cdot f'(x_0) + h \cdot \varepsilon(h)$;

$f(x_0 + h) = f(x_0) + hf'(x_0) + h \cdot \varepsilon(h)$;

$\lim\limits_{h \to 0} f(x_0 + h) = \lim\limits_{h \to 0} [f(x_0) + hf'(x_0) + h\varepsilon(h)]$;

also ist $\lim\limits_{h \to 0} (x_0 + h) = f(x_0)$ und somit f an der Stelle x_0 stetig.

Der Kehrsatz ist falsch.

Gegenbeispiel: $f(x) = |x|$ ist an der Stelle $x_0 = 0$ zwar stetig, aber nicht differenzierbar.

4. $f: f(x) = a_n x^n + a_{n-1}x^{n-1} + a_{n-2}x^{n-2} + \ldots + a_1 x + a_0$; $D_f = \mathbb{R}$; $x_0 \in \mathbb{R}$;

$a_n \in \mathbb{R}\backslash\{0\}$; $a_{n-1}, \ldots, a_1, a_0 \in \mathbb{R}$

Bei Anwendung der Grenzwertsätze ergibt sich:

$\lim\limits_{x \to x_0} (a_n x^n + a_{n-1}x^{n-1} + a_{n-2}x^{n-2} + \ldots + a_1 x + a_0) =$

$a_n x_0^n + a_{n-1}x_0^{n-1} + a_{n-2}x_0^{n-2} + \ldots + a_1 x_0 + a_0 = f(x_0)$;

also ist f für jeden Wert von $x_0 \in \mathbb{R}$ stetig.

5. x ist die Anzahl der Sprachsekunden pro Monat, f(x) sind die Kosten bei x Sprachsekunden pro Monat, angegeben in €:

Activ 1: $x < 20 \cdot 60 = 1\,200$ $\quad f_1(x) = 3 + \frac{x}{60} \cdot \frac{30}{100} = \frac{1}{200}x + 3$

Activ 2: $1\,200 \leqq x < 2\,400$ $\quad f_2(x) = 5 + \frac{x}{60} \cdot \frac{20}{100} = \frac{1}{30}x + 5$

Activ 3: $x \geqq 2\,400$ $\quad f_3(x) = 8 + \frac{x}{60} \cdot \frac{10}{100} = \frac{1}{600}x + 8$

Graphische Darstellung:

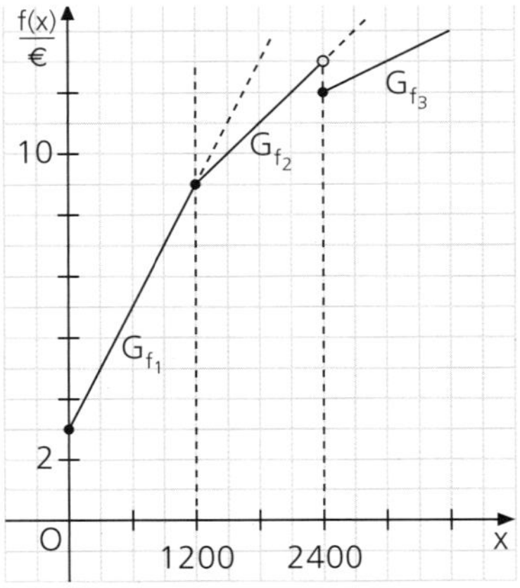

$f_1(0) = 3$;

$f_1(600) = \frac{600}{200} + 3 = 6$;

$\lim\limits_{x \to 1200-} f_1(x) = 9$;

$f_2(1\,200) = 9$;

$\lim\limits_{x \to 2400-} f_2(x) = 13$;

$f_3(2\,400) = 12$;

$f_3(3\,600) = 14$:

Der Übergang von Activ 1 nach Activ 2 erfolgt stetig.

Der Übergang von Activ 2 nach Activ 3 erfolgt nicht stetig.

L

41

1. Bedeutende Zeitgenossen von Leibniz (1646–1716) und Newton (1643–1727) sind beispielsweise
- Jakob Bernoulli (1655–1705)
- König Ludwig XIV. (1638–1715)
- Christiaan Huygens (1629–1695)
- Zar Peter der Große (1672–1725)
- Blaise Pascal (1623–1662)

2. Mögliche Funktionsterme:

a) $f(x) = 2x$

Probe: $\lim\limits_{x \to x_0} \frac{f(x) - f(x_0)}{x - x_0} = \lim\limits_{x \to x_0} \frac{2x - 2x_0}{x - x_0} = \lim\limits_{x \to x_0} \frac{2(x - x_0)}{x - x_0} = \lim\limits_{x \to x_0} 2 = 2$

b) $f(x) = x^2$

Probe: $\lim\limits_{x \to x_0} \frac{f(x) - f(x_0)}{x - x_0} = \lim\limits_{x \to x_0} \frac{x^2 - x_0^2}{x - x_0} = \lim\limits_{x \to x_0} \frac{(x + x_0)(x - x_0)}{x - x_0} = \lim\limits_{x \to x_0} (x + x_0) = 2x_0$

c) $f(x) = \frac{2}{3}x^3 + x^2 + 2x$

Probe: $\lim\limits_{x \to x_0} \frac{f(x) - f(x_0)}{x - x_0} = \lim\limits_{x \to x_0} \frac{\frac{2}{3}x^3 + x^2 + 2x - \frac{2}{3}x_0^3 - x_0^2 - 2x_0}{x - x_0} =$

$= \lim\limits_{x \to x_0} \frac{\frac{2}{3}(x^3 - x_0^3) + (x^2 - x_0^2) + 2(x - x_0)}{x - x_0} = \lim\limits_{x \to x_0} \frac{\frac{2}{3}(x - x_0)(x^2 + xx_0 + x_0^2) + (x - x_0)(x + x_0) + 2(x - x_0)}{x - x_0}$

$= \lim\limits_{x \to x_0} \left[\frac{2}{3}(x^2 + xx_0 + x_0^2) + (x + x_0) + 2\right] = 2x_0^2 + 2x_0 + 2$

3. $x = \frac{2\,m}{s} \cdot t$

$\dot{x} = \lim\limits_{t \to t_0} \frac{2\,\frac{m}{s} \cdot t - 2\,\frac{m}{s} \cdot t_0}{t - t_0} = \lim\limits_{t \to t_0} \frac{2\,\frac{m}{s}(t - t_0)}{t - t_0} = \lim\limits_{t \to t_0} \left(2\,\frac{m}{s}\right) = 2\,\frac{m}{s}$ (konstante Geschwindigkeit)

$\ddot{x} = \lim\limits_{t \to t_0} \frac{2\,\frac{m}{s} - 2\,\frac{m}{s}}{t - t_0} = \lim\limits_{t \to t_0} 0 = 0$ (keine Beschleunigung)

$\dot{y} = \lim\limits_{t \to t_0} \frac{10\,m - 5\,\frac{m}{s^2} \cdot t^2 - (10\,m - 5\,\frac{m}{s^2} t_0^2)}{t - t_0} = \lim\limits_{t \to t_0} \frac{-5\,\frac{m}{s^2}(t^2 - t_0^2)}{t - t_0} = \lim\limits_{t \to t_0} \left[-5\,\frac{m}{s^2} \cdot (t + t_0)\right] =$

$= -5\,\frac{m}{s^2} \cdot 2t_0 = -10\,\frac{m}{s^2} \cdot t_0$; $|\dot{y}| = 10\,\frac{m}{s^2} \cdot t_0$ (linear zunehmende Geschwindigkeit)

$\ddot{y} = \lim\limits_{t \to t_0} \frac{-10\,\frac{m}{s^2}(t - t_0)}{t - t_0} = \lim\limits_{t \to t_0} \left(-10\,\frac{m}{s^2}\right) = -10\,\frac{m}{s^2}$ (konstante Beschleunigung)

42

Arbeitsaufträge

1.

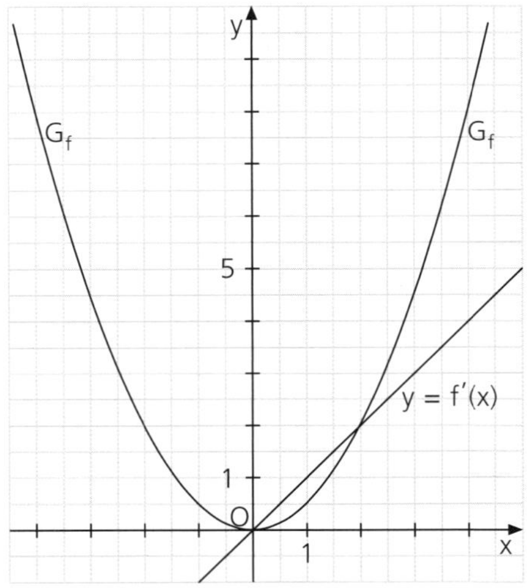

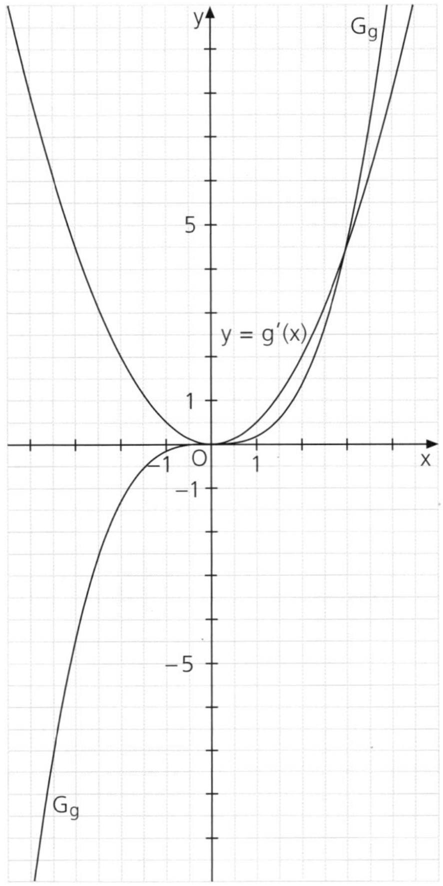

x_0	−4	−3	−2	−1	0	1	2	3	4
$f'(x_0)$	−4	−3	−2	−1	0	1	2	3	4
$g'(x_0)$	8	4,5	2	0,5	0	0,5	2	4,5	8

a) $f'(x) = x$ b) $g'(x) = \frac{1}{2}x^2$

2.

x_0	0,25	1,0	2,25	4,0	6,25
$f'(x_0)$	4,0	2,0	1,3	1,0	0,8

Für $x \to 0+$ strebt $f'(x)$ gegen $+\infty$.

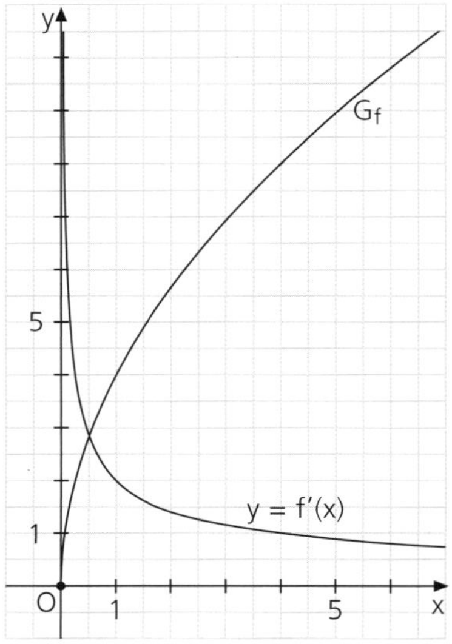

3. a) $10\,\text{m} - 5\frac{\text{m}}{\text{s}^2}t^2 = 0$; $5\frac{\text{m}}{\text{s}^2}t^2 = 10\,\text{m}$; $t^2 = 2\text{s}^2$; $t_E \approx 1{,}41\,\text{s}$

b)

t	0,2 s	0,6 s	1,0 s	1,4 s
f'(t)	$-2\frac{\text{m}}{\text{s}}$	$-6\frac{\text{m}}{\text{s}}$	$-10\frac{\text{m}}{\text{s}}$	$-14\frac{\text{m}}{\text{s}}$

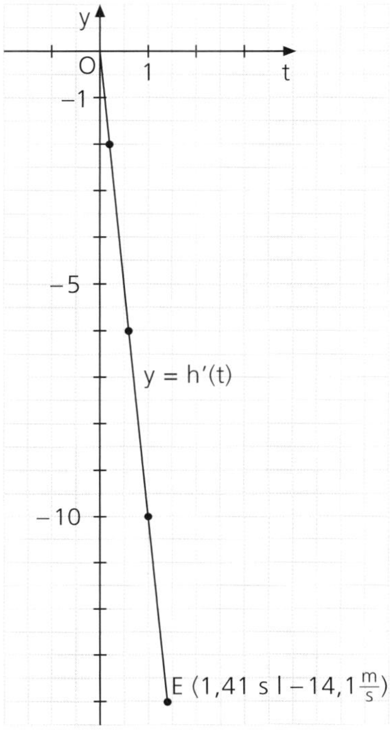

45

■ Mögliche Beispiele:

a)

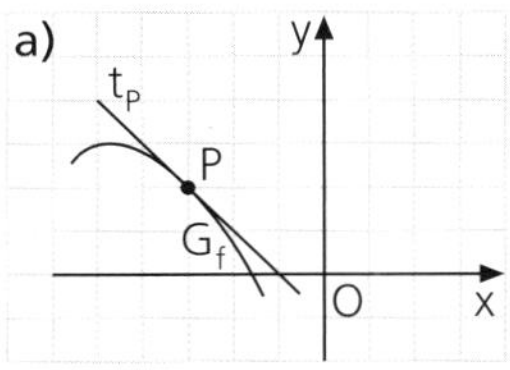

b)

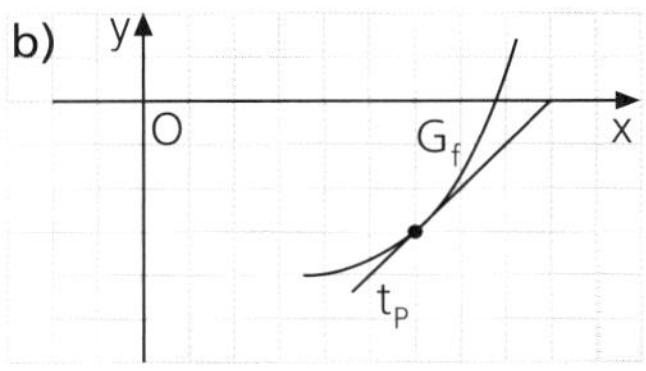

■ Ja

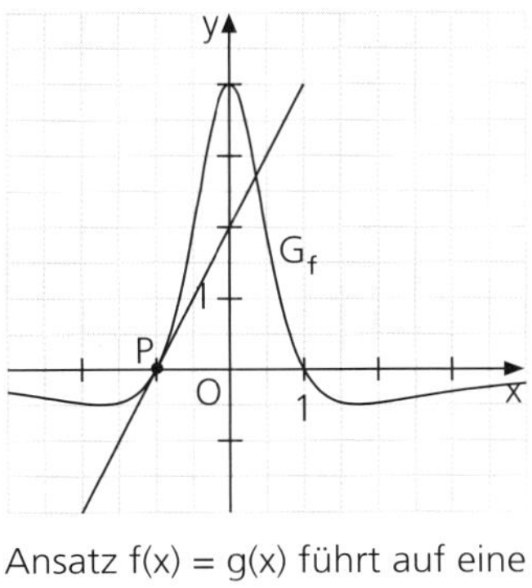

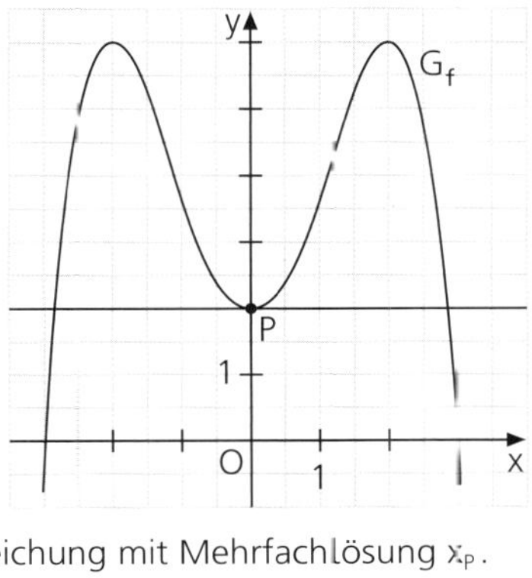

■ Der Ansatz f(x) = g(x) führt auf eine Gleichung mit Mehrfachlösung x_P.

■ Unendlich viele

L

1. a) $f'(x) = \lim\limits_{h \to 0} \frac{f(x+h) - f(x)}{h} = \lim\limits_{h \to 0} \frac{(x+h)^2 + 1 - (x^2 + 1)}{h} = \lim\limits_{h \to 0} \frac{x^2 + 2hx + h^2 + 1 - x^2 - 1}{h} =$

$= \lim\limits_{h \to 0} \frac{h^2 + 2hx}{h} = \lim\limits_{h \to 0} (h + 2x) = 2x$

$f'(-2) = -4$

b) $f'(x) = \lim\limits_{h \to 0} \frac{f(x+h) - f(x)}{h} = \lim\limits_{h \to 0} \frac{(x+h)^3 + (x+h) - (x^3 + x)}{h} =$

$= \lim\limits_{h \to 0} \frac{x^3 + 3hx^2 + 3h^2x + h^3 + x + h - x^3 - x}{h} = \lim\limits_{h \to 0} \frac{3hx^2 + 3h^2x + h^3 + h}{h} =$

$= \lim\limits_{h \to 0} (3x^2 + 3hx + h^2 + 1) = 3x^2 + 1$

$f'(0) = 1$

c) $f'(x) = \lim\limits_{h \to 0} \frac{f(x+h) - f(x)}{h} = \lim\limits_{h \to 0} \frac{(x+h)^3 + 2(x+h) - 1 - (x^3 + 2x - 1)}{h} =$

$= \lim\limits_{h \to 0} \frac{x^3 + 3x^2h + 3xh^2 + h^3 + 2x + 2h - x^3 - 2x}{h} = \lim\limits_{h \to 0} \frac{3x^2h + 3xh^2 + h^3 + 2h}{h} =$

$= \lim\limits_{h \to 0} (3x^2 + 3xh + h^2 + 2) = 3x^2 + 2$

$f'(-1) = 5$

d) $f'(x) = \lim\limits_{h \to 0} \frac{f(x+h) - f(x)}{h} = \lim\limits_{h \to 0} \frac{\frac{1}{(x+h)^2} - \frac{1}{x^2}}{h} = \lim\limits_{h \to 0} \frac{\frac{x^2 - (x+h)^2}{x^2(x+h)^2}}{h} = \lim\limits_{h \to 0} \frac{x^2 - x^2 - 2xh - h^2}{hx^2(x+h)^2} =$

$= \lim\limits_{h \to 0} \frac{-2xh - h^2}{hx^2(x+h)^2} = \lim\limits_{h \to 0} \frac{-2x - h}{x^2(x+h)^2} = \frac{-2x - 0}{x^2(x+0)^2} = -\frac{2x}{x^4} = -\frac{2}{x^3}$

$f'(1) = -2$

2. a) $f'(x) = \lim\limits_{h \to 0} \frac{f(x+h) - f(x)}{h} = \lim\limits_{h \to 0} \frac{(x+h)^2 - 1 - (x^2 - 1)}{h} = \lim\limits_{h \to 0} \frac{x^2 + 2hx + h^2 - 1 - x^2 + 1}{h} =$

$= \lim\limits_{h \to 0} \frac{2hx + h^2}{h} = \lim\limits_{h \to 0} (2x + h) = 2x$

$2x = 4$; $x = 2$, $f(2) = 2^2 - 1 = 3$

Kurvenpunkt P (2 | 3); $y = 4x + t$

$3 = 4 \cdot 2 + t$; $t = 3 - 8 = -5$

Tangente: $y = 4x - 5$

b) $f'(x) = \lim\limits_{h \to 0} \frac{f(x+h) - f(x)}{x} = \lim\limits_{h \to 0} \frac{(x+h)^3 - 2(x+h) - (x^3 - 2x)}{h} =$

$= \lim\limits_{h \to 0} \frac{x^3 + 3hx^2 + 3h^2x + h^3 - 2x - 2h - x^3 + 2x}{h} = \lim\limits_{h \to 0} \frac{3hx^2 + 3h^2x + h^3 - 2h}{h} =$

$= \lim\limits_{h \to 0} (3x^2 + 3hx + h^2 - 2) = 3x^2 - 2$

$3x^2 - 2 = -2$; $3x^2 = 0$; $x = 0$; $f(0) = 0$

Kurvenpunkt O (0 | 0); Tangente: $y = -2x$

c) $f'(x) = \lim\limits_{h \to 0} \frac{f(x+h) - f(x)}{h} = \lim\limits_{h \to 0} \frac{\frac{3}{x+h} - \frac{3}{x}}{h} = \lim\limits_{h \to 0} \frac{\frac{3x - 3(x+h)}{x(x+h)}}{h} = \lim\limits_{h \to 0} \frac{-3h}{hx(x+h)} =$

$= \lim\limits_{h \to 0} \frac{-3}{x(x+h)} = -\frac{3}{x^2}$

$-\frac{3}{x^2} = -\frac{1}{3}$; $x^2 = 9$; $x_1 = 3 \in D_f$; $f(3) = \frac{3}{3} = 1$

$x_2 = -3 \notin D_f$

Kurvenpunkt P (3 | 1): $y = -\frac{1}{3}x + t$

$1 = -\frac{1}{3} \cdot 3 + t$; $t = 2$

Tangente: $y = \frac{1}{3}x + 2$

d) $f'(x) = \lim\limits_{h \to 0} \frac{f(x+h) - f(x)}{h} = \lim\limits_{h \to 0} \frac{2\sqrt{x+h} - 2\sqrt{x}}{h} = \lim\limits_{h \to 0} \frac{2(\sqrt{x+h} - \sqrt{x})}{h} =$

$= \lim\limits_{h \to 0} \frac{2(\sqrt{x+h} - \sqrt{x})(\sqrt{x+h} + \sqrt{x})}{h(\sqrt{x+h} + \sqrt{x})} = \lim\limits_{h \to 0} \frac{2(x + h - x)}{h(\sqrt{x+h} + \sqrt{x})} = \lim\limits_{h \to 0} \frac{2}{\sqrt{x+h} + \sqrt{x}} = \frac{2}{2\sqrt{x}} = \frac{1}{\sqrt{x}}$

$\frac{1}{\sqrt{x}} = 1$; $x = 1$; $f(1) = 2$

Kurvenpunkt P (1 | 2): $y = x + t$

$2 = 1 + t$; $> t = 1$

Tangente: $y = x + 1$

3. $f_1'(x) = x^2$ (vgl. Musterbeispiel); f_1': $f_1'(x) = x^2$; $D_{f_1'} = \mathbb{R}$
$f_4'(x) = 2x$; f_2': $f_2'(x) = 2x$; $D_{f_2'} = \mathbb{R}$
$f_3'(x) = \lim\limits_{h \to 0} \frac{f_3(x+h) - f_3(x)}{h} = \lim\limits_{h \to 0} \frac{2(x+h) - 2x}{h} = \lim\limits_{h \to 0} \frac{2h}{h} = \lim\limits_{h \to 0} 2 = 2$
f_3': $f_3'(x) = 2$; $D_{f_3'} = \mathbb{R}$
$f_4'(x) = \lim\limits_{h \to 0} \frac{f_4(x+h) - f_4(x)}{h} = \lim\limits_{h \to 0} \frac{2-2}{h} = \lim\limits_{h \to 0} 0 = 0$
f_4': $f_4'(x) = 0$; $D_{f_4'} = \mathbb{R}$

a) $f_1'(x) = f_2(x)$ $D_{f_1'} = D_{f_2}$, also ist f_2 die Ableitungsfunktion von f_1.
$f_2'(x) = f_3(x)$ $D_{f_2'} = D_{f_3}$, also ist f_2 eine Stammfunktion von f_3.

b) $f_4(x) = 2$, d. h. der Graph von f_4 ist eine Gerade mit Steigung $m = 0$ und y-Achsenabschnitt $t = 2$, also ist der Graph von f_4 eine Parallele zur x-Achse.
Oder: $f_4'(x) = 0$; d. h. die Steigung des Graphen von f_4 ist in jedem Punkt gleich null. Also ist der Graph von f_4 eine horizontale Gerade und damit parallel zur x-Achse.

c) $f_3'(x) = f_4(x)$ $D_{f_3'} = D_{f_4}$, also ist f_3 eine Stammfunktion von f_4.
$f_4'(x) = f_3(x)$ $D_{f_2'} = D_{f_3}$, also ist f_3 die Ableitungsfunktion von f_2.

d) $f_1(0) = 0$, $f_2(0) = 0$, $f_3(0) = 0$, $f_4(0) = 2$.
Die Aussage ist falsch. Nur die Graphen der Funktionen f_1, f_2 und f_3 verlaufen durch den Punkt O (0 I 0).

4. Vorbemerkung: Eine Gerade ist parallel zur Winkelhalbierenden der I. und III. Quadranten, wenn ihre Steigung den Wert 1 hat, sie steht darauf senkrecht, wenn ihre Steigung den Wert −1 hat.

a) $f'(x) = \lim\limits_{h \to 0} \frac{f(x+h) - f(x)}{h} = \lim\limits_{h \to 0} \frac{2(x+h)^2 - 2x^2}{h} = \lim\limits_{h \to 0} \frac{2x^2 + 4xh + 2h^2 - 2x^2}{h} =$
$= \lim\limits_{h \to 0} \frac{4hx + 2h^2}{h} = \lim\limits_{h \to 0} (4x + 2h) = 4x$
$f'(x) = 1$; $4x = 1$; $x = \frac{1}{4}$, $f\left(\frac{1}{4}\right) = 2 \cdot \left(\frac{1}{4}\right)^2 = 2 \cdot \frac{1}{16} = \frac{1}{8}$; $P\left(\frac{1}{4} \mid \frac{1}{8}\right)$

$y = x + t$; $\frac{1}{8} = \frac{1}{4} + t$; $t = -\frac{1}{8}$; t_P: $y = x - \frac{1}{8}$
$y = -x + t$: $\frac{1}{8} = -\frac{1}{4} + t$; $t = \frac{3}{8}$; n_P: $y = -x + \frac{3}{8}$
$f'(x) = -1$; $4x = -1$; $x = -\frac{1}{4}$, $f\left(-\frac{1}{4}\right) = 2 \cdot \left(-\frac{1}{4}\right)^2 = \frac{1}{8}$; $Q\left(-\frac{1}{4} \mid \frac{1}{8}\right)$
$y = -x + t$; $\frac{1}{8} = -\left(-\frac{1}{4}\right) + t$, $t = -\frac{1}{8}$; t_Q: $y = -x - \frac{1}{8}$

b) $f'(x) = \lim\limits_{h \to 0} \frac{f(x+h) - f(x)}{h} = \lim\limits_{h \to 0} \frac{\frac{1}{x+h} - \frac{1}{x}}{h} = \lim\limits_{h \to 0} \frac{\frac{x - (x+h)}{x(x+h)}}{h} = \lim\limits_{h \to 0} \frac{-h}{hx(x+h)} =$
$= \lim\limits_{h \to 0} \frac{-1}{x(x+h)} = -\frac{1}{x^2}$
$f'(x) = 1$; $-\frac{1}{x^2} = 1$; Da $x^2 > 0$ für alle $x \in \mathbb{R}^+$ und somit $-\frac{1}{x^2} \neq 1$ für alle $x \in \mathbb{R}^+$, gibt es keinen Kurvenpunkt, in dem die Tangente die Steigung 1 hat.
$f'(x) = -1$; $-\frac{1}{x^2} = -1$; $x^2 = 1$, $x_1 = 1 \in D_f$; $x_2 = -1 \notin D_f$
$f(1) = 1$; Q (1 I 1)
$y = -x + t$; $1 = -1 + t$; $t = 2$; t_Q: $y = -x + 2$

c) $f'(x) = \lim\limits_{h \to 0} \frac{f(x+h) - f(x)}{h} = \lim\limits_{h \to 0} \frac{\frac{1}{3}(x+h)^3 - 3(x+h) - (\frac{1}{3}x^3 - 3x)}{h} =$
$= \lim\limits_{h \to 0} \frac{\frac{1}{3}x^3 + hx^2 + h^2x + \frac{1}{3}h^3 - 3x - 3h - \frac{1}{3}x^3 + 3x}{h} = \lim\limits_{h \to 0} \frac{hx^2 + h^2x + \frac{1}{3}h^3 - 3h}{h} =$
$= \lim\limits_{h \to 0} (x^2 + hx + \frac{1}{3}h^2 - 3) = x^2 - 3$
$f'(x) = 1$; $x^2 - 3 = 1$; $x^2 = 4$; $x_1 = 2 \notin D_f$; $x_2 = -2 \in D_f$;
$f(-2) = \frac{1}{3} \cdot (-2)^3 - 3(-2) = 3\frac{1}{3}$; $P\left(-2 \mid 3\frac{1}{3}\right)$
$y = x + t$; $3\frac{1}{3} = -2 + t$; $t = 5\frac{1}{3}$, t_P: $y = x + 5\frac{1}{3}$
$y = -x + t$; $3\frac{1}{3} = -(-2) + t$; $t = 1\frac{1}{3}$; n_P: $y = -x + 1\frac{1}{3}$

$f'(x) = -1;\ x^2 - 3 = -1;\ x^2 = 2,\ x_1 = \sqrt{2} \notin D_f,\ \ x_2 = -\sqrt{2} \in D_f;$

$f(-\sqrt{2}) = \frac{1}{3}(-\sqrt{2})^3 - 3(-\sqrt{2}) = -\frac{2}{3}\sqrt{2} + 3\sqrt{2} = \frac{7}{3}\sqrt{2} \quad Q\,(-\sqrt{2} \mid \frac{7}{3}\sqrt{2}).$

$y = -x + t;\ \frac{7}{3}\sqrt{2} = -(-\sqrt{2}) + t;\ t = \frac{4}{3}\sqrt{2};\ t_Q\colon y = -x + \frac{4}{3}\sqrt{2}$

5.

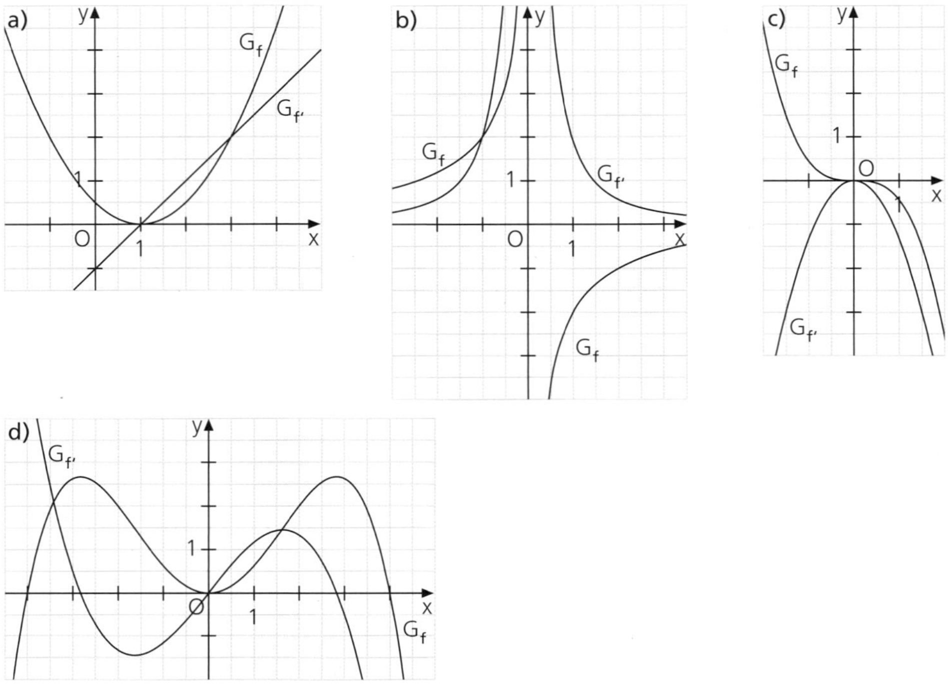

Bemerkungen zum Vorgehen:

- Hat G_f an der Stelle x_0 eine horizontale Tangente, so ist $f'(x_0) = 0$, d. h. $G_{f'}$ hat an der Stelle x_0 einen Punkt auf der x-Achse.
- Fällt G_f, so verläuft $G_{f'}$ unterhalb der x-Achse; steigt G_f, so verläuft $G_{f'}$ oberhalb der x-Achse.
- Zur Ermittlung weiterer Werte von $f'(x)$ zeichnet man im Kurvenpunkt $P\,(x_0 \mid f(x_0))$ eine Tangente an G_f und ermittelt graphisch ihre Steigung m. Es gilt $f'(x_0) = m$.

6. G_f hat an der Stelle $x = 1$ eine horizontale Tangente, also ist $f'(1) = 0$; $G_{f'}$ verläuft somit durch den Punkt $(1 \mid 0)$: $G_A \neq G_{f'}$ und $G_B \neq G_{f'}$. G_f hat an der Stelle $x = 0$ eine Tangente mit positiver Steigung, also ist $f'(0) > 0$: $G_D \neq G_{f'}$.
Also gilt $G_C = G_{f'}$.

47

7. a) G_f ist die Parallele zur x-Achse durch den Punkt $P\,(0 \mid 2)$.
Der Graph G_F jeder Stammfunktion von f hat somit in jedem Graphpunkt die Steigung 2.
Das trifft nur bei Abbildug ① zu (die Gerade von Abbildung ③ hat die Steigung 1).

b) G_f schneidet die x-Achse im Punkt $S\,(1 \mid 0)$. G_F muss für $x = 1$ eine horizontale Tangente besitzen; das trifft nicht für Abbildung ② zu. Für $x < 1$ verläuft G_f oberhalb der x-Achse. Also muss für $x < 1$ die Steigung von G_F positiv sein. Dies trifft für Abbildung ①, nicht aber für Abbildung ③ zu.

8. 1. Abbildung. Der Graph G_f schneidet die x-Achse an den Stellen $x \approx \pm 1{,}7$.
In den Punkten mit den Abszissen $x \approx \pm 1{,}7$ hat also G_F jeweils eine horizontale Tangente. Dies trifft für jede der Abbildungen ①, ② und ③ zu.
Für $x = 0$ gilt $f(0) = 1$, also $F'(0) = 1$.

G_F hat somit im Punkt mit der Abszisse 0 die Steigung 1. Der Graph in Abbildung ② hat an der Stelle x = 0 eine negative Steigung, ist also nicht G_F. Die (zueinander kongruenten) Graphen der Abbildungen ① und ③ sind Graphen von Stammfunktionen von f.

9. $V_K(r) = \frac{4}{3}r^3\pi$; $V_K'(r) = 4r^2\pi = A_{Kugel}$
$V_W(a) = (2a)^3 = 8a^3$;
$V_W'(a) = 24a^2 = 6 \cdot (2a)^2 = A_{Würfel}$

10. 48

	①	②	③	④	⑤
f'(x)	−1	−2	2	1	0
Funktionsterm f(x)	−x	−2x	2x	x	1
Stammfunktionsterm F(x)	$-\frac{x^2}{2} + \frac{3}{2}$	$-x^2 + 2$	x^2	$\frac{1}{2}x^2 + \frac{1}{2}$	x
Graph G_F der Stammfunktion F	B	A	E	D	C

11. Graph rot: G_{f_1}
G_{f_1} schneidet die x-Achse in Punkten, deren Abszissen 1 bzw. −1 sind.
Graph schwarz: G_{f_2}
In den Punkten mit den Abszissen 1 und −1 hat G_{f_2} jeweils eine horizontale Tangente.
$f_1(0) = 4$.
G_{f_2} hat im Ursprung eine Tangente, deren Steigung zeichnerisch als ≈ 4 ermittelt werden kann;
G_{f_2} ist somit G_F.

12. a) wahr: $f'(2) = 0$
b) wahr: $G_{f'}$ hat vier Punkte mit der x-Achse gemeinsam.
c) falsch: Wenn f an der Stelle x = 3 eine dreifache Nullstelle hätte, hätte f' an der Stelle x = 3 eine doppelte Nullstelle.
d) wahr: Für $2 < x < 3$ gilt $f'(x) > 0$.
e) falsch: Wenn G_f für $x \in \mathbb{R}^-$ überall ansteigen würde, wäre dort überall $f'(x) > 0$.

13. a) $f(-x) = (-x)^3 + (-x) = -x^3 - x = -(x^3 + x) = -f(x)$, also ist G_f punktsymmetrisch zum Ursprung. 49
$f'(x) = 3x^2 + 1$
$f'(-x) = 3(-x)^2 + 1 = 3x^2 + 1 = f'(x)$, also ist $G_{f'}$ achsensymmetrisch zur y-Achse.
b) $g(-x) = (-x)^4 + (-x)^2 + 1 = x^4 + x^2 + 1 = g(x)$, also ist G_g achsensymmetrisch zur y-Achse.

$$g'(x) = \lim_{h \to 0} \frac{g(x+h) - g(x)}{h} = \lim_{h \to 0} \frac{(x+h)^4 + (x+h)^2 + 1 - (x^4 + x^2 + 1)}{h} =$$
$$= \lim_{h \to 0} \frac{x^4 + 4hx^3 + 6h^2x^2 + 4h^3x + h^4 + x^2 + 2hx + h^2 + 1 - x^4 - x^2 - 1}{h} =$$
$$= \lim_{h \to 0} \frac{4hx^3 + 6h^2x^2 + 4h^3x + h^4 + 2hx + h^2}{h} =$$
$$= \lim_{h \to 0} (4x^3 + 6hx^2 + 4h^2x + h^3 + 2x + h) = 4x^3 + 2x$$

$g'(-x) = 4(-x)^3 + 2(-x) = -4x^3 - 2x = -(4x^3 + 2x) = -g'(x)$, also ist $G_{g'}$ punktsymmetrisch zum Ursprung.
Verallgemeinerung: Wenn G_f achsensymmetrisch zur y-Achse ist, verläuft $G_{f'}$ punktsymmetrisch zum Ursprung. Wenn G_f punktsymmetrisch zum Ursprung ist, verläuft $G_{f'}$ achsensymmetrisch zur y-Achse.

14. $$f'(x) = \lim_{h \to 0} \frac{f(x+h) - f(x)}{h} = \lim_{h \to 0} \frac{(x+h)^2 + a - (x^2 + a)}{h} = \lim_{h \to 0} \frac{x^2 + 2hx + h^2 + a - x^2 - a}{h} =$$
$$= \lim_{h \to 0} \frac{2hx + h^2}{h} = \lim_{h \to 0} (2x + h) = 2x$$
f'(x) ist unabhängig von a.
Stammfunktionen von g(x) = 2x: f_1: $f_1(x) = x^2 + 1$; $D_{f_1} = \mathbb{R}$
f_2: $f_2(x) = x^2$; $D_{f_2} = \mathbb{R}$
f_3: $f_3(x) = x^2 - 1$; $D_{f_3} = \mathbb{R}$
Jede Funktion der Form f: $f(x) = x^2 + a$ mit $a \in \mathbb{R}$, $D_f = \mathbb{R}$, ist eine Stammfunktion von g (vgl. oben).

15. $f'(x) = 2x$

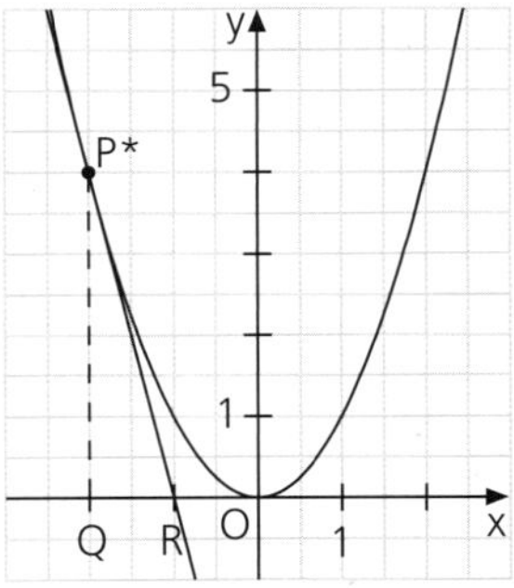

a) Für die Tangente t_P an G_f im Punkt $P\,(x_p \mid x_p^2)$ gilt: $m = 2x_P$.
Das Dreieck RQP ist ein Steigungsdreieck der Tangente t_P.

Somit gilt: $m = \frac{\Delta y}{\Delta x} = \frac{y_P - y_R}{x_P - x_R} = \frac{x_p^2 - 0}{x_P - x_R}$

also $2x_P = \frac{x_p^2}{x_P - x_R}$

$2x_p^2 - 2x_P \cdot x_R = x_p^2$

$-2x_P \cdot x_R = -x_p^2;\ x_P \neq 0$

$x_R = \frac{-x_p^2}{-2x_P} = \frac{x_P}{2} = \frac{x_Q}{2}$:

R ist Mittelpunkt von [OQ].
Die Gerade durch den Mittelpunkt von [OQ] und den Punkt P ist somit Tangente an G_f in P.

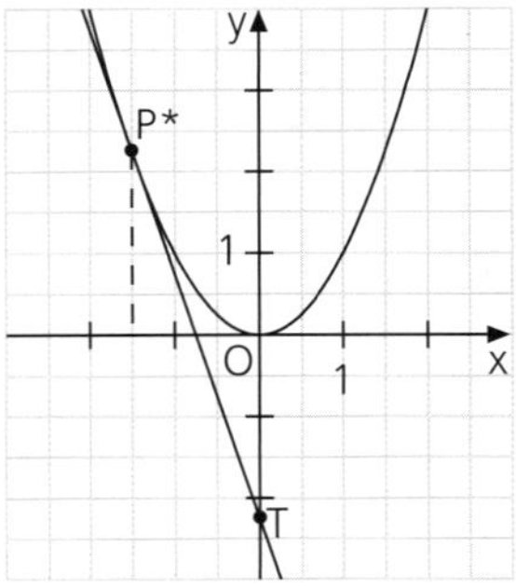

b) Für die Tangente t_P an G_f im Punkt $P\,(x_P \mid x_p^2)$ glit: $m = 2x_P$
$y = 2x_P \cdot x + t$
$x_p^2 = 2x_P \cdot x_P + t;\ t = -x_p^2 = -y_P$
also $y = 2x_p^2 \cdot x - x_p^2$ bzw. $y = 2x_p^2 \cdot x - f(x_P)$:
Die Tangente verläuft also durch den Punkt $T\,(0 \mid -f(x_P))$.
Die Gerade durch den Punkt $T\,(0 \mid -f(x_P))$ und den Punkt P ist somit Tangente an G_f in P.

16. $g'(x) = 3x^2$

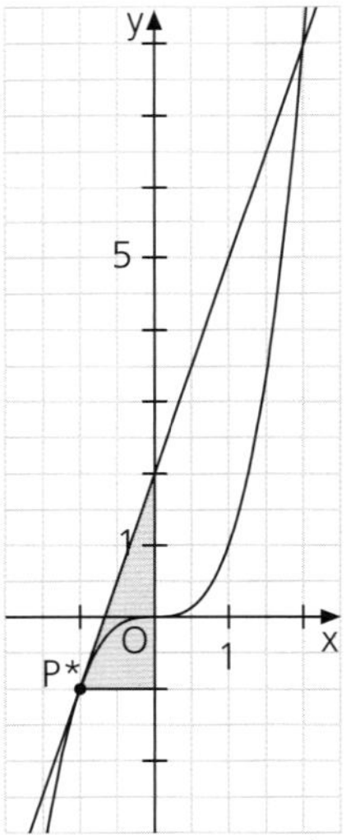

Die Tangente an G_g im Punkt $P\,(x_P \mid x_p^3)$ hat die Steigung $m = 3x_p^2$
t_P: $y = 3x_p^2 \cdot x + t$
$x_p^3 = 3x_p^2 \cdot x + t;\ t = -2x_p^3 = -2g(x_P)$
also $y = 3x_p^2 \cdot x - 2g(x_P)$:
Die Tangente verläuft also durch den Punkt $T\,(0 \mid -2g(x_P))$.

W

W1 $V_{Prisma} = G \cdot h$; $G = \frac{(20\text{ cm})^2}{4}\sqrt{3}$; $h = 20\text{ cm}$;

$V_{Prisma} = \frac{(20\text{ cm})^2}{4}\sqrt{3} \cdot 20\text{ cm} = 2\,000\sqrt{3}\text{ cm}^3 \approx 3\,464\text{ cm}^3 \approx 3{,}5\text{ dm}^3$;

$A_{Prisma} = 2 \cdot \frac{(20\text{ cm})^2}{4}\sqrt{3} + 3 \cdot (20\text{ cm})^2 = 200\sqrt{3}\text{ cm}^2 + 1\,200\text{ cm}^2 =$

$= 200\,(\sqrt{3} + 6)\text{ cm}^2 \approx 1\,546\text{ cm}^2 \approx 15\text{ dm}^2$

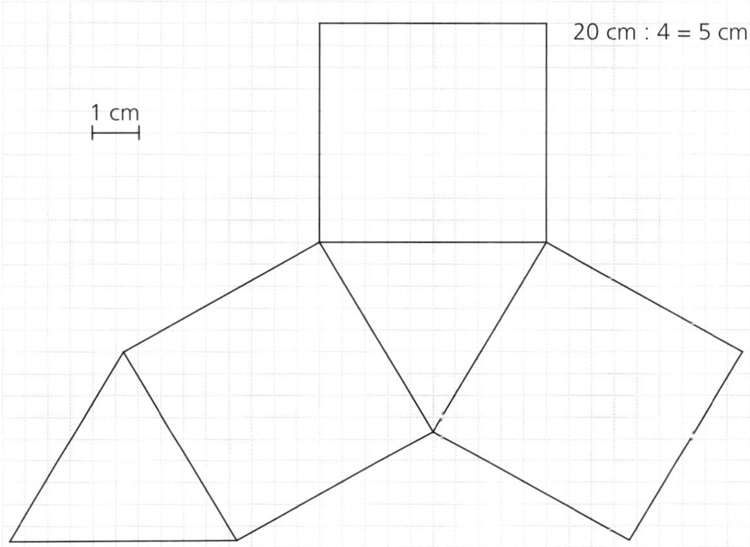

W2 Eine Zahl ist durch 5 teilbar, wenn sie auf 0 oder 5 endet.
Einerziffer 0, Quersummenwert 6: 600, 510, 150, 420, 240, 330
Einerziffer 5, Quersummenwert 6: 105
Also gibt es 7 dreistellige natürliche Zahlen mit Quersummenwert 6.

W3 Wie viele Möglichkeiten gibt es, 10 Würfel in einer Reihe anzuordnen, wenn je 2 Würfel rot bzw. blau bzw. grün und die anderen gelb, weiß, schwarz und lila sind?

50

Arbeitsaufträge

1. Individuelle Ergebnisse

2. a) $f_1(x) = x(x-2)$;

$f_2(x) = \frac{1}{2}x^2 - 2x = \frac{1}{2}x(x-4)$;

$f_3(x) = \frac{1}{3}x^2 - 2x = \frac{1}{3}x(x-6)$;

$f_n(x) = \frac{1}{n}x^2 - 2x = \frac{1}{n}x(x-2n);\ n \in \mathbb{N}$

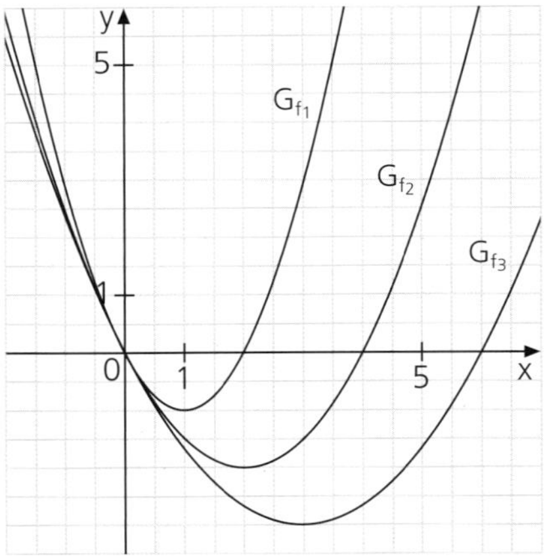

b) $f_1'(x) = 2x - 2;\quad f_1'(0) = -2;$

$f_2'(x) = x - 2;\quad f_2'(0) = -2;$

$f_3'(x) = \frac{2}{3}x - 2;\quad f_3'(0) = -2;$

$f_n'(x) = \frac{2}{n} \cdot x - 2;\quad f_n'(0) = -2;\ n \in \mathbb{N}$

$f_1'(0) = f_2'(0) = f_3'(0) = f_n'(0)(= -2)$:

Die Graphen aller Funktionen der Schar berühren einander im Ursprung.

c) Nullstellen von f_n:

G_{f_1}: $x_1 = 0;\quad x_{21} = 2;\quad f_1'(2) = 2;$

G_{f_2}: $x_1 = 0;\quad x_{22} = 4;\quad f_2'(4) = 2;$

G_{f_3}: $x_1 = 0;\quad x_{23} = 6;\quad f_3'(6) = 2;$

G_{f_n}: $x_1 = 0;\quad x_{n2} = 2n;\quad f_n'(2n) = 2$:

Wegen $\tan \varphi = 2$ schneidet jede der Scharkurven die positive x-Achse unter einem Winkel der Größe $\varphi \approx 63°$.

3. a) f': $f'(x) = 3x^2;\quad D_f' = \mathbb{R}$

g': $g'(x) = 2x;\quad D_g' = \mathbb{R}$

h': $h'(x) = 1;\quad D_h' = \mathbb{R}$

i': $i'(x) = 0;\quad D_i' = \mathbb{R}$

b) $p'(x) = \lim\limits_{h \to 0} \frac{a(x+h)^3 + b(x+h)^2 + c(x+h) + d - ax^3 - bx^2 - cx - d}{h} =$

$= \lim\limits_{h \to 0} \frac{ax^3 + 3ax^2h + 3axh^2 + ah^3 + bx^2 + 2bxh + bh^2 + cx + ch + d - ax^3 - bx^2 - cx - d}{h} =$

$= \lim\limits_{h \to 0} \frac{h(3ax^2 + 3axh + ah^2 + 2bx + bh + c)}{h} =$

$= \lim\limits_{h \to 0} (3ax^2 + 3axh + ah^2 + 2bx + bh + c) =$

$= 3ax^2 + 2bx + c;$

p': $p'(x) = 3ax^2 + 2bx + c;\quad D_{p'} = \mathbb{R}$

Man erhält den Term $p'(x)$ der Ableitungsfunktion durch gliedweises Differenzieren von $p(x)$.

4. a), b) Individuelle Ergebnisse

c) $f(x) = x^2 \cdot x^3$

Mit Verwendung der Produktregel: $(x^2)' = 2x;\quad (x^3)' = 3x^2;$

$f'(x) = 2x \cdot x^3 + x^2 \cdot 3x^2 = 2x^4 + 3x^4 = 5x^4$

Ohne Verwendung der Produktregel:

$f'(x) = \lim\limits_{h \to 0} \frac{(x+h)^5 - x^5}{h} =$

$= \lim\limits_{h \to 0} \frac{x^5 + 5x^4h + 10x^3h^2 + 10x^2h^3 + 5xh^4 + h^5 - x^5}{x} =$

$= \lim\limits_{h \to 0} \frac{h(5x^4 + 10x^3h + 10x^2h^2 + 5xh^3 + h^4)}{h}$

$= \lim\limits_{h \to 0} (5x^4 + 10x^3h + 10x^2h^2 + 5xh^3 + h^4) =$

$= 5x^4$

52

- Jede Funktion F: $F(x) = x^3 + C$; $C \in \mathbb{R}$ ist Stammfunktion der Funktion f.
- F: $F(x) = \frac{1}{3}x^3 + \frac{1}{2}x^2 + x$, $D_F = \mathbb{R}$
- g: $g(x) = 2x + 1$
- $f'(t) = 3rt^2$; $g'(r) = t^3$

L

1. a) $f'(x) = 2 \cdot 3x^2 = 6x^2$
$f''(x) = 6 \cdot 2x = 12x$

b) $f'(x) = 2 \cdot 1 + 3 \cdot 3x^2 = 2 + 9x^2$
$f''(x) = 0 + 9 \cdot 2x = 18x$

c) $f'(x) = 0 - 14 \cdot 1 + 21 \cdot 3x^2 = -14 + 63x^2$
$f''(x) = 0 + 63 \cdot 2x = 126x$

d) $f'(x) = 2 \cdot 4x^3 - 3 \cdot 3x^2 + 2x = 8x^3 - 9x^2 + 2x$
$f''(x) = 8 \cdot 3x^2 - 9 \cdot 2x + 2 \cdot 1 = 24x^2 - 18x + 2$

e) $f'(x) = -6x^5 + 5x^4 - 4x^3$
$f''(x) = -6 \cdot 5x^4 + 5 \cdot 4x^3 - 4 \cdot 3x^2 = -30x^4 + 20x^3 - 12x^2$

f) $f'(x) = 0 + 2 \cdot 1 + 4 \cdot 3x^2 = 2 + 12x^2$
$f''(x) = 0 + 12 \cdot 2x = 24x$

g) $f'(x) = 7 \cdot 5x^4 + 6 \cdot 3x^2 + 0{,}5 \cdot 2x = 35x^4 + 18x^2 + x$
$f''(x) = 35 \cdot 4x^3 + 18 \cdot 2x + 1 = 140x^3 + 36x + 1$

h) $f'(x) = 4x^3 + 3x^2 - 2x$
$f''(x) = 4 \cdot 3x^2 + 3 \cdot 2x - 2 \cdot 1 = 12x^2 + 6x - 2$

i) $f(x) = 1 + 4x + 4x^2$
$f'(x) = 0 + 4 \cdot 1 + 4 \cdot 2x = 4 + 8x$
$f''(x) = 0 + 8 \cdot 1 = 8$

j) $f'(x) = \frac{1}{4} \cdot 8x^7 + \frac{1}{6} \cdot 3x^2 - 0 = 2x^7 + \frac{1}{2}x^2$
$f''(x) = 2 \cdot 7x^6 + \frac{1}{2} \cdot 2x = 14x^6 + x$

k) $f'(x) = 0 - 4 \cdot 1 + 2x = -4 + 2x$
$f''(x) = 0 + 2 \cdot 1 = 2$

l) $f'(x) = \frac{2}{3} \cdot 3x^2 + 0 = 2x^2$
$f''(x) = 2 \cdot 2x = 4x$

m) $f(x) = x^2 + 5x$
$f'(x) = 2x + 5 \cdot 1 = 2x + 5$
$f''(x) = 2 \cdot 1 + 0 = 2$
Oder Proguktregel: $f'(x) = 1 \cdot (x + 5) + x(1 + 0) = x + 5 + x = 2x + 5$

n) $f'(x) = 2x + 12 \cdot 1 + 0 = 2x + 12$
$f''(x) = 2 \cdot 1 + 0 = 2$

o) $f'(x) = \frac{1}{3}(2 \cdot 1 + 2x) = \frac{1}{3}(2 + 2x) = \frac{2 + 2x}{3}$
$f''(x) = \frac{1}{3} \cdot (0 + 2) = \frac{2}{3}$

53

2. a) $f(x) = 2x^2 + x^3$
(1) $f'(x) = 2 \cdot 2x + 3x^2 = 4x + 3x^2$
(2) $f'(x) = 2x(2 + x) + x^2(0 + 1) = 4x + 2x^2 + x^2 = 4x + 3x^2$

b) $f(x) = x^2 - 2x + 1$
(1) $f'(x) = 2x - 2 \cdot 1 = 2x - 2$
(2) $f'(x) = (1 - 0)(x - 1) + (x - 1)(1 - 0) = x - 1 + x - 1 = 2x - 2$

c) $f(x) = x^3 + x^2 - x$
(1) $f'(x) = 3x^2 + 2x - 1$
(2) $f'(x) = 1 \cdot (x^2 + x - 1) + x(2x + 1 - 0) = x^2 + x - 1 + 2x^2 + x = 3x^2 + 2x - 1$

d) $f(x) = [(x+2)(x-2)]^2 = (x^2-4)^2 = x^4 - 8x^2 + 16$

(1) $f'(x) = 4x^3 - 8 \cdot 2x + 0 = 4x^3 - 16x$

(2) $f(x) = (x^2-4)(x^2-4)$

$f'(x) = (2x-0)(x^2-4) + (x^2-4)(2x-0) = 2x^3 - 8x + 2x^3 - 8x = 4x^3 - 16x$

oder: Produktregel mit 4 Faktoren:

$f(x) = (x+2)(x+2)(x-2)(x-2)$

$f'(x) = (1+0)[(x+2)(x-2)(x-2)] + (x+2)\{(1+0)(x-2)(x-2) + (x+2)[(1-0)(x-2)$
$+ (x-2)(1-0)]\} =$
$= (x+2)(x-2)(x-2) + (x+2)\{(x-2)^2 + (x+2)[x-2+x-2]\} =$
$= (x^2-4)(x-2) + (x+2)\{x^2-4x+4+(x+2)(2x-4)\}$
$= x^3 - 2x^2 - 4x + 8 + (x+2)\{x^2 - 4x + 4 + 2x^2 - 4x + 4x - 8\} =$
$= x^3 - 2x^2 - 4x + 8 + (x+2)(3x^2 - 4x - 4) =$
$= x^3 - 2x^2 - 4x + 8 + 3x^3 - 4x^2 - 4x + 6x^2 - 8x - 8 = 4x^3 - 16x$

e) $f(x) = x^3 - x^2 + x + x^2 - x + 1 = x^3 + 1$

(1) $f'(x) = 3x^2 + 0 = 3x^2$

(2) $f'(x) = (1+0)(x^2 - x + 1) + (x+1)(2x - 1 + 0) = x^2 - x + 1 + 2x^2 - x + 2x - 1 = 3x^2$

f) $f(x) = x^3 - x^4$

(1) $f'(x) = 3x^2 - 4x^3$

(2) $f'(x) = 3x^2(1-x) + x^3(0-1) = 3x^2 - 3x^3 - x^3 = 3x^2 - 4x^3$

3. a) $F'(x) = 3x^2 - \frac{1}{2} \cdot 1 + 0 = 3x^2 - \frac{1}{2} = f(x)$

b) $F'(x) = (4x^2 - 16x + 16)' = 4 \cdot 2x - 16 \cdot 1 + 0 = 8x - 16 = 8(x-2) = f(x)$

c) $F'(x) = 3x^2 + 3 \cdot 2x + 3 \cdot 1 = 3x^2 + 6x + 3 = 3(x^2 + 2x + 1) = 3(x+1)^2 = f(x)$

4. Mögliche Beispiele ($D_f = \mathbb{R}$):

a) $f(x) = \frac{1}{2}x^2 + \frac{4}{3}x^3 - 2$;

Probe: $f'(x) = \frac{1}{2} \cdot 2x + \frac{4}{3} \cdot 3x^2 - 0 = x + 4x^2$

b) $f(x) = 4x + 1$;

Probe: $f'(x) = 4 \cdot 1 + 0 = 4$

c) $f(x) = 3$;

Probe: $f'(x) = 0$

d) $f(x) = 2x + \frac{1}{4}x^2$;

Probe: $f'(x) = 2 \cdot 1 + \frac{1}{4} \cdot 2x = 2 + \frac{1}{2}x = 2 + 0{,}5x$

e) $f(x) = x - x^2 + \frac{1}{3}x^3 + 9$;

Probe: $f'(x) = 1 - 2x + \frac{1}{3} \cdot 3x^2 = 1 - 2x + x^2 = (1-x)^2$

f) $f'(x) = x^2 - 2x + 1$

$f(x) = \frac{1}{3}x^3 - x^2 + x$;

Probe: $f'(x) = \frac{1}{3} \cdot 3x^2 - 2x + 1 = x^2 - 2x + 1 = (x-1)^2$

5. $f(x) = 2x - \frac{1}{2}x^2 + x^3 + a$;

Probe: $f'(x) = 2 \cdot 1 - \frac{1}{2} \cdot 2x + 3x^2 + 0 = 2 - x + 3x^2$

a) $f(0) = 0$: $2 \cdot 0 - \frac{1}{2} \cdot 0^2 + 0^3 + 0 = 0$; $a = 0$; $f(x) = 2x - \frac{1}{2}x^2 + x^3$

b) $f(2) = -3$: $2 \cdot 2 - \frac{1}{2} \cdot 2^2 + 2^3 + a = -3$

$4 - 2 + 8 + a = -3$;

$10 + a = -3$;

$a = -13$; $f(x) = 2x - \frac{1}{2}x^2 + x^3 - 13$

6. $f(-x) = (-x)^3 - (-x) = -x^3 + x = -(x^3 - x) = -f(x)$,
also ist G_f punktsymmetrisch zum Ursprung.

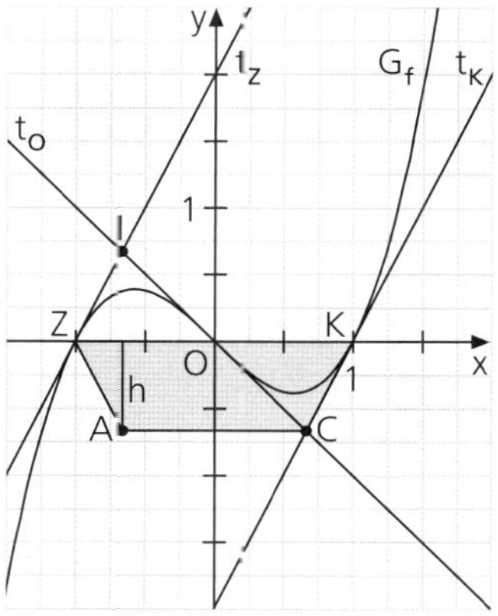

Schnittpunkte mit der x-Achse:
$f(x) = 0;\ x^3 - x = 0;\ x(x^2 - 1) = 0;\ x(x + 1)(x - 1) = 0$
Z (–1 | 0); O (0 | 0); K (1 | 0)
Tangenten: $f'(x) = 3x^2 - 1$
$m_Z = f'(-1) = 3 \cdot (-1)^2 - 1 = 2,\ y = 2x + t_1$
$0 = 2 \cdot (-1) + t_1;\ t_1 = 2$
t_Z: $y = 2x + 2$
$m_O = f'(0) = -1;\ y = -x + t_2$
$0 = 0 + t_2;\ t_2 = 0$
t_O: $y = -x$
$m_K = f'(1) = 3 \cdot 1^2 - 1 = 2;\ y = 2x + t_3$
$0 = 2 \cdot 1 + t;\ t_3 = -2$
t_K: $y = 2x - 2$
Schnittpunkte von t_O und t_Z: $-x = 2x + 2$
$-3x = 2$
$x = -\frac{2}{3}$
$y = +\frac{2}{3}$
$I\ (-\frac{2}{3} \mid \frac{2}{3})$
Schnittpunkte von t_O und t_K: $-x = 2x - 2$
$-3x = -2$
$x = \frac{2}{3}$
$y = -\frac{2}{3}$
$C\ (\frac{2}{3} \mid -\frac{2}{3})$

a) $\overline{ZI} = \sqrt{\left(\frac{1}{3}\right)^2 + \left(\frac{2}{3}\right)^2} = \sqrt{\frac{1}{9} + \frac{4}{9}} = \sqrt{\frac{5}{9}} = \frac{1}{3}\sqrt{5}$
$\overline{IO} = \sqrt{\left(\frac{2}{3}\right)^2 + \left(\frac{2}{3}\right)^2} = \sqrt{\frac{4}{9} + \frac{4}{9}} = \sqrt{\frac{8}{9}} = \frac{2}{3}\sqrt{2}$
Länge des Streckenzugs ZICK: $2 \cdot (\overline{ZI} + \overline{IO}) = 2 \cdot \left(\frac{1}{3}\sqrt{5} + \frac{2}{3}\sqrt{2}\right) = \frac{2}{3}(\sqrt{5} + 2\sqrt{2}) \approx 3{,}38$

b) $m_Z = 2 = m_K$, also $t_Z \parallel t_K$

c) $A_{ZACK} = \frac{1}{2} \cdot (\overline{AC} + \overline{ZK}) \cdot h = \frac{1}{2} \cdot \left(\frac{4}{3} + 2\right) \cdot \frac{2}{3} = \frac{1}{2} \cdot \frac{10}{3} \cdot \frac{2}{3} = \frac{10}{9} = 1\frac{1}{9}$

7. $f(x) = -\frac{1}{2}x^2 + 2$
x-Achsenpunkte:
$-\frac{1}{2}x^2 + 2 = 0;\ \frac{1}{2}x^2 = 2;\ x^2 = 4;\ |x| = 2$
$S_1\ (-2 \mid 0)$, $S_2\ (2 \mid 0)$
y-Achsenpunkt:
$f(0) = 2$; T (0 | 2)

a) $A_{S_1S_2T} = \frac{1}{2} \cdot \overline{S_1S_2} \cdot y_T = \frac{1}{2} \cdot 4 \cdot 2 = 4$
$\overline{OS_1} = \overline{OS_2} = \overline{OT} = 2$, also ist O (0 | 0) der Mittelpunkt des Umkreises.
Der Umkreis hat die Radiuslänge r = 2.
$A_{Umkreis} = r^2\pi = 4\pi \approx 12{,}6$
$\frac{A_{S_1S_2T}}{A_{Umkreis}} = \frac{4}{4\pi} = \frac{1}{\pi} \approx 0{,}318 = 31{,}8\%$

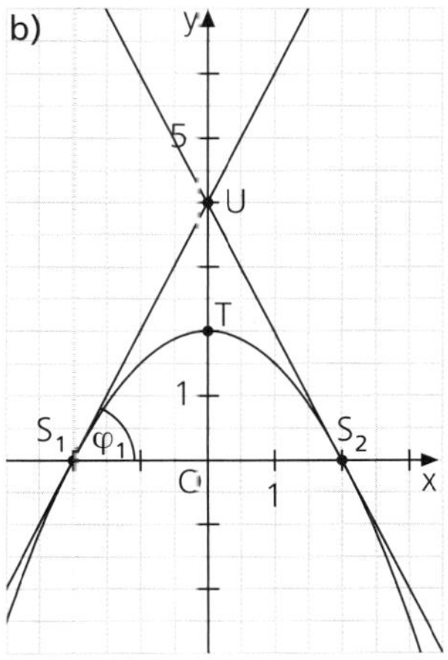

b) $f'(x) = -\frac{1}{2} \cdot 2x + 0 = -x$
$m_1 = f'(-2) = 2,\ y = 2x + t$
$0 = 2 \cdot (-2) + t;\ t = 4$ t_1: $y = 2x + 4$
$m_2 = f'(2) = -2,\ y = -2x + t^*$
$0 = -2 \cdot 2 + t^*;\ t^* = 4$ t_2: $y = -2x + 4$
Schnittpunkt von t_1 und t_2: U (0 | 4)

$A_{S_1S_2U} = \frac{1}{2}\,\overline{S_1S_2} \cdot \overline{OU} = \frac{1}{2} \cdot 4 \cdot 4 = 8$

$\tan \varphi_1 = m_1 = 2;\ \varphi_1 \approx 63{,}4°$

$\sphericalangle\, S_2S_1U = \sphericalangle\, US_2S_1 \approx 63{,}4°$

$\sphericalangle\, S_1US_2 \approx 180° - 2 \cdot 63{,}4° \approx 51{,}2°$

c) ΔR_1R_2V ist gleichseitig, also gilt $\sphericalangle\, R_1R_2V = 60°$.

$m_I = \tan 60° = \sqrt{3}$

$f'(x) = \sqrt{3};\ -x = \sqrt{3};\ x = -\sqrt{3};$

$f(-\sqrt{3}) = -\frac{1}{2}(-\sqrt{3})^2 + 2 = -\frac{3}{2} + 2 = \frac{1}{2}$

Berührpunkt $B_I\,(-\sqrt{3} \mid \frac{1}{2})$

$y = m_I x + t_{II}$

$\frac{1}{2} = \sqrt{3} \cdot (-\sqrt{3}) + t_I;\ t_I = \frac{1}{2} + 3 = 3{,}5$

t_I: $y = \sqrt{3}x + 3{,}5$

$\sqrt{3}x + 3{,}5 = 0$

$x = -\frac{3{,}5}{\sqrt{3}} = -\frac{7}{2\sqrt{3}} = -\frac{7}{6}\sqrt{3};$

$R_1\,(-\frac{7}{6}\sqrt{3} \mid 0)$, $R_2\,(\frac{7}{6}\sqrt{3} \mid 0)$, $V\,(0 \mid 3{,}5)$

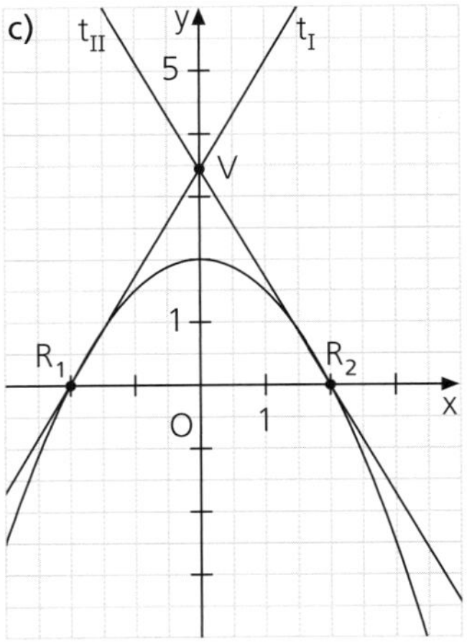

Seitenlänge des gleichseitigen Dreiecks: $a = \overline{R_1R_2} = 2 \cdot \frac{7}{6}\sqrt{3} = \frac{7}{3}\sqrt{3}$

$U_{R_1R_2V} = 3a = 3 \cdot \frac{7}{3}\sqrt{3} = 7\sqrt{3} \approx 12{,}1$

$A_{R_1R_2V} = \frac{a^2}{4}\sqrt{3} = \frac{1}{4} \cdot \left(\frac{7}{3}\sqrt{3}\right)^2 \sqrt{3} = \frac{1}{4} \cdot \frac{49}{9} \cdot 3 \cdot \sqrt{3} = \frac{49}{12}\sqrt{3} \approx 7{,}1$

d) ΔQ_1Q_2W ist rechtwinklig und wegen der Symmetrie zur y-Achse auch gleichschenklig: $\sphericalangle\, Q_1Q_2W = 45°$

$m = \tan 45° = 1$

$f'(x) = 1;\ -x = 1,\ x = -1;$

$f(-1) = -\frac{1}{2}(-1)^2 + 2 = -\frac{1}{2} + 2 = 1{,}5$

Berührpunkt $B\,(-1 \mid 1{,}5)$

$y = mx + t_B$

$1{,}5 = 1 \cdot (-1) + t_B;\ t_B = 1{,}5 + 1 = 2{,}5$

t: $y = x + 2{,}5$

$x + 2{,}5 = 0$: $x = -2{,}5;$

$Q_1\,(-2{,}5 \mid 0)$, $Q_2\,(2{,}5 \mid 0)$, $W\,(0 \mid 2{,}5)$

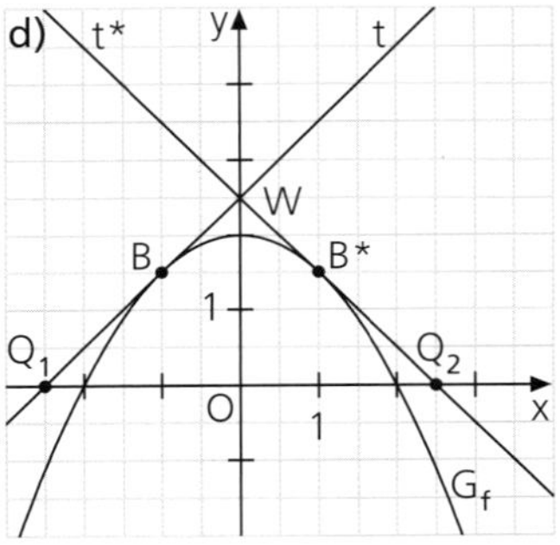

$A_{Q_1Q_2W} = \frac{1}{2} \cdot 5 \cdot 2{,}5 = 6{,}25$

$U_{Q_1Q_2W} = 5 + 2 \cdot \sqrt{2{,}5^2 + 2{,}5^2} = 5 + 2 \cdot \sqrt{2{,}5^2 \cdot 2} = 5 + 2 \cdot 2{,}5\sqrt{2} = 5 + 5\sqrt{2} =$

$= 5(1 + \sqrt{2}) = 12{,}1$

W

W1 Beim Werfen zweier Würfel gibt es 36 Versuchsausgänge:

$\Omega = \{(1;\,1);\,(1;\,2);\,\ldots;\,(1;\,6);\,(2;\,1);\,(2;\,2);\,\ldots;\,(2;\,6);\,\ldots;\,(6;\,1);\,(6;\,2);\,\ldots;\,(6;\,6)\}$

Es gibt 36 verschiedene Möglichkeiten.

A = „Augensumme beträgt 7 oder 11"

$A = \{(1;\,6);\,(6;\,1);\,(2;\,5);\,(5;\,2);\,(3;\,4);\,(4;\,3);\,(5;\,6);\,(6;\,5)\}$

Es gibt acht verschiedene Möglichkeiten für die Augensummenwerte 7 oder 11:

$P(A) = \frac{|A|}{|\Omega|} = \frac{8}{36} = \frac{2}{9} \approx 22{,}2\,\%$

W2 $\frac{10!}{3! \cdot 3!} = 100\,800$

W3 1

L

54

1.

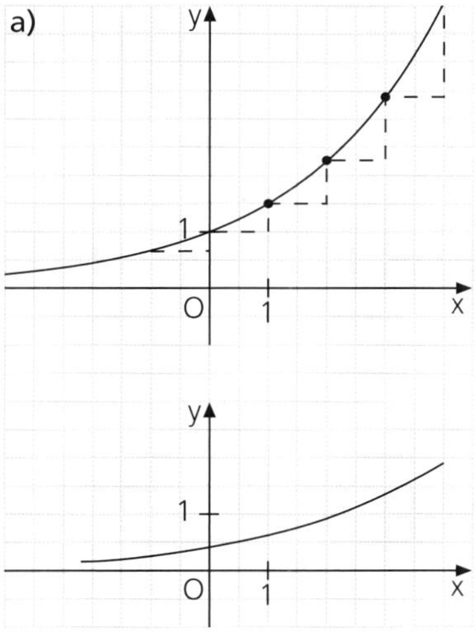
a)
y
1
O
1
x
y
1
O
1
x

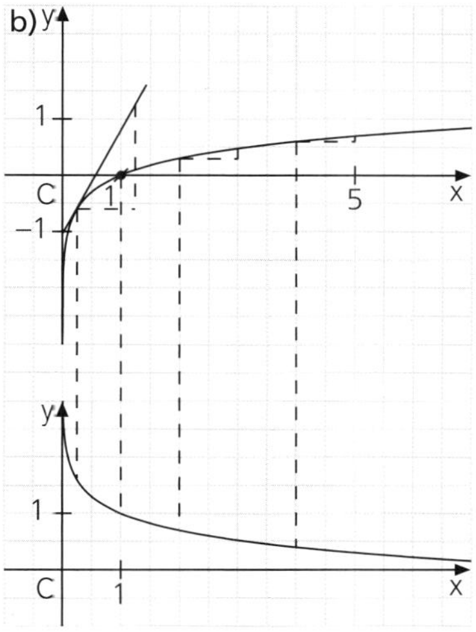
b) y
1
C
1
5
x
−1
y
1
C
1
x

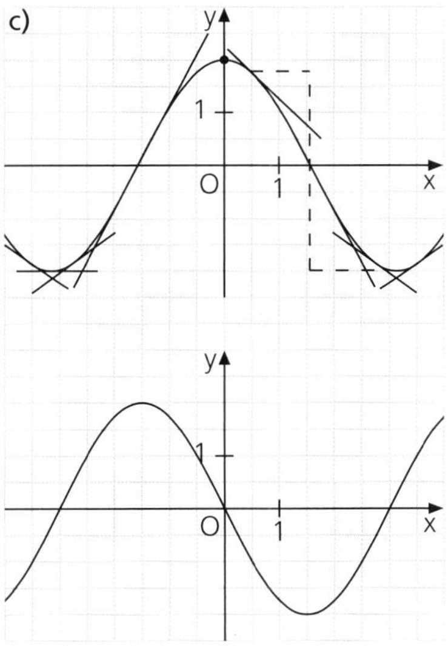
c)
y
1
O
1
x
y
1
O
1
x

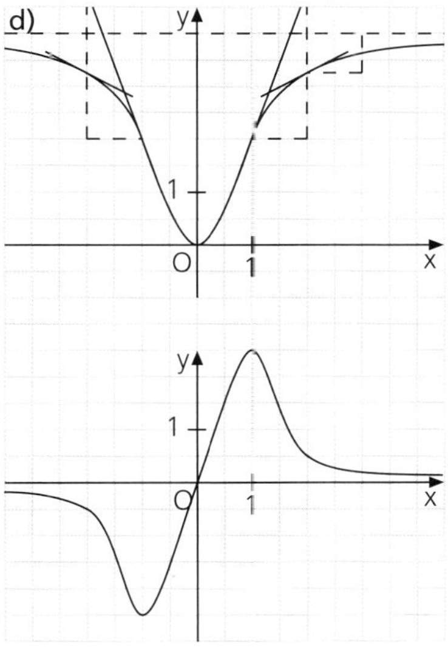
d)
y
1
O
1
x
y
1
O
1
x

2.

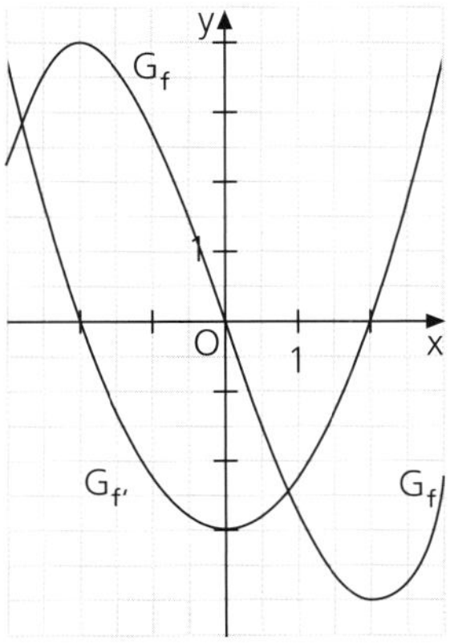
y
G_f
1
O
1
x
$G_{f'}$
G_f

55

L

1. a)

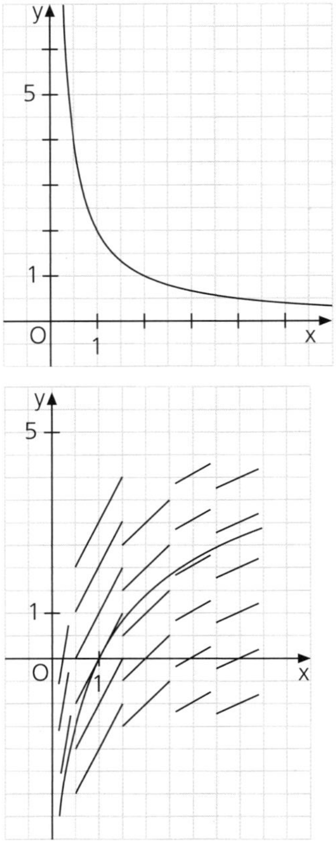

b)

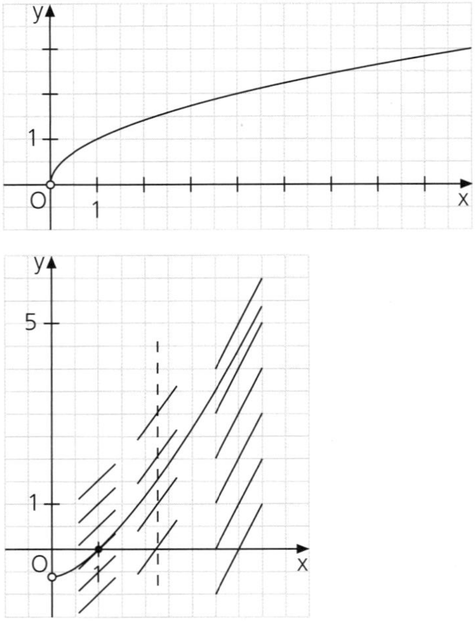

2. Die (senkrechte Projektion der) Ballonflugbahn ergibt sich aus dem Richtungsfeld der Wellenkarte ebenso wie in den Lösungen zu Aufgabe 1, jeder Stammfunktionsgraph aus dem vorgegebenen Richtungsfeld.

Arbeitsaufträge

1. $\left(\frac{1}{x}\right)' = \lim\limits_{h\to 0} \frac{\frac{1}{x+h}-\frac{1}{x}}{h} = \lim\limits_{h\to 0} \frac{x-x-h}{hx(x+h)} = \lim\limits_{h\to 0} \frac{-h}{hx(x+h)} = \lim\limits_{h\to 0} \frac{-1}{x(x+h)} = -\frac{1}{x^2}$;

$f(x) = \frac{1}{x^2} = \frac{1}{x} \cdot \frac{1}{x}$

Anwendung der Produktregel ergibt

$f'(x) = -\frac{1}{x^2} \cdot \frac{1}{x} + \frac{1}{x} \cdot \left(-\frac{1}{x^2}\right) = -\frac{2}{x^3}$.

$g(x) = (x+2) \cdot \left(1 - \frac{1}{x}\right)$

Anwendung der Produktregel ergibt:

$$\begin{aligned} g'(x) &= 1 \cdot \left(1 - \frac{1}{x}\right) + (x+2) \cdot \left[0 - \left(-\frac{1}{x^2}\right)\right] = \\ &= 1 - \frac{1}{x} + (x+2) \cdot \frac{1}{x^2} = \\ &= 1 - \frac{1}{x} + \frac{1}{x} + \frac{2}{x^2} = 1 + \frac{2}{x^2}. \end{aligned}$$

2. a) Für jeden Wert von $x \in D_f$ gilt $f(-x) = \frac{-4x}{1+(-x)^2} = -\frac{4x}{1+x^2} = -f(x)$;
also ist G_f punktsymmetrisch zum Ursprung O.

b) $\lim\limits_{x\to\pm\infty} \frac{4x}{1+x^2} = \lim\limits_{x\to\pm\infty} \frac{\frac{4}{x}}{\frac{1}{x^2}+1} = \frac{0}{1} = 0$

Gleichung der waagrechten Asymptote: $y = 0$

c)

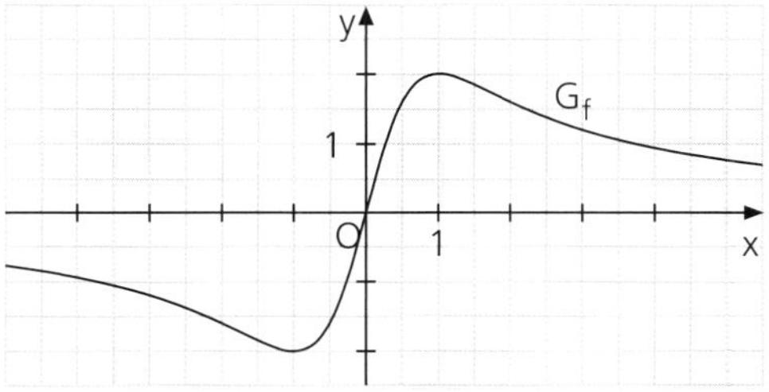

d)

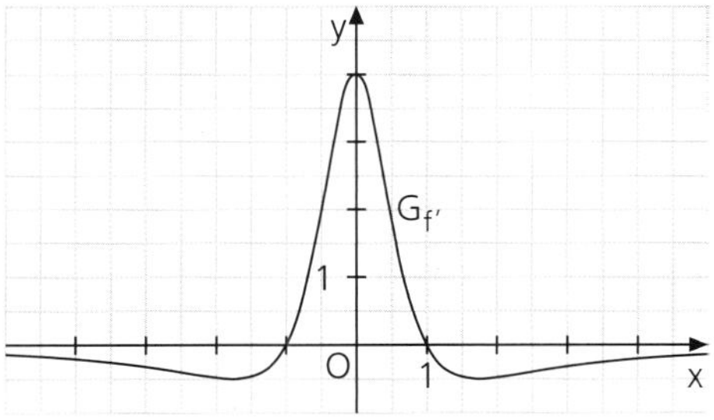

3. $\ldots = \lim\limits_{h\to 0}\left[\frac{1}{v(x+h)v(x)} \cdot \frac{u(x+h)-u(x)}{h} \cdot v(x) - u(x) \cdot \frac{1}{v(x+h)v(x)} \cdot \frac{v(x+h)-v(x)}{h}\right] =$

$= \frac{1}{[v(x)]^2} \cdot u'(x) \cdot v(x) - u(x) \cdot \frac{1}{[v(x)]^2} \cdot v'(x) = \frac{u'(x) \cdot v(x) - u(x) \cdot v'(x)}{[v(x)]^2}$

a) f': $f'(x) = \frac{4 \cdot (1+x^2) - 4x \cdot 2x}{(1+x^2)^2} = \frac{4-4x^2}{(1+x^2)^2}$; $D_{f'} = \mathbb{R}$;

$$\begin{aligned} f'': f''(x) &= \frac{-8x \cdot (1+x^2)^2 - (4-4x^2) \cdot (4x+4x^3)}{(1+x^2)^4} = \\ &= \frac{(-8x-8x^3)(1+x^2) - (1+x^2)(16x-16x^3)}{(1+x^2)^4} = \\ &= \frac{-8x-8x^3-16x+16x^3}{(1+x^2)^3} = \frac{8x^3-24x}{(1+x^2)^3};\ D_{f''} = \mathbb{R} \end{aligned}$$

b) f': $f'(x) = -\frac{nx^{n-1}}{x^{2n}} = \frac{-n}{x^{n+1}}$; $D_{f'} = \mathbb{R}\setminus\{0\}$

f'': $f''(x) = \frac{n(n+1)x^n}{x^{2n+2}} = \frac{n(n+1)}{x^{n+2}}$; $D_{f''} = \mathbb{R}\setminus\{0\}$

4. Individuelle Ergebnisse

58

- Gegenbeispiel: $u = 2$; $v = x^2$; $uv = 2x^2$;
  $(uv)' = (2x^2)' = 4x$;
  $u' \cdot v' = 0 \cdot 2x = 0$
- Gegenbeispiel: $u = 4$; $v = x$; $\frac{u}{v} = \frac{4}{x}$;
  $\left(\frac{u}{v}\right)' = -\frac{4}{x^2}$ (vgl. S.44)
  $\frac{u'}{v'} = \frac{0}{1} = 0$
- $[u(x) \cdot v(x) \cdot w(x)]' = \{u(x) \cdot [v(x) \cdot w(x)]\}' =$
  $= u'(x) \cdot [v(x) \cdot w(x)] + u(x) \cdot [v'(x)\, w(x) + v(x)\, w'(x)] =$
  $= u'(x) \cdot v(x) \cdot w(x) + u(x) \cdot v'(x) \cdot w(x) + u(x) \cdot v(x) \cdot w'(x)$
- $[(2x-1)^2]' = [4x^2 - 4x + 1]' = 8x - 4$ ist nicht äquivalent mit $4x - 2$;
  $(2x^2)' = 4x$ ist für jeden Wert von $x \in \mathbb{R}$ wahr.

L

1. a) $f'(x) = 2 \cdot \frac{-2}{x^3} = \frac{-4}{x^3}$

b) $f'(x) = 4 \cdot 3x^2 + \frac{-1}{x^2} = 12x^2 - \frac{1}{x^2}$

c) $f'(x) = \frac{1 \cdot (1-x) - (1+x) \cdot (-1)}{(1-x)^2} = \frac{1 - x + 1 + x}{(1-x)^2} = \frac{2}{(1-x)^2}$

d) $f'(x) = \frac{-1 \cdot (1+x) - (1-x) \cdot 1}{(1+x)^2} = \frac{-1 - x - 1 + x}{(1+x)^2} = \frac{-2}{(1+x)^2}$

e) $f'(x) = \frac{2(1-x) - (2x-4) \cdot (-1)}{(1-x)^2} = \frac{2 - 2x + 2x - 4}{(1-x)^2} = \frac{-2}{(1-x)^2}$

f) $f'(x) = 2(x^2 - 9) + 2x \cdot 2x = 2x^2 - 18 + 4x^2 = 6x^2 - 18$

g) $f'(x) = -\frac{1}{x^2} - \frac{-1}{(x-2)^2} = -\frac{1}{x^2} + \frac{1}{(x-2)^2}$

h) $f'(x) = 6 \cdot \frac{-1}{x^2} - 3 \cdot \frac{-2}{x^3} = -\frac{6}{x^2} + \frac{6}{x^3}$

i) $f'(x) = \frac{2x \cdot x^3 - (x^2 - a) \cdot 3x^2}{(x^3)^2} = \frac{2x^4 - 3x^4 + 3ax^2}{x^6} = \frac{-x^4 + 3ax^2}{x^6} = \frac{-x^2 + 3a}{x^4}$

j) $f'(x) = \frac{0 - [(x+1) \cdot 1 + 1 \cdot (x+1)]}{(x+1)^4} = \frac{-[(x+1) + (x+1)]}{(x+1)^4} = \frac{-2(x+1)}{(x+1)^4} = \frac{-2}{(x+1)^3}$

k) $f'(x) = \frac{2x(x+1) - x^2 \cdot 1}{(x+1)^2} = \frac{2x^2 + 2x - x^2}{(x+1)^2} = \frac{x^2 + 2x}{(x+1)^2}$

l) $f'(x) = 1 \cdot (2x - 6) + (x + 2) \cdot 2 = 2x - 6 + 2x + 4 = 4x - 2$

m) $f'(x) = 3 \cdot (3x - 1) + (3x - 1) \cdot 3 = 6 \cdot (3x - 1)$

n) $f'(x) = \frac{2x(x^2 - 4) - (x^2 - 2) \cdot 2x}{(x^2 - 4)^2} = \frac{2x^3 - 8x - 2x^3 + 4x}{(x^2 - 4)^2} = \frac{-4x}{(x^2 - 4)^2}$

o) $f'(x) = \frac{[1 \cdot (x+2) + (x+2) \cdot 1] \cdot x^2 - (x+2)^2 \cdot 2x}{(x^2)^2} = \frac{2x^2(x+2) - 2x(x+2)^2}{x^4} =$

$= \frac{2x(x+2)[x - (x+2)]}{x^4} = \frac{2x(x+2) \cdot (-2)}{x^4} = \frac{-4(x+2)}{x^3}$

p) $f'(x) = \frac{-1 \cdot (x-2) - (4-x) \cdot 1}{(x-2)^2} = \frac{-x + 2 - 4 + x}{(x-2)^2} = \frac{-2}{(x-2)^2}$

2. a) $f'(x) = 4x$

$4x = 4$; $x = 1$

b) $f'(x) = 1 - \frac{1}{x^2}$

$1 - \frac{1}{x^2} = -3$; $x^2 - 1 = -3x^2$; $4x^2 = 1$; $x^2 = \frac{1}{4}$; $|x| = \frac{1}{2}$; $x_1 = -\frac{1}{2}$, $x_2 = \frac{1}{2}$

c) $f'(x) = \frac{2x \cdot (x^2 + 1) - x^2 \cdot 2x}{(x^2 + 1)^2} = \frac{2x^3 + 2x - 2x^3}{(x^2 + 1)^2} = \frac{2x}{(x^2 + 1)^2}$

$\frac{2x}{(x^2 + 1)^2} = 0$; $2x = 0$; $x = 0$

59

3. a)

	Stammfunktion	Funktion	Ableitungsfunktion
1)	$\frac{x^3}{3} + \frac{x^2}{2}$	$x^2 + x$	$2x + 1$
2)	$\frac{x+4}{x}$	$-\frac{4}{x^2}$	$\frac{8}{x^3}$
3)	$\frac{1}{1-x}$	$\frac{1}{(x-1)^2}$	$\frac{2}{(1-x)^3}$
4)	$\frac{2}{x}$	$-\frac{2}{x^2}$	$\frac{4}{x^3}$
5)	$\frac{2}{x-1}$	$-\frac{2}{(x-1)^2}$	$\frac{4}{(x-1)^3}$

„Rechenwege“:

1) $\left(\frac{x^3}{3} + \frac{x^2}{2}\right)' = \frac{1}{3} \cdot 3x^2 + \frac{1}{2} \cdot 2x = x^2 + x$

$(x^2 + x)' = 2x + 1$

2) $\left(\frac{x+4}{x}\right)' = \left(1 + \frac{4}{x}\right)' = 0 + 4 \cdot \frac{-1}{x^2} = -\frac{4}{x^2}$

$\left(-\frac{4}{x^2}\right)' = -4 \cdot \frac{-2}{x^3} = \frac{8}{x^3}$

3) $\left(\frac{1}{1-x}\right)' = \frac{0 - 1 \cdot (-1)}{(1-x)^2} = \frac{1}{(1-x)^2} = \frac{1}{(-1)^2(x-1)^2} = \frac{1}{(x-1)^2}$

$\left(\frac{1}{(x-1)^2}\right)' = \left(\frac{1}{(1-x)^2}\right)' = \frac{0 - 1 \cdot [(-1)(1-x) + (1-x)(-1)]}{(1-x)^4} = \frac{-[-2(1-x)]}{(1-x)^4} = \frac{2(1-x)}{(1-x)^4} = \frac{2}{(1-x)^3}$

4) $\left(\frac{2}{x}\right)' = 2 \cdot \frac{-1}{x^2} = -\frac{2}{x^2}$

$\left(-\frac{2}{x^2}\right)' = -2 \cdot \frac{-2}{x^3} = \frac{4}{x^3}$

5) $\left(\frac{2}{x-1}\right)' = \frac{0 - 2 \cdot 1}{(x-1)^2} = \frac{-2}{(x-1)^2}$

$\left(\frac{-2}{(x-1)^2}\right)' = \frac{0 - (-2) \cdot [1 \cdot (x-1) + (x-1) \cdot 1]}{(x-1)^4} = \frac{2 \cdot [2(x-1)]}{(x-1)^4} = \frac{4(x-1)}{(x-1)^4} = \frac{4}{(x-1)^3}$

b) (1) $\frac{2}{14} \cdot \frac{12}{13} + \frac{12}{14} \cdot \frac{2}{13} + \frac{12}{14} \cdot \frac{2}{13} = \frac{36}{91} \approx 39{,}6\,\%$

(2) $\frac{2}{14} \cdot \frac{1}{13} = \frac{1}{91} \approx 1{,}1\,\%$

4. a) $f'(x) = -\frac{2}{x^3}$; $g'(x) = -2$

$-\frac{2}{x^3} = -2$; $-2 = -2x^3$; $x^3 = 1$; $x = 1$

b) $f'(x) = \frac{0 - 2 \cdot 1}{(x-2)^2} = \frac{-2}{(x-2)^2}$; $g'(x) = -\frac{2}{x^2}$

$\frac{-2}{(x-2)^2} = \frac{-2}{x^2}$; $(x-2)^2 = x^2$; $x^2 - 4x + 4 = x^2$; $-4x + 4 = 0$; $x = 1$

c) $f'(x) = 8x$; $g'(x) = -\frac{1}{x^2}$

$8x = -\frac{1}{x^2}$; $8x^3 = -1$; $x^3 = -\frac{1}{8}$; $x = -\sqrt[3]{\frac{1}{8}} = -\frac{1}{2}$

Geometrische Deutung: Ist x_0 eine Lösung der Gleichung $f'(x) = g'(x)$, dann haben die Tangenten an die Graphen von f bzw. g im Kurvenpunkt $(x_0 \mid f(x_0))$ bzw. $(x_0 \mid g(x_0))$, die gleiche Steigung, sind also zueinander parallel.

5. a) $P\,(0 \mid 0)$

$f'(x) = \frac{2(x^2 - 9) - 2x \cdot 2x}{(x^2 - 9)^2} = \frac{2x^2 - 18 - 4x^2}{(x^2 - 9)^2} = \frac{-2x^2 - 18}{(x^2 - 9)^2}$

$m_{t_P} = f'(0) = \frac{-18}{(0-9)^2} = -\frac{18}{81} = -\frac{2}{9}$, also t_P: $y = -\frac{2}{9}x$

$m_{n_P} = \frac{-1}{m_{t_P}} = \frac{-1}{-\frac{2}{9}} = \frac{9}{2} = 4{,}5$, also n_P: $y = 4{,}5x$

b) $f(4) = \sqrt{4} + \frac{4}{\sqrt{4}} = 2 + \frac{4}{2} = 2 + 2 = 4$; $P\,(4 \mid 4)$

$f'(x) = \frac{1}{2\sqrt{x}} + \frac{0 - 4 \cdot \frac{1}{2\sqrt{x}}}{(\sqrt{x})^2} = \frac{1}{2\sqrt{x}} - \frac{2}{(\sqrt{x})^3}$

$m_{t_P} = f'(4) = \frac{1}{2 \cdot 2} - \frac{2}{2^3} = \frac{1}{4} - \frac{1}{4} = 0$, also t_P: $y = 4$ und n_P: $x = 4$

c) $f(1) = \frac{2-1}{1^3} = 1$; P (1 | 1)

$f'(x) = \frac{-1 \cdot x^3 - (2-x) \cdot 3x^2}{(x^3)^2} = \frac{-x^3 - 6x^2 + 3x^3}{x^6} = \frac{2x^3 - 6x^2}{x^6} = \frac{2x-6}{x^4}$

$m_{t_P} = f'(1) = \frac{2-6}{1^4} = -4$; $y = -4x + t$; $1 = -4 \cdot 1 + t$; $t = 5$; t_P: $y = -4x + 5$

$m_{n_P} = \frac{-1}{m_{t_P}} = \frac{-1}{-4} = \frac{1}{4}$; $y = \frac{1}{4}x + t^*$; $1 = \frac{1}{4} \cdot 1 + t^*$; $t^* = \frac{3}{4}$; n_P: $y = \frac{1}{4}x + \frac{3}{4}$

6. a) $f_a(-x) = \frac{a \cdot (-x)^2 + 5}{(-x)^2} = \frac{ax^2 + 5}{x^2} = f_a(x)$ für alle $a \in \mathbb{R}^+$

$f_a(x) = 0$; $ax^2 - 5 = 0$; $ax^2 = 5$; $x^2 = \frac{5}{a}$; $x_1 = -\sqrt{\frac{5}{a}}$; $x_2 = \sqrt{\frac{5}{a}}$

Nullstellen sind ganzzahlig, falls $\frac{5}{a}$ das Quadrat einer natürlichen Zahl ist.

Beispiele: $\frac{5}{a} = 1^2$; $a = 5$; Nullstellen $x_1 = -1$, $x_2 = 1$

$\frac{5}{a} = 2^2$; $a = \frac{5}{4}$; Nullstellen $x_1 = -2$, $x_2 = 2$

$\frac{5}{a} = 3^2$; $a = \frac{5}{9}$; Nullstellen $x_1 = -3$, $x_2 = 3$

b) $\lim\limits_{x \to \pm\infty} f_a(x) = \lim\limits_{x \to \pm\infty} \frac{ax^2 - 5}{x^2} = \lim\limits_{x \to \pm\infty} \left(a - \frac{5}{x^2}\right) = a - 0 = a$

waagrechte Asymptote: $y = a$

Definitionslücke $x = 0$: $\lim\limits_{x \to 0-} f_a(x) = \lim\limits_{x \to 0+} f_a(x) = -\infty$

senkrechte Asymptote: $x = 0$

Asymptotenschnittpunkt (0 | a)

c) f_I hat die Nullstellen $x_1 = -1$ und $x_2 = 1$; I gehört zu a = 5 (vgl. a))

f_{II} hat die waagrechte Asymptote mit der Gleichung y = 3; II gehört zu a = 3 (vgl. b))

f_{III} hat die waagrechte Asymptote mit der Gleichung y = 1; III gehört zu a = 1 (vgl. b))

d)

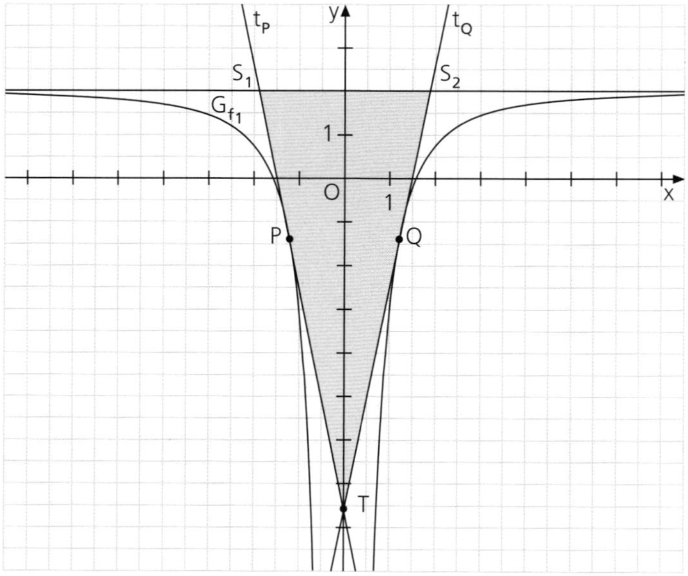

$f_2'(x) = \frac{4x \cdot x^2 - (2x^2 - 5) \cdot 2x}{(x^2)^2} = \frac{4x^3 - 4x^3 + 10x}{x^4} = \frac{10x}{x^4} = \frac{10}{x^3}$

oder: $f_2(x) = \frac{2x^2 - 5}{x^2} = 2 - \frac{5}{x^2}$; $f_2'(x) = 0 - 5 \cdot \frac{-2}{x^3} = \frac{10}{x^3}$

$m_{t_P} = f_2'(-1{,}25) = -5{,}12$;

$y = -5{,}12x + t$

$-1{,}2 = -5{,}12 \cdot (-1{,}25) + t$;

$t = -1{,}2 - 5{,}12 \cdot 1{,}25 = -7{,}6$

t_P: $y = -5{,}12x - 7{,}6$

$m_{t_Q} = f_2'(1{,}25) = 5{,}12$;

aus Symmetriegründen schneiden sich die Tangenten auf der y-Achse;
also t_Q: $y = 5{,}12x - 7{,}6$
Schnittpunkt der Tangente mit der waagrechten Asymptote $y = 2$:
$-5{,}12x - 7{,}6 = 2$; $-5{,}12x = 9{,}6$; $x = -1{,}875$
$S_1\,(-1{,}875 \mid 2)$
Aus Symmetriegründen: $S_2\,(1{,}875 \mid 2)$
$S_1\,(-1{,}875 \mid 2)$, $S_2\,(1{,}875 \mid 2)$, $T\,(0 \mid -7{,}6)$:

$$A_{\Delta S_2S_1T} = \frac{1}{2} \cdot \overline{S_1S_2} \cdot (|y_T| + 2)$$
$$= \frac{1}{2} \cdot 2 \cdot 1{,}875 \cdot (7{,}6 + 2) = 18$$

W

W1 P(„Bei n Würfen mindestens eine 6") > 90%
1 – P(„Bei n Würfen keine 6") > 90%

$$1 - \left(\frac{5}{6}\right)^n > 0{,}90$$
$$\left(\frac{5}{6}\right)^n < 0{,}10$$
$$\lg\left(\frac{5}{6}\right)^n < \lg 0{,}10$$
$$n \cdot \lg\frac{5}{6} < -1$$
$$n > \frac{-1}{\lg\frac{5}{6}} = 12{,}6\ldots$$
$$n_{min} = 13$$

W2
$$f_{0,75}(x) = \left(x + 0{,}75 + \frac{1}{3}x^2\right)(x - 3)$$
$$= \frac{1}{3}\left(x^2 + 3x + \frac{9}{4}\right)(x - 3)$$
$$= \frac{1}{3}\left(x + \frac{3}{2}\right)^2(x - 3)$$

$f_{0,75}$ hat die Nullstellen $x_1 = -\frac{3}{2}$ und $x_2 = 3$ (keine weiteren).

$$f_{-6}(x) = \left(x - 6 + \frac{1}{3}x^2\right)(x - 3)$$
$$= \frac{1}{3}(x^2 + 3x - 18)(x - 3)$$
$$= \frac{1}{3}(x + 6)(x - 3)(x - 3)$$

f_{-6} hat die Nullstellen $x_1 = -6$ und $x_2 = 3$ (keine weiteren).

W3 P(„mehr als 8 Wappen") = P(„genau 9 Wappen") + P(„genau 10 Wappen")

$$= 10 \cdot \left(\frac{1}{2}\right)^9 \cdot \frac{1}{2} + \left(\frac{1}{2}\right)^{10}$$
$$= 11 \cdot \left(\frac{1}{2}\right)^{10} \approx 1{,}\text{[illegible]}\,\%$$

60

Arbeitsaufträge

1.

Anstieg	zum Col du Galibier	zum Col de la Croix de Fer	zur Alpe d'Huez
Mittlere Steigung	$\frac{2\,645 - 1\,463}{(79 - 57{,}5) \cdot 1\,000} \approx 5{,}5\%$	$\frac{2\,067 - 670}{(156 - 119) \cdot 1\,000} \approx 3{,}8\%$	$\frac{1\,680 - 715}{(210{,}5 - 195) \cdot 1\,000}$ $\approx 6{,}2\%$

2. a) G_f steigt in den Intervallen $I_1 =]-\infty; -1[$ und $I_3 =]2; \infty[$ und fällt im Intervall $I_2 =]-1;2[$.

b) $f(-2) = -\frac{2}{3}$; $f(-1) = 1\frac{1}{6}$;
$f(0) = 0$; $f(2) = -3\frac{1}{3}$; $f(3) = -1{,}5$:
$S\,(-2 \mid -\frac{2}{3})$; $P\,(-1 \mid 1\frac{1}{6})$;
$O\,(0 \mid 0)$; $R\,(2 \mid -3\frac{1}{3})$; $T\,(3 \mid -1{,}5)$
$f'(x) = x^2 - x - 2$

Graphpunkt	S	P	O	R	T
Mittlere Steigung	4	0	−2	0	4

c)

Intervall	Tangentensteigung
$I_1 =]-\infty; -1[$	positiv
$I_2 =]-1; 2[$	negativ
$I_3 =]2; \infty[$	positiv

3. Beispiel: $f'(x) = (x-2)^2 - 3 = x^2 - 4x + 1$; $D_{f'} =]-1; 5[$
$f'(2 \pm \sqrt{3}) = 0$

a)

Intervall	Graph G_f jeder Stammfunktion f	Begründung
$]-1; 2-\sqrt{3}[$	steigt	$f'(x) > 0$
$]2-\sqrt{3}; 2+\sqrt{3}[$	fällt	$f'(x) < 0$
$]2+\sqrt{3}; 5[$	steigt	$f'(x) > 0$

b) Die (einfachen) Nullstellen der Funktion f' sind die Abszissen der Extrempunkte von G_f.

c) Die Funktion f' hat ihr Minimum $f'(2) = -3$ an der Stelle $x = 2$; deshalb fällt G_f an der Stelle $x = 2$, d. h. im Graphpunkt $W\,(2 \mid f(2))$ am steilsten: $m_W = f'(2) = -3$.

- $f'(x) = 3x^2$
  Die Funktion ist überall in $\mathbb{R}$ streng monoton zunehmend.

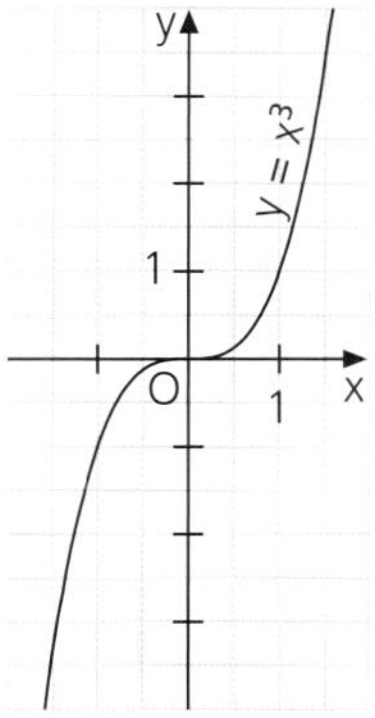

- $f(x) = |x^3|$
  f ist im Intervall $I_1 = \mathbb{R}_0^-$ streng monoton abnehmend und im Intervall $I_2 = \mathbb{R}_0^+$ streng monoton zunehmend.

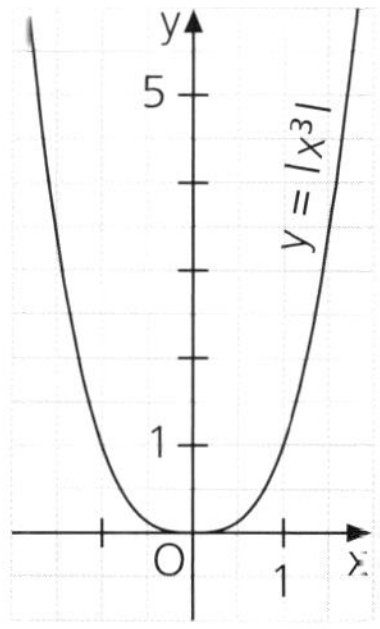

- Der Graph ist im Intervall $I_1 = \mathbb{R}^-$ und im Intervall $I_2 = \mathbb{R}^+$ jeweils streng monoton fallend.
- höchstens $n - 1$

L

1. a) Die Aussage ist wahr. Ist n durch 12 teilbar, dann gibt es eine Zahl $k \in \mathbb{N}$ mit $n = 12k$, also $n = 6 \cdot 2k$, d. h. n ist durch 6 teilbar.
- Klammerausdruck: Die Aussage ist falsch. So ist z. B. die Zahl 15 durch 3 teilbar, aber nicht durch 6.
- Notwendig... ; Die Aussage ist falsch. So ist z. B. die Zahl 30 durch 6 teilbar, obwohl sie nicht durch 12 teilbar ist.
- Notwendig... / Klammerausdruck; Die Aussage ist wahr. Eine Zahl kann nur durch 6 teilbar sein, wenn sie auch den Teiler 3 besitzt.

b) Die Aussage ist wahr. Dies gilt auch, wenn man „Notwendig" statt „Hinreichend" setzt. Begründung: Kehrsatz des Satzes von Pythagoras bzw. Satz von Pythagoras.

c) Die Aussage ist falsch. Gegenbeispiel:
Es gilt $\overline{AC} = \overline{BD}$:
Trotzdem ist ABCD kein Rechteck.
Es ist aber notwendig dafür, dass ein Viereck ein Rechteck ist, dass die beiden Diagonalen gleich lang sind.
Begründung: Im Rechteck ABCD sind die Dreiecke ABC und CDA kongruent ($\overline{AB} = \overline{CD}$, $\overline{BC} = \overline{DA}$, $\sphericalangle CBA = \sphericalangle ADC = 90°$; SWS-Satz)
und somit $\overline{AC} = \overline{BD}$, also die Diagonalen gleich lang.

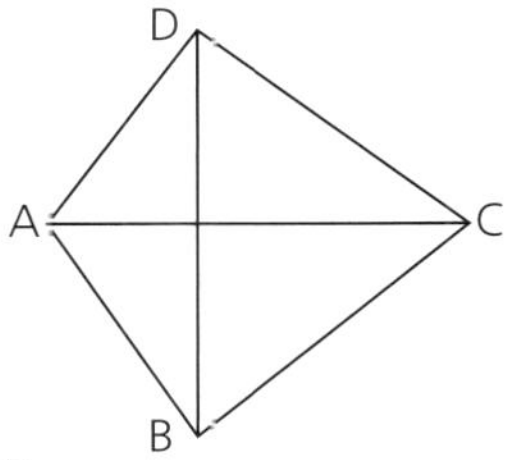

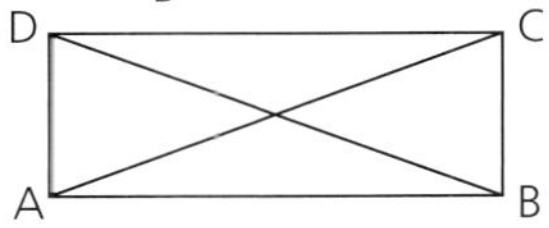

2. Figur 1 a) f ist in $]a; b[$ streng monoton zunehmend
b) $f(a) < f(x_0) < f(b)$

Figur 2 a) f ist in $]a; b[$ streng monoton abnehmend
b) $f(a) > f(x_0) > f(b)$

Figur 3 a) f ist in $]a; b[$ nicht monoton:
in $I_1 =]a; x_0]$ ist f streng monoton abnehmend,
in $I_2 = [x_0; b[$ ist f streng monton zunehmend
b) $f(b) > f(a) > f(x_0)$ [Ergebnis bezogen auf die Abbildung]

64

3. Abbildung ①:

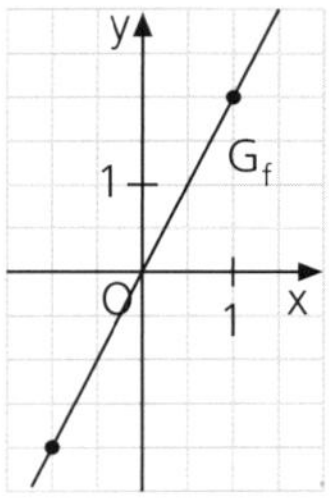

a) $f'(x) = 2$;
f ist in ganz ℝ monoton zunehmend.

Abbildung ②:

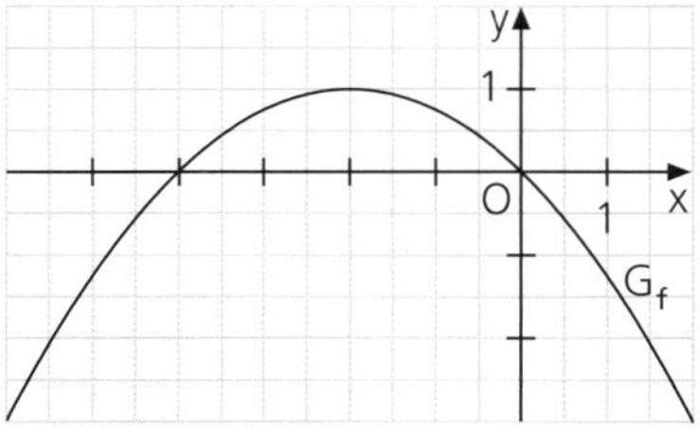

a) Für $x < -2$ ist $f'(x) > 0$, also f streng monoton zunehmend.
Für $x > -2$ ist $f'(x) < 0$, also f streng monoton abnehmend.
G_f hat an der Stelle $x = -2$ einen Hochpunkt

b) $f'(x) = -\frac{1}{2}x - 1$;
$f(x) = -\frac{1}{4}x^2 - x + a$; $f(0) = 0$; $a = 0$;
$f(x) = -\frac{1}{4}x^2 - x$

Abbildung ③:

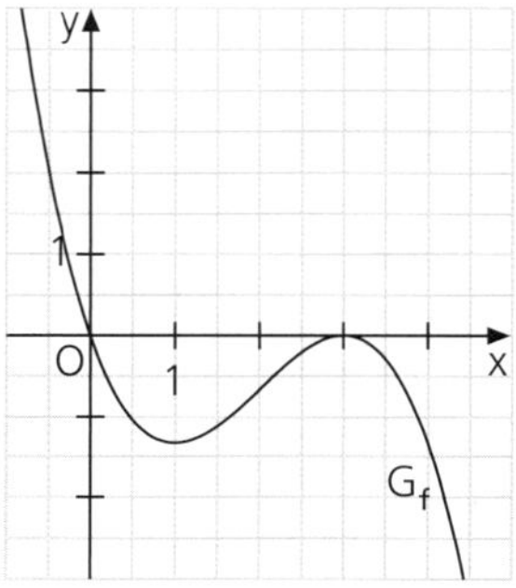

a) Für $x < 1$ und für $x > 3$ ist $f'(x) < 0$,
also ist f dort jeweils streng monoton abnehmend.
Für $1 < x < 3$ ist $f'(x) > 0$, also ist f dort streng monoton zunehmend.
G_f hat an der Stelle $x_1 = 1$ einen Tiefpunkt und an der Stelle $x_2 = 3$ einen Hochpunkt.

b) Ansatz: $f'(x) = a(x - x_1)(x - x_2)$
Aufgrund der Nullstellen: $f'(x) = a(x - 1)(x - 3)$
$f'(0) = -3$; $-3 = a \cdot (-1) \cdot (-3)$; $a = -1$
$f'(x) = -(x - 1)(x - 3) = -x^2 + 4x - 3$;
$f(x) = -\frac{1}{3}x^3 + 2x^2 - 3x + b$; $f(0) = 0$; $b = 0$
$f(x) = -\frac{1}{3}x^3 + 2x^2 - 3x$

4. a) $f(x) = 4x^2$; $f'(x) = 8x$; $f'(x) = 0$; $x = 0$ (einfache Nullstelle)

	$-\infty < x < 0$	$x = 0$	$0 < x < \infty$
f'(x)	$f'(x) < 0$	$f'(x) = 0$	$f'(x) > 0$
Vorzeichen-wechsel von f'		von – nach +	
f bzw G_f	streng monoton abnehmend	Tiefpunkt T (0 I 0)	streng monoton zunehmend

b) $f(x) = -x^2 - 2x - 3$; $f'(x) = -2x - 2$; $f'(x) = 0$; $x = -1$ (einfache Nullstelle)

	$-\infty < x < -1$	$x = -1$	$-1 < x < \infty$
f'(x)	$f'(x) > 0$	$f'(x) = 0$	$f'(x) < 0$
Vorzeichen-wechsel von f'		von + nach –	
f bzw G_f	streng monoton zunehmend	Hochpunkt H (–1 I –2)	streng monoton abnehmend

c) $f(x) = -\frac{1}{6}x^3 - \frac{1}{4}x^2 + 3x$
$f'(x) = -\frac{1}{2}x^2 - \frac{1}{2}x + 3 = -\frac{1}{2}(x^2 + x - 6) = -\frac{1}{2}(x + 3)(x - 2)$
$f'(x) = 0$; $x_1 = -3$ (einfache Nullstelle); $x_2 = 2$ (einfache Nullstelle)

	$-\infty < x < -3$	$x = -3$	$-3 < x < 2$	$x = 2$	$2 < x < \infty$
$f'(x)$	$f'(x) < 0$	$f'(x) = 0$	$f'(x) > 0$	$f'(x) = 0$	$f'(x) < 0$
Vorzeichenwechsel von f'		von – nach +		von + nach –	
f bzw G_f	streng monoton abnehmend	Tiefpunkt T (–3 I –6,75)	streng monoton zunehmend	Hochpunkt H (2 I $3\frac{2}{3}$)	streng monoton abnehmend

d) $f(x) = \frac{1}{2}x^4 - 3x^2 + 2$; $f'(x) = 2x^3 - 6x = 2x(x^2 - 3) = 2x(x + \sqrt{3})(x - \sqrt{3})$

$f'(x) = 0$; $x_1 = -\sqrt{3}$, $x_2 = 0$, $x_3 = \sqrt{3}$ (jeweils einfache Nullstelle)

	$-\infty < x < -\sqrt{3}$	$x = -\sqrt{3}$	$-\sqrt{3} < x < 0$	$x = 0$	$0 < x < \sqrt{3}$	$x = \sqrt{3}$	$\sqrt{3} < x < \infty$
$f'(x)$	$f'(x) < 0$	$f'(x) = 0$	$f'(x) > 0$	$f'(x) = 0$	$f'(x) < 0$	$f'(x) = 0$	$f'(x) > 0$
Vorzeichenwechsel von f'		von – nach +		von + nach –		von – nach +	
f bzw G_f	streng monoton abnehmend	Tiefpunkt T_1 ($-\sqrt{3}$ I –2,5)	streng monoton zunehmend	Hochpunkt H (0 I 2)	streng monoton abnehmend	Tiefpunkt T_2 ($\sqrt{3}$ I –2,5)	streng monoton zunehmend

e) $f(x) = \frac{1}{x}$, $D_f = \mathbb{R}^+$; $f'(x) = -\frac{1}{x^2} < 0$ für alle $x \in \mathbb{R}^+$

f ist für jeden Wert von $x \in \mathbb{R}^+$ streng monoton abnehmend. G_f hat keinen Extrempunkt.

f) $f(x) = x + \frac{1}{x}$, $D_f = \mathbb{R}^-$; $f'(x) = 1 - \frac{1}{x^2}$

$f'(x) = 0$; $1 - \frac{1}{x^2} = 0$; $x^2 - 1 = 0$; $x^2 = 1$; $|x| = 1$

Wegen $x \in \mathbb{R}^-$ ist $x = -1$ einzige Nullstelle von f'.

	$-\infty < x < -1$	$x = -1$	$-1 < x < 0$
$f'(x)$	$f'(x) > 0$	$f'(x) = 0$	$f'(x) < 0$
Vorzeichenwechsel von f'		von + nach –	
f bzw G_f	streng monoton zunehmend	Hochpunkt H (–1 I –2)	streng monoton abnehmend

g) $f(x) = |x| = \begin{cases} -x \text{ für } x < 0 \\ x \text{ für } x \geqq 0 \end{cases}$; $f'(x) = \begin{cases} -1 \text{ für } x < 0 \\ 1 \text{ für } x > 0 \end{cases}$

f' hat in $D_f = \mathbb{R}$ keine Nullstelle.

	$-\infty < x < 0$	$x = 0$	$0 < x < +\infty$
$f'(x)$	$f'(x) < 0$	f' nicht definiert	$f'(x) > 0$
Vorzeichenwechsel von f'		von – nach +	
f bzw G_f	streng monoton abnehmend	Tiefpunkt T (0 I 0)	streng monoton zunehmend

h) $f(x) = \frac{1}{1 + x^2}$; $f'(x) = \frac{0 \cdot (1 + x^2) - 1 \cdot 2x}{(1 + x^2)^2} = \frac{-2x}{(1 + x^2)^2}$

$f'(x) = 0$; $-2x = 0$; $x = 0$ (einfache Nullstelle)

	$-\infty < x < 0$	$x = 0$	$0 < x < \infty$
$f'(x)$	$f'(x) > 0$	$f'(x) = 0$	$f'(x) < 0$
Vorzeichenwechsel von f'		von – nach –	
f bzw G_f	streng monoton zunehmend	Hochpunkt H (0 I 1)	streng monoton abnehmend

i) $f(x) = x \cdot |x| = \begin{cases} -x^2 \text{ für } x < 0 \\ x^2 \text{ für } x \geqq 0 \end{cases}$; $f'(x) = \begin{cases} -2x \text{ für } x < 0 \\ 0 \text{ für } x = 0 \\ 2x \text{ für } x > 0 \end{cases}$

	$-\infty < x < 0$	$x = 0$	$0 < x < \infty$
$f'(x)$	$f'(x) > 0$	$f'(x) = 0$	$f'(x) > 0$
Vorzeichenwechsel von f'		kein Vorzeichenwechsel	
f bzw G_f	streng monoton zunehmend	Terrassenpunkt W (0 I 0)	streng monoton zunehmend

j) $f(x) = x^2 + x \cdot |x| = \begin{cases} 0 \text{ für } x < 0 \\ 2x^2 \text{ für } x \geqq 0 \end{cases}$; $f'(x) = \begin{cases} 0 \text{ für } x < 0 \\ 0 \text{ für } x = 0 \\ 4x \text{ für } x > 0 \end{cases}$

	$-\infty < x < 0$	$x = 0$	$0 < x < \infty$
$f'(x)$	$f'(x) = 0$	$f'(x) = 0$	$f'(x) > 0$
Vorzeichenwechsel von f'	kein Vorzeichenwechsel		
f bzw G_f			streng monoton zunehmend

5. a) $f(x) = 0{,}4(x + 2)(x - 1)^2$

$f(x) = 0$: $x_1 = -2$ (einfache Nullstelle); $x_2 = 1$ (doppelte Nullstelle, also auch Extremstelle)

$f(x) = 0{,}4x^3 - 1{,}2x + 0{,}8$;

$f'(x) = 0{,}4(3x^2 - 3) = 1{,}2(x^2 - 1) = 1{,}2(x + 1)(x - 1)$

$f'(x) = 0$: $x_1 = -1$; Vorzeichenwechsel von f' von + nach –; Hochpunkt H (–1 I 1,6)

$x_2 = 1$; Vorzeichenwechsel von f' von – nach +; Tiefpunkt T (1 I 0)

b) $f(x) = 0{,}2x^2 - 1{,}6x + 1$;

$f(x) = 0$; $0{,}2x^2 - 1{,}6x + 1 = 0$;

$x^2 - 8x + 5 = 0$; $x_{1,2} = \frac{8 \pm \sqrt{64 - 20}}{2} = 4 \pm \sqrt{11}$

$x_1 = 4 + \sqrt{11}$; $x_2 = 4 - \sqrt{11}$

$f'(x) = 0{,}4x - 1{,}6$

$f'(x) = 0$: $0{,}4x = 1{,}6$; $x = 4$

Der Scheitel der Parabel mit der Gleichung $y = 0{,}2x^2 - 1{,}6x + 1$ ist ein Tiefpunkt: T (4 I –2,2)

c) $f(x) = -\frac{1}{4}x^2 + 2x - 3$, $D_f =]1; 5[$

$-\frac{1}{4}x^2 + 2x - 3 = 0$; $-\frac{1}{4}(x^2 - 8x + 12) = 0$; $-\frac{1}{4}(x - 2)(x - 6) = 0$

$x_1 = 2$; $x_2 = 6 \notin D_f$

$f'(x) = -\frac{1}{2}x + 2$; $-\frac{1}{2}x + 2 = 0$; $-\frac{1}{2}x = -2$; $x = 4$

G_f ist Teil einer nach unten geöffneten Parabel. Hochpunkt: S (4 I 1)

d) $f(x) = \frac{1}{12}x^3 - \frac{3}{4}x^2 + \frac{5}{4}x = \frac{1}{12}x(x^2 - 9x + 15)$

$f(x) = 0$: $x_1 = 0$; $x_{2,3} = \frac{9 \pm \sqrt{81 - 4 \cdot 15}}{2} = \frac{9 \pm \sqrt{21}}{2}$; $x_2 = \frac{9 - \sqrt{21}}{2}$; $x_3 = \frac{9 + \sqrt{21}}{2}$

$f'(x) = \frac{1}{4}x^2 - \frac{3}{2}x + \frac{5}{4} = \frac{1}{4}(x^2 - 6x + 5) = \frac{1}{4}(x - 1)(x - 5)$

$f'(x) = 0$: $x_1 = 1$; Vorzeichenwechsel von f' von + nach –; Hochpunkt H (1 I $\frac{7}{12}$)

$x_2 = 5$; Vorzeichenwechsel von f' von – nach +; Tiefpunkt T (5 I $-2\frac{1}{12}$)

e) $f(x) = -\frac{1}{8}x^3 + \frac{3}{4}x^2 = -\frac{1}{8}x^2(x-6)$
$f(x) = 0$: $x_1 = 0$ (doppelte Nullstelle, also auch Extremstelle)
$x_2 = 6$
$f'(x) = -\frac{3}{8}x^2 + \frac{3}{2}x = -\frac{3}{8}x(x-4)$
$f'(x) = 0$: $x_1 = 0$; Vorzeichenwechsel von f' von – nach +; Tiefpunkt T (0 | 0)
$x_2 = 4$; Vorzeichenwechsel von f' von + nach –; Hochpunkt H (4 | 4)

f) $f(x) = \frac{1}{6}x(x-6)^2 = \frac{1}{6}x(x^2 - 12x + 36) = \frac{1}{6}x^3 - 2x^2 + 6x$
$f(x) = 0$: $x_1 = 0$
$x_2 = 6$ (doppelte Nullstelle, also auch Extremstelle)
$f'(x) = \frac{1}{2}x^2 - 4x + 6 = \frac{1}{2}(x^2 - 8x + 12) = \frac{1}{2}(x-2)(x-6)$
$f'(x) = 0$: $x_1 = 2$; Vorzeichenwechsel von f' von + nach –; Hochpunkt H $(2 \mid 5\frac{1}{3})$
$x_2 = 6$; Vorzeichenwechsel von f' von – nach +; Tiefpunkt T (6 | 0)

g) $f(x) = x^3 - 6x = x(x^2 - 6) = x(x + \sqrt{6})(x - \sqrt{6})$
$f(x) = 0$: $x_1 = -\sqrt{6}$; $x_2 = 0$; $x_3 = \sqrt{6}$
$f'(x) = 3x^2 - 6 = 3(x^2 - 2) = 3(x + \sqrt{2})(x - \sqrt{2})$
$f'(x) = 0$: $x_1 = -\sqrt{2}$; Vorzeichenwechsel von f' von + nach –; Hochpunkt H $(-\sqrt{2} \mid 4\sqrt{2})$
$x_2 = \sqrt{2}$; Vorzeichenwechsel von f' von – nach +; Tiefpunkt T $(\sqrt{2} \mid -4\sqrt{2})$

h) $f(x) = 2(x + 2)^2(x - 2{,}5)$;
$f(x) = 0$: $x_1 = -2$ (doppelte Nullstelle, also auch Extremstelle);
$x_2 = 2{,}5$
$f(x) = 2x^3 + 3x^2 - 12x - 20$;
$f'(x) = 6x^2 + 6x - 12 = 6(x^2 + x - 2) = 6(x + 2)(x - 1)$;
$f'(x) = 0$: $x_1 = -2$; Vorzeichenwechsel von f' von + nach –; Hochpunkt H (–2 | 0)
$x_2 = 1$; Vorzeichenwechsel von f' von – nach +; Tiefpunkt T (1 | –27)

i) $f(x) = -(x - 2)^2(x + 1)$
$f(x) = 0$: $x_1 = -1$;
$x_2 = 2$ (doppelte Nullstelle, also auch Extremstelle)
$f(x) = -x^3 + 3x^2 - 4$;
$f'(x) = -3x^2 + 6x = -3x(x - 2)$
$f'(x) = 0$: $x_1 = 0$; Vorzeichenwechsel von f' von – nach +; Tiefpunkt T (0 | –4)
$x_2 = 2$; Vorzeichenwechsel von f' von + nach –; Hochpunkt H (2 | 0)

j) $f(x) = 0{,}25x^2 - 2x - 2 = 0{,}25(x^2 - 8x - 8)$
$f(x) = 0$: $x^2 - 8x - 8 = 0$;
$x_{1,2} = \frac{8 \pm \sqrt{64 + 32}}{2} = \frac{8 \pm 4\sqrt{6}}{2}$;
$x_1 = 4 + 2\sqrt{6}$; $x_2 = 4 - 2\sqrt{6}$
$f'(x) = 0{,}5x - 2$; $f'(x) = 0$;
$x = 4$;
$f(4) = -6$
Der Punkt T (4 | –6) ist als Scheitel einer nach oben geöffneten Parabel G_f Tiefpunkt von G_f.

6. a) $f(x) = x^2 - 6x + 9$: $f'(x) = 2x - 6$; $f'(3) = 2 \cdot 3 - 6 = 0$
f' hat bei $x_0 = 3$ einen Vorzeichenwechsel von – nach +; P (3 | 0) ist Tiefpunkt von G_f.

b) $f(x) = x^3 + 3x^2 - 9x + 0{,}5$: $f'(x) = 3x^2 + 6x - 9$;
$f'(-3) = 3 \cdot (-3)^2 + 6 \cdot (-3) - 9 = 3 \cdot 9 - 18 - 9 = 0$
$f'(x) = 3(x^2 + 2x - 3) = 3(x + 3)(x - 1)$
f' hat bei $x_0 = -3$ einen Vorzeichenwechsel von + nach –; P (–3 | 27,5) ist Hochpunkt von G_f.

c) $f(x) = x^4 + x^2$; $f'(x) = 4x^3 + 2x = 4x\left(x^2 + \frac{1}{2}\right)$
f' hat bei $x_0 = 0$ einen Vorzeichenwechsel von – nach +; P (0 | 0) ist Tiefpunkt von G_f.

d) $f(x) = x^3 - 3x^2$; $f'(x) = 3x^2 - 6x$; $f'(2) = 3 \cdot 2^2 - 6 \cdot 2 = 12 - 12 = 0$
$f'(x) = 3x(x - 2)$; f' hat bei $x_0 = 2$ einen Vorzeichenwechsel von – nach +;
P (2 I –4) ist Tiefpunkt von G_f.
e) $f(x) = 3x^2 - x^2 = 2x^2$; $f'(x) = 4x$, $f'(3) = 12 \neq 0$; P (3 I 18) ist kein Extrempunkt von G_f.
f) $f(x) = x^4 - 3x^3 + 3x^2 + 3x$; $f'(x) = 4x^3 - 9x^2 + 6x + 3$
$f'(1) = 4 - 9 + 6 + 3 = 4 \neq 0$; P (1 I 4) ist kein Extrempunkt von G_f.

7. a) $f(x) = x^4$; $f'(x) = 4x^3$; f' hat bei $x_0 = 0$ einen Vorzeichenwechsel von – nach +;
T (0 I 0) ist Tiefpunkt von G_f; zu dieser Funktion gehört also der schwarze Graph.
b) $f(x) = (x - 1)^3 = x^3 - 3x^2 + 3x - 3$; $f'(x) = 3x^2 - 6x + 3 = 3(x^2 - 2x + 1) = 3(x - 1)^2$
$f'(1) = 0$ (doppelte Nullstelle); $f'(x) \geqq 0$ für alle $x \in \mathbb{R}$
W (1 I 0) ist Terrassenpunkt von G_f. Zu dieser Funktion gehört also der rote Graph.
c) $f(x) = \frac{1}{24}(x^4 - 4x^3)$; $f'(x) = \frac{1}{24}(4x^3 - 12x^2) = \frac{1}{24} \cdot 4x^2(x - 3) = \frac{1}{6}x^2(x - 3)$
$f'(0) = 0$ (doppelte Nullstelle); f' hat bei $x_0 = 0$ keinen Vorzeichenwechsel.
W (0 I 0) ist Terrassenpunkt von G_f. Zu dieser Funktion gehört also der blaue Graph.

65

8. $f'(x) = 0$ für $x = -1$ und für $x = 3$;
$f'(x) = a(x + 1) \cdot (x - 3) = a(x^2 - 2x - 3)$;
$f(x) = \left(a\frac{x^3}{3} - x^2 - 3x\right)$, da O (0 I 0) $\in G_f$ ist;
$f(x) = \frac{a}{3}(x^3 - 3x^2 - 9x)$;
$f(3) = \frac{a}{3}(27 - 27 - 27) = -9a = 3$; $a = -\frac{1}{3}$:
$f(x) = -\frac{1}{9}(x^3 - 3x^2 - 9x)$;
G_f steigt am steilsten, wenn $f''(x) = 0$ ist:
$f''(x) = -\frac{1}{3}(2x - 2) = 0$; $\quad x = 1$
Für $x < 1$ gilt $f''(x) > 0$ und für $x > 1$ gilt $f''(x) < 0$:
Vorzeichenwechsel von f'' von + nach – : Maximum von f'.
$x_W = \frac{1}{2}(x_T + x_H)$: $\frac{1}{2}(-1 + 3) = 1 = x_W$

9. a) $f(x) = \frac{1}{3}x^3 - ax$
$f'(x) = x^2 - a$
$f'(x) = 0$: $x^2 - a = 0$; $x^2 = a$
G_f hat keine horizontale Tangente, falls $a < 0$.
G_f hat genau eine horizontale Tangente, falls $a = 0$.
G_f hat zwei horizontale Tangenten, falls $a > 0$.
$f(x) = 0$: $\frac{1}{3}x^3 - ax = 0$; $\frac{1}{3}x(x^2 - 3a) = 0$
G_f hat genau eine Nullstelle ($x_1 = 0$), falls $a \leqq 0$.
G_f hat genau drei Nullstellen, falls $a > 0$.
b) $f(x) = 0{,}25x^4 + ax^2 = 0{,}25x^2(x^2 + 4a)$
$f'(x) = x^3 + 2ax = x(x^2 + 2a)$
$f'(x) = 0$: $x(x^2 + 2a) = 0$; $x = 0$ oder $x^2 = -2a$
G_f hat genau eine horizontale Tangente, falls $a \geqq 0$.
G_f hat genau drei horizontale Tangenten, falls $a < 0$.
$f(x) = 0$: $0{,}25x^2(x^2 + 4a) = 0$; $x = 0$ oder $x^2 = -4a$
G_f hat genau eine Nullstelle, falls $a \geqq 0$.
G_f hat genau drei Nullstellen, falls $a < 0$.

10. Die Funktion A ist für $0 < h < R$ streng monoton zunehmend, da der Radius von $r = 0$ auf $r = R$ anwächst. Bei $h = R$ erreicht die Funktion A ein Maximum. Anschließend ist sie streng monton abnehmend.

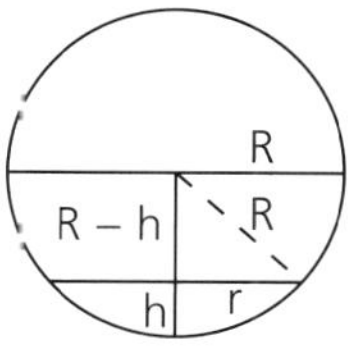

$A = r^2\pi$

$r^2 + (R - h)^2 = R^2$

$r^2 + R^2 - 2Rh + h^2 = R^2$

$r^2 = 2Rh - h^2$

$A(h) = (2Rh - h^2)\pi \quad (0 \leqq h < 2R)$

$A'(h) = (2R - 2h)\pi$; $A'(h) = 0$; $2R - 2h = 0$; $h = R$

	$0 < h < R$	$h = R$	$R < h < 2R$
$A'(h)$	$A'(h) > 0$	$A'(h) = 0$	$A'(h) < 0$
A	streng monoton zunehmend		streng monoton abnehmend

11.

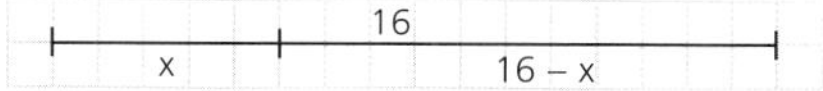

$U_{\text{Quadrat}} = x$; $a_{\text{Quadrat}} = \frac{1}{4}x$; $A_{\text{Quadrat}}(x) = \left(\frac{1}{4}x\right)^2 = \frac{1}{16}x^2$

$U_{\text{Kreis}} = 16 - x$; $r_{\text{Kreis}} = \frac{16 - x}{2\pi}$; $A_{\text{Kreis}}(x) = \left(\frac{16 - x}{2\pi}\right)^2 \pi = \frac{1}{4\pi}(16 - x)^2 = \frac{1}{4\pi}(256 - 32x + x^2)$

$f(x) = \frac{1}{16}x^2 + \frac{1}{4\pi}(16 - x)^2$

$f'(x) = \frac{1}{8}x + \frac{1}{4\pi}(-32 + 2x) = \frac{1}{8}x - \frac{8}{\pi} + \frac{1}{2\pi}x = \left(\frac{1}{8} + \frac{1}{2\pi}\right)x - \frac{8}{\pi} = \frac{\pi + 4}{8\pi}x - \frac{8}{\pi}$

$f'(x) = 0$; $\frac{\pi + 4}{8\pi}x = \frac{8}{\pi}$; $x = \frac{8}{\pi} \cdot \frac{8\pi}{\pi + 4} = \frac{64}{\pi + 4}$

	$0 < x < \frac{64}{\pi + 4}$	$x = \frac{64}{\pi + 4}$	$\frac{64}{\pi + 4} < x < 16$
$f'(x)$	$f'(x) < 0$	$f'(x) = 0$	$f'(x) > 0$
Vorzeichen-wechsel von f'		von – nach +	
f	streng monoton abnehmend	Minimum	streng monoton zunehmend

f nimmt ihr Minimum an der Stelle $x_0 = \frac{64}{\pi + 4}$ an. Der Wert des Minimums beträgt

$f\left(\frac{64}{\pi + 4}\right) = \frac{1}{16}\left(\frac{64}{\pi + 4}\right)^2 + \frac{1}{4\pi}\left(16 - \frac{64}{\pi + 4}\right)^2 = \frac{1}{16} \cdot \frac{4\,096}{(\pi + 4)^2} + \frac{1}{4\pi}\left(\frac{16\pi + 64 - 64}{\pi + 4}\right)^2 =$

$= \frac{256}{(\pi + 4)^2} + \frac{1}{4\pi} \cdot \frac{256\,\pi^2}{(\pi + 4)^2} = \frac{256}{(\pi + 4)^2} + \frac{64\pi}{(\pi + 4)^2} = \frac{64\pi + 256}{(\pi + 4)^2} = \frac{64(\pi + 4)}{(\pi + 4)^2} = \frac{64}{\pi + 4}$

12.

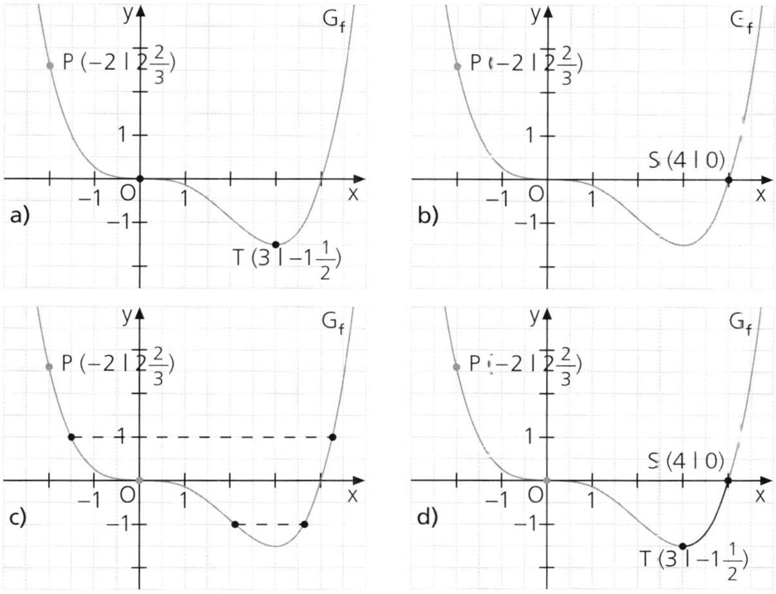

e)
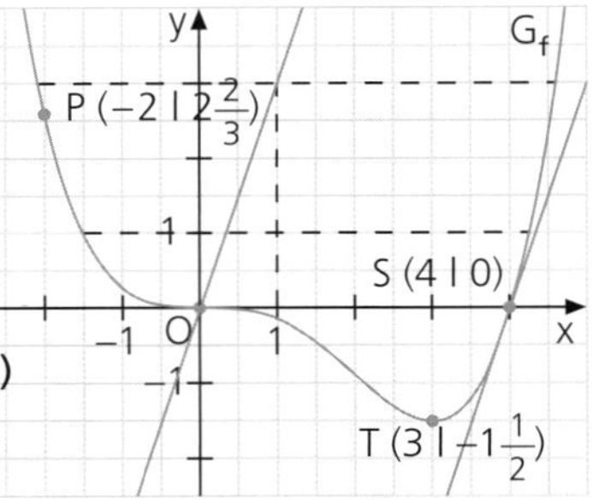

f)
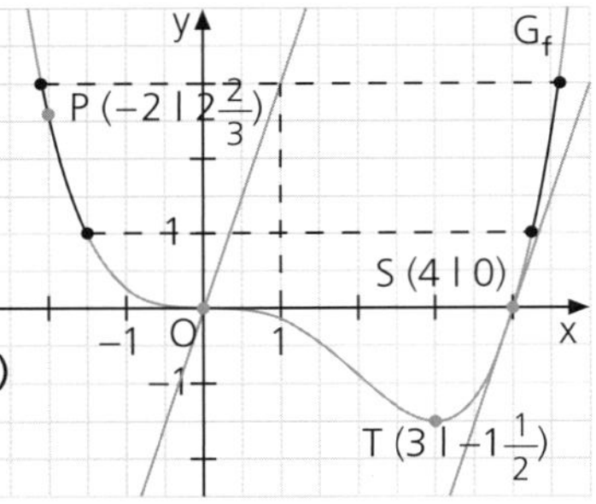

g)
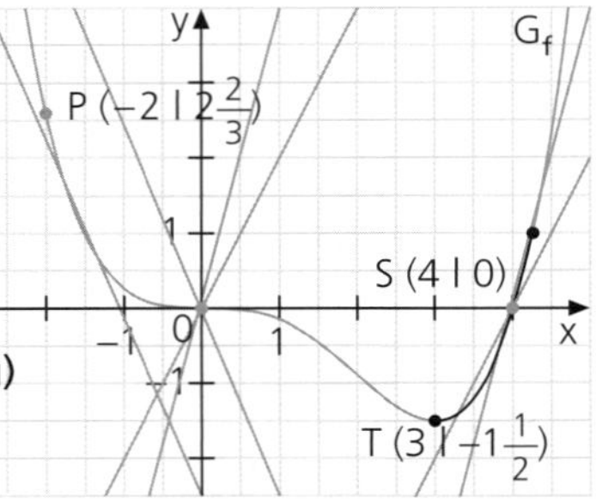

h)
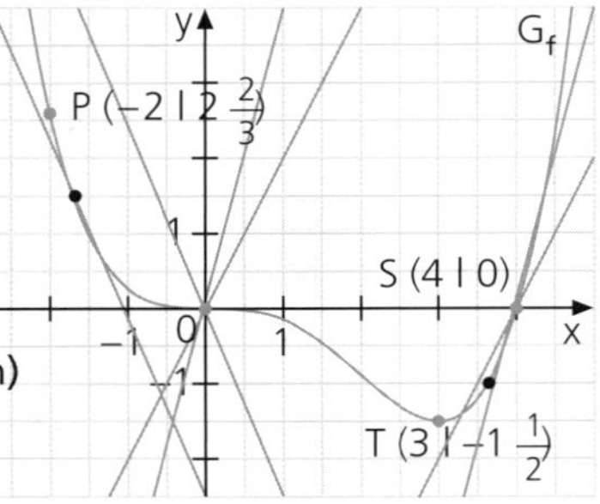

i) $f'(x_P) = 0$

j) $f'(x_P) = 0$ und f' hat an der Stelle x_P einen Vorzeichenwechsel von – nach +.

k) $x_P > 0$ und $f(x_P) < 0$

Zusätzliche Hinweise:

a) O (0 | 0), T (3 | −1 $\frac{1}{2}$)
b) S (4 | 0)
c) P_1 (−1,5 | 1), P_2 (2,1 | −1), P_3 (3,6 | −1), P_4 (4,2 | 1)
d) $3 \leqq x < 4$
e) kein Kurvenpunkt
f) vgl. Abbildung
g) vgl. Abbildung
h) P_5 (−1,4 | 0,8), P_6 (3,7 | −0,8)

13.

	$-\infty < x < 1$	$x = 1$	$1 < x < 2$	$x = 2$	$2 < x + \infty$
$f_1'(x)$		$f_1'(1) \neq 0$			
$f_2'(x)$	$f_2'(x) < 0$				
$f_3'(x)$	$f_3'(x) > 0$	$f_3'(x) = 0$	$f_3'(x) < 0$	$f_3'(2) = 0$	$f_3'(x) > 0$
$f_4'(x)$		$f_4'(1) \neq 0$			
$f_5'(x)$				$f_5'(2) \neq 0$	

Die Monotonietabelle passt nicht zum ersten, nicht zum zweiten, nicht zum vierten und auch nicht zum fünften Ableitungsfunktionsterm.
Die Monotonietabelle passt zum dritten Ableitungsfunktionsterm, also zu $f_3'(x) = 6(x - 1)(x - 2)$.

W

W1 $x + 6 = ax - 6;\ ax - x = 12;\ x(a - 1) = 12;\ x = \frac{12}{a - 1}\ (a \neq 1)$

$\frac{12}{a - 1} + 6 = \frac{12 + 6(a - 1)}{a - 1} = \frac{12 + 6a - 6}{a - 1} = \frac{6a + 6}{a - 1} = \frac{6(a + 1)}{a - 1}$

Der Schnittpunkt $S\left(\frac{12}{a - 1} \mid \frac{6(a + 1)}{a - 1}\right)$ liegt im I. Quadranten, falls $a - 1 > 0$ und $a + 1 > 0$, also wenn $a > 1$ ist.

W2

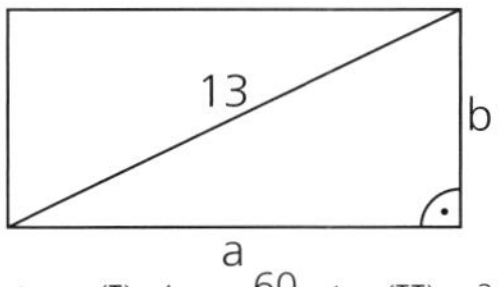

(I) $a + b = 60$
(II) $a^2 + b^2 = 13^2$

Aus (I): $b = \frac{60}{a}$; in (II) $a^2 + \left(\frac{60}{a}\right)^2 = 169;\ a^2 + \frac{3\,600}{a^2} = 169;$

$a^4 + 3\,600 = 169a^2;\ a^4 - 169a^2 + 3\,600 = 0$

Substitution: $z = a^2$: $z^2 - 169z + 3\,600 = 0$

$z_{1,2} = \frac{169 \pm \sqrt{169^2 - 4 \cdot 3\,600}}{2} = \frac{169 \pm \sqrt{14\,161}}{2} = \frac{169 \pm 119}{2}$

$z_1 = 25;\ a_1 = 5;\ b_1 = \frac{60}{5} = 12$

$z_2 = 144;\ a_2 = 12;\ b_2 = \frac{60}{12} = 5$

Das Rechteck besitzt die Umfangslänge $2(a + b) = 2 \cdot 17 = 34$ [cm].
Anmerkung: Die Seitenlängen können auch durch Überlegen gefunden werden:
$a^2 + b^2 = 169 = 12^2 + 5^2;\ a \cdot b = 60 = 12 \cdot 5.$

W3

$1 - 0{,}975^n \geqq 0{,}975$
$0{,}975^n \leqq 0{,}025$
$\lg 0{,}975^n \leqq \lg 0{,}025$
$n \lg 0{,}975 \leqq \lg 0{,}025$
$n \geqq \frac{\lg 0{,}025}{\lg 0{,}975} = 145{,}7\ldots$
$n_{min} = 146$

Beispiel für eine Fragestellung: In einer Urne befinden sich 1 000 Kugeln, darunter genau 25 rote. Ein Zufallsexperiment besteht darin, der Urne eine Kugel zu entnehmen und ihre Farbe zu notieren. Die Kugel wird dann in die Urne zurückgelegt. Wie oft muss man das Zufallsexperiment mindestens durchführen, damit die Wahrscheinlichkeit, wenigstens einmal eine rote Kugel zu ziehen, mindestens 97,5% beträgt?

66

Arbeitsaufträge

1. a) Der Funktionswert f(x) nimmt im Intervall $I_1 =]-\infty; 2[$ und im Intervall $I_3 =]6; \infty[$ streng monoton zu.

b) $f(x) = \frac{1}{8}(x^3 - 12x^2 + 36x)$;

$f'(x) = \frac{1}{8}(3x^2 - 24x + 36)$;

$f''(x) = \frac{1}{8}(6x - 24)$

Die Steigung f'(x) nimmt im streng monoton zu, wenn $f''(x) > 0$ ist.

$\frac{1}{8}(6x - 24) > 0; \quad x > 4$:

Die Steigung nimmt im Intervall $I_4 =]4; \infty[$ streng monoton zu.

$f''(x) > 0$: Zunahme der Steigung des Funktionsgraphen; G_f ist „linksgekrümmt" für $x > 4$.

$f''(x) < 0$: Abnahme der Steigung des Funktionsgraphen; G_f ist „rechtsgekrümmt" für $x < 4$.

2. a) $D_{f\,max} = \mathbb{R}\setminus\{1\}$

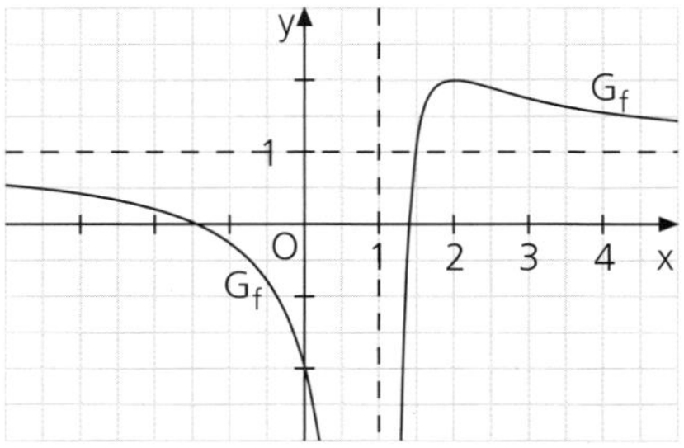

x	−4	−2	$-\sqrt{2}$	−1	0	0,5	1	1,3	$\sqrt{2}$	2	3	4
y	0,56	0,22	0	−0,25	−2	−7	—	−3,4	0	2	1,75	1,56

b) Individuelle Ergebnisse, z. B.

x = 1: Definitionslücke von f; senkrechte Asymptote von G_f $f(-1) = -0{,}25$

3. a) $f(16) = 0{,}03 \cdot 16^3 - 0{,}918 \cdot 16^2 + 9 \cdot 16 - 25 =$

$= 122{,}88 - 235{,}008 + 144 - 25 = 6{,}872 \approx 6{,}9$

Bei 16 $\frac{km}{h}$ beträgt die Laktatkonzentration etwa 6,9 Millimol pro Liter.

b) Aus dem Graph G_f ergibt sich $f(x) = 4$ für $x \approx 14{,}3$:

Der Sportler A erreicht die anaerobe Schwelle bei etwa 14,3 $\frac{km}{h}$.

c) $f'(x) = 0{,}09x^2 - 1{,}836x + 9$;

$0{,}09x^2 - 1{,}836x + 9 = 1$;

$0{,}09x^2 - 1{,}836x + 8 = 0$;

$x_{1,2} = \frac{1{,}836 \pm \sqrt{1{,}836^2 - 4 \cdot 8 \cdot 0{,}09}}{0{,}18} \approx \frac{1{,}836 \pm 0{,}7006}{0{,}18}$;

$x_1 \approx 14{,}1$; $x_2 \approx 6{,}3 \notin D_f$:

Nach diesem Modell erreicht A die anaerobe Schwelle bei etwa 14,1 $\frac{km}{h}$.

d) $f'(x) = 0; \quad 0{,}09x^2 - 1{,}836x + 9 = 0$;

$x_{3,4} = \frac{1{,}836 \pm \sqrt{1{,}836^2 - 36 \cdot 0{,}09}}{0{,}18} \approx \frac{1{,}836 \pm 0{,}362}{0{,}18}$;

$x_3 \approx 12{,}2$; $x_4 \approx 8{,}2$;

$0{,}09 \cdot (x - 8{,}2)(x - 12{,}2) < 0; \quad 8{,}2 < x < 12{,}2$:

Im Bereich von etwa 8,2 $\frac{km}{h}$ bis etwa 12,2 $\frac{km}{h}$ nimmt beim Sportler A die Laktatkonzentration ab.

$f''(x) = 0{,}18x - 1{,}836 = 0;\ x = \frac{1{,}836}{0{,}18} = 10{,}2;$

$f'''(x) = 0{,}18; \quad f'''(10{,}2) = 0{,}18 > 0:$

Bei einer Geschwindigkeit von etwa 10,2 $\frac{km}{h}$ nimmt die Laktatkonzentration am stärksten ab.

69

- $n \geqq 4$
- Nein. Gegenbeispiel: f: $f(x) = x^4$; $D_f = \mathbb{R}$
  $f'(x) = 4x^3$; $f'(0) = 0$;
  $f''(x) = 12x^2$; $f''(0) = 0$; P (0 | 0) ist kein Terrassenpunkt, sondern ein Tiefpunkt von G_f (s. Abbildung).
- $f(x) = x^5$; $f'(x) = 5x^4$; $f''(x) = 20x^3$;
  $f'''(x) = 60x^2$; $f^{(4)}(x) = 120x$; $f^{(5)} = 120$; $f^{(5)}: x \mapsto 120$; $D_{f^{(5)}} = \mathbb{R}$
  $f(x) = x^n$; $f'(x) = n \cdot x^{n-1}$; $f''(x) = n(n-1) \cdot x^{n-2}$;
  $f'''(x) = n(n-1)(n-2) \cdot x^{n-3}$;
  $f^{(4)}(x) = n(n-1)(n-2)(n-3) \cdot x^{n-4}; \dots$
  $f^{(n)}(x) = n(n-1)(n-2)(n-3) \cdot \dots \cdot 3 \cdot 2 \cdot 1 = n!$;
  $f^{(n)}: x \mapsto n!$; $D_{f^{(n)}} = \mathbb{R}$
- Ja; vgl. das letzte Musterbeispiel in delta 11, 2.7.

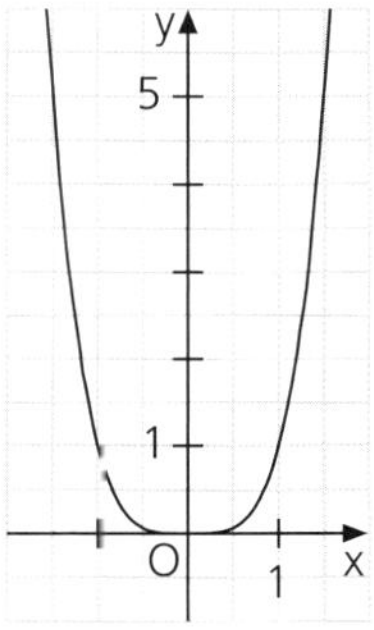

L

70

1. a) $f(x) = \frac{1}{4}(x^2 - 4)^2 = \frac{1}{4}(x + 2)^2(x - 2)^2$, $D_f = \mathbb{R}$

$f(x) = 0$; $x_1 = -2$; $x_2 = 2$ (beides sind doppelte Nullstellen, also zugleich Abszissen von Extrempunkten von G_f)

$f(0) = \frac{1}{4}(0 - 4)^2 = 4$; Achsenpunkte:

$S_1 (-2 | 0)$, $S_2 (2 | 0)$, $T (0 | 4)$

$f'(x) = \left[\frac{1}{4}(x^4 - 8x^2 + 16)\right]' = \frac{1}{4}(4x^3 - 16x) = x^3 - 4x =$
$= x(x^2 - 4) = x(x - 2)(x + 2)$

$f'(x) = 0$: $x_1 = -2$; f' hat bei $x_1 = -2$ einen Vorzeichenwechsel von – nach +; Tiefpunkt $T_1 (-2 | 0)$
$x_2 = 0$, f' hat bei $x_2 = 0$ einen Vorzeichenwechsel von + nach –; Hochpunkt H (0 | 4)
$x_3 = 2$; f' hat bei $x_3 = 2$ einen Vorzeichenwechsel von – nach +; Tiefpunkt $T_2 (2 | 0)$

$\lim\limits_{x \to -\infty} f(x) = \lim\limits_{x \to \infty} f(x) = +\infty$

$f(-x) = \frac{1}{4}[(-x)^2 - 4]^2 = \frac{1}{4}(x^2 - 4) = f(x)$;

G_f ist achsensymmetrisch zur y-Achse.

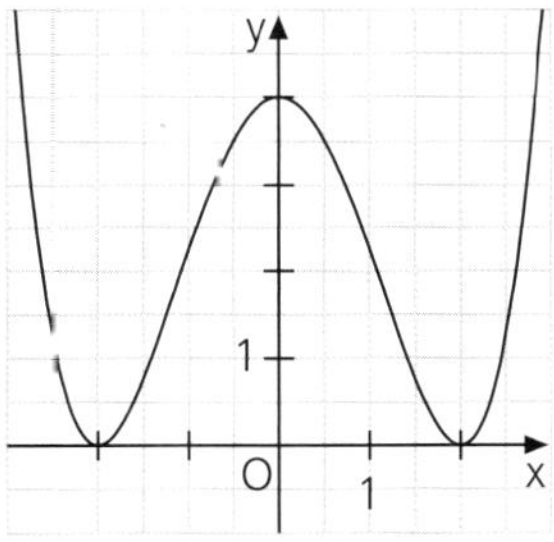

b) $f(x) = \frac{x^2 - 4}{x^2 + 3} = \frac{(x + 2)(x - 2)}{x^2 + 3}$;

$x^2 + 3 \neq 0$ für alle $x \in \mathbb{R}$, also $D_f = \mathbb{R}$

$f(x) = 0$; $\quad (x + 2)(x - 2) = 0$;

$x_1 = -2$;

$x_2 = 2$; $f(0) = \frac{0 - 4}{0 + 3} = -\frac{4}{3}$

Achsenpunkte:

$S_1 (-2 | 0)$, $S_2 (2 | 0)$, $T (0 | -\frac{4}{3})$

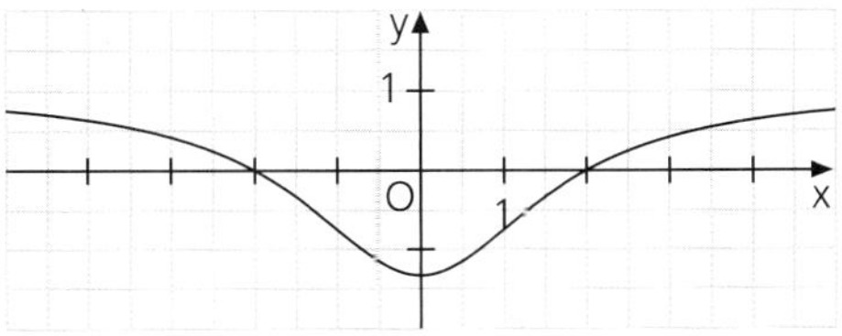

$f'(x) = \frac{2x(x^2 + 3)(x^2 - 4) \cdot 2x}{(x^2 + 3)^2} = \frac{2x^3 + 6x - 2x^3 + 8x}{(x^2 + 3)^2} = \frac{14x}{(x^2 + 3)^2}$

$f'(x) = 0$; $14x = 0$; $x = 0$; f' hat bei $x = 0$ einen Vorzeichenwechsel von – nach +; Tiefpunkt $T (0 | -\frac{4}{3})$

$\lim\limits_{x\to-\infty} f(x) = \lim\limits_{x\to\infty} f(x) = \lim\limits_{x\to\infty} \frac{x^2-4}{x^2+3} = \lim\limits_{x\to\infty} \frac{1-\frac{4}{x^2}}{1+\frac{3}{x^2}} = 1$

$f(-x) = \frac{(-x)^2-4}{(-x)^2+3} = \frac{x^2-4}{x^2+3} = f(x)$; G_f ist achsensymmetrisch zur y-Achse.

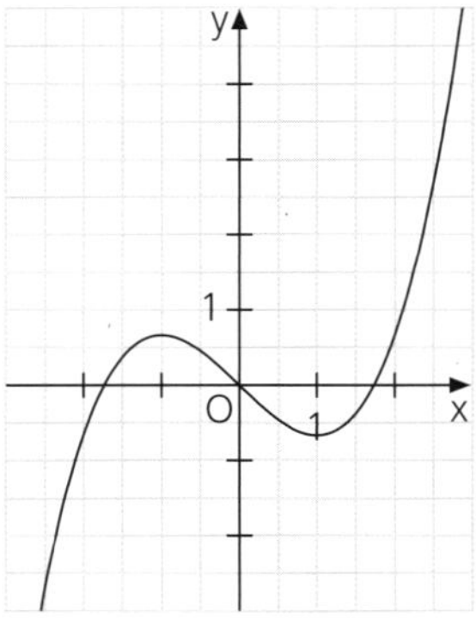

c) $f(x) = \frac{1}{3}x^3 - x = \frac{1}{3}x(x^2-3) = \frac{1}{3}x(x+\sqrt{3})(x-\sqrt{3})$,

$D_f = \mathbb{R}$; $f(0) = 0$

Achsenpunkte: $S_1\,(-\sqrt{3} \mid 0)$, $S_2\,(0 \mid 0)$, $S_3\,(\sqrt{3} \mid 0)$

$f'(x) = x^2 - 1 = (x+1)(x-1)$

$f'(x) = 0$: $x_1 = -1$; Vorzeichenwechsel von f' von + nach –; Hochpunkt $H\,(-1 \mid \frac{2}{3})$

$x_2 = 1$; Vorzeichenwechsel von f' von – nach +; Tiefpunkt $T\,(1 \mid -\frac{2}{3})$

$\lim\limits_{x\to-\infty} f(x) = -\infty$, $\lim\limits_{x\to\infty} f(x) = \infty$

$f(-x) = \frac{1}{3}(-x)^3 - (-x) = -\frac{1}{3}x^3 + x = -\left(\frac{1}{3}x^3 - x\right) = -f(x)$; G_f ist punktsymmetrisch zum Ursprung.

d) $f(x) = \frac{x^2}{x^2-1}$; $x^2 - 1 = 0$; $x^2 = 1$; $|x| = 1$, $x_1 = -1$; $x_2 = 1$

$D_f = \mathbb{R}\setminus\{-1; 1\}$

$f(x) = 0$; $x^2 = 0$; $x = 0$; Achsenpunkt $S\,(0 \mid 0)$

$f'(x) = \frac{2x(x^2-1) - x^2 \cdot 2x}{(x^2-1)^2} = \frac{2x^3 - 2x - 2x^3}{(x^2-1)^2} = \frac{-2x}{(x^2-1)^2}$

$f'(x) = 0$; $-2x = 0$; $x = 0$; mit Vorzeichenwechsel von f' von + nach –; Hochpunkt $H\,(0 \mid 0)$

$\lim\limits_{x\to-\infty} \frac{x^2}{x^2-1} = \lim\limits_{x\to-\infty} \frac{1}{1-\frac{1}{x^2}} = 1$; $\lim\limits_{x\to\infty} \frac{x^2}{x^2-1} = 1$

$\lim\limits_{x\to 1+} \frac{x^2}{x^2-1} = +\infty$; $\lim\limits_{x\to 1-} \frac{x^2}{x^2-1} = -\infty$; $\lim\limits_{x\to -1-} \frac{x^2}{x^2-1} = \infty$; $\lim\limits_{x\to -1+} \frac{x^2}{x^2-1} = -\infty$

$f(-x) = \frac{(-x)^2}{(-x)^2-1} = \frac{x^2}{x^2-1} = f(x)$; G_f ist achsensymmetrisch zur y-Achse. G_f ist der rote Graph.

e) $f(x) = x^3 - 4x^2 + 4x = x(x^2 - 4x + 4) = x(x-2)^2$, $D_f = \mathbb{R}$

$f(x) = 0$: $x_1 = 0$, $x_2 = 2$ (doppelte Nullstelle, also auch Extremstelle)

Achsenpunkte: $S_1\,(0 \mid 0)$, $S_2\,(2 \mid 0)$

$f'(x) = 3x^2 - 8x + 4$; $f'(x) = 0$: $x_{1,2} = \frac{8 \pm \sqrt{64 - 4 \cdot 3 \cdot 4}}{2 \cdot 3} = \frac{8 \pm \sqrt{16}}{6} = \frac{8 \pm 4}{6}$

$x_1 = \frac{4}{6} = \frac{2}{3}$; $x_2 = 2$, also $f'(x) = 3\left(x - \frac{2}{3}\right)(x-2)$

f' hat an der Stelle $x = \frac{2}{3}$ einen Vorzeichenwechsel von + nach –; Hochpunkt $H\,(\frac{2}{3} \mid 1\frac{5}{27})$

f' hat an der Stelle $x = 2$ einen Vorzeichenwechsel von – nach +; Tiefpunkt $T\,(2 \mid 0)$

$\lim\limits_{x\to-\infty} f(x) = -\infty$; $\lim\limits_{x\to\infty} f(x) = \infty$

G_f ist der schwarze Graph.

f) $f(x) = \frac{8x^2}{x^4+16}$; $x^4 + 16 \neq 0$ für alle $x \in \mathbb{R}$, also $D_f = \mathbb{R}$

$f(x) = 0$; $8x^2 = 0$; $x^2 = 0$; $x = 0$ (doppelte Nullstelle, also zugleich Extremstelle)

Achsenpunkt: $S\,(0 \mid 0)$

$f'(x) = \frac{16x \cdot (x^4+16) - 8x^2 \cdot 4x^3}{(x^4+16)^2} = \frac{16x^5 + 256x - 32x^5}{(x^4+16)^2} = \frac{-16x^5 + 256x}{(x^4+16)^2} = \frac{-16x(x^4-16)}{(x^4+16)} =$

$= \frac{-16x(x^2+4)(x^2-4)}{x^2+16} = \frac{-16x(x+2)(x-2)(x^2+4)}{x^2+16}$

$f'(x) = 0$: $x_1 = -2$ mit Vorzeichenwechsel von f' von + nach –; Hochpunkt $H_1\,(-2 \mid 1)$

$x_2 = 0$ mit Vorzeichenwechsel von f' von – nach +; Tiefpunkt $S\,(0 \mid 0)$

$x_3 = 2$ mit Vorzeichenwechsel von f' von + nach –; Hochpunkt $H_2\,(2 \mid 1)$

$\lim\limits_{|x|\to\infty} \frac{8x^2}{x^4+16} = \lim\limits_{|x|\to\infty} \frac{\frac{8}{x^2}}{1+\frac{16}{x^4}} = 0$

$f(-x) = \frac{8(-x)^2}{(-x)^4+16} = \frac{8x^2}{x^4+16} = f(x)$; G_f ist achsensymmetrisch zur y-Achse.
G_f ist der blaue Graph.

2. a) $f(x) = \frac{1}{3}x^3 - 4x$; $f'(x) = x^2 - 4 = (x+2)(x-2)$

$f'(x) = 0$: $x_1 = -2$ mit Vorzeichenwechsel von f' von + nach –; $H\,(-2 \mid 5\frac{1}{3})$

$x_2 = 2$ mit Vorzeichenwechsel von f' von – nach +; $T\,(2 \mid -5\frac{1}{3})$

b) $f(x) = 0{,}25(x^4 - 8x)$; $f'(x) = 0{,}25(4x^3 - 8) = x^3 - 2$; $f''(x) = 3x^2$

$f'(x) = 0$: $x^3 - 2 = 0$; $x^3 = 2$; $x = \sqrt[3]{2}$; $f''(\sqrt[3]{2}) = 3 \cdot 2^{\frac{2}{3}} > 0$

$f(\sqrt[3]{2}) = 0{,}25\left[(\sqrt[3]{2})^4 - 8\sqrt[3]{2}\right] = 0{,}25(2 \cdot \sqrt[3]{2} - 8 \cdot \sqrt[3]{2}) = 0{,}25 \cdot (-6 \cdot \sqrt[3]{2}) = -\frac{3}{2} \cdot \sqrt[3]{2}$

$T\left(\sqrt[3]{2} \mid -\frac{3}{2}\sqrt[3]{2}\right)$

c) $f(x) = \frac{2}{x} - \frac{1}{x^2}$; $f'(x) = -\frac{2}{x^2} + \frac{2}{x^3} = \frac{-2x+2}{x^3} = \frac{-2(x-1)}{x^3}$

$f'(x) = 0$: $-2(x - 1) = 0$; $x = 1$ mit Vorzeichenwechsel von f' von + nach −; $H\,(1 \mid 1)$

d) $f(x) = \frac{16x^2}{x^4 + 16}$; $f'(x) = \frac{32x(x^4 + 16) - 16x^2 \cdot 4x^3}{(x^4 + 16)^2} = \frac{32x^5 + 512x - 64x^5}{(x^4 + 16)^2} = \frac{-32x^5 + 512x}{(x^4 + 16)^2}$

$$f''(x) = \frac{(-160x^4 + 512) \cdot (x^4 + 16)^2 - (-32x^5 + 512x) \cdot [4x^3(x^4 + 16) + (x^4 + 16) \cdot 4x^3]}{(x^4 + 16)^4}$$

$$= \frac{(-160x^4 + 512)(x^4 + 16)^2 - (-32x^5 + 512x) \cdot (x^4 + 16)(4x^3 + 4x^3)}{(x^4 + 16)^4} =$$

$$= \frac{(-160x^4 + 512) \cdot (x^4 + 16) - (-32x^5 + 512x) \cdot 8x^3}{(x^4 + 16)^3} =$$

$$= \frac{-160x^8 - 2\,560x^4 + 512x^4 + 8\,192 + 256x^8 - 4\,096\,x^4}{(x^4 + 16)^3}$$

$$= \frac{96x^8 - 6\,144x^4 + 8\,192}{(x^4 + 16)^3}$$

$f'(x) = 0$: $-32x^5 + 512 = 0$; $-32x(x^4 - 16) = 0$; $-32x(x^2 - 4)(x^2 + 4) = 0$

$-32x(x + 2)(x - 2)(x^2 + 4) = 0$

$x_1 = -2$	$f''(-2) = -2 < 0$	$H\,(-2 \mid 2)$
$x_2 = 0$	$f''(0) = 2 > 0$	$T\,(0 \mid 0)$
$x_3 = 2$	$f''(2) = -2 < 0$	$H\,(2 \mid 2)$

e) $f(x) = x + \frac{9}{x}$; $f'(x) = 1 - \frac{9}{x^2} = \frac{x^2 - 9}{x^2} = \frac{(x + 3)(x - 3)}{x^2}$

$f'(x) = 0$: $x_1 = -3$ mit Vorzeichenwechsel von + nach −; $H\,(-3 \mid -6)$

$x_2 = 3$ mit Vorzeichenwechsel von − nach +; $T\,(3 \mid 6)$

f) $f(x) = x^3 - 8x^2 + 16x$; $f'(x) = 3x^2 - 16x + 16$; $f''(x) = 6x - 16$

$f'(x) = 0$: $x_{1,2} = \frac{16 \pm \sqrt{16^2 - 4 \cdot 3 \cdot 16}}{2 \cdot 3} = \frac{16 \pm \sqrt{64}}{6} = \frac{16 \pm 8}{6}$

$x_1 = \frac{16 - 8}{6} = \frac{8}{6} = \frac{4}{3}$; $f''\left(\frac{4}{3}\right) = -8 < 0$; $H\left(\frac{4}{3} \mid 9\frac{13}{27}\right)$

$x_2 = \frac{16 + 8}{6} = \frac{24}{6} = 4$; $f''(4) = 8 > 0$; $T\,(4 \mid 0)$

3. **a)** $f(x) = \frac{x^3}{x^2 - 1}$; $D_f = \mathbb{R}\setminus\{-1; 1\}$; $x_0 = 0$ ist eine dreifache Nullstelle von f, also ist $P\,(0 \mid 0)$ ein Terrassenpunkt von G_f. Für $-1 < x < 0$ ist $x^3 < 0$ und $x^2 - 1 < 0$, also $f(x) > 0$, d. h. G_f hat in $P\,(0 \mid 0)$ eine horizontale Tangente und f einen Vorzeichenwechsel von + nach −. Die Abbildung zeigt nicht den Graphen dieser Funktion (kein Terrassenpunkt in $P\,(0 \mid 0)$, keine Definitionslücke bei $x = -1$ und $x = 1$).

b) $f(x) = \frac{4x^2}{x^2 - 1}$, $D_f = \mathbb{R}\setminus\{-1; 1\}$; $x_0 = 0$ ist doppelte Nullstelle von f, also ist $P\,(0 \mid 0)$ ein Extrempunkt von G_f. Für $-1 < x < 1$ ist $4x^2 \geqq 0$ und $x^2 - 1 < 0$, also $f(x) < 0$, d. h. G_f hat in $P\,(0 \mid 0)$ einen Hochpunkt. Die Abbildung zeigt nicht den Graphen dieser Funktion (kein Hochpunkt in $P\,(0 \mid 0)$, keine Definitionslücke bei $x = -1$ und $x = 1$).

c) $f(x) = \frac{(x - 1)^2}{10(x - 2)}$, $D_f = \mathbb{R}\setminus\{2\}$; $f(x_0) = f(0) = \frac{(-1)^2}{10(0 - 2)} = -\frac{1}{20}$; $P\left(0 \mid -\frac{1}{20}\right)$

$$f'(x) = \frac{(2x - 2) \cdot 10(x - 2) - (x^2 - 2x + 1) \cdot 10}{[10(x - 2)]^2} = \frac{20x^2 - 40x - 20x + 40 - 10x^2 + 20x - 10}{100(x - 2)^2} =$$

$$= \frac{10x^2 - 40x + 30}{100(x - 2)^2} = \frac{x^2 - 4x + 3}{10(x - 2)^2};\ f'(0) = \frac{3}{10 \cdot (-2)^2} = \frac{3}{40}$$

Der Graph G_f hat im Punkt $P\left(0 \mid -\frac{1}{20}\right)$ die Steigung $\frac{3}{40}$, verläuft in einer Umgebung von P also relativ „flach".

Die Abbildung zeigt nicht den Graphen dieser Funktion (kein negativer Funktionswert an der Stelle $x_0 = 0$, keine Definitionslücke bei $x = 2$).

d) $f(x) = \frac{1}{10}x^5 - \frac{1}{2}x^4 + \frac{1}{3}x^3 + x^2 - \frac{3}{2}x + 1$; $D_f = \mathbb{R}$; $f(x_0) = f(1) = \frac{13}{30}$; $P\left(1 \mid \frac{13}{30}\right)$

$f'(x) = \frac{1}{2}x^4 - 2x^3 + x^2 + 2x - \frac{3}{2}$; $f''(x) = 2x^3 - 6x^2 + 2x + 2$; $f'(1) = 0$; $f''(1) = 0$;

G_f hat in $P\left(1 \mid \frac{13}{30}\right)$ eine horizontale Tangente, aber keinen Extrempunkt.

$$\left(\frac{1}{2}x^4 - 2x^3 + x^2 + 2x - 1{,}5\right) : (x - 1) = \frac{1}{2}x^3 - 1{,}5x^2 - 0{,}5x + 1{,}5$$
$$-\left(\frac{1}{2}x^4 - \frac{1}{2}x^3\right)$$
$$-1{,}5x^3 + x^2$$
$$-(-1{,}5x^3 + 1{,}5x^2)$$
$$-0{,}5x^2 + 2x$$
$$-(-0{,}5x^2 + 0{,}5x)$$
$$1{,}5x - 1{,}5$$
$$-(1{,}5x - 1{,}5)$$
$$0$$

$$\left(\frac{1}{2}x^3 - 1{,}5x^2 - 0{,}5x + 1{,}5\right) : (x - 1) = \frac{1}{2}x^2 - x - 1{,}5$$
$$-\left(\frac{1}{2}x^3 - 0{,}5x^2\right)$$
$$-x^2 - 0{,}5x$$
$$-(-x^2 + x)$$
$$-1{,}5x + 1{,}5$$
$$-(-1{,}5x + 1{,}5)$$
$$0$$

$\frac{1}{2}x^2 - x - 1{,}5 = 0$; $x_{1,2} = \frac{1 \pm \sqrt{1 - 4 \cdot \frac{1}{2} \cdot (-1{,}5)}}{2 \cdot \frac{1}{2}} = \frac{1 \pm \sqrt{4}}{1}$; $x_1 = -1$; $x_2 = 3$, also

$f'(x) = \frac{1}{2}(x - 1)^2(x + 1)(x - 3)$

$x_0 = 1$ ist doppelte Nullstelle von f'. Für $-1 < x < 1$ ist $f'(x) < 0$, für $1 < x < 3$ ist $f'(x) < 0$. G_f hat in $P\left(1 \mid \frac{13}{30}\right)$ einen Terrassenpunkt, fällt vor P und nach P.
Es kann nicht ausgeschlossen werden, dass die Abbildung den Graphen dieser Funktion zeigt.

e) $f(x) = \frac{2x^3 + 2}{x^2} = 2x + \frac{2}{x^2}$; $D_f = \mathbb{R}\setminus\{0\}$; $f(x_0) = f(\sqrt[3]{2}) = \frac{2 \cdot 2 + 2}{(\sqrt[3]{2})^2} = \frac{6}{\sqrt[3]{4}}$

$f'(x) = 2 + 2 \cdot \frac{-2}{x^3} = 2 - \frac{4}{x^3}$; $f'(\sqrt[3]{2}) = 2 - \frac{4}{2} = 0$

$f''(x) = -4 \cdot \frac{-3}{x^4} = \frac{12}{x^4}$; $f''(\sqrt[3]{2}) = \frac{12}{2 \cdot \sqrt[3]{2}} > 0$

G_f hat in $P\left(\sqrt[3]{2} \mid \frac{6}{\sqrt[3]{4}}\right)$ einen Tiefpunkt.

Die Abbildung zeigt nicht den Graphen dieser Funktion (kein Tiefpunkt an der Stelle $x_0 = \sqrt[3]{2} \approx 1{,}3$, keine Definitionslücke bei $x = 0$).
Die Abbildung zeigt den Graphen genau einer der fünf Funktionen: Es muss also somit der Graph der Funktion von Teilaufgabe d) sein.

4. $n = 1$: $f_1(x) = \frac{2x(x - 1)^3}{x - 1} = 2x(x - 1)^2$; $D_{f_1} = \mathbb{R}\setminus\{1\}$

$f_1'(x) = 6x^2 - 8x + 2$

$\lim\limits_{x \to 1} f_1(x) = 0$; $\lim\limits_{x \to 1} f_1'(x) = 0$

$x = 0$: einfache Nullstelle von f_1

An der Stelle $x = 1$ besitzt G_{f_1} eine Lücke, in die G_{f_1} von beiden Seiten waagrecht einmündet (schwarzer Graph).

$n = 2$: $f_2(x) = \frac{2x(x - 1)^3}{(x - 1)^2} = 2x(x - 1)$; $D_{f_2} = \mathbb{R}\setminus\{1\}$

$f_2'(x) = 4x - 2$

$\lim\limits_{x \to 1} f_2(x) = 0$; $\lim\limits_{x \to 1} f_2'(x) = 2$

$x = 0$: einfache Nullstelle von f_2

An der Stelle $x = 1$ besitzt G_{f_2} eine Lücke, in die G_{f_2} von beiden Seiten mit der Tangentensteigung einmündet (oranger Graph).

$n = 3$: $f_3(x) = \frac{2x(x - 1)^3}{(x - 1)^3} = 2x$; $D_{f_3} = \mathbb{R}\setminus\{1\}$

Der Graph G_{f_3} ist eine Gerade, die an der Stelle $x = 1$ eine Lücke hat (blauer Graph).

$n = 4$: $f_4(x) = \frac{2x(x - 1)^3}{(x - 1)^4} = \frac{2x}{x - 1}$; $D_{f_4} = \mathbb{R}\setminus\{1\}$

$\lim\limits_{x \to \pm\infty} \frac{2x}{x - 1} = \lim\limits_{x \to \pm\infty} \frac{2}{1 - \frac{1}{x}} = 2$

G_{f_4} hat eine waagrechte Asymptote a_1 mit der Gleichung $y = 2$ und eine senkrechte Asymptote a_2 mit der Gleichung $x = 1$.
G_{f_4} verläuft durch den Ursprung (grüner Graph).

$n = 5$: $f_5(x) = \frac{2x(x-1)^3}{(x-1)^5} = \frac{2x}{(x-1)^2}$; $D_{f_5} = \mathbb{R}\setminus\{1\}$

$$\lim_{x \to \pm\infty} \frac{2x}{(x-1)^2} = \lim_{x \to \pm\infty} \frac{\frac{2}{x}}{\left(1 - \frac{1}{x}\right)^2} = 0$$

G_{f_5} hat die x-Achse als waagrechte Asymptote und die Gerade mit der Gleichung $x = 1$ als senkrechte Asymptote.
G_{f_5} verläuft durch den Ursprung (dunkelroter Graph).

1. Aussage: wahr; $f_n(0) = 0$
2. Aussage:
   $f_2(x) = 2x(x-1) = 2x^2 - 2x$;
   $f_2'(x) = 4x - 2$, $f_2'(0) = -2$;
   $f_4(x) = \frac{2x}{x-1}$; $f_4'(x) = \frac{(x-1) \cdot 2 - 2x \cdot 1}{(x-1)^2} = \frac{-2}{(x-1)^2}$;
   $f_4'(0) = -2$:
   Die 2. Aussage ist wahr.
3. Aussage: wahr (vgl. die Abbildung)
4. Aussage: wahr
   $f_5(x) > 0$, wenn $x > 0$ ist
5. Aussage: wahr, denn $f_n(2) = \frac{2 \cdot 2 \cdot 1^3}{1^n} = 4$
6. Aussage: falsch;
   Gegenbeispiele: Die Funktionen f_1, f_2 und f_3 haben an der Stelle $x = 1$ eine stetig hebbare Definitionslücke.

5. a) $f'(x) = 3ax^2 + b$; $f'(-x) = 3a(-x)^2 + b = 3ax^2 + b = f(x)$
Also ist $G_{f'}$ achsensymmetrisch zur y-Achse.

b) $F(x) = \frac{1}{4}ax^4 + \frac{1}{2}bx^2 + c$; $F(-x) = \frac{1}{4}a(-x)^4 + \frac{1}{2}b(-x)^2 + c = \frac{1}{4}ax^4 + \frac{1}{2}bx^2 + c = F(x)$
Also ist G_F achsensymmetrisch zur y-Achse.

6. $f'(x) = 3ax^2 + 2bx + c$
G_f hat zwei horizontale Tangenten, wenn die Gleichung $f'(x) = 0$ zwei verschiedene Lösungen hat, also falls die zugehörige Diskriminante positiv ist.
$D = (2b)^2 - 4 \cdot 3a \cdot c = 4b^2 - 12ac$
$D > 0$; $4b^2 - 12ac > 0$; $b^2 - 3ac > 0$
Beispiel (individuelle Lösungen):
$b = 1$; $a = 1$; $c = 0$, $D = 1^2 - 3 \cdot 1 \cdot 0 = 1 > 0$; $d = 0$
$f_1(x) = x^3 + x^2 = x^2(x+1)$
$f_1'(x) = 3x^2 + 2x = 3x\left(x + \frac{2}{3}\right)$
G_f hat horizontale Tangenten an den Stellen $x = 0$ und $x = -\frac{2}{3}$.
G_f hat genau eine horizontale Tangente, falls $D = 0$, also für $b^2 - 3ac = 0$.
Beispiel (individuelle Lösungen):
$b = 3$; $a = 3$, $c = 1$; $D = 3^2 - 3 \cdot 3 \cdot 1 = 0$; $d = 0$
$f_2(x) = 3x^3 + 3x^2 + x$
$f_2'(x) = 9x^2 + 6x + 1 = (3x+1)^2$
G_f hat an der Stelle $x = -\frac{1}{3}$ einen Terrassenpunkt mit horizontaler Tangente.
G_f hat keine horizontale Tangente, falls $D < 0$, also für $b^2 - 3ac < 0$.
Beispiel (individuelle Lösungen):
$b = 0$; $a = c = 1$; $D = 0^2 - 3 \cdot 1 \cdot 1 = -3 < 0$; $d = 0$
$f_3(x) = x^3 + x$
$f_3'(x) = 3x^2 + 1 > 0$ für alle $x \in \mathbb{R}$

71

7. a) $f_a'(x) = 3x^2 + a$

- Für $a > 0$ ist $3x^2 + a > 0$ für alle $x \in \mathbb{R}$, also f_a überall in $\mathbb{R}$ streng monoton zunehmend.
- $a < 0$: $3x^2 + a = 0$; $3x^2 = -a$; $x^2 = -\frac{a}{3}$; $|x| = \sqrt{-\frac{a}{3}}$
  Für $x < -\sqrt{-\frac{a}{3}}$ und $x > \sqrt{-\frac{a}{3}}$ ist $f_a'(x) > 0$, also f_a streng monoton zunehmend;
  für $-\sqrt{-\frac{a}{3}} < x < \sqrt{-\frac{a}{3}}$ ist $f_a'(x) < 0$, also f_a streng monoton abnehmend.

b) $f_a'(x) = \frac{1}{2}x^3 + a$

- $a > 0$: $\frac{1}{2}x^3 + a = 0$; $\frac{1}{2}x^3 = -a$; $x^3 = -2a$; $x = -\sqrt[3]{2a}$
  Für $x < -\sqrt[3]{2a}$ ist $f_a'(x) < 0$, also f_a streng monoton abnehmend;
  für $x > -\sqrt[3]{2a}$ ist $f_a'(x) > 0$, also f_a streng monoton zunehmend;
- $a < 0$: $\frac{1}{2}x^3 + a = 0$; $\frac{1}{2}x^3 = -a$; $x^3 = -2a$, $x = \sqrt[3]{-2a}$
  Für $x < \sqrt[3]{-2a}$ ist $f_a'(x) < 0$, also f_a streng monoton abnehmend;
  für $x > \sqrt[3]{-2a}$ ist $f_a'(x) > 0$, also f_a streng monoton zunehmend;

c) $f_a'(x) = 3ax^2 - 6x + 1$
$3ax^2 - 6x + 1 = 0$, $D = (-6)^2 - 4 \cdot 3a \cdot 1 = 36 - 12a = 12(3 - a)$

- Für $a > 3$ ist $D < 0$ und $G_{f_a'}$ eine nach oben geöffnete Parabel ohne gemeinsame Punkte mit der x-Achse, also $f_a'(x) > 0$ für alle $x \in \mathbb{R}$ und somit f_a überall in $\mathbb{R}$ streng monoton zunehmend.
- Für $a = 3$ ist $D = 0$ und $f_a'(x) = 9x^2 - 6x + 1 = (3x - 1)^2$. Somit ist $G_{f_3'}$ eine nach oben geöffnete Parabel mit Scheitel $(\frac{1}{3} \mid 0)$. Also ist $f_a'(x) \geqq 0$ für alle $x \in \mathbb{R}$: f ist überall in $\mathbb{R}$ streng monoton zunehmend; G_f hat an der Stelle $x = \frac{1}{3}$ einen Terrassenpunkt.
- Für $a < 3$ ist $D > 0$. f_a' hat die Nullstellen $x_{1,2} = \frac{6 \pm \sqrt{12(3-a)}}{6a}$
  $x_1 = \frac{6 - \sqrt{12(3-a)}}{6a}$; $x_2 = \frac{6 + \sqrt{12(3-a)}}{6a}$
  $0 < a < 3$: $G_{f'}$ ist eine nach oben geöffnete Parabel; die x-Achsenpunkte besitzen die Abszissen x_1 und x_2;
  – also ist f_a für $x < x_1$ und $x > x_2$ streng monoton zunehmend und für $x_1 < x < x_2$ streng monoton abnehmend.
  $a < 0$: $G_{f'}$ ist eine nach unten geöffnete Parabel; die x-Achsenpunkte besitzen die Abszissen x_1 und x_2;
  – also ist f_a für $x < x_1$ und $x > x_2$ streng monoton abnehmend und für $x_1 < x < x_2$ streng monoton zunehmend.

d) $f_a'(x) = 2x^3 - 2ax = 2x(x^2 - a)$

- $a < 0$: $x^2 - a > 0$ für jeden Wert von $x \in \mathbb{R}$. Für $x < 0$ ist somit $f_a'(x) < 0$, also f_a streng monoton abnehmend; für $x > 0$ ist $f_a'(x) > 0$, also f_a streng monoton zunehmend.
- $a > 0$: $f_a'(x) = 2x(x - \sqrt{a})(x + \sqrt{a})$

	$x < -\sqrt{a}$	$-\sqrt{a} < x < 0$	$0 < x < \sqrt{a}$	$x > \sqrt{a}$
$f_a'(x)$	$f_a'(x) < 0$	$f_a'(x) > 0$	$f_a'(x) < 0$	$f_a'(x) > 0$
f_a	streng monoton abnehmend	streng monoton zunehmend	streng monoton abnehmend	streng monoton zunehmend

8. $f(x) = 0{,}2x^3 - x^2 + 1{,}6x$; $f'(x) = 0{,}6x^2 - 2x + 1{,}6$;

$f'(x) = 0$: $x_{1,2} = \frac{2 \pm \sqrt{(-2)^2 - 4 \cdot 0{,}6 \cdot 1{,}6}}{2 \cdot 0{,}6} = \frac{2 \pm \sqrt{0{,}16}}{1{,}2} = \frac{2 \pm 0{,}4}{1{,}2}$;
$x_1 = \frac{1{,}6}{1{,}2} = \frac{16}{12} = \frac{4}{3}$; $x_2 = \frac{2{,}4}{1{,}2} = 2$
Für $x < \frac{4}{3}$ und $x > 2$ ist f streng monoton zunehmend; für $\frac{4}{3} < x < 2$ ist f streng monoton abnehmend.

	$-\infty < x < \frac{4}{3}$	$x = \frac{4}{3}$	$\frac{4}{3} < x < 2$	$x = 2$	$2 < x < \infty$
$f'(x)$	$f'(x) > 0$	$f'(x) = 0$	$f'(x) < 0$	$f'(x) = 0$	$f'(x) > 0$

G_f besitzt also keinen Terrassenpunkt, sondern einen Hochpunkt H ($\frac{4}{3}$ | ≈ 0,83) und einen Tiefpunkt T (2 | 0,8).

9. a) $f(-x) = \frac{4(-x)^2}{(-x)^2 + 3} = \frac{4x^2}{x^2 + 3} = f(x)$: G_f ist achsensymmetrisch zur y-Achse.

$f'(x) = \frac{8x \cdot (x^2 + 3) - 4x^2 \cdot 2x}{(x^2 + 3)^2} = \frac{8x^3 + 24x - 8x^3}{(x^2 + 3)^2} = \frac{24x}{(x^2 + 3)^2}$

$f'(x) = 0$ für $x = 0$; f' hat an der Stelle $x = 0$ einen Vorzeichenwechsel von – nach +; $f(0) = 0$. Also ist T (0 | 0) Tiefpunkt von G_f.

$\lim\limits_{x \to \pm\infty} f(x) = \lim\limits_{x \to \pm\infty} \frac{4x^2}{x^2 + 3} = \lim\limits_{x \to \pm\infty} \frac{4}{1 + \frac{3}{x^2}} = 4$

Somit ist die Gerade mit der Gleichung g: y = 4 horizontale Asymptote von G_f.

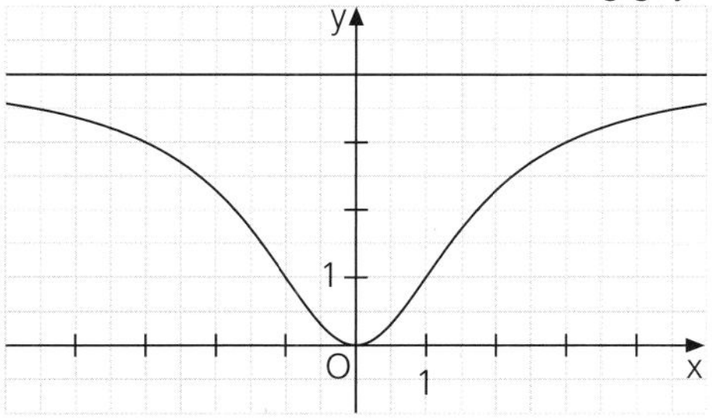

b) $f(1) = \frac{4 \cdot 1^2}{1^2 + 3} = \frac{4}{4} = 1$; P (1 | 1)

$m_{t_P} = f'(1) = \frac{24 \cdot 1}{(1^2 + 3)^2} = \frac{24}{16} = \frac{3}{2}$; also $y = \frac{3}{2}x + t$

$1 = \frac{3}{2} \cdot 1 + t$; $t = -\frac{1}{2}$, also t_P: $y = \frac{3}{2}x - \frac{1}{2}$ und U (0 | $-\frac{1}{2}$)

Schnittpunkt der Geraden: $\frac{3}{2}x - \frac{1}{2} = 4$; $\frac{3}{2}x = \frac{9}{2}$; $x = \frac{9}{2} \cdot \frac{2}{3} = 3$, also V (3 | 4)

t_P^*: $y = -\frac{3}{2}x - \frac{1}{2}$, V* (–3 | 4)

U** (8,5 | 0)

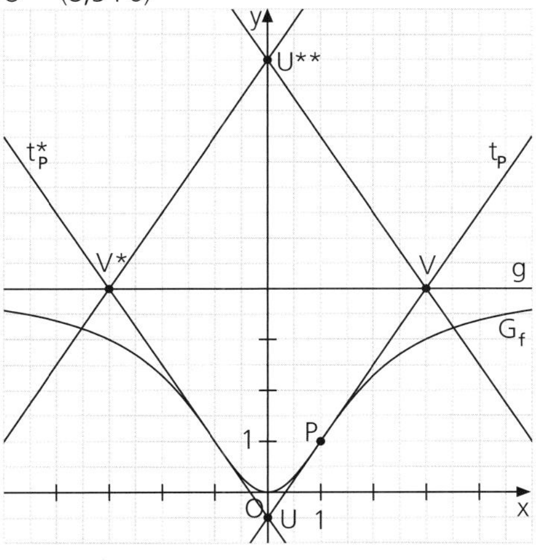

Das Viereck UVU**V* ist eine Raute, da seine Diagonalen aufeinander senkrecht stehen und einander halbieren; also gilt:

- UV ∥ V*U**
- VU** ∥ UV*
- $\overline{UV} = \overline{VU^{**}} = \overline{U^{**}V^*} = \overline{V^*U}$
- ∢ VUV* = ∢ V*U**V
- ∢ UV*U** = ∢ U**VU

$A = \frac{1}{2} \cdot \overline{UU^{**}} \cdot \overline{VV^*} = \frac{1}{2} \cdot 9 \cdot 6 = 18$

10. a) $H_1(-1 \mid 5{,}4)$, $T_1\ (1 \mid -2{,}8)$, $H_2\ (2 \mid -2{,}3)$, $T_2\ (3 \mid -3{,}2)$

$f'(x) = x^4 - 5x^3 + 5x^2 + 5x - 6$

$f'(-1) = (-1)^4 - 5 \cdot (-1)^3 + 5 \cdot (-1)^2 + 5 \cdot (-1) - 6 = 1 + 5 + 5 - 5 - 6 = 0$

$f'(1) = 1 - 5 + 5 + 5 - 6 = 0$

$f'(2) = 2^4 - 5 \cdot 2^3 + 5 \cdot 2^2 + 5 \cdot 2 - 6 = 16 - 40 + 20 + 10 - 6 = 0$

$f'(3) = 3^4 - 5 \cdot 3^3 + 5 \cdot 3^2 + 5 \cdot 3 - 6 = 81 - 135 + 45 + 15 - 6 = 0$

$f''(x) = 4x^3 - 15x^2 + 10x + 5$

$f''(-1) = -24 < 0$; $f''(1) = 4 > 0$; $f''(2) = -2 < 0$; $f''(3) = 8 > 0$

$f(-1) = 5\,\frac{23}{60} \approx 5{,}4$

$f(1) = -2\,\frac{53}{60} \approx -2{,}9$

$f(2) = -2\,\frac{4}{15} \approx -2{,}3$

$f(3) = -3\,\frac{3}{20} \approx -3{,}2$

b) Schätzung: individuelle Lösungen, z. B. $m \approx -6$

$m = f'(0) = -6$, t_0: $y = -6x$

$\tan \varphi = -6$; $\varphi \approx 99{,}5°$

11. a) $f(-x) = \frac{2 \cdot (-x)}{(-x)^2 + 1} = \frac{-2x}{x^2 + 1} = -\frac{2x}{x^2 + 1} = -f(x)$; G_f ist punktsymmetrisch zum Ursprung.

$\lim\limits_{x \to \pm\infty} \frac{2x}{x^2 + 1} = \lim\limits_{x \to \pm\infty} \frac{\frac{2}{x}}{1 + \frac{1}{x^2}} = 0$

$f'(x) = \frac{2 \cdot (x^2 + 1) - 2x \cdot 2x}{(x^2 + 1)^2} = \frac{2x^2 + 2 - 4x^2}{(x^2 + 1)^2} = \frac{-2x^2 + 2}{(x^2 + 1)^2} = \frac{-2(x + 1)(x - 1)}{(x^2 + 1)^2}$

$f'(x) = 0$: $x_1 = -1$ mit Vorzeichenwechsel von f' von – nach +, Tiefpunkt $T\ (-1 \mid -1)$

$x_2 = 1$, Hochpunkt $H\ (1 \mid 1)$ (wegen Punktsymmetrie)

b)

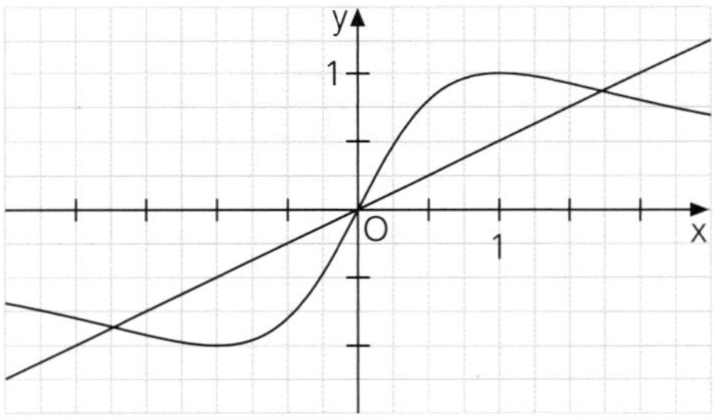

c) $f(\sqrt{3}) = \frac{2\sqrt{3}}{(\sqrt{3})^2 + 1} = \frac{2\sqrt{3}}{4} = \frac{\sqrt{3}}{2}$

A_{POW} ist am größten, wenn d (P; OW) maximal ist, d. h. P ist der Punkt auf G_f zwischen O und W, in dem die Tangente an G_f zur Geraden OW parallel ist.

W

W1 $0{,}5 = \frac{1}{2} \in \mathbb{Q}$; $\sqrt{81} = 9 \in \mathbb{Q}$; $\pi \notin \mathbb{Q}$; $\lg 2 \notin \mathbb{Q}$; $\log_2 8 = 3 \in \mathbb{Q}$;
$\sqrt[3]{27} = 3 \in \mathbb{Q}$; $\sqrt[3]{81} \notin \mathbb{Q}$: Rational sind 0,5; $\sqrt{81}$; $\log_2 8$ und $\sqrt[3]{27}$.

W2 Achsenpunkte $S\ (2 \mid 0)$, $U\ (0 \mid -4)$; $A = \frac{1}{2}\,\overline{OS} \cdot \overline{OU} = \frac{1}{2} \cdot 2 \cdot 4 = 4$

W3 (I) $x + y = 4$

(II) $x + y + z = 10$

(III) $x + z = 5$

(II) – (I): $z = 6$; in (III): $x + 6 = 5$; $x = -1$; in (I) $-1 + y = 4$; $y = 5$

$L = \{(-1;\ 5;\ 6)\}$

Arbeitsaufträge

72

1. a) $L = \{\frac{3}{4}\}$: Äquivalenzumformungen

b) $x^2 - 6x - 10 = 0;$

$x_{1,2} = \frac{6 \pm \sqrt{36 + 40}}{2} = \frac{6 \pm 2\sqrt{19}}{2} = 3 \pm \sqrt{19};$

$L = \{3 - \sqrt{19};\ 3 + \sqrt{19}\}$ (Lösungsformel für quadratische Gleichungen)

c) $x^2 - 5x - 14 = 0;$

$(x + 2)(x - 7) = 0;$

$x_1 = -2;\ x_2 = 7;$

$L = \{-2;\ 7\}$ (Faktorisierung)

d) $x^3 - x^2 - 2x + 2 = 0;$

$x^2(x - 1) - 2(x - 1) = 0;$

$(x - 1)(x^2 - 2) = 0;$

$(x - 1)(x + \sqrt{2})(x - \sqrt{2}) = 0;$

$x_1 = 1;\ \ x_2 = -\sqrt{2};\ \ x_3 = \sqrt{2};$

$L = \{-\sqrt{2};\ 1;\ \sqrt{2}\}$ (Faktorisierung; binomische Formel)

e) $(x - 1)(x^2 + 2x + 2) = 0;\quad x_1 = 1;$

$x^2 + 2x + 1 + 1 = 0;$

$(x + 1)^2 + 1 = 0;$

$(x + 1)^2 + 1 \geqq 1$ für jeden Wert von $x \in \mathbb{R};$

$L = \{1\}$ (Faktorisierung; binomische Formel)

f) $x^4 - 2\sqrt{2}\,x^3 + 2x^2 = 0;$

$x^2(x^2 - 2\sqrt{2}x + 2) = 0;$

$x^2(x - \sqrt{2})^2 = 0;$

$x_1 = 0;\ \ x_2 = \sqrt{2};$

$L = \{0;\ \sqrt{2}\}$ (Faktorisierung; binomische Formel)

2. a) $P\,(x_1 \mid f(x_1));\ \ m_{t_P} = f'(x_1);$

t_P: $y = f'(x_1) \cdot x + t;\quad$ P liegt auf t_P:

$f(x_1) = f'(x_1) \cdot x_1 + t;$

$t = f(x_1) - f'(x_1) \cdot x_1;$

t_P: $y = f'(x_1) \cdot x + f(x_1) - f'(x_1) \cdot x_1;$

$y = f'(x_1) \cdot (x - x_1) + f(x_1)$ ✓

b)

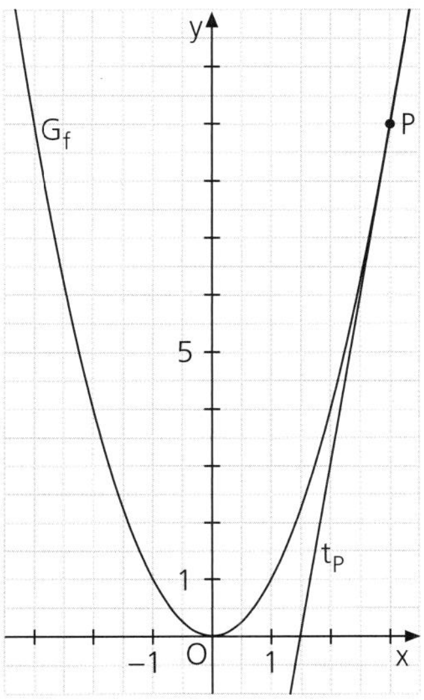

$f(x) = x^2;\ \ f'(x) = 2x;\ \ f'(3) = 6;$

t_P: $y = 6 \cdot (x - 3) + 9;$

$y = 6x - 18 + 9;$

$y = 6x - 9$

c) $f(x) = x^2;\ \ f(3{,}1) = 9{,}61;$

$g(x) = 6x - 9;\ \ g(3{,}1) = 18{,}6 - 9 = 9{,}6 \approx f(3{,}1)$

3. a) $x_1 \approx -0{,}85$; $f(x_1) \approx -0{,}17$

b) $P\,(-0{,}85 \mid -0{,}17)$;

$f(x) = x^5 - x^2 + 1$; $f'(x) = 5x^4 - 2x$;

$f'(-0{,}85) \approx 4{,}31$;

t_P: $y = 4{,}31 \cdot (x + 0{,}85) - 0{,}17$;

$y = 4{,}31x + 3{,}49$

Schnittpunkt mit der x-Achse:

$4{,}31x + 3{,}49 = 0$;

$x_2 \approx -0{,}81$;

$f(-0{,}81) \approx -0{,}005$;

$|0 - (-0{,}005)| < |0 - (-0{,}17)|$

4.

Woolsthorpe: Newtons Geburtsort; hier: Newtons Geburtshaus	Isaac Barrow (1630 bis 1677): Lehrer und Förderer Newtons an der Universität in Cambridge
Bild zur „Apfellegende" (universelle Gravitation)	Newtons Grabmal in der Westminster Abbey in London

74

- Der Startwert sollte ein möglichst guter – z. B. graphisch gewonnener – Näherungswert für die gesuchte Nullstelle sein.
- Wegen $f'(x_0) = 0$ ist x_0 als Startwert ungeeignet, da dort der Nenner der Rekursionsformel den Wert 0 hätte.
- z. B. Heron-Verfahren, Regula-falsi-Verfahren

L

1. a) $f(x) = x^3 + x^2 + 1$; $f'(x) = 3x^2 + 2x = 3x\left(x + \frac{2}{3}\right)$

$f(-2) = -3 < 0$; $f(-1) = 1 > 0$

Startwert $x_1 = -2$; $f'(-2) = 8$;

$x_2 = x_1 - \frac{f(x_1)}{f'(x_1)} = -2 - \frac{-3}{8} = -1\frac{5}{8} = -1{,}625$;

$f(-1{,}625) = \frac{-333}{512}$; $f'(-1{,}625) = \frac{299}{64}$

$x_3 = x_2 - \frac{f(x_2)}{f'(x_2)} = -1{,}625 - \frac{\frac{-333}{512}}{\frac{299}{64}} \approx -1{,}486$

$x_4 \approx -1{,}466$; $x_5 \approx -1{,}466$

Nullstelle: etwa $-1{,}47$; $f(-1{,}47) = -0{,}015\ldots$

Für $x < -2$ ist $f'(x) > 0$, d. h. f hat keine Nullstelle, die kleiner ist als die eben näherungsweise berechnete.

$f'(x) = 0$ $x_1 = -\frac{2}{3}$ mit Vorzeichenwechsel von f' von + nach –; $H\left(-\frac{2}{3} \mid 1\frac{4}{27}\right)$

$x_2 = 0$ mit Vorzeichenwechsel von f' von – nach +; $T\,(0 \mid 1)$

Für $x > 0$ ist $f'(x) > 0$, d. h. f streng monoton zunehmend.

Also hat f keine weiteren Nullstellen.

b) $f(x) = x^3 + x - 5$; $f'(x) = 3x^2 + 1 > 0$ für alle $x \in \mathbb{R}$. Da f streng monoton zunehmend ist, hat f genau eine Nullstelle.

$f(1) = -3 < 0$; $f(2) = 5 > 0$

Startwert $x_1 = 1$

$x_2 = 1{,}75$; $x_3 \approx 1{,}543$; $x_4 \approx 1{,}516$; $x_5 \approx 1{,}516$

Nullstelle: etwa 1,52; $f(1{,}52) = 0{,}031\ldots$

c) $f(x) = x^4 - 3x - 3$; $f'(x) = 4x^3 - 3$; $f'(x) = 0$ für $x = \sqrt[3]{0{,}75}$; f ist streng monoton abnehmend für $x < \sqrt[3]{0{,}75}$ und streng monoton zunehmend für $x > \sqrt[3]{0{,}75}$. Also hat f (höchstens) zwei Nullstellen.
$f(-1) = 1 > 0$; $f(0) = -3 < 0$
Startwert $x_1 = -1$
$x_2 \approx -0{,}857$; $x_3 \approx -0{,}837$; $x_4 \approx -0{,}837$
Näherung: etwa $-0{,}84$; $f(-0{,}84) = 0{,}017...$
$f(1) = -5 < 0$; $f(2) = 7 > 0$
Startwert $x_1 = 1$; $x_2 = 6$ (ungünstiger Startwert)
$x_1 = 1{,}5$; $x_2 \approx 1{,}732$, $x_3 \approx 1{,}687$; $x_4 \approx 1{,}6846$; $x_5 \approx 1{,}6846$
Näherung: etwa 1,68; $f(1{,}68) = -0{,}074...$
Nullstellen: $-0{,}84$ und 1,68

	a)	b)	c)		
Startwert:	−2	1	−1	1	1,5
x2	−1,625	1,75	−0,85714286	6	1,73214286
x3	−1,48578595	1,54294479	−0,83699343	4,51916376	1,68686018
x4	−1,46595592	1,51639118	−0,83666384	3,42533393	1,68462101
x5	−1,46557137	1,51598032	−0,83666376	2,63687085	1,68461571
x6				2,10465437	
x7				1,80407489	
x8				1,69762788	
x9				1,6847915	
x10				1,68461574	

2. a) $x_0 = \sqrt[3]{3} \approx 1{,}442249570$

b) $f(x) = x^3 - 3$; $f'(x) = 3x^2$
$x_1 = 2$
$x_2 = x_1 - \frac{f(x_1)}{f'(x_1)} = 2 - \frac{5}{12} = 1\frac{7}{12}$
$x_3 = x_2 - \frac{f(x_2)}{f'(x_2)} = 1\frac{7}{12} - \frac{\left(1\frac{7}{12}\right)^3 - 3}{3 \cdot \left(1\frac{7}{12}\right)^2} = \frac{9451}{6498} \approx 1{,}454447522$
$x_4 \approx 1{,}442249570$

3. a) $\sqrt{8} < 3$, da $3^2 = 9 > 8$.
$3^{-\frac{1}{3}} = \frac{1}{3^{\frac{1}{3}}} = \frac{1}{\sqrt[3]{3}} < 1$, da $\sqrt[3]{3} > 1$
$\sqrt[3]{30} > 3$, da $3^3 = 27 < 30$ und $\sqrt[3]{30} < 4$, da $4^3 = 64$ ist.
$9^{\frac{2}{3}} = \sqrt[3]{81} > 4$, da $4^3 = 64 < 81$
also $3^{-\frac{1}{3}} < \sqrt{8} < \sqrt[3]{30} < 9^{\frac{2}{3}}$

75

b) • $\sqrt{8}$ ist Lösung der Gleichung $x^2 = 8$.
$f(x) = x^2 - 8$; $f'(x) = 2x$
$x_1 = 2$; $x_2 = 3$; $x_3 \approx 2{,}8333$; $x_4 \approx 2{,}8284$; $x_5 \approx 2{,}8284$
$\sqrt{8} \approx 2{,}828$

• $3^{-\frac{1}{3}} = \frac{1}{\sqrt[3]{3}} = \sqrt[3]{\frac{1}{3}}$ ist Lösung der Gleichung $x^3 = \frac{1}{3}$ bzw $3x^3 = 1$.
$f(x) = 3x^3 - 1$; $f'(x) = 9x^2$
$x_1 = 0{,}5$; $x_2 \approx 0{,}7778$; $x_3 \approx 0{,}7022$; $x_4 \approx 0{,}69347$; $x_5 \approx 0{,}69336$
$3^{-\frac{1}{3}} \approx 0{,}693$

• $\sqrt[3]{30}$ ist Lösung der Gleichung $x^3 = 30$.
$f(x) = x^3 - 30$, $f'(x) = 3x^2$
$x_1 = 3$; $x_2 \approx 3{,}1111$; $x_3 \approx 3{,}1072$; $x_4 \approx 3{,}1072$
$\sqrt[3]{30} \approx 3{,}107$

- $9^{\frac{2}{3}} = \sqrt[3]{81}$ ist Lösung der Gleichung $x^3 = 81$.
  $f(x) = x^3 - 81$; $f'(x) = 3x^2$
  $x_1 = 4$; $x_2 \approx 4{,}3541$; $x_3 \approx 4{,}3269$; $x_4 \approx 4{,}3267$; $x_5 \approx 4{,}3267$
  $9^{\frac{2}{3}} \approx 4{,}327$
  $0{,}693 < 2{,}828 < 3{,}107 < 4{,}327$

	$f(x) = x^2 - 8$	$f(x) = 3x^3 - 1$	$f(x) = x^3 - 30$	$f(x) = x^3 - 81$
x1	2	0,5	3	4
x2	3	0,77777778	3,11111111	4,35416667
x3	2,83333333	0,70219199	3,10723734	4,326921
x4	2,82843137	0,69347186	3,10723251	4,32674872
x5	2,82842712	0,69336129	3,10723251	4,32674871

4. $f(x) = g(x)$; $x^4 - 5x = x^2 + 3$; $x^4 - x^2 - 5x - 3 = 0$
$h(x) = x^4 - x^2 - 5x - 3$; $h'(x) = 4x^3 - 2x - 5$
$h(-1) = 2 > 0$; $h(0) = -3 < 0$
$x_1 = -1$; $x_2 \approx -0{,}714$; $x_3 \approx -0{,}650$; $x_4 \approx -0{,}649$; $x_5 \approx -0{,}649$
$x_L \approx -0{,}65$; $f(-0{,}65) \approx 3{,}43$; $g(-0{,}65) \approx 3{,}42$; $L\,(-0{,}65 \mid 3{,}42)$
$h(1) = -8 < 0$, $h(2) = 3 > 0$
$x_1 = 2$; $x_2 \approx 2{,}043$; $x_3 \approx 2{,}042$; $x_4 \approx 2{,}042$
$x_S \approx 2{,}04$; $f(2{,}04) \approx 7{,}12$; $g(2{,}04) \approx 7{,}12$; $S\,(2{,}04 \mid 7{,}12)$

x1	−1	2
x2	−0,71428571	2,04347826
x3	−0,65035197	2,04171591
x4	−0,64874863	2,04171292
x5	−0,64874781	2,04171292

$\overline{LS} = \sqrt{[2{,}04 - (-0{,}65)]^2 + (7{,}12 - 3{,}42)^2} \approx 4{,}57$
Winkel φ_1 zwischen [OL und der positiven x-Achse: $\tan \varphi_1 = -\frac{3{,}42}{0{,}65}$; $\varphi_1 \approx 100{,}8°$
Winkel φ_2 zwischen [OS und der positiven x-Achse: $\tan \varphi_2 = \frac{7{,}12}{2{,}04}$; $\varphi_2 \approx 74{,}0°$
$\varphi = \varphi_1 - \varphi_2 \approx 27°$

5. a) $f(x) = x^3$: $x^3 < 0$ für $x < 0$ und $x^3 > 0$ für $x > 0$.
G_f verläuft durch den I. und III. Quadranten.
$g(x) = x^2 + x + 1$: $x^2 + x + 1 = 0$;
$D = 1 - 4 \cdot 1 \cdot 1 = -3 < 0$
G_g ist eine nach oben geöffnete Normalparabel ohne x-Achsenpunkte.
G_g verläuft im I. und II. Quadranten.

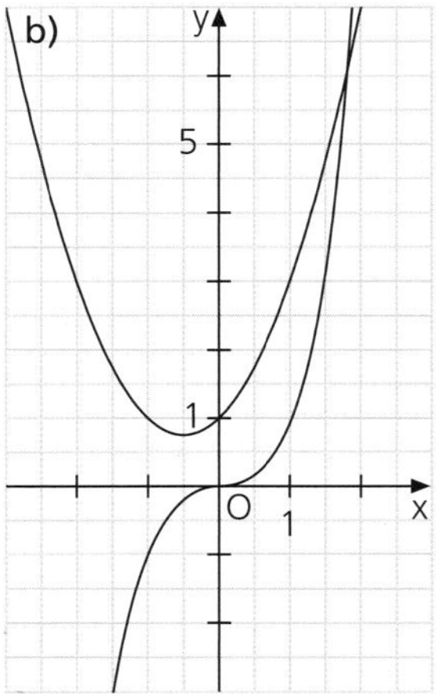

c) $f'(x) = g'(x)$; $3x^2 = 2x + 1$; $3x^2 - 2x - 1 = 0$
$x_{1,2} = \frac{2 \pm \sqrt{(-2)^2 - 4 \cdot 3 \cdot (-1)}}{2 \cdot 3} = \frac{2 \pm \sqrt{16}}{6} = \frac{2 \pm 4}{6}$;
$x_1 = -\frac{1}{3}$; $x_2 = 1$
$f\left(-\frac{1}{3}\right) = \left(-\frac{1}{3}\right)^3 = -\frac{1}{27}$, $g\left(-\frac{1}{3}\right) = \left(-\frac{1}{3}\right)^2 - \frac{1}{3} + 1 = \frac{7}{9}$;
$f(1) = 1$; $g(1) = 3$
Berührpunkte:
$F_1\left(-\frac{1}{3} \mid -\frac{1}{27}\right)$, $G_1\left(-\frac{1}{3} \mid \frac{7}{9}\right)$, $F_2\,(1 \mid 1)$, $G_2\,(1 \mid 3)$

d) $f(x) = g(x);\ x^3 = x^2 + x + 1;\ x^3 - x^2 - x - 1 = 0$
Betrachte $h(x) = x^3 - x^2 - x - 1;\ h(1) = -2 < 0,\ h(2) = 1 > 0;\ h'(x) = 3x^2 - 2x - 1$
Startwert $x_1 = 1$
$x_2 = x_1 - \frac{h(x_1)}{h'(x_1)}$ nicht definiert, da $h'(1) = 0$
Neuer Startwert: $x_1 = 2$
$x_2 = \frac{13}{7} \approx 1{,}8571$
$x_3 = \frac{1\,777}{966} \approx 1{,}8395$
$x_4 \approx 1{,}8393$
$x_p \approx 1{,}84;\ f(1{,}84) = 6{,}229\ldots$
$g(1{,}84) = 6{,}255\ldots$
Schnittpunkt P (1,84 | 6,23)

6. Rechnung zunächst in dm bzw l:
$V(h) = 800;\ R = 1{,}00 \cdot 10 = 10{,}0,\ 0 \leqq h \leqq 20$
$\frac{1}{3}h^2\pi(30 - h) = 800;\ \ 10\pi h^2 - \frac{1}{3}\pi h^3 = 800;\ \ \frac{1}{3}\pi h^3 - 10\pi h^2 + 800 = 0$
$f(h) = \frac{1}{3}\pi h^3 - 10\pi h^2 + 800;\ f'(h) = \pi h^2 - 20\pi h$
$f(5) \approx 145{,}5 > 0,\ f(6) \approx -104{,}8 < 0$
$h_1 = 5;\ h_2 \approx 5{,}61752;\ h_3 \approx 5{,}59490;\ h_4 \approx 5{,}59487$
$h \approx 5{,}6$ Probe: $V(5{,}6) \approx 801$
Das Öl steht etwa 56 cm hoch im Tank.

W

W1 $P = 5 \cdot \left(\frac{1}{6}\right)^4 \cdot \frac{5}{6} + \left(\frac{1}{6}\right)^5 \approx 0{,}33\%$

W2 $V_{Würfel} = a^3$
Für die Länge b der Verbindungslinie zweier benachbarter Würfelflächenmittelpunkte gilt: $\left(\frac{a}{2}\right)^2 + \left(\frac{a}{2}\right)^2 = b^2;\quad b^2 = 2 \cdot \frac{a^2}{4} = \frac{a^2}{2};\ b = \frac{a}{\sqrt{2}}$
$V_{Oktaeder} = 2 \cdot \frac{1}{3} \cdot \left(\frac{a}{\sqrt{2}}\right)^2 \cdot \frac{a}{2} = 2 \cdot \frac{1}{3} \cdot \frac{a^2}{2} \cdot \frac{a}{2} = \frac{2a^3}{12} = \frac{1}{6}V_{Würfel}$

W3 $2^x = \frac{1}{32};\ x = -5;$
$x^{-5} = 2\,048;\ x^5 = \frac{1}{2\,048};\ x = \sqrt[5]{\frac{1}{2\,048}};$
$18 : 3^{\sqrt{x}} = 2;\ 3^{\sqrt{x}} = 9;\ \sqrt{x} = 2;\ x = 4;$
$\cos(\pi x) = 1,\ \pi x_k = k \cdot 2\pi$ mit $k \in \mathbb{Z};\ x_k = 2k$ mit $k \in \mathbb{Z}$.
$x^2 + x - 4;\ x_{1,2} = \frac{-1 \pm \sqrt{1 + 16}}{2};\ x_1;\ x_2$ irrational
$(x + 1)^4 = 16;\ |x + 1| = 2;\ x_1 = 1;\ x_2 = -3$
$\log(x^2 + 1) = 1;\ x^2 + 1 = 10;\ x^2 = 9;\ x_1 = 3,\ x_2 = -3$
$\sqrt{x - 4} = 4;\ x - 4 = 16;\ x = 20$

Gleichung	$2^x = \frac{1}{32}$	$x^{-5} = 2\,048$	$18 : 3^{\sqrt{x}} = 2$	$\cos(\pi x) = 1$	$x^2 + x - 4 = 0$	$(x + 1)^4 = 16$	$\log(x^2 + 1) = 1$	$\sqrt{x - 4} = 4$
Lösung(en)	−5	$\notin \mathbb{Z}$	4	…; −2; 0; 2; 4; …	$\notin \mathbb{Z}$	−3; 1	−3; 3	20
mindestens eine ganzzahlige Lösung	X		X	X		X	X	X
mindestens eine natürliche Zahl als Lösung			X	X		X	X	X

mindestens eine ganzzahlige Lösung: 6 von 8, das sind 75%
mindestens eine natürliche Lösung: 5 von 8, das sind 62,5%

76

L

1. a) $\frac{f(3) - f(1)}{3 - 1} = \frac{36 - 4}{2} = 16$

b) $\frac{f(12) - f(2)}{12 - 2} = \frac{\log 12 - \log 2}{10} \approx 0{,}078$

c) $\frac{f(-1) - f(-5)}{-1 - (-5)} = \frac{\frac{2}{-1} - \frac{2}{-5}}{4} = -0{,}4$

d) $\frac{f(4) - f(0)}{4 - 0} = \frac{2^4 - 2^0}{4} = \frac{16 - 1}{4} = 3{,}75$

e) $\frac{f(a+h) - f(a)}{a + h - a} = \frac{4(a+h)^2 - 4a^2}{h} = \frac{4a^2 + 8ah + 4h^2 - 4a^2}{h} = 8a + 4h$

f) $\frac{f(t+h) - f(t)}{t + h - t} = \frac{n \cdot 2^{t+h} - n \cdot 2^t}{h} = \frac{n \cdot 2^t(2^h - 1)}{h}$

2. $\frac{\Delta V}{\Delta r} = \frac{V^* - V}{r^* - r} = \frac{\frac{4}{3}\pi \cdot (20\text{ cm})^3 - \frac{4}{3}\pi(12\text{ cm})^3}{20\text{ cm} - 12\text{ cm}} = \frac{\frac{4}{3}\pi \cdot 6\,272\text{ cm}^3}{8\text{ cm}} = 3\,284\text{ cm}^2$

3. $f_1(5) - f_1(1) = 5 - 1 = 4$
$f_2(5) - f_2(1) = 10 - 2 = 8$
$f_3(5) - f_3(1) = 25 - 1 = 24$
$f_4(5) - f_4(1) = 125 - 1 = 124$ (stärkste Zunahme)
$f_5(5) - f_5(1) = \log 5 - \log 1 = \log 5 \approx 0{,}699$ (geringste Zunahme)
$f_6(5) - f_6(1) = 32 - 2 = 30$

4. a) $V(t) = at + b$;
$V(0) = b$;
b gibt an, wie viel Wasser zum Zeitpunkt t = 0 bereits in der Badewanne ist.
a ist ein Maß dafür, wie viel Liter Wasser pro Minute in die Wanne fließen.

b) $V(t) = 10t + 15$; $\frac{V(7) - V(2)}{7 - 2} = \frac{85 - 35}{5} = 10 = a$

Die mittlere Änderungsrate ist hier stets gleich a:

$\frac{V(t_2) - V(t_1)}{t_2 - t_1} = \frac{at_2 + b - (at_1 + b)}{t_2 - t_1} = \frac{at_2 + b - at_1 - b}{t_2 - t_1} = \frac{a(t_2 - t_1)}{t_2 - t_1} = a$

5.

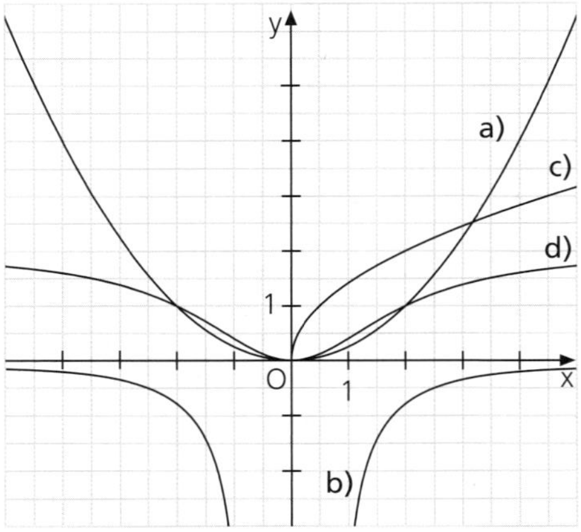

a) $m_t = \lim\limits_{x \to -2} \frac{f(x) - f(-2)}{x - (-2)} = \lim\limits_{x \to -2} \frac{\frac{1}{4}x^2 - 1}{x + 2} = \lim\limits_{x \to -2} \frac{\frac{1}{4}(x^2 - 4)}{x + 2} =$

$= \lim\limits_{x \to -2} \frac{\frac{1}{4}(x+2)(x-2)}{x + 2} = \lim\limits_{x \to -2} \frac{1}{4}(x - 2) = -1$

$y = -x + t$; $f(-2) = 1$; $1 = -(-2) + t_1$; $t_1 = -1$; $t_P: y = -x - 1$

$m_n = \frac{-1}{m_t} = \frac{-1}{-1} = 1$; $y = x + t$; $1 = -2 + t_2$; $t_2 = 3$; $n_P: y = x + 3$

b) $m_t = \lim\limits_{x \to 1} \frac{f(x) - f(1)}{x - 1} = \lim\limits_{x \to 1} \frac{-\frac{4}{x^2} - (-4)}{x - 1} = \lim\limits_{x \to 1} \frac{4 - \frac{4}{x^2}}{x - 1} = \lim\limits_{x \to 1} \frac{\frac{4(x^2 - 1)}{x^2}}{x - 1} =$

$= \lim\limits_{x \to 1} \frac{4(x+1)(x-1)}{x^2(x-1)} = \lim\limits_{x \to 1} \frac{4(x+1)}{x^2} = \frac{4 \cdot (1+1)}{1^2} = 8$

$y = 8x + t;\ f(1) = -4;\ -4 = 8 \cdot 1 + t_1;\ t_1 = -12;\ t_P\colon y = 8x - 12$

$m_n = \frac{-1}{m_t} = -\frac{1}{8};\ -4 = -\frac{1}{8} \cdot 1 + t_2;\ t_2 = -3\frac{7}{8};\ n_P\colon y = -\frac{1}{8}x - 3\frac{7}{8}$

c) $m_t = \lim\limits_{x \to 2} \frac{f(x) - f(2)}{x - 2} = \lim\limits_{x \to 2} \frac{\sqrt{2x} - \sqrt{4}}{x - 2} = \lim\limits_{x \to 2} \frac{\sqrt{2x} - 2}{x - 2} = \lim\limits_{x \to 2} \frac{\sqrt{2}(\sqrt{x} - \sqrt{2})}{x - 2} =$

$= \lim\limits_{x \to 2} \frac{\sqrt{2}(\sqrt{x} - \sqrt{2})}{(\sqrt{x} + \sqrt{2})(\sqrt{x} - \sqrt{2})} = \lim\limits_{x \to 2} \frac{\sqrt{2}}{\sqrt{x} + \sqrt{2}} = \frac{\sqrt{2}}{\sqrt{2} + \sqrt{2}} = \frac{\sqrt{2}}{2\sqrt{2}} = \frac{1}{2}$

$y = \frac{1}{2}x + t_1;\ f(2) = 2;\ 2 = \frac{1}{2} \cdot 2 + t_1;\ t_1 = 1 \qquad t_P\colon y = \frac{1}{2}x + 1$

$m_n = \frac{-1}{m_t} = \frac{-1}{\frac{1}{2}} = -2;\ 2 = -2 \cdot 2 + t_2;\ t_2 = 6 \qquad n_P\colon y = -2x + 6$

d) $m_t = \lim\limits_{x \to -\frac{2}{\sqrt{3}}} \frac{f(x) - f\left(-\frac{2}{\sqrt{3}}\right)}{x - \left(-\frac{2}{\sqrt{3}}\right)} = \lim\limits_{x \to -\frac{2}{\sqrt{3}}} \frac{\frac{2x^2}{x^2 + 4} - \frac{1}{2}}{x + \frac{2}{\sqrt{3}}} = \lim\limits_{x \to -\frac{2}{\sqrt{3}}} \frac{\frac{4x^2 - (x^2 + 4)}{2(x^2 + 4)}}{x + \frac{2}{\sqrt{3}}} =$

$= \lim\limits_{x \to -\frac{2}{\sqrt{3}}} \frac{3x^2 - 4}{2(x^2 + 4)\left(x + \frac{2}{\sqrt{3}}\right)} = \lim\limits_{x \to -\frac{2}{\sqrt{3}}} \frac{3\left(x^2 - \frac{4}{3}\right)}{2(x^2 + 4)\left(x + \frac{2}{\sqrt{3}}\right)} =$

$= \lim\limits_{x \to -\frac{2}{\sqrt{3}}} \frac{3\left(x + \frac{2}{\sqrt{3}}\right)\left(x - \frac{2}{\sqrt{3}}\right)}{2(x^2 + 4)\left(x + \frac{2}{\sqrt{3}}\right)} = \lim\limits_{x \to -\frac{2}{\sqrt{3}}} \frac{3\left(x - \frac{2}{\sqrt{3}}\right)}{2(x^2 + 4)} = \frac{3 \cdot \frac{-4}{\sqrt{3}}}{2 \cdot \left(\frac{4}{3} + 4\right)} = \frac{\frac{-12}{\sqrt{3}}}{\frac{32}{3}} =$

$= -\frac{12}{\sqrt{3}} \cdot \frac{3}{32} = -\frac{3}{8}\sqrt{3}$

$y = -\frac{3}{8}\sqrt{3} \cdot x + t_1;\ f\left(-\frac{2}{\sqrt{3}}\right) = \frac{1}{2};\ \frac{1}{2} = -\frac{3}{8}\sqrt{3} \cdot \left(-\frac{2}{\sqrt{3}}\right) + t_1;\ t_1 = \frac{1}{2} - \frac{3}{8}\sqrt{3} \cdot \frac{2}{\sqrt{3}} =$

$= \frac{1}{2} - \frac{3}{4} = -\frac{1}{4}$

$t_P\colon y = -\frac{3}{8}\sqrt{3}\,x - \frac{1}{4}$

$m_n = \frac{-1}{-\frac{3}{8}\sqrt{3}} = \frac{8}{3\sqrt{3}} = \frac{8}{9}\sqrt{3};\ \frac{1}{2} = \frac{8}{9}\sqrt{3} \cdot \left(-\frac{2}{\sqrt{3}}\right) + t_2;\ t_2 = \frac{1}{2} - \frac{8}{9}\sqrt{3}\ \ \frac{2}{\sqrt{3}} =$

$= \frac{1}{2} + \frac{16}{9} = 2\frac{5}{18}$

$n_P\colon y = \frac{8}{9}\sqrt{3}x + 2\frac{5}{18}$

6. a) $f'(x) = \lim\limits_{h \to 0} \frac{f(x + h) - f(x)}{h} = \lim\limits_{h \to 0} \frac{3(x + h)^3 - 3x^3}{h} = \lim\limits_{h \to 0} \frac{3x^3 + 9x^2h + 9xh^2 + 3h^3 - 3x^3}{h} =$

$= \lim\limits_{h \to 0} (9x^2 + 9xh + 3h^2) = 9x^2$

$f''(x) = \lim\limits_{h \to 0} \frac{f'(x + h) - f'(x)}{h} = \lim\limits_{h \to 0} \frac{9(x + h)^2 - 9x^2}{h} = \lim\limits_{h \to 0} \frac{9x^2 + 18xh + 9h^2 - 9x^2}{h} =$

$= \lim\limits_{h \to 0} (18x + 9h) = 18x$

$F(x) = \frac{3}{4}x^4 + a;\ a \in \mathbb{R}$

b) $f'(x) = \lim\limits_{h \to 0} \frac{3(x + h) - 3x}{h} = \lim\limits_{h \to 0} \frac{3x + 3h - 3x}{h} = \lim\limits_{h \to 0} 3 = 3$

$f''(x) = \lim\limits_{h \to 0} \frac{3 - 3}{h} = \lim\limits_{h \to 0} 0 = 0$

$F(x) = \frac{3}{2}x^2 + a;\ a \in \mathbb{R}$

c) $f'(x) = 0$ (vgl. b); $f''(x) = 0;\ F(x) = 3x + a;\ a \in \mathbb{R}$

d) $f'(x) = \lim\limits_{h \to 0} \frac{\frac{3}{x + h} - \frac{3}{x}}{h} = \lim\limits_{h \to 0} \frac{3x - 3(x + h)}{hx(x + h)} = \lim\limits_{h \to 0} \frac{-3h}{hx(x + h)} = \lim\limits_{h \to 0} \frac{-3}{x(x + h)} = \frac{-3}{x^2}$

$f''(x) = \lim\limits_{h \to 0} \frac{\frac{-3}{(x + h)^2} - \frac{-3}{x^2}}{h} = \lim\limits_{h \to 0} \frac{-3x^2 + 3(x + h)^2}{hx^2(x + h)^2} = \lim\limits_{h \to 0} \frac{-3x^2 + 3x^2 + 6xh + 3h^2}{hx^2(x + h)^2}$

$= \lim\limits_{h \to 0} \frac{3h(2x + h)}{hx^2(x + h)^2} = \lim\limits_{h \to 0} \frac{3(2x + h)}{x^2(x + h)^2} = \frac{3 \cdot 2x}{x^4} = \frac{6}{x^3}$

e) $f'(x) = \frac{-6}{x^3}$ (vgl. d))

$f''(x) = \lim\limits_{h \to 0} \frac{\frac{-6}{(x + h)^3} - \frac{-6}{x^3}}{h} = \lim\limits_{h \to 0} \frac{-6x^3 + 6(x + h)^3}{hx^3(x + h)^3} =$

$= \lim\limits_{h \to 0} \frac{-6(x^3 - x^3 - 3x^2h - 3xh^2 - h^3)}{hx^3(x + h)^3} = \lim\limits_{h \to 0} \frac{6h(3x^2 + 3xh + h^2)}{hx^3(x + h)^3} =$

$= \lim\limits_{h \to 0} \frac{6(3x^2 + 3xh + h^2)}{x^3(x + h)^3} = \frac{6 \cdot 3x^2}{x^6} = \frac{18}{x^4}$

f) $f'(x) = \lim\limits_{h \to 0} \frac{1 - 4(x+h) + 4(x+h)^2 - (1 - 4x + 4x^2)}{h} =$
$= \lim\limits_{h \to 0} \frac{1 - 4x - 4h + 4x^2 + 8xh + 4h^2 - 1 + 4x - 4x^2}{h} =$
$= \lim\limits_{h \to 0} \frac{-4h + 8xh + 4h^2}{h} = \lim\limits_{h \to 0} (-4 + 8x + 4h) = -4 + 8x$
$f''(x) = \lim\limits_{h \to 0} \frac{-4 + 8(x+h) - (-4 + 8x)}{h} = \lim\limits_{h \to 0} \frac{-4 + 8x + 8h + 4 - 8x}{h} = \lim\limits_{h \to 0} \frac{8h}{h} = 8$
$F(x) = x - 2x^2 + \frac{4}{3}x^3 + a;\ a \in \mathbb{R}$

g) $f'(x) = \lim\limits_{h \to 0} \frac{(x+h) - (x+h)^2 - (x - x^2)}{h} = \lim\limits_{h \to 0} \frac{x + h - x^2 - 2xh - h^2 - x + x^2}{h} =$
$= \lim\limits_{h \to 0} \frac{h - 2xh - h^2}{h} = \lim\limits_{h \to 0} (1 - 2x - h) = 1 - 2x$
$f''(x) = \lim\limits_{h \to 0} \frac{1 - 2(x+h) - (1 - 2x)}{h} = \lim\limits_{h \to 0} \frac{1 - 2x - 2h - 1 + 2x}{h} = \lim\limits_{h \to 0} \frac{-2h}{h} = -2$
$F(x) = \frac{1}{2}x^2 - \frac{1}{3}x^3 + a;\ a \in \mathbb{R}$

h) $f'(x) = \lim\limits_{h \to 0} \frac{2(x+h) - \frac{2}{x+h} - \left(2x - \frac{2}{x}\right)}{h} = \lim\limits_{h \to 0} \frac{2x + 2h - \frac{2}{x+h} - 2x + \frac{2}{x}}{h} =$
$= \lim\limits_{h \to 0} \frac{2h - \frac{2}{x+h} + \frac{2}{x}}{h} = \lim\limits_{h \to 0} \frac{2hx(x+h) - 2x + 2(x+h)}{hx(x+h)} =$
$= \lim\limits_{h \to 0} \frac{2hx^2 + 2h^2x - 2x + 2x + 2h}{hx(x+h)} = \lim\limits_{h \to 0} \frac{2x^2 + 2hx + 2}{x(x+h)} = \frac{2x^2 + 2}{x^2} = 2 + \frac{2}{x^2}$
$f''(x) = \lim\limits_{h \to 0} \frac{2 + \frac{2}{(x+h)^2} - \left(2 + \frac{2}{x^2}\right)}{h} = \lim\limits_{h \to 0} \frac{2x^2 - 2(x+h)^2}{hx^2(x+h)^2} =$
$= \lim\limits_{h \to 0} \frac{2x^2 - 2x^2 - 4xh - 2h^2}{hx^2(x+h)^2} = \lim\limits_{h \to 0} \frac{-4x - 2h}{x^2(x+h)^2} = \frac{-4x}{x^4} = -\frac{4}{x^3}$

i) $f'(x) = \lim\limits_{h \to 0} \frac{\frac{1}{2}(x+h)^2 + \frac{1}{2}(x+h) - \left(\frac{1}{2}x^2 + \frac{1}{2}x\right)}{h} = \lim\limits_{h \to 0} \frac{\frac{1}{2}x^2 + xh + \frac{1}{2}h^2 + \frac{1}{2}x + \frac{1}{2}h - \frac{1}{2}x^2 - \frac{1}{2}x}{h} =$
$= \lim\limits_{h \to 0} \frac{xh + \frac{1}{2}h^2 + \frac{1}{2}h}{h} = \lim\limits_{h \to 0} \left(x + \frac{1}{2}h + \frac{1}{2}\right) = x + \frac{1}{2}$
$f''(x) = \lim\limits_{h \to 0} \frac{(x+h) + \frac{1}{2} - \left(x + \frac{1}{2}\right)}{h} = \lim\limits_{h \to 0} \frac{x + h + \frac{1}{2} - x - \frac{1}{2}}{h} = \lim\limits_{h \to 0} \frac{h}{h} = \lim\limits_{h \to 0} 1 = 1$
$F(x) = \frac{1}{6}x^3 + \frac{1}{4}x^2 + a;\ a \in \mathbb{R}$

7. Individuelle Lösungen
Skizze von $G_{f'}$:

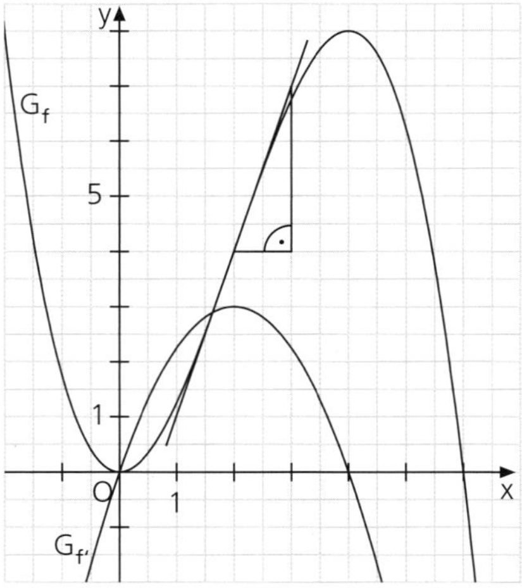

77

8.

f_1	f_2	f_3	f_4
C	B	D	A

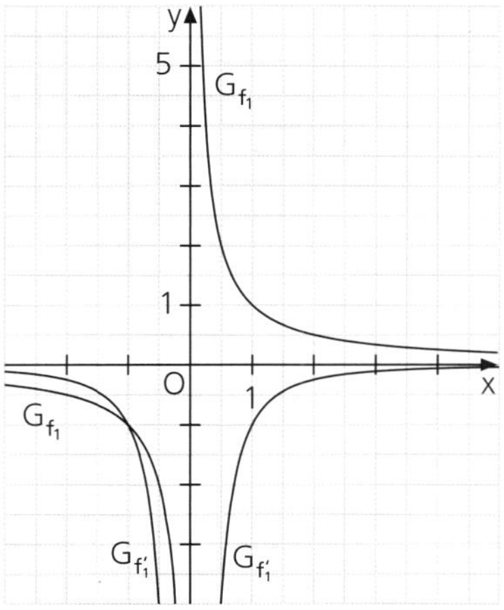

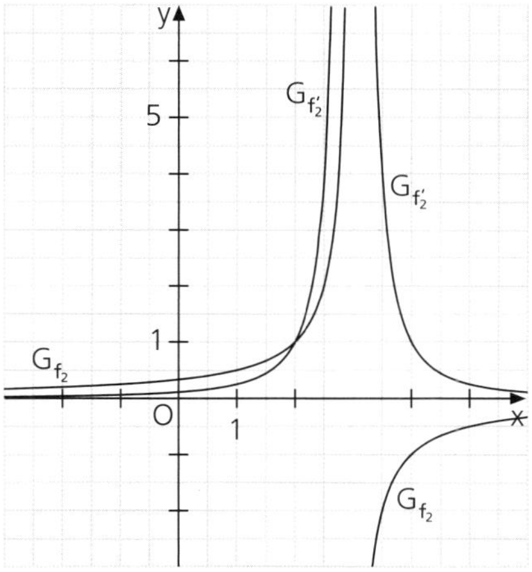

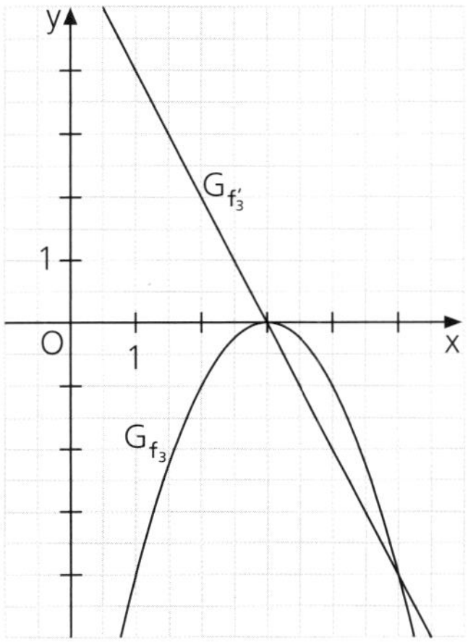

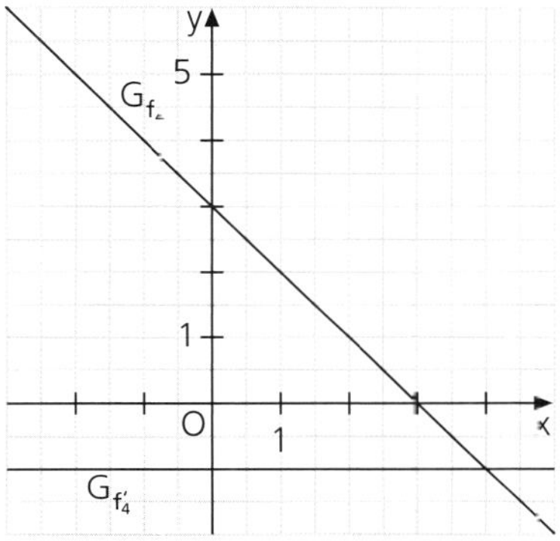

9.

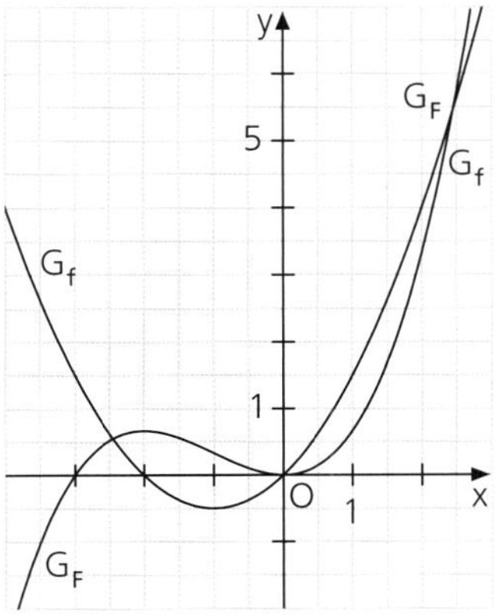

10. $f(x) = x^2 - 4x + a;$
$f(0) = -5;\ a = -5$
$f(x) = x^2 - 4x - 5$
$f\colon f(x) = x^2 - 4x - 5;\ D_f = \mathbb{R}$

11. a) $f'(x) = 2x - 4 \cdot 1 + 0 = 2x - 4;$
$f''(x) = 2 \cdot 1 - 0 = 2;$
$f'''(x) = 0$

b) $f'(x) = 0;\ f''(x) = 0;\ f'''(x) = 0$

c) $f(x) = 1 - x^2 - 2x - 1 = -x^2 - 2x;$
$f'(x) = -2x - 2 \cdot 1 = -2x - 2;$
$f''(x) = -2 \cdot 1 = -2;$
$f'''(x) = 0$

d) $f(x) = 2x^2 + 4x + 2x + 4 = 2x^2 + 6x + 4;$
$f'(x) = 2 \cdot 2x + 6 \cdot 1 = 4x + 6;$
$f''(x) = 4 \cdot 1 = 4;$
$f'''(x) = 0$

e) $f'(x) = 0{,}5 \cdot 1 = 0{,}5;$
$f''(x) = 0;$
$f'''(x) = 0$

f) $f'(x) = 0{,}1(10 \cdot 2x) = 2x;$
$f''(x) = 2 \cdot 1 = 2;$
$f'''(x) = 0$

g) $f'(x) = 3x^2 + 4 \cdot 2x + 4 \cdot 1 = 3x^2 + 8x + 4;$
$f''(x) = 3 \cdot 2x + 8 \cdot 1 = 6x + 8;$
$f'''(x) = 6 \cdot 1 = 6$

h) $f'(x) = 0{,}25 \cdot 1 = 0{,}25;\ f''(x) = 0;\ f'''(x) = 0$

i) $f(x) = x^2 + 2x + 1 - x^2 + 2x - 1 = 4x$
$f'(x) = 4 \cdot 1 = 4$; $f''(x) = 0$; $f'''(x) = 0$

j) $f'(x) = 3 \cdot 3x^2 = 9x^2$;
$f''(x) = 9 \cdot 2x = 18x$;
$f'''(x) = 18 \cdot 1 = 18$;

k) $f'(x) = 12x^{11}$;
$f''(x) = 12 \cdot 11 \cdot x^{10} = 132x^{10}$;
$f'''(x) = 132 \cdot 10x^9 = 1\,320\, x^9$;

l) $f'(x) = 4 \cdot 5x^4 - 5 \cdot 4x^3 = 20x^4 - 20x^3$;
$f''(x) = 20 \cdot 4x^3 - 20 \cdot 3x^2 = 80x^3 - 60x^2$;
$f'''(x) = 80 \cdot 3x^2 - 60 \cdot 2x = 240x^2 - 120x$

12. a) $f(1) = 1$, $P\,(1 \mid 1)$
$f'(x) = 3x^2$; $m = f'(1) = 3$; $y = 3x + t$
$1 = 3 \cdot 1 + t$; $t = -2$; t_P: $y = 3x - 2$
Achsenpunkte: $S\,(\frac{2}{3} \mid 0)$, $U\,(0 \mid -2)$
$A = \frac{1}{2} \cdot \overline{OS} \cdot \overline{OU} = \frac{1}{2} \cdot \frac{2}{3} \cdot 2 = \frac{2}{3}$

b) $f(-1) = 0{,}5$; $P\,(-1 \mid 0{,}5)$
$f'(x) = 0{,}5 \cdot 4x^3 = 2x^3$; $m = f'(-1) = -2$; $y = -2x + t$
$0{,}5 = -2 \cdot (-1) + t$; $t = -1{,}5$; t_P: $y = -2x - 1{,}5$
Achsenpunkte: $S\,(-0{,}75 \mid 0)$, $U\,(0 \mid -1{,}5)$
$A = \frac{1}{2} \cdot 0{,}75 \cdot 1{,}5 = 0{,}5625$

c) $f(2) = 0{,}25 \cdot 2^2 = 1$; $P\,(2 \mid 1)$
$f'(x) = 0{,}25 \cdot 2x = 0{,}5x$; $m = f'(2) = 1$; $y = x + t$
$1 = 2 + t$; $t = -1$; t_P: $y = x - 1$
Achsenpunkte: $S\,(1 \mid 0)$, $U\,(0 \mid -1)$
$A = \frac{1}{2} \cdot 1 \cdot 1 = \frac{1}{2}$

d) $f(-2) = \frac{1}{32} \cdot (-2)^5 = -1$; $P\,(-2 \mid -1)$
$f'(x) = \frac{1}{32} \cdot 5x^4 = \frac{5}{32}\,x^4$; $m = f'(-2) = \frac{5}{32} \cdot 16 = 2{,}5$; $y = 2{,}5x + t$
$-1 = 2{,}5 \cdot (-2) + t$; $t = 4$; t_P: $y = 2{,}5x + 4$
$2{,}5x + 4 = 0$; $2{,}5x = -4$; $x = -\frac{4}{2{,}5} = -1{,}6$
Achsenpunkte: $S\,(-1{,}6 \mid 0)$, $U\,(0 \mid 4)$
$A = \frac{1}{2} \cdot 1{,}6 \cdot 4 = 3{,}2$

13. a) $f'(x) = 2x - 2$; $f'(x) = 2$; $2x - 2 = 2$; $2x = 4$; $x = 2$
$f(2) = -3$: Berührpunkt $(2 \mid -3)$

b) $f'(x) = 6x^2 - 3$; $f'(x) = 3$; $6x^2 - 3 = 3$; $6x^2 = 6$, $x^2 = 1$; $x_1 = -1$; $x_2 = 1$
$f(-1) = 1$; $f(1) = -1$: Berührpunkt $(-1 \mid 1)$, $(1 \mid -1)$

c) $f'(x) = 4x^3 - 4x$; $f'(x) = 0$; $4x^3 - 4x = 0$; $4x(x^2 - 1) = 0$
$4x(x + 1)(x - 1) = 0$; $x_1 = -1$; $x_2 = 0$; $x_3 = 1$
$f(-1) = -1$; $f(0) = 0$; $f(1) = -1$: Berührpunkte $(-1 \mid -1)$, $(0 \mid 0)$, $(1 \mid -1)$

d) $f'(x) = -4x$; $f'(x) = -2$; $-4x = -2$; $x = 0{,}5$
$f(0{,}5) = -2 \cdot 0{,}5^2 + 6 = -\frac{1}{2} + 6 = 5{,}5$: Berührpunkt $(0{,}5 \mid 5{,}5)$

14. $f'(x) = \lim\limits_{h \to 0} \frac{f(x+h) - f(x)}{h} = \lim\limits_{h \to 0} \frac{u(x+h) - v(x+h) - [u(x) - v(x)]}{h} =$

$= \lim\limits_{h \to 0} \frac{[u(x+h) - u(x)] - [v(x+h) - v(x)]}{h} = \lim\limits_{h \to 0} \frac{u(x+h) - u(x)}{h} - \lim\limits_{h \to 0} \frac{v(x+h) - v(x)}{h} = u'(x) - v'(x)$

oder: $f(x) = u(x) - v(x) = u(x) + [(-1) \cdot v(x)]$
$f'(x) = u'(x) + [(-1) \cdot v(x)]'$ (Summenregel)
$= u'(x) + (-1) \cdot v'(x)$ (Faktorregel)
$= u'(x) - v'(x)$

78

15. a) $f'(x) = 2x \cdot x^3 + x^2 \cdot 3x^2 = 2x^4 + 3x^4 = 5x^4$
$f(x) = x^5;\ f'(x) = 5x^4$

b) $g'(x) = 1(2 - x) + (2 + x)(-1) = 2 - x - 2 - x = -2x$
$g(x) = 4 - x^2;\ g'(x) = -2x$

c) $h'(x) = \frac{4x \cdot (x^2 + 4) - (2x^2 + 8) \cdot 2x}{(x^2 + 4)^2} = \frac{4x^3 + 16x - 4x^3 - 16x}{(x^2 + 4)^2} = 0$
$h(x) = \frac{2(x^2 + 4)}{x^2 + 4} = 2;\ h'(x) = 0$

d) $i'(x) = -\frac{1}{x^2}(x + 4) + \frac{1}{x} \cdot 1 = -\frac{1}{x} - \frac{4}{x^2} + \frac{1}{x} = -\frac{4}{x^2}$
$i(x) = 1 + \frac{4}{x};\ i'(x) = 0 + 4 \cdot \frac{-1}{x^2} = -\frac{4}{x^2}$

e) $j'(a) = \frac{2a(a^2 + 1) - a^2 \cdot 2a}{(a^2 + 1)^2} = \frac{2a^3 + 2a - 2a^3}{(a^2 + 1)^2} = \frac{2a}{(a^2 - 1)^2}$
$j(a) = a^2 \cdot \frac{1}{a^2 + 1}$
$j'(a) = 2a \cdot \frac{1}{a^2 + 1} + a^2 \cdot \frac{0 - 2a}{(a^2 + 1)^2} = \frac{2a}{a^2 + 1} + \frac{-2a^3}{(a^2 + 1)^2} =$
$= \frac{2a(a^2 + 1) - 2a^3}{(a^2 + 1)^2} = \frac{2a^3 + 2a - 2a^3}{(a^2 + 1)^2} = \frac{2a}{(a^2 + 1)^2}$

f) $k'(r) = 2r(r + h) + r^2 \cdot 1 = 2r^2 + 2rh + r^2 = 3r^2 + 2rh$
$k(r) = r^3 + r^2h;\ k'(r) = 3r^2 + 2rh$
Individuelle Beurteilungen

16. a) $f'(x) = \frac{1 \cdot (x^2 - 9) - x \cdot 2x}{(x^2 - 9)^2} = \frac{x^2 - 9 - 2x^2}{(x^2 - 9)^2} = -\frac{x^2 + 9}{(x^2 - 9)^2};\ f'(0) = -\frac{9}{(-9)^2} = -\frac{9}{81} = -\frac{1}{9}$

b) $f'(x) = 9 \cdot \frac{-1}{x^2} - 9 \cdot \frac{-2}{x^3} = -\frac{9}{x^2} + \frac{18}{x^3};\ f'(-1) = -9 + \frac{18}{-1} = -27$

c) $f'(x) = \frac{1 \cdot (x^2 - 1) - (x + 5) \cdot 2x}{(x^2 - 1)^2} = \frac{x^2 - 1 - 2x^2 - 10x}{(x^2 - 1)^2} = \frac{-x^2 - 10x - 1}{(x^2 - 1)^2};\ f'(-5) = \frac{1}{24}$

d) $f'(x) = \frac{1}{3} + \frac{4}{3} \cdot \frac{-1}{x^2} = \frac{1}{3} - \frac{4}{3x^2};\ f'(3) = \frac{1}{3} - \frac{4}{27} = \frac{5}{27}$

e) $f'(x) = \frac{1}{3} + \frac{4}{3} \cdot \frac{-2}{x^3} = \frac{1}{3} - \frac{8}{3x^3};\ f'(1) = \frac{1}{3} - \frac{8}{3} = -\frac{7}{3}$

f) $f'(x) = -9 \cdot \frac{-2}{x^3} = \frac{18}{x^3};\ f'(-3) = \frac{18}{-27} = -\frac{2}{3}$

g) $f'(x) = \frac{0 - 4 \cdot 2x}{(x^2 + 2)^2} = \frac{-8x}{(x^2 + 2)^2};\ f'(-1) = \frac{-8(-1)}{(1 + 2)^2} = \frac{8}{9}$

h) $f'(x) = -\frac{0 - 1 \cdot 2x}{(1 + x^2)^2} = \frac{2x}{(1 + x^2)^2};\ f'(0) = 0$

i) $f'(x) = \frac{2x(x^2 - 4) - (x^2 + 4) \cdot 2x}{(x^2 - 4)^2} = \frac{2x^3 - 8x - 2x^3 - 8x}{(x^2 - 4)^2} = \frac{-16x}{(x^2 - 4)^2};\ f'(4) = -\frac{4}{9}$

17. a) (1) $f'(x) = -\frac{1}{x^2};\ -\frac{1}{x^2} = -0{,}25;\ x^2 = 4;\ x_1 = -2;\ x_2 = +2$
$f(-2) = -\frac{1}{2};\ f(2) = \frac{1}{2};\ B_1\ (-2 \mid -\frac{1}{2}),\ B_2\ (2 \mid \frac{1}{2})$

b) (1) $f'(x) = \frac{(2x + 1)(x + 1) - (x^2 + x + 1) \cdot 1}{(x + 1)^2} = \frac{2x^2 + 2x + x + 1 - x^2 - x - 1}{(x + 1)^2} = \frac{x^2 + 2x}{(x + 1)^2}$
$\frac{x^2 + 2x}{(x + 1)^2} = 0{,}75;\ x^2 + 2x = 0{,}75x^2 + 1{,}5x + 0{,}75;\ 0{,}25x^2 + 0{,}5x - 0{,}75 = 0;$
$x^2 + 2x - 3 = 0;\ (x + 3)(x - 1) = 0;\ x_1 = -3;\ x_2 = 1$
$f(-3) = -3{,}5;\ f(1) = 1{,}5;\ B_1\ (-3 \mid -3{,}5),\ B_2\ (1 \mid 1{,}5)$

c) (1) $f'(x) = -2 \cdot \frac{-1}{x^2} + \frac{-2}{x^3} = \frac{2}{x^2} - \frac{2}{x^3} = \frac{2x - 2}{x^3} = \frac{2(x - 1)}{x^3}$
$f'(x) = 0;\ 2(x - 1) = 0;\ x = 1;\ f(1) = 0;\ B\ (1 \mid 0)$

d) (1) $f(x) = x + 1 + \frac{1}{x};\ f'(x) = 1 - \frac{1}{x^2} = \frac{x^2 - 1}{x^2};\ \frac{x^2 - 1}{x^2} = -3;\ x^2 - 1 = -3x^2;$
$4x^2 = 1;\ x^2 = \frac{1}{4};\ x_1 = -\frac{1}{2};\ x_2 = \frac{1}{2}$
$f(-\frac{1}{2}) = -1\frac{1}{2};\ f(\frac{1}{2}) = 3{,}5;\ B_1\ (-\frac{1}{2} \mid -1\frac{1}{2}),\ B_2\ (\frac{1}{2} \mid 3{,}5)$

e) (1) $f'(x) = \frac{0 - 1 \cdot 2x}{(1 + x^2)^2} = \frac{-2x}{(1 + x^2)^2};\ f'(x) = 0;\ x = 0;\ f(0) = 1;\ B\ (0 \mid 1)$

Zusammenfassung von (1) und (2):

	Funktionsterm	Berührpunkt(e)	senkrechte Asymptote	waagrechte Asymptote	schräge Asymptote
a)	$\frac{1}{x}$	$B_1\ (-2 \mid -\frac{1}{2})$; $B_2\ (2 \mid \frac{1}{2})$	$x = 0$	$y = 0$	–
b)	$x + \frac{1}{x+1}$	$B_1\ (-3 \mid -3{,}5)$; $B_2\ (1 \mid 1{,}5)$	$x = -1$	–	$y = x$
c)	$1 - \frac{2}{x} + \frac{1}{x^2}$	$B\ (1 \mid 0)$	$x = 0$	$y = 1$	–
d)	$x + 1 + \frac{1}{x}$	$B_1\ (-0{,}5 \mid -1{,}5)$ $B_2\ (0{,}5 \mid 3{,}5)$	$x = 0$	–	$y = x + 1$
e)	$\frac{1}{1 + x^2}$	$B\ (0 \mid 1)$	–	$y = 0$	–

18. a) $f'(x) = \frac{1}{6}x - \frac{1}{3}$; $\frac{1}{6}x - \frac{1}{3} = 0$; $\frac{1}{6}x = \frac{1}{3}$; $x = 2$; $f(2) = -\frac{4}{3}$
f ist zunächst streng monoton abnehmend, dann streng monoton zunehmend.

b) $f'(x) = 2x - 6$; $2x - 6 = 0$; $2x = 6$; $x = 3$; $f(3) = 3$
f ist zunächst streng monoton abnehmend, dann streng monoton zunehmend.

c) $f(x) = \frac{1}{8}x^3 - \frac{3}{8}x^2 + \frac{3}{8}x - \frac{1}{8} + 2$
$f'(x) = \frac{3}{8}x^2 - \frac{3}{4}x + \frac{3}{8} = \frac{3}{8}(x^2 - 2x + 1) = \frac{3}{8}(x - 1)^2$
$f'(x) = 0$; $x = 1$; $f(1) = 2$
f ist zunächst streng monoton zunehmend, T (1 I 2) ist Terassenpunkt, dann weiterhin streng monoton zunehmend.

d) $f(x) = \frac{x^3}{9} - \frac{4}{3}x$; $f'(x) = \frac{1}{3}x^2 - \frac{4}{3} = \frac{1}{3}(x^2 - 4) = \frac{1}{3}(x + 2)(x - 2)$
$f'(x) = 0$: $x_1 = -2$; $x_2 = 2$; $f(-2) = 1\frac{7}{9}$; $f(2) = -1\frac{7}{9}$
Umgebung von x_1: f ist zunächst streng monoton zunehmend, dann streng monoton abnehmend.
Umgebung von x_2: f ist zunächst streng monoton abnehmend, dann streng monoton zunehmend.

e) $f'(x) = -\frac{0 - 1 \cdot 2x}{(1 + x^2)^2} = \frac{2x}{(1 + x^2)^2}$; $f'(x) = 0$; $x = 0$; $f(0) = -1$
f ist zunächst streng monoton abnehmend, dann streng monoton zunehmend.

f) $f'(x) = \frac{1}{4} \cdot \frac{2x(x - 2) - x^2 \cdot 1}{(x - 2)^2} = \frac{1}{4}\frac{2x^2 - 4x - x^2}{(x - 2)^2} = \frac{1}{4}\frac{x^2 - 4x}{(x - 2)^2} = \frac{1}{4}\frac{x(x - 4)}{(x - 2)^2}$
$f'(x) = 0$: $x_1 = 0$; $x_2 = 4$; $f(0) = 0$; $f(4) = 2$
Umgebung von x_1: f ist zunächst streng monoton zunehmend, dann streng monoton abnehmend.
Umgebung von x_2: ist zunächst streng monoton abnehmend, dann streng monoton zunehmend.

g) $f'(x) = \frac{8x(1 - x^2) - 4x^2 \cdot 2x}{(1 - x^2)^2} = \frac{8x}{(1 - x^2)^2}$; $f'(x) = 0$; $x = 0$; $f(0) = 0$
f ist zunächst streng monoton abnehmend, dann streng monoton zunehmend.

h) $f'(x) = \frac{2x(x^2 - 1) - x^2 \cdot 2x}{(x^2 - 1)^2} = \frac{-2x}{(x^2 - 1)^2}$; $f'(x) = 0$; $x = 0$; $f(0) = 0$
f ist zunächst streng monoton zunehmend, dann streng monoton abnehmend.

i) $f'(x) = 1 - \frac{9}{x^2} = \frac{x^2 - 9}{x^2} = \frac{(x + 3)(x - 3)}{x^2}$
$f'(x) = 0$: $x_1 = -3$; $x_2 = 3$; $f(-3) = -6$; $f(3) = 6$
Umgebung von $x_1 = -3$: f ist zunächst streng monoton zunehmend, dann streng monoton abnehmend.
Umgebung von $x_2 = 3$: f ist zunächst streng monoton abnehmend, dann streng monoton zunehmend.

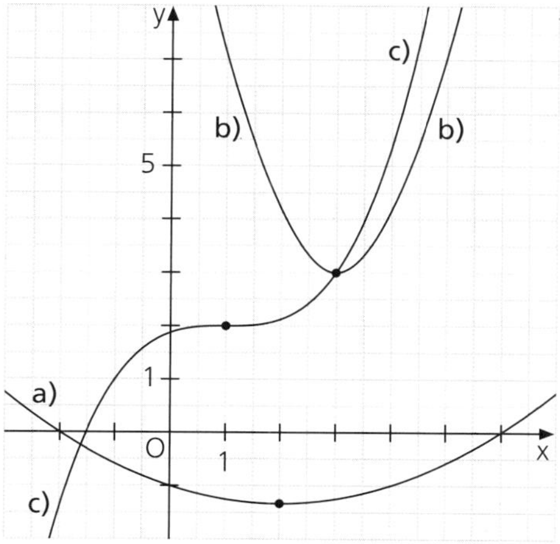

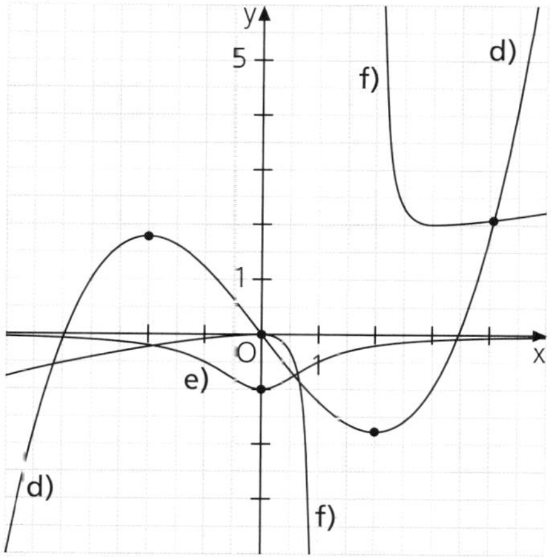

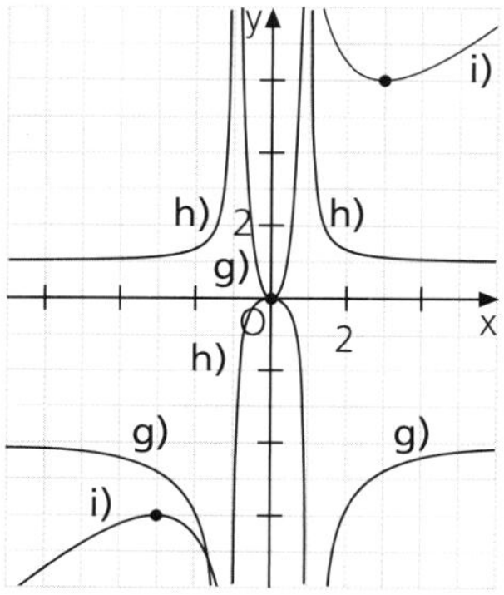

19. a) $f'(x) = 1{,}5x^2 - 3 = 1{,}5(x^2 - 2) = 1{,}5\,(x + \sqrt{2})(x - \sqrt{2})$

$f'(x) = 0$: $x_1 = -\sqrt{2}$ mit Vorzeichenwechsel von f' von + nach –; H $(-\sqrt{2} \mid 2\sqrt{2})$

$x_2 = \sqrt{2}$ mit Vorzeichenwechsel von f' von – nach +; T $(\sqrt{2} \mid -2\sqrt{2})$

b) $f'(x) = 3x^2 - 6 = 3(x^2 - 2) = 3(x + \sqrt{2})(x - \sqrt{2})$

$f'(x) = 0$: $x_1 = -\sqrt{2}$ mit Vorzeichenwechsel von f' von + nach –; H $(-\sqrt{2} \mid 4\sqrt{2} + 2)$

$x_2 = \sqrt{2}$ mit Vorzeichenwechsel von f' von – nach +; T $(\sqrt{2} \mid -4\sqrt{2} + 2)$

c) $f'(x) = 4x^3 - 10x = 4x\left(x^2 - \frac{10}{4}\right) = 4x\left(x + \frac{\sqrt{10}}{2}\right)\left(x - \frac{\sqrt{10}}{2}\right)$

$f'(x) = 0$: $x_1 = -\frac{\sqrt{10}}{2}$ mit Vorzeichenwechsel von f' von – nach +; $T_1\left(-\frac{\sqrt{10}}{2} \mid -2{,}25\right)$

$x_2 = 0$ mit Vorzeichenwechsel von f' von + nach –; H $(0 \mid 4)$

$x_3 = \frac{\sqrt{10}}{2}$ mit Vorzeichenwechsel von f' von – nach +; $T_2\left(\frac{\sqrt{10}}{2} \mid -2{,}25\right)$

d) $f'(x) = 3x^2 - 3 = 3(x^2 - 1) = 3(x + 1)(x - 1)$

$f'(x) = 0$: $x_1 = -1$ mit Vorzeichenwechsel von f' von + nach –; H $(-1 \mid 4)$

$x_2 = 1$ mit Vorzeichenwechsel von f' von – nach +; T $(1 \mid 0)$

e) $f(x) = x^4 - 2x^2$; $f'(x) = 4x^3 - 4x = 4x(x^2 - 1) = 4x(x + 1)(x - 1)$

$f'(x) = 0$: $x_1 = -1$ mit Vorzeichenwechsel von f' von – nach +; $T_1(-1 \mid -1)$

$x_2 = 0$ mit Vorzeichenwechsel von f' von + nach –; H $(0 \mid 0)$

$x_3 = 1$ mit Vorzeichenwechsel von f' von – nach +; $T_2(1 \mid -1)$

f) $f(x) = x^4 - 2x^2 + 1$; $f(x) = 4x^3 - 4x = 4x(x + 1)(x - 1)$

$f'(x) = 0$: $x_1 = -1$ mit Vorzeichenwechsel von f' von – nach +; $T_1(-1 \mid 0)$

$x_2 = 0$ mit Vorzeichenwechsel von f' von + nach –; H $(0 \mid 1)$

$x_3 = 1$ mit Vorzeichenwechsel von f' von – nach +; $T_2(1 \mid 0)$

20. a) $f(x) = 0;\ \frac{4}{x} - \frac{4}{x^2} = 0;\ 4x - 4 = 0;\ x = 1$

x-Achsenpunkt S (1 I 0); G_f hat keinen y-Achsenpunkt.

$f'(x) = -\frac{4}{x^2} + \frac{8}{x^3} = \frac{-4x+8}{x^3}$; $f'(x) = 0$ für $x = 2$ mit Vorzeichenwechsel von f' von + nach –

$f(2) = \frac{4}{2} - \frac{4}{2^2} = 2 - 1 = 1$; H (2 I 1)

$\lim\limits_{x \to \pm\infty} f(x) = 0,\ \lim\limits_{x \to 0-} f(x) = \lim\limits_{x \to 0-} \frac{4x-4}{x^2} = -\infty$, da $4x - 4 \to -4$, $x^2 \to +0$

$\lim\limits_{x \to 0+} f(x) = -\infty$, da f bei x = 0 eine doppelte Polstelle hat.

b) $f(x) = \frac{x}{4}(4x^2 - 12x + 9) = \frac{x}{4}(2x-3)^2$; $f(x) = 0$; $x_1 = 0$, $x_2 = 1{,}5$

S_1 (0 I 0), S_2 (1,5 I 0); $x_2 = 1{,}5$ ist doppelte Nullstelle, also ist S_2 zugleich ein Extrempunkt von G_f.

$f(x) = x^3 - 3x^2 + \frac{3}{4}x$; $f'(x) = 3x^2 - 6x + \frac{9}{4}$

$f'(x) = 0$: $x_{1,2} = \frac{6 \pm \sqrt{36 - 4 \cdot 3 \cdot \frac{9}{4}}}{2 \cdot 3} = \frac{6 \pm \sqrt{9}}{6} = \frac{6 \pm 3}{6}$

$x_1 = \frac{3}{6} = \frac{1}{2}$ mit Vorzeichenwechsel von f' von + nach –; H $(\frac{1}{2}\ \text{I}\ \frac{1}{2})$

$x_2 = \frac{9}{6} = 1{,}5$ mit Vorzeichenwechsel von f' von – nach +; T (1,5 I 0)

$\lim\limits_{x \to -\infty} f(x) = -\infty,\ \lim\limits_{x \to +\infty} f(x) = +\infty$

c) $f(x) = 0$; $8x = 0$; $x = 0$; S (0 I 0)

$f'(x) = \frac{8 \cdot (x^2+2) - 8x \cdot 2x}{(x^2+2)^2} = \frac{8x^2 + 16 - 16x^2}{(x^2+2)^2} = \frac{-8x^2+16}{(x^2+2)^2} = \frac{-8(x^2-2)}{(x^2+2)^2} = \frac{-8(x+\sqrt{2})(x-\sqrt{2})}{(x^2+2)^2}$

$f'(x) = 0$: $x_1 = -\sqrt{2}$ mit Vorzeichenwechsel von f' von – nach +; T $(-\sqrt{2}\ \text{I} -2\sqrt{2})$

$x_2 = \sqrt{2}$ mit Vorzeichenwechsel von f' von + nach –; H $(\sqrt{2}\ \text{I}\ 2\sqrt{2})$

$\lim\limits_{x \to \pm\infty} \frac{8x}{x^2+2} = \lim\limits_{x \to \pm\infty} \frac{\frac{8}{x}}{1 + \frac{2}{x^2}} = \frac{0}{1+0} = 0$

d) $f(x) = 3x^4 - 4x^3 = 3x^3\left(x - \frac{4}{3}\right)$; $f(x) = 0$: $x_1 = 0$; $x_2 = \frac{4}{3}$; S_1 (0 I 0), S_2 $(\frac{4}{3}$ I 0)

$f'(x) = 12x^3 - 12x^2 = 12x^2(x-1)$

$f'(x) = 0$: $x_1 = 0$ ohne Vorzeichenwechsel von f'; Terrassenpunkt S_1 (0 I 0)

$x_2 = 1$ mit Vorzeichenwechsel von f' von – nach +; T (1 I –1)

$\lim\limits_{x \to \pm\infty} f(x) = +\infty$

e) $f(x) = 0$; $x - 2 = 0$; $x = 2$; S (2 I 0); kein Schnittpunkt mit der y-Achse

$f'(x) = \frac{1 \cdot x^3 - (x-2) \cdot 3x^2}{(x^3)^2} = \frac{x^3 - 3x^3 + 6x^2}{x^6} = \frac{-2x^3 + 6x^2}{x^6} = \frac{-2x^2(x-3)}{x^6} = \frac{-2(x-3)}{x^4}$

$f'(x) = 0$; $x = 3$ mit Vorzeichenwechsel von f' von + nach –; H $(3\ \text{I}\ \frac{1}{27})$

$\lim\limits_{x \to \pm\infty} \frac{x-2}{x^3} = \lim\limits_{x \to \pm\infty} \frac{\frac{1}{x^2} - \frac{2}{x^3}}{1} = 0$

$\lim\limits_{x \to 0-} \frac{x-2}{x^3} = +\infty$, weil $x - 2 \to -2$ und $x^3 \to -0$; $\lim\limits_{x \to 0+} \frac{x-2}{x^3} = -\infty$

f) $f(x) = 2x^4 - 4x^2 = 2x^2(x^2-2) = 2x^2(x+\sqrt{2})(x-\sqrt{2})$

$f(x) = 0$: S_1 $(-\sqrt{2}$ I 0), S_2 (0 I 0), S_3 $(\sqrt{2}$ I 0); $x_2 = 0$ ist doppelt Nullstelle, also ist S_2 zugleich ein Extrempunkt von G_f.

$f'(x) = 8x^3 - 8x = 8x(x^2-1) = 8x(x+1)(x-1)$

$f'(x) = 0$: $x_1 = -1$ mit Vorzeichenwechsel von f' von – nach +; T_1 (–1 I –2)

$x_2 = 0$ mit Vorzeichenwechsel von f' von + nach –; H (0 I 0) = S_2

$x_3 = 1$ mit Vorzeichenwechsel von f' von – nach +; T_2 (1 I –2)

$\lim\limits_{x \to \pm\infty} f(x) = +\infty$

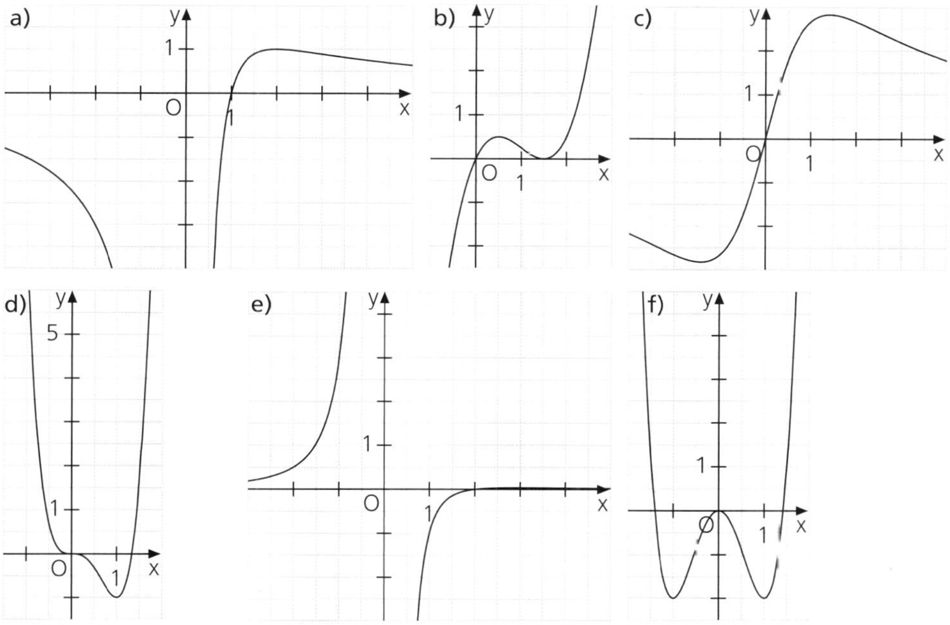

Der Graph in Teilaufgabe c) ist punktsymmetrisch zum Ursprung, denn
$f(-x) = \frac{8(-x)}{(-x^2) + 2} = \frac{-8x}{x^2 + 2} = -f(x)$
Der Graph in Teilaufgabe f) ist achsensymmetrisch zur y-Achse, denn
$f(-x) = 2(-x)^4 + 4(-x)^2 = 2x^4 + 4x^2 = f(x)$
Gemeinsamer Punkt des Graphen zu den Teilaufgaben d) und e):
d): $f(1) = 3 \cdot 1^4 - 4 \cdot 1^3 = -1$; e): $f(1) = \frac{1-2}{1^3} = -1$; S (1 | –1) ist also Schnittpunkt der Graphen.

zu d): Die Tangente an G_f in S hat die Steigung $m_1 = f'(1) = 12 - 12 = 0$.
zu e): Die Tangente an G_f in S hat die Steigung $m_2 = f'(1) = \frac{-2(1-3)}{1^4} = 4$

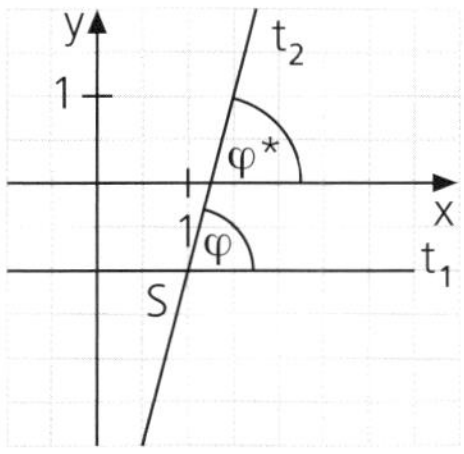

$\varphi = \sphericalangle(t_1; t_2)$
φ^*: Winkel zwischen t_2 und positiver x-Achse
$t_1 \parallel$ x-Achse: $\varphi = \varphi^*$
$\tan \varphi^* = m_2 = 4$; $\varphi^* = 76{,}0°$
$\varphi = \varphi^* = 76{,}0°$

	x-Achsen-punkt(e)	y-Achsen-punkt	Hochpunkt(e)	Tiefpunkt(e)	$\lim\limits_{x \to \infty} f(x)$	$\lim\limits_{x \to -\infty} f(x)$	$\lim\limits_{x \to x_0-} f(x)$	$\lim\limits_{x \to x_0+} f(x)$
a)	S (1 | 0)	–	H (2 | 1)	–	0	0	$x_0 = 0$: $-\infty$	$x_0 = 0$: $-\infty$
b)	S_1 (0 | 0); S_2 (1,5 | 0)	S_1 (0 | 0)	H (0,5 | 0,5)	T (1,5 | 0)	$+\infty$	$-\infty$	–	–
c)	S (0 | 0)	S (0 | 0)	H ($\sqrt{2}$ | $2\sqrt{2}$)	T ($-\sqrt{2}$ | $-2\sqrt{2}$)	0	0	–	–
d)	S_1 (0 | 0); S_2 ($\frac{4}{3}$ | 0) (S_1: Terrassenpunkt)	S_1 (0 | 0)	–	T (1 | –1)	$+\infty$	$+\infty$	–	–
e)	S (2 | 0)	–	H (3 | $\frac{1}{27}$)	–	0	0	$x_0 = 0$: $+\infty$	$x_0 = 0$: $-\infty$
f)	S_1 ($-\sqrt{2}$ | 0) S_2 (0 | 0) S_3 ($\sqrt{2}$ | 0)	S_2 (0 | 0)	H (0 | 0) = S_2	T_1 (–1 | –2); T_2 (1 | –2)	$+\infty$	$+\infty$	–	–

79

21. a) $f'(x) = -\frac{2 \cdot (x^2+1) - 2x \cdot 2x}{(x^2+1)^2} = -\frac{2x^2+2-4x^2}{(x^2+1)^2} = -\frac{-2x^2+2}{(x^2+1)^2} = \frac{2(x^2-1)}{(x^2+1)^2}$

$= \frac{2(x+1)(x-1)}{(x^2+1)^2}$

x	$-\infty < x < -1$	$x = -1$	$-1 < x < 1$	$x = 1$	$1 < x < \infty$
f′(x)	$f'(x) > 0$	$f'(x) = 0$	$f'(x) < 0$	$f'(x) = 0$	$f'(x) > 0$
Vorzeichenwechsel von f′		von + nach –		von – nach +	
G_f	steigt	Hochpunkt H (–1 I 1)	fällt	Tiefpunkt T (1 I –1)	steigt

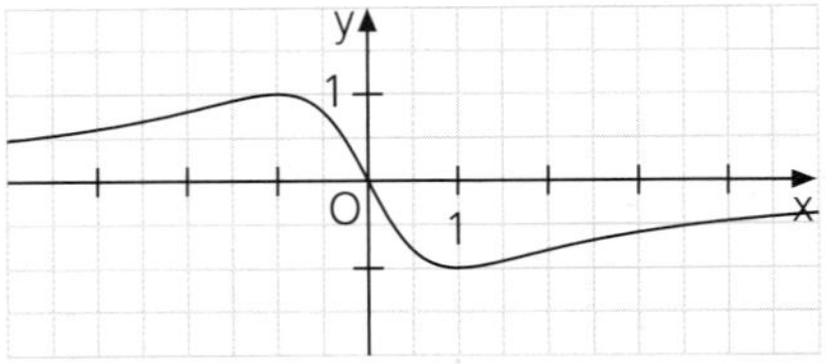

b) $f(x) = x^3 - 6x^2 + 8x$; $f'(x) = 3x^2 - 12x + 8$

$f'(x) = 0$; $x_{1,2} = \frac{12 \pm \sqrt{12^2 - 4 \cdot 3 \cdot 8}}{2 \cdot 3} = \frac{12 \pm \sqrt{48}}{6} = \frac{12 \pm 4\sqrt{3}}{6} = 2 \pm \frac{2}{3}\sqrt{3}$

x	$-\infty < x < 2 - \frac{2}{3}\sqrt{3}$	$x = 2 - \frac{2}{3}\sqrt{3}$	$2 - \frac{2}{3}\sqrt{3} < x < 2 + \frac{2}{3}\sqrt{3}$	$x = 2 + \frac{2}{3}\sqrt{3}$	$2 + \frac{2}{3}\sqrt{3} < x < \infty$
f′(x)	$f'(x) > 0$	$f'(x) = 0$	$f'(x) < 0$	$f'(x) = 0$	$f'(x) > 0$
Vorzeichenwechsel von f′		von + nach –		von – nach +	
G_f	steigt	Hochpunkt	fällt	Tiefpunkt	steigt

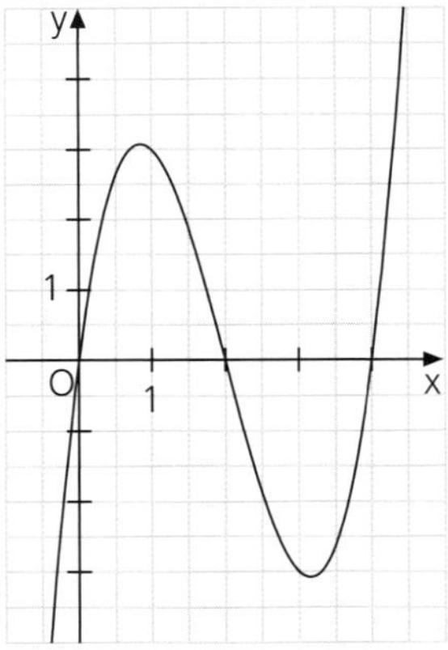

22. $f(x) = \frac{1}{4}(x-6) \cdot x \cdot (x-6) = \frac{1}{4}x(x-6)^2$; $x = 6$ zweifache Nullstelle

$g(x) = \frac{1}{4}(x-6)(x-6)(x-2) = \frac{1}{4}(x-2)(x-6)^2$; $x = 6$ zweifache Nullstelle

$h(x) = \frac{1}{4}(x-6)(x-6)^2 = \frac{1}{4}(x-6)^3$; $x = 6$ dreifache Nullstelle

Aufgrund der Nullstelle kommt man zu folgender Zuordnung:

G_f: ③; G_g: ②; G_h: ①

$f(x) = \frac{1}{4}(x^3 - 12x^2 + 36x)$; $f'(x) = \frac{1}{4}(3x^2 - 24x + 36) = \frac{3}{4}(x^2 - 8x + 12) = \frac{3}{4}(x-2)(x-6)$

x	$-\infty < x < 2$	$x = 2$	$2 < x < 6$	$x = 6$	$6 < x < \infty$
f′(x)	$f'(x) > 0$	$f'(x) = 0$	$f'(x) < 0$	$f'(x) = 0$	$f'(x) > 0$
Vorzeichenwechsel von f′		von + nach –		von – nach +	
G_f	steigt	H (2 I 8)	fällt	T (6 I 0)	steigt

$h(x) = \frac{1}{4}(x^3 - 18x^2 + 108x - 216)$; $\quad h'(x) = \frac{1}{4}(3x^2 - 36x + 108)$

$= \frac{3}{4}(x^2 - 12x + 36) = \frac{3}{4}(x - 6)^2$

x	$-\infty < x < 6$	$x = 6$	$6 < x < \infty$
f'(x)	$f'(x) > 0$	$f'(x) = 0$	$f'(x) > 0$
Vorzeichenwechsel von f'			
G_f	steigt	Terrassenpunkt (6 I 0)	steigt

$g(x) = \frac{1}{4}(x^3 - 8x^2 + 12x - 6x^2 + 48x - 72) = \frac{1}{4}(x^3 - 14x^2 + 60x - 72)$

$g'(x) = \frac{1}{4}(3x^2 - 28x + 60)$

$g''(x) = \frac{1}{4}(6x - 28)$

$g''(x) = 0$; $6x - 28 = 0$; $x = 4\frac{2}{3}$

$g(4\frac{2}{3}) = 1\frac{5}{27}$; $P(4\frac{2}{3} \mid 1\frac{5}{27})$

$m = g'(4\frac{2}{3}) = -\frac{4}{3}$; $y = -\frac{4}{3}x + t$; $1\frac{5}{27} = -\frac{4}{3} \cdot 4\frac{2}{3} + t$; $t = 7\frac{11}{27}$

t_p: $y = -\frac{4}{3}x + 7\frac{11}{27}$

23. a) $f(x) = (x + 6)(x - 1)^3$

$[(x - 1)^3]' = 3(x - 1)^2$

$f'(x) = 1 \cdot (x - 1)^3 + (x + 6) \cdot 3(x - 1)^2 = (x - 1)^2(x - 1 + 3x + 18) = (x - 1)^2(4x + 17)$

$f'(x) = 0$: $\quad x_1 = 1$; $x_2 = -\frac{17}{4} = -4{,}25$; $\quad E_1(1 \mid 0)$; $E_2(-4\frac{1}{4} \mid -253\frac{59}{256})$

$f'(x) > 0$: $\quad (x - 1)^2 > 0$ für alle $x \neq 1$; $\quad 4x + 17 > 0$; $x \geqq -4{,}25$

b) $f(x) = x^3 - 6x^2 - 15x + 8$; $\quad f'(x) = 3x^2 - 12x - 15 = 3(x^2 - 4x - 5) = 3(x - 5)(x + 1)$

$f'(-1) = 3 + 12 - 15 = 0$;

$f'(5) = 75 - 60 - 15 = 0$;

$f'(x) = 3(3^2 - 4x - 5) = 3(x + 1)(x - 5)$

(1) $x < -1$: $f'(x) > 0$, G_f steigt

(2) $-1 < x < 5$: $f'(x) < 0$, G_f fällt

(3) $x > 5$: $f'(x) > 0$, G_f steigt

c) $f'(x) = 24x^2 - 18x = 24x\left(x - \frac{3}{4}\right)$;

$f''(x) = 48x - 18$

$f'(x) = 0$: $\quad x_1 = 0$; $\quad f''(0) = -18 < 0$; $\quad H(0 \mid 1)$

$x_2 = \frac{3}{4}$; $\quad f''(\frac{3}{4}) = 18 > 0$; $\quad T(\frac{3}{4} \mid -\frac{11}{16})$

f hat an der Stelle $x = 0$ das relative Maximum 1 und an der Stelle $x = \frac{3}{4}$ das relative Minimum $-\frac{11}{16} \approx -0{,}69$.

24. $g(x) = -\frac{16}{9}x + \frac{38}{9}$

$g(p) = -\frac{2}{9}$; $\quad -\frac{16}{9}p + \frac{38}{9} = -\frac{2}{9}$; $\quad \frac{16}{9}p = \frac{40}{9}$; $\quad p = \frac{40}{9} \cdot \frac{9}{16} = 2{,}5$; $\quad P(2{,}5 \mid -\frac{2}{9})$

$f'(x) = -\frac{2a}{x^3}$

$f(p) = -\frac{2}{9}$: $\quad$ (I) $\frac{a}{2{,}5^2} + b = -\frac{2}{9}$

$f'(p) = -\frac{16}{9}$: $\quad$ (II) $-\frac{2a}{2{,}5^3} = -\frac{16}{9}$

Aus (II): $-2a = -\frac{16}{9} \cdot 2{,}5^3$; $\quad a = \frac{8}{9} \cdot \left(\frac{5}{2}\right)^3 = \frac{125}{9} = 13\frac{8}{9}$

In (I): $\quad b = -\frac{2}{9} - \frac{\frac{125}{9}}{\left(\frac{5}{2}\right)^2} = -2\frac{4}{9}$

25. a) $G_{II} = G_{f_1}$:
$f_1(x) = -x(x-2)(x+2)$
Nur G_{II} hat (genau) die Punkte O (0 | 0), S_1 (2 | 0) und S_2 (−2 | 0) mit der x-Achse gemeinsam.
$G_{III} = G_{f_2}$:
Nur f_2 hat an der Stelle $x = 0$ eine einfache und an der Stelle $x = 2$ eine doppelte Nullstelle.
$G_I = G_{f_3}$:
Für $x < 0$ gilt stets $f_3(x) < 0$; von den beiden restlichen Graphen G_I und G_V hat nur G_I diese Eigenschaft.
$G_V = G_{f_4}$

b) $f_4(x) = -x(x^2-4) - x(x-2)^2 - x^2(2-x) =$
$= x(x-2)(-x-2-x+2+x) =$
$= x(x-2)(-x) = -x^2(x-2) = -f_3(x)$;
$f_4(x) = -f_3(x)$: G_{f_4} liegt symmetrisch zu G_{f_3} bezüglich der x-Achse.

c) $f_1(x) = -x^3 + 4x$; $f_1'(x) = -3x^2 + 4$; $f_1'(0) = 4$; $\tan\varphi_1 = 4$; $\varphi_1 \approx 76{,}0°$
$f_2(x) = -x^3 + 4x^2 - 4x$; $f_2'(x) = -3x^2 + 8x - 4$; $f_2'(0) = -4$; $\tan\varphi_2 = -4$; $\varphi_2 \approx 104{,}0°$
$f_3'(x) = 3x^2 - 4x$; $f_3'(0) = 0$; $\varphi_3 = 0°$
$f_4'(x) = -f_3'(x)$; $\varphi_4 = 0°$

80

26. a) $f(x) = ax^2 + b + \frac{c}{x^2}$; $f'(x) = 2ax - \frac{2c}{x^3}$
- $f(2) = 0$: (I) $4a + b + \frac{1}{4}c = 0$
- $f'(-4) = \frac{6-0}{0-(-4)} = \frac{6}{4} = \frac{3}{2}$: (II) $-8a + \frac{1}{32}c = \frac{3}{2}$
- $f(-4) = 0$ (III) $16a + b + \frac{1}{16}c = 0$

(I)′ $16a + 4b + c = 0$
(II)′ $-256a + c = 48$; $c = 256a + 48$ eingesetzt in (I)′ und in (III)′
(III)′ $256a + 16b + c = 0$
$16a + 4b + 256 + 48 = 0$
(I)″ $272a + 4b = -48 \mid \cdot 4$
$256a + 16b + 256a + 48 = 0$
(III)″ $512a + 16b = -48$
(I)‴ $1088a + 16b = -192$
(I)‴ − (III)″ $576a = -144$;
$a = -\frac{1}{4}$; $c = -\frac{256}{4} + 48 = -16$
$b = 5$

b) $f(x) = -0{,}25x^2 + 5 - \frac{16}{x^2}$
$-0{,}25x^2 + 5 - \frac{16}{x^2} = 0 \mid \cdot (-4x^2)$ $x^4 - 20x^2 + 64 = 0$; $(x^2-16)(x^2-4) = 0$;
Nullstellen $x_P = -4$; $x_A = -2$, $x_U = 2$; $x_L = 4$

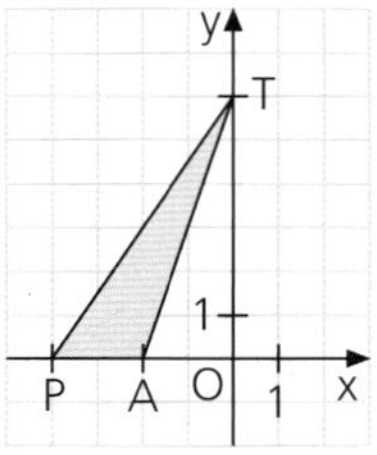

(1) Der Rotationskörper ist ein Kegel, aus dem ein Kegel gleicher Grundfläche und halber Höhe „herausgeschnitten" ist.
$V_1 = \frac{1}{3} \cdot \overline{OT}^2 \cdot \pi \cdot \overline{OP} - \frac{1}{3} \cdot \overline{OT}^2 \cdot \pi \cdot \overline{OA} = \frac{1}{3} \cdot 36\pi \cdot 4 - \frac{1}{3} \cdot 36\pi \cdot 2 = 24\pi$
(2) Der Rotationskörper ist ein Kegel, aus dem ein Kegel gleicher Höhe, aber von nur halb so langem Grundflächenradius „herausgeschnitten" ist.
$V_2 = \frac{1}{3} \cdot \overline{OP}^2 \cdot \pi \cdot \overline{OT} - \frac{1}{3} \cdot \overline{OA}^2 \cdot \pi \cdot \overline{OT} = \frac{1}{3} \cdot 16\pi \cdot 6 - \frac{1}{3} \cdot 4\pi \cdot 6 = 24\pi = V_1$

27. a) $f'(x) = \frac{0 - 1 \cdot (2x - 2)}{(x-1)^4} = \frac{-2(x-1)}{(x-1)^4} = -\frac{2}{(x-1)^3}$

$f'(x) = -2$; $\frac{-2}{(x-1)^3} = -2$; $(x-1)^3 = 1$; $x = 2$

$f(2) = g(2) = 7 - 2 \cdot 2 = 3$; B (2 | 3)

Lot l zu g durch B: $m_l = \frac{-1}{m_g} = \frac{-1}{-2} = \frac{1}{2}$

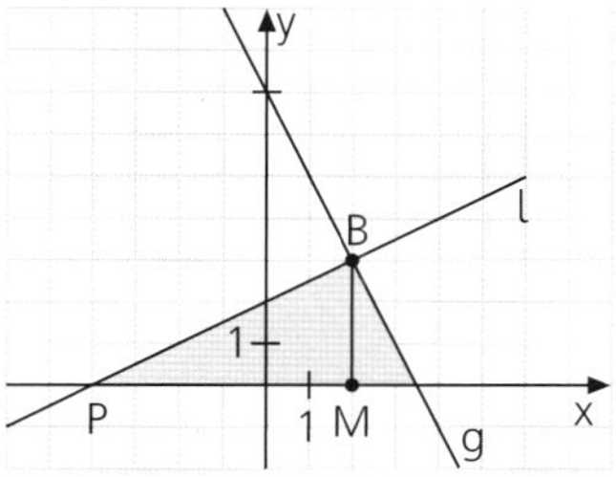

$3 = \frac{1}{2} \cdot 2 + t$; $t = 2$; $l: y = \frac{1}{2}x + 2$

$g(x) = 0$: $7 - 2x = 0$; $x = 3{,}5$; Q (3,5 | 0)

$l(x) = 0$: $\frac{1}{2}x + 2 = 0$; $x = -4$; P (−4 | 0)

Der Rotationskörper ist ein Doppelkegel.

$V = \frac{1}{3}\overline{BM}^2\pi \cdot \overline{MP} + \frac{1}{3}\overline{BM}^2\pi \cdot \overline{MQ} = \frac{1}{3}\overline{BM}^2\pi \cdot \overline{PQ} = \frac{1}{3} \cdot 3^2\pi \cdot 7{,}5 = 22{,}5\pi \approx 70{,}7$

b) Bedingung: $F_a'(x) = f(x)$

$F_a'(x) = a - \frac{0 - 1 \cdot 1}{(x-1)^2} = a + \frac{1}{(x-1)^2}$

$F_a'(x) = f(x)$; $a = 2$; also $a^* = 2$

$\lim_{x \to \infty} f(x) = \lim_{x \to \infty} \left[2 + \frac{1}{(x-1)^2}\right] = 2 + 0 = 2$

G_f hat eine horizontale Asymptote. G_F hat eine schräge Asymptote.
Also ist G_f der grüne und damit G_{f_2} der rote Graph.

28. $\frac{x}{6}(x-6)^2 = -4$

$\frac{x}{6}(x^2 - 12x + 36) = -4$

$x^3 - 12x^2 + 36 = -24$

$x^3 - 12x^2 + 36x + 24 = 0$

$f(x) = x^3 - 12x^2 + 36x + 24$; $f'(x) = 3x^2 - 24x + 36$

$f(-1) = -25 < 0$; $f(0) = 24 > 0$

Startwert: $x_1 = -1$

$x_2 = \frac{x_1 - f(x_1)}{f'(x_1)} = -1 - \frac{-25}{63} = -\frac{38}{63} \approx -0{,}60317$

$x_3 \approx -0{,}55858$

$x_4 \approx -0{,}55804$

$x_5 \approx -0{,}55804$

also $x_0 \approx -0{,}558$

29. a) $F'(x) = f(x)$: G_F hat an der Stelle x_0 einen Extrempunkt, falls G_f an der Stelle x_0 einen x-Achsenpunkt (mit Vorzeichenwechsel) hat. Der obere Graph hat bei x = 0 einen x-Achsenpunkt mit Vorzeichenwechsel, der untere Graph hat bei x = 0 einen Tiefpunkt. Also stellt der untere Graph G_F, und der obere G_f dar.

b) $F'(x) = f(x)$: G_F steigt, falls G_f oberhalb der x-Achse verläuft. Der zu x = 2 achsensymmetrische Graph steigt für x > 2, der Graph seiner Ableitung muss also oberhalb der x-Achse verlaufen.
Der achsensymmetrische Graph ist demnach G_F und der zum Punkt S (2 | 0) punktsymmetrische G_f.

30. a) $x > 0$: $f(x) = x + 2x = 3x$;
$x = 0$: $f(x) = 0$;
$x < 0$: $f(x) = x - 2x = -x$;

$x > 0$: $\lim\limits_{h \to 0+} \frac{3(x+h) - 3x}{h} = \lim\limits_{h \to 0+} 3 = 3$;

$x < 0$: $\lim\limits_{h \to 0-} \frac{-(x+h) - (-x)}{h} = \lim\limits_{h \to 0-} \frac{-h}{h} = -1 \neq 3$:

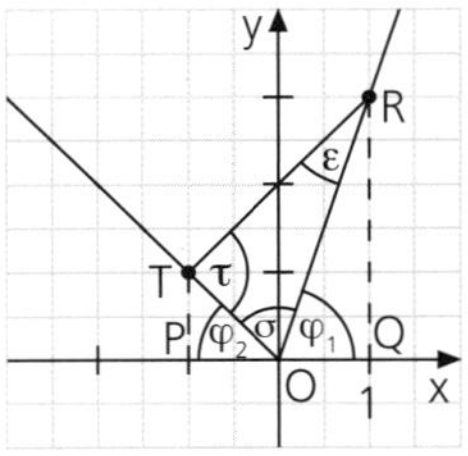

f ist an der Stelle $x = 0$ nicht differenzierbar.

b) $f(-1) = 1$; $f(1) = 3$

$A_{TOR} = A_{QRTP} - A_{OQR} - A_{POT} = \frac{1}{2}(\overline{QR} + \overline{PT}) \cdot \overline{PQ} - \frac{1}{2} \cdot \overline{OQ} \cdot \overline{QR} - \frac{1}{2}\overline{PO} \cdot \overline{PT}$

$= \frac{1}{2}(3 + 1) \cdot 2 - \frac{1}{2} \cdot 1 \cdot 3 - \frac{1}{2} \cdot 1 \cdot 1 = 2$

$m_{OT} = -1$; $m_{TR} = \frac{3 - 1}{1 - (-1)} = \frac{2}{2} = 1$; $m_{OT} \cdot m_{TR} = -1$; $OT \perp TR$

also $\tau = 90°$
$m_{OT} = -1$; $\varphi_2 = 45°$
$m_{OR} = 3$; $\tan \varphi_1 = 3$; $\varphi_1 \approx 71{,}6°$
$\sigma = 180° - \varphi_1 - \varphi_2 \approx 63{,}4°$; $\varepsilon = 180° - \tau - \sigma \approx 26{,}6°$

81 **31.** a) $R(x) = ax^2(b - x) = -ax^3 + abx^2$
Nullstellen: $x_1 = 0$ ($x_2 = b > 0$); x_1 ist doppelte Nullstelle,
G_R hat dort einen Tiefpunkt.

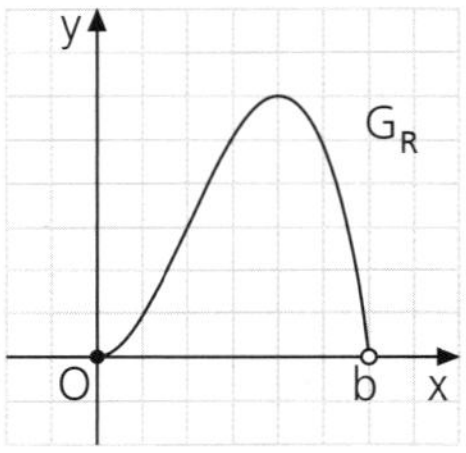

b) $R(x) = ax^2(b - x) = abx^2 - ax^3$;
$R'(x) = 2abx - 3ax^2$;
$R''(x) = 2ab - 6ax$
$R'(x) = 0$: $2abx - 3ax^2 = 0$
$x_1 = 0$;
$2ab = 3ax$; $a, b \neq 0$: $x_H = \frac{2}{3}b$
$R''(\frac{2}{3}b) = 2ab - 6a \cdot \frac{2}{3}b = 2ab - 4ab = -2ab < 0$, da $a, b > 0$.
Für $x_H = \frac{2}{3}b$ ist die Reaktion am stärksten.

c) Empfindlichkeit: $R'(x) = 2abx - 3ax^2$;
$R''(x) = 2ab - 6ax = 2a(b - 3x)$
$R''(x) = 0$: $x_W = \frac{b}{3}$
$x < \frac{b}{3}$: $R''(x) > 0$
$x > \frac{b}{3}$: $R''(x) < 0$
Vorzeichenwechsel von + nach –: Für $x_W = \frac{b}{3}$ ist die Empfindlichkeit am größten.

d) An der Stelle $x_W = \frac{b}{3} = \frac{1}{2}x_H$ ist die Empfindlichkeit am größten (der Anstieg des Graphen G_R am steilsten); an der Stelle $x_H = \frac{2}{3}b$ ist die Reaktion am stärksten (Hochpunkt von G_R); beide Dosiswerte stellen sich als von a unabhängig heraus.

32.

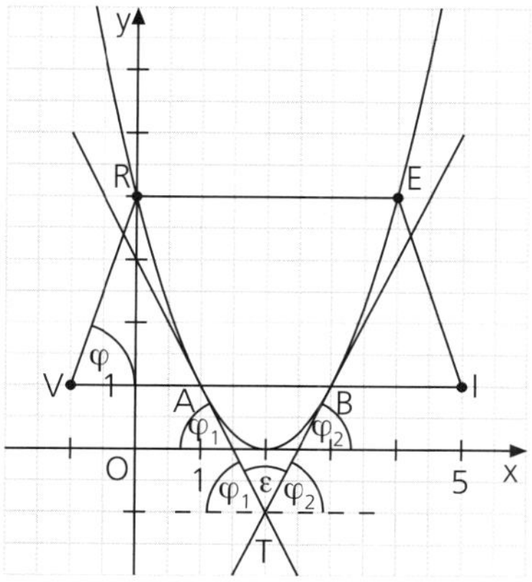

a) $[VI] \parallel [RE]$; $\overline{VR} = \overline{IE} = \sqrt{3^2 + 1^2} = \sqrt{10}$

$A = \frac{1}{2}(6 + 4) \cdot 3 = 15$

$m_{VR} = 3$; $\tan \varphi = 3$; $\varphi \approx 71{,}6°$; $\quad \sphericalangle IVR = \varphi \approx 71{,}6°$; $\sphericalangle EIV = \sphericalangle IVR \approx 71{,}6°$;

$\sphericalangle VRE = \sphericalangle REI = 180° - \varphi \approx 108{,}4°$

b) P: $y = (x - 2)^2 = x^2 - 4x + 4$

Schnittpunkte von P mit VI: $x^2 - 4x + 4 = 1$; $x^2 - 4x + 3 = 0$; $(x - 3)(x - 1) = 0$;

$x_1 = 1$; $x_2 = 3$: A (1 I 1); B (3 I 1).

Die Parabel hat mit dem Trapez die Punkte E und R gemeinsam.

$A^* = \frac{1}{2}(4 + 2) \cdot 3 = 9 = \frac{9}{15} A = \frac{3}{5} A$ [vgl. a)]

c) $p(x) = x^2 - 4x + 4$; $p'(x) = 2x - 4$

$p'(1) = -2$; $\quad p'(3) = 2$; $\quad \tan \varphi_2 = 2$; $\varphi_2 \approx 63{,}4°$; $\varphi_1 = \varphi_2$;

$\varepsilon = 180° - 2\varphi_2 \approx 53{,}1°$

d) Der größte Bereich wird von [AB], [RE] und den Parabelbögen $\widehat{AR}$ und $\widehat{BE}$ berandet. In seinem Inneren liegen die 6 Gitterpunkte.

W_1 (1 I 2), W_2 (1 I 3), W_3 (2 I 2), W_4 (2 I 3), W_5 (3 I 2) und W_6 (3 I 3);

von ihnen haben W_2 und W_3 den Koordinatensummenwert 4.

Die gesuchte Wahrscheinlichkeit ist $\frac{2}{6} = \frac{1}{3} \approx 33\%$.

33. a) einfache Nullstelle bei x = 0, also c = 0; Terrassenpunkt (0 I2), also b = –2, n = 3

$f(x) = a(x - 2)^3 \cdot x$; $\quad f(1) = (-3)$, $\quad a \cdot (-1)^3 \cdot 1 = -3$; $\quad a = 3$

$f(x) = 3x(x - 2)^3$

b) Nullstellen bei x = –1 und x = 3, also c = 3; b = 1

horizontale Asymptote y = 2, also Grad des Zählers gleich Grad des Nenners (somit n = 2) und a = 2

$f(x) = \frac{2(x + 1)(x - 3)}{x^2}$

34. $f'(x) = -\frac{3}{8}(x^3 - 4x) = -\frac{3}{8}x(x^2 - 4) = -\frac{3}{8}x(x + 2)(x - 2)$

f' hat die Nullstellen $x_1 = -2$; $x_2 = 0$; $x_3 = 2$.

$f'(-x) = -\frac{3}{8}[(-x)^3 - 4(-x)] = -\frac{3}{8}(-x^3 + 4x) = \frac{3}{8}(x^3 - 4x) = -f'(x)$

$G_{f'}$ ist punktsymmetrisch zum Ursprung.

$f''(x) = -\frac{3}{8}(3x^2 - 4)$; $f'''(x) = -\frac{3}{8} \cdot 6x = -\frac{9}{4}x$

$f''(x) = 0$: $\quad x_1 = -\frac{2}{\sqrt{3}}$; $f'''\left(-\frac{2}{\sqrt{3}}\right) > 0$; $\quad T\left(-\frac{2}{\sqrt{3}} \;\text{I}\; -\frac{2}{\sqrt{3}}\right)$

$x_2 = \frac{2}{\sqrt{3}}$; $\quad H\left(\frac{2}{\sqrt{3}} \;\text{I}\; \frac{2}{\sqrt{3}}\right)$

$f(x) = -\frac{3}{8}\left(\frac{1}{4}x^4 - 2x^2\right) + a,\ a \in \mathbb{R}$

$f(0) = -4$; $\quad -\frac{3}{8} \cdot 0 + a = -4$, $\quad a = -4$; $\quad f(x) = -\frac{3}{8}\left(\frac{1}{4}x^4 - 2x^2\right) - 4$

$f(x) = -\frac{3}{32}x^4 + \frac{3}{4}x^2 - 4$

82

a) y-Achsenpunkt:

$f(0) = -4$; $P(0 \mid -4)$

$f(x) = 0$; $-\frac{3}{32}x^4 + \frac{3}{4}x^2 - 4 = 0 \mid \cdot 32$

$-3x^4 + 24x^2 - 128 = 0$ Subst.: $x^2 = z$

$-3z^2 + 24z - 128 = 0$; $D = 24^2 - 4 \cdot (-3) \cdot (-128) = -960 < 0$

G_f hat also keine Punkte mit der x-Achse gemeinsam.

$f'(x) = 0$:	$x_1 = -2$;	$f''(-2) = -3 < 0$	$H_1(-2 \mid -2{,}5)$
	$x_2 = 0$;	$f''(0) = 1{,}5 > 0$	$T(0 \mid -4)$
	$x_3 = 2$;	$f''(2) = -3 < 0$	$H_2(2 \mid -2{,}5)$

b) M ist der Schnittpunkt der Mittelsenkrechten von [EA] und [EP] bzw. [PA].

Mittelsenkrechte von [EA]: $x = 1$

Mittelsenkrechte von [PA]: $m = -1$; $(2 \mid -2)$ ist Mittelpunkt von [PA]

$-2 = -1 \cdot 2 + t$; $t = 0$; $y = -x$

$M(1 \mid -1)$

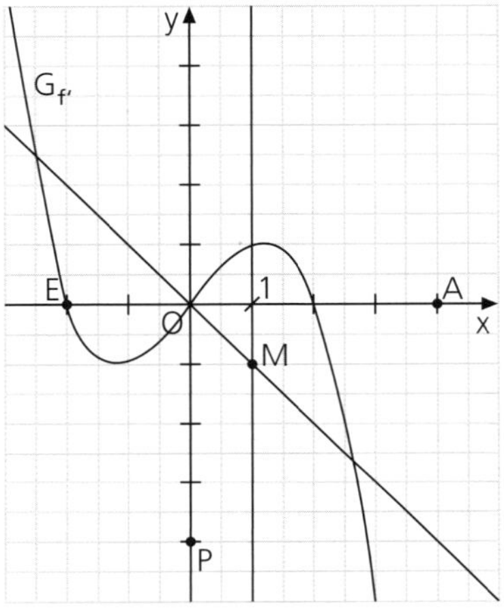

35.

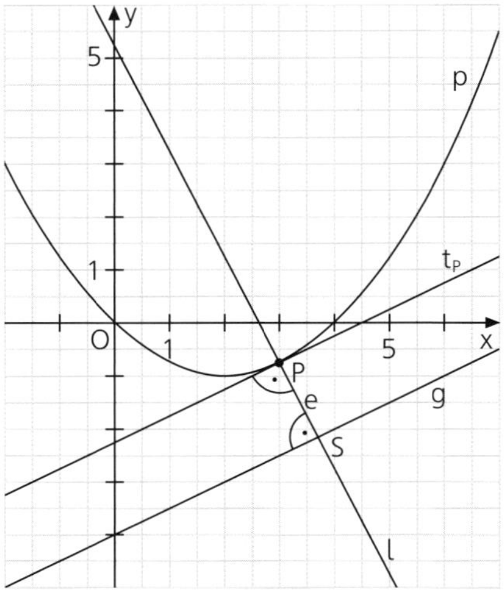

a) Zur Bestimmung der kürzesten Entfernung zwischen der Parabel p und der Geraden g bestimmt man den Punkt P auf der Parabel, indem ihre Tangente t_p zu g parallel verläuft.
$f'(x) = 0{,}5x - 1$; $0{,}5x - 1 = 0{,}5$; $0{,}5x = 1{,}5$; $x = 3$
$f(3) = -0{,}75$; Berührpunkt P (3 I −0,75)
Tangente t_p an p in P: $y = 0{,}5x + t$; $-0{,}75 = 0{,}5 \cdot 3 + t$; $t = -2{,}25$
$y = 0{,}5x - 2{,}25$
Lot auf t_p in P: $y = mx + t^*$ mit $m = -\frac{1}{0{,}5} = -2$
$y = -2x + t^*$; $-0{,}75 = -2 \cdot 3 + t^*$; $t^* = 5.25$
$y = -2x + 5{,}25$
Schnittpunkt: $-2x + 5{,}25 = 0{,}5x - 4$; $2{,}5x = 9{,}25$; $x = 3{,}7$; $y = -2{,}15$;
S (3,7 I −2,15)
$e = \overline{PS} = \sqrt{(3{,}7 - 3)^2 + (-2{,}15 - (-0{,}75))^2} = \sqrt{2{,}45} = \sqrt{\frac{49}{20}} = \frac{7}{2} \cdot \frac{1}{\sqrt{5}} = 0{,}7\sqrt{5} \approx 1{,}57$

b) g ist die Tangente an G_K in P (2,5 I k(2,5)).
$k'(x) = \frac{1 \cdot (x-4) - x \cdot 1}{(x-4)^2} = \frac{-4}{(x-4)^2}$; $k'(2.5) = \frac{-4}{(-1{,}5)^2} = \frac{-4}{\frac{9}{4}} = -\frac{16}{9}$
$k(2{,}5) = \frac{2{,}5}{-1{,}5} = -\frac{5}{2} \cdot \frac{2}{3} = -\frac{5}{3}$;
$-\frac{5}{3} = -\frac{16}{9} \cdot \frac{5}{2} + t$; $t = -\frac{5}{3} + \frac{40}{9} = \frac{25}{9}$;
g: $y = -\frac{16}{9}x + \frac{25}{9}$

36. $f_I(x) = f(x) - 2$ $f_{II}(x) = -f(x)$ $f_{III}(x) = f(x-2)$

37. a) falsch; Gegenbeispiel $f(x) = x^3$; G_f besitzt keine Extrempunkte.
richtig ist: Der Graph einer Polynomfunktion dritten Grades hat maximal zwei Extrempunkte.
Begründung: Die Ableitungsfunktion ist eine quadratische Funktion. Diese besitzt maximal zwei Nullstellen.

b) falsch; Gegenbeispiel: $f(x) = 2^x$

c) falsch; Gegenbeispiel: Funktion f aus Aufgabe 36; G_f schneidet seine Asymptote mit der Gleichung y = 2 im Punkt (0 I 2).

d) wahr

e) falsch; Gegenbeispiel: $f(x) = 2x + 1$, $g(x) = 2x + 2$
$f'(x) = g'(x) = 2$ für alle $x \in \mathbb{R}$, aber $f(x) \neq g(x)$

f) wahr: $f'(x) = 2n \cdot x^{2n-1}$; $f'(0) = 0$;
für $x < 0$ ist $f'(x) < 0$,
für $x > 0$ ist $f'(x) > 0$, also ist T (0 I 0) Tiefpunkt.

g) wahr; $f'(x) = (2n + 1) \cdot x^{2n}$; $f'(0) = 0$; $f'(x) > 0$ für alle $x \neq 0$

W

W1 $h = \frac{a}{2}\sqrt{3}$; $a = \frac{2h}{\sqrt{3}}$
$A = \frac{1}{2}ah = \frac{1}{2} \cdot \frac{2h}{\sqrt{3}} \cdot h = \frac{h^2}{\sqrt{3}} = \frac{(6\text{ cm})^2}{\sqrt{3}} = \frac{36}{\sqrt{3}}\text{ cm}^2 = 12\sqrt{3}\text{ cm}^2$

W2 $A = r^2\pi + r\pi s$ mit $s = \sqrt{h^2 + r^2} = \sqrt{15^2 + 8^2}\text{ cm} = 17\text{ cm}$
$A = r^2\pi + r\pi\sqrt{h^2 + r^2} = 64\pi\text{ cm}^2 + 8\pi \cdot 17\text{ cm}^2 = 200\pi\text{ cm}^2 \approx 628\text{ cm}^2$

W3 $f(2) = f(1 + 1) = f(1) \cdot f(1) = 2 \cdot 2 = 4$
$f(3) = f(1 + 2) = f(1) \cdot f(2) = 2 \cdot 4 = 8$
$f(5) = f(2 + 3) = f(2) \cdot f(3) = 4 \cdot 8 = 32$
$f(10) = f(5 + 5) = f(5) \cdot f(5) = 32 \cdot 32 = 1024$
$f(20) = f(10 + 10) = f(10) \cdot f(10) = 2^{10} \cdot 2^{10} = 2^{20} = 1\,048\,576$

83

L

1. a) (1) $m(x) = \frac{(x^2-1)-(2^2-1)}{x-2} = \frac{x^2-1-3}{x-2} = \frac{x^2-4}{x-2} = \frac{(x+2)(x-2)}{x-2} = x + 2;\ x > 2$

$\lim\limits_{x \to 2+} (x + 2) = 4$

(2) $m(x) = \frac{(2^2-1)-(x^2-1)}{2-x} = \frac{3-x^2+1}{2-x} = \frac{4-x^2}{2-x} = \frac{(2+x)(2-x)}{2-x} = 2 + x;\ x < 2$

$\lim\limits_{x \to 2-} (x + 2) = 4$

Wegen $\lim\limits_{x \to 2+} m(x) = \lim\limits_{x \to 2-} m(x) = 4$ ist $\lim\limits_{x \to 2} m(x) = 4$.

b) (1) $m(h) = \frac{(1+h)^2-1-(1^2-1)}{1+h-1} = \frac{1+2h+h^2-1}{h} = \frac{h(2+h)}{h} = \frac{2+h}{1} = 2 + h;\ h > 0$

$\lim\limits_{h \to 0+} (2 + h) = 2$

(2) $m(x) = \frac{1-(1-h)^2}{1-(1-h)} = \frac{1-1+2h-h^2-1}{h} = \frac{h(2-h)}{h} = \frac{2-h}{1} = 2 - h;\ h > 0$

$\lim\limits_{x \to 0+} (2 - h) = 2$

Wegen $\lim\limits_{h \to 0+} (2 + h) = \lim\limits_{h \to 0+} (2 - h) = 2$ ist $\lim\limits_{h \to 0+} m(h) = 2$.

2. Der Term $\frac{V(r+h)-V(r)}{h}$ $(h > 0)$ bedeutet die mittlere Volumenzunahmerate, wenn die Radiuslänge um h zunimmt.

$\frac{V(r+h)-V(r)}{h} = \frac{\frac{4}{3}(r+h)^3\pi - \frac{4}{3}r^3\pi}{h} = \frac{\frac{4}{3}\pi(r^3+3r^2h+3rh^2+h^3-r^3)}{h} = \frac{\frac{4}{3}\pi \cdot h\,(3r^2+3rh+h^2)}{h}$

$= \frac{4}{3}\pi\,(3r^2 + 3rh + h^2);$

$V'(r) = \lim\limits_{h \to 0} \left[\frac{4}{3}\pi\,(3r^2 + 3rh + h^2)\right] = \frac{4}{3}\pi \cdot 3r^2 = 4r^2\pi$: Dies ist der Kugeloberflächeninhalt.

3. a) $f'(x) = \lim\limits_{h \to 0} \frac{f(x+h)-f(x)}{h} = \lim\limits_{h \to 0} \frac{-2(x+h)^2-(-2x^2)}{h} = \lim\limits_{h \to 0} \frac{-2x^2-4hx-2h^2+2x^2}{h}$

$= \lim\limits_{h \to 0} \frac{-h(4x+2h)}{h} = \lim\limits_{h \to 0} [-(4x + 2h)] = -4x$

Ableitungsfunktion: $f'\colon f'(x) = -4x;\ D_{f'} = \mathbb{R}$

b) $f'(x) = \lim\limits_{h \to 0} \frac{f(x+h)-f(x)}{h} = \lim\limits_{h \to 0} \frac{\frac{1}{2(x+h)} - \frac{1}{2x}}{h} = \lim\limits_{h \to 0} \frac{\frac{x-(x+h)}{2x(x+h)}}{h} = \lim\limits_{h \to 0} \frac{-h}{h \cdot 2x(x+h)} =$

$= \lim\limits_{h \to 0} \frac{-1}{2x(x+h)} = -\frac{1}{2x^2}$

Ableitungsfunktion: $f'\colon f'(x) = -\frac{1}{2x^2};\ D_{f'} = \mathbb{R}\backslash\{0\}$

4. a) $f(x) = 2x^4 + x^3;\ f'(x) = 8x^3 + 3x^2;\ f''(x) = 24x^2 + 6x$

$f(1) = 3;\quad f'(1) = 11;\quad t_p\colon y = 11x + t$; da $P \in t_p$ ist, gilt

$3 = 11 + t;\ t = -8;\ t_p\colon y = 11x - 8$

b) $f(x) = -x^2 + 4;\ f'(x) = -2x;\ f''(x) = -2$

$f(1) = 3;\ f'(1) = -2;\ t_p\colon y = -2x + t$; da $P \in t_p$ ist, gilt $3 = -2 + t;\ t = 5;\ t_p\colon y = -2x + 5$

Schnittpunkt von t_p mit der x-Achse: $y = 0;\ \ 0 = -2x + 5;\ | + 2x\ \ \ 2x = 5;\ | : 2$

$x_1 = 2{,}5;\ \ S_1\,(2{,}5 \mid 0)$

Steigung von n_p: $0{,}5$; $n_p\colon y = 0{,}5x + t^*$; da $P \in n_p$ ist, gilt $3 = 0{,}5 + t^*;\ | -0{,}5$

$t^* = 2{,}5;\ \ n_p\colon y = 0{,}5x + 2{,}5$

Schnittpunkt von n_p mit der x-Achse: $y = 0;\ \ 0{,}5x + 2{,}5 = 0;\ | -2{,}5$

$0{,}5x = -2{,}5;\ | : 0{,}5$

$x_2 = -5;\ \ S_2\,(-5 \mid 0)$

$A_{S_2S_1P} = \frac{1}{2} \cdot (5 + 2{,}5) \cdot 3 = 11{,}25$

$r_{Umkreis} = \frac{1}{2} \cdot (5 + 2{,}5) = 3{,}75;\ \ A_{Umkreis} = 3{,}75^2 \cdot \pi \approx 44{,}2;$

Prozentsatz: etwa $\frac{11{,}25}{44{,}2} \approx 25\%$

c) $f(x) = x(3x - 1) = 3x^2 - x;\ f'(x) = 6x - 1;\ f''(x) = 6$

oder (Produktregel) $f(x) = x(3x - 1);\ f''(x) = 1 \cdot (3x - 1) + x(3 - 0) = 3x - 1 + 3x = 6x - 1$

$f(1) = 2;\ f'(1) = 5;\ t_p\colon y = 5x + t$; da $P \in t_p$ ist, gilt $2 = 5 + t;\ t = -3;\ t_p\colon y = 5x - 3$

d) $f(x) = \frac{1}{x^2}$; $f'(x) = -\frac{2}{x^3}$; $f''(x) = \frac{6}{x^4}$

$f(1) = 1$; $f'(1) = -2$; t_p: $y = -2x + t$; da $P \in t_p$ ist, gilt $1 = -2 + t$; $t = 3$; t_p: $y = -2x + 3$

e) $f(x) = \sqrt{x}$; $f'(x) = \frac{1}{2\sqrt{x}}$; $f''(x) = -\frac{1}{4\sqrt{x^3}}$

$f(1) = 1$; $f'(1) = 0{,}5$; t_p: $y = 0{,}5x + t$; da $P \in t_p$ ist, gilt $1 = 0{,}5 - t$; $t = 0{,}5$;

t_p: $y = 0{,}5x + 0{,}5$

f) $f(x) = \frac{1}{x^2 + 1}$; $f'(x) = \frac{-2x}{(x^2 + 1)^2}$; $f''(x) = \frac{(x^2 + 1)^2 \cdot (-2) - (-2x)(4x^3 + 4x)}{(x^2 + 1)^4} =$

$= \frac{-2(x^2 + 1)^2 + 8x^2(x^2 + 1)}{(x^2 + 1)^4} = \frac{-2(x^2 + 1) + 8x^2}{(x^2 + 1)^3} = \frac{6x^2 - 2}{(x^2 + 1)^3}$

$f(1) = 0{,}5$; $f'(1) = \frac{-2}{(1 + 1)^2} = -0{,}5$; t_p: $y = -0{,}5x + t$; da $P \in t_p$ ist, gilt $0{,}5 = -0{,}5 + t$;

$t = 1$; t_p: $y = -0{,}5x + 1$

Schnittpunkt von t_p mit der x-Achse: $y = 0$; $0 = -0{,}5x + 1$; $| - 0{,}5x$ $0{,}5x = 1$; $| : 0{,}5$

$x_1 = 2$; $S_1\,(2 \mid 0)$

Steigung von n_p: 2; n_p: $y = 2x + t^*$; da $P \in n_p$ ist, gilt $0{,}5 = 2 + t^*$; $| -2$ $t^* = -1{,}5$;

n_p: $y = 2x - 1{,}5$

Schnittpunkt von n_p mit der x-Achse: $y = 0$; $2x - 1{,}5 = 0$; $| + 1{,}5$ $2x = 1{,}5$; $| : 2$

$x_2 = 0{,}75$; $S_2\,(0{,}75 \mid 0)$

$A_{S_2S_1P} = \frac{1}{2} \cdot (2 - 0{,}75) \cdot 0{,}5 = 0{,}3125$

$r_{\text{Umkreis}} = \frac{1}{2} \cdot (2 - 0{,}75) = 0{,}625$; $A_{\text{Umkreis}} = 0{,}625^2 \cdot \pi \approx 1{,}23$;

Prozentsatz: etwa $\frac{0{,}31}{1{,}23} \approx 25\,\%$

g) $f(x) = \frac{x + 3}{x - 3}$; $f'(x) = \frac{(x - 3) \cdot 1 - (x + 3) \cdot 1}{(x - 3)^2} = \frac{-6}{(x - 3)^2}$; $f''(x) = \frac{-(-6)(2x - 6)}{(x - 3)^4} = \frac{12(x - 3)}{(x - 3)^4} =$

$= \frac{12}{(x - 3)^3}$

$f(1) = -2$; $f'(1) = -1{,}5$; t_p: $y = -1{,}5x + t$; da $P \in t_p$ ist, gilt $-2 = -1{,}5 + t$; $t = -0{,}5$;

t_p: $y = -1{,}5x - 0{,}5$

h) $f(x) = (1 + 2x)^2 = 1 + 4x + 4x^2$; $f'(x) = 4 + 4 \cdot 2x = 4 + 8x$; $f''(x) = 8$

$f(1) = 9$; $f'(1) = 12$; t_p: $y = 12x + t$; da $P \in t_p$ ist, gilt $9 = 12 + t$; $t = -3$; t_p: $y = 12x - 3$

5. Bei beiden Abbildungen ist einer der beiden Graphen G_f, der andere $G_{f'}$.

a) Die rote Kurve ② ist G_f, die grüne Kurve ① ist $G_{f'}$. Begründung: Die Abszissen der Punkte von ②, in denen ② eine horizontale Tangente besitzt, stimmen mit den Nullstellen der durch ① dargestellten Funktion überein, aber nicht umgekehrt.

b) Die grüne Kurve ① ist G_f, die rote Kurve ② ist $G_{f'}$. Begründung: Die Tangentensteigung von ① nimmt zu, demgemäß ist ② steigend; umgekehrt ist dies nicht der Fall.

6. a) 1. Art: $f(x) = x^3 + 4x^2$; $f'(x) = 3x^2 + 4 \cdot 2x = 3x^2 + 8x$

2. Art: $f'(x) = 2x(x + 4) + x^2 \cdot (1 + 0) = 2x^2 + 8x + x^2 = 3x^2 + 8x$

b) 1. Art: $f(r) = 1 - 8r + 16r^2$; $f'(r) = 0 - 8 + 16 \cdot 2r = -8 + 32r$

2. Art: $f(r) = (1 - 4r)(1 - 4r)$; $f'(r) = (0 - 4)(1 - 4r) + (1 - 4r)(0 - 4) =$

$= -4 + 16r - 4 + 16r = -8 + 32r$

c) 1. Art: $f(x) = 2x - \frac{1}{x}$; $f'(x) = 2 + \frac{1}{x^2}$

2. Art: $f(x) = 2x - \frac{1}{x} = \frac{2x^2 - 1}{x}$; $f'(x) = \frac{(2 \cdot 2x - 0) \cdot x - (2x^2 - 1) \cdot 1}{x^2} = \frac{4x^2 - 2x^2 + 1}{x^2} =$

$= \frac{2x^2 + 1}{x^2} = 2 + \frac{1}{x^2}$

d) 1. Art: $f(a) = a^4 \cdot a^5 = a^9$; $f'(a) = 9a^8$

2. Art: $f'(a) = 4a^3 \cdot a^5 + a^4 \cdot 5a^4 = 4a^8 + 5a^8 = 9a^8$

7. $b = 1$, da $S_1\,(-1 \mid 0) \in G_f$ ist; $c = 2$, da $S_2\,(2 \mid 0) \in G_f$ ist. Der Graph hat eine schräge Asymptote; somit ist $n = 2 - 1 = 1$ (das Zählerpolynom hat den Grad 2).

Wegen $f(1) = -2$ ist $\frac{a(1 + 1)(1 - 2)}{1} = -2$; $a = 1$.

Als Funktionsterm ergibt sich $f(x) = \frac{(x + 1)(x - 2)}{x} = \frac{x^2 - x - 2}{x} = x - 1 - \frac{2}{x}$.

8. Für $x > 0$ gilt $\frac{f(x) - f(0)}{x - 0} = \frac{x^4 - 0}{x - 0} = \frac{x^4}{x} = x^3$; $\lim\limits_{x \to 0+} x^3 = 0$;

für $x < 0$ gilt $\frac{f(x) - f(0)}{x - 0} = \frac{x^4 - 0}{x - 0} = \frac{x^4}{x} = x^3$; $\lim\limits_{x \to 0-} x^3 = 0 = \lim\limits_{x \to 0+} x^3$:

Die Funktion f: $f(x) = |x^4|$; $D_f = \mathbb{R}$, ist also an der Stelle $x_0 = 0$ differenzierbar, und es ist $f'(0) = 0$.

9. Q (2 | 3); Gleichung der Parabel P_1: $y = a(x - 1)^2 + 2$; $Q \in P_1$:
$3 = a \cdot (2 - 1)^2 + 2$; $| -2 \quad a = 1$
P_1: $y = (x - 1)^2 + 2 = x^2 - 2x + 1 + 2 = x^2 - 2x + 3$
Steigung von P_1 (und von P_2) im Punkt Q:
1. Ableitung: $y' = 2x - 2$; an der Stelle $x = 2$: $m_{t_Q} = 4 - 2 = 2$
Gleichung der Tangente t_Q: $y = 2x + t$; $Q \in t_Q$: $3 = 2 \cdot 2 + t$; $3 = 4 + t$; $| -4 \quad t = -1$
t_Q: $y = 2x - 1$
Parabel P_2: $y = f(x) = -x^2 + bx + c$
$Q \in P_2$: $3 = -2^2 + 2b + c$; $| +4 \quad 2b + c = 7$ (I)
$f'(x) = -2x + b$; $f'(2) = -4 + b = m_{t_Q} = 2$; $b = 6$; eingesetzt in (I)
$2 \cdot 6 + c = 7$; $| - 12 \quad c = -5$
Gleichung von P_2: $y = -x^2 + 6x - 5 = -(x - 3)^2 + 9 - 5 = -(x - 3)^2 + 4$
a) Der Teil der Parabel P_1 links oberhalb des Punkts R_1 $(1 - \sqrt{2} \mid 4)$
b) Der Teil der Parabel P_2 links unterhalb des Punkts R_2 (1 | 0).

10. a) $x = 1$ ist eine doppelte Nullstelle von f; f besitzt keinen Pol, G_f also keine senkrechte Asymptote.
$\lim\limits_{x \to \pm\infty} f(x) = \lim\limits_{x \to \pm\infty} \frac{2x^2 - 4x + 2}{x^2 + 1} = \lim\limits_{x \to \pm\infty} \frac{2 - \frac{4}{x} + \frac{2}{x^2}}{1 + \frac{1}{x^2}} = 2$; G_f besitzt somit eine waagrechte Asymptote mit der Gleichung $y = 2$.
$f(x) = \frac{2x^2 - 4x + 2}{x^2 + 1}$;
Extremstellen:
$f'(x) = \frac{(4x - 4)(x^2 + 1) - (2x^2 - 4x + 2) \cdot 2x}{(x^2 + 1)^2} = \frac{4x^3 + 4x - 4x^2 - 4 - 4x^3 + 8x^2 - 4x}{(x^2 + 1)^2}$
$= \frac{4x^2 - 4}{(x^2 + 1)^2} = \frac{4(x^2 - 1)}{(x^2 + 1)^2}$
$f'(x) = 0$: $4(x^2 - 1) = 0$; $| : 4 \quad (x + 1)(x - 1) = 0$; $x_1 = -1$; $x_2 = 1$

Monotonietabelle:

x	$-\infty < x < -1$	$x = -1$	$-1 < x < 1$	$x = 1$	$1 < x < \infty$
$f'(x)$	$f'(x) > 0$	$f'(x) = 0$	$f'(x) < 0$	$f'(x) = 0$	$f'(x) > 0$
Vorzeichenwechsel von $f'(x)$	——	von + nach –	——	von – nach +	——
Graph G_f	steigend	Hochpunkt A (–1 | 4)	fallend	Tiefpunkt C (1 | 1)	steigend

Wertetabelle:

x	–5	–4	–3	–2	–1	0	1	2	3	4	5
f(x)	2,8	2,9	3,2	3,6	4,0	2,0	0,0	0,4	0,8	1,1	1,2

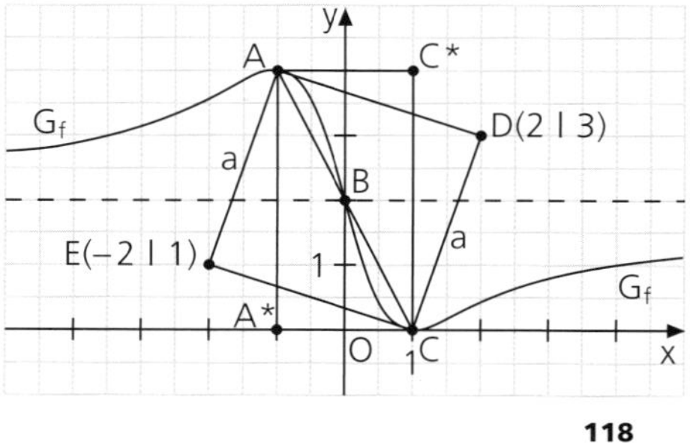

b) Tangentengleichungen:
$f(-1) = 4$; $f'(-1) = \frac{0}{4} = 0$; t_A: $y = 4$
$f(0) = 2$; $f'(0) = -4$; t_B: $y = -4x + 2$
$f(1) = 0$; $f'(1) = 0$; t_C: $y = 0$
Streckenhalbierung:
$\overline{AB} = \sqrt{1^2 + 2^2}$ LE $= \sqrt{5}$ LE; $\overline{CB} = \sqrt{1^2 + 2^2}$ LE $= \sqrt{5}$ LE; $\overline{AB} = \overline{CB}$ (I)
$m_{AC} = -\frac{4}{2} = -2$; $y = -2x + t$; da $A \in AC$ ist, gilt $4 = 2 + t$; $t = 2$; AC: $y = -2x + 2$
B liegt auf AC, da $2 = -2 = -2 \cdot 0 + 2$ ist, also ist wegen (I) B Mittelpunkt der Strecke [AC].
Rechteck AA*CC*:
A*(–1 | 0), C*(1 | 4); $A_{\text{Rechteck } AA^*CC^*} = 4 \text{ LE} \cdot 2 \text{ LE} = 8$ FE
Flächeninhalt des Quadrats:
Für die Länge d jeder der Diagonalen eines Quadrats der Seitenlälnge a gilt $d = a\sqrt{2}$.
$\overline{AC} = \sqrt{2^2 + 4^2}$ LE $= \sqrt{20}$ LE $= a\sqrt{2}$; $| : \sqrt{2}$ $\quad a = \sqrt{10}$ LE
$A_{\text{Quadrat}} = a^2 = 10$ FE
Die Quadratfläche ist um 2 FE, das sind $(\frac{2}{8} =)$ 25%, größer als die Rechtecksfläche.

11. Der Graph verläuft durch den Ursprung O (0 | 0), da $f(0) = 0$ ist.
(Weitere) gemeinsame Punkte mit der x-Achse: $x^2\left(\frac{1}{4}x^2 - \frac{4}{3}x + 2\right) = 0$; $x = 0$ (siehe oben)
$D = \frac{16}{9} - 4 \cdot \frac{1}{4} \cdot 2 = \frac{16}{9} - 2 < 0$; also hat G_f mit der x-Achse (und mit der y-Achse) nur den Ursprung gemeinsam.
Punkte von G_f, in denen die Tangente horizontal ist:
$f'(x) = \frac{1}{4} \cdot 4x^3 - \frac{4}{3} \cdot 3x^2 + 2 \cdot 2x = x^3 - 4x^2 + 4x =$
$= x(x^2 - 4x + 4) = x(x - 2)^2$
Für $x = 0$ und für $x = 2$ gilt $f'(x) = 0$;
$f(0) = 0$; $f(2) = 4 - \frac{32}{3} + 8 = \frac{4}{3}$.
Im Ursprung O (0 | 0) und im Punkt W $(2 \mid \frac{4}{3})$ besitzt G_f die horizontale Tangente t_O: $y = 0$ bzw. t_W: $y = \frac{4}{3}$.
Monotonietabelle:

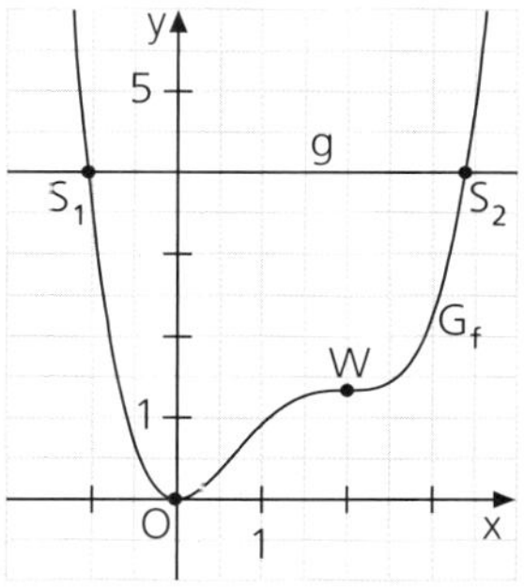

x	$-\infty < x < 0$	$x = 0$	$0 < x < 2$	$x = 2$	$2 < x < \infty$
f'(x)	$f'(x) < 0$	$f'(x) = 0$	$f'(x) > 0$	$f'(x) = 0$	$f'(x) > 0$
Vorzeichenwechsel von f'(x)	——	von – nach +	——	kein Vorzeichenwechsel	——
Graph G_f	fallend	Tiefunkt O	steigend	Terrassenpunkt W	steigend

Newton'sches Näherungsverfahren: $x_{n+1} = x_n - \frac{g(x_n)}{g'(x_n)}$; $n \in \mathbb{N}$. Dabei ist
$g(x) = \frac{1}{4}x^4 - \frac{4}{3}x^3 + 2x^2 - 4$ und $g'(x) = x(x - 2)^2$; Anfangsnäherung für x_{S_2} ist $x_1 = 3{,}5$:

n	x_n	$g(x_n)$	$g'(x_n)$	$x_n + 1$
0	3,500	0,849	7,875	3,392
1	3,392	0,070	6,575	3,381
2	3,381	0,001	6,448	3,381

$x_{S_2} \approx 3{,}38$

12. $f(x) = \frac{3}{20}x^5 - x^3$; $f'(x) = \frac{3}{20} \cdot 5x^4 - 3x^2 = \frac{3}{4}x^4 - 3x^2 = \frac{3}{4}x^2(x^2 - a) = \frac{3}{4}x^2(x+2)(x-2)$
f' besitzt nur die Nullstellen 0, −2 und 2.
Monotonietabelle:

x	$-\infty < x < -2$	$x = -2$	$-2 < x < 0$	$x = 0$	$0 < x < 2$	$x = 2$	$2 < x < \infty$
f'(x)	$f'(x) > 0$	$f'(x) = 0$	$f'(x) < 0$	$f'(x) = 0$	$f'(x) < 0$	$f'(x) = 0$	$f'(x) > 0$
Vorzeichenwechsel von f'(x)	———	von + nach −	———	kein Vorzeichenwechsel	———	von − nach +	———
Graph G_f	steigend	Hochpunkt	fallend	Terrassenpunkt	fallend	Tiefpunkt	steigend

Der Graph ② besitzt andere Extrempunkte als G_f, der Graph ③ ebenfalls; G_f wird also durch den Graphen ① dargestellt.

13. $D_{f\,max} = \mathbb{R} \setminus \{-4; 0\}$

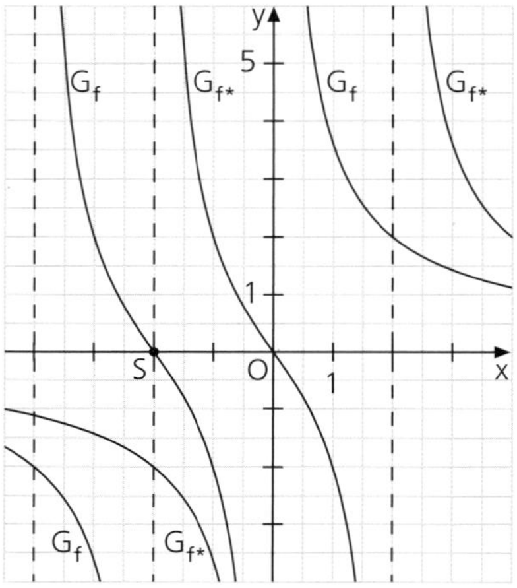

Achsenpunkte:
G_f hat mit der y-Achse keinen Punkt gemeinsam.
Gemeinsamer Punkt mit der x-Achse:
$f(x) = 0$; $6x + 12 = 0$; $| -12$
$6x = -12$; $| : 6 \quad x = -2$
S (−2 | 0)
Verhalten für $x \to \pm\infty$:

$$\lim_{x \to \pm\infty} \frac{6x + 12}{x^2 + 4x} = \lim_{x \to \pm\infty} \frac{\frac{6}{x} + \frac{12}{x^2}}{1 + \frac{4}{x}} = \frac{0}{1} = 0$$

Die x-Achse (Gleichung: y = 0) ist also horizontale Asymptote von G_f.
An den Stellen x = 0 und x = −4 hat f Pole (1. Ordnung, also Pole mit Vorzeichenwechsel:
Für $x \to -4-$ gilt $f(x) \quad -\infty$.
Für $x \to -4+$ gilt $f(x) \quad +\infty$.
Für $x \to 0-$ gilt $f(x) \quad -\infty$.
Für $x \to 0+$ gilt $f(x) \quad +\infty$.
Senkrechte Asymptoten: x = −4 und x = 0

Extrema: $f'(x) = \frac{6(x^2 + 4x) - (6x + 12)(2x + 4)}{(x^2 + 4x)^2} = \frac{6x^2 + 24x - 12x^2 - 24x - 24x - 48}{(x^2 + 4x)^2} =$

$$= \frac{-6x^2 - 24x - 48}{(x^2 + 4x)^2} = \frac{-6(x^2 + 4x + 8)}{(x^2 + 4x)^2}$$

$f'(x) = 0$: $\quad x^2 + 4x + 8 = 0$; $D = 4^2 - 4 \cdot 8 = 16 - 32 = -16 < 0$. Da f überall in D_f differenzierbar ist und f'(x) für jeden Wert von $x \in D_f$ ungleich null ist, hat G_f keine lokalen Extrempunkte.

Tangente im Punkt S(−2 | 0): $f'(-2) = \frac{-6 \cdot (4 - 8 + 8)}{[(-2)^2 + 4 \cdot (-2)]^2} = \frac{-24}{16} = \frac{-3}{2}$

t_S: $y = -1{,}5x + t$; wegen $S \in t_S$ ist $0 = -1{,}5 \cdot (-2) + t$; $| -3 \quad t = -3$
t_S: $y = -1{,}5x - 3$
Verschiebung von G_f um 2 Einheiten nach rechts: $f^*(x) = f(x - 2)$

$f^*(x) = \frac{6(x-2) + 12}{(x-2)^2 + 4(x-2)} = \frac{6x - 12 + 12}{x^2 - 4x + 4 + 4x - 8} = \frac{6x}{x^2 - 4}$; $D_{f^*} = \mathbb{R} \setminus \{-2; 2\}$

Da $f^*(-x) = \frac{6 \cdot (-x)}{(-x)^2 - 4} = -\frac{6x}{x^2 - 4} = -f^*(x)$ ist, ist G_{f^*} punktsymmetrisch zum Ursprung [und somit G_f punktsymmetrisch zum Punkt S (−2 | 0)].

Kapitel 3

William Rowan Hamilton
geb. 4. 8. 1805 in Dublin
gest. 2. 9. 1865 in Dunsink bei Dublin

Der Ire William Rowan Hamilton war ein „Wunderkind", jedoch nicht wegen seiner mathematischen Begabung, die sich erst später herausstellte, sondern weil er bereits im Alter von fünf Jahren Latein, Griechisch und Hebräisch erlernt hatte und bald danach auch Französisch und weitere Sprachen beherrschte. Ab seinem zwölften Lebensjahr wandte er sich dann der Mathematik zu und erregte 1822 Aufsehen, als er einen Fehler in der *Mécanique céleste* von P. S. de Laplace entdeckte. 1823 begann er seine Ausbildung am Trinity College in Dublin; er erhielt – ohne einen Abschluss erzielt zu haben – den Titel „Royal Astronomer of Ireland" und wurde kurz darauf Professor für Astronomie am Trinity College sowie Direktor der Sternwarte in Dunsink bei Dublin. Seit 1832 war er Mitglied der Royal Irish Academy, von 1837 bis 1845 deren Präsident.

Hamiltons wissenschaftliche Leistungen lagen zunächst auf dem Gebiet der Mechanik und der Strahlenoptik; das sogenannte „Prinzip der kleinsten Wirkung" geht auf Hamilton zurück.
In der Mathematik ist er durch die Einführung der Quaternionen bekannt geworden. Er selbst hat sie als „komplexe Zahlen höherer Art" bezeichnet. Mit der Einführung der Quaternionen wurde Hamilton zu einem der Begründer der Vektorrechnung: Die Quaternionen bilden einen vierdimensionalen Vektorraum, dessen Elemente aus einem eindimensionalen „skalaren Anteil" $a \cdot e$ und einem dreidimensionalen „vektoriellen Anteil" $b \cdot i + c \cdot j + d \cdot k$ mit den Einheiten e, i, j und k bestehen.
In zwei umfangreichen Werken (erschienen 1853 und 1866) legte Hamilton seine Ergebnisse und auch die Rechenregeln für Quaternionen dar. Quaternionen und ihre Anwendungen stellen das mathematische Hauptwerk Hamiltons dar. Angeblich ritzte Hamilton die fundamentalen Rechenregeln für Quaternionen ($i^2 = j^2 = k^2 = ijk = -1$) in eine Brücke ein, die er regelmäßig auf seinem Weg zum Observatorium in Dunsink überquerte. An dieser Brücke ist eine Gedenktafel angebracht.

Weitere mathematische Forschungsgebiete Hamiltons waren algebraische Gleichungen fünften Grads und die Theorie der Polyeder.
Bedeutend sind vor allem auch Hamiltons Arbeiten auf dem Gebiet der Theoretischen Mechanik, die ihn zur Beschreibung eines Systems von Massenpunkten durch die sogenannte Hamilton-Funktion und die Hamilton'schen Differentialgleichungen führten

Hermann Günther Graßmann
geb. 15. 4. 1809 in Stettin
gest. 26. 9. 1877 in Stettin

Hermann Günther Graßmann fiel als Kind zunächst nicht durch eine außerordentliche Begabung auf. Nach der Reifeprüfung, die er mit der besten Note bestanden hatte, begann er in Berlin ein Theologie-, Philologie- und Philosophiestudium und war nach Abschluss seines Studiums als Gymnasiallehrer in Berlin und in Stettin tätig; dabei unterrichtete er auch Mathematik und Physik. Er verfasste sogar Lehrbücher der Elementarmathematik für Volksschulen und Gymnasien und gründete 1835 eine Physikalische Gesellschaft. Auf dem Gebiet der Mathematik war er weitgehend Autodidakt.

Graßmann verfasste zunächst philologische Arbeiten, u. a. ein Wörterbuch zum Rig Veda („Lob der Weisheit"), und Volksliedersammlungen und befasste sich mit der Physik der Sprachlaute.
Die Anfänge von Graßmanns Elementen der Vektorrechnung finden sich schon in einer 1840 verfassten Arbeit über Ebbe und Flut. Die Bedeutung der mathematischen Arbeiten Graßmanns ist allerdings lange Zeit verkannt worden, was bei ihm zu einer großen Verbitterung führte.

Graßmanns *Ausdehnungslehre* aus dem Jahr 1844 enthält fast alle grundlegenden Begriffe und Sätze der Vektorrechnung (wie z. B. lineare Abhängigkeit und Unabhängigkeit, Vektorprodukt und Skalarprodukt). Jedoch wurden Graßmanns bahnbrechende Ideen nur sehr langsam zur Kenntnis genommen. Hamilton gehörte zu den ersten, die sich dazu äußerten:
„It is proper to state here that a species of non-commutative multiplication for inclined lines occurs in a very original and remarkable work by Prof. H. Grassmann which I did not meet with till after years had elapsed from the invention and communication of the quaternions … Notwithstanding these and perhaps some other coincidences of view, Prof. Grassmann's system and mine appear to be perfectly distinct and independent of each other in their conceptions, methods, and results (…)."
Erst in seinen letzten Lebensjahren erfuhr Graßmann auch für seine mathematischen Arbeiten die verdiente Anerkennung.

86

Arbeitsaufträge

1. Individuelle Lösungen; z. B.

a) A (3 | 0 | 0), B (3 | 4 | 0), C (0 | 4 | 0), D (0 | 0 | 0), E (3 | 0 | 2), F (3 | 4 | 2), G (0 | 4 | 2), H (0 | 0 | 2)

b) z. B. (a | 0 | 2); $0 < a < 3$

c) z. B. (a | b | 2); $0 < a < 3$; $0 < b < 4$

d) z. B. (a | b | c); $0 < a < 3$; $0 < b < 4$; $0 < c < 2$

2. Beispiel:

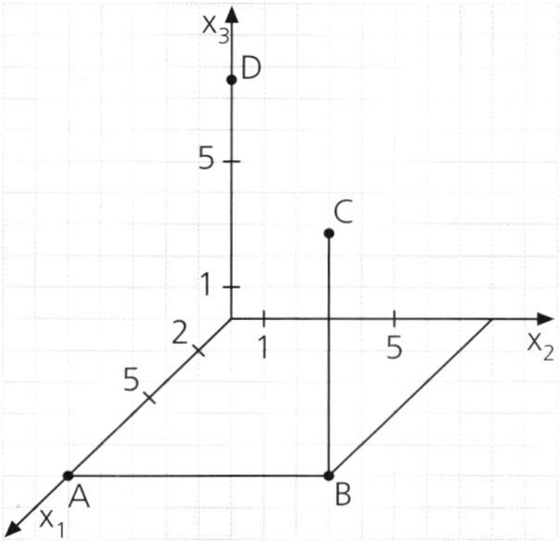

a) A (10 | 0 | 0), B (10 | 8 | 0)

b) C (10 | 8 | 7,5), D (0 | 0 | 7,5)

c) E (8 | 4 | 11), F (2 | 4 | 11)

d) G (5 | 4 | 12)

Größe φ des Neigungswinkels der beiden Dachdreiecke: $\tan \varphi = \frac{3,5}{2} = 1,75$; $\varphi \approx 60,3°$

Größe ε des Neigungswinkel der beiden Dachtrapeze: $\tan \varepsilon = \frac{3.5}{4} = 0,875$; $\varepsilon \approx 41,2° \neq \varphi$

Die Walmdachflächen besitzen nur paarweise die gleiche Neigung.

3. Individuelle Lösungen

88

- $3 \cdot 9 = 27$
- $6 \cdot 9 + 12 \cdot 3 + 8 = 98$
- Gerade parallel zur x_2-Achse durch den Punkt (–3 | 0 | 2)

L

1. F liegt in der x_1-x_2-Ebene.
E liegt auf der x_2-Achse.
R liegt auf der x_3-Achse.
M liegt in der x_2-x_3-Ebene.
A liegt in der x_1-x_3-Ebene.
T liegt auf der x_1-Achse.

Entfernungen vom Ursprung:
$\overline{OF} = \sqrt{13} \approx 3,6$ $\overline{OE} = 4$ $\overline{OR} = 8$
$\overline{OM} = \sqrt{13} \approx 3,6$ $\overline{OA} = \sqrt{10} \approx 3,2$ $\overline{OT} = 5$
Damit ist der Punkt R am weitesten und der Punkt A am wenigsten weit vom Ursprung entfernt.

2. H liegt im ersten Oktanten.
I liegt im vierten Oktanten.
L liegt im siebten Oktanten.
B liegt im fünften Oktanten.
E liegt im zweiten Oktanten.
R liegt im dritten Oktanten.
T liegt im achten Oktanten.

$\overline{OH} = \sqrt{29} < 9$: H liegt im Inneren der Kugel.
$\overline{OI} = \sqrt{50} < 9$: I liegt im Inneren der Kugel.
$\overline{OL} = 9$: H liegt auf der Kugeloberfläche.
$\overline{OB} = \sqrt{83} > 9$: B liegt außerhalb der Kugel.
$\overline{OE} = \sqrt{77} < 9$: E liegt im Inneren der Kugel.
$\overline{OR} = \sqrt{122} > 9$: E liegt außerhalb der Kugel.
$\overline{OT} = 9$: T liegt auf der Kugeloberfläche.

3. a)

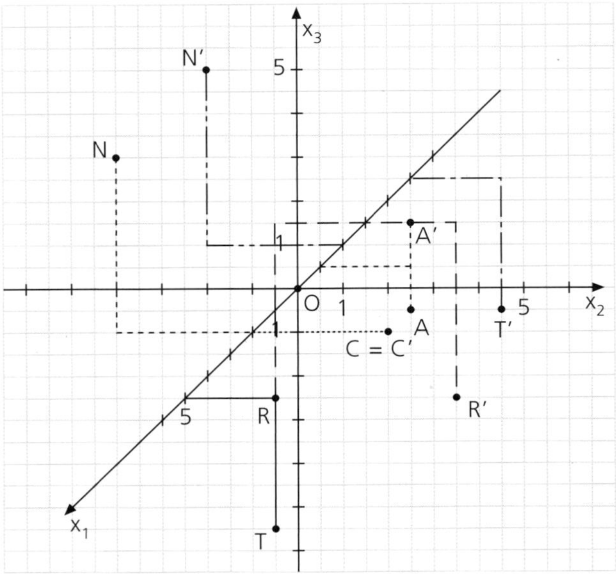

Koordinaten der Spiegelpunkte:
C′ (2 | 3 | 0) = C
A′ (−1 | 2 | 1)
N′ (−2 | −3 | 4)
T′ (−5 | 2 | −3)
O′ (0 |0 | 0) = O
R′ (−3 | 2 | −4)

b) P (a | b | c) gespiegelt

(1) an der x_1-x_2-Ebene	(2) an der x_2-x_3-Ebene	(3) an der x_3-x_1-Ebene	(4) am Ursprung	(5) an der x_1-Achse	(6) an der x_2-Achse
P_1^* (a | b | −c)	P_2^* (−a | b | c)	P_3^* (a | −b | c)	P_4^* (−a | −b | −c)	P_5^* (a | −b | −c)	P_6^* (−a | b | −c)

zu (1) a und b bleiben unverändert, c ändert (nur) das Vorzeichen.
zu (2) b und c bleiben unverändert, a ändert (nur) das Vorzeichen.
zu (3) a und c bleiben unverändert, b ändert (nur) das Vorzeichen.
zu (4) a, b und c ändern (nur) das Vorzeichen.
zu (5) a bleibt unverändert; b und c ändern (nur) das Vorzeichen.
zu (6) b bleibt unverändert; a und c ändern (nur) das Vorzeichen.

4. a) Alle Punkte P liegen in der x_1-x_2-Ebene auf der Geraden mit der Gleichung $x_2 = 2x_1$; sie verläuft durch O (0 | 0 | 0) und z. B. P_1 (1 | 2 | 0)

b) Alle Punkte P liegen in der x_2-x_3-Ebene auf der „Halbparabel" mit der Gleichung $x_3 = x_2^2$; $x_2 \geqq 0$.

c) Alle Punkte liegen in der x_2-x_3-Ebene auf der Hyperbel mit der Gleichung $x_3 = \frac{1}{x_2}$.

d) Alle Punkte liegen in der x_1-x_3-Ebene auf der Geraden mit der Gleichung $x_3 = 2x_1 - 1$.

89

5. a) R (2 | −2 | 0)
H (2 | 2 | 0)
A (−2 | 2 | 0)
E (−2 | −2 | 0)
T (2 | −2 | 4)
I (2 | 2 | 4)
C (−2 | 2 | 4)
U (−2 | −2 | 4)
S (0 | 0 | 7)

Turmvolumen: $V_{Turm} = V_{Würfel} + V_{Pyramide}$
$= (4\text{ cm})^3 + \frac{1}{3} \cdot (4\text{ cm})^2 \cdot (7 - 4)\text{ cm}$
$= 64\text{ cm}^3 + 16\text{ cm}^3 = 80\text{ cm}^3$

b) S (4 | −4 | 0) S* (−4 | −4 | 0)
T (4 | 4 | 0) T* (−4 | 4 | 0)
E (0 | 4 | 0)
V (0 | −4 | 0)
I (0 | −4 | 3)
N (0 | 4 | 3)

$A_{Prisma} = 4 \cdot A_{TEN} + 2 \cdot A_{STNI} + 2 \cdot A_{STEV}$
$= 4 \cdot \frac{1}{2} \cdot 3\text{ cm} \cdot 4\text{ cm} + 2 \cdot 8\text{ cm}\sqrt{(3\text{ cm})^2 + (4\text{ cm})^2} + 2 \cdot 8\text{ cm} \cdot 4\text{ cm}$
$= 24\text{ cm}^2 + 80\text{ cm}^2 + 64\text{ cm}^2$
$= 168\text{ cm}^2$

6. a) Der Rotationskörper ist ein Kegel mit der Spitze L.
$V_1 = V_{Kegel} = \frac{1}{3} \cdot \pi \cdot (6\text{ cm})^2 \cdot 8\text{ cm} = 96\pi\text{ cm}^3 \approx 301{,}6\text{ cm}^3$

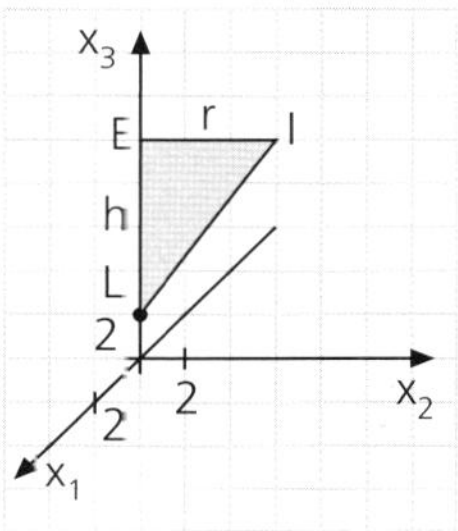

Mantellinie des Kegel: $s = \sqrt{(8\text{ cm})^2 + (6\text{ cm})^2} = 10\text{ cm}$
Radiuslänge der Grundfläche: $r = 6\text{ cm}$
$A_1 = A_{Kegel} = \pi r^2 + \pi rs = \pi r(r + s) = 6\text{ cm} \cdot \pi\,(6\text{ cm} + 10\text{ cm}) =$
$= 96\pi\text{ cm}^2$
$\approx 301{,}6\text{ cm}^2$

b) Es entsteht der Restkörper, der übrig bleibt, wenn man aus einem geraden Kreiszylinder einen geraden Kreiskegel herausschneidet.
$V_2 = V_{Restkörper} = V_{Zylinder} - V_{Kegel}$
$= \pi \cdot (8\text{ cm})^2 \cdot 6\text{ cm} - \frac{1}{3} \cdot \pi\,(8\text{ cm})^2 \cdot 6\text{ cm}$
$= \frac{2}{3}\pi \cdot (8\text{ cm})^2 \cdot 6\text{ cm}$
$= 256\pi\text{ cm}^3 \approx 804{,}2\text{ cm}^3$
Länge der Mantellinie des Kegels: $s = 10\text{ cm}$
Radiuslänge der Grundfläche: $r = 8\text{ cm}$
Höhe des Kegels: $h = 6\text{ cm}$
$A_2 = A_{Restkörper} = \pi r^2 + 2\pi r \cdot h + \pi rs$
$= \pi r(r + 2h + s) = \pi \cdot 8\text{ cm} \cdot (8\text{ cm} + 12\text{ cm} + 10\text{ cm}) =$
$= 240\,\pi\text{ cm}^2 \approx 754{,}0\text{ cm}^2$
Vergleich der Volumina und Oberflächen:
$V_1 : V_2 = 96\pi : 256\pi = 3 : 8$
$A_1 : A_2 = 96\pi : 240\pi = 2 : 5$
$V_{Kegel} = \frac{3}{8} \cdot V_{Restkörper}$
$A_{Kegel} = \frac{2}{5} \cdot A_{Restkörper}$
d. h. der Kegel hat 37,5% des Restkörpervolumens und 40% der Restkörperoberfläche.

7.

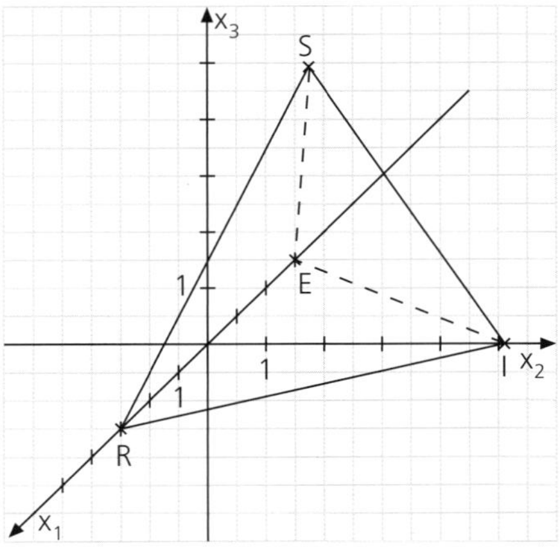

$\overline{RI} = \sqrt{(-3)^2 + (3\sqrt{3})^2 + 0^2}\ \text{cm} = 6\ \text{cm}$

$\overline{IE} = \sqrt{(-3)^2 + (-3\sqrt{3})^2 + 0^2}\ \text{cm} = 6\ \text{cm}$

$\overline{ER} = \sqrt{6^2 + 0^2 + 0^2}\ \text{cm} = 6\ \text{cm}$

$\overline{RS} = \sqrt{(-3)^2 + (\sqrt{3})^2 + (2\sqrt{6})^2}\ \text{cm} = 6\ \text{cm}$

$\overline{IS} = \sqrt{0^2 + (\sqrt{3} - 3\sqrt{3})^2 + (2\sqrt{6})^2}\ \text{cm} = 6\ \text{cm}$

$\overline{ES} = \sqrt{3^2 + (\sqrt{3})^2 + (2\sqrt{6})^2}\ \text{cm} = 6\ \text{cm}$

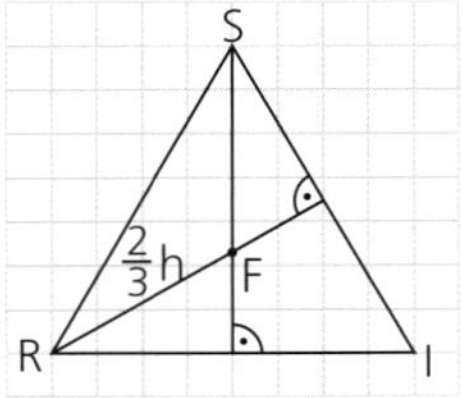

F: Fußpunkt der Pyramidenhöhe

$\overline{RF} = \frac{2}{3}h$

$$V_{\text{Tetraeder}} = \frac{1}{3} \cdot G \cdot h$$

$$= \frac{1}{3} \cdot \frac{a^2}{4}\sqrt{3} \cdot \sqrt{\frac{2}{3}}\,a;\ a = \overline{RI} = 6\ \text{cm}$$

$$= \frac{\sqrt{2}}{12}a^3 = \frac{\sqrt{2}}{12} \cdot (6\ \text{cm})^3 = 18\sqrt{2}\ \text{cm}^3 \approx 25{,}5\ \text{cm}^3$$

$$h = \sqrt{a^2 - \left(\frac{2}{3} \cdot a\,\frac{\sqrt{3}}{2}\right)^2} = \sqrt{\frac{2}{3}}\,a$$

$$A_{\text{Tetraeder}} = 4 \cdot A_{\text{gleichseitiges Dreieck}} = 4 \cdot \frac{a^2}{4}\sqrt{3} = \sqrt{3}\,a^2 = 36\sqrt{3}\ \text{cm}^2 \approx 62{,}4\ \text{cm}^2$$

8. a) Beispiel für eine mögliche Lösung:

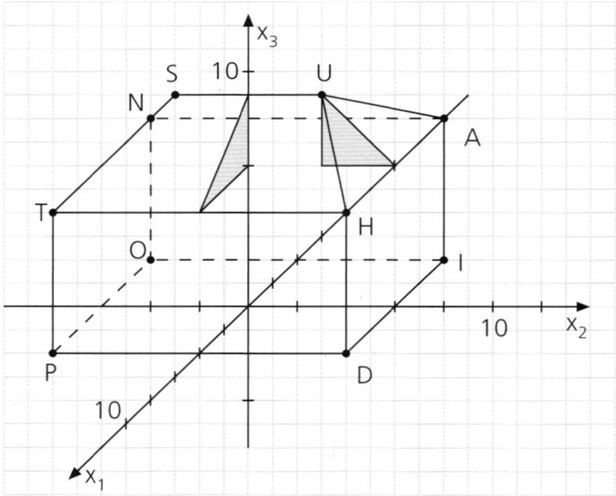

D (4 | 6 | 0)	A (−4 | 6 | 6)
I (−4 | 6 | 0)	N (−4 | −6 | 6)
O (−4 | −6 | 0)	T (4 | −6 | 6)
P (4 | −6 | 0)	U (0 | 3 | 9)
H (4 | 6 | 6)	S (0 | −3 | 9)

b) $V_{\text{DIOPHANTUS}} = V_{\text{Quader}} + V_{\text{Prisma}} + 2 \cdot V_{\text{Pyramide}} =$

$= 12\ \text{m} \cdot 8\ \text{m} \cdot 6\ \text{m} + \frac{1}{2} \cdot 8\ \text{m} \cdot 3\ \text{m} \cdot 6\ \text{m} + 2 \cdot \frac{1}{3} \cdot 8\ \text{m} \cdot 3\ \text{m} \cdot 3\ \text{m} = 696\ \text{m}^3$

c) Dachtrapeze:

$h_{\text{Trapez THUS}} = \sqrt{(4\ \text{m}^2) + (3\ \text{m})^2} = 5\ \text{m};$

$A_{\text{Trapez THUS}} = \frac{12\ \text{m} + 6\ \text{m}}{2} \cdot 5\ \text{m} = 45\ \text{m}^2$

Dachdreiecke:

$h_{\text{Dreiecke HAU}} = \sqrt{(3\ \text{m})^2 + (3\ \text{m})^2} = 3\sqrt{2}\ \text{m};$

$A_{\text{Dreiecke HAU}} = \frac{1}{2} \cdot 8\ \text{m} \cdot 3\sqrt{2}\ \text{m} = 12\sqrt{2}\ \text{m}$

Dachflächeninhalt:

$A = 2A_{\text{Trapez THUS}} + 2A_{\text{Dreiecke HAU}}$

$= 2 \cdot 45\ m^2 + 2 \cdot 12\sqrt{2}\ m^2$

$= 90\ m^2 + 24\sqrt{2}\ m^2 \approx 124\ m^2$

Gesamtleistung:

$P \approx 124\ m^2 \cdot 200\ \frac{W}{m^2} = 24{,}8\ kW \approx 25\ kW$

9. a) L (0 | 24 | 0) A (0 | −4 | 0)
T (−4 | 20 | 0) I (0 | 20 | 10)
R (−4 | 0 | 0)

b) Berechnung von α:
F: Mittelpunkt der Strecke [ET]
Im rechtwinkligen Dreieck FLI gilt:

$\tan\alpha = \frac{\overline{IF}}{\overline{FL}} = \frac{10}{4};\quad \alpha \approx 68{,}2°$

Berechnung des Volumens:

$V_{\text{Halde}} = V_{\text{Kreiskegel}} + V_{\text{Prisma}} =$

$= \frac{1}{3}\pi \cdot (20\ m)^2 \cdot 50\ m + \frac{1}{2} \cdot 40\ m \cdot 50\ m \cdot 100\ m =$

$= \frac{20\,000}{3}\pi\ m^3 + 100\,000\ m^3 =$

$= 120\,943{,}95\ldots\ m^3 \approx 121\,000\ m^3$

W

W1
- Die Addition ist kommutativ: $a + b = b + a$ für alle $a, b \in \mathbb{R}$
- Die Subtraktion ist nicht kommutativ: $5 - 3 \neq 3 - 5$
- Die Multiplikation ist kommutativ: $a \cdot b = b \cdot a$ für alle $a, b \in \mathbb{R}$
- Die Division ist nicht kommutativ: $3 : 5 \neq 5 : 3$

W2 Für $0° \leqq \alpha \leqq 180°$ besitzt die Gleichung
(1) zwei Lösungen ($\alpha = 30°$ und $\alpha = 150°$).
(2) keine Lösung.
(3) genau eine Lösung ($\alpha = 135°$).
(4) genau eine Lösung ($\alpha = 60°$).

W3 $D = 64 - 4k$

Die Gleichung besitzt für $D > 0$, also für $k < 16$, zwei Lösungen.

$1 = \frac{-8 + \sqrt{64 - 4k}}{2}$,

$10 = \sqrt{64 - 4k}$

$36 = -4k$

$k = -9$

$x_2 = \frac{-8 - \sqrt{64 - 4 \cdot (-9)}}{2} = -9$

90

Arbeitsaufträge

1. Dieselben Koordinaten werden jeweils um gleich viel verändert:
x_1 um −5; x_2 um −6 und x_3 um +2. Ergebnis:
B′ (0 | 4 | 2), C′ (−3 | 1 | 2), D′ (−1 | 1 | 6), F′ (−1 | 1 | 2).

2. a) A (2 | 2 | 0), B (−2 | 2 | 0), C (−2 | −2 | 0), D (2 | −2 | 0), E (0 | 0 | 4), F (0 | 0 | −4)
b) $\overrightarrow{AB} = \overrightarrow{DC}$; $\overrightarrow{AD} = \overrightarrow{BC}$; $\overrightarrow{AE} = \overrightarrow{FC}$; $\overrightarrow{AF} = \overrightarrow{EC}$
c) $\overline{OC}^2 = 2^2 + 2^2 = 8$; $\overline{PC}^2 = \overline{OC}^2 + \overline{OP}^2 = 8 + 3^2 = 17$;
$\overline{PC} = \sqrt{17} \approx 4{,}1$
d) $A = 8 \cdot \frac{1}{2} \cdot 4 \cdot \sqrt{2^2 + 4^2} = 32\sqrt{5} \approx 72$
$V = 2 \cdot \frac{1}{3} \cdot 4^2 \cdot 4 = \frac{128}{3} = 42\frac{2}{3} \approx 43$

3. Individuelle lösungen

93

- Die Strecke [AB] und der Vektor $\overrightarrow{AB}$ sind gleich lang. Allerdings besitzt $\overrightarrow{AB}$ im Gegensatz zu [AB] eine Orientierung.
- P (2 | 3) ist ein Punkt im Koordinatensystem, $\vec{P}$ der zugehörige Ortsvektor.

L

1. a) $\overrightarrow{AB} = \begin{pmatrix} -1-4 \\ 6-3 \end{pmatrix} = \begin{pmatrix} -5 \\ 3 \end{pmatrix}$; $\overrightarrow{BA} = \begin{pmatrix} 4-(-1) \\ 3-6 \end{pmatrix} = \begin{pmatrix} 5 \\ -3 \end{pmatrix}$
b) $\overrightarrow{AB} = \begin{pmatrix} -4-(-2) \\ 1-5 \end{pmatrix} = \begin{pmatrix} -2 \\ -4 \end{pmatrix}$; $\overrightarrow{BA} = \begin{pmatrix} -2-(-4) \\ 5-1 \end{pmatrix} = \begin{pmatrix} 2 \\ 4 \end{pmatrix}$
c) $\overrightarrow{AB} = \begin{pmatrix} 4-(-4) \\ 1-0 \end{pmatrix} = \begin{pmatrix} 8 \\ 1 \end{pmatrix}$; $\overrightarrow{BA} = \begin{pmatrix} -4-4 \\ 0-1 \end{pmatrix} = \begin{pmatrix} -8 \\ -1 \end{pmatrix}$
d) $\overrightarrow{AB} = \begin{pmatrix} 4-2 \\ -4-(-4) \\ 0-(-5) \end{pmatrix} = \begin{pmatrix} 2 \\ 0 \\ 5 \end{pmatrix}$; $\overrightarrow{BA} = \begin{pmatrix} 2-4 \\ -4-(-4) \\ -5-0 \end{pmatrix} = \begin{pmatrix} -2 \\ 0 \\ -5 \end{pmatrix}$
e) $\overrightarrow{AB} = \begin{pmatrix} -4-0 \\ -8-8 \\ 0-(-2) \end{pmatrix} = \begin{pmatrix} -4 \\ -16 \\ 2 \end{pmatrix}$; $\overrightarrow{BA} = \begin{pmatrix} 0-(-4) \\ 8-(-8) \\ -2-0 \end{pmatrix} = \begin{pmatrix} 4 \\ 16 \\ -2 \end{pmatrix}$

Man erhält $\overrightarrow{BA}$ aus $\overrightarrow{AB}$, indem man bei allen Koordinaten das Vorzeichen ändert.

2. a) $\overrightarrow{AB} = \begin{pmatrix} 4 \\ 1 \\ -2 \end{pmatrix} = \begin{pmatrix} b_1-0 \\ b_2-3 \\ b_3-6 \end{pmatrix}$; B (4 | 4 | 4)
$\overrightarrow{OA} = \begin{pmatrix} 0 \\ 3 \\ 6 \end{pmatrix}$; $\overrightarrow{OB} = \begin{pmatrix} 4 \\ 4 \\ 4 \end{pmatrix}$
b) $\overrightarrow{AB} = \begin{pmatrix} 4 \\ 1 \\ -2 \end{pmatrix} = \begin{pmatrix} 2-a_1 \\ 3-a_2 \\ -5-a_3 \end{pmatrix}$; A (−2 | 2 | −3)
$\overrightarrow{OA} = \begin{pmatrix} -2 \\ 2 \\ -3 \end{pmatrix}$; $\overrightarrow{OB} = \begin{pmatrix} 2 \\ 3 \\ -5 \end{pmatrix}$
c) $\overrightarrow{AB} = \begin{pmatrix} 4 \\ 1 \\ -2 \end{pmatrix} = \begin{pmatrix} b_1-2 \\ 0-a_2 \\ 7-a_3 \end{pmatrix}$; A (2 | −1 | 9); B (6 | 0 | 7)
$\overrightarrow{OA} = \begin{pmatrix} 2 \\ -1 \\ 9 \end{pmatrix}$ und $\overrightarrow{OB} = \begin{pmatrix} 6 \\ 0 \\ 7 \end{pmatrix}$
d) $\overrightarrow{AB} = \begin{pmatrix} 4 \\ 1 \\ -2 \end{pmatrix} = \begin{pmatrix} -a-a \\ a-(-3) \\ 3a-2a \end{pmatrix} = \begin{pmatrix} -2a \\ a+3 \\ a \end{pmatrix}$; a = −2
A (−2 | −3 | −4); B (2 | −2 | −6)
$\overrightarrow{OA} = \begin{pmatrix} -2 \\ -3 \\ -4 \end{pmatrix}$; $\overrightarrow{OB} = \begin{pmatrix} 2 \\ -2 \\ -6 \end{pmatrix}$

3. a)

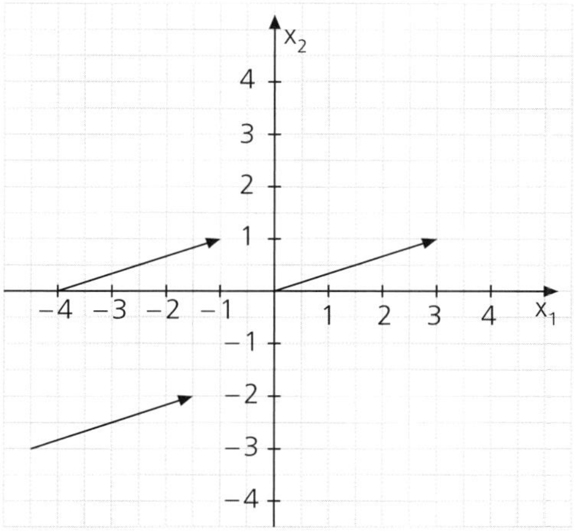

b)

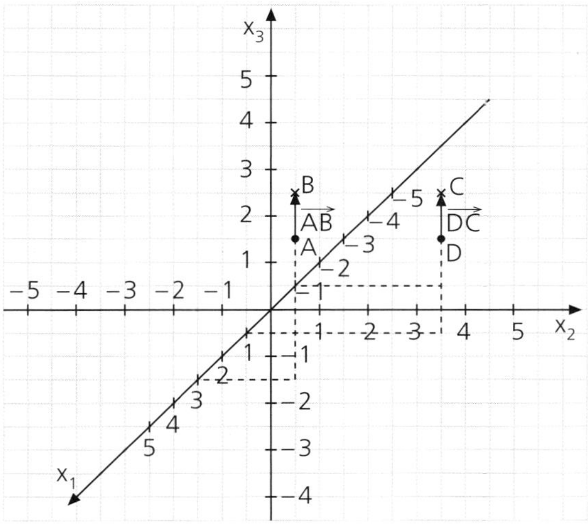

$\overrightarrow{AB} = \begin{pmatrix} 2 \\ 1 \\ 2 \end{pmatrix}$

$\overrightarrow{DC} = \begin{pmatrix} -2 \\ -1 \\ 0 \end{pmatrix}$

4. a)

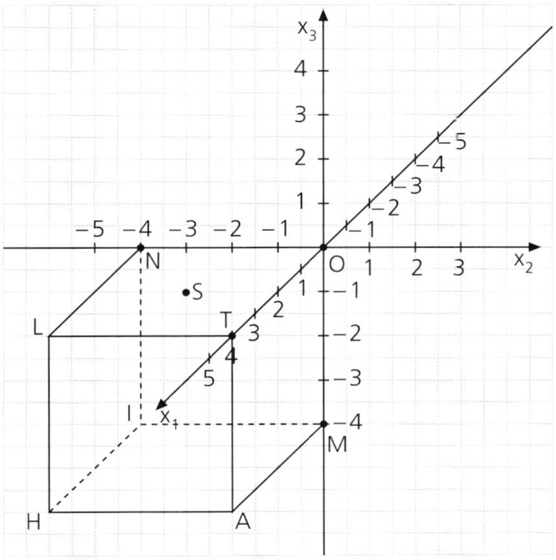

H (4 | −4 | −4)
A (4 | 0 | −4)
M (0 | 0 | −4)
I (0 | −4 | −4)
L (4 | −4 | 0)
T (4 | 0 | 0)
O (0 | 0 | 0)
N (0 | −4 | 0)

$\overrightarrow{OM} = \begin{pmatrix} 0 \\ 0 \\ -4 \end{pmatrix}$; $\overrightarrow{OL} = \begin{pmatrix} 4 \\ -4 \\ 0 \end{pmatrix}$; $\overrightarrow{MH} = \begin{pmatrix} 4 \\ -4 \\ 0 \end{pmatrix}$; $\overrightarrow{IA} = \begin{pmatrix} 4 \\ 4 \\ 0 \end{pmatrix}$; $\overrightarrow{NT} = \begin{pmatrix} 4 \\ 4 \\ 0 \end{pmatrix}$; $\overrightarrow{LA} = \begin{pmatrix} 0 \\ 4 \\ -4 \end{pmatrix}$ $\overrightarrow{AN} = \begin{pmatrix} -4 \\ -4 \\ 4 \end{pmatrix}$

b) Die Seitenflächen der Pyramide bestehen aus vier gleichschenkligen Dreiecken der Höhe $h_s = \sqrt{4^2 + 2^2} = 2 \cdot \sqrt{5}$

$$A_{HAMIS} = 4 \cdot \frac{1}{2} \cdot |\overrightarrow{AH}| \cdot h_s + G = 4 \cdot \frac{1}{2} \cdot 4 \cdot 2\sqrt{5} + 16 = 16(1 + \sqrt{5}) = \approx 51{,}8$$

$$V_{HAMIS} = \frac{1}{3} \cdot G \cdot h = \frac{1}{3} \cdot 16 \cdot 4 = \frac{64}{3} = 21\frac{1}{3}$$

5. Ein Viereck ist genau dann ein Parallelogramm, wenn die gegenüberliegenden Seiten jeweils parallel sind.

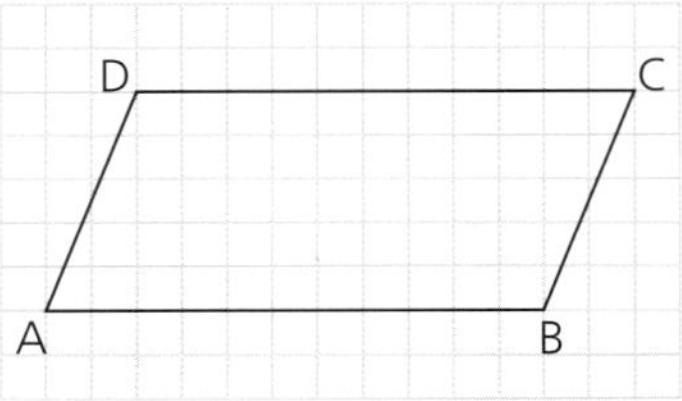

a) $\overrightarrow{AD} = \begin{pmatrix}1\\1\\2\end{pmatrix}$; $\overrightarrow{BC} = \begin{pmatrix}1\\1\\2\end{pmatrix} = \overrightarrow{AD}$;

$\overrightarrow{AB} = \begin{pmatrix}-6\\4\\-7\end{pmatrix}$; $\overrightarrow{DC} = \begin{pmatrix}-6\\4\\-7\end{pmatrix} = \overrightarrow{AB}$

Die Punkte A, B, C und D bilden also ein Parallelogramm.

Projektion auf die x_1-x_2-Ebene:
A* (5 | –2 | 0); B* (–1 | 2 | 0); C* (0 | 3 | 0); D* (6 | –1 | 0)

b) $\overrightarrow{AD} = \begin{pmatrix}0\\0\\5\end{pmatrix}$; $\overrightarrow{BC} = \begin{pmatrix}0\\0\\5\end{pmatrix} = \overrightarrow{AD}$

$\overrightarrow{AB} = \begin{pmatrix}4\\4\\2\end{pmatrix}$; $\overrightarrow{DC} = \begin{pmatrix}4\\4\\0\end{pmatrix} = \overrightarrow{AB}$

Die Punkte A, B, C und D bilden also ein Parallelogramm.

Projektion auf die x_1-x_3-Ebene: A* (3 | 0 | 1); B* (7 | 0 | 3); C* (7 | 0 | 8); D* (3 | 0 | 6)

W

W1 Es ist $-1 \leqq \cos x \leqq 1$ für $x \in \mathbb{R}$. Man erhält als maximalen Wert von $|3 \cos x - 4|$ für $\cos x = -1$ den Wert 7.

W2 In jedem Dreieck ABC mit den Seitenlängen a, b, c ist die Summe von zwei Seitenlängen stets größer als die dritte Seitenlänge, d. h. es gilt immer:
$a + b > c$; $b + c > a$; und $c + a > b$.

Beispiel:

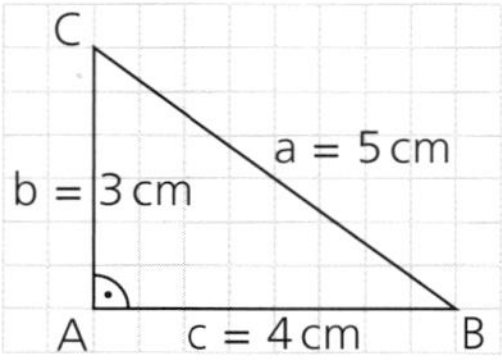

Es gilt: $\underbrace{a + b}_{8\,cm} > \underbrace{c}_{4\,cm}$ $\quad \underbrace{b + c}_{7\,cm} > \underbrace{a}_{5\,cm}$ $\quad \underbrace{c + a}_{9\,cm} > \underbrace{b}_{3\,cm}$

W3 Planfigur:

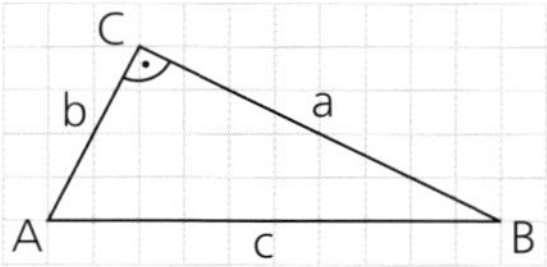

$c = 68$ cm

$\frac{a}{b} = \frac{8}{15}$; $a = \frac{8}{15} b$

Satz von Pythagoras: $a^2 + b^2 = c^2$

$\left(\frac{8}{15} b\right)^2 + b^2 = (68\text{ cm})^2$;

$\frac{289}{225} b^2 = 4\,624\text{ cm}^2$;

$b^2 = 3\,600\text{ cm}^2$; $b = 60$ cm $\quad (b > 0)$

$a = \frac{8}{15} b = \frac{8}{15} \cdot 60\text{ cm} = 32$ cm

Antwort: Die Kathete a ist 32 cm, die Kathete b ist 60 cm lang.

94

Arbeitsaufträge

1.

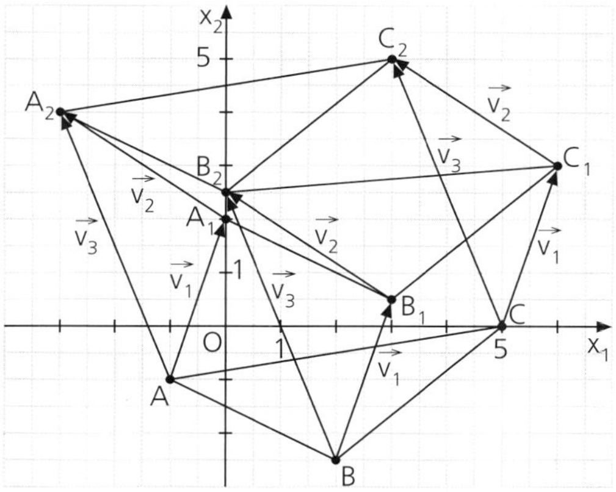

a) $A_1\,(0 \mid 2)$, $B_1\,(3 \mid 0{,}5)$, $C_1\,(6 \mid 3)$;
$A_2\,(-3 \mid 4)$, $B_2\,(0 \mid 2{,}5)$, $C_2\,(3 \mid 5)$

b) $\vec{v_3} = \begin{pmatrix} -2 \\ 5 \end{pmatrix}$

c)

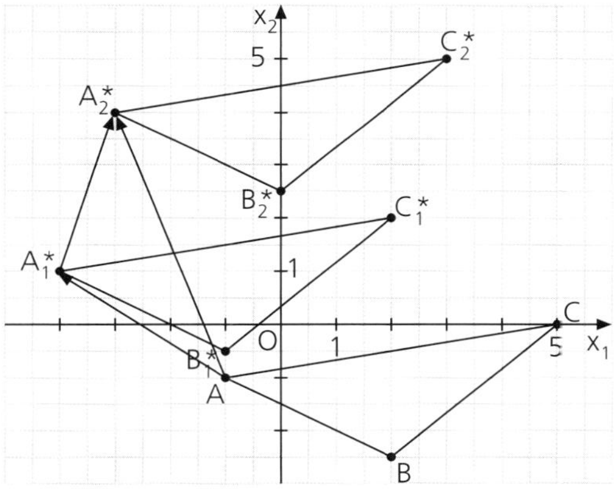

$A_2^*\,(-3 \mid 4) = A_2$; $B_2^*\,(0 \mid 2{,}5) = B_2$; $C_2^*\,(3 \mid 5) = C_2$

2.

$\overrightarrow{AC} = \vec{C} = \overrightarrow{AB} + \overrightarrow{AD} =$

$= \begin{pmatrix} 1 \\ 6 \\ -1 \end{pmatrix} + \begin{pmatrix} -4 \\ 1 \\ -1 \end{pmatrix} = \begin{pmatrix} -3 \\ 7 \\ -2 \end{pmatrix}$;

$C\,(-3 \mid 7 \mid -2)$

$\overrightarrow{AF} = \vec{F} = \overrightarrow{AB} + \overrightarrow{AE} =$

$= \begin{pmatrix} 1 \\ 6 \\ -1 \end{pmatrix} + \begin{pmatrix} 5 \\ 3 \\ 7{,}5 \end{pmatrix} = \begin{pmatrix} 6 \\ 9 \\ 6{,}5 \end{pmatrix}$;

$F\,(6 \mid 9 \mid 6{,}5)$

$\overrightarrow{AG} = \vec{G} = \overrightarrow{AB} + \overrightarrow{AD} + \overrightarrow{AE} =$

$= \begin{pmatrix} 1 \\ 6 \\ -1 \end{pmatrix} + \begin{pmatrix} -4 \\ 1 \\ -1 \end{pmatrix} + \begin{pmatrix} 5 \\ 3 \\ 7{,}5 \end{pmatrix} = \begin{pmatrix} 2 \\ 10 \\ 5{,}5 \end{pmatrix}$;

$G\,(2 \mid 10 \mid 5{,}5)$

$\overrightarrow{AH} = \vec{H} = \overrightarrow{AD} + \overrightarrow{AE} =$

$= \begin{pmatrix} -4 \\ 1 \\ -1 \end{pmatrix} + \begin{pmatrix} 5 \\ 3 \\ 7{,}5 \end{pmatrix} = \begin{pmatrix} 1 \\ 4 \\ 6{,}5 \end{pmatrix}$;

$H\,(1 \mid 4 \mid 6{,}5)$

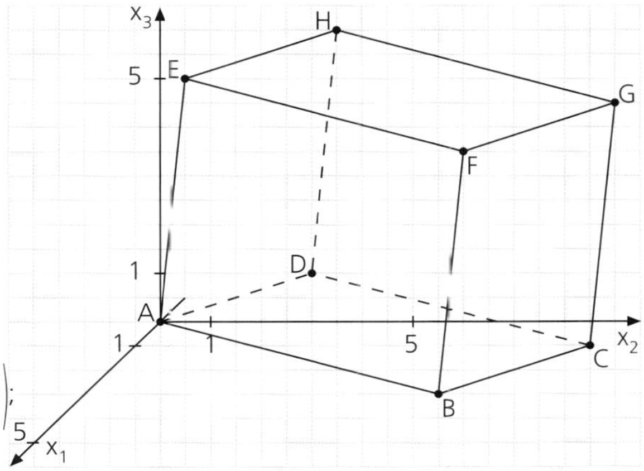

Individuelle Erläuterungen

3. Mix 1 enthält 1 Packung Chips
1 Packung Erdnüsse
1 Packung Salzbrezeln und
1 Packung Cracker
Mix 2 enthält 5 Packungen Chips
1 Packung Erdnüsse
3 Packungen Salzbrezeln und
2 Packungen Cracker
Mix 3 enthält 3 Packungen Chips
2 Packungen Erdnüsse
1 Packung Salzbrezeln und
0 Packungen Cracker

$10\,\vec{m}_1 + 5\,\vec{m}_2 + 3\,\vec{m}_3$:
Anzahl der Pakungen

Chips:	$10 \cdot 1 + 5 \cdot 5 + 3 \cdot 3 = 44$
Erdnüsse:	$10 \cdot 1 + 5 \cdot 1 + 3 \cdot 2 = 21$
Salzbrezeln:	$10 \cdot 1 + 5 \cdot 3 + 3 \cdot 1 = 28$
Cracker:	$10 \cdot 1 + 5 \cdot 2 + 3 \cdot 0 = 20$

Individuelle Erläuterungen

97

- Wenn man den Fuß des Vektors $\vec{b}$ an die Spitze des Vektors $\vec{a}$ heftet, erhält man den Vektor $\vec{c}$ als Pfeil, der vom Fuß des Vektors $\vec{a}$ zur Spitze des Vektors $\vec{b}$ zeigt.

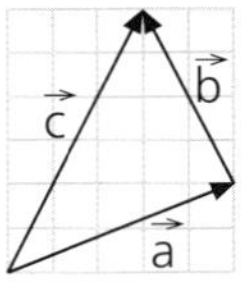

- Addiert man zwei Vektoren, so ist das Ergebnis ein Vektor (und keine Zahl); möglich wäre z. B. $\vec{a} + \vec{b} = \vec{o}$, falls $\vec{b} = -\vec{a}$ ist.
- $\vec{a} + \vec{b} = 4\vec{a}$; $\mid -\vec{a}$
  $\vec{b} = 3\vec{a}$ (1)
  $\vec{a} - \vec{b} = 2\vec{a}$; also wegen (1): $\vec{a} - 3\vec{a} = 2\vec{a}$; $-2\vec{a} = 2\vec{a}$; $\mid +2\vec{a}$
  $\vec{o} = 4\vec{a}$; $\mid : 4$ $\quad \vec{a} = \vec{o}$: $\vec{a}$ [und – wegen (1) – auch $\vec{b}$] hat die Länge 0.

L

1. $\vec{a} = \begin{pmatrix} 1 \\ 3 \end{pmatrix}$ $\quad \vec{b} = \begin{pmatrix} 2 \\ 2 \end{pmatrix}$ $\quad \vec{c} = \begin{pmatrix} 3 \\ 0 \end{pmatrix}$ $\quad \vec{d} = \begin{pmatrix} 0 \\ -3 \end{pmatrix}$ $\quad \vec{e} = \begin{pmatrix} -3 \\ -2 \end{pmatrix}$

a) $\vec{a} - \vec{b} = \begin{pmatrix} 1-2 \\ 3-2 \end{pmatrix} = \begin{pmatrix} -1 \\ 1 \end{pmatrix}$

b) $\vec{c} + \vec{d} = \begin{pmatrix} 3+0 \\ 0+(-3) \end{pmatrix} = \begin{pmatrix} 3 \\ -3 \end{pmatrix}$

c) $2\vec{a} + \vec{e} = \begin{pmatrix} 2+(-3) \\ 6+(-2) \end{pmatrix} = \begin{pmatrix} -1 \\ 4 \end{pmatrix}$

d) $-\vec{a} - \vec{b} + \vec{c} - \vec{e} = \begin{pmatrix} -1-2+3-(-3) \\ -3-2+0-(-2) \end{pmatrix} = \begin{pmatrix} 3 \\ -3 \end{pmatrix}$

e) $2\vec{c} + \vec{d} - \vec{a} = \begin{pmatrix} 6+0-1 \\ 0+(-3)-3 \end{pmatrix} = \begin{pmatrix} 5 \\ -6 \end{pmatrix}$

2. $\vec{a} = \begin{pmatrix} -2 \\ -2 \end{pmatrix}$; $\vec{b} = \begin{pmatrix} -2 \\ 0 \end{pmatrix}$; $\vec{c} = \begin{pmatrix} 2 \\ -2 \end{pmatrix}$; $\vec{d} = \begin{pmatrix} 0 \\ 2 \end{pmatrix}$; $\vec{e} = \begin{pmatrix} 2 \\ 1 \end{pmatrix}$

a) $\vec{a} + \vec{b} = \begin{pmatrix} -2+(-2) \\ -2+0 \end{pmatrix} = \begin{pmatrix} -4 \\ -2 \end{pmatrix} = -2\vec{e}$ ✓

b) $\vec{b} + \vec{d} = \begin{pmatrix} -2+0 \\ 0+2 \end{pmatrix} = \begin{pmatrix} -2 \\ 2 \end{pmatrix} = -\begin{pmatrix} 2 \\ -2 \end{pmatrix} = -\vec{c}$ ✓

c) $2\vec{a} + \vec{d} - \vec{c} = \begin{pmatrix} -4+0-2 \\ -4+2-(-2) \end{pmatrix} = \begin{pmatrix} -6 \\ 0 \end{pmatrix} \neq 2 \cdot \begin{pmatrix} -6 \\ 1 \end{pmatrix}$

d) $\vec{a} - \vec{b} + \vec{c} + \vec{d} = \begin{pmatrix} -2-(-2)+2+0 \\ -2-0+(-2)+2 \end{pmatrix} = \begin{pmatrix} 2 \\ -2 \end{pmatrix}$;

$\vec{e} - \begin{pmatrix} 0 \\ 3 \end{pmatrix} = \begin{pmatrix} 2-0 \\ 1-3 \end{pmatrix} = \begin{pmatrix} 2 \\ -2 \end{pmatrix} = \vec{a} - \vec{b} + \vec{c} + \vec{d}$ ✓

e) $\vec{b} + \vec{c} + \vec{d} = \begin{pmatrix} -2+2+0 \\ 0+(-2)+2 \end{pmatrix} = \begin{pmatrix} 0 \\ 0 \end{pmatrix} = \vec{o}$ ✓

f) $\vec{a} - 2\vec{b} = \begin{pmatrix} -2-(-4) \\ -2-0 \end{pmatrix} = \begin{pmatrix} 2 \\ -2 \end{pmatrix} = \vec{c}$ ✓

Von diesen sechs Gleichungen ist also nur die Gleichung c) falsch.

3. $\vec{a} = \begin{pmatrix} 2 \\ 2 \end{pmatrix}$, $\vec{b} = \begin{pmatrix} 2 \\ 1 \end{pmatrix}$ und $\vec{c} = \begin{pmatrix} -1 \\ 0 \end{pmatrix}$

Rechnerische Lösung:

a) $\vec{a} + \vec{b} = \begin{pmatrix} 2+2 \\ 2+1 \end{pmatrix} = \begin{pmatrix} 4 \\ 3 \end{pmatrix}$

b) $\vec{b} + \vec{c} = \begin{pmatrix} 2+(-1) \\ 1+0 \end{pmatrix} = \begin{pmatrix} 1 \\ 1 \end{pmatrix}$

c) $2\vec{b} - 1{,}5\vec{a} = \begin{pmatrix} 4 \\ 2 \end{pmatrix} - \begin{pmatrix} 3 \\ 3 \end{pmatrix} = \begin{pmatrix} 4-3 \\ 2-3 \end{pmatrix} =$
$= \begin{pmatrix} 1 \\ -1 \end{pmatrix}$

d) $\vec{b} - \vec{a} + \vec{c} = \begin{pmatrix} 2-2+(-1) \\ 1-2+0 \end{pmatrix} = \begin{pmatrix} -1 \\ -1 \end{pmatrix}$

e) $2\vec{a} - \vec{b} = \begin{pmatrix} 4-2 \\ 4-1 \end{pmatrix} = \begin{pmatrix} 2 \\ 3 \end{pmatrix}$

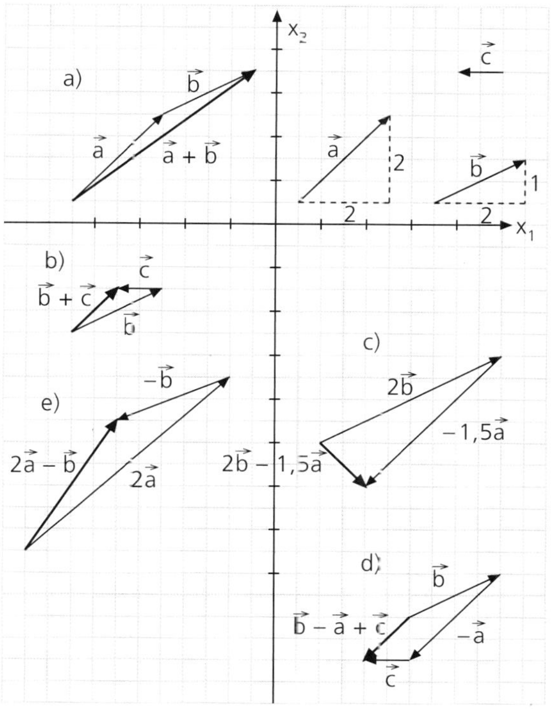

4. a) $2(\vec{a} + \vec{b}) + \vec{a} = 2\vec{a} + 2\vec{b} + \vec{a} = 3\vec{a} + 2\vec{b}$

b) $5(\vec{a} + \vec{b}) + 3(\vec{a} - \vec{b}) = 5\vec{a} + 5\vec{b} + 3\vec{a} - 3\vec{b} = 8\vec{a} + 2\vec{b}$

c) $-[\vec{a} - \vec{b} - (-\vec{c})] = -[\vec{a} - \vec{b} - \vec{c}] = -\vec{a} + \vec{b} - \vec{c}$

d) $-3\vec{a} + [(\vec{b} - \vec{a}) - (5\vec{a} - 3\vec{b})] = -3\vec{a} + [\vec{b} - \vec{a} - 5\vec{a} + 3\vec{b}] =$
$= -3\vec{a} + \vec{b} - \vec{a} - 5\vec{a} + 3\vec{b} =$
$= -9\vec{a} + 4\vec{b}$

e) $4\vec{b} - \vec{a} - (-2\vec{b}) = 4\vec{b} - \vec{a} + 2\vec{b} = -\vec{a} + 6\vec{b}$

f) $2(\vec{c} - \vec{a}) - (\vec{c} - \vec{b}) = 2\vec{c} - 2\vec{a} - \vec{c} + \vec{b} = -2\vec{a} + \vec{b} + \vec{c}$

5. a) $x \cdot \begin{pmatrix} 2 \\ 4 \end{pmatrix} = \begin{pmatrix} 3 \\ 6 \end{pmatrix}$; (I) $2x = 3$ (I) $x = 1{,}5$

$\begin{pmatrix} 2x \\ 4x \end{pmatrix} = \begin{pmatrix} 3 \\ 6 \end{pmatrix}$; (II) $4x = 6$ (II) $x = 1{,}5$

b) $\begin{pmatrix} x_1 \\ x_2 \end{pmatrix} + \begin{pmatrix} 5 \\ 1 \end{pmatrix} = \begin{pmatrix} 0 \\ 0 \end{pmatrix}$

(I) $x_1 + 5 = 0$; $| -5$

(II) $x_2 + 1 = 0$; $| -1$

(I') $x_1 = -5$;

(II') $x_2 = -1$;

c) $\begin{pmatrix} x_1 \\ x_2 \\ x_3 \end{pmatrix} + \begin{pmatrix} 1 \\ -2 \\ 3 \end{pmatrix} = \begin{pmatrix} 2 \\ -3 \\ 0 \end{pmatrix}$;

(I) $x_1 + 1 = 2$; $| -1$

(II) $x_2 - 2 = -3$; $| +2$

(III) $x_3 + 3 = 0$; $| -3$

(I') $x_1 = 1$;

(II') $x_2 = -1$;

(III') $x_3 = -3$;

d) $\begin{pmatrix}4\\-8\\12\end{pmatrix} = x \cdot \begin{pmatrix}-2\\4\\-6\end{pmatrix}$;

$\begin{pmatrix}4\\-8\\12\end{pmatrix} = \begin{pmatrix}-2x\\4x\\-6x\end{pmatrix}$;

$x = -2$

e) $\begin{pmatrix}2\\-6\\8\end{pmatrix} = x \cdot \begin{pmatrix}-1\\5\\-6\end{pmatrix} + x \cdot \begin{pmatrix}-3\\7\\-10\end{pmatrix}$;

$\begin{pmatrix}2\\-6\\8\end{pmatrix} = \begin{pmatrix}-x-3x\\5x+7x\\-6x-10x\end{pmatrix}$;

$\begin{pmatrix}2\\-6\\8\end{pmatrix} = \begin{pmatrix}-4x\\12x\\-16x\end{pmatrix}$; $x = -\frac{1}{2}$

6. $(r+s) \cdot \vec{a} = (r+s) \cdot \begin{pmatrix}a_1\\a_2\\a_3\end{pmatrix} =$

$= \begin{pmatrix}(r+s) \cdot a_1\\(r+s) \cdot a_2\\(r+s) \cdot a_3\end{pmatrix} =$

$= \begin{pmatrix}r \cdot a_1 + s \cdot a_1\\r \cdot a_2 + s \cdot a_2\\r \cdot a_3 + s \cdot a_3\end{pmatrix} =$

$= \begin{pmatrix}r \cdot a_1\\r \cdot a_2\\r \cdot a_3\end{pmatrix} + \begin{pmatrix}s \cdot a_1\\s \cdot a_2\\s \cdot a_3\end{pmatrix} =$

$= r \cdot \begin{pmatrix}a_1\\a_2\\a_3\end{pmatrix} + s \cdot \begin{pmatrix}a_1\\a_2\\a_3\end{pmatrix} =$

$= r \cdot \vec{a} + s \cdot \vec{a}$

Im Zweidimensionalen wird der Beweis analog geführt.

7. a) A (0 | 3); B (4 | 0); C (13 | 3); D (4 | 6)

$\vec{c} = \overrightarrow{CD} = \begin{pmatrix}-9\\3\end{pmatrix}$;

$\vec{d} = \overrightarrow{DA} = \begin{pmatrix}-4\\-3\end{pmatrix}$;

$\vec{a} + \vec{b} + \vec{c} + \vec{d} = \begin{pmatrix}4\\-3\end{pmatrix} + \begin{pmatrix}9\\3\end{pmatrix} + \begin{pmatrix}-9\\3\end{pmatrix} + \begin{pmatrix}-4\\-3\end{pmatrix} = \begin{pmatrix}0\\0\end{pmatrix} = \vec{o}$

b) $\overrightarrow{AC} = \begin{pmatrix}13\\0\end{pmatrix}$; $\overrightarrow{BD} = \begin{pmatrix}0\\6\end{pmatrix}$

c)

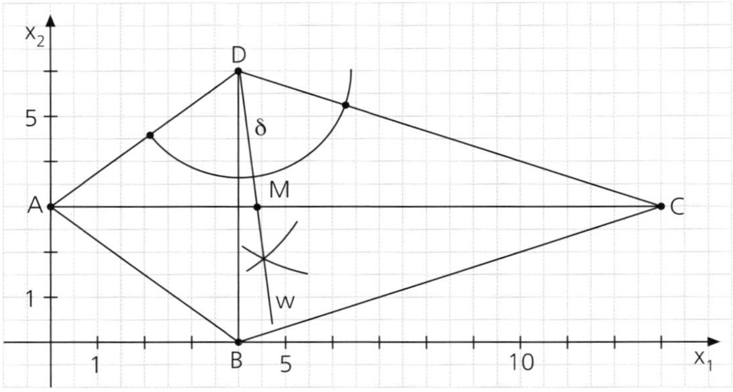

Die Winkelhalbierende w des Winkels δ schneidet [AC] im Punkt M; M hat von allen vier Seiten den gleichen Abstand.

8.

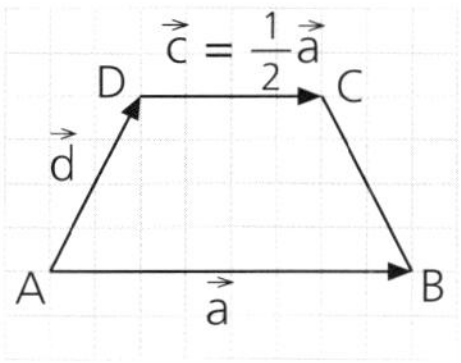

$\overrightarrow{BC} = -\vec{a} + \vec{d} + \frac{1}{2}\vec{a} = -\frac{1}{2}\vec{a} + \vec{d}$

$\overrightarrow{DC} = \frac{1}{2}\vec{a}$

$\overrightarrow{AC} = \vec{d} + \overrightarrow{DC} = \vec{d} + \frac{1}{2}\vec{a} = \frac{1}{2}\vec{a} + \vec{d}$

$\overrightarrow{BD} = -\vec{a} + \vec{d}$

9.

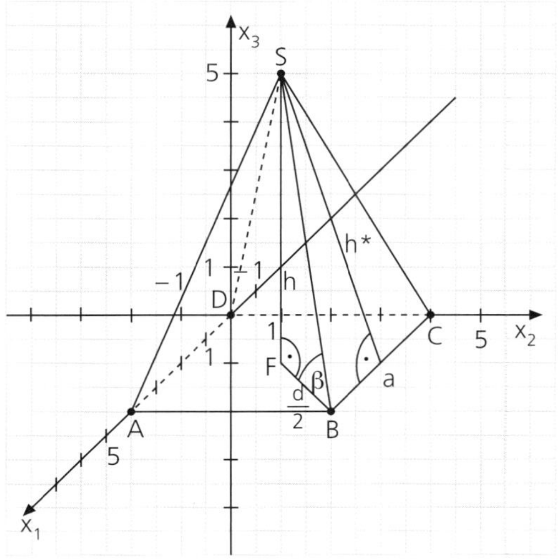

A (4 | 0 | 0)
B (4 | 4 | 0)
C (0 | 4 | 0
D (0 | 0 | 0)
F (2 | 2 | 0)
S (2 | 2 | 6)

a) $\overrightarrow{AS} = \begin{pmatrix} -2 \\ 2 \\ 6 \end{pmatrix}$ $\overrightarrow{BS} = \begin{pmatrix} -2 \\ -2 \\ 6 \end{pmatrix}$ $\overrightarrow{CS} = \begin{pmatrix} 2 \\ -2 \\ 6 \end{pmatrix}$ $\overrightarrow{DS} = \begin{pmatrix} 2 \\ 2 \\ 6 \end{pmatrix}$

b) Längeneinheit: 1 cm

h = 6 cm: Höhe der Pyramide h*: Basishöhe der Seitenflächendreiecke

a = 4 cm: Quadratseitenlänge d: Quadratdiagonalenlänge

Satz von Pythagoras: $\left(\frac{a}{2}\right)^2 + h^2 = h^{*2}$; $h^* > 0$:

$h^* = \sqrt{\frac{a^2}{4} + h^2} = \sqrt{4\ \text{cm}^2 + 36\ \text{cm}^2} = \sqrt{40}\ \text{cm} = 2\sqrt{10}\ \text{cm}$

Oberflächeninhalt:

$A_{ABCDS} = a^2 + 4 \cdot \frac{1}{2} a \cdot h^* = 16\ \text{cm}^2 + 8 \cdot 2 \cdot \sqrt{10}\ \text{cm}^2 = 16 \cdot (1 + \sqrt{10})\ \text{cm}^2 \approx 66{,}6\ \text{cm}^2$

Volumen:

$V_{ABCDS} = \frac{1}{3} \cdot G \cdot h = \frac{1}{3} \cdot a^2 \cdot h = \frac{1}{3} \cdot (4\ \text{cm})^2 \cdot 6\ \text{cm} = 32\ \text{cm}^3$

Winkelberechnung:

$d = a\sqrt{2} = 4\sqrt{2}\ \text{cm}$ Das Dreieck FBS ist rechtwinklig.

$\tan\beta = \frac{h}{\frac{d}{2}} = \frac{2h}{d} = \frac{2 \cdot 6\ \text{cm}}{4\sqrt{2}\ \text{cm}} = \frac{3}{\sqrt{2}}$; $\beta \approx 64{,}8°$

10.

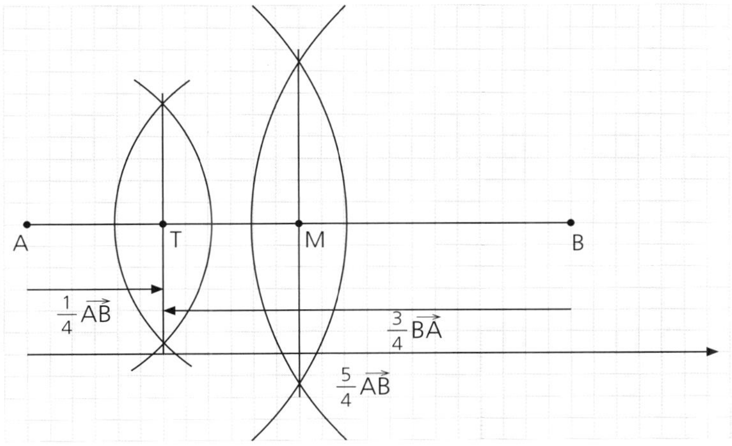

11. $\overrightarrow{AB} = \vec{a} = \begin{pmatrix} 6 \\ 0 \end{pmatrix}$ und $\overrightarrow{AD} = \vec{b} = \begin{pmatrix} 0 \\ 8 \end{pmatrix}$

Planfigur:

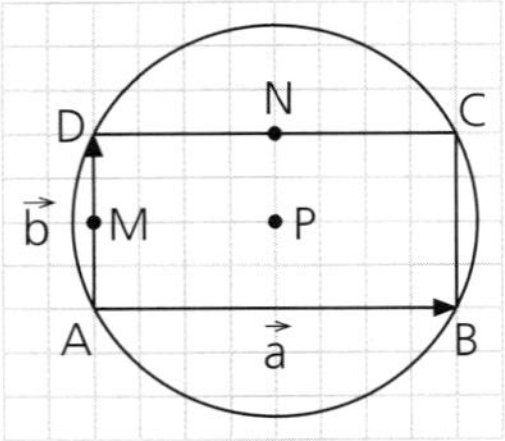

a) $\overrightarrow{MN} = \frac{1}{2}\vec{b} + \frac{1}{2}\vec{a} = \frac{1}{2}(\vec{a} + \vec{b}) = \frac{1}{2}\begin{pmatrix} 6 \\ 8 \end{pmatrix} = \begin{pmatrix} 3 \\ 4 \end{pmatrix}$

b) $\overrightarrow{AC} = \vec{a} + \vec{b} = \begin{pmatrix} 6 \\ 8 \end{pmatrix}$

c) $\overrightarrow{BM} = -\vec{a} + \frac{1}{2}\vec{b} = \begin{pmatrix} -6 \\ 0 \end{pmatrix} + \begin{pmatrix} 0 \\ 4 \end{pmatrix} = \begin{pmatrix} -6 \\ 4 \end{pmatrix}$

d) $\overrightarrow{AN} = \vec{b} + \frac{1}{2}\vec{a} = \frac{1}{2}\vec{a} + \vec{b} = \begin{pmatrix} 3 \\ 8 \end{pmatrix}$

Radiuslänge des Umkreises: r

$r = \frac{1}{2}\left|\overrightarrow{AC}\right| = \frac{1}{2}\sqrt{6^2 + 8^2} = \frac{1}{2} \cdot 10 = 5$

12. Allgemein gilt:

$\overrightarrow{OM} = \overrightarrow{OA} = \frac{1}{2}\overrightarrow{AB}$

$= \overrightarrow{OA} + \frac{1}{2}(-\overrightarrow{OA} + \overrightarrow{OB})$

$= \frac{1}{2}\overrightarrow{OA} + \frac{1}{2}\overrightarrow{OB}$

$= \frac{1}{2}(\overrightarrow{OA} + \overrightarrow{OB})$

$= \frac{1}{2}\begin{pmatrix} a_1 + b_1 \\ a_2 + b_2 \\ a_3 + b_3 \end{pmatrix}$

$= \begin{pmatrix} \frac{1}{2}(a_1 + b_1) \\ \frac{1}{2}(a_2 + b_2) \\ \frac{1}{2}(a_3 + b_3) \end{pmatrix}$

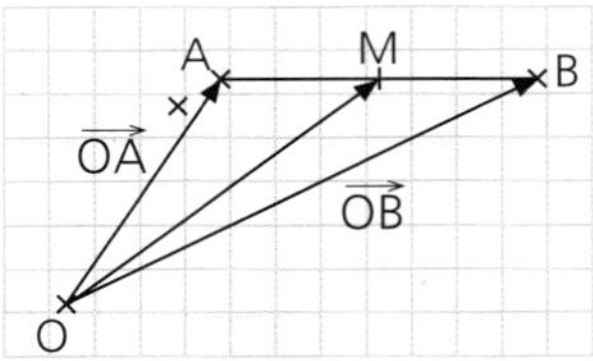

$M\left(\frac{1}{2}(a_1 + b_1) \mid \frac{1}{2}(a_2 + b_2) \mid \frac{1}{2}(a_3 + b_3)\right)$

a) M (2 | −3 | 4) b) M (0 | 0 | 0) c) M (2 | −3 | 4,3)
d) M (4 | −3 | 1) e) M (−4 | 3 | 0,5) f) M (1,5 | 0 | 0)

13. a) Individuelle Ergebnisse

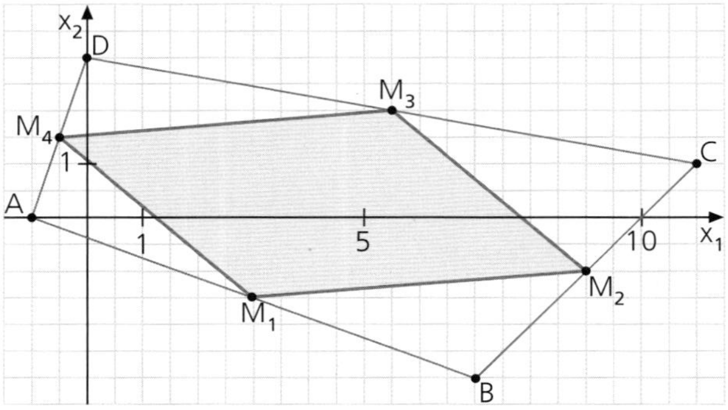

b) Vermutung: Das Mittenviereck $M_1M_2M_3M_4$ ist ein Parallelogramm.

Begründung: Wir zeigen, dass gegenüberliegende Seiten des Mittenvierecks jeweils parallel sind und gleich lang sind, indem wir rechnerisch bestätigen, dass $\overrightarrow{M_1M_4} = \overrightarrow{M_2M_3}$ und dass, $\overrightarrow{M_1M_2} = \overrightarrow{M_4M_3}$ ist.

Nach Aufgabe 12 gilt:

$\overrightarrow{OM_1} = \frac{1}{2}(\overrightarrow{OA} + \overrightarrow{OB})$

$\overrightarrow{OM_2} = \frac{1}{2}(\overrightarrow{OB} + \overrightarrow{OC})$

$\overrightarrow{OM_3} = \frac{1}{2}(\overrightarrow{OC} + \overrightarrow{OD})$

$\overrightarrow{OM_4} = \frac{1}{2}(\overrightarrow{OD} + \overrightarrow{OA})$

$$\begin{aligned}\overrightarrow{M_1M_4} &= -\overrightarrow{OM_1} + \overrightarrow{OM_4}\\ &= -\frac{1}{2}(\overrightarrow{OA} + \overrightarrow{OB}) + \frac{1}{2}(\overrightarrow{OA} + \overrightarrow{OD})\\ &= -\frac{1}{2}\overrightarrow{OA} - \frac{1}{2}\overrightarrow{OB} + \frac{1}{2}\overrightarrow{OA} + \frac{1}{2}\overrightarrow{OD}\\ &= -\frac{1}{2}\overrightarrow{OB} + \frac{1}{2}\overrightarrow{OD}\\ &= \frac{1}{2}(\overrightarrow{OD} - \overrightarrow{OB})\end{aligned}$$

$$\begin{aligned}\overrightarrow{M_2M_3} &= -\overrightarrow{OM_2} + \overrightarrow{OM_3}\\ &= -\frac{1}{2}(\overrightarrow{OB} + \overrightarrow{OC}) + \frac{1}{2}(\overrightarrow{OC} + \overrightarrow{OD})\\ &= \frac{1}{2}(\overrightarrow{OD} - \overrightarrow{OB}) = \overrightarrow{M_1M_4}\end{aligned}$$

$$\begin{aligned}\overrightarrow{M_1M_2} &= -\overrightarrow{OM_1} + \overrightarrow{OM_2}\\ &= -\frac{1}{2}(\overrightarrow{OA} + \overrightarrow{OB}) + \frac{1}{2}(\overrightarrow{OB} + \overrightarrow{OC})\\ &= \frac{1}{2}(\overrightarrow{OC} - \overrightarrow{OA})\end{aligned}$$

$$\begin{aligned}\overrightarrow{M_4M_3} &= -\overrightarrow{OM_4} + \overrightarrow{OM_3}\\ &= -\frac{1}{2}(\overrightarrow{OD} + \overrightarrow{OA}) + \frac{1}{2}(\overrightarrow{OC} + \overrightarrow{OD})\\ &= \frac{1}{2}(\overrightarrow{OC} - \overrightarrow{OA}) = \overrightarrow{M_1M_2}\end{aligned}$$

c) Ja, die Vermutung bestätigt sich.

14. a) P (2 | 4 −1); $\vec{v} = \begin{pmatrix}1\\0\\4\end{pmatrix}$

$\overrightarrow{OP^*} = \overrightarrow{OP} + \vec{v} = \begin{pmatrix}2\\4\\-1\end{pmatrix} + \begin{pmatrix}1\\0\\4\end{pmatrix} = \begin{pmatrix}3\\4\\3\end{pmatrix}$

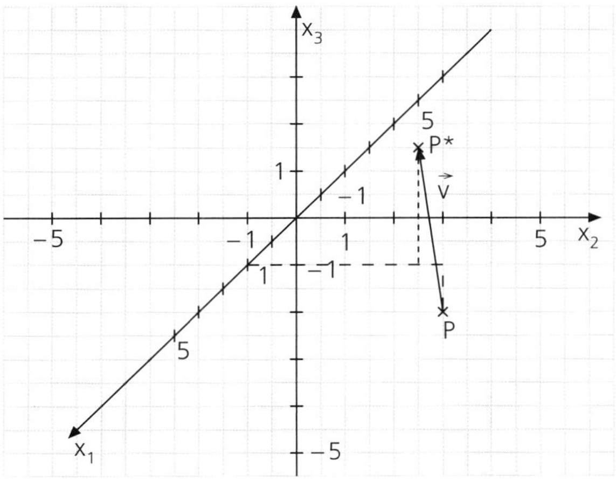

b) P (0 | 3 | 2); $\vec{v} = \begin{pmatrix} 1 \\ 0 \\ -2 \end{pmatrix}$

$\overrightarrow{OP^*} = \overrightarrow{OP} + \vec{v} = \begin{pmatrix} 0 \\ 3 \\ 2 \end{pmatrix} + \begin{pmatrix} 1 \\ 0 \\ -2 \end{pmatrix} = \begin{pmatrix} 1 \\ 3 \\ 0 \end{pmatrix}$

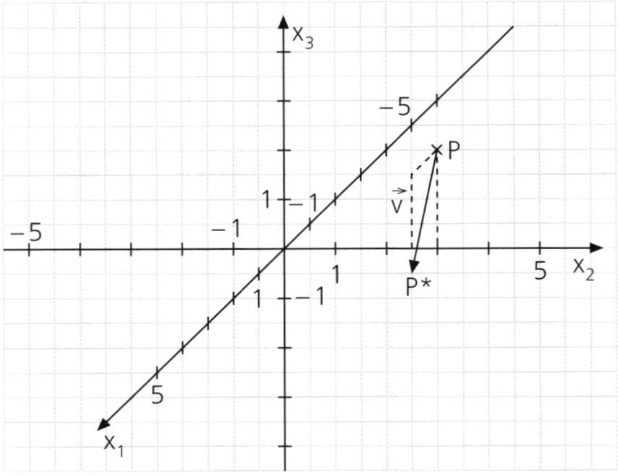

15. T (2 | 3 | 4), R (0 | 4 | 0), E (−2 | 1 | 5)

a) T* (−2 | 3 | 4)

b) Die x_2- und die x_3-Koordinate ändern ihr Vorzeichen, die x_1-Koordinate ändert sich nicht. R* (0 | −4 | 0)

c) Alle Koordinaten ändern das Vorzeichen. E* (2 | −1 | −5)

16.

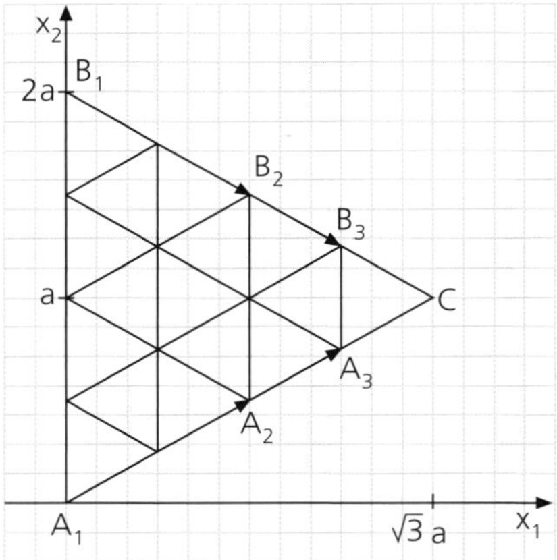

a) 1. Lösung (formales Rechnen):

Seitenlänge des Dreiecks A_nCB_n: $\frac{2a}{2^{n-1}} = \frac{a}{2^{n-2}}$

Höhe des Dreiecks A_nCB_n:

$h_n^2 + \left(\frac{1}{2} \cdot \frac{a}{2^{n-2}}\right)^2 = \left(\frac{a}{2^{n-2}}\right)^2$; (Satz von Pythagoras)

$h_n^2 + \left(\frac{a}{2^{n-1}}\right)^2 = \left(\frac{a}{2^{n-2}}\right)^2$;

$h_n^2 + \frac{a^2}{2^{2n-2}} = \frac{a^2}{2^{2n-4}}$; $\left| - \frac{a^2}{2^{2n-2}}\right.$

$h_n^2 = \frac{a^2}{2^{2n-4}} - \frac{a^2}{2^{2n-2}}$;

$h_n^2 = \frac{a^2}{2^{2n-4}} - \frac{1}{2^2} \cdot \frac{a^2}{2^{2n-4}}$;

$h_n = \sqrt{\frac{3}{4} \frac{a^2}{2^{2n-4}}} = \sqrt{3}a \sqrt{\frac{1}{2^{2n-2}}} = \sqrt{3}a \frac{1}{(2^{2n-2})^{\frac{1}{2}}} = \sqrt{3}a \frac{1}{2^{n-1}}$

Flächeninhalt des Dreiecks A_nCB_n:

$A_n = \frac{1}{2} \cdot \frac{a}{2^{n-2}} \cdot h_n =$

$= \frac{1}{2} \cdot \frac{a}{2^{n-2}} \cdot \sqrt{3}a \cdot \frac{1}{2^{n-1}} =$

$= \sqrt{3}a^2 \frac{1}{2^{2n-2}}$

n = 1: $A_1 = \sqrt{3}a^2 \cdot 1 = \sqrt{3}a^2$

n = 2: $A_2 = \sqrt{3}a^2 \cdot \frac{1}{4} = \frac{\sqrt{3}a^2}{4}$

n = 3: $A_3 \sqrt{3}a^2 \cdot \frac{1}{16} = \frac{\sqrt{3}a^2}{16}$

2. Lösung (geometrisch):

Höhe des Dreiecks A_1CB_1:

$h_1^2 + a^2 = (2a)^2$ (Satz von Pythagoras)

$h_1 = \sqrt{4a^2 - a^2} = \sqrt{3}a \qquad (h > 0 ; a > 0)$

Da das Dreieck A_2CB_2 (A_3CB_3) aus dem Dreieck A_1CB_1 (A_2CB_2) durch Halbieren von Grundseite und Höhe entsteht,gilt:

$A_2 = \frac{1}{4} \cdot A_1 = \frac{\sqrt{3}a}{4}$

$A_3 = \frac{1}{4} \cdot A_2 = \frac{\sqrt{3}a}{16}$

b) 1. Lösung (formales Rechnen) siehe Teilaufgabe a)

2. Lösung (geometrisch)

$A_n = \frac{1}{4} \cdot A_{n-1} = \frac{1}{4} \cdot \frac{1}{4} A_{n-2} = \frac{1}{4} \cdot \frac{1}{4} \cdot \frac{1}{4} \cdot A_{n-3}$ usw.

$A_n = \left(\frac{1}{4}\right)^{n-1} \cdot A_1$

c)

n	Anzahl der Dreiecke
1	1
2	4
3	$4 \cdot 4$
4	$4 \cdot 4 \cdot 4$
⋮	
n	4^{n-1}

Erklärung: Das Dreieck A_nCB_n hat den 4-fachen Flächeninhalt des Dreiecks $A_{n+1}CB_{n+1}$, d. h. in das Dreieck A_nCB_n passen genau vier „$A_{n+1}CB_{n+1}$-Dreiecke". Damit vervierfacht sich die Anzahl der Dreiecke bei Erhöhung von n um 1 jeweils.

17. Zeichnerische Lösung: $\overrightarrow{AA}$

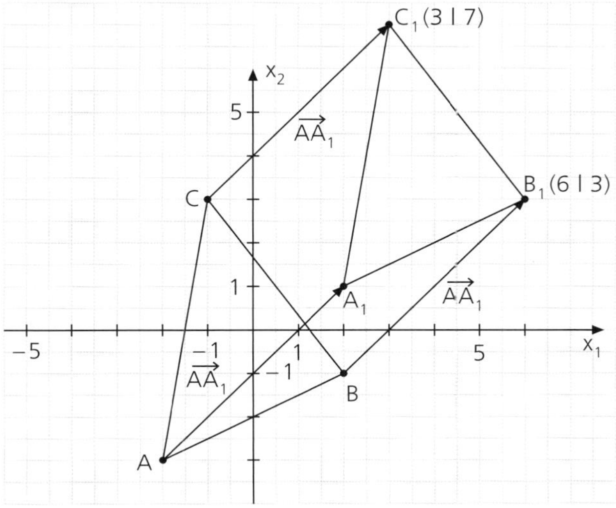

Rechnerische Lösung:

$\overrightarrow{AA_1} = \begin{pmatrix} 2-(-2) \\ 1-(-3) \end{pmatrix} = \begin{pmatrix} 4 \\ 4 \end{pmatrix}$

$\overrightarrow{OB_1} = \overrightarrow{OB} + \overrightarrow{AA_1} = \begin{pmatrix} 2 \\ -1 \end{pmatrix} + \begin{pmatrix} 4 \\ 4 \end{pmatrix} = \begin{pmatrix} 6 \\ 3 \end{pmatrix}$: B_1 (6 | 3)

$\overrightarrow{OC_1} = \overrightarrow{OC} + \overrightarrow{AA_1} = \begin{pmatrix} -1 \\ 3 \end{pmatrix} + \begin{pmatrix} 4 \\ 4 \end{pmatrix} = \begin{pmatrix} 3 \\ 7 \end{pmatrix}$: C_1 (3 | 7)

Koordinaten der Eckpunkte des Dreiecks $A_1B_2C_2$:

$\overrightarrow{OA_1} = \overrightarrow{OA} + \overrightarrow{AA_1} = \begin{pmatrix} -2 \\ -3 \end{pmatrix} + \begin{pmatrix} 4 \\ 4 \end{pmatrix} = \begin{pmatrix} 2 \\ 1 \end{pmatrix}$: A_1 (2 | 1)

$\overrightarrow{A_1B_1} = \begin{pmatrix} 4 \\ 2 \end{pmatrix}$

$\overrightarrow{OB_2} = \overrightarrow{OA_1} + 2\overrightarrow{A_1B_1} = \begin{pmatrix} 2 \\ 1 \end{pmatrix} + 2 \cdot \begin{pmatrix} 4 \\ 2 \end{pmatrix} = \begin{pmatrix} 10 \\ 5 \end{pmatrix}$: B_2 (10 | 5)

oder

$\overrightarrow{B_1} = \frac{1}{2}(\overrightarrow{A_1} + \overrightarrow{B_2})$

$\overrightarrow{B_2} = 2\overrightarrow{B_1} - \overrightarrow{A_1} = 2\begin{pmatrix} 6 \\ 3 \end{pmatrix} - \begin{pmatrix} 2 \\ 1 \end{pmatrix} = \begin{pmatrix} 12-2 \\ 6-1 \end{pmatrix} = \begin{pmatrix} 10 \\ 5 \end{pmatrix}$: B_2 (10 | 5)

$\overrightarrow{A_1C_1} = \begin{pmatrix} 3-2 \\ 7-1 \end{pmatrix} = \begin{pmatrix} 1 \\ 6 \end{pmatrix}$

$\overrightarrow{OC_2} = \overrightarrow{OA_1} + 2 \cdot \overrightarrow{A_1C_1} = \begin{pmatrix} 2 \\ 1 \end{pmatrix} + 2 \cdot \begin{pmatrix} 1 \\ 6 \end{pmatrix} = \begin{pmatrix} 4 \\ 13 \end{pmatrix}$: C_2 (4 | 13)

oder

$\overrightarrow{C_1} = \frac{1}{2}(\overrightarrow{A_1} + \overrightarrow{C_2})$;

$\overrightarrow{C_2} = 2\overrightarrow{C_1} - \overrightarrow{A_1} = 2\begin{pmatrix} 3 \\ 7 \end{pmatrix} - \begin{pmatrix} 2 \\ 1 \end{pmatrix} = \begin{pmatrix} 6-2 \\ 14-1 \end{pmatrix} = \begin{pmatrix} 4 \\ 13 \end{pmatrix}$: C_2 (4 | 13)

W

W1 Für jeden Wert von $x \in D_f$ gilt

$f(-x) = \frac{(-x)^2 + 4}{2 \cdot (-x)} = \frac{x^2 + 4}{-2x} = -\frac{x^2 + 4}{2x} = -f(x)$.

Also ist G_f punktsymmetrisch zum Ursprung.

W2 Schnittpunkt von G_g und G_h:

$-0{,}75x = \frac{4}{3}x - \frac{25}{3} \mid + \frac{3}{4}x + \frac{25}{3}$

$\frac{25}{3} = \frac{4}{3}x + \frac{3}{4}x \mid \cdot 12$

$100 = 16x + 9x$

$100 = 25x \mid : 25$

$4 = x$

$y = -0{,}75x$; $y = -0{,}75 \cdot 4 = -3$

Schnittpunkt S (4 | –3)

Die Geraden haben den Punkt S (4 | –3) miteinander gemeinsam.

W3 $x_1 = 0$; $x_2 = \frac{3}{2}$; $x_3 = -1$

L

1. a) Bei dieser Menge M ist für zwei Vektoren $\vec{a}, \vec{b} \in M$ stets auch $\vec{a} + \vec{b} \in M$ und für jede Zahl $r \in \mathbb{R}$ und jeden Vektor $\vec{a} \in M$ stets auch $r \cdot \vec{a} \in M$. Ferner gilt:

(1) $\vec{o} = \begin{pmatrix} 0 \\ 0 \\ 0 \end{pmatrix}$; $\vec{a} + \vec{o} = \begin{pmatrix} a \\ 0 \\ 0 \end{pmatrix} + \begin{pmatrix} 0 \\ 0 \\ 0 \end{pmatrix} = \begin{pmatrix} a+0 \\ 0+0 \\ 0+0 \end{pmatrix} = \begin{pmatrix} a \\ 0 \\ 0 \end{pmatrix} = \vec{a}$

(2) $\vec{a} + (-\vec{a}) = \begin{pmatrix} a \\ 0 \\ 0 \end{pmatrix} + \begin{pmatrix} -a \\ 0 \\ 0 \end{pmatrix} = \begin{pmatrix} a+(-a) \\ 0+0 \\ 0+0 \end{pmatrix} = \begin{pmatrix} 0 \\ 0 \\ 0 \end{pmatrix} = \vec{o}$

(3) $\vec{a} + \vec{b} = \begin{pmatrix} a \\ 0 \\ 0 \end{pmatrix} + \begin{pmatrix} b \\ 0 \\ 0 \end{pmatrix} = \begin{pmatrix} a+b \\ 0 \\ 0 \end{pmatrix} = \begin{pmatrix} b+a \\ 0 \\ 0 \end{pmatrix} = \begin{pmatrix} b \\ 0 \\ 0 \end{pmatrix} + \begin{pmatrix} a \\ 0 \\ 0 \end{pmatrix} = \vec{b} + \vec{a}$

(4) $(\vec{a} + \vec{b}) + \vec{c} = \begin{pmatrix} a+b \\ 0 \\ 0 \end{pmatrix} + \begin{pmatrix} c \\ 0 \\ 0 \end{pmatrix} = \begin{pmatrix} (a+b)+c \\ 0 \\ 0 \end{pmatrix} = \begin{pmatrix} a+b+c \\ 0 \\ 0 \end{pmatrix} = \begin{pmatrix} a+(b+c) \\ 0 \\ 0 \end{pmatrix} = \begin{pmatrix} a \\ 0 \\ 0 \end{pmatrix} + \begin{pmatrix} b+c \\ 0 \\ 0 \end{pmatrix}$

$= \vec{a} + (\vec{b} + \vec{c})$

(5) $1 \cdot \vec{a} = 1 \cdot \begin{pmatrix} a \\ 0 \\ 0 \end{pmatrix} = \begin{pmatrix} 1 \cdot a \\ 1 \cdot 0 \\ 1 \cdot 0 \end{pmatrix} = \begin{pmatrix} a \\ 0 \\ 0 \end{pmatrix} = \vec{a}$

(6) $(r+s) \cdot \vec{a} = (r+s) \cdot \begin{pmatrix} a \\ 0 \\ 0 \end{pmatrix} = \begin{pmatrix} (r+s) \cdot a \\ (r+s) \cdot 0 \\ (r+s) \cdot 0 \end{pmatrix} = \begin{pmatrix} r \cdot a + s \cdot a \\ 0 \\ 0 \end{pmatrix} =$

$= \begin{pmatrix} r \cdot a \\ 0 \\ 0 \end{pmatrix} + \begin{pmatrix} s \cdot a \\ 0 \\ 0 \end{pmatrix} = r \cdot \begin{pmatrix} a \\ 0 \\ 0 \end{pmatrix} + s \cdot \begin{pmatrix} a \\ 0 \\ 0 \end{pmatrix} = r \cdot \vec{a} + s \cdot \vec{a}$

(7) $r \cdot (\vec{a} + \vec{b}) = r \cdot \begin{pmatrix} a+b \\ 0 \\ 0 \end{pmatrix} = \begin{pmatrix} r \cdot (a+b) \\ r \cdot 0 \\ r \cdot 0 \end{pmatrix} = \begin{pmatrix} r \cdot a + r \cdot b \\ 0 \\ 0 \end{pmatrix} = \begin{pmatrix} r \cdot a \\ 0 \\ 0 \end{pmatrix} + \begin{pmatrix} r \cdot b \\ 0 \\ 0 \end{pmatrix} = r \begin{pmatrix} a \\ 0 \\ 0 \end{pmatrix} + r \cdot \begin{pmatrix} b \\ 0 \\ 0 \end{pmatrix} =$

$= r \cdot \vec{a} + r \cdot \vec{b}$

(8) $(r \cdot s) \cdot \vec{a} = r \cdot s \cdot \begin{pmatrix} a \\ 0 \\ 0 \end{pmatrix} = \begin{pmatrix} (r \cdot s) \cdot a \\ (r \cdot s) \cdot 0 \\ (r \cdot s) \cdot 0 \end{pmatrix} = \begin{pmatrix} r \cdot s \cdot a \\ 0 \\ 0 \end{pmatrix} = \begin{pmatrix} r \cdot (s \cdot a) \\ 0 \\ 0 \end{pmatrix} = r \cdot \begin{pmatrix} s \cdot a \\ 0 \\ 0 \end{pmatrix} = r \cdot \left[s \cdot \begin{pmatrix} a \\ 0 \\ 0 \end{pmatrix} \right] =$

$= r \cdot (s \cdot \vec{a})$;

Die Menge aller Vektoren $\vec{a} = \begin{pmatrix} a \\ 0 \\ 0 \end{pmatrix}$; $a \in \mathbb{R}$, bildet einen Vektorraum.

b) Bei dieser Menge M ist für zwei Vektoren $\vec{a}, \vec{b} \in M$ stets auch $\vec{a} + \vec{b} \in M$ und für jede Zahl $r \in \mathbb{R}$ und jeden Vektor $\vec{a} \in M$ stets auch $r \cdot \vec{a} \in M$. Ferner gilt:

(1) $\vec{o} = \begin{pmatrix} 0 \\ 0 \\ 0 \end{pmatrix}$; $\vec{a} + \vec{o} = \begin{pmatrix} a \\ 0 \\ 2a \end{pmatrix} + \begin{pmatrix} 0 \\ 0 \\ 0 \end{pmatrix} = \begin{pmatrix} a+0 \\ 0+0 \\ 2a+0 \end{pmatrix} = \begin{pmatrix} a \\ 0 \\ 2a \end{pmatrix} = \vec{a}$

(2) $\vec{a} + (-\vec{a}) = \begin{pmatrix} a \\ 0 \\ 2a \end{pmatrix} + \begin{pmatrix} -a \\ 0 \\ -2a \end{pmatrix} = \begin{pmatrix} a+(-a) \\ 0+0 \\ 2a+(-2a) \end{pmatrix} = \begin{pmatrix} 0 \\ 0 \\ 0 \end{pmatrix} = \vec{o}$

(3) $\vec{a} + \vec{b} = \begin{pmatrix} a \\ 0 \\ 2a \end{pmatrix} + \begin{pmatrix} b \\ 0 \\ 2b \end{pmatrix} = \begin{pmatrix} a+b \\ 0 \\ 2a+2b \end{pmatrix} = \begin{pmatrix} b+a \\ 0 \\ 2b+2a \end{pmatrix} = \begin{pmatrix} b \\ 0 \\ 2b \end{pmatrix} + \begin{pmatrix} a \\ 0 \\ 2a \end{pmatrix} = \vec{b} + \vec{a}$

(4) $(\vec{a} + \vec{b}) + \vec{c} = \begin{pmatrix} a+b \\ 0 \\ 2a+2b \end{pmatrix} = \begin{pmatrix} c \\ 0 \\ 2c \end{pmatrix} = \begin{pmatrix} (a+b)+c \\ 0+0 \\ (2a+2b)+2c \end{pmatrix} = \begin{pmatrix} a+b+c \\ 0 \\ 2a+2b+2c \end{pmatrix} = \begin{pmatrix} a+(b+c) \\ 0 \\ 2a+(2b+2c) \end{pmatrix} =$

$= \begin{pmatrix} a \\ 0 \\ 2a \end{pmatrix} + \begin{pmatrix} b+c \\ 0 \\ 2b+2c \end{pmatrix} = \vec{a} + (\vec{b} + \vec{c})$

(5) $1 \cdot \vec{a} = 1 \cdot \begin{pmatrix} a \\ 0 \\ 2a \end{pmatrix} = \begin{pmatrix} 1 \cdot a \\ 1 \cdot 0 \\ 1 \cdot 2a \end{pmatrix} = \begin{pmatrix} a \\ 0 \\ 2a \end{pmatrix} = \vec{a}$

(6) $(r+s) \cdot \vec{a} = (r+s) \cdot \begin{pmatrix} a \\ 0 \\ 2a \end{pmatrix} = \begin{pmatrix} (r+s) \cdot a \\ (r+s) \cdot 0 \\ (r+s) \cdot 2a \end{pmatrix} = \begin{pmatrix} r \cdot a + s \cdot a \\ 0 \\ r \cdot 2a + s \cdot 2a \end{pmatrix} = \begin{pmatrix} r \cdot a \\ 0 \\ r \cdot 2a \end{pmatrix} + \begin{pmatrix} s \cdot a \\ 0 \\ s \cdot 2a \end{pmatrix} =$

$= r \cdot \begin{pmatrix} a \\ 0 \\ 2a \end{pmatrix} + s \cdot \begin{pmatrix} a \\ 0 \\ 2a \end{pmatrix} = r \cdot \vec{a} + s \cdot \vec{a}$

(7) $r \cdot (\vec{a} + \vec{b}) = r \cdot \begin{pmatrix} a+b \\ 0 \\ 2a+2b \end{pmatrix} = \begin{pmatrix} r \cdot (a+b) \\ r \cdot 0 \\ r \cdot (2a+2b) \end{pmatrix} = \begin{pmatrix} r \cdot a + r \cdot b \\ 0 \\ r \cdot 2a + r \cdot 2b \end{pmatrix} = \begin{pmatrix} r \cdot a \\ r \cdot 0 \\ r \cdot 2a \end{pmatrix} + \begin{pmatrix} r \cdot b \\ r \cdot 0 \\ r \cdot 2b \end{pmatrix} =$

$= r \cdot \begin{pmatrix} a \\ 0 \\ 2a \end{pmatrix} + r \cdot \begin{pmatrix} b \\ 0 \\ 2b \end{pmatrix} = r \cdot \vec{a} + r \cdot \vec{b}$

(8) $(r \cdot s) \cdot \vec{a} = (r \cdot s) \cdot \begin{pmatrix} a \\ 0 \\ 2a \end{pmatrix} = \begin{pmatrix} (r \cdot s) \cdot a \\ (r \cdot s) \cdot 0 \\ (r \cdot s) \cdot 2a \end{pmatrix} = \begin{pmatrix} r \cdot s \cdot a \\ 0 \\ r \cdot s \cdot 2a \end{pmatrix} = \begin{pmatrix} r \cdot (s \cdot a) \\ 0 \\ r \cdot (s \cdot 2a) \end{pmatrix} = r \cdot \begin{pmatrix} s \cdot a \\ 0 \\ s \cdot 2a \end{pmatrix} =$

$= r \cdot \left[s \cdot \begin{pmatrix} a \\ 0 \\ 2a \end{pmatrix} \right] = r \cdot (s \cdot \vec{a})$;

Die Menge aller Vektoren $\vec{a} = \begin{pmatrix} a \\ 0 \\ 2a \end{pmatrix}$; $a \in \mathbb{R}$, bildet einen Vektorraum.

c) Wir zeigen, dass die Menge M aller Vektoren $\vec{a} = \begin{pmatrix} a \\ 0 \\ a^2 \end{pmatrix}$ mit $a \in \mathbb{R}$ keinen Vektorraum bildet, indem wir zeigen, dass es Vektoren $\vec{a}, \vec{b} \in M$ gibt, für die $\vec{a} + \vec{b} \notin M$ ist:

$\vec{a} = \begin{pmatrix} 1 \\ 0 \\ 1 \end{pmatrix} \in M$; $\vec{b} = \begin{pmatrix} -2 \\ 0 \\ 4 \end{pmatrix} \in M$; $\vec{a} + \vec{b} = \begin{pmatrix} 1 \\ 0 \\ 1 \end{pmatrix} + \begin{pmatrix} -2 \\ 0 \\ 4 \end{pmatrix} = \begin{pmatrix} 1-2 \\ 0+0 \\ 1+4 \end{pmatrix} = \begin{pmatrix} -1 \\ 0 \\ 5 \end{pmatrix} \notin M$, da $(-1)^2 \neq 5$ ist.

d) Diese Menge M von Vektoren bildet einen Vektorraum, da für zwei Vektoren $\vec{a}, \vec{b} \in M$ stets auch $\vec{a} + \vec{b} \in M$ ist, da für jede Zahl $r \in \mathbb{R}$ und jeden Vektor $\vec{a}$ aus M stets auch $r \cdot \vec{a} \in M$ gilt und da alle acht Vektorraumaxiome erfüllt sind [Der Beweis erfolgt wie beim Musterbeispiel auf Seite100/101 in delta 11 und bei den Teilaufgaben 1.a) und 1.b)].

e) Diese Menge M von Vektoren bildet keinen Vektorraum, da es Vektoren $\vec{a}, \vec{b} \in M$ mit $\vec{a} + \vec{b} \notin M$ gibt:

$\vec{a} = \begin{pmatrix} 1 \\ -1 \\ 1 \end{pmatrix} \in M$, da $1 + (-1) + 1 = 1$ ist;

$\vec{b} = \begin{pmatrix} -2 \\ 2 \\ 1 \end{pmatrix} \in M$, da $-2 + 2 + 1 = 1$ ist;

$\vec{a} + \vec{b} = \begin{pmatrix} 1 \\ -1 \\ 1 \end{pmatrix} + \begin{pmatrix} -2 \\ 2 \\ 1 \end{pmatrix} = \begin{pmatrix} -1 \\ 1 \\ 2 \end{pmatrix} \notin M$, da $-1 + 1 + 2 = 2 \neq 1$ ist.

2. a) $f(x) = x^2 + 4{,}2x + 3$;
$g(x) = -2x^2 + 4x - 6{,}5$

(1) $f(x) + g(x) = (x^2 + 4{,}2\,x + 3) + (-2x^2 + 4x - 6{,}5) =$
$= x^2 + 4{,}2x + 3 - 2x^2 + 4x - 6{,}5 =$
$= -x^2 + 8{,}2x - 3{,}5$

(2) $5 \cdot f(x) + (-2) \cdot g(x) = 5 \cdot (x^2 + 4{,}2x + 3) + (-2) \cdot (-2x^2 + 4x - 6{,}5) =$
$= 5x^2 + 21x + 15 + 4x^2 - 8x + 13 = 9x^2 + 13x + 28$

b) Die Summe zweier Polynome aus dieser Menge M ist ebenso wie das r-Fache ($r \in \mathbb{R}$) eines Polynoms aus M stets wieder ein Polynom aus M. Wir zeigen, dass für diese Menge M von Polynomen alle acht Vektorraumaxiome erfüllt sind:

(1) Nullelement: $n(x) = 0 = 0 \cdot x^2 + 0 \cdot x + 0$, also $n(x) \in M$;
$f(x) + n(x) = (a_1x^2 + b_1x + a) + 0 = a_1x^2 + b_1x + c_1 = f(x)$

(2) $f(x) + [-f(x)] = a_1x^2 + b_1x + c_1 + (-a_1x^2 - b_1x - c_1) = 0 = n(x)$

(3) $f(x) + g(x) = a_1x^2 + b_1x + c_1 + a_2x^2 + b_2x + c_2 =$
$= (a_1 + a_2)x^2 + (b_1 + b_2)x + (c_1 + c_2) =$
$= (a_2 + a_1)x^2 + (b_2 + b_1)x + (c_2 + c_1) =$
$= a_2x^2 + b_2x + c_2 + a_1x^2 + b_1x + c_1 = g(x) + f(x)$

(4) $[f(x) + g(x)] + h(x) = [a_1x^2 + b_1x + c_1 + a_2x^2 + b_2x + c_2] + a_3x^2 + b_3x + c_3 =$
$= (a_1 + a_2)x^2 + (b_1 + b_2)x + (c_1 + c_2) + a_3x^2 + b_3x + c_3 =$
$= (a_1 + a_2 + a_3)x^2 + (b_1 + b_2 + b_3)x + (c_1 + c_2 + c_3) =$
$= a_1x^2 + (a_2 + a_3)x^2 + b_1x + (b_2 + b_3)x + c_1 + (c_2 + c_3) =$
$= a_1x^2 + b_1x + c_1 + (a_2x^2 + b_2x + c_2 + a_3x^2 + b_3x + c_3) =$
$= f(x) + [g(x) + h(x)]$

(5) $1 \cdot f(x) = 1 \cdot (a_1x^2 + b_1x + c_1) = 1 \cdot a_1x^2 + 1 \cdot b_1x + 1 \cdot c_1 = a_1x^2 + b_1x + c_1 = f(x)$

(6) $(r + s) \cdot f(x) = (r + s)\,(a_1x^2 + b_1x + c_1) =$
$= r \cdot (a_1x^2 + b_1x + c_1) + s \cdot (a_1x^2 + b_1x + c_1) = r \cdot f(x) + s \cdot f(x)$

(7) $r \cdot [f(x) + g(x)] = r \cdot (a_1x^2 + b_1x + c_1 + a_2x^2 + b_2x + c_2) =$
$= r \cdot a_1x^2 + r \cdot b_1x + r \cdot c_1 + r \cdot a_2x^2 + r \cdot b_2x - r \cdot c_2 =$
$= r \cdot (a_1x^2 + b_1x + c_1) + r \cdot (a_2x^2 + b_2x + c_2) = r \cdot f(x) + r \cdot g(x)$

(8) $(r \cdot s) \cdot f(x) = (r \cdot s) \cdot (a_1x^2 + b_1x + c_1) =$
$= (r \cdot s) \cdot a_1x^2 + (r \cdot s) \cdot b_1x + (r \cdot s) \cdot c_1 =$
$= r \cdot s \cdot a_1x^2 + r \cdot s \cdot b_1x + r \cdot s \cdot c_1 =$
$= r \cdot (s \cdot a_1x^2 + s \cdot b_1x + s \cdot c_1) = r \cdot [s \cdot (a_1x^2 + b_1x + c_1)] = r \cdot [s \cdot f(x)]$

Die Menge aller Polynome $ax^2 + bx + c$ mit $a, b, c \in \mathbb{R}$ bildet einen Vektorraum.

3. a) Bei dieser Menge M ist für zwei Terme $m_1x + t_1 \in M$ und $m_2x + t_2 \in M$ stets auch der Summenterm $m_1x + t_1 + m_2x + t_2 = (m_1 + m_2) \cdot x + (t_1 + t_2) \in M$ und für jeden Term $mx + t \in M$ und jede Zahl $r \in \mathbb{R}$ stets auch der Term $r \cdot (mx + t) = (rm) \cdot x + rt \in M$.
Ferner gilt:

(1) Nullelement: $n(x) = 0 = 0 \cdot x + 0$, also $n(x) \in M_{a)}$;
$f(x) + n(x) = (m_1x + t_1) + 0 = m_1x + t_1 = f(x)$

(2) $f(x) + [-f(x)] = m_1x + t_1 + [-(m_1x + t_1)] =$
$= m_1x + t_1 - m_1x - t_1 = 0 = n(x)$

(3) $f(x) + g(x) = m_1x + t_1 + m_2x + t_2 = m_2x + t_2 + m_1x + t_1 = g(x) + f(x)$

(4) $[f(x) + g(x)] + h(x) = (m_1x + t_1 + m_2x + t_2) - m_3x + t_3 =$
$= m_1x + t_1 + m_2x + t_2 + m_3x + t_3 =$
$= m_1x + t_1 + (m_2x + t_2 + m_3x + t_3) =$
$= f(x) + [g(x) + h(x)]$

(5) $1 \cdot f(x) = 1 \cdot (m_1x + t_1) = m_1x + t_1 = f(x)$

(6) $(r + s) \cdot f(x) = (r + s) \cdot (m_1x + t_1) = r \cdot (m_1x + t_1) + s \cdot (m_1x + t_1) = r \cdot f(x) + s \cdot f(x)$

(7) $r \cdot [f(x) + g(x)] = r \cdot (m_1x + t_1 + m_2x + t_2) = r \cdot (m_1x + t_1) + r \cdot (m_2x + t_2) =$
$= r \cdot f(x) + r \cdot g(x)$

(8) $(r \cdot s) \cdot f(x) = (r \cdot s) \cdot (m_1x + t_1) = r \cdot s \cdot m_1x + r \cdot s \cdot t_1 =$
$= r \cdot (s \cdot m_1x + s \cdot t_1) = r \cdot [s \cdot (m_1x + t_1)] = r \cdot [s \cdot f(x)]$;

Die Menge M aller linearen Funktionsterme $mx + t$ mit $m, t \in \mathbb{R}$ bildet einen Vektorraum.

b) Die Menge M aller Potenzfunktionsterme der Form ax^3; $a \in \mathbb{R}$, bildet einen Vektorraum: Bei dieser Menge M ist für zwei Terme ax^3 und bx^3 stets auch der Summenterm $ax^3 + bx^3 = (a + b)x^3 \in M$ und für jeden Term ax^3 und jede Zahl $r \in \mathbb{R}$ stets auch der Term $r \cdot (ax^3) = (ra) \cdot x^3 \in M$; außerdem sind alle acht Vektorraumaxiome erfüllt [der Beweis erfolgt wie bei den Teilaufgaben 2.b) und 3.a)].

4. a) Individuelle Lösungen

b) Ordnung 2: Jedes solche magische Quadrat ist eine quadratische Anordnung von vier Zahlen $a, b, c, d \in \mathbb{R}$:
$\begin{bmatrix} a & b \\ c & d \end{bmatrix}$ mit $b = s - a$, $c = s - a$, $d = s - a$; dabei bezeichnet s den Zeilen-, den Spalten- und den Diagonalensummenwert.
Also lautet die quadratische Anordnung $\begin{bmatrix} a & s-a \\ s-a & s-a \end{bmatrix}$.
Die Summe von links unten nach rechts oben liefert dann
$s - a + s - a = s$;
$2s - 2a = s$;
$s = 2a$.
Eingesetzt in das magische Quadrat ergibt dies
$\begin{bmatrix} a & a \\ a & a \end{bmatrix}$; $a \in \mathbb{R}$, als allgemeinstes magisches Quadrat der Ordnung 2.
Die Summe $\begin{bmatrix} a & a \\ a & a \end{bmatrix} + \begin{bmatrix} b & b \\ b & b \end{bmatrix} = \begin{bmatrix} a+b & a+b \\ a+b & a+b \end{bmatrix}$ zweier solcher magischen Quadrate ist ebenso wie das r-Fache $(r \in \mathbb{R})$ $r \cdot \begin{bmatrix} a & a \\ a & a \end{bmatrix} = \begin{bmatrix} ra & ra \\ ra & ra \end{bmatrix}$ eines solchen magischen Quadrats stets ebenfalls ein solches magisches Quadrat.

Vektorraumaxiome:
Es gilt (entsprechend der S-Multiplikation) für jedes solche magische Quadrat die Darstellung $\begin{bmatrix} a & a \\ a & a \end{bmatrix} = a \cdot \begin{bmatrix} 1 & 1 \\ 1 & 1 \end{bmatrix}$; $a \in \mathbb{R}$.
Wegen dieser elementweisen Multiplikation genügt es, die Vektorraumaxiome für die reellen Zahlen ($a \in \mathbb{R}$) nachzuprüfen; diese sind aber erfüllt, da sie nichts anderes als die Rechenregeln für die reellen Zahlen darstellen.

Ordnung 3:
Magische Quadrate der Ordnung 3 lassen sich mithilfe von drei reellen Parametern wie folgt darstellen:

$$\begin{bmatrix} a+b & a-b-c & a+c \\ a-b+c & a & a+b-c \\ a-c & a+b+c & a-b \end{bmatrix}$$

Ein praktikabler Vorschlag für eine Unterrichtssequenz oder ein Seminar, in den/dem diese Darstellung sowie die Vektorraumeigenschaft der Menge aller magischen Quadrate der Ordnung 3 zusammen mit den Schülerinnen und Schülern erarbeitet werden kann, findet sich z. B. in Motzer, R.: „Magische 3x3-Quadrate als Beispiel für einen Vektorraum" in PM 3/44, Jg. 2002, S.129–133.

Arbeitsaufträge

1.

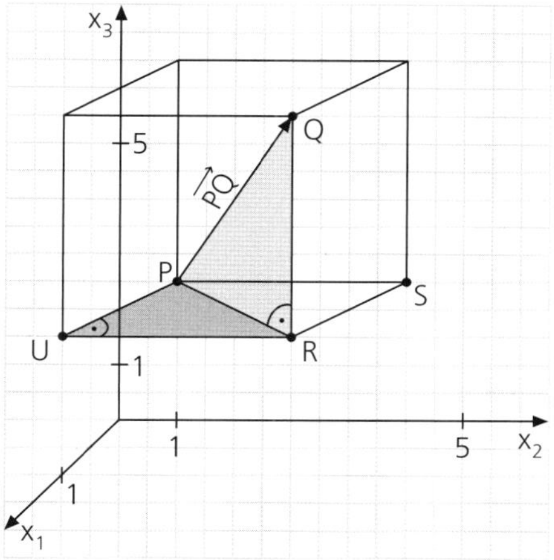

Satz von Pythagoras, angewendet auf die beiden rechtwinkligen Dreiecke PUR und PRQ:
$\overline{PU} = 2$; $\overline{UR} = \overline{PS} = 4$; $\overline{PR}^2 = \overline{PU}^2 + \overline{UR}^2 = 4 + 16 = 20$;
$\overline{RQ} = 4$; $\overline{PQ}^2 = \overline{PR}^2 + \overline{RQ}^2 = 20 + 16 = 36$; $\overline{PQ} = 6$

2. Die Abbildung könnte ein Schrägbild eines Würfels (mit vorderem oberen Eckpunkt C) sein, an den sich der Innenboden und die beiden Rückwände eines weiteren Würfels anschließen; bei dieser Deutung der Abbildung ist $\overline{CD}^2 = (2a)^2 + a^2 = 5a^2$, also $\overline{CD} = a\sqrt{5}$.
Sie könnte aber auch zwei mit einer Seite aneinanderstoßende regelmäßige Sechsecke darstellen; bei diese Deutung ist $\overline{CD} = 2 \cdot \frac{a}{2}\sqrt{3} = a\sqrt{3}$, da jede Höhe eines gleichschenkligen Dreiecks mit der Seitenlänge a die Länge $\frac{a}{2}\sqrt{3}$ hat.

3. $M_{[AB]}\,(-3 \mid 0)$;
$m_{AB} = \frac{-4}{2} = -2$; $m_{l_1} = \frac{1}{2}$;

Mittelsenkrechte l_1:
$y = \frac{1}{2}x + t_1$;
$M_{[AB]} \in l_1$:
$0 = -1{,}5 + t_1$; $t_1 = 1{,}5$;
l_1: $y = \frac{1}{2}x + \frac{3}{2}$
$M_{[BC]}\,(1{,}5 \mid 1{,}5)$;
$m_{BC} = \frac{7}{7} = 1$; $m_{l_2} = -1$;

Mittelsenkrechte l_2:
$y = -x + t_2$;
$M_{[BC]} \in l_2$:
$1{,}5 = -1{,}5 + t_2$; $t_2 = 3$;
l_2: $y = -x + 3$

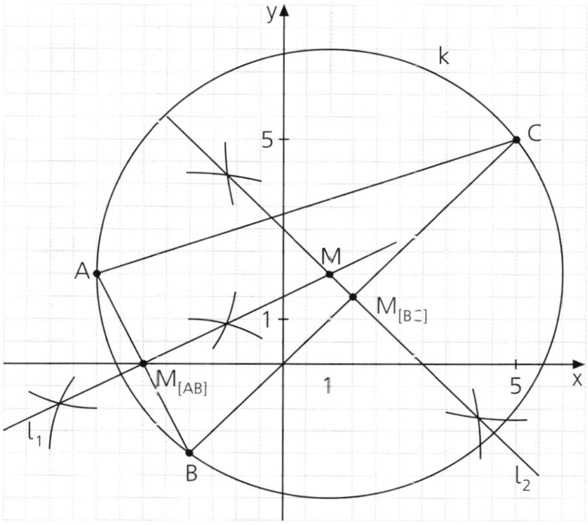

Schnittpunkt M von l_1 und l_2:
$\frac{1}{2}x + \frac{3}{2} = -x + 3$; $\frac{3}{2}x = \frac{3}{2}$;
$x_M = 1$;

eingesetzt in die Gleichung von l_2:
$y_M = 2$; M (1 | 2)
$\overline{MA} = \sqrt{25 + 0} = 5$;
$\overline{MB} = \sqrt{9 + 16} = 5$;
$\overline{MC} = \sqrt{16 + 9} = 5$:
$\overline{MA} = \overline{MB} = \overline{MC} = r = 5$

4. Länge der Strecke [MR]: $\overline{MR} = \sqrt{0 + 36 + 64} = 10$
Länge der Strecke [MU]: $\overline{MU} = \sqrt{36 + 64 + 0} = 10$
Länge der Strecke [MN]: $\overline{MN} = \sqrt{36 + 0 + 64} = 10$
Länge der Strecke [MD]: $\overline{MD} = \sqrt{64 + 36 + 0} = 10$
Die vier Punkte sind vom Punkt M gleich weit entfernt; sie liegen alle auf der Kugel mit Mittelpunkt M und Radiuslänge 10.

5. Größenordnungen:
Fußball: dm^3 Wassertropfen: mm^3
Nektarine: cm^3 Steinkugel: m^3

105

■ Fall 1:

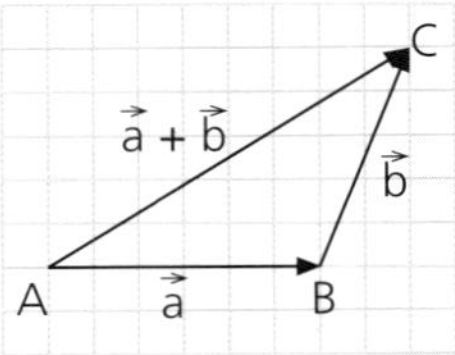

Da der Vektor $\vec{a} + \vec{b}$ die kürzeste Verbindung zwischen den Punkten A und C darstellt, gilt: $|\vec{a} + \vec{b}| < |\vec{a}| + |\vec{b}|$.

Fall 2: $\vec{a} \parallel \vec{b}$.

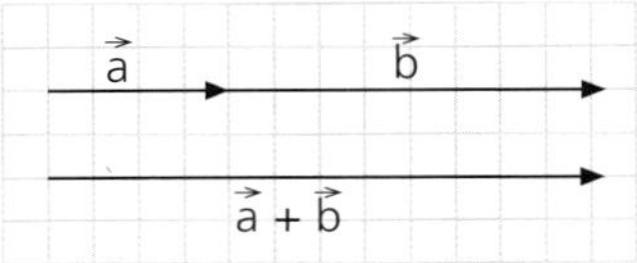

In diesem Fall gilt $|\vec{a} + \vec{b}| = |\vec{a}| + |\vec{b}|$.
Insgesamt gilt also: $|\vec{a} + \vec{b}| \leqq |\vec{a}| + |\vec{b}|$ für zwei beliebige Vektoren $\vec{a}$ und $\vec{b}$.

■ Der Winkel beträgt 90°:

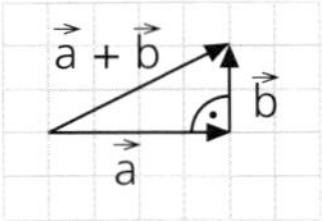

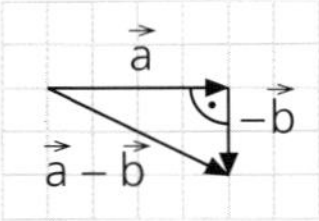

■ Es muss $x_1 = 1$, $x_2 = 3$ und $x_3 = -4$ sein, damit die Gleichung erfüllt ist.
Somit handelt es sich um den Punkt P (1 | 3 | –4).

■ $(x_1 - m_1)^2 + (x_2 - m_2)^2 = r^2$

L

1. a) $\left|\begin{pmatrix} 2 \\ 4 \\ -4 \end{pmatrix}\right| = \sqrt{2^2 + 4^2 + (-4)^2} = \sqrt{36} = 6$

b) $\left|\begin{pmatrix} -2 \\ 3 \\ 1 \end{pmatrix}\right| = \sqrt{(-2)^2 + 3^2 + 1^2} = \sqrt{14}$

c) $\left|\begin{pmatrix} -1 \\ -0{,}5 \\ -0{,}5 \end{pmatrix}\right| = \sqrt{(-1)^2 + (-0{,}5)^2 + (-0{,}5)^2} = \sqrt{1{,}5} = \sqrt{\frac{3}{2}} = \frac{\sqrt{6}}{2}$

d) $\left|\begin{pmatrix}-1\\2\\-2\end{pmatrix}\right| = \sqrt{(-1)^2 + 2^2 + (-2)^2} = \sqrt{9} = 3$

e) $\left|\begin{pmatrix}3\\-4\end{pmatrix}\right| = \sqrt{3^2 + (-4)^2} = \sqrt{25} = 5$

f) $\left|\begin{pmatrix}3\\0\\-4\end{pmatrix}\right| = \sqrt{3^2 + 0^2 + (-4)^2} = 5$

g) $\left|\begin{pmatrix}\frac{\sqrt{3}}{3}\\-\frac{\sqrt{3}}{3}\\\frac{\sqrt{3}}{3}\end{pmatrix}\right| = \sqrt{\left(\frac{\sqrt{3}}{3}\right)^2 + \left(-\frac{\sqrt{3}}{3}\right)^2 + \left(\frac{\sqrt{3}}{3}\right)^2} = \sqrt{1} = 1$

Fallende Ungleichungskette:

$\left|\begin{pmatrix}2\\4\\-4\end{pmatrix}\right| > \left|\begin{pmatrix}3\\-4\end{pmatrix}\right| = \left|\begin{pmatrix}3\\0\\-4\end{pmatrix}\right| > \left|\begin{pmatrix}-2\\3\\1\end{pmatrix}\right| > \left|\begin{pmatrix}-1\\2\\-2\end{pmatrix}\right| > \left|\begin{pmatrix}-1\\-0,5\\-0,5\end{pmatrix}\right| > \left|\begin{pmatrix}\frac{\sqrt{3}}{3}\\-\frac{\sqrt{3}}{3}\\\frac{\sqrt{3}}{3}\end{pmatrix}\right|$

2. $\vec{a} = \begin{pmatrix}1\\-2\\2\end{pmatrix}, \vec{b} = \begin{pmatrix}-2\\1\\-2\end{pmatrix}$

a) $\vec{a} + \vec{b} = \begin{pmatrix}-1\\-1\\0\end{pmatrix}$ $\quad |\vec{a} + \vec{b}| = \sqrt{(-1)^2 + (-1)^2 + 0^2} = \sqrt{2}$

b) $\vec{a} - \vec{b} = \begin{pmatrix}3\\-3\\4\end{pmatrix}$ $\quad |\vec{a} - \vec{b}| = \sqrt{3^2 + (-3)^2 + 4^2} = \sqrt{34}$

c) $\vec{a} + 2\vec{b} = \begin{pmatrix}-3\\0\\-2\end{pmatrix}$ $\quad |\vec{a} + 2\vec{b}| = \sqrt{(-3)^2 + 0^2 - (-2)^2} = \sqrt{13}$

d) $3\vec{a} - \vec{b} = \begin{pmatrix}5\\-7\\8\end{pmatrix}$ $\quad |3\vec{a} - \vec{b}| = \sqrt{5^2 + (-7)^2 + 8^2} = \sqrt{138}$

e) $|\vec{a}| = \sqrt{1^2 + (-2)^2 + 2^2} = 3$

$|\vec{b}| = \sqrt{(-2)^2 + 1^2 + (-2)^2} = 3$

$\frac{1}{|\vec{a}|}\vec{a} + \frac{1}{|\vec{b}|}\vec{b} = \frac{1}{3}\begin{pmatrix}1\\-2\\2\end{pmatrix} + \frac{1}{3}\begin{pmatrix}-2\\1\\-2\end{pmatrix} = \begin{pmatrix}\frac{1}{3}-\frac{2}{3}\\-\frac{2}{3}+\frac{1}{3}\\\frac{2}{3}-\frac{2}{3}\end{pmatrix} = \begin{pmatrix}-\frac{1}{3}\\-\frac{1}{3}\\0\end{pmatrix}$

$\left|\frac{1}{|\vec{a}|}\vec{a} + \frac{1}{|\vec{b}|}\vec{b}\right| = \sqrt{\left(-\frac{1}{3}\right)^2 + \left(-\frac{1}{3}\right)^2 + 0^2} = \sqrt{\frac{2}{9}} = \frac{\sqrt{2}}{3}$

f) $\vec{b} - \vec{a} = -(\vec{a} - \vec{b})$

$|\vec{b} - \vec{a}| = |-(\vec{a} - \vec{b})| = |\vec{a} - \vec{b}| = \sqrt{34}$ [vgl. b)]

Steigende Ungleichungskette:

$\left|\frac{1}{|\vec{a}|} \cdot \vec{a} + \frac{1}{|\vec{b}|}\vec{b}\right| < |\vec{a} + \vec{b}| < |\vec{a} + 2\vec{b}| = |\vec{a} - \vec{b}| = |\vec{b} - \vec{a}| < |3\vec{a} - \vec{b}|$

3. a) $\vec{m} = \begin{pmatrix}2\\-3\\1\end{pmatrix}$ $\quad |\vec{m}| = \sqrt{2^2 + (-3)^2 + 1^2} = \sqrt{14}$

$\vec{n} = \begin{pmatrix}\sqrt{2}\\0\\-\sqrt{2}\end{pmatrix}$ $\quad |\vec{n}| = \sqrt{(\sqrt{2})^2 + 0^2 + (-\sqrt{2})^2} = \sqrt{4} = 2$

$\vec{p} = \begin{pmatrix}2\\0\\-2\end{pmatrix}$ $\quad |\vec{p}| = \sqrt{2^2 + 0^2 + (-2)^2} = \sqrt{8} = 2\sqrt{2}$

$|\vec{q}| = \sqrt{14}$; $|\vec{r}| = 2$; $|\vec{s}| = 2\sqrt{2}$; $|\vec{t}| = \sqrt{14}$

Die Vektoren $\vec{m}$, $\vec{q}$ und $\vec{t}$ besitzen den gleichen Betrag ($\sqrt{14}$); die Vektoren $\vec{n}$ und $\vec{r}$ so wie die Vektoren $\vec{p}$ und $\vec{s}$ besetzen jeweils den gleichen Betrag (2 bzw. $2\sqrt{2}$).

b) $\vec{m} = (-1) \cdot \vec{t}$ $\quad \vec{p} = \sqrt{2} \cdot \vec{n}$ $\quad \vec{p} = (-1) \cdot \vec{s}$
Zueinander parallel sind $\vec{m}$ und $\vec{t}$ sowie $\vec{n}$, $\vec{p}$ und $\vec{s}$.

c) Wegen $\vec{m} = (-1) \cdot \vec{t}$ und $\vec{p} = (-1) \cdot \vec{s}$ sind diese Paare von Vektoren jeweils Gegenvektoren voneinander.

d) Unter diesen sieben Vektoren sind keine gleichen Vektoren.

4. a) $\left|\begin{pmatrix} \frac{1}{2} \\ k \\ -\frac{1}{3} \end{pmatrix}\right| = \sqrt{\left(\frac{1}{2}\right)^2 + k^2 + \left(-\frac{1}{3}\right)^2} = \sqrt{\frac{13}{36} + k^2} = 1;$

$k^2 = \frac{23}{36} \quad |\sqrt{\ }$

$k_1 = \frac{\sqrt{23}}{6}; \quad k_2 = -\frac{\sqrt{23}}{6}$

b) $\left|\begin{pmatrix} 0{,}6 \\ -0{,}8 \\ k+1 \end{pmatrix}\right| = \sqrt{0{,}6^2 + (-0{,}8)^2 + (k+1)^2} = \sqrt{0{,}36 + 0{,}64 + (k+1)^2} = 1;$

$1 + (k+1)^2 = 1;$

$(h+1)^2 = 0;$

$k = -1$

c) $\left|\begin{pmatrix} 2 \\ 0{,}25 \\ k \end{pmatrix}\right| = \sqrt{2^2 + 0{,}25^2 + k^2} = \sqrt{\frac{65}{16} + k^2} = 1;$

$\frac{65}{16} + k^2 = 1; \quad | -\frac{65}{16}$

$k^2 = -\frac{49}{16};$

Es gibt also keinen Wert von $k \in \mathbb{R}\backslash\{0\}$, für den der Vektor den Betrag 1 besitzt.

d) $\left|\begin{pmatrix} \frac{1}{k} \\ \frac{1}{k} \\ \frac{1}{k} \end{pmatrix}\right| = \sqrt{\left(\frac{1}{k}\right)^2 + \left(\frac{1}{k}\right)^2 + \left(\frac{1}{k}\right)^2} = \sqrt{\frac{3}{k^2}} = 1;$

$\frac{3}{k^2} = 1; \quad | \cdot k^2$

$3 = k^2;$

$k_1 = +\sqrt{3}; \quad k_2 = -\sqrt{3}$

e) $\left|\begin{pmatrix} 0 \\ 3k \\ -4k \end{pmatrix}\right| = \sqrt{0^2 + (3k)^2 + (-4k)^2} = \sqrt{25k^2} = 1;$

$25k^2 = 1; \quad |: 25$

$k^2 = \frac{1}{25};$

$k_1 = +\frac{1}{5}; \quad k_2 = -\frac{1}{5}$

f) $\left|\begin{pmatrix} 2k \\ k \\ -2k \end{pmatrix}\right| = \sqrt{(2k)^2 + k^2 + (-2k)^2} = \sqrt{9k^2} = 1;$

$9k^2 = 1 \quad | : 9$

$k^2 = \frac{1}{9}$

$k_1 = +\frac{1}{3}; \quad k_2 = -\frac{1}{3}$

5. a) $\left|\begin{pmatrix} -4 \\ 12 \\ -3 \end{pmatrix}\right| = \sqrt{(-4)^2 + 12^2 + (-3)^2} = 13 \qquad \begin{pmatrix} -4 \\ 12 \\ -3 \end{pmatrix} = 13 \cdot \begin{pmatrix} -\frac{4}{13} \\ \frac{12}{13} \\ -\frac{3}{13} \end{pmatrix} = -13 \cdot \begin{pmatrix} \frac{4}{13} \\ -\frac{12}{13} \\ \frac{3}{13} \end{pmatrix}$

b) $\left|\begin{pmatrix} -2 \\ 1 \\ 2 \end{pmatrix}\right| = \sqrt{(-2)^2 + 1^2 + 2^2} = 3 \qquad \begin{pmatrix} -2 \\ 1 \\ 2 \end{pmatrix} = 3 \cdot \begin{pmatrix} -\frac{2}{3} \\ \frac{1}{3} \\ \frac{2}{3} \end{pmatrix} = -3 \cdot \begin{pmatrix} \frac{2}{3} \\ -\frac{1}{3} \\ -\frac{2}{3} \end{pmatrix}$

c) $\left|\begin{pmatrix}2\\-4\\-4\end{pmatrix}\right| = \sqrt{2^2 + (-4)^2 + (-4)^2} = 6$ $\quad \begin{pmatrix}2\\-4\\-4\end{pmatrix} = 6 \cdot \begin{pmatrix}\frac{1}{3}\\-\frac{2}{3}\\-\frac{2}{3}\end{pmatrix} = -6 \cdot \begin{pmatrix}-\frac{1}{3}\\\frac{2}{3}\\\frac{2}{3}\end{pmatrix}$

d) $\left|\begin{pmatrix}3\\4\end{pmatrix}\right| = \sqrt{3^2 + 4^2} = 5$ $\quad \begin{pmatrix}3\\4\end{pmatrix} = 5 \cdot \begin{pmatrix}\frac{3}{5}\\\frac{4}{5}\end{pmatrix} = -5\begin{pmatrix}-\frac{3}{5}\\-\frac{4}{5}\end{pmatrix}$

e) $\left|\begin{pmatrix}2\\\sqrt{5}\end{pmatrix}\right| = \sqrt{2^2 + (\sqrt{5})^2} = 3$ $\quad \begin{pmatrix}2\\\sqrt{5}\end{pmatrix} = 3 \cdot \begin{pmatrix}\frac{2}{3}\\\frac{\sqrt{5}}{3}\end{pmatrix} = -3\begin{pmatrix}-\frac{2}{3}\\-\frac{\sqrt{5}}{3}\end{pmatrix}$

f) $\left|\begin{pmatrix}a\\2a\\-2a\end{pmatrix}\right| = \sqrt{a^2 + (2a)^2 + (-2a)^2} = 3|a|$ $\quad \begin{pmatrix}a\\2a\\-2a\end{pmatrix} = 3a \cdot \begin{pmatrix}\frac{a}{3a}\\\frac{2a}{3a}\\\frac{-2a}{3a}\end{pmatrix} = 3a \cdot \begin{pmatrix}\frac{1}{3}\\\frac{2}{3}\\-\frac{2}{3}\end{pmatrix} = -3a \cdot \begin{pmatrix}-\frac{1}{3}\\-\frac{2}{3}\\\frac{2}{3}\end{pmatrix}$

106

6. Es gilt: $\vec{a} = k \cdot \vec{b}$ $(k \in \mathbb{R})$.

Dann ist $|\vec{a}| = |k \cdot \vec{b}| = \left|k \cdot \begin{pmatrix}b_1\\b_2\\b_3\end{pmatrix}\right| = \left|\begin{pmatrix}k \cdot b_1\\k \cdot b_2\\k \cdot b_3\end{pmatrix}\right|$

$= \sqrt{(k \cdot b_1)^2 + (k \cdot b_2)^2 + (k \cdot b_3)^2} = \sqrt{k^2 \cdot b_1^2 + k^2 \cdot b_2^2 + k^2 \cdot b_3^2}$

$= \sqrt{k^2(b_1^2 + b_2^2 + b_3^2)} = |k| \cdot \sqrt{b_1^2 + b_2^2 + b_3^2} = |k| \cdot \left|\begin{pmatrix}b_1\\b_2\\b_3\end{pmatrix}\right| = |k| \cdot |\vec{b}|$

Der Kehrsatz gilt nicht:

Wählt man z. B. $\vec{a} = \begin{pmatrix}1\\1\\1\end{pmatrix}$, $k = \sqrt{3}$ und $\vec{b} = \begin{pmatrix}1\\0\\0\end{pmatrix}$, dann ist

$|\vec{a}| = \sqrt{1^2 + 1^2 + 1^2} = \sqrt{3}$ $\quad |k| = |\sqrt{3}| = \sqrt{3}$ $\quad |\vec{b}| = \sqrt{1^2 + 0^2 + 0^2} = 1$

Somit gilt: $|\vec{a}| = |k| \cdot |\vec{b}|$, aber $\begin{pmatrix}1\\1\\1\end{pmatrix} \neq \sqrt{3} \cdot \begin{pmatrix}1\\0\\0\end{pmatrix}$.

7. Allgemein gilt: $\overline{AB} = |\overrightarrow{AB}|$

a) $A(-2 \mid 6 \mid 3)$, $B(0 \mid 12 \mid 0)$, $\overrightarrow{AB} = \begin{pmatrix}2\\6\\-3\end{pmatrix}$
$|\overrightarrow{AB}| = \sqrt{2^2 + 6^2 + (-3)^2} = 7$

b) $A(0 \mid 0 \mid 0)$, $B(8 \mid 0 \mid 6)$, $|\overrightarrow{AB}| = \begin{pmatrix}8\\0\\6\end{pmatrix}$;
$|\overrightarrow{AB}| = \sqrt{8^2 + 0^2 + 6^2} = 10$

c) $A(11 \mid 9 \mid -2)$, $B(3 \mid -6 \mid -2)$, $\overrightarrow{AB} = \begin{pmatrix}-8\\-15\\0\end{pmatrix}$;
$|\overrightarrow{AB}| = \sqrt{(-8)^2 + (-15)^2 + 0^2} = 17$

Die Streckenlängen aus den Teilaufgaben a), b) und c) können keine Seitenlängen sein, da die Dreiecksungleichung nicht erfüllt ist.

8. a) A (10 | 1 | 3), B (2 | k | 2), d = 9

$|\overrightarrow{AB}| = \begin{pmatrix} 2-10 \\ k-1 \\ 2-3 \end{pmatrix} = \begin{pmatrix} -8 \\ k-1 \\ -1 \end{pmatrix}$; $|\overrightarrow{AB}| = \sqrt{(-8)^2 + (k-1)^2 + (-1)^2} = \sqrt{65 + (k-1)^2} = 9$;

$\sqrt{65 + (k-1)^2} = 9$;

$65 + (k-1)^2 = 9^2$; | − 65

$(k-1)^2 = 16$;

$k_1 - 1 = +4$; $k_2 - 1 = -4$

$k_1 = 5$; $k_2 = -3$

b) A (k | 5 | 0), B (5 | 4 | −2), d = 3

$\overrightarrow{AB} = \begin{pmatrix} 5-k \\ 4-5 \\ -2-0 \end{pmatrix} = \begin{pmatrix} 5-k \\ -1 \\ -2 \end{pmatrix}$;

$|\overrightarrow{AB}| = \sqrt{(5-k)^2 + (-1)^2 + (-2)^2} = \sqrt{(5-k)^2 + 5} = 3$;

$(5-k)^2 + 5 = 3^2$; | − 5

$(5-k)^2 = 4$;

$5 - k_1 = +2$; $5 - k_2 = -2$

$k_1 = 3$; $k_2 = 7$

9. A (−1 | −2 | 1), B (2 | −2 | −2), C (2 | 4 | −2)

$\overrightarrow{AB} = \begin{pmatrix} 2-(-1) \\ -2-(-2) \\ -2-1 \end{pmatrix} = \begin{pmatrix} 3 \\ 0 \\ -3 \end{pmatrix}$; $|\overrightarrow{AB}| = \sqrt{3^2 + 0^2 + (-3)^2} = 3\sqrt{2}$;

$\overrightarrow{BC} = \begin{pmatrix} 2-2 \\ 4-(-2) \\ -2-(-2) \end{pmatrix} = \begin{pmatrix} 0 \\ 6 \\ 0 \end{pmatrix}$; $|\overrightarrow{BC}| = \sqrt{0^2 + 6^2 + 0^2} = 6$

$\overrightarrow{CA} = \begin{pmatrix} -1-2 \\ -2-4 \\ 1-(-2) \end{pmatrix} = \begin{pmatrix} -3 \\ -6 \\ 3 \end{pmatrix}$; $|\overrightarrow{CA}| = \sqrt{(-3)^2 + (-6)^2 + 3^2} = 3\sqrt{6}$;

Es gilt: $|\overrightarrow{AB}|^2 + |\overrightarrow{BC}|^2 = (3\sqrt{2})^2 + 6^2 = 9 \cdot 2 + 36 = 54 = (3 \cdot \sqrt{6})^2 = |\overrightarrow{CA}|^2$

Nach dem Kehrsatz des Satzes von Pythagoras folgt, dass das Dreieck ABC rechtwinklig ist.

Flächeninhalt A_{ABC}: $A_{ABC} = \frac{1}{2} \cdot |\overrightarrow{AB}| \cdot |\overrightarrow{BC}| = \frac{1}{2} \cdot 3\sqrt{2} \cdot 6 = 9\sqrt{2}$

Umfangslänge U_{ABC}: $U_{ABC} = |\overrightarrow{AB}| + |\overrightarrow{BC}| + |\overrightarrow{CA}| = 3\sqrt{2} + 6 + 3\sqrt{6} \approx 17{,}6$

10. a) K_1: M_1 (0 | 0 | 0); $r_1 = 3$

Koordinatengleichung von K_1: $(x_1 - 0)^2 + (x_2 - 0)^2 + (x_3 - 0)^2 = 3^2$;

$x_1^2 + x_2^2 + x_3^2 = 9$

b) K_2: M_2 (−2 | 3 | 6); $r_2 = 4$

Koordinatengleichung von K_2: $(x_1 - (-2))^2 + (x_2 - 3)^2 + (x_3 - 6)^2 = 4^2$;

$(x_1 + 2)^2 + (x_2 - 3)^2 + (x_3 - 6)^2 = 16$

c) K_3: M_3 (4 | −4 | 7); $r_3 = 12$

Koordinatengleichung von K_3: $(x_1 - 4)^2 + (x_2 - (-4))^2 + (x_3 - 7)^2 = 12^2$;

$(x_1 - 4)^2 + (x_2 + 4)^2 + (x_3 - 7)^2 = 144$

d) K_4: M_4 (0 | −3 | 4); $r_4 = \sqrt{11}$

Koordinatengleichung von K_4: $(x_1 - 0)^2 + (x_2 - (-3))^2 + (x_3 - 4)^2 = (\sqrt{11})^2$;

$x_1^2 + (x_2 + 3)^2 + (x_3 - 4)^2 = 11$

e) K_5: M_5 (0 | −3 | 4); $r_5 = 1$

Koordinatengleichung von K_5: $(x_1 - 0)^2 + (x_2 - (-3))^2 + (x_3 - 4)^2 = 1^2$;

$x_1^2 + (x_2 + 3)^2 + (x_3 - 4)^2 = 1$

f) K_6: $M_6 (1 \mid 4 \mid 8)$; $r_6 = 10$
Koordinatengleichung von K_6: $(x_1 - 1)^2 + (x_2 - 4)^2 + (x_3 - 8)^2 = 10^2$;
$(x_1 - 1)^2 + (x_2 - 4)^2 + (x_3 - 8)^2 = 100$

Hinweis:
Zwei Kugeln (mit den Mittelpunkten M_1 und M_2 und den Radiuslängen r_1 und r_2)

- berühren einander, wenn $|\overrightarrow{M_1M_2}| = r_1 + r_2$ oder $|\overrightarrow{M_1M_2}| = |r_1 - r_2|$ ist.
- schneiden einander, wenn $|r_1 - r_2| < |\overrightarrow{M_1M_2}| < r_1 + r_2$ ist.
- haben keinen Punkt gemeinsam, wenn $|\overrightarrow{M_1M_2}| > r_1 + r_2$ bzw. wenn $|\overrightarrow{M_1M_2}| < |r_1 - r_2|$ ist.

(1) $\overrightarrow{M_1M_2} = \begin{pmatrix} -2-0 \\ 3-0 \\ 6-0 \end{pmatrix} = \begin{pmatrix} -2 \\ 3 \\ 6 \end{pmatrix}$; $|\overrightarrow{M_1M_2}| = \sqrt{(-2)^2 + 3^2 + 6^2} = 7$;
$r_1 + r_2 = 3 + 4 = 7$
Es gilt also: $|\overrightarrow{M_1M_2}| = r_1 + r_2$, d. h. K_1 und K_2 berühren einander.
Die Aussage ist somit wahr.

(2) $|\overrightarrow{M_1M_3}| = \begin{pmatrix} 4-0 \\ -4-0 \\ 7-0 \end{pmatrix} = \begin{pmatrix} 4 \\ -4 \\ 7 \end{pmatrix}$; $|\overrightarrow{M_1M_3}| = \sqrt{4^2 + (-4)^2 + 7^2} = 9$
$r_1 + r_3 = 3 + 12 = 15$; $r_3 - r_1 = 12 - 3 = 9 = \overrightarrow{M_1M_3}$
Die Aussage ist somit wahr.

(3) $\overrightarrow{M_2M_3} = \begin{pmatrix} 4-(-2) \\ -4-3 \\ 7-6 \end{pmatrix} = \begin{pmatrix} 6 \\ -7 \\ 1 \end{pmatrix}$; $|\overrightarrow{M_2M_3}| = \sqrt{6^2 + (-7)^2 + 1^2} = \sqrt{86}$;
$r_2 + r_3 = 4 + 12 = 16$; $r_3 - r_2 = 12 - 4 = 8$;
Es gilt also: $r_3 - r_2 < |\overrightarrow{M_2M_3}| < r_2 + r_3$, d. h. K_2 und K_3 schneiden einander.
Die Aussage ist somit wahr.

(4) $M_1M_6 = \begin{pmatrix} 1-0 \\ 4-0 \\ 8-0 \end{pmatrix} = \begin{pmatrix} 1 \\ 4 \\ 8 \end{pmatrix}$; $|\overrightarrow{M_1M_6}| = \sqrt{1^2 + 4^2 + 8^2} = 9$;
$r_1 + r_6 = 3 + 10 = 13$; $r_6 - r_1 = 7$
Es gilt also: $r_6 - r_1 < |\overrightarrow{M_1M_6}| < r_1 + r_6$, d. h. K_1 und K_6 schneiden einander.
Die Aussage ist somit wahr.

(5) Die Mittelpunkte von K_4 und K_5 sind identisch, daher haben beide Kugeln keine gemeinsamen Punkte. Die Aussage ist somit wahr.

(6) $\overrightarrow{M_1M_5} = \begin{pmatrix} 0-0 \\ -3-0 \\ 4-0 \end{pmatrix} = \begin{pmatrix} 0 \\ -3 \\ 4 \end{pmatrix}$; $|\overrightarrow{M_1M_5}| = \sqrt{0^2 + (-3)^2 + 4^2} = 5$;
$r_1 + r_5 = 3 + 1 = 4$; $r_1 - r_5 = 2$
Es gilt also: $|\overrightarrow{M_1M_5}| > r_1 + r_5$, d. h. K_1 und K_5 haben keinen Punkt gemeinsam.
Die Aussage ist somit falsch.

11. a) $\overrightarrow{MA} = \begin{pmatrix} 13-0 \\ -3{,}5-0 \\ 1-0 \end{pmatrix} = \begin{pmatrix} 13 \\ -3{,}5 \\ 1 \end{pmatrix}$; $|\overrightarrow{MA}| = \sqrt{13^2 + (-3{,}5)^2 + 1^2} = 13{,}5$;

$\overrightarrow{MB} = \begin{pmatrix} -12{,}5 \\ 5 \\ 1 \end{pmatrix}$; $|\overrightarrow{MB}| = \sqrt{(-12{,}5)^2 + 5^2 + 1^2} = 13{,}5$;

$\overrightarrow{MC} = \begin{pmatrix} 1 \\ 7 \\ 11{,}5 \end{pmatrix}$; $|\overrightarrow{MC}| = \sqrt{1^2 + 7^2 + 11{,}5^2} = 13{,}5$;

$\overrightarrow{MD} = \begin{pmatrix} -3{,}5 \\ 7 \\ -11 \end{pmatrix}$; $|\overrightarrow{MD}| = \sqrt{(-3{,}5)^2 + 7^2 + (-11)^2} = 13{,}5$.

Da $|\overrightarrow{MA}| = |\overrightarrow{MB}| = |\overrightarrow{MC}| = |\overrightarrow{MD}| = 13{,}5$ ist, liegen die Punkte A, B, C, D auf der Kugel mit Mittelpunkt $M (0 \mid 0 \mid 0)$ und Radiuslänge $r = 13{,}5$.

Vektorgleichung der Kugel: $\left|\vec{X} - \begin{pmatrix} 0 \\ 0 \\ 0 \end{pmatrix}\right| = 13{,}5$
$|\vec{X}| = 13{,}5$

b) $\overrightarrow{MA} = \begin{pmatrix} 24-(-8) \\ -2-(-10) \\ 0-(-1) \end{pmatrix} = \begin{pmatrix} 32 \\ 8 \\ 1 \end{pmatrix}$; $|\overrightarrow{MA}| = \sqrt{32^2 + 8^2 + 1^2} = 33$;

$\overrightarrow{MB} = \begin{pmatrix} 24-(-8) \\ -3-(-10) \\ 3-(-1) \end{pmatrix} = \begin{pmatrix} 32 \\ 7 \\ 4 \end{pmatrix}$; $|\overrightarrow{MB}| = \sqrt{32^2 + 7^2 + 4^2} = 33$;

$\overrightarrow{MC} = \begin{pmatrix} 20-(-8) \\ 7-(-10) \\ 3-(-1) \end{pmatrix} = \begin{pmatrix} 28 \\ 17 \\ 4 \end{pmatrix}$; $|\overrightarrow{MC}| = \sqrt{28^2 + 17^2 + 4^2} = 33$;

$\overrightarrow{MD} = \begin{pmatrix} 17-(-8) \\ 10-(-10) \\ 7-(-1) \end{pmatrix} = \begin{pmatrix} 25 \\ 20 \\ 8 \end{pmatrix}$; $|\overrightarrow{MD}| = \sqrt{25^2 + 20^2 + 8^2} = 33$;

Da $|\overrightarrow{MA}| = |\overrightarrow{MB}| = |\overrightarrow{MC}| = |\overrightarrow{MD}|$ (= 33) ist, liegen die Punkte A, B, C, D auf der Kugel mit Mittelpunkt M (–8 I –10 I –1) und Radiuslänge r = 33.

Vektorgleichung der Kugel: $\left|\vec{X} - \begin{pmatrix} -8 \\ -10 \\ -1 \end{pmatrix}\right| = 33$

12. a) M (1 I –4 I 0); r = 6

A (3 I –3 I 3): $\overrightarrow{MA} = \begin{pmatrix} 3-1 \\ -3-(-4) \\ 3-0 \end{pmatrix} = \begin{pmatrix} 2 \\ 1 \\ 3 \end{pmatrix}$; $|\overrightarrow{MA}| = \sqrt{2^2 + 1^2 + 3^2} = \sqrt{14}$

Da $|\overrightarrow{MA}| = \sqrt{14} < 6 = r$ ist, liegt A innerhalb der Kugel.

B (–1 I 2 I –1): $\overrightarrow{MB} = \begin{pmatrix} -1-1 \\ 2-(-4) \\ -1-0 \end{pmatrix} = \begin{pmatrix} -2 \\ 6 \\ -1 \end{pmatrix}$; $|\overrightarrow{MB}| = \sqrt{(-2)^2 + 6^2 + (-1)^2} = \sqrt{41}$.

Da $|\overrightarrow{MB}| = \sqrt{41} > 6 = r$ ist, liegt B außerhalb der Kugel.

C (5 I –8 I 2): $\overrightarrow{MC} = \begin{pmatrix} 5-1 \\ -8-(-4) \\ 2-0 \end{pmatrix} = \begin{pmatrix} 4 \\ -4 \\ 2 \end{pmatrix}$; $|\overrightarrow{MC}| = \sqrt{4^2 + (-4)^2 + 2^2} = 6$

Da $|\overrightarrow{MC}| = 6 = r$ ist, liegt C auf der Kugeloberfläche.

b) M (0 I 0 I 0); r = 11

A (0 I 7 I 5): $\overrightarrow{MA} = \begin{pmatrix} 0 \\ 7 \\ 5 \end{pmatrix}$; $|\overrightarrow{MA}| = \sqrt{0^2 + 7^2 + 5^2} = \sqrt{74}$.

Da $|\overrightarrow{MA}| = \sqrt{74} < 11 = r$ ist, liegt A innerhalb der Kugel.

B (3 I 4 I 10): $\overrightarrow{MB} = \begin{pmatrix} 3 \\ 4 \\ 10 \end{pmatrix}$; $|\overrightarrow{MB}| = \sqrt{3^2 + 4^2 + 10^2} = \sqrt{125}$

Da $|\overrightarrow{MB}| = \sqrt{125} > 11 = r$ ist, liegt B außerhalb der Kugel.

C (6 I 7 I –8): $\overrightarrow{MC} = \begin{pmatrix} 6 \\ 7 \\ -8 \end{pmatrix}$; $|\overrightarrow{MC}| = \sqrt{6^2 + 7^2 + (-8)^2} = \sqrt{149}$

Da $|\overrightarrow{MC}| = \sqrt{149} > 11 = r$ ist, liegt C außerhalb der Kugel.

c) M (3 I –1 I 1); r = 7

A (6 I 1 I –5): $\overrightarrow{MA} = \begin{pmatrix} 6-3 \\ 1-(-1) \\ -5-1 \end{pmatrix} = \begin{pmatrix} 3 \\ 2 \\ -6 \end{pmatrix}$; $|\overrightarrow{MA}| = \sqrt{3^2 + 2^2 + (-6)^2} = 7$

Da $|\overrightarrow{MA}| = 7 = r$ ist, liegt A auf der Kugeloberfläche.

B (4 I 5 I –2): $\overrightarrow{MB} = \begin{pmatrix} 4-3 \\ 5-(-1) \\ -2-1 \end{pmatrix} = \begin{pmatrix} 1 \\ 6 \\ -3 \end{pmatrix}$; $|\overrightarrow{MB}| = \sqrt{1^2 + 6^2 + (-3)^2} = \sqrt{46}$

Da $|\overrightarrow{MB}| = \sqrt{46} < 7 = r$ ist, liegt B innerhalb der Kugel.

C (–5 I 4 I 1): $\overrightarrow{MC} = \begin{pmatrix} -5-3 \\ 4-(-1) \\ 1-1 \end{pmatrix} = \begin{pmatrix} -8 \\ 5 \\ 0 \end{pmatrix}$; $|\overrightarrow{MC}| = \sqrt{(-8)^2 + 5^2 + 0^2} = \sqrt{89}$;

Da $|\overrightarrow{MC}| = \sqrt{89} > 7$ ist, liegt C außerhalb der Kugel.

13. a) Kugel mit M (3 | 0 | –2) und r = 2.

b) Kugel mit M (–3 | 4 | 2) und r = 13.

c) $x_1^2 + x_2^2 + x_3^2 + 1 = 0;$
$x_1^2 + x_2^2 + x_3^2 = -1$
Die Gleichung beschreibt keine Kugel.

d) $(x_1 - 4)^2 + x_2^2 + (x_3 + 2)^2 = 64;$
$(x_1 - 4)^2 + (x_2 - 0)^2 + (x_3 - (-2))^2 = 8^2$
Kugel mit M (4 | 0 | –2) und r = 8.

e) $x_1^2 + x_2^2 + x_3^2 + 2x_1 - 6x_2 + 9 = 0;$
$x_1^2 + 2x_1 + 1 + x_2^2 - 6x_2 + 9 + x_3^2 = 1;$
$(x_1 + (-1))^2 + (x_2 - 3)^2 + (x_3 - 0)^2 = 1^2;$
Kugel mit M (–1 | 3 | 0) und r = 1.

f) $x_1^2 + x_2^2 + x_3^2 - 4 = 0;$
$(x_1 - 0)^2 + (x_2 - 0)^2 + (x_3 - 0)^2 = 2^2$
Kugel mit M (0 | 0 | 0) und r = 2.

g) $x_1^2 + x_2^2 + x_3^2 - 16x_1 + 8x_2 - 6x_3 - 200 = 0;$
$x_1^2 - 16x_1 + 64 + x_2^2 + 8x_2 + 16 + x_3^2 - 6x_3 + 9 - 200 = 89;$
$(x_1 - 8)^2 + (x_2 - (-4))^2 + (x_3 - 3)^2 = 17^2$
Kugel mit M (8 | –4 | 3) und r = 17.

h) $x_1^2 + x_2^2 + x_3^2 + 8x_1 - 9 = 0;$
$x_1^2 + 8x_1 + 16 + x_2^2 + x_3^2 = 16 + 9;$
$(x_1 - (-4))^2 + (x_2 - 0)^2 + (x_3 - 0)^2 = 5^2.$
Kugel mit M (–4 | 0 | 0) und r = 5.

i) $x_1^2 + x_2^2 + x_3^2 - 2x_1 - 10x_2 + 2x_3 - 54 = 0;$
$x_1^2 - 2x_1 + 1 + x_2^2 - 10x_2 + 25 + x_3^2 + 2x_3 + 1 = 54 + 1 + 25 + 1;$
$(x_1 - 1)^2 + (x_2 - 5)^2 + (x_3 - (-1))^2 = 9^2.$
Kugel mit M (1 | 5 | –1) und r = 9.

14. I: $(x_1 - 4)^2 + (x_2 - 4)^2 + (x_3 - 4)^2 = 16$ mit M_1 (4 | 4 | 4)
II: $(x_1 + 4)^2 + (x_2 - 4)^2 + (x_3 - 4)^2 = 16$ mit M_2 (–4 | 4 | 4)
III: $(x_1 + 4)^2 + (x_2 + 4)^2 + (x_3 - 4)^2 = 16$ mit M_3 (–4 | –4 | 4)
IV: $(x_1 - 4)^2 + (x_2 + 4)^2 + (x_3 - 4)^2 = 16$ mit M_4 (4 | –4 | 4)
V: $(x_1 - 4)^2 + (x_2 - 4)^2 + (x_3 + 4)^2 = 16$ mit M_5 (4 | 4 | –4)
VI: $(x_1 + 4)^2 + (x_2 - 4)^2 + (x_3 + 4)^2 = 16$ mit M_6 (–4 | 4 | –4)
VII: $(x_1 + 4)^2 + (x_2 + 4)^2 + (x_3 + 4)^2 = 16$ mit M_7 (–4 | –4 | –4)
VIII: $(x_1 - 4)^2 + (x_2 + 4)^2 + (x_3 + 4)^2 = 16$ mit M_8 (4 | –4 | –4)

15. Die Punkte bilden eine Vollkugel mit Mittelpunkt M (0 | 0 | 0) und Radiuslänge r = 12.

107

16. M (2 | 6 | 3); r = 3,5
Koordinatengleichung: $(x_1 - 2)^2 + (x_2 - 6)^2 + (x_3 - 3)^2 = 3{,}5^2$

a) S: Kugelpunkt, der am weitesten vom Ursprung entfernt ist

$\overrightarrow{OM} = \begin{pmatrix} 2 \\ 6 \\ 3 \end{pmatrix}; \ |\overrightarrow{OM}| = \sqrt{2^2 + 6^2 + 3^2} = 7$

$\overrightarrow{OS} = \overrightarrow{OM} + \overrightarrow{MS}$

$\overrightarrow{MS} = 3{,}5 \cdot \frac{1}{7} \cdot \begin{pmatrix} 2 \\ 6 \\ 3 \end{pmatrix} = \begin{pmatrix} 1 \\ 3 \\ 1{,}5 \end{pmatrix} \qquad \overrightarrow{OS} = \begin{pmatrix} 2 \\ 6 \\ 3 \end{pmatrix} + \begin{pmatrix} 1 \\ 3 \\ 1{,}5 \end{pmatrix} = \begin{pmatrix} 3 \\ 9 \\ 4{,}5 \end{pmatrix}$

Der Punkt S (3 | 9 | 4,5) ist der vom Ursprung am weitesten entfernte Kugelpunkt.

b) T: Kugelpunkt, der am wenigsten weit vom Ursprung entfernt ist.

$\overrightarrow{OT} = \overrightarrow{OM} + \overrightarrow{MT}$

$\overrightarrow{MT} = -3{,}5 \cdot \frac{1}{7}\begin{pmatrix}2\\6\\3\end{pmatrix} = \begin{pmatrix}-1\\-3\\-1{,}5\end{pmatrix}$ $\quad \overrightarrow{OT} = \begin{pmatrix}2\\6\\3\end{pmatrix} + \begin{pmatrix}-1\\-3\\-1{,}5\end{pmatrix} = \begin{pmatrix}1\\3\\1{,}5\end{pmatrix}$

Der Punkt T (1 | 3 | 1,5) ist der Kugelpunkt, der vom Ursprung am wenigsten weit entfernt ist.

17. a)

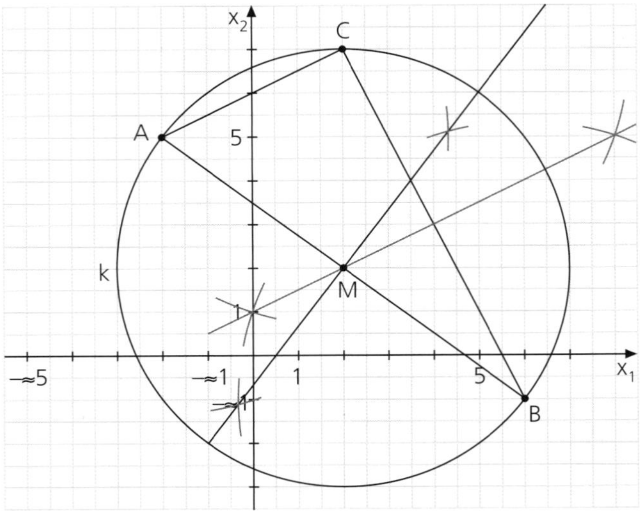

Umkreismittelpunkt M (2 | 2)

Probe: $\overline{MA} = \sqrt{(-4)^2 + 3^2} = 5$; $\overline{MB} = \sqrt{4^2 + (-3)^2} = 5$;

$\overline{MC} = \sqrt{0^2 + 5^2} = 5$; $\overline{MA} = \overline{MB} = \overline{MC} = 5$ ✓

Umkreisradius: $r = |\overrightarrow{MB}|$ mit $\overrightarrow{MB} = \begin{pmatrix}6-2\\-1-2\end{pmatrix} = \begin{pmatrix}4\\-3\end{pmatrix}$

$r = |\overrightarrow{MB}| = \sqrt{4^2 + (-3)^2} = 5$

Umfangslänge des Kreises k: $U_k = 2\pi r = 2\pi \cdot 5 = 10\pi \approx 31{,}4$

Umfangslänge des Dreiecks ABC:

$\overrightarrow{AB} = \begin{pmatrix}6-(-2)\\-1-5\end{pmatrix} = \begin{pmatrix}8\\-6\end{pmatrix}$; $|\overrightarrow{AB}| = \sqrt{8^2 + (-6)^2} = 10$;

$\overrightarrow{BC} = \begin{pmatrix}2-6\\7-(-1)\end{pmatrix} = \begin{pmatrix}-4\\8\end{pmatrix}$; $|\overrightarrow{BC}| = \sqrt{(-4)^2 + 8^2} = \sqrt{80} = 4\sqrt{5}$;

$\overrightarrow{CA} = \begin{pmatrix}-2-2\\5-7\end{pmatrix} = \begin{pmatrix}-4\\-2\end{pmatrix}$; $|\overrightarrow{CA}| = \sqrt{(-4)^2 + (-2)^2} = \sqrt{20} = 2\sqrt{5}$;

$U_{ABC} = |\overrightarrow{AB}| + |\overrightarrow{BC}| + |\overrightarrow{CA}| = 10 + 4\sqrt{5} + 2\sqrt{5} = 10 + 6\sqrt{5} \approx 23{,}4$

Anteil der Dreiecksfläche A_{ABC} an der Kreisfläche A_k:

Das Dreieck ABC ist rechtwinklig, da

$|\overrightarrow{BC}|^2 + |\overrightarrow{CA}|^2 = (4\sqrt{5})^2 + (2\sqrt{5})^2 = 100 = 10^2 = |\overrightarrow{AB}|^2$

ist (Kehrsatz des Satzes von Pythagoras). Daher ist

$A_{ABC} = \frac{1}{2} \cdot |\overrightarrow{BC}| \cdot |\overrightarrow{CA}| = \frac{1}{2} \cdot 4\sqrt{5} \cdot 2\sqrt{5} = 20$

$A_k = \pi \cdot r^2 = \pi \cdot 5^2 = 25\pi$

$\frac{A_{ABC}}{A_k} = \frac{20}{25\pi} = \frac{4}{5\pi} \approx 0{,}255 = 25{,}5\%$

b)

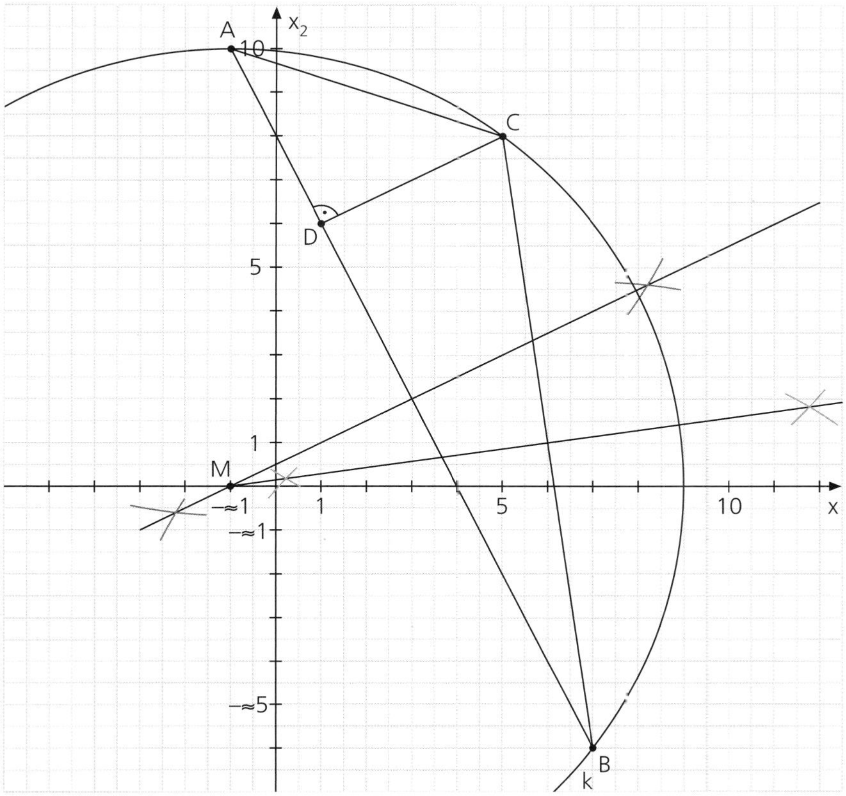

Umkreismittelpunkt M (– 1 I 0), Umkreisradius r = 10 (abgelesen)

Probe: $\overline{MA} = \sqrt{0^2 + 10^2} = 10$; $\overline{MB} = \sqrt{8^2 + (-6)^2} = 10$; $\overline{MC} = \sqrt{6^2 + 8^2} = 10$;

$\overline{MA} = \overline{MB} = \overline{MC}$ ✓ r = 10

Umfangslänge des Kreises k: $U_k = 2\pi r = 20\pi \approx 62{,}8$

Umfangslänge des Dreiecks ABC:

$\overrightarrow{AB} = \begin{pmatrix} 7-(-1) \\ -6-10 \end{pmatrix} = \begin{pmatrix} 8 \\ -16 \end{pmatrix}$; $\quad |\overrightarrow{AB}| = \sqrt{8^2 + (-16)^2} = \sqrt{320} = 8\sqrt{5}$

$\overrightarrow{BC} = \begin{pmatrix} 5-7 \\ 8-(-6) \end{pmatrix} = \begin{pmatrix} -2 \\ 14 \end{pmatrix}$; $\quad |\overrightarrow{BC}| = \sqrt{(-2)^2 + (14)^2} = \sqrt{200} = 10\sqrt{2}$

$\overrightarrow{CA} = \begin{pmatrix} -1-5 \\ 10-8 \end{pmatrix} = \begin{pmatrix} -6 \\ 2 \end{pmatrix}$; $\quad |\overrightarrow{CA}| = \sqrt{(-6)^2 + 2^2} = \sqrt{40} = 2\sqrt{10}$

$U_{ABC} = |\overrightarrow{AB}| + |\overrightarrow{BC}| + |\overrightarrow{CA}| = 8\sqrt{5} + 10\sqrt{2} + 2\sqrt{10} \approx 38{,}4$

Lot l vom Punkt C auf AB:

$m_{AB} = \frac{-6-10}{7+1} = -2$; $m_l = \frac{1}{2}$

l: $y = \frac{1}{2}x + t$; C ∈ l: 8 = 2,5 + t; t = 5,5

l: y = 0,5x + 5,5

AB: $y = -2x + t^*$; A ∈ AB: $10 = 2 + t^*$; $t^* = 8$

AB: y = −2x + 8

l schneidet AB im Punkt D:

0,5x + 5,5 = −2x + 8;

2,5x = 2,5;

$x_D = 1$ „eingesetzt in l": $y_D = 0{,}5 + 5{,}5 = 6$

D (1 I 6)

Anteil der Dreiecksfläche A_{ABC} an der Kreisfläche A_k:

$D\,(1 \mid 1 \mid 6)$; $\overrightarrow{DC} = \begin{pmatrix} 5-1 \\ 8-6 \end{pmatrix} = \begin{pmatrix} 4 \\ 2 \end{pmatrix}$, $|\overrightarrow{DC}| = \sqrt{4^2 + 2^2} = 2\sqrt{5}$

$A_{ABC} = \frac{1}{2} \cdot |\overrightarrow{AB}| \cdot |\overrightarrow{DC}| = \frac{1}{2} \cdot 8\sqrt{5} \cdot 2 \cdot \sqrt{5} = 40$

$A_k = \pi r^2 = \pi \cdot 10^2 = 100\pi$

$\frac{A_{ABC}}{A_k} = \frac{40}{100\pi} = \frac{2}{5\pi} \approx 0{,}127 = 12{,}7\%$

18. a) $O\,(0 \mid 0 \mid 0)$, $A\,(3 \mid 6 \mid 9)$

$P\,(x_1 \mid x_2 \mid x_3)$ sei ein Punkt, der von O doppelt so weit entfernt ist wie von A, d. h. $|\overrightarrow{OP}| = 2 \cdot |\overrightarrow{AP}|$.

$\overrightarrow{OP} = \begin{pmatrix} x_1 \\ x_2 \\ x_3 \end{pmatrix}$; $|\overrightarrow{OP}| = \sqrt{x_1^2 + x_2^2 + x_3^3}$

$\overrightarrow{AP} = \begin{pmatrix} x_1 - 3 \\ x_2 - 6 \\ x_3 - 9 \end{pmatrix}$; $|\overrightarrow{AP}| = \sqrt{(x_1 - 3)^2 + (x_2 - 6)^2 + (x_3 - 9)^2}$;

$|\overrightarrow{OP}| = 2 \cdot |\overrightarrow{AP}|$;

$\sqrt{x_1^2 + x_2^2 + x_3^2} = 2 \cdot \sqrt{(x_1 - 3)^2 + (x_2 - 6)^2 + (x_3 - 9)^2}$;

$x_1^2 + x_2^2 + x_3^2 = 4 \cdot [(x_1 - 3)^2 + (x_2 - 6)^2 + (x_3 - 9)^2]$;

$x_1^2 + x_2^2 + x_3^2 = 4 \cdot [x_1^2 - 6x_1 + 9 + x_2^2 - 12x_2 + 36 + x_3^2 - 18x_3 + 81]$;

$x_1^2 + x_2^2 + x_3^2 = 4x_1^2 - 24x_1 + 36 + 4x_2^2 - 48x_2 + 144 + 4x_3^2 - 72x_3 + 324$;

$0 = 3x_1^2 - 24x_1 + 36 + 3x_2^2 - 48x_2 + 144 + 3x_3^2 - 72x_3 + 324$;

$0 = x_1^2 - 8x_1 + 12 + x_2^2 - 16x_2 + 48 + x_3^2 - 24x_3 + 108$;

$0 = x_1^2 - 8x_1 + 16 + x_2^2 - 16x_2 + 64 + x_3^2 - 24x_3 + 144 + 12 + 48 + 108 -$
$- 16 - 64 - 144$

$0 = (x_1 - 4)^2 + (x_2 - 8)^2 + (x_3 - 12)^2 - 56; \quad | + 56$

$56 = (x_1 - 4)^2 + (x_2 - 8)^2 + (x_3 - 12)^2$

Dies ist die Koordinatengleichung einer Kugel mit Mittelpunkt $M\,(4 \mid 8 \mid 12)$ und $r = \sqrt{56} = 2\sqrt{14}$. Also liegen alle Punkte P auf einer Kugel.

b) $O\,(0 \mid 0 \mid 0)$, $A\,(3 \mid 6 \mid 9)$

$P\,(x_1 \mid x_2 \mid x_3)$ sei ein Punkt, der von O n-mal so weit entfernt ist wie von A, d. h. $|\overrightarrow{OP}| = n \cdot |\overrightarrow{AP}|$.

$\sqrt{x_1^2 + x_2^2 + x_3^2} = n \cdot \sqrt{(x_1 - 3)^2 + (x_2 - 6)^2 + (x_3 - 9)^2} \quad |^2$

$x_1^2 + x_2^2 + x_3^2 = n^2\,[x_1^2 - 6x_1 + 9 + x_2^2 - 12x_2 + 36 + x_3^2 - 18x_3 + 81]$

$x_1^2 + x_2^2 + x_3^2 = n^2x_1^2 - 6n^2x_1 + 9n^2 + n^2x_2^2 - 12n^2x_2 + 36n^2 + n^2x_3^2 - 18n^2x_3 + 81n^2$

$0 = (n^2 - 1)x_1^2 - 6n^2x_1 + 9n^2 + (n^2 - 1)x_2^2 - 12n^2x_2 + 36n^2 + (n^2 - 1)x_3^2 -$
$- 18n^2x_3 + 81n^2 \quad | : (n^2 - 1)$

$0 = x_1^2 - 6\frac{n^2}{n^2 - 1}x_1 + 9\frac{n^2}{n^2 - 1} + x_2^2 - 12\frac{n^2}{n^2 - 1}x_2 + 36\frac{n^2}{n^2 - 1} + x_3^2 - 18\frac{n^2}{n^2 - 1}x_3 + 81\frac{n^2}{n^2 - 1}$;

$0 = x_1^2 - 2 \cdot \frac{3n^2}{n^2 - 1} \cdot x_1 + \left(\frac{3n^2}{n^2 - 1}\right)^2 + x_2^2 - 2 \cdot \frac{6n^2}{n^2 - 1} + \left(\frac{6n^2}{n^2 - 1}\right)^2 + x_3^2 - 2 \cdot \frac{9n^2}{n^2 - 1} \cdot x_3 +$
$+ \left(\frac{9n^2}{n^2 - 1}\right)^2 + 9\frac{n^2}{n^2 - 1} + 36\frac{n^2}{n^2 - 1} + 81\frac{n^2}{n^2 - 1} - \left(\frac{3n^2}{n^2 - 1}\right)^2 - \left(\frac{6n^2}{n^2 - 1}\right)^2 - \left(\frac{9n^2}{n^2 - 1}\right)^2$

$0 = \left(x_1 - \frac{3n^2}{n^2 - 1}\right)^2 + \left(x_2 - \frac{6n^2}{n^2 - 1}\right)^2 + \left(x_3 - \frac{9n^2}{n^2 - 1}\right)^2 + \frac{n^2}{n^2 - 1}(9 + 36 + 81) -$
$- \frac{n^4}{(n^2 - 1)^2}(9 + 36 + 81)$

$0 = \left(x_1 - \frac{3n^2}{n^2 - 1}\right)^2 + \left(x_2 - \frac{6n^2}{n^2 - 1}\right)^2 + \left(x_3 - \frac{9n^2}{n^2 - 1}\right)^2 +$
$+ \left[\frac{n^2}{n^2 - 1} \cdot \frac{n^2 - 1}{n^2 - 1} - \frac{n^4}{(n^2 - 1)^2}\right] \cdot 126 \quad | + \frac{n^2}{(n^2 - 1)^2} \cdot 126$

$\frac{n^2}{(n^2 - 1)^2} \cdot 126 = \left(x_1 - \frac{3n^2}{n^2 - 1}\right)^2 + \left(x_2 - \frac{6n^2}{n^2 - 1}\right)^2 + \left(x_3 - \frac{9n^2}{n^2 - 1}\right)$

Dies ist die Koordinatengleichung einer Kugel mit Mittelpunkt $M\,\left(\frac{3n^2}{n^2 - 1} \mid \frac{6n^2}{n^2 - 1} \mid \frac{9n^2}{n^2 - 1}\right)$ und $r = \frac{n}{n^2 - 1}\sqrt{126} = \frac{3n}{n^2 - 1} \cdot \sqrt{14}$.

Also liegen alle Punkte P auf einer Kugel.

19. $T_a\,(a \mid 0{,}5a \mid 1)$, $R_a\,(4 \mid 1 + a \mid -2)$, $E_a\,(0{,}25a \mid 5 \mid a - 3)$

Damit das Dreieck $T_aR_aE_a$ gleichseitig ist, muss gelten:

$$\left|\overrightarrow{T_aR_a}\right| = \left|\overrightarrow{R_aE_a}\right| = \left|\overrightarrow{E_aT_a}\right|$$

$$\overrightarrow{T_aR_a} = \begin{pmatrix} 4-a \\ 1+a-0{,}5a \\ -2-1 \end{pmatrix} = \begin{pmatrix} 4-a \\ 1+0{,}5a \\ -3 \end{pmatrix} \qquad \left|\overrightarrow{T_aR_a}\right| = \sqrt{(4-a)^2 + (1+0{,}5a)^2 + (-3)^2} \quad (1)$$

$$\overrightarrow{R_aE_a} = \begin{pmatrix} 0{,}25a-4 \\ 5-(1+a) \\ a-3-(-2) \end{pmatrix} = \begin{pmatrix} 0{,}25a-4 \\ 4-a \\ a-1 \end{pmatrix} \qquad \left|\overrightarrow{R_aE_a}\right| = \sqrt{(0{,}25a-4)^2 + (4-a)^2 + (a-1)^2} \quad (2)$$

$$\overrightarrow{E_aT_a} = \begin{pmatrix} a-0{,}25a \\ 0{,}5a-5 \\ 1-(a-3) \end{pmatrix} = \begin{pmatrix} 0{,}75a \\ 0{,}5a-5 \\ 4-a \end{pmatrix} \qquad \left|\overrightarrow{E_aT_a}\right| = \sqrt{(0{,}75a)^2 + (0{,}5a-5)^2 + (4-a)^2} \quad (3)$$

(1) = (2):

$$(4-a)^2 + (1+0{,}5a)^2 + (-3)^2 = (0{,}25a-4)^2 + (4-a)^2 + (a-1)^2 \quad \mid -(4-a)^2$$

$$1 + a + 0{,}25a^2 + 9 = 0{,}0625a^2 - 2a + 16 + a^2 - 2a + 1$$

$$0 = 0{,}8125a^2 - 5a + 7 \quad \mid : 0{,}8125$$

$$0 = a^2 - \frac{80}{13}a + \frac{112}{13}$$

Lösungsformel:

$$a_{1,2} = \frac{\frac{80}{13} \pm \sqrt{-\left(\frac{80}{13}\right)^2 - 4 \cdot 1 \cdot \frac{112}{13}}}{2 \cdot 1}$$

$$a_{1,2} = \frac{\frac{80}{13} \pm \frac{24}{13}}{2}$$

$$a_1 = 4; \quad a_2 = \frac{28}{13} = 2\frac{2}{13}$$

Einsetzen von a_1 in (1), (2) und (3) liefert jeweils den Wert $\sqrt{18} = 3\sqrt{2}$.
Einsetzen von a_2 in (1), (2) und (3) liefert für (1) und (2) den Wert $\frac{3}{13}\sqrt{314}$, für (3) jedoch den Wert $\frac{3}{13}\sqrt{402}$, so dass nur a_1 eine Lösung dieser Aufgabe ist.

$T_4\,(4 \mid 2 \mid 1)$, $R_4\,(4 \mid 5 \mid -2)$, $E_4\,(1 \mid 5 \mid 1)$; $\overline{T_4R_4} = \sqrt{0^2 + 3^2 + (-3)^2} = 3\sqrt{2}$

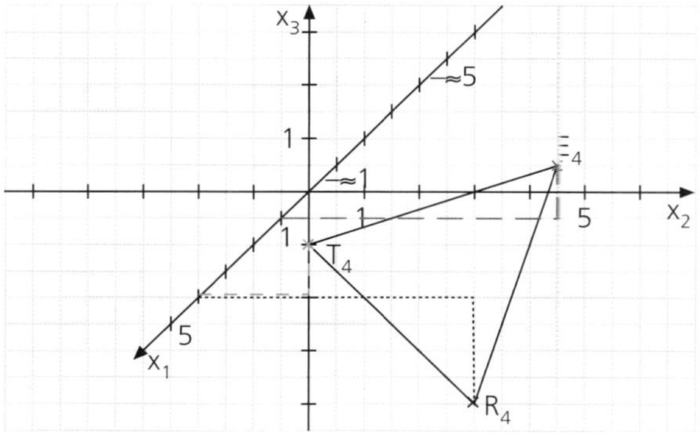

Flächeninhalt des gleichseitigen Dreiecks $A_{T_4R_4E_4}$

$$A_{T_4R_4E_4} = \frac{|T_4R_4|^2}{4} \cdot \sqrt{3} = \frac{18}{4} \cdot \sqrt{3} = \frac{9}{2}\sqrt{3} = 4{,}5\sqrt{3} = 4{,}5\sqrt{3}$$

Projektion des Dreiecks $A_{T_4R_4E_4}$ in die x_1-x_2-Ebene

$T_4^*\,(4 \mid 2 \mid 0)$, $R_4^*\,(4 \mid 5 \mid 0)$, $E_4^*\,(1 \mid 5 \mid 0)$

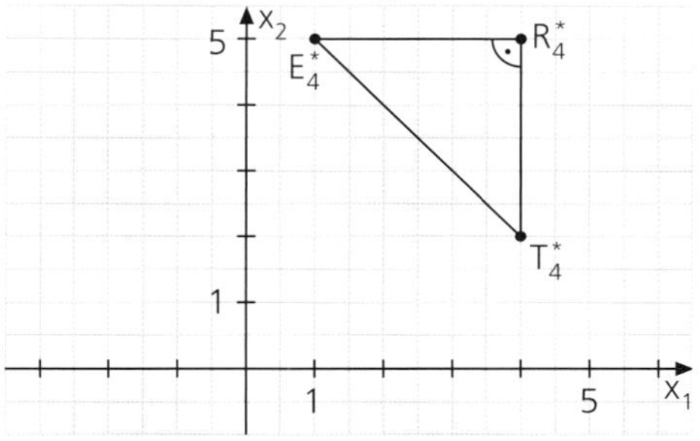

Das Bilddreieck $T_4^*R_4^*E_4^*$ ist ein gleichschenklig-rechtwinkliges Dreieck mit einem Flächeninhalt von $A_{T_4^*R_4^*E_4^*} = \frac{1}{2} \cdot 3 \cdot 3 = 4{,}5$. Der Flächeninhalt des ursprünglichen Dreiecks $A_{T_4R_4E_4}$ ist also $\sqrt{3}$-mal so groß wie der des projizierten Dreiecks.

20. A (0 | 0 | 0), B (0 | 2 | 1), C (0 | –2 | 1), D (0 | –4 | 4), E (0 | 4 | 4)
Da die x_1-Koordinate aller gegebenen Punkte 0 ist, genügt es, ein x_2-x_3-Koordinatensystem zu zeichnen.

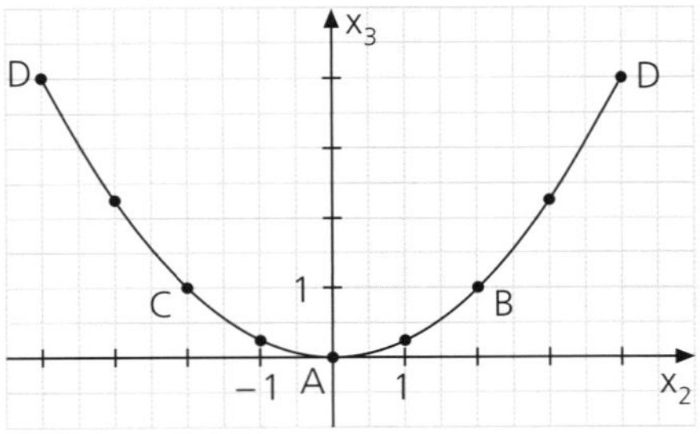

a) M (0 | 0 | 4,5)

$$\overrightarrow{MB} = \begin{pmatrix} 0-0 \\ 2-0 \\ 1-4{,}5 \end{pmatrix} = \begin{pmatrix} 0 \\ 2 \\ -3{,}5 \end{pmatrix};\ |\overrightarrow{MB}| = \sqrt{0^2 + 2^2 + (-3{,}5)^2} = \frac{\sqrt{65}}{2}$$

$$\overrightarrow{MC} = \begin{pmatrix} 0-0 \\ -2-0 \\ 1-4{,}5 \end{pmatrix} = \begin{pmatrix} 0 \\ -2 \\ -3{,}5 \end{pmatrix};\ |\overrightarrow{MB}| = |\overrightarrow{MC}| = \frac{\sqrt{65}}{2}$$

$$\overrightarrow{MD} = \begin{pmatrix} 0-0 \\ -4-0 \\ 4-4{,}5 \end{pmatrix} = \begin{pmatrix} 0 \\ -4 \\ -0{,}5 \end{pmatrix};\ \overrightarrow{MD} = \sqrt{0^2 + (-4)^2 + (-0{,}5)^2} = \frac{\sqrt{65}}{2}$$

$$\overrightarrow{ME} = \begin{pmatrix} 0-0 \\ 4-0 \\ 4-4{,}5 \end{pmatrix} = \begin{pmatrix} 0 \\ 4 \\ -0{,}5 \end{pmatrix};\ |\overrightarrow{MD}| = |\overrightarrow{ME}| = \frac{\sqrt{65}}{2}$$

Da $\overline{MB} = \overline{MC} = \overline{MD} = \overline{ME}$ ist, liegen die Punkte B, C, D und E auf der Kugel mit Mittelpunkt M und $r = \frac{1}{2}\sqrt{65}$.

Koordinatengleichung der Kugel:

$$(x_1 - 0)^2 + (x_2 - 0)^2 + (x_3 - 4{,}5)^2 = \left(\frac{\sqrt{65}}{2}\right)^2$$

$$x_1^2 + x_2^2 + (x_3 - 4{,}5)^2 = \frac{65}{4}$$

b) P: $x_3 = a \cdot x_2^2$ Da der Punkt B auf P liegt, gilt:

$1 = a \cdot 2^2$

$\frac{1}{4} = a$

Gleichung der Parabel: P: $x_3 = \frac{1}{4}x_2^2$

Probe:

$A \in P$:	L.S.: 0;	R.S.: 0	L.S. = R.S.	✓
$C (0 \mid -2 \mid 1) \in P$:	L.S.: 1;	R.S.: $\frac{1}{4} \cdot 4 = 1$;	L.S. = R.S.	✓
$D (0 \mid -4 \mid 4) \in P$:	L.S.: 4;	R.S.: $\frac{1}{4}(-4)^2 = 4$;	L.S. = R.S.	✓
$E (0 \mid 4 \mid 4) \in P$:	L.S.: 4;	R. S.: $\frac{1}{4} \cdot 4^2 = 4$;	L.S. = R.S.	✓

Wertetabelle:

x_2	0	± 1	± 2	± 3	± 4
$P(x_2)$	0	0,25	1	2,25	4

21. Q (2 | –2 | –2); U ($\sqrt{6}$ | 0 | $\sqrt{6}$); A (–2 | 2 | 2); D (–$\sqrt{6}$ | 0 | –$\sqrt{6}$)
Um zu begründen, dass QUAD ein Quadrat ist, zeigt man z. B.
1. die gegenüberliegenden Seiten sind jeweils parallel.
2. alle Seiten sind gleich lang und
3. die Diagonalen sind gleich lang.

zu 1.: $\overrightarrow{QU} = \begin{pmatrix} \sqrt{6} - 2 \\ 0 - (-2) \\ \sqrt{6} - (-2) \end{pmatrix} = \begin{pmatrix} \sqrt{6} - 2 \\ 2 \\ \sqrt{6} + 2 \end{pmatrix}$

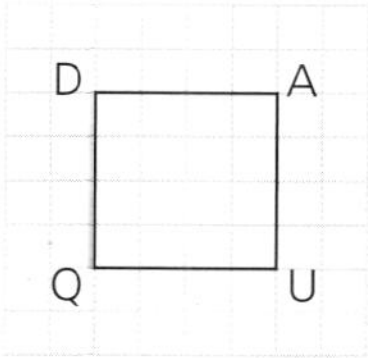

$\overrightarrow{DA} = \begin{pmatrix} -2 - (-\sqrt{6}) \\ 2 - 0 \\ 2 - (-\sqrt{6}) \end{pmatrix} = \begin{pmatrix} \sqrt{6} - 2 \\ 2 \\ \sqrt{6} + 2 \end{pmatrix} = \overrightarrow{QU}$

$\overrightarrow{UA} = \begin{pmatrix} -2 - \sqrt{6} \\ 2 - 0 \\ 2 - \sqrt{6} \end{pmatrix} = \begin{pmatrix} -\sqrt{6} - 2 \\ 2 \\ -\sqrt{6} + 2 \end{pmatrix}$

$\overrightarrow{QD} = \begin{pmatrix} -\sqrt{6} - 2 \\ 0 - (-2) \\ -\sqrt{6} - (-2) \end{pmatrix} = -\begin{pmatrix} -\sqrt{6} - 2 \\ 2 \\ -\sqrt{6} + 2 \end{pmatrix} = \overrightarrow{UA}$

zu 2.: $|\overrightarrow{QU}| = \sqrt{(\sqrt{6} - 2)^2 + 2^2 + (\sqrt{6} + 2)^2} = \sqrt{6 - 4\sqrt{6} + 4 + 4 + 6 + 4\sqrt{5} + 4} =$
$= \sqrt{24} = 2\sqrt{6} = |\overrightarrow{DA}|$

$|\overrightarrow{UA}| = \sqrt{(-\sqrt{6} - 2)^2 + 2^2 + (-\sqrt{6} + 2)^2} = \sqrt{6 - 4\sqrt{6} + 4 + 4 + 6 + 4\sqrt{6} + 4} =$
$= \sqrt{24} = 2\sqrt{6} = |\overrightarrow{QD}| = |\overrightarrow{QU}|$

zu 3.: $\overrightarrow{DU} = \begin{pmatrix} \sqrt{6} - (-\sqrt{6}) \\ 0 - 0 \\ \sqrt{6} - (-\sqrt{6}) \end{pmatrix} = \begin{pmatrix} 2\sqrt{6} \\ 0 \\ 2\sqrt{6} \end{pmatrix}$; $|\overrightarrow{DU}| = \sqrt{(2\sqrt{6})^2 + 0^2 + (2\sqrt{6})^2} = \sqrt{48} = 4\sqrt{3}$

$\overrightarrow{QA} = \begin{pmatrix} -2 - 2 \\ 2 - (-2) \\ 2 - (-2) \end{pmatrix} = \begin{pmatrix} -4 \\ 4 \\ 4 \end{pmatrix}$; $|\overrightarrow{QA}| = \sqrt{(-4)^2 + 4^2 + 4^2} = 4\sqrt{3} = |\overrightarrow{DU}|$

a) $Q \in K$, da $\left|\begin{pmatrix} 2 \\ -2 \\ -2 \end{pmatrix} - \begin{pmatrix} -1 \\ -2 \\ 1 \end{pmatrix}\right| = \left|\begin{pmatrix} 3 \\ 0 \\ -3 \end{pmatrix}\right| = \sqrt{3^2 + 0^2 + (-3)^2} = 3\sqrt{2} = r_K$ ✓

$U \in K$, da $\left|\begin{pmatrix} \sqrt{6} \\ 0 \\ \sqrt{6} \end{pmatrix} - \begin{pmatrix} -1 \\ -2 \\ 1 \end{pmatrix}\right| = \left|\begin{pmatrix} \sqrt{6} + 1 \\ 2 \\ \sqrt{6} - 1 \end{pmatrix}\right| = \sqrt{(\sqrt{6} + 1)^2 + 2^2 + (\sqrt{6} - 1)^2} =$
$\sqrt{6 + 2\sqrt{6} + 1 + 4 + 6 - 2\sqrt{6} + 1} = \sqrt{18} = 3\sqrt{2} = r_K$ ✓

$A \in K$, da $\left|\begin{pmatrix} -2 \\ +2 \\ 2 \end{pmatrix} - \begin{pmatrix} -1 \\ -2 \\ 1 \end{pmatrix}\right| = \left|\begin{pmatrix} -1 \\ 4 \\ 1 \end{pmatrix}\right| = \sqrt{(-1)^2 + 4^2 + 1^2} = \sqrt{18} = 3\sqrt{2} = r_K$ ✓

$D \in K$, da $\left|\begin{pmatrix} -\sqrt{6} \\ 0 \\ -\sqrt{6} \end{pmatrix} = \begin{pmatrix} -1 \\ -2 \\ 1 \end{pmatrix}\right| = \left|\begin{pmatrix} -\sqrt{6} + 1 \\ 2 \\ -\sqrt{6} - 1 \end{pmatrix}\right| = \sqrt{(-\sqrt{6} + 1)^2 + 2^2 + (-\sqrt{6} - 1)^2} =$
$\sqrt{6 - 2\sqrt{6} + 1 + 4 + 6 + 2\sqrt{6} + 1} = \sqrt{18} = 3\sqrt{2} = r_K$ ✓

b) Der Diagonalenschnittpunkt des Quadrats ist M*, die halbe Diagonalenlänge ist r*:

$\overrightarrow{M^*} = \frac{1}{2}(\vec{Q} + \vec{A}) = \frac{1}{2}\left[\begin{pmatrix} 2 \\ -2 \\ -2 \end{pmatrix} + \begin{pmatrix} -2 \\ 2 \\ 2 \end{pmatrix}\right]$
$= \frac{1}{2}\begin{pmatrix} 0 \\ 0 \\ 0 \end{pmatrix} = \begin{pmatrix} 0 \\ 0 \\ 0 \end{pmatrix}$: $M^* = O\,(0\,|\,0\,|\,0)$

oder: $\overrightarrow{OM^*} = \overrightarrow{OQ} + \frac{1}{2}\overrightarrow{QA} = \begin{pmatrix} 2 \\ -2 \\ -2 \end{pmatrix} + \frac{1}{2}\begin{pmatrix} -4 \\ 4 \\ 4 \end{pmatrix} = \begin{pmatrix} 0 \\ 0 \\ 0 \end{pmatrix}$, d.h. $M^*(0\,|\,0\,|\,0)$.

$r^* = \frac{1}{2}|\overrightarrow{QA}| = \frac{1}{2} \cdot 4\sqrt{3} = 2\sqrt{3}$

22. a) Seitenansicht:

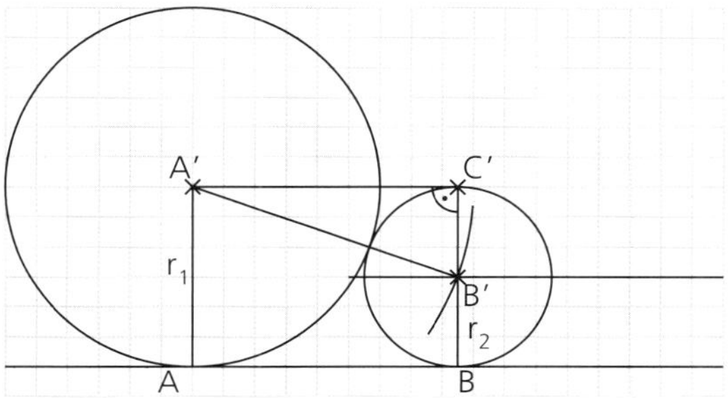

Wir betrachten das rechtwinklige Dreieck A'B'C':

$|\overrightarrow{A'C'}| = |\overrightarrow{AB}| = c \qquad |\overrightarrow{A'B'}| = r_1 + r_2 \qquad |\overrightarrow{B'C'}| = r_1 - r_2$

Satz des Pythagoras: $(r_1 + r_2)^2 = (r_1 - r_2)^2 + c^2;$

$r_1^2 + 2r_1r_2 + r_2^2 = r_1^2 - 2r_1r_2 + r_2^2 + c^2 \mid - r_1^2 + 2r_1r_2 - r_2^2$

$4r_1r_2 = c^2 \quad (1)$

Analog findet man: $4r_1r_3 = b^2 \quad (2)$

$4r_2r_3 = a^2 \quad (3)$

(1): $4r_1r_2 = c^2;$

$r_1 = \frac{c^2}{4r_2}; \quad (1')$

(3): $4r_2r_3 = a^2;$

$r_3 = \frac{a^2}{4r_2} \quad (3')$

Einsetzen von (1') und (3') in (2):

$4 \cdot \frac{c^2}{4r_2} \cdot \frac{a^2}{4r_2} = b^2;$

$\frac{a^2c^2}{4b^2} = r_2^2;$

$\frac{ac}{2b} = r_2 \quad (2')$

Einsetzen von (2') in (1'):

$r_1 = \frac{c^2}{4\frac{ac}{2b}} = \frac{bc}{2a}$

Einsetzen von (2') in (3'):

$r_3 = \frac{a^2}{4\frac{ac}{2b}} = \frac{ab}{2c}$

b) Für ein gleichseitiges Dreieck (a = b = c) folgt:

$r_1 = \frac{a^2}{2a} = \frac{a}{2} \qquad r_2 = \frac{a^2}{2a} = \frac{a}{2} \qquad r_3 = \frac{a^2}{2a} = \frac{a}{2},$

d. h. in diesem Fall gilt: $r_1 = r_2 = r_3 = \frac{a}{2}$.

W

W1 In einem regelmäßigen n-Eck ist jeder Innenwinkel $\frac{(n-2) \cdot 180°}{n}$ groß.

In unserem Fall ist also $\alpha = \frac{(6-2) \cdot 180°}{6} = 120°$.

Das Dreieck DFI ist rechtwinklig.

$\sin\left(\frac{\alpha}{2}\right) = \frac{|\overrightarrow{DF}|}{|DI|};$

$|\overrightarrow{DF}| = \sin(60°) \cdot a = \frac{\sqrt{3}}{2} \cdot a$

$|\overrightarrow{DL}| = 2 \cdot |\overrightarrow{DF}| = 2 \cdot \frac{\sqrt{3}}{2} \cdot a = \sqrt{3} \cdot a$

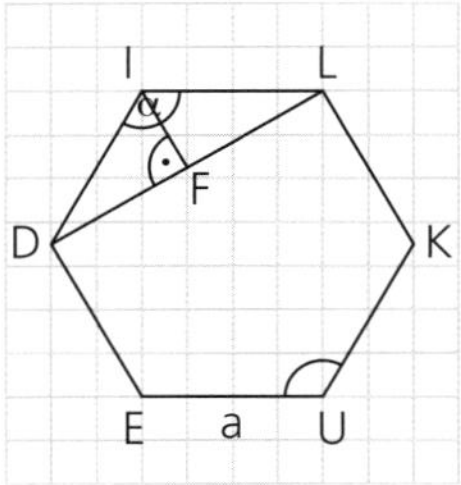

W2 $(x^2 + 9)(x + 4)(x - 4) = 0$

$x_1 = -4 \in D_f; \quad x_2 = 4 \in D_f$

W3 $f(x) = x^2 - \frac{1}{x^2} \; (x \neq 0)$

$f'(x) = 2x - \frac{2}{x^3}$ *Hinweis:* $\left(\frac{1}{x^2}\right)' = -\frac{2}{x^3}$ (S. 45 Aufgabe 1. d))

Arbeitsaufträge

1. a)

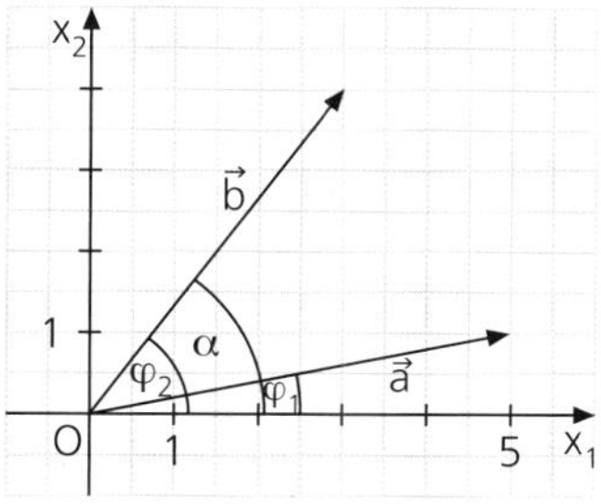

$\tan \varphi_1 = \frac{1}{5}$; $\varphi_1 \approx 11{,}3°$;
$\tan \varphi_2 = \frac{4}{3}$; $\varphi_2 \approx 53{,}1°$;
$\alpha = \varphi_2 - \varphi_1 \approx 41{,}8°$

b)

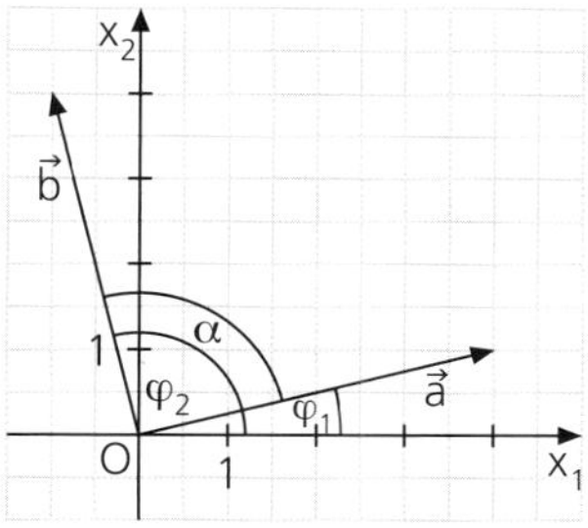

$\tan \varphi_1 = \frac{1}{4}$;
$\tan \varphi_2 = -\frac{4}{1} = -\frac{1}{\tan \varphi_1}$;
$\varphi = 90°$

2. $\overline{AB}^2 = 9 + 1 + 4 = 14$;
$\overline{BC}^2 = 16 + 4 + 0 = 20$;
$\overline{CA}^2 = 1 + 1 + 4 = 6$:

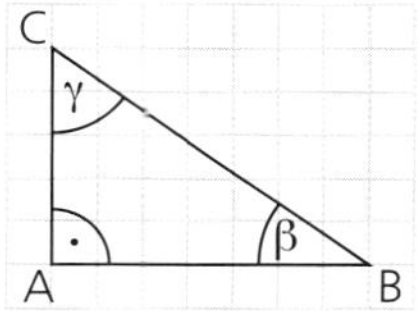

Wegen $\overline{BC}^2 = \overline{CA}^2 + \overline{AB}^2$ ist nach dem Kehrsatz des Satzes von Pythagoras das Dreieck ABC rechtwinklig (mit $\sphericalangle$ BAC = 90°); ferner gilt:
$\sin \beta = \frac{\overline{CA}}{\overline{BC}} = \frac{\sqrt{6}}{\sqrt{20}} = \frac{1}{10}\sqrt{30}$; $\beta \approx 33{,}2°$; $\gamma = 90° - \beta \approx 56{,}8°$.

3.

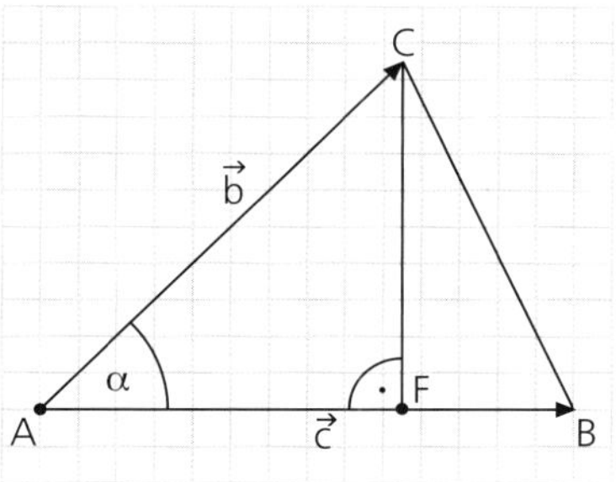

1. Schritt:
$\overline{CF} = |\vec{b}| \cdot \sin \alpha = 6 \sin \alpha$; $\overline{AF} = |\vec{b}| \cdot \cos \alpha = 6 \cos \alpha$;
$\overline{FB} = \overline{AB} - \overline{AF} = |\vec{c}| - |\vec{b}| \cdot \cos \alpha = 3 - 6 \cos \alpha$
2. Schritt:
$\overrightarrow{BC} = \vec{b} - \vec{c} = \begin{pmatrix} 4 \\ -2 \\ 4 \end{pmatrix} - \begin{pmatrix} 1 \\ 2 \\ 2 \end{pmatrix} = \begin{pmatrix} 3 \\ -4 \\ 2 \end{pmatrix}$; $\overline{BC} = \sqrt{29}$;
$\overline{BC}^2 = \overline{CF}^2 + \overline{FB}^2$; $29 = 36(\sin \alpha)^2 + (3 - 6 \cos \alpha)^2$
3. Schritt:
$29 = 36(\sin \alpha)^2 + 9 - 36 \cos \alpha + 36 (\cos \alpha)^2$; *Hinweis:* $(\sin \alpha)^2 + (\cos \alpha)^2 = 1$
$29 = 36 + 9 - 36 \cos \alpha$;
$36 \cos \alpha = 16$; $\cos \alpha = \frac{16}{36} = \frac{4}{9}$; $\alpha \approx 64°$

4. Anzahl aller Spielwürfel:
$\begin{pmatrix} 150 \\ 213 \\ 98 \end{pmatrix} \circ \begin{pmatrix} 25 \\ 50 \\ 100 \end{pmatrix} = 150 \cdot 25 + 213 \cdot 50 + 98 \cdot 100 = 24\,200$

110

- (1) Der erste Summand ist ein Vektor; beim zweiten Summanden handelt es sich hingegen um einen Skalar; Addition ist nicht definiert.
  (2) Hier ist der erste Summand ein Skalar, während der zweite ein Vektor ist, Addition ist deshalb nicht möglich.
- 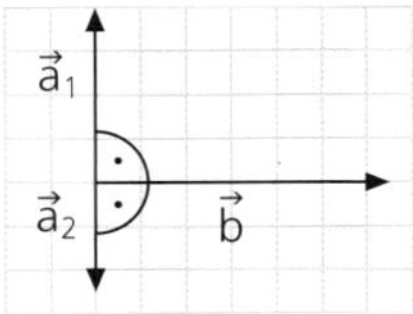

  Da $\vec{a} \circ \vec{b} = 0$ ist, stehen die beiden Repräsentanten der Vektoren $\vec{a}$ und $\vec{b}$ aufeinander senkrecht. Der Endpunkt von $\vec{a}$ fällt folglich bei senkrechter Projektion auf $\vec{b}$ mit dem gemeinsamen Anfangspunkt zusammen.
- 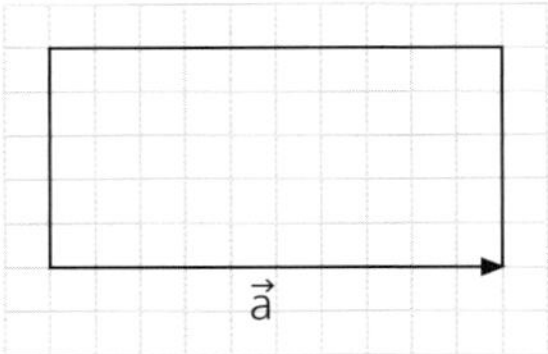

  Voraussetzung : $\vec{a} \circ \vec{b} > 0$.
  $A_R = \vec{a} \circ \vec{b} = \underbrace{|\vec{a}|}_{\text{Länge der 1. Seite}} \cdot \underbrace{|\vec{b}| \cdot \cos\alpha}_{\text{Länge der 2. Seite}}$:

Das Rechteck hat eine Breite von $|\vec{b}| \cdot \cos\alpha$.

111

L

1. $\vec{a} \circ \vec{b} = |\vec{a}| \cdot |\vec{b}| \cdot \cos\varphi$; $\cos\varphi = \frac{\vec{a} \cdot \vec{b}}{|\vec{a}| \cdot |\vec{b}|}$

a) $\vec{a} = \begin{pmatrix}1\\2\end{pmatrix}$; $\vec{b} = \begin{pmatrix}2\\1\end{pmatrix}$; $|\vec{a}| = \sqrt{5}$, $|\vec{b}| = \sqrt{5}$;

$\cos\varphi = \frac{\begin{pmatrix}1\\2\end{pmatrix} \circ \begin{pmatrix}2\\1\end{pmatrix}}{\sqrt{5} \cdot \sqrt{5}} = \frac{1 \cdot 2 + 2 \cdot 1}{5} = \frac{4}{5}$;

$\varphi \approx 36{,}9°$

b) $\vec{a} = \begin{pmatrix}-3\\3\\4\end{pmatrix}$; $\vec{b} = \begin{pmatrix}0\\8\\-6\end{pmatrix}$; $|\vec{a}| = \sqrt{34}$; $|\vec{b}| = \sqrt{100} = 10$

$\cos\varphi = \frac{\begin{pmatrix}-3\\3\\4\end{pmatrix} \circ \begin{pmatrix}0\\8\\-6\end{pmatrix}}{\sqrt{34}} \cdot 10 = \frac{(-3) \cdot 0 + 3 \cdot 8 + 4 \cdot (-6)}{10 \cdot \sqrt{34}} = 0$;

$\varphi = 90°$

c) $\vec{a} = \begin{pmatrix}2\\2\\2\end{pmatrix}$; $\vec{b} = \begin{pmatrix}-5\\-5\\-5\end{pmatrix}$; $|\vec{a}| = \sqrt{12} = 2\sqrt{3}$; $|\vec{b}| = \sqrt{75} = 5 \cdot \sqrt{3}$;

$\cos\varphi = \frac{\begin{pmatrix}2\\2\\2\end{pmatrix} \circ \begin{pmatrix}-5\\-5\\-5\end{pmatrix}}{2\sqrt{3} \cdot 5\sqrt{3}} = \frac{2 \cdot (-5) + 2 \cdot (-5) + 2 \cdot (-5)}{30} = \frac{-30}{30} = -1$

$\varphi = 180°$

d) $\vec{a} = \begin{pmatrix}-5\\10\\1\end{pmatrix}$; $\vec{b} = \begin{pmatrix}0\\8\\-6\end{pmatrix}$; $|\vec{a}| = \sqrt{126} = 3\sqrt{14}$, $|\vec{b}| = \sqrt{100} = 10$;

$\cos\varphi = \frac{\begin{pmatrix}-5\\10\\1\end{pmatrix} \circ \begin{pmatrix}0\\8\\-6\end{pmatrix}}{3\sqrt{14} \cdot 10} = \frac{-5 \cdot 0 + 10 \cdot 8 + 1 \cdot (-6)}{30\sqrt{14}} = \frac{74}{30\sqrt{14}} = \frac{37}{210}\sqrt{14}$;

$\varphi \approx 48{,}8°$

e) $\vec{a} = \begin{pmatrix}1\\4\\-7\end{pmatrix}$; $\vec{b} = \begin{pmatrix}1\\12\\7\end{pmatrix}$; $|\vec{a}| = \sqrt{66}$, $|\vec{b}| = \sqrt{194}$

$\cos\varphi = \frac{\begin{pmatrix}1\\4\\-7\end{pmatrix} \circ \begin{pmatrix}1\\12\\7\end{pmatrix}}{\sqrt{66} \cdot \sqrt{194}} = \frac{1 \cdot 1 + 4 \cdot 12 + (-7) \cdot 7}{\sqrt{66} \cdot \sqrt{194}} = 0$;

$\varphi = 90°$

f) $\vec{a} = \begin{pmatrix} 3 \\ -2 \\ -1 \end{pmatrix}$; $\vec{b} = \begin{pmatrix} 3 \\ -2 \\ 1 \end{pmatrix}$; $|\vec{a}| = \sqrt{14}$; $|\vec{b}| = \sqrt{14}$;

$$\cos\varphi = \frac{\begin{pmatrix} 3 \\ -2 \\ -1 \end{pmatrix} \circ \begin{pmatrix} 3 \\ -2 \\ 1 \end{pmatrix}}{\sqrt{14} \cdot \sqrt{14}} = \frac{3 \cdot 3 + (-2) \cdot (-2) + (-1) \cdot (1)}{14} = \frac{6}{7};$$

$\varphi \approx 31{,}0°$

g) $\vec{a} = \begin{pmatrix} 2 \\ 2 \\ 0 \end{pmatrix}$; $\vec{b} = \begin{pmatrix} 3 \\ 3 \\ 0 \end{pmatrix}$; $|\vec{a}| = \sqrt{8} = 2\sqrt{2}$; $|\vec{b}| = \sqrt{18} = 3\sqrt{2}$;

$$\cos\varphi = \frac{\begin{pmatrix} 2 \\ 2 \\ 0 \end{pmatrix} \circ \begin{pmatrix} 3 \\ 3 \\ 0 \end{pmatrix}}{2\sqrt{2} \cdot 3\sqrt{2}} = \frac{2 \cdot 3 + 2 \cdot 3 + 0 \cdot 0}{12} = 1$$

$\varphi = 0°$

h) $\vec{a} = \begin{pmatrix} 1 \\ -7 \\ 3 \end{pmatrix}$; $\vec{b} = \begin{pmatrix} -1 \\ 7 \\ -3 \end{pmatrix}$; $|\vec{a}| = \sqrt{59}$; $|\vec{b}| = \sqrt{59}$;

$$\cos\varphi = \frac{\begin{pmatrix} 1 \\ -7 \\ 3 \end{pmatrix} \circ \begin{pmatrix} -1 \\ 7 \\ -3 \end{pmatrix}}{\sqrt{59} \cdot \sqrt{59}} = \frac{1 \cdot (-1) + (-7) \cdot 7 + 3 \cdot (-3)}{59} = -1;$$

$\varphi = 180°$

i) $\vec{a} = \begin{pmatrix} -1 \\ 0 \\ 1 \end{pmatrix}$; $\vec{b} = \begin{pmatrix} 2 \\ 2 \\ -2 \end{pmatrix}$; $|\vec{a}| = \sqrt{2}$; $|\vec{b}| = \sqrt{12} = 2\sqrt{3}$;

$$\cos\varphi = \frac{\begin{pmatrix} -1 \\ 0 \\ 1 \end{pmatrix} \circ \begin{pmatrix} 2 \\ 2 \\ -2 \end{pmatrix}}{\sqrt{2} \cdot 2\sqrt{3}} = \frac{(-1) \cdot 2 + 0 \cdot 2 + 1 \cdot (-2)}{2\sqrt{6}} = \frac{-4}{2\sqrt{6}} = -\frac{1}{3}\sqrt{6}$$

$\varphi \approx 144{,}7°$

2. a) (1) $\vec{a} \circ \vec{b} = 0$: $q - 2 = 0$; $q = 2$

(2) $\cos\varphi = -1 = \dfrac{\begin{pmatrix} q \\ 3 \\ 2 \end{pmatrix} \circ \begin{pmatrix} 1 \\ 0 \\ -1 \end{pmatrix}}{\sqrt{q^2 + 13} \cdot \sqrt{2}}$;

$\dfrac{q - 2}{\sqrt{2q^2 + 26}} = -1$;

$q^2 - 4q + 4 = 2q^2 + 26$;

$-q^2 - 4q - 22 = 0$

$q^2 + 4q + 22 = 0$; $D = 16 - 88 < 0$: keine Lösung

b) (1) $\vec{a} \circ \vec{b} = 0$: $-3 + 5q - 12 = 0$; $5q = 15$; $q = 3$

(2) $\cos\varphi = -1 = \dfrac{-3 + 5q - 12}{\sqrt{5 + q^2} \cdot \sqrt{70}}$;

$-\sqrt{70(5 + q^2)} = 5q - 15$;

$350 + 70q^2 = 25q^2 - 150q + 225$;

$45q^2 + 150q + 125 = 0$;

$9q^2 + 30q + 25 = 0$;

$q_{1,2} = \dfrac{-30 \pm \sqrt{900 - 900}}{18} = -\dfrac{30}{18} = -\dfrac{5}{3}$;

$q = -\dfrac{5}{3}$

Probe: $\dfrac{-3 - \frac{25}{3} - 12}{\sqrt{70 \cdot \left(5 + \frac{25}{9}\right)}} = \dfrac{-\frac{70}{3}}{\frac{70}{3}} = -1$ ✓

c) (1) $\vec{a} \circ \vec{b} = 0$: $-4 - 3q + 10 = 0$; $-3q = -6$; $q = 2$

(2) $\cos\varphi = -1 = \dfrac{-3q + 6}{\sqrt{50} \cdot \sqrt{5 + q^2}}$

$-\sqrt{50(5 + q^2)} = -3q + 6$;

$250 + 50q^2 = 9q^2 - 36q + 36$;

$41q^2 + 36q + 214 = 0$;

$D = 36^2 - 4 \cdot 41 \cdot 214 < 0$: keine Lösung

3. a) $\begin{pmatrix} s \\ 1 \\ s \end{pmatrix} \circ \begin{pmatrix} 0{,}5s \\ 2 \\ 2 \end{pmatrix} = 0$

$s \cdot 0{,}5s + 1 \cdot 2 + 5 \cdot 2 = 0;$

$0{,}5s^2 + 2s + 2 = 0;$

$s^2 + 4s + 4 = 0;$

$(s + 2)^2 = 0;$

$s + 2 = 0;$

$s = -2$

b) $\left| \begin{pmatrix} 2 \\ -1 \\ s \end{pmatrix} \circ \begin{pmatrix} s \\ -s \\ s \end{pmatrix} \right| = 4;$

$2 \cdot s + (-1) \cdot (-s) + s \cdot s = 4;$

$s^2 + 3s - 4 = 0;$

$(s + 4)(s - 1) = 0$

$s_1 = 1; \quad s_2 = -4$

c) $\begin{pmatrix} -2 \\ -1 \\ s \end{pmatrix} \circ \begin{pmatrix} 7 \\ 0 \\ -2s \end{pmatrix} = -22;$

$-14 - 2s^2 = -22;$

$-2s^2 = -8;$

$s^2 = 4;$

$s_1 = 2; \qquad s_2 = -2$

4. a) $|\vec{a}| = 4; \quad |\vec{b}| = 3; \quad \alpha = 45°$

(1) $\vec{a} \circ \vec{b} = |\vec{a}| \cdot |\vec{b}| \cdot \cos\alpha = 4 \cdot 3 \cdot \cos 45° = 12 \cdot \frac{\sqrt{2}}{2} = 6\sqrt{2}$

(2) $(-\vec{a}) \circ \vec{b} = -(\vec{a} \circ \vec{b}) = -6\sqrt{2}$

b) $|\vec{a}| = 1; \quad |\vec{b}| = 6; \quad \alpha = 30°$

(1) $\vec{a} \circ \vec{b} = |\vec{a}| \cdot |\vec{b}| \cdot \cos\alpha = 1 \cdot 6 \cdot \cos 30° = 6 \cdot \frac{\sqrt{3}}{2} = 3\sqrt{3}$

(2) $(-\vec{a}) \circ \vec{b} = -3\sqrt{3}$

c) $|\vec{a}| = 10; \quad |\vec{b}| = 5; \quad \alpha = 135°$

(1) $\vec{a} \circ \vec{b} = |\vec{a}| \cdot |\vec{b}| \cdot \cos\alpha = 10 \cdot 5 \cdot \cos(135°) = 50 \cdot \left(-\frac{\sqrt{2}}{2}\right) = -25 \cdot \sqrt{2}$

(2) $(-\vec{a}) \circ \vec{b} = 25 \cdot \sqrt{2}$

d) $|\vec{a}| = 2{,}5; \quad |\vec{b}| = 4; \quad \alpha = 72°$

(1) $\vec{a} \circ \vec{b} = |\vec{a}| \cdot |\vec{b}| \cdot \cos\alpha = 2{,}5 \cdot 4 \cdot \cos(72°) \approx 3{,}1$

(2) $(-\vec{a}) \circ \vec{b} \approx -3{,}1$

5. $\vec{a} = \begin{pmatrix} 2 \\ 1 \\ -2 \end{pmatrix}; \quad \vec{b} = \begin{pmatrix} 4 \\ 4 \\ 7 \end{pmatrix}; \quad \vec{c} = \begin{pmatrix} -1 \\ 4 \\ 8 \end{pmatrix}$

a) $\vec{a} \circ \vec{b} = \begin{pmatrix} 2 \\ 1 \\ -2 \end{pmatrix} \circ \begin{pmatrix} 4 \\ 4 \\ 7 \end{pmatrix} = 8 + 4 - 14 = -2$

b) $(\vec{a} + \vec{b}) \circ \vec{c} = \left[\begin{pmatrix} 2 \\ 1 \\ -2 \end{pmatrix} + \begin{pmatrix} 4 \\ 4 \\ 7 \end{pmatrix} \right] \circ \begin{pmatrix} -1 \\ 4 \\ 8 \end{pmatrix} = \begin{pmatrix} 6 \\ 5 \\ 5 \end{pmatrix} \circ \begin{pmatrix} -1 \\ 4 \\ 8 \end{pmatrix} = 6 \cdot (-1) + 5 \cdot 4 + 5 \cdot 8 = -6 + 20 + 40 = 54$

c) $(\vec{a} + \vec{b}) \circ (\vec{a} - \vec{b}) = \left[\begin{pmatrix} 2 \\ 1 \\ -2 \end{pmatrix} + \begin{pmatrix} 4 \\ 4 \\ 7 \end{pmatrix} \right] \circ \left[\begin{pmatrix} 2 \\ 1 \\ -2 \end{pmatrix} - \begin{pmatrix} 4 \\ 4 \\ 7 \end{pmatrix} \right] = \begin{pmatrix} 6 \\ 5 \\ 5 \end{pmatrix} \circ \begin{pmatrix} -2 \\ -3 \\ -9 \end{pmatrix} = 6 \cdot (-2) + 5\,(-3) + 5 \cdot (-9) =$

$= -12 - 15 - 45 = -72$

d) $\vec{a} \circ (\vec{b} + \vec{c}) = \begin{pmatrix} 2 \\ 1 \\ -2 \end{pmatrix} \circ \left[\begin{pmatrix} 4 \\ 4 \\ 7 \end{pmatrix} + \begin{pmatrix} -1 \\ 4 \\ 8 \end{pmatrix}\right] = \begin{pmatrix} 2 \\ 1 \\ -2 \end{pmatrix} \circ \begin{pmatrix} 3 \\ 8 \\ 15 \end{pmatrix} = 6 + 8 - 30 = -16$

e) $(\vec{a} - \vec{c}) \circ (\vec{b} - \vec{c}) = \left[\begin{pmatrix} 2 \\ 1 \\ -2 \end{pmatrix} - \begin{pmatrix} -1 \\ 4 \\ 8 \end{pmatrix}\right] \circ \left[\begin{pmatrix} 4 \\ 4 \\ 7 \end{pmatrix} - \begin{pmatrix} -1 \\ 4 \\ 8 \end{pmatrix}\right] = \begin{pmatrix} 3 \\ -3 \\ -10 \end{pmatrix} \circ \begin{pmatrix} 5 \\ 0 \\ -1 \end{pmatrix} = 15 + 10 = 25$

6. $\vec{a} \cdot (\vec{b} \circ \vec{c})$ ist ein Vielfaches des Vektors $\vec{a}$, da $\vec{b} \circ \vec{c}$ ein Skalar ist. Analog ist $(\vec{a} \circ \vec{b}) \cdot \vec{c}$ ein Vielfaches des Vektors $\vec{c}$. Da $\vec{a} \neq k \cdot \vec{c}$ $(k \in \mathbb{R})$ vorausgesetzt ist und die trivialen Fälle ausgeschlossen sind, kann die Gleichung nicht gelten.

7. $0° < \alpha < 90°$:

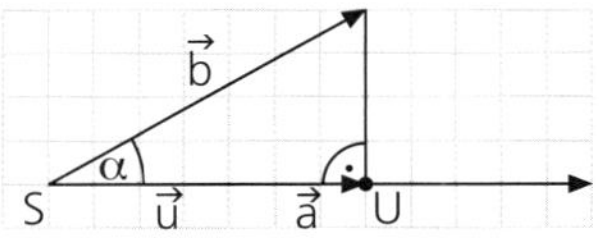

$\cos\alpha = \frac{|\vec{u}|}{|\vec{b}|}$; $\quad |\vec{u}| = |\vec{b}| \cdot \cos\alpha$;

$\vec{u} \parallel \vec{a}$, also $\vec{u} = |\vec{u}| \cdot \vec{a}^0 = |\vec{u}| \cdot \frac{\vec{a}}{|\vec{a}|} = |\vec{b}| \cdot \cos\alpha \cdot \frac{\vec{a}}{|\vec{a}|} = \frac{|\vec{a}|}{|\vec{a}|} \cdot \frac{|\vec{b}|}{|\vec{a}|} \cdot \cos\alpha \cdot \vec{a} =$

$= \frac{|\vec{a}| \cdot |\vec{b}| \cdot \cos\alpha}{|\vec{a}| \cdot |\vec{a}|} \cdot \vec{a} = \frac{\vec{a} \circ \vec{b}}{|\vec{a}|^2} \cdot \vec{a}$ $\qquad$ Projektion von $\vec{b}$ auf $\vec{a}$

a) $\vec{a} = \begin{pmatrix} 1 \\ 2 \\ -2 \end{pmatrix}$; $\quad \vec{b} = \begin{pmatrix} 7 \\ 4 \\ -4 \end{pmatrix}$

$|\vec{a}| = \sqrt{9} = 3$

$\vec{u} = \frac{\vec{a} \circ \vec{b}}{|\vec{a}|^2} \cdot \vec{a} = \frac{\begin{pmatrix} 1 \\ 2 \\ -2 \end{pmatrix} \circ \begin{pmatrix} 7 \\ 4 \\ -4 \end{pmatrix}}{3^2} \cdot \begin{pmatrix} 1 \\ 2 \\ -2 \end{pmatrix} = \frac{7 + 8 + 8}{9} \cdot \begin{pmatrix} 1 \\ 2 \\ -2 \end{pmatrix} = \frac{23}{9} \cdot \begin{pmatrix} 1 \\ 2 \\ -2 \end{pmatrix} = \begin{pmatrix} \frac{23}{9} \\ \frac{46}{9} \\ -\frac{46}{9} \end{pmatrix} = \begin{pmatrix} 2\frac{5}{9} \\ 5\frac{1}{9} \\ -5\frac{1}{9} \end{pmatrix}$

b) $\vec{a} = \begin{pmatrix} 2 \\ 5 \\ -14 \end{pmatrix}$; $\quad \vec{b} = \begin{pmatrix} 2 \\ 2 \\ -1 \end{pmatrix}$

$|\vec{a}| = \sqrt{255} = 15$

$\vec{u} = \frac{\vec{a} \circ \vec{b}}{|\vec{a}|^2} \cdot \vec{a} = \frac{\begin{pmatrix} 2 \\ 5 \\ -14 \end{pmatrix} \circ \begin{pmatrix} 2 \\ 2 \\ -1 \end{pmatrix}}{15^2} \cdot \begin{pmatrix} 2 \\ 5 \\ -14 \end{pmatrix} = \frac{4 + 10 + 14}{225} \cdot \begin{pmatrix} 2 \\ 5 \\ -14 \end{pmatrix} = \frac{28}{225} \cdot \begin{pmatrix} 2 \\ 5 \\ -14 \end{pmatrix} = \begin{pmatrix} \frac{56}{225} \\ \frac{28}{45} \\ -\frac{392}{225} \end{pmatrix} = \begin{pmatrix} \frac{56}{225} \\ \frac{28}{45} \\ -1\frac{167}{225} \end{pmatrix}$

8. Analog zur Herleitung aus Aufgabe 7. findet man:

$\vec{v} = \frac{\vec{a} \circ \vec{b}}{|\vec{b}|^2} \cdot \vec{b}$

a) $\vec{a} = \begin{pmatrix} 1 \\ 2 \\ -2 \end{pmatrix}$; $\quad \vec{b} = \begin{pmatrix} 7 \\ 4 \\ -4 \end{pmatrix}$; $\quad |\vec{b}| = 9$

$\vec{v} = \frac{\vec{a} \circ \vec{b}}{|\vec{b}|^2} \cdot \vec{b} = \frac{\begin{pmatrix} 1 \\ 2 \\ -2 \end{pmatrix} \circ \begin{pmatrix} 7 \\ 4 \\ -4 \end{pmatrix}}{9^2} \cdot \begin{pmatrix} 7 \\ 4 \\ -4 \end{pmatrix} = \frac{7 + 8 + 8}{81} \cdot \begin{pmatrix} 7 \\ 4 \\ -4 \end{pmatrix} = \frac{23}{81} \cdot \begin{pmatrix} 7 \\ 4 \\ -4 \end{pmatrix} = \begin{pmatrix} \frac{161}{81} \\ \frac{92}{81} \\ -\frac{92}{81} \end{pmatrix} = \begin{pmatrix} 1\frac{80}{81} \\ 1\frac{11}{81} \\ -1\frac{11}{81} \end{pmatrix}$

b) $\vec{a} = \begin{pmatrix} 2 \\ 5 \\ -14 \end{pmatrix}$; $\quad \vec{b} = \begin{pmatrix} 2 \\ 2 \\ 1 \end{pmatrix}$; $\quad |\vec{b}| = 3$

$\vec{v} = \frac{\vec{a} \circ \vec{b}}{|\vec{b}|^2} \cdot \vec{b} = \frac{\begin{pmatrix} 2 \\ 5 \\ -14 \end{pmatrix} \circ \begin{pmatrix} 2 \\ 2 \\ -1 \end{pmatrix}}{3^2} \cdot \begin{pmatrix} 2 \\ 2 \\ -1 \end{pmatrix} = \frac{4 + 10 + 14}{9} \cdot \begin{pmatrix} 2 \\ 2 \\ -1 \end{pmatrix} = \frac{28}{9} \cdot \begin{pmatrix} 2 \\ 2 \\ -1 \end{pmatrix} = \begin{pmatrix} \frac{56}{9} \\ \frac{56}{9} \\ -\frac{28}{9} \end{pmatrix} = \begin{pmatrix} 6\frac{2}{9} \\ 6\frac{2}{9} \\ -3\frac{1}{9} \end{pmatrix}$

9. a) A (4 | 1); B (1 | 3); C (–5 | 2)

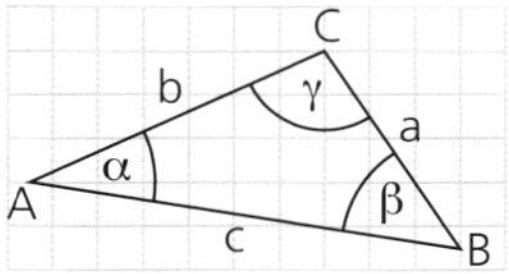

$\overrightarrow{AB} = \begin{pmatrix} 1-4 \\ 3-1 \end{pmatrix} = \begin{pmatrix} -3 \\ 2 \end{pmatrix}$;

$\overrightarrow{AC} = \begin{pmatrix} -5-4 \\ 2-1 \end{pmatrix} = \begin{pmatrix} -9 \\ 1 \end{pmatrix}$;

$|\overrightarrow{AB}| = \sqrt{13}$; $\overrightarrow{AC} = \sqrt{82}$;

$\cos\alpha = \dfrac{\overrightarrow{AB} \circ \overrightarrow{AC}}{|\overrightarrow{AB}| \cdot |\overrightarrow{AC}|} = \dfrac{27+2}{\sqrt{13} \cdot \sqrt{82}} = \dfrac{29}{\sqrt{13 \cdot 82}}$; $\alpha \approx 27{,}3°$

$\overrightarrow{BA} = \begin{pmatrix} 3 \\ -2 \end{pmatrix}$; $|\overrightarrow{BA}| = \sqrt{13}$;

$\overrightarrow{BC} = \begin{pmatrix} -5-1 \\ 2-3 \end{pmatrix} = \begin{pmatrix} -6 \\ -1 \end{pmatrix}$; $|\overrightarrow{BC}| = \sqrt{37}$;

$\cos\beta = \dfrac{\overrightarrow{BA} \circ \overrightarrow{BC}}{|\overrightarrow{BA}| \cdot |\overrightarrow{BC}|} = \dfrac{-18+2}{\sqrt{13} \cdot \sqrt{37}} = \dfrac{-16}{\sqrt{13 \cdot 37}}$; $\beta \approx 136{,}8°$

Winkelsumme im Dreieck: $\gamma = 180° - (\alpha + \beta) \approx 15{,}9°$

Da $90° < \beta < 180°$ ist, ist das Dreieck stumpfwinklig. Die längste Seite liegt dem größten Winkel gegenüber: $\overline{AC} = \sqrt{82} \approx 9{,}1$.

b) A (1 | 0 | –2); B (3 | –2 | 2); C (–2 | 1 | 3)

$\overrightarrow{AB} = \begin{pmatrix} 3-1 \\ -2-0 \\ 2-(-2) \end{pmatrix} = \begin{pmatrix} 2 \\ -2 \\ 4 \end{pmatrix}$, $|\overrightarrow{AB}| = \sqrt{24} = 2\sqrt{6}$

$\overrightarrow{AC} = \begin{pmatrix} -2-1 \\ 1-0 \\ 3-(-2) \end{pmatrix} = \begin{pmatrix} -3 \\ 1 \\ 5 \end{pmatrix}$; $|\overrightarrow{AC}| = \sqrt{35}$

$\cos\alpha = \dfrac{\overrightarrow{AB} \circ \overrightarrow{AC}}{|\overrightarrow{AB}| \cdot |\overrightarrow{AC}|} = \dfrac{\begin{pmatrix} 2 \\ -2 \\ 4 \end{pmatrix} \circ \begin{pmatrix} -3 \\ 1 \\ 5 \end{pmatrix}}{2\sqrt{6} \cdot \sqrt{35}} = \dfrac{2 \cdot (-3) + (-2) \cdot 1 + 4 \cdot 5}{2\sqrt{210}} = \dfrac{6}{\sqrt{6} \cdot \sqrt{35}}$; $\alpha \approx 65{,}5°$

$\overrightarrow{BA} = \begin{pmatrix} -2 \\ 2 \\ -4 \end{pmatrix}$; $|\overrightarrow{BA}| = 2\sqrt{6}$

$\overrightarrow{BC} = \begin{pmatrix} -2-3 \\ 1-(-2) \\ 3-2 \end{pmatrix} = \begin{pmatrix} -5 \\ 3 \\ 1 \end{pmatrix}$; $|\overrightarrow{BC}| = \sqrt{35}$

Das Dreieck ist also gleichschenklig, da $\overline{AC} = \overline{BC}$ ist. Daher ist $\beta = \alpha \approx 65{,}5°$ und $\gamma = 180° - 2\alpha \approx 49{,}0° < 90°$.

$U = \overline{AB} + \overline{BC} + \overline{CA} = 2\sqrt{6} + \sqrt{35} + \sqrt{35} = 2(\sqrt{6} + \sqrt{35}) \approx 16{,}7$

$A = \frac{1}{2} \cdot \overline{AB} \cdot h_5$; $h_c = \overline{AC} \cdot \sin\alpha \approx 5{,}39$;

$A \approx \frac{1}{2} \cdot 2\sqrt{6} \cdot 2{,}39 \approx 13{,}2$

c) A (–2 | 2 | –1), B (0 | 3 | 1), C (–1 | 1 | 3)

$\overrightarrow{AB} = \begin{pmatrix} 0-(-2) \\ 3-2 \\ 1-(-1) \end{pmatrix} = \begin{pmatrix} 2 \\ 1 \\ 2 \end{pmatrix}$; $|\overrightarrow{AB}| = 3$

$\overrightarrow{AC} = \begin{pmatrix} -1-(-2) \\ 1-2 \\ 3-(-1) \end{pmatrix} = \begin{pmatrix} 1 \\ -1 \\ 4 \end{pmatrix}$; $|\overrightarrow{AC}| = \sqrt{18} = 3 \cdot \sqrt{2}$

$\cos\alpha = \dfrac{\overrightarrow{AB} \circ \overrightarrow{AC}}{|\overrightarrow{AB}| \cdot |\overrightarrow{AC}|} = \dfrac{\begin{pmatrix} 2 \\ 1 \\ 2 \end{pmatrix} \circ \begin{pmatrix} 1 \\ -1 \\ 4 \end{pmatrix}}{3 \cdot 3\sqrt{2}} = \dfrac{2 \cdot 1 + 1 \cdot (-1) + 2 \cdot 4}{9 \cdot \sqrt{2}} = \dfrac{\sqrt{2}}{2}$; $\alpha = 45°$

$\overrightarrow{BA} = \begin{pmatrix} -2 \\ -1 \\ -2 \end{pmatrix}$; $|\overrightarrow{BA}| = 3$

$\overrightarrow{BC} = \begin{pmatrix} -1-0 \\ 1-3 \\ 3-1 \end{pmatrix} = \begin{pmatrix} -1 \\ -2 \\ 2 \end{pmatrix}$; $|\overrightarrow{BC}| = 3$

$\cos\beta = \dfrac{\overrightarrow{BA} \circ \overrightarrow{BC}}{|\overrightarrow{BA}| \cdot |\overrightarrow{BC}|} = \dfrac{\begin{pmatrix} -2 \\ -1 \\ -1 \end{pmatrix} \circ \begin{pmatrix} -1 \\ -2 \\ 2 \end{pmatrix}}{3 \cdot 3} = \dfrac{(-2) \cdot (-1) + (-1) \cdot (-2) + (-2) \cdot 2}{9} = 0$; $\beta = 90°$;

$\gamma = 180° - 90° - 45° = 45°$

$r = \frac{1}{2}\overline{AC} = \frac{1}{2} \cdot 3\sqrt{2} = 1{,}5\sqrt{2} \qquad A_{Umkreis} = \pi r^2 = \pi \cdot \left(\frac{3\sqrt{2}}{2}\right)^2 = \frac{9}{2} \quad \pi \approx 14{,}1$

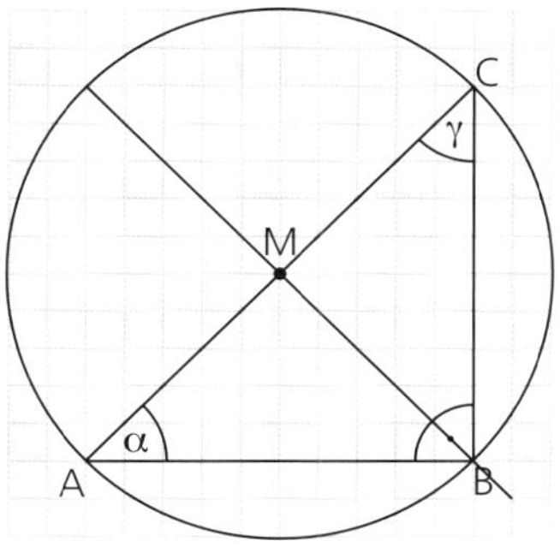

10. $\vec{a} \circ \vec{b} = 0; \qquad |\vec{a}| = 5; \qquad |\vec{b}| = 12$

a) $(\vec{a} + \vec{b})^2 = \vec{a} \circ \vec{a} + 2\vec{a} \circ \vec{b} + \vec{b} \circ \vec{b} = |\vec{a}|^2 + 2 \cdot 0 + |\vec{b}|^2 = 5^2 + 12^2 = 169$ 112

b) $(\vec{a} + \vec{b}) \circ (2\vec{a} - \vec{b}) = 2\vec{a} \circ \vec{a} - \vec{a} \circ \vec{b} + 2\vec{b} \circ \vec{a} - \vec{b} \circ \vec{b} = 2|\vec{a}|^2 - 0 + 2 \cdot 0 - |\vec{b}|^2 =$
$= 2 \cdot 5^2 - 12^2 = -94$

c) $(\vec{a} + \vec{b})^2 + (\vec{a} - \vec{b})^2 + (\vec{a} + \vec{b}) \circ (\vec{a} - \vec{b}) = 169 - |\vec{a}|^2 - 2\vec{a} \circ \vec{b} + |\vec{b}|^2 + |\vec{a}|^2 - |\vec{b}|^2 =$
$= 169 + 2|\vec{a}|^2 - 2 \cdot 0 = 169 + 2 \cdot 5^2 = 219$

11. a) $\vec{a} = \begin{pmatrix} 1 \\ 0 \\ 0 \end{pmatrix}; \qquad \vec{b} = \begin{pmatrix} 0 \\ 1 \\ 0 \end{pmatrix}; \qquad \vec{n} = \begin{pmatrix} n_1 \\ n_2 \\ 1 \end{pmatrix}$

Es muss gelten: $\vec{a} \circ \vec{n} = 0$ und $\vec{b} \circ \vec{n} = 0$.
$\vec{a} \circ \vec{n} = 1 \cdot n_1 + 0 \cdot n_2 + 0 \cdot 1 = 0$, also $n_1 = 0$;
$\vec{b} \circ \vec{n} = 0 \cdot n_1 + 1 \cdot n_2 + 0 \cdot 1 = 0$, also $n_2 = 0$;

$n_3 = 1$: $\qquad \vec{n} = \begin{pmatrix} 0 \\ 0 \\ 1 \end{pmatrix}$

b) $\vec{a} = \begin{pmatrix} 1 \\ 0 \\ 3 \end{pmatrix}; \qquad \vec{b} = \begin{pmatrix} -3 \\ 2 \\ -1 \end{pmatrix}; \qquad \vec{n} = \begin{pmatrix} n_1 \\ n_2 \\ 1 \end{pmatrix};$

$\vec{a} \circ \vec{n} = 1 \cdot n_1 + 0 \cdot n_2 + 3 \cdot 1 = 0,$
also $\qquad n_1 + 3 = 0$
$\qquad n_1 = -3 \qquad (1)$
$\vec{b} \circ \vec{n} = -3n_1 + 2n_2 - 1 = 0 \qquad (2)$
Einsetzen von (1) in (2): $-3 \cdot (-3) + 2n_2 - 1 = 0; \quad 8 + 2n_2 = 0; \quad n_2 = -4$
$\vec{n} = \begin{pmatrix} -3 \\ -4 \\ 1 \end{pmatrix}$

c) $\vec{a} = \begin{pmatrix} 1 \\ 0 \\ 2 \end{pmatrix}; \qquad \vec{b} = \begin{pmatrix} 3 \\ 4 \\ -2 \end{pmatrix}; \qquad \vec{n} = \begin{pmatrix} n_1 \\ n_2 \\ 1 \end{pmatrix};$

$\vec{a} \circ \vec{n} = 1 \cdot n_1 + 0 \cdot n_2 + 2 \cdot 1 = 0;$
$n_1 + 2 = 0;$
$n_1 = -2 \qquad (1)$
$\vec{b} \circ \vec{n} = 3n_1 + 4n_1 - 2 = 0 \qquad (2)$
Einsetzen von (1) in (2):
$3 \cdot (-2) + 4n_2 - 2 = 0; \quad -8 + 4n_2 = 0; \quad n_2 = 2$
$n = \begin{pmatrix} -2 \\ 2 \\ 1 \end{pmatrix}$

12. a) $\vec{u}_1 = \begin{pmatrix} 2 \\ 2 \\ 2 \end{pmatrix}; \qquad \vec{u}_2 = \begin{pmatrix} 6 \\ 0 \\ 0 \end{pmatrix}; \qquad \vec{u}_3 = \begin{pmatrix} 1 \\ 6 \\ -1 \end{pmatrix}$

b) $\vec{u}_1 = \begin{pmatrix} 0 \\ 0 \\ 3 \end{pmatrix}; \qquad \vec{u}_2 = \begin{pmatrix} 3 \\ 1 \\ 2 \end{pmatrix}; \qquad \vec{u}_3 = \begin{pmatrix} 1 \\ 2 \\ 3 \end{pmatrix}$

c) $\vec{u}_1 = \begin{pmatrix} 0 \\ 6 \\ 0 \end{pmatrix}; \qquad \vec{u}_2 = \begin{pmatrix} 0 \\ 6 \\ 1 \end{pmatrix}; \qquad \vec{u}_3 = \begin{pmatrix} 0 \\ 6 \\ 2 \end{pmatrix}$

d) $\vec{u}_1 = \begin{pmatrix} 1 \\ 0 \\ 0 \end{pmatrix}; \qquad \vec{u}_2 = \begin{pmatrix} 0 \\ 1 \\ 0 \end{pmatrix}; \qquad \vec{u}_3 = \begin{pmatrix} 0 \\ 0 \\ 1 \end{pmatrix}$

13. $\vec{a} = \begin{pmatrix} 2 \\ -1 \\ 2 \end{pmatrix}$; $|\vec{a}| = 3$ $\quad \vec{b} = \begin{pmatrix} -2 \\ 1 \\ 2 \end{pmatrix}$; $|\vec{b}| = 3$

$\vec{c} = \begin{pmatrix} 3 \\ 0 \\ 4 \end{pmatrix}$; $|\vec{c}| = 5$ $\quad \vec{d} = \begin{pmatrix} -4 \\ 3 \\ 0 \end{pmatrix}$; $|\vec{d}| = 5$

$\vec{e} = \begin{pmatrix} 5 \\ 0 \\ 0 \end{pmatrix}$; $|\vec{e}| = 5$ $\quad \vec{f} = \begin{pmatrix} 2\sqrt{5} \\ -\sqrt{5} \\ 2\sqrt{5} \end{pmatrix}$; $|\vec{f}| = \sqrt{45} = 3\sqrt{5}$

$\vec{g} = \begin{pmatrix} 0{,}5 \\ 0{,}5 \\ \frac{\sqrt{2}}{2} \end{pmatrix}$; $|\vec{g}| = 1$ $\quad \vec{h} = \begin{pmatrix} 0 \\ 1 \\ 0 \end{pmatrix}$; $|\vec{h}| = 1$

a) $\vec{a} \parallel \vec{f}$; $\quad p_a = \frac{1}{8} \cdot \frac{1}{7} \cdot 2 = \frac{1}{28} \approx 4\%$

b) 3 von 8 Vektoren besitzen den Betrag 5.
$p_b = P(\text{„Betrag 5“}) = \frac{3}{8} \cdot \frac{2}{7} = \frac{3}{28} \approx 11\%$

c) $P(\text{„Einheits- und Nichteinheitsvektor“}) = \frac{2}{8} \cdot \frac{6}{7} \cdot 2 = \frac{3}{7} \approx 43\%$

d) $\begin{pmatrix} 2 \\ 0 \\ 2 \end{pmatrix} = \vec{a} + \vec{h}$

$P(\text{„}\vec{a}\text{ und }\vec{h}\text{ ziehen“}) = \frac{1}{8} \cdot \frac{1}{7} \cdot 2 = \frac{1}{28} \approx 4\%$

e) und f) $\begin{pmatrix} 3 \\ 0 \\ 4 \end{pmatrix} \perp \begin{pmatrix} 0 \\ 1 \\ 0 \end{pmatrix} \quad \begin{pmatrix} 5 \\ 0 \\ 0 \end{pmatrix} \perp \begin{pmatrix} 0 \\ 1 \\ 0 \end{pmatrix}$

$P(\text{„senkrechte Vektoren“}) = \frac{1}{8} \cdot \frac{2}{7} + \frac{2}{8} \cdot \frac{1}{7} = \frac{1}{14} \approx 7\%$

14.

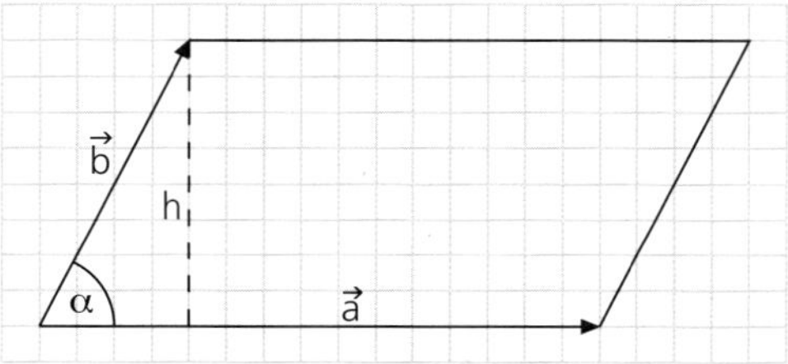

$A_{\text{Parallelogramm}} = \sqrt{|\vec{a}|^2 \cdot |\vec{b}|^2 - (\vec{a} \circ \vec{b})^2} = \sqrt{|\vec{a}|^2 \cdot |\vec{b}|^2 - |\vec{a}|^2 \cdot |\vec{b}|^2 \cdot (\cos\alpha)^2} =$

$= \sqrt{|\vec{a}|^2 \cdot |\vec{b}|^2 \cdot [1 - (\cos\alpha)^2]} = \sqrt{|\vec{a}|^2 \cdot |\vec{b}|^2 \cdot (\sin\alpha)^2} = |\vec{a}| \cdot \underbrace{|\vec{b}| \cdot \sin\alpha}_{h} =$

$= |\vec{a}| \cdot h = A_{\text{Parallelogramm}} \quad (0° < \alpha < 180°)$

a) $\vec{a} = \begin{pmatrix} -2 \\ 8 \\ -2 \end{pmatrix}$; $\quad |\vec{a}| = \sqrt{72} = 6\sqrt{2}$

$\vec{b} = \begin{pmatrix} 3 \\ 0 \\ -3 \end{pmatrix}$; $\quad |\vec{b}| = 3\sqrt{2} \qquad \vec{a} \circ \vec{b} = \begin{pmatrix} -2 \\ 8 \\ -2 \end{pmatrix} \circ \begin{pmatrix} 3 \\ 0 \\ -3 \end{pmatrix} = (-2) \cdot 3 + 8 \cdot 0 + (-2) \cdot (-3) = 0$

Somit gilt $\vec{a} \perp \vec{b}$. Das Parallelogramm ist also sogar ein Rechteck.

$A_{\text{Parallelogramm}} = |\vec{a}| \cdot |\vec{b}| = 6\sqrt{2} \cdot 3\sqrt{2} = 36$

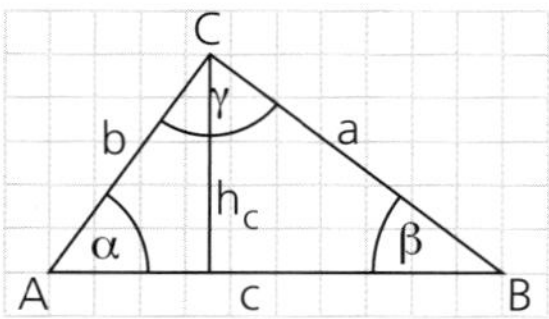

b) A (1 | 0 | 3), B (−1 | −1 | 1), C (−1 | 3 | 2)

$\overrightarrow{AB} = \begin{pmatrix} -1-1 \\ -1-0 \\ 1-3 \end{pmatrix} = \begin{pmatrix} -2 \\ -1 \\ -2 \end{pmatrix}$; $\quad |\overrightarrow{AB}| = 3$

$\overrightarrow{AC} = \begin{pmatrix} -1-1 \\ 3-0 \\ 2-3 \end{pmatrix} = \begin{pmatrix} -2 \\ 3 \\ -1 \end{pmatrix}$, $\quad |\overrightarrow{AC}| = \sqrt{14}$

$\cos\alpha = \frac{\overrightarrow{AB} \circ \overrightarrow{AC}}{|\overrightarrow{AB}| \cdot |\overrightarrow{AC}|} = \frac{\begin{pmatrix} -2 \\ -1 \\ -2 \end{pmatrix} \circ \begin{pmatrix} -2 \\ 3 \\ -1 \end{pmatrix}}{3 \cdot \sqrt{14}} = \frac{(-2) \cdot (-2) + (-1) \cdot 3 + (-2) \cdot (-1)}{3\sqrt{14}} = \frac{\sqrt{14}}{14}$

$\alpha = 74{,}5°$;

$\overrightarrow{BA} = \begin{pmatrix} 2 \\ 1 \\ 2 \end{pmatrix}$; $\quad |\overrightarrow{BA}| = 3$

$\overrightarrow{BC} = \begin{pmatrix} 1-(-1) \\ 3-(-1) \\ 2-1 \end{pmatrix} = \begin{pmatrix} 0 \\ 4 \\ 1 \end{pmatrix}; \quad |\overrightarrow{BC}| = \sqrt{17}$

$\cos\beta = \frac{\overrightarrow{BA} \circ \overrightarrow{BC}}{|\overrightarrow{BA}| \cdot |\overrightarrow{BC}|} = \frac{\begin{pmatrix} 2 \\ 1 \\ 2 \end{pmatrix} \circ \begin{pmatrix} 0 \\ 4 \\ 1 \end{pmatrix}}{3\sqrt{17}} = \frac{2 \cdot 0 + 1 \cdot 4 + 2 \cdot 1}{3\sqrt{17}} = \frac{2\sqrt{17}}{17}; \quad \beta \approx 61{,}0°$

$\gamma = 180° - \alpha - \beta \approx 44{,}5°$

$\sin\alpha = \frac{h_c}{|\overrightarrow{AC}|}; \qquad h_c = |\overrightarrow{AC}| \cdot \sin\alpha$

$h_c = \sqrt{14} \cdot \sin(74{,}5°) \approx 3{,}6$

$A_{ABC} = \frac{1}{2}|\overrightarrow{AB}| \cdot h_c = \frac{1}{2}|\overrightarrow{AB}| \cdot |\overrightarrow{AC}| \cdot \sin\alpha \approx \frac{1}{2} \cdot 3 \cdot 3{,}6 \approx 5{,}4$

$V_{Pyramide} = \frac{1}{3} \cdot A_{ABC} \cdot h_P = \frac{1}{3} \cdot 5{,}4 \cdot 12 = 21{,}6$

15.

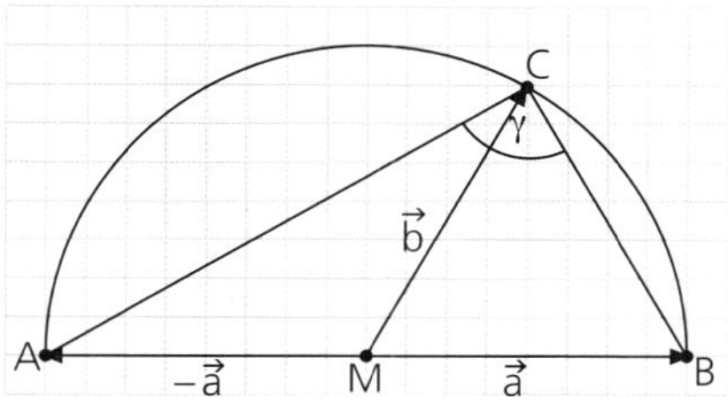

Behauptung: $\gamma = 90°$

Beweis: Wir zeigen, dass $|\overrightarrow{AC}|^2 + |\overrightarrow{BC}|^2 = |\overrightarrow{AB}|^2$ ist. Dann folgt aus dem Kehrsatz des Satzes von Pythagoras die Behauptung.

$|\overrightarrow{AC}|^2 + |\overrightarrow{BC}|^2 =$

$= |\vec{a} + \vec{b}|^2 + |-\vec{a} + \vec{b}|^2 =$

$= (\vec{a} + \vec{b}) \circ (\vec{a} + \vec{b}) + (-\vec{a} + \vec{b}) \circ (-\vec{a} + \vec{b}) =$

$= |\vec{a}|^2 + \vec{a} \circ \vec{b} + \vec{b} \circ \vec{a} + |\vec{b}|^2 + |\vec{a}|^2 - \vec{a} \circ \vec{b} - \vec{b} \circ \vec{a} + |\vec{b}|^2 =$

$= 2|\vec{a}|^2 + 2|\vec{b}|^2 = 4|\vec{a}|^2 = (2|\vec{a}|)^2 = |\overrightarrow{AB}|^2 \qquad (|\vec{b}| = |\vec{a}|)$

16. a) $|\overrightarrow{OB}|^2 + |\overrightarrow{OC}|^2 = (\sqrt{8})^2$

Wegen $|\overrightarrow{OB}| = |\overrightarrow{OC}|$ folgt

$2|\overrightarrow{OB}|^2 = 8 \quad | : 2$

$|\overrightarrow{OB}|^2 = 4 \quad | \sqrt{\ }$

$|\overrightarrow{OB}| = (\pm) 2$

Dreieck ABC gleichseitig:

A (2 | 0 | 0), B (0 | 2 | 0), C (0 | 0 | 2)

(1) $\vec{a} = \overrightarrow{BC} = \begin{pmatrix} 0-0 \\ 0-2 \\ 2-0 \end{pmatrix} = \begin{pmatrix} 0 \\ -2 \\ 2 \end{pmatrix};$

$\vec{b} = \overrightarrow{CA} = \begin{pmatrix} 0-2 \\ 0-0 \\ 2-0 \end{pmatrix} = \begin{pmatrix} -2 \\ 0 \\ 2 \end{pmatrix}$

$\vec{a} \circ \vec{b} = \begin{pmatrix} 0 \\ -2 \\ 2 \end{pmatrix} \circ \begin{pmatrix} -2 \\ 0 \\ 2 \end{pmatrix} = 0 \cdot (-2) + (-2) \cdot 0 + 2 \cdot 2 = 4$

(2) Da das Dreieck gleichseitig ist, beträgt die Größe jedes seiner Innenwinkel 60°.

$\vec{a} \circ \vec{b} = |\vec{a}| \cdot |\vec{b}| \cdot \cos(60°) = \sqrt{8} \cdot \sqrt{8} \cdot \frac{1}{2} = 4$

b) $V_{Pyramide} = \frac{1}{3} \cdot A_{OBC} \cdot |\overrightarrow{OA}| = \frac{1}{3} \cdot \frac{1}{2} \cdot |\overrightarrow{OB}| \cdot |\overrightarrow{OC}| \cdot |\overrightarrow{OA}| = \frac{1}{6} \cdot 2 \cdot 2 \cdot 2 = \frac{4}{3}$

$V_{Kugel} = \frac{4}{3}\pi |\overrightarrow{OA}|^3 = \frac{4}{3}\pi \cdot 2^3 = \frac{32}{3}\pi = 10\frac{2}{3}\pi$

$\frac{V_{Pyramide}}{V_{Kugel}} = \frac{\frac{4}{3}}{\frac{32}{3}\pi} = \frac{4}{3} \cdot \frac{3}{32} \cdot \frac{1}{\pi} = \frac{1}{8\pi} \approx 4{,}0\%$

113

17. S (0 | 0 | 4)

P (5 | 0 | 0) liegt auf dem Kreis k.

Beispiele für weitere mögliche Kreispunkte: $P_1(3 | 4 | 0)$, $P_2(-4 | 3 | 0)$

P* (–5 | 0 | 0) entsteht durch Spiegelung von P an O. [$P_1^*(-3 | -4 | 0)$; $P_2^*(4 | -3 | 0)$]

Berechnung der Größe von ∢PSP* mithilfe des Skalarprodukts:

$$\overrightarrow{SP} = \begin{pmatrix} 5-0 \\ 0-0 \\ 0-4 \end{pmatrix} = \begin{pmatrix} 5 \\ 0 \\ -4 \end{pmatrix}; \qquad |\overrightarrow{SP}| = \sqrt{41}$$

$$\overrightarrow{SP^*} = \begin{pmatrix} -5-0 \\ 0-0 \\ 0-4 \end{pmatrix} = \begin{pmatrix} -5 \\ 0 \\ -4 \end{pmatrix}; \qquad |\overrightarrow{SP^*}| = \sqrt{41}$$

$$\cos(\sphericalangle PSP^*) = \frac{\overrightarrow{SP} \circ \overrightarrow{SP^*}}{|\overrightarrow{SP}| \cdot |\overrightarrow{SP^*}|} = \frac{\begin{pmatrix} 5 \\ 0 \\ -4 \end{pmatrix} \circ \begin{pmatrix} -5 \\ 0 \\ -4 \end{pmatrix}}{\sqrt{41} \cdot \sqrt{41}} = \frac{5 \cdot (-5) + 0 \cdot 0 + (-4) \cdot (-4)}{41} = -\frac{9}{41}$$

∢PSP* ≈ 102,7°

Berechnung der Größe von ∢ PSP* ohne Skalarprodukt:

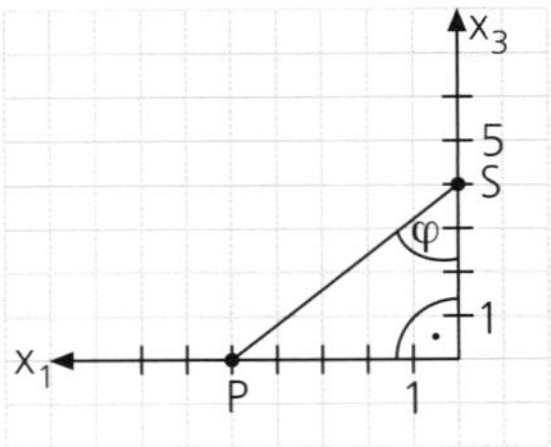

Das Dreieck POS ist rechtwinklig.

$$\tan \varphi = \frac{|\overrightarrow{PO}|}{|\overrightarrow{OS}|} = \frac{5}{4}$$

φ ≈ 51,34°…

∢PSP* = 2φ ≈ 102,7°

18.

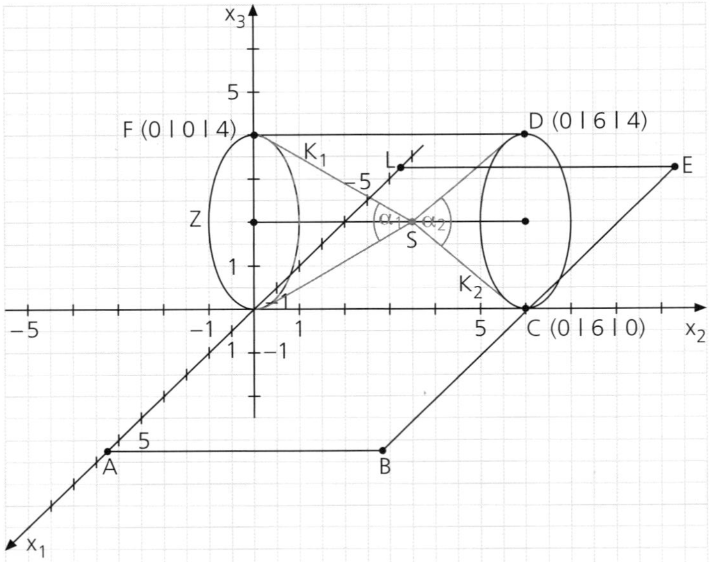

a) Kreisumfangslänge: $|\overrightarrow{AL}| = 4\pi$

$U_z = 2\pi r = 4\pi \qquad r_z = 2$

$V_z = \pi r_z^2 \cdot |\overrightarrow{AB}| = 4\pi \cdot 6 = 24\pi \approx 75{,}4$

$V_K = \frac{1}{3}\pi r_z^2 \cdot h_1 + \frac{1}{3}\pi r_z^2 \cdot h_2 = \frac{1}{3}\pi r_z^2 \cdot (h_1 + h_2) = \frac{1}{3}\pi \cdot 4 \cdot 6 = 8\pi = \frac{1}{3} \cdot V_z$

$\frac{V_K}{V_z} = \frac{\frac{1}{3}V_z}{V_z} = \frac{1}{3} \approx 33{,}3\%$

b) Fall 1: $\alpha_1 = 90°$; S (0 | s | 2)

Es muss gelten: $\overrightarrow{SO} \circ \overrightarrow{SF} = 0$

$$\overrightarrow{SO} = \begin{pmatrix} 0-0 \\ 0-s \\ 0-2 \end{pmatrix} = \begin{pmatrix} 0 \\ -s \\ -2 \end{pmatrix}; \qquad \overrightarrow{SF} = \begin{pmatrix} 0-0 \\ 0-s \\ 4-2 \end{pmatrix} = \begin{pmatrix} 0 \\ -s \\ 2 \end{pmatrix}$$

$$\overrightarrow{SO} \circ \overrightarrow{SF} = \begin{pmatrix} 0 \\ -s \\ -2 \end{pmatrix} \circ \begin{pmatrix} 0 \\ -s \\ 2 \end{pmatrix} = 0 \cdot 0 + (-s) \cdot (-s) + (-2) \cdot 2 = s^2 - 4$$

$s^2 - 4 = 0;$
$s^2 = 4;$
$s = _{(\pm)} 2$
$S_1(0 \mid 2 \mid 2)$
Fall 2: $\alpha_2 = 90°$
$S_2(0 \mid 4 \mid 2)$
Vergleich der Volumina von K_1 und K_2:
Die Höhe des Kegels mit dem 90°-Öffnungswinkel ist halb so groß wie die des anderen Kegels. Da die Grundflächen gleich groß sind, ist das Volumen des Kegels mit dem 90°-Öffnungswinkel halb so groß wie das Volumen des anderen Kegels.

19. a)

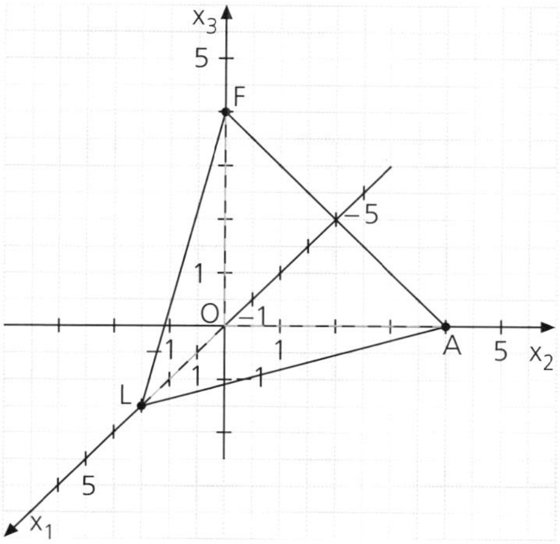

b)

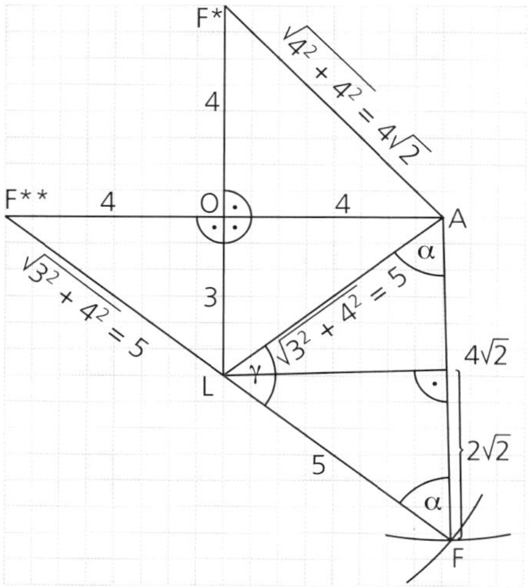

Das Dreieck ALF ist gleichschenklig mit Basis [AF].
$\cos\alpha = \frac{2\sqrt{2}}{5}; \quad \alpha \approx 55{,}6$
$\gamma = 180° - 2\alpha \approx 68{,}8°$

c) $V_{OLAF} = \frac{1}{3} \cdot \left(\frac{1}{2} \cdot |\overrightarrow{OA}| \cdot |\overrightarrow{OL}|\right) \cdot |\overrightarrow{OF}| = \frac{1}{3} \cdot \left(\frac{1}{2} \cdot 4 \cdot 3\right) \cdot 4 = 8$

20. A (0 | 3 | 2), B (2 | 0 | 2) und C_a (2 | 3 | a) mit $a \in \mathbb{R}_0^+$

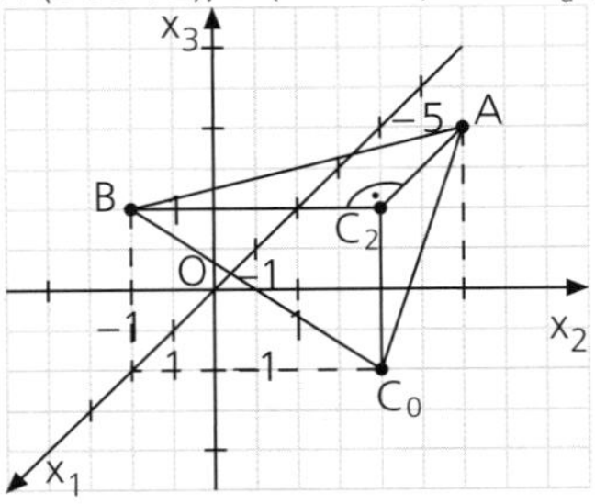

a) $\overrightarrow{C_aA} = \begin{pmatrix} 0-2 \\ 3-3 \\ 2-a \end{pmatrix} = \begin{pmatrix} -2 \\ 0 \\ 2-a \end{pmatrix}$; $\quad \overrightarrow{C_aB} = \begin{pmatrix} 2-2 \\ 0-3 \\ 2-a \end{pmatrix} = \begin{pmatrix} 0 \\ -3 \\ 2-a \end{pmatrix}$;

Scheitel des rechten Winkels: C_{a^*}

$\overrightarrow{C_aA} \circ \overrightarrow{C_aB} = \begin{pmatrix} -2 \\ 0 \\ 2-a \end{pmatrix} \circ \begin{pmatrix} 0 \\ -3 \\ 2-a \end{pmatrix} = (-2) \cdot 0 + 0 \cdot (-3) + (2-a)(2-a) = (2-a)^2$;

$(2-a^*)^2 = 0$; $\quad a^* = 2$; $\quad C_2 (2 | 3 | 2)$

$\overrightarrow{C_2A} = \begin{pmatrix} 0-2 \\ 3-3 \\ 2-2 \end{pmatrix} = \begin{pmatrix} -2 \\ 0 \\ 0 \end{pmatrix}$; $\overline{C_2A} = 2$; $\quad \overrightarrow{C_2B} = \begin{pmatrix} 2-2 \\ 0-3 \\ 2-2 \end{pmatrix} = \begin{pmatrix} 0 \\ -3 \\ 0 \end{pmatrix}$; $\quad \overline{C_2B} = 3$

$\overrightarrow{AB} = \begin{pmatrix} 2-0 \\ 0-3 \\ 2-2 \end{pmatrix} = \begin{pmatrix} 2 \\ -3 \\ 0 \end{pmatrix}$; $\quad |\overrightarrow{AB}| = \sqrt{13}$

$A_{ABC_2} = \frac{1}{2} |\overrightarrow{C_2A}| \cdot |\overrightarrow{C_2B}| = \frac{1}{2} \cdot 2 \cdot 3 = 3$

$U_{ABC_2} = |\overrightarrow{AB}| + |\overrightarrow{BC_2}| + |\overrightarrow{C_2A}| = \sqrt{13} + 3 + 2 = 5 + \sqrt{13} \approx 8{,}6$

b) Man wählt das rechtwinklige Dreieck ABC_2 als Grundfläche der Pyramide. Da A, B und C_2 dieselbe x_3-Koordinate (nämlich 2) haben, liegt das Dreieck ABC_2 in einer Ebene parallel zur x_1-x_2-Ebene. Die Gerade C_2C_0 steht senkrecht auf dieser Ebene, da sich C_0 und C_2 nur in der x_3-Koordinate unterscheiden, so dass $|\overrightarrow{C_0C_2}|$ die Höhe der Pyramide ist.

$V_{ABC_0C_2} = \frac{1}{3} \cdot A_{ABC_2} \cdot |\overrightarrow{C_0C_2}| = \frac{1}{3} \cdot 3 \cdot 2 = 2$

W

W1 Würfel 3

W2 $\frac{7!}{2!} = 2\,520$

W3 11: Würfelpaare (5 | 6) und (6 | 5), also P(„11") $= \frac{2}{36} = \frac{1}{18}$

3: Würfelpaare (1 | 2) und (2 | 1), also P(„3") $= \frac{2}{36} = \frac{1}{18}$

It is true.

Arbeitsaufträge

1. **a)** Individuelle Ergebnisse, z. B.

(1) $\vec{n}_1 = \begin{pmatrix} 0 \\ 0 \\ 1 \end{pmatrix}$; $\vec{n}_2 = \begin{pmatrix} 0 \\ 0 \\ -4 \end{pmatrix}$; $\vec{n}_3 = \begin{pmatrix} 0 \\ 0 \\ 6 \end{pmatrix}$

(2) $\vec{n}_1 = \begin{pmatrix} 1 \\ 0 \\ 0 \end{pmatrix}$; $\vec{n}_2 = \begin{pmatrix} -7 \\ 0 \\ 0 \end{pmatrix}$; $\vec{n}_3 = \begin{pmatrix} 100 \\ 0 \\ 0 \end{pmatrix}$

(3) $\vec{n}_1 = \begin{pmatrix} 0 \\ 1 \\ 0 \end{pmatrix}$; $\vec{n}_2 = \begin{pmatrix} 0 \\ -5 \\ 0 \end{pmatrix}$; $\vec{n}_3 = \begin{pmatrix} 0 \\ -23 \\ 0 \end{pmatrix}$

(4) $\vec{n}_1 = \begin{pmatrix} 2 \\ 1 \\ -2 \end{pmatrix}$; $\vec{n}_2 = \begin{pmatrix} -4 \\ -2 \\ 4 \end{pmatrix}$; $\vec{n}_3 = \begin{pmatrix} \frac{2}{3} \\ \frac{1}{3} \\ -\frac{2}{3} \end{pmatrix}$, gefunden durch Überlegen und gezieltes Probieren

oder mithilfe des Ansatzes

$v_1 \cdot 1 + v_2 \cdot (-4) + v_3 \cdot (-1) = 0;$

$v_1 \cdot 2 + v_2 \cdot (-2)\ \ v_3 \cdot 1 = 0;$

$v_1 - 4v_2 - v_3 = 0$ (I)

$2v_1 - 2v_2 + v_3 = 0$ (II)

(I) + (II) $3v_1 - 6v_2 = 0;$ $v_1 = 2v_2;$

z. B: $v_2 = 1;$ $v_1 = 2$ eingesetzt in (I): $v_3 = -2$

b) Individuelle Ergebnisse

c) Individuelle Ergebnisse

d) Für die Vektoren $\vec{n_1}$, $\vec{n_2}$ und $\vec{n_3}$ aus a) ergibt sich:

	$\vec{a}, \vec{b}, \vec{n_1}$	$\vec{a}, \vec{b}, \vec{n_2}$	$\vec{a}, \vec{b}, \vec{n_3}$
(1)	ja	nein	ja
(2)	ja	nein	ja
(3)	ja	nein	nein
(4)	ja	nein	ja

2.

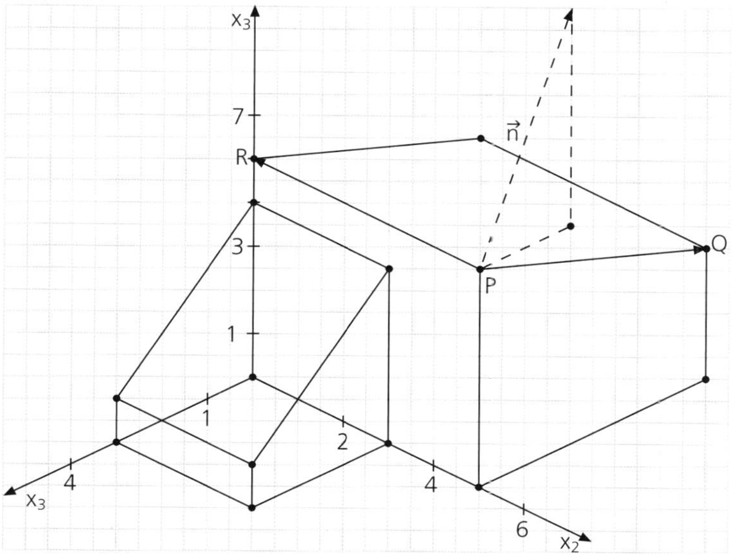

P (0 | 5 | 5); Q (−5 | 5 | 3); R (0 | 0 | 5);

$\overrightarrow{PQ} = \begin{pmatrix} -5 \\ 0 \\ -2 \end{pmatrix}$; $\overrightarrow{PR} = \begin{pmatrix} 0 \\ -5 \\ 0 \end{pmatrix}$

Man findet $\vec{n} = \begin{pmatrix} -2 \\ 0 \\ 5 \end{pmatrix}$ durch gezieltes Probieren oder mithilfe des Ansatzes

$-5n_1 + 0 \cdot n_2 - 2n_3 = 0 \quad (I)$
$0 \cdot n_1 - 5n_2 + 0 \cdot n_3 = 0 \quad (II);$
$(II') \quad n_2 = 0;$
$(I') \quad 5n_1 = -2n_3; \quad n_1 = -\frac{2}{5}n_3;$
z. B. $n_3 = 5; \quad n_1 = -2.$
Die Vektoren $\overrightarrow{PQ}$, $\overrightarrow{PR}$ und $\vec{n}$ bilden ein Rechtssystem.

3. Man muss zwei Tafeldreiecke gleichzeitig auf den waagrechten Boden stellen.
Individuelle Lösungen

117

- Die Vektoren sind zueinander parallel: $\vec{a} = \vec{k} \cdot \vec{b}$;
- Die Vektoren stehen aufeinander senkrecht.
- Nein

L

1. a) $\vec{a} \times \vec{b} = \begin{pmatrix} 2 \\ -2 \\ 1 \end{pmatrix} \times \begin{pmatrix} 10 \\ -6 \\ 8 \end{pmatrix} = \begin{pmatrix} -16+6 \\ 10-16 \\ -12+20 \end{pmatrix} = \begin{pmatrix} -10 \\ -6 \\ 8 \end{pmatrix}$

b) $\vec{b} \times \vec{c} = \begin{pmatrix} 10 \\ -6 \\ 8 \end{pmatrix} \times \begin{pmatrix} -1 \\ 1 \\ 1 \end{pmatrix} = \begin{pmatrix} -6-8 \\ -8-10 \\ 10-6 \end{pmatrix} = \begin{pmatrix} -14 \\ -18 \\ 4 \end{pmatrix}$

c) $(\vec{a} \times \vec{b}) \circ \vec{c} = \left[\begin{pmatrix} 2 \\ -2 \\ 1 \end{pmatrix} \times \begin{pmatrix} 10 \\ -6 \\ 8 \end{pmatrix}\right] \circ \begin{pmatrix} -1 \\ 1 \\ 1 \end{pmatrix} = \begin{pmatrix} -10 \\ -6 \\ 8 \end{pmatrix} \circ \begin{pmatrix} -1 \\ 1 \\ 1 \end{pmatrix} = 10 - 6 + 8 = 12$

d) $\vec{a} \circ \vec{b} = \begin{pmatrix} 2 \\ -2 \\ 1 \end{pmatrix} \circ \begin{pmatrix} 10 \\ -6 \\ 8 \end{pmatrix} = 20 + 12 + 8 = 40$

e) $(\vec{a} \times \vec{b}) \times \vec{c} = \begin{pmatrix} -10 \\ -6 \\ 8 \end{pmatrix} \times \begin{pmatrix} -1 \\ 1 \\ 1 \end{pmatrix} = \begin{pmatrix} -6-8 \\ -8+10 \\ -10-6 \end{pmatrix} = \begin{pmatrix} -14 \\ 2 \\ -16 \end{pmatrix}$

f) $(\vec{a} \times \vec{b}) \times \vec{b} = \begin{pmatrix} -10 \\ -6 \\ 8 \end{pmatrix} \times \begin{pmatrix} 10 \\ -6 \\ 8 \end{pmatrix} = \begin{pmatrix} -48+48 \\ 80+80 \\ 60+60 \end{pmatrix} = \begin{pmatrix} 0 \\ 160 \\ 120 \end{pmatrix}$

g) $\vec{a} \times (\vec{b} \times \vec{c}) = \begin{pmatrix} 2 \\ -2 \\ 1 \end{pmatrix} \times \begin{pmatrix} -14 \\ -18 \\ 4 \end{pmatrix} = \begin{pmatrix} -8+18 \\ -14-8 \\ -36-28 \end{pmatrix} = \begin{pmatrix} 10 \\ -22 \\ -64 \end{pmatrix}$

h) $\vec{c} \circ (\vec{b} \times \vec{a}) = (-\vec{c}) \circ (\vec{a} \times \vec{b}) = \begin{pmatrix} 1 \\ -1 \\ -1 \end{pmatrix} \circ \begin{pmatrix} -10 \\ -6 \\ 8 \end{pmatrix} = -10 + 6 - 8 = -12$

i) $(\vec{a} \times \vec{b}) \circ (\vec{b} \times \vec{c}) = \begin{pmatrix} -10 \\ -6 \\ 8 \end{pmatrix} \circ \begin{pmatrix} -14 \\ -18 \\ 4 \end{pmatrix} = 140 + 108 + 32 = 280$

j) $(\vec{a} \times \vec{b}) \times (\vec{c} \times \vec{b}) = \begin{pmatrix} -10 \\ -6 \\ 8 \end{pmatrix} \times \begin{pmatrix} 14 \\ 18 \\ -4 \end{pmatrix} = \begin{pmatrix} 24-144 \\ 112-40 \\ -180+84 \end{pmatrix} = \begin{pmatrix} -120 \\ 72 \\ -96 \end{pmatrix}$

2. $A = |\vec{a} \times \vec{b}|$

a) $\left|\begin{pmatrix} 0 \\ 6 \\ -6 \end{pmatrix} \times \begin{pmatrix} -6 \\ 6 \\ 0 \end{pmatrix}\right| = \left|\begin{pmatrix} 0+36 \\ 36-0 \\ 0+36 \end{pmatrix}\right| = \left|\begin{pmatrix} 36 \\ 36 \\ 36 \end{pmatrix}\right| = \left|36 \cdot \begin{pmatrix} 1 \\ 1 \\ 1 \end{pmatrix}\right| = 36 \cdot \sqrt{3}$

b) $A = \left|\begin{pmatrix} -30 \\ 0 \\ -2 \end{pmatrix} \times \begin{pmatrix} 0 \\ 60 \\ -4 \end{pmatrix}\right| = \left|\begin{pmatrix} 0+120 \\ 0-120 \\ -1\,800-0 \end{pmatrix}\right| = \left|\begin{pmatrix} 120 \\ -120 \\ -1\,800 \end{pmatrix}\right| = \left|120 \cdot \begin{pmatrix} 1 \\ -1 \\ -15 \end{pmatrix}\right| = 120 \cdot \sqrt{1+1+225} =$

$= 120\sqrt{227} \approx 1\,808$

c) $A = \left|\begin{pmatrix} 2 \\ -6 \\ -2 \end{pmatrix} \times \begin{pmatrix} 6 \\ 2 \\ -1 \end{pmatrix}\right| = \left|\begin{pmatrix} 6+4 \\ -12+2 \\ 4+36 \end{pmatrix}\right| = \left|\begin{pmatrix} 10 \\ -10 \\ 40 \end{pmatrix}\right| = 10 \cdot \sqrt{1+1+16} = 10\sqrt{18} = 30\sqrt{2} \approx 42{,}4$

3. a) $\overrightarrow{WI} = \begin{pmatrix} 0 \\ 6 \\ -6 \end{pmatrix}$; $\overrightarrow{IE} = \begin{pmatrix} -6 \\ 6 \\ 0 \end{pmatrix}$; $\overrightarrow{EN} = \begin{pmatrix} 0 \\ -6 \\ 6 \end{pmatrix}$; $\overrightarrow{NW} = \begin{pmatrix} 6 \\ -6 \\ 0 \end{pmatrix}$

$|\overrightarrow{WI}| = |\overrightarrow{IE}| = |\overrightarrow{EN}| = |\overrightarrow{NW}| = 6\sqrt{2}$

Das Viereck ist eine Raute; sie besitzt zwei Symmetrieachsen.

Flächeninhalt:

$A_{WIEN} = |\overrightarrow{WI} \times \overrightarrow{WN}| = \left| \begin{pmatrix} 0 \\ 6 \\ -6 \end{pmatrix} \times \begin{pmatrix} -6 \\ 6 \\ 0 \end{pmatrix} \right| = \left| \begin{pmatrix} 36 \\ 36 \\ 36 \end{pmatrix} \right| = 36\sqrt{3} \approx 62{,}4$

Umfanglänge: $U_{WIEN} = 4 \cdot 6\sqrt{2} = 24\sqrt{2} \approx 33{,}9$

b) $\overrightarrow{PR} = \begin{pmatrix} -5 \\ 3 \\ -4 \end{pmatrix}$; $|\overrightarrow{PR}| = \sqrt{25 + 9 + 16} = 5\sqrt{2}$;

$\overrightarrow{RA} = \begin{pmatrix} 5 \\ 3 \\ -4 \end{pmatrix}$; $|\overrightarrow{RA}| = 5\sqrt{2}$;

$\overrightarrow{AG} = \begin{pmatrix} 5 \\ -3 \\ 4 \end{pmatrix}$; $|\overrightarrow{AG}| = 5\sqrt{2}$;

$\overrightarrow{GP} = \begin{pmatrix} -5 \\ -3 \\ 4 \end{pmatrix}$; $|\overrightarrow{GP}| = 5\sqrt{2}$.

Ferner gilt $\overrightarrow{PA} = \begin{pmatrix} 0 \\ 6 \\ -8 \end{pmatrix}$; $|\overrightarrow{PA}| = 10$;

$\overrightarrow{RG} = \begin{pmatrix} 10 \\ 0 \\ 0 \end{pmatrix}$; $|\overrightarrow{RG}| = 10$

Das Viereck ist ein Quadrat, da seine vier Seiten gleich lang ($a = 5\sqrt{2}$) und seine Diagonalen gleich lang ($d = 10$) sind. Das Quadrat besitzt vier Symmetrieachsen.

Flächeninhalt: $A_{PRAG} = (5\sqrt{2})^2 = 50$

Umfangslänge: $U_{PRAG} = 4 \cdot 5\sqrt{2} = 20\sqrt{2} \approx 28{,}3$

c) $\overrightarrow{BE} = \begin{pmatrix} 6 \\ 8 \\ 0 \end{pmatrix}$; $|\overrightarrow{BE}| = 10$;

$\overrightarrow{ER} = \begin{pmatrix} -4 \\ 3 \\ 0 \end{pmatrix}$; $|\overrightarrow{ER}| = 5$;

$\overrightarrow{RN} = \begin{pmatrix} -6 \\ -8 \\ 0 \end{pmatrix}$; $|\overrightarrow{RN}| = 10$;

$\overrightarrow{NB} = \begin{pmatrix} 4 \\ -3 \\ 0 \end{pmatrix}$; $|\overrightarrow{NB}| = 5$.

Ferner gilt: $\overrightarrow{BE} \circ \overrightarrow{NB} = \begin{pmatrix} 6 \\ 8 \\ 0 \end{pmatrix} \circ \begin{pmatrix} 4 \\ -3 \\ 0 \end{pmatrix} = 24 - 24 = 0$ und

$\overrightarrow{BE} \circ \overrightarrow{ER} = \begin{pmatrix} 6 \\ 8 \\ 0 \end{pmatrix} \circ \begin{pmatrix} -4 \\ 3 \\ 0 \end{pmatrix} = -24 + 24 = 0$;

Das Viereck BERN ist ein Rechteck; es besitzt zwei Symmetrieachsen.

Flächeninhalt: $A_{BERN} = |\overrightarrow{BE}| \cdot |\overrightarrow{ER}| = 10 \cdot 5 = 50$

Umfangslänge: $U_{BERN} = 2(10 + 5) = 30$

d) $\overrightarrow{GE} = \begin{pmatrix} 5 \\ 0 \\ 0 \end{pmatrix}$; $\overline{GE} = 5$;

$\overrightarrow{EN} = \begin{pmatrix} -1 \\ 4 \\ 0 \end{pmatrix}$; $\overline{EN} = \sqrt{17}$;

$\overrightarrow{NF} = \begin{pmatrix} -3 \\ 0 \\ 0 \end{pmatrix}$; $\overline{NF} = 3$;

$\overrightarrow{FG} = \begin{pmatrix} -1 \\ -4 \\ 0 \end{pmatrix}$; $\overline{FG} = \sqrt{17}$

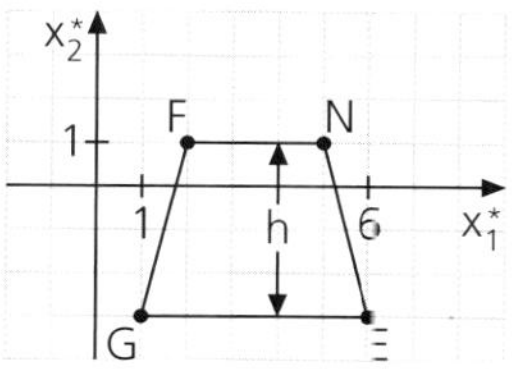

Da $\overline{GE} \parallel \overline{NF}$, $|\overline{GE}| \neq |\overline{NF}|$ und $|\overline{EN}| = |\overline{FG}|$ ist, ist das Viereck ein gleichschenkliges Trapez. Es liegt ein einer Parallelebene zur x_1-x_2-Ebene (die x_3-Koordinate der Punkte G, E, N, und F ist jeweils gleich).

Flächeninhalt: $A_{GENF} = \frac{\overline{GE} \cdot \overline{NF}}{2} \cdot h = \frac{5 + 3}{2} \cdot 4 = 16$

e) $\overrightarrow{LI} = \begin{pmatrix} 0 \\ -3 \\ 4 \end{pmatrix}$; $\quad |\overrightarrow{LI}| = 5$;

$\overrightarrow{MA} = \begin{pmatrix} 0 \\ 3 \\ -4 \end{pmatrix}$; $\quad |\overrightarrow{MA}| = 5$;

$\overrightarrow{LI} = (-1) \cdot \overrightarrow{MA}$, also gilt $\overrightarrow{LI} \parallel \overrightarrow{MA}$.

$\overrightarrow{IM} = \begin{pmatrix} 4 \\ 6 \\ -1 \end{pmatrix}$; $\quad |\overrightarrow{IM}| = \sqrt{53}$;

$\overrightarrow{AL} = \begin{pmatrix} -4 \\ -6 \\ 1 \end{pmatrix}$; $\quad |\overrightarrow{AL}| = \sqrt{53}$.

$\overline{IM} = (-1) \cdot \overline{AL}$, also gilt [IM] ∥ [AL].

Außerdem gilt $|\overrightarrow{LI}| = |\overrightarrow{MA}| = 5$ und $|\overrightarrow{IM}| = |\overrightarrow{AL}| = \sqrt{53}$.

Damit ist das Viereck LIMA ein Parallelogramm, das keine Raute ist.

Es ist kein Rechteck, da

$\overrightarrow{LI} \circ \overrightarrow{IM} = \begin{pmatrix} 0 \\ -3 \\ 4 \end{pmatrix} \circ \begin{pmatrix} 4 \\ 6 \\ -1 \end{pmatrix} = 0 - 18 - 4 = -22 \neq 0$ ist.

LIAM ist ein Parallelogramm, das keine Raute und kein Rechteck ist.

$$A_{LIAM} = |\overrightarrow{LI} \times \overrightarrow{IM}| = \left|\begin{pmatrix} 0 \\ -3 \\ 4 \end{pmatrix} \times \begin{pmatrix} 4 \\ 6 \\ -1 \end{pmatrix}\right| = \left|\begin{pmatrix} 3-24 \\ 16-0 \\ 0+12 \end{pmatrix}\right| = \left|\begin{pmatrix} -21 \\ 16 \\ 12 \end{pmatrix}\right| = \sqrt{841} = 29$$

4. a) $A = \frac{1}{2}|\vec{a} \times \vec{b}| = \frac{1}{2}|\overrightarrow{LE} \times \overrightarrow{LA}| = \frac{1}{2}\left|\begin{pmatrix} 1 \\ 1 \\ 1 \end{pmatrix} \times \begin{pmatrix} 3 \\ 2 \\ -4 \end{pmatrix}\right| = \frac{1}{2}\left|\begin{pmatrix} -4-2 \\ 3+4 \\ 2-3 \end{pmatrix}\right| = \frac{1}{2}\left|\begin{pmatrix} -6 \\ 7 \\ -1 \end{pmatrix}\right| = \frac{1}{2}\sqrt{36+49+1}$
$= \frac{\sqrt{86}}{2}$

b) $A = \frac{1}{2} \cdot |\overrightarrow{BE} \times \overrightarrow{BN}| = \frac{1}{2}\left|\begin{pmatrix} 0 \\ 4 \\ -4 \end{pmatrix} \times \begin{pmatrix} -4 \\ 4 \\ 0 \end{pmatrix}\right| = \frac{1}{2} \cdot \left|\begin{pmatrix} 0+16 \\ 16-0 \\ 0+16 \end{pmatrix}\right| = \frac{1}{2}\left|\begin{pmatrix} 16 \\ 16 \\ 16 \end{pmatrix}\right| = \frac{1}{2} \cdot 16 \cdot \sqrt{3} = 8\sqrt{3}$

c) $A = \frac{1}{2} \cdot |\overrightarrow{UT} \times \overrightarrow{UE}| = \frac{1}{2}\left|\begin{pmatrix} -1 \\ 8 \\ -2 \end{pmatrix} \times \begin{pmatrix} 1 \\ 8 \\ -5 \end{pmatrix}\right| = \frac{1}{2}\left|\begin{pmatrix} -40+16 \\ -2-5 \\ -8-8 \end{pmatrix}\right| = \frac{1}{2} \cdot \left|\begin{pmatrix} -24 \\ -7 \\ -16 \end{pmatrix}\right| = \frac{1}{2} \cdot \sqrt{881}$

d) $A = \frac{1}{2}|\vec{a} \times \vec{b}| = \frac{1}{2}|\overrightarrow{AL} \times \overrightarrow{AF}| = \frac{1}{2}\left|\begin{pmatrix} 2 \\ 5 \\ -2 \end{pmatrix} \times \begin{pmatrix} 1 \\ 6 \\ -1 \end{pmatrix}\right| = \frac{1}{2}\left|\begin{pmatrix} -5+12 \\ -2+2 \\ 12-5 \end{pmatrix}\right| = \frac{1}{2}\left|\begin{pmatrix} 7 \\ 0 \\ 7 \end{pmatrix}\right| = \frac{1}{2}\sqrt{49+49} =$
$= \frac{7\sqrt{2}}{2}$

5. a) Behauptung: $(\vec{a} \times \vec{b}) \circ \vec{a} = 0 \quad$ für alle $\vec{a}, \vec{b}, \in \mathbb{R}^3$.

Beweis: $(\vec{a} \times \vec{b}) \circ \vec{a} = \begin{pmatrix} a_2b_3 - a_3b_2 \\ a_3b_1 - a_1b_3 \\ a_1b_2 - a_2b_1 \end{pmatrix} \circ \begin{pmatrix} a_1 \\ a_2 \\ a_3 \end{pmatrix} =$
$= a_1a_2b_3 - a_1a_3b_2 + a_2a_3b_1 - a_1a_2b_3 + a_1a_3b_2 - a_2a_3b_1 = 0$

Geometrische Deutung: Der Vektor $\vec{a} \times \vec{b}$ ist senkrecht zu $\vec{a}$.

b) Behauptung: $\vec{a} \times \vec{b} = -(\vec{b} \times \vec{a}) \quad$ für alle $\vec{a}, \vec{b} \in \mathbb{R}^3$.

Beweis: $\vec{a} \times \vec{b} = \begin{pmatrix} a_2b_3 - a_3b_2 \\ a_3b_1 - a_1b_3 \\ a_1b_2 - a_2b_1 \end{pmatrix} = \begin{pmatrix} -b_2a_3 + b_3a_2 \\ -b_3a_1 + b_1a_3 \\ -b_1a_2 + b_2a_1 \end{pmatrix} = -\begin{pmatrix} b_2a_3 - b_3a_2 \\ b_3a_1 - b_1a_3 \\ b_1a_2 - b_2a_1 \end{pmatrix} = -(\vec{b} \times \vec{a})$

c) Behauptung: $\vec{u} \times (\vec{v} + \vec{w}) = (\vec{u} \times \vec{v}) + (\vec{u} \times \vec{w}) \quad$ für alle $\vec{u}, \vec{v}, \vec{w}, \in \mathbb{R}^3$.

Beweis: $\vec{u} \times (\vec{v} + \vec{w}) = \begin{pmatrix} u_1 \\ u_2 \\ u_3 \end{pmatrix} \times \left[\begin{pmatrix} v_1 \\ v_2 \\ v_3 \end{pmatrix} + \begin{pmatrix} w_1 \\ w_2 \\ w_3 \end{pmatrix}\right] = \begin{pmatrix} u_1 \\ u_2 \\ u_3 \end{pmatrix} \times \begin{pmatrix} v_1 + w_1 \\ v_2 + w_2 \\ v_3 + w_3 \end{pmatrix} = \begin{pmatrix} u_2(v_3 + w_3) - u_3(v_2 + w_2) \\ u_3(v_1 + w_1) - u_1(v_3 + w_3) \\ u_1(v_2 + w_2) - u_2(v_1 + w_1) \end{pmatrix} =$
$= \begin{pmatrix} u_2v_3 + u_2w_3 - u_3v_2 - u_3w_2 \\ u_3v_1 + u_3w_1 - u_1v_3 - u_1w_3 \\ u_1v_2 + u_1w_2 - u_2v_1 - u_2w_1 \end{pmatrix} = \begin{pmatrix} u_2v_3 - u_3v_2 + u_2w_3 - u_3w_2 \\ u_3v_1 - u_1v_3 + u_3w_1 - u_1w_3 \\ u_1v_2 - u_2v_1 + u_1w_2 - u_2w_1 \end{pmatrix} =$
$= \begin{pmatrix} u_2v_3 - u_3v_2 \\ u_3v_1 - u_1v_3 \\ u_1v_2 - u_2v_1 \end{pmatrix} + \begin{pmatrix} u_2w_3 - u_3w_2 \\ u_3w_1 - u_1w_3 \\ u_1w_2 - u_2w_1 \end{pmatrix} = (\vec{u} \times \vec{v}) + (\vec{u} \times \vec{w})$

6. Es gilt: $\vec{a} \circ (\vec{b} \times \vec{c}) = (\vec{a} \times \vec{b}) \circ \vec{c} \quad$ für alle $\vec{a}, \vec{b}, \vec{c} \in \mathbb{R}^3$.

Begründung:

$\vec{a} \circ (\vec{b} \times \vec{c}) = \begin{pmatrix} a_1 \\ a_2 \\ a_3 \end{pmatrix} \circ \left[\begin{pmatrix} b_1 \\ b_2 \\ b_3 \end{pmatrix} \times \begin{pmatrix} c_1 \\ c_2 \\ c_3 \end{pmatrix}\right] = \begin{pmatrix} a_1 \\ a_2 \\ a_3 \end{pmatrix} \circ \begin{pmatrix} b_2c_3 - c_2b_3 \\ b_3c_1 - c_3b_1 \\ b_1c_2 - c_1b_2 \end{pmatrix} =$
$= a_1b_2c_3 - a_1b_3c_2 + a_2b_3c_1 - a_2b_1c_3 + a_3b_1c_2 - a_3b_2c_1$;

118

$(\vec{a} \times \vec{b}) \circ \vec{c} = \left[\begin{pmatrix} a_1 \\ a_2 \\ a_3 \end{pmatrix} \times \begin{pmatrix} b_1 \\ b_2 \\ b_3 \end{pmatrix}\right] \circ \begin{pmatrix} c_1 \\ c_2 \\ c_3 \end{pmatrix} = \begin{pmatrix} a_2b_3 - b_2a_3 \\ a_3b_1 - b_3a_1 \\ a_1b_2 - b_1a_2 \end{pmatrix} \circ \begin{pmatrix} c_1 \\ c_2 \\ c_3 \end{pmatrix} =$

$= a_2b_3c_1 - a_3b_2c_1 + a_3b_1c_2 - a_1b_3c_2 + a_1b_2c_3 - a_2b_1c_3 = \vec{a} \circ (\vec{b} \times \vec{c})$

7. $\begin{pmatrix} x_1 \\ x_2 \\ 1 \end{pmatrix} \times \begin{pmatrix} 1 \\ 2 \\ 1 \end{pmatrix} = \begin{pmatrix} -5 \\ 3 \\ -1 \end{pmatrix}$

$\begin{pmatrix} x_2 - 2 \\ 1 - x_1 \\ 2x_1 - x_2 \end{pmatrix} = \begin{pmatrix} -5 \\ 3 \\ -1 \end{pmatrix}$

$x_2 - 2 = -5;$ $\quad x_2 = -3$

$1 - x_1 = 3;$ $\quad x_1 = -2$

Also ergibt sich $x_2 = -3$ und $x_1 = -2$. Die Probe mit der x_3-Koordinate ergibt $-4 + 3 = -1$.

8. a)

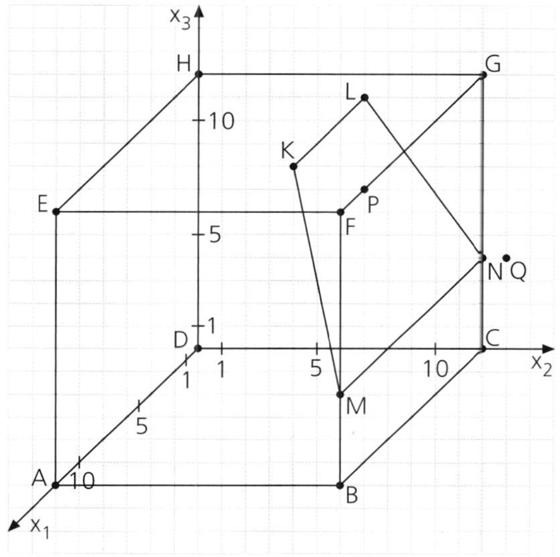

Die Koordinaten der Eckpunkte sind:

A (12 I 0 I 0),	B (12 I 12 I 0)	C (0 I 12 I 0)	D (0 I 0 I 0)
E (12 I 0 I 12)	F (12 I 12 I 12),	G (0 I 12 I 12)	H (0 I 0 I 12).

b) K liegt auf der „Deckfläche", also in der Fläche des Quadrats EFGH ($0 < x_1 \leqq 12$; $0 \leqq x_2 \leqq 12$; $x_3 = 12$).

L liegt ebenfalls auf der „Deckfläche"(Begründung: vgl. K).

M liegt auf der rechten Vorderkante [BF] ($x_1 = 12$; $x_2 = 12$; $0 \leqq x_3 \leqq 12$).

N liegt auf der Würfelkante [CG] ($x_1 = 0$; $x_2 = 12$; $0 \leqq x_3 \leqq 12$).

P liegt im Würfelinnern ($0 < x_1 < 12$; $0 < x_2 < 12$; $0 < x_3 < 12$).

Q liegt außerhalb des Würfels, da $x_2 > 12$ ist.

$\overrightarrow{KL} = \begin{pmatrix} -6 \\ 0 \\ 0 \end{pmatrix}$; $\quad \overline{KL} = 6$; $\quad \overrightarrow{MN} = \begin{pmatrix} -12 \\ 0 \\ 0 \end{pmatrix}$; $\quad \overline{MN} = 12$:

$2 \cdot \begin{pmatrix} -6 \\ 0 \\ 0 \end{pmatrix} = \begin{pmatrix} -12 \\ 0 \\ 0 \end{pmatrix}$; $\quad 2 \cdot \overrightarrow{KL} = \overrightarrow{MN}$

$\overrightarrow{KL} \parallel \overrightarrow{MN}$, aber $|\overrightarrow{KL}| \neq |\overrightarrow{MN}|$: Das Viereck MNLK ist ein Trapez.

$\overrightarrow{NL} = \begin{pmatrix} 2 \\ -4 \\ 8 \end{pmatrix}$; $\quad \overrightarrow{LK} = \begin{pmatrix} 6 \\ 0 \\ 0 \end{pmatrix}$; $\quad \overrightarrow{KM} = \begin{pmatrix} 4 \\ 4 \\ -8 \end{pmatrix}$ $\quad \overrightarrow{MN} = \begin{pmatrix} -12 \\ 0 \\ 0 \end{pmatrix}$

$\overline{NL} = 2\sqrt{21}$; $\quad \overline{LK} = 6$; $\quad \overline{KM} = 4\sqrt{6}$; $\quad \overline{MN} = 12$

Winkelgrößen:

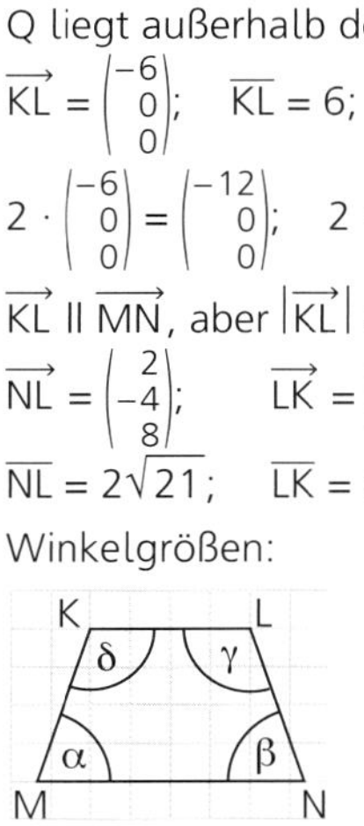

$$\cos\alpha = \frac{\overrightarrow{MN} \circ \overrightarrow{MK}}{|\overrightarrow{MN}| \cdot |\overrightarrow{MK}|} = \frac{\begin{pmatrix}-12\\0\\0\end{pmatrix} \circ \begin{pmatrix}-4\\-4\\8\end{pmatrix}}{12 \cdot 4\sqrt{6}} = \frac{48}{48\sqrt{6}} = \frac{1}{\sqrt{6}}; \qquad \alpha = 65{,}9°;$$

$\delta = 180° - \alpha \approx 114{,}1°$

$$\cos\beta = \frac{\overrightarrow{NM} \circ \overrightarrow{NL}}{|\overrightarrow{NM}| \cdot |\overrightarrow{NL}|} = \frac{\begin{pmatrix}12\\0\\0\end{pmatrix} \circ \begin{pmatrix}2\\-4\\8\end{pmatrix}}{12 \cdot 2\sqrt{21}} = \frac{24}{24\sqrt{21}} = \frac{1}{\sqrt{21}}; \qquad \beta \approx 77{,}4°$$

$\gamma = 180° - \beta = 102{,}6°$

Umfangslänge:

$U = \overline{MN} + \overline{NL} + \overline{LK} + \overline{KM} = 12 + 2\sqrt{21} + 6 + 4\sqrt{6} = 18 + 2\sqrt{21} + 4\sqrt{6} \approx 37{,}0$

9. A (10 | 0 | 0), B (10 | 10 | 0), C (0 | 10 | 0), D (0 | 0 | 0), E (10 | 0 | 10), F (10 | 10 | 10), G (0 | 10 | 10), H (0 | 0 | 10)

a) K (10 | 7 | 0), L (0 | 7 | 0), M (0 | 2 | 10), N (10 | 2 | 10), P (10 | 10 | 6), Q (0 | 10 | 6), R (0 | 0 | 7), S (10 | 0 | 7)

U ist der Schnittpunkt der Geraden RQ und ML; diese beiden Geraden liegen in der x_2-x_3-Ebene.

RQ: $\frac{x_3 - 7}{x_2 - 0} = \frac{6 - 7}{10 - 0}$; $\qquad \frac{x_3 - 7}{x_2} = -\frac{1}{10}$;

$x_3 = -\frac{1}{10}x_2 + 7 \quad (1)$

ML: $\frac{x_3 - 10}{x_2 - 2} = \frac{0 - 10}{7 - 2}$; $\qquad \frac{x_3 - 10}{x_2 - 2} = -2$;

$x_3 = -2x_2 + 14 \quad (2)$

Schnittpunkt U von RQ und ML:

$-\frac{1}{10}x_2 + 7 = -2x_2 + 14$;

$1{,}9x_2 = 7$; $\qquad x_2 = \frac{7}{1{,}9} = 3\frac{13}{19}$ eingesetzt in (2)

$x_3 = -2 \cdot 3\frac{13}{19} + 14 = 6\frac{12}{19}$; $\qquad U\left(0 \mid 3\frac{13}{19} \mid 6\frac{12}{19}\right)$

T:

$x_{3T} = x_{3U} = 6\frac{12}{19}$; $\qquad x_{1T} = x_{1S} = x_{1P} = 10$; $\qquad x_{2T} = x_{2U} = 3\frac{13}{19}$;

$T\left(10 \mid 3\frac{13}{19} \mid 6\frac{12}{19}\right)$

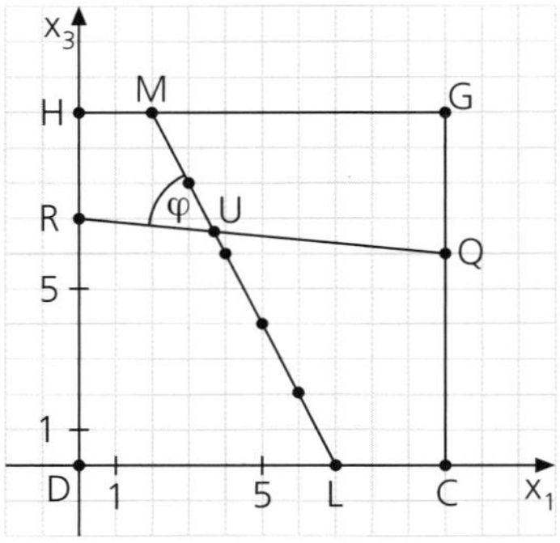

$m_{RQ} = -\frac{1}{10}$; $\quad m_{ML} = -2$

$\tan\varphi = \frac{-\frac{1}{10} + 2}{1 + \frac{2}{10}} = \frac{1{,}9}{1{,}2}$; $\qquad \varphi \approx 58°$

b) [LM]: $\quad x_3 = -2x_2 + 14; \quad 2 \leqq x_2 \leqq 7$

x_1	0	0	0	0	0	0
x_2	2	3	4	5	6	7
x_3	10	8	6	4	2	0

[PQ]:

x_1	1	2	3	4	5	6	7	8	9	10
x_2	10	10	10	10	10	10	10	10	10	10
x_3	6	6	6	6	6	6	6	6	6	6

c) $\overline{KL} = 10;$
$\overline{LM}^2 = 5^2 + 10^2 = 125; \qquad \overline{LM} = 5\sqrt{5};$
$\overline{MN} = 10;$
$\overline{NK}^2 = 5^2 + 10^2 = 125; \qquad \overline{NK} = 5\sqrt{5};$
$U = 10 + 5\sqrt{5} + 10 + 5\sqrt{5} = 20 + 10\sqrt{5} = 10(2 + \sqrt{5}) \approx 42{,}4$
$A_{KLMN} = |\overrightarrow{KL} \times \overrightarrow{KN}| = \left|\begin{pmatrix}-10\\0\\0\end{pmatrix} \times \begin{pmatrix}0\\-5\\10\end{pmatrix}\right| = \left|\begin{pmatrix}0\\100\\50\end{pmatrix}\right| = 50\sqrt{5} \approx 111{,}8$
Das Viereck KLMN ist ein Rechteck: $A_{KLMN} = 10 \cdot 5\sqrt{5} = 50\sqrt{5}$.

10. $\overrightarrow{AB} = \begin{pmatrix}5\\-2\\1\end{pmatrix} - \begin{pmatrix}3\\2\\1\end{pmatrix} = \begin{pmatrix}2\\-4\\0\end{pmatrix}; \qquad \overrightarrow{BC} = \vec{C} - \vec{B} = \begin{pmatrix}7\\-2\\-5\end{pmatrix} - \begin{pmatrix}5\\-2\\1\end{pmatrix} = \begin{pmatrix}2\\0\\-6\end{pmatrix};$

$\overrightarrow{CD} = \begin{pmatrix}5\\-2\\-5\end{pmatrix} - \begin{pmatrix}7\\-2\\-5\end{pmatrix} = \begin{pmatrix}-2\\4\\0\end{pmatrix}; \qquad \overrightarrow{DA} = \vec{A} - \vec{D} = \begin{pmatrix}3\\2\\1\end{pmatrix} - \begin{pmatrix}5\\2\\-5\end{pmatrix} = \begin{pmatrix}-2\\0\\6\end{pmatrix}:$

Es ist $\overrightarrow{AB} = -\overrightarrow{CD}$, also [AB] ∥ [CD], und $\overrightarrow{BC} = -\overrightarrow{DA}$, also [BC] ∥ [DA].
Somit ist das Viereck ABCD ein Parallelogramm.
$V_{Pyramide} = \frac{1}{3}G \cdot h = 84;$
$G = |\overrightarrow{AB} \times \overrightarrow{AD}| = \left|\begin{pmatrix}2\\-4\\0\end{pmatrix} \times \begin{pmatrix}2\\0\\-6\end{pmatrix}\right| = \left|\begin{pmatrix}24\\12\\8\end{pmatrix}\right| = \sqrt{576 + 144 + 64} = 28;$
Pyramidenhöhe:
$\frac{1}{3} \cdot 28 \cdot h = 84;$
$h = 9$

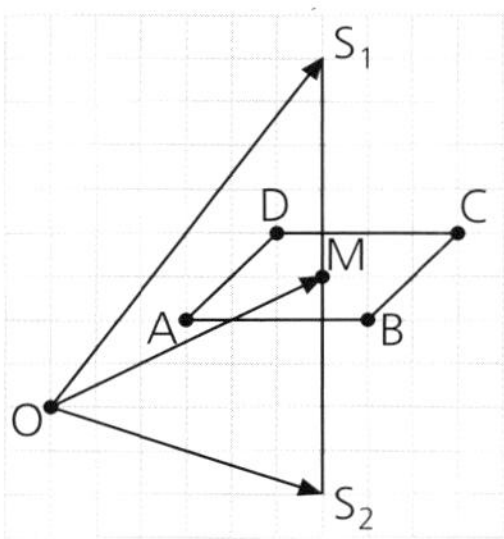

$\overrightarrow{OS}_{1,2} = \overrightarrow{OM} + \overrightarrow{MS}_{12}$
Einheitsvektor: $\vec{n}^0 = \frac{1}{28}\begin{pmatrix}24\\12\\8\end{pmatrix}$
Vektoren in Richtung von $\vec{n}$ mit dem Betrag h (= 9): $\pm\frac{9}{28}\begin{pmatrix}24\\12\\8\end{pmatrix}$
$\overrightarrow{OS_1} = \overrightarrow{OM} + \frac{9}{28}\begin{pmatrix}24\\12\\8\end{pmatrix}; \qquad \overrightarrow{OS_2} = \overrightarrow{OM} - \frac{9}{28}\begin{pmatrix}24\\12\\8\end{pmatrix}.$

W

W1 $(2{,}5 \cdot 10^{-2})^3 = (2{,}5)^3 \cdot 10^{-6} = \frac{5^3}{2^3} \cdot 10^{-6} = \frac{125}{8} \cdot 10^{-6} = 1{,}5625 \cdot 10 \cdot 10^{-6} =$
$= 1{,}5625 \cdot 10^{-5} \approx 1{,}6 \cdot 10^{-5}$

W2 $\frac{4}{x} = \frac{5}{2}$

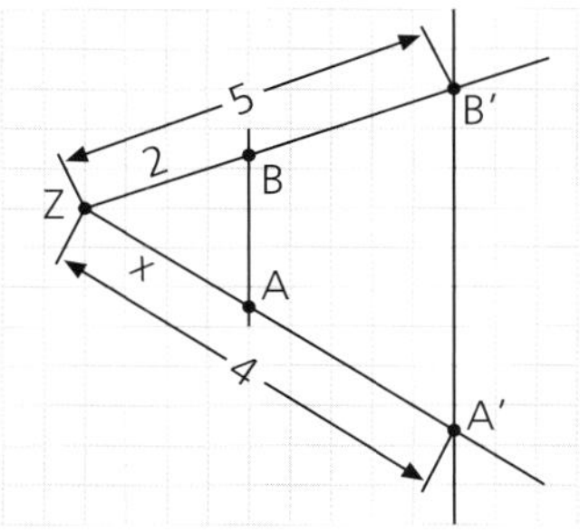

AB ∥ A'B'

W3 Aus einem DIN-A1-Blatt kann man $(2^{4-1} =)$ 8 DIN-A4-Blätter oder $(2^{6-1} =)$ 32 DIN-A6-Blätter falten.

119

L

1. $\vec{F} = \vec{E} + \overrightarrow{AB} = \begin{pmatrix}3\\1\\4\end{pmatrix} + \begin{pmatrix}0\\8\\2\end{pmatrix} = \begin{pmatrix}3\\9\\6\end{pmatrix}$ $\quad \vec{C} = \vec{D} + \overrightarrow{AB} = \begin{pmatrix}0\\2\\0\end{pmatrix} + \begin{pmatrix}0\\8\\2\end{pmatrix} = \begin{pmatrix}0\\10\\2\end{pmatrix}$

$\vec{H} = \vec{D} + \overrightarrow{AE} = \begin{pmatrix}0\\2\\0\end{pmatrix} + \begin{pmatrix}-3\\1\\4\end{pmatrix} = \begin{pmatrix}-3\\3\\4\end{pmatrix}$ $\quad \vec{G} = \vec{H} + \overrightarrow{AB} = \begin{pmatrix}-3\\3\\4\end{pmatrix} + \begin{pmatrix}0\\8\\2\end{pmatrix} = \begin{pmatrix}-3\\11\\6\end{pmatrix}$

F (3 | 9 | 6), C (0 | 10 | 2), H (–3 | 3 | 4), G (–3 | 11 | 6)

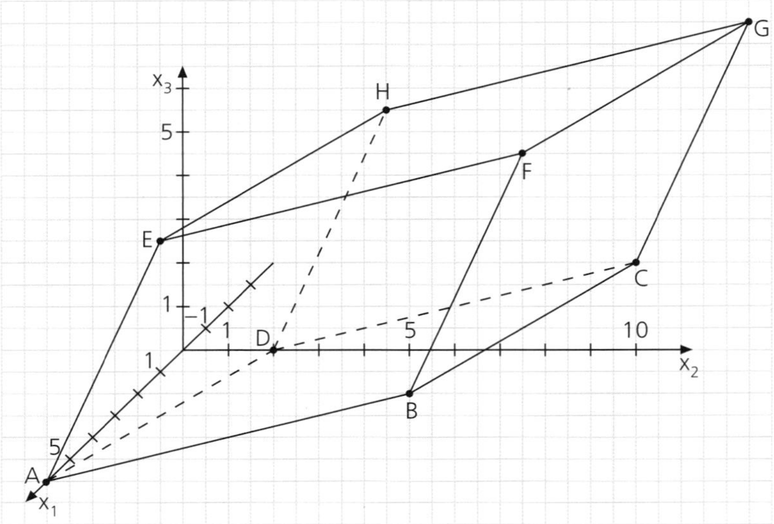

Oberflächeninhalt:

$O = 2 \cdot A_{ABFE} + 2 \cdot A_{ADHE} + 2 \cdot A_{ABCD} = 2 \cdot \left(|\overrightarrow{AB} \times \overrightarrow{AE}| + |\overrightarrow{AD} \times \overrightarrow{AE}| + |\overrightarrow{AB} \times \overrightarrow{AD}|\right) =$

$= 2 \cdot \left(\left|\begin{pmatrix}0\\8\\2\end{pmatrix} \times \begin{pmatrix}-3\\1\\4\end{pmatrix}\right| + \left|\begin{pmatrix}-6\\2\\0\end{pmatrix} \times \begin{pmatrix}-3\\1\\4\end{pmatrix}\right| + \left|\begin{pmatrix}0\\8\\2\end{pmatrix} \times \begin{pmatrix}-6\\2\\0\end{pmatrix}\right|\right) = 2 \cdot \left(\left|\begin{pmatrix}30\\-6\\24\end{pmatrix}\right| + \left|\begin{pmatrix}8\\24\\0\end{pmatrix}\right| + \left|\begin{pmatrix}-4\\12\\48\end{pmatrix}\right|\right) =$

$= 2 \cdot \left(6 \cdot \left|\begin{pmatrix}5\\-1\\4\end{pmatrix}\right| + 8 \cdot \left|\begin{pmatrix}1\\3\\0\end{pmatrix}\right| + 4 \cdot \left|\begin{pmatrix}-1\\-3\\12\end{pmatrix}\right|\right) = 2 \cdot (6\sqrt{42} + 8\sqrt{10} + 4\sqrt{154}) \approx 227{,}6$

2. a) $(\vec{a} \times \vec{b}) \circ \vec{c} = \left(\begin{pmatrix}2\\8\\0\end{pmatrix} \times \begin{pmatrix}-4\\2\\1\end{pmatrix}\right) \circ \begin{pmatrix}-4\\2\\6\end{pmatrix} = \begin{pmatrix}8\\-2\\36\end{pmatrix} \circ \begin{pmatrix}-4\\2\\6\end{pmatrix} = -32 - 4 + 216 = 180$

b) $(\vec{b} \times \vec{c}) \circ \vec{a} = \left(\begin{pmatrix}-4\\2\\1\end{pmatrix} \times \begin{pmatrix}-4\\2\\6\end{pmatrix}\right) \circ \begin{pmatrix}2\\8\\0\end{pmatrix} = \begin{pmatrix}10\\20\\0\end{pmatrix} \circ \begin{pmatrix}2\\8\\0\end{pmatrix} = 20 + 160 = 180$

c) $(\vec{c} \times \vec{a}) \circ \vec{b} = \left(\begin{pmatrix}-4\\2\\6\end{pmatrix} \times \begin{pmatrix}2\\8\\0\end{pmatrix}\right) \circ \begin{pmatrix}-4\\2\\1\end{pmatrix} = \begin{pmatrix}-48\\12\\-36\end{pmatrix} \circ \begin{pmatrix}-4\\2\\1\end{pmatrix} = 192 + 24 - 36 = 180$

Es fällt auf, dass das Spatprodukt „invariant" bezüglich zyklischer Vertauschung der Vektoren ist.
Anschauliche Erklärung: Das Volumen des von den drei Vektoren aufgespannten Spats muss stets denselben Wert besitzen.

3. $V = |(\vec{a} \times \vec{b}) \circ \vec{c}| = \left|\left(\begin{pmatrix}1\\0\\2\end{pmatrix} \times \begin{pmatrix}-2\\3\\1\end{pmatrix}\right) \circ \begin{pmatrix}0\\1\\4\end{pmatrix}\right| = \left|\begin{pmatrix}0-6\\-4-1\\3-0\end{pmatrix} \circ \begin{pmatrix}0\\1\\4\end{pmatrix}\right| = \left|\begin{pmatrix}-6\\-5\\3\end{pmatrix} \circ \begin{pmatrix}0\\1\\4\end{pmatrix}\right| = |0 - 5 + 12| = 7$

4.

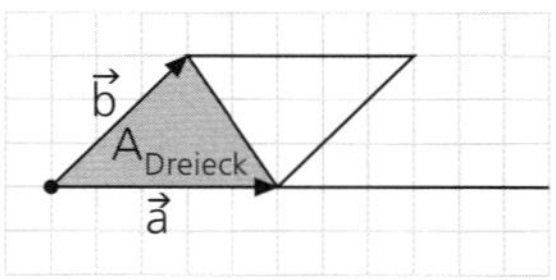

$A_{\text{Dreieck}} = \frac{1}{2} \cdot |\vec{a} \times \vec{b}|$

$V_{\text{Dreiseitige Pyramide}} = \frac{1}{3} V_{\text{Prisma}} = \frac{1}{2} \cdot \frac{1}{3} V_{\text{Spat}} =$

$= \frac{1}{2} \cdot \frac{1}{3} |(\vec{a} \times \vec{b}) \circ \vec{c}| = \frac{1}{6} |(\vec{a} \times \vec{b}) \circ \vec{c}|$

5. 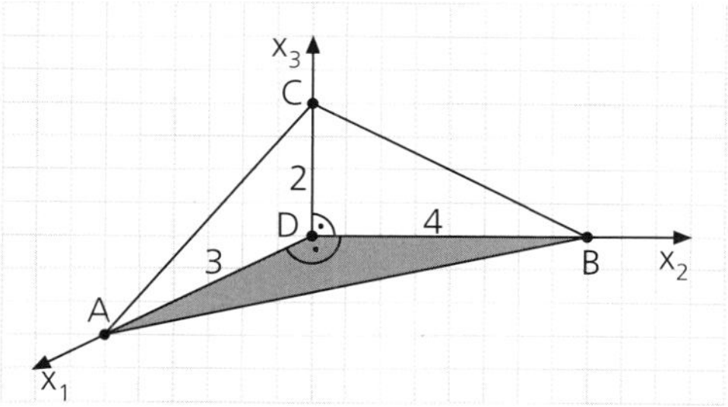

a) $V = \frac{1}{3} \cdot \left(\frac{1}{2} \cdot 3 \cdot 4\right) \cdot 2 = 4$

b) $V = \frac{1}{6} \left|\left(\overrightarrow{AB} \times \overrightarrow{AD}\right) \circ \overrightarrow{AC}\right| = \frac{1}{6} \left|\begin{pmatrix} 0 \\ 0 \\ 12 \end{pmatrix} \circ \begin{pmatrix} -3 \\ 0 \\ 2 \end{pmatrix}\right| = \frac{24}{6} = 4$

6. $\overrightarrow{AB} = \begin{pmatrix} 0 \\ 5 \\ 0 \end{pmatrix}$, $\overrightarrow{BC} = \begin{pmatrix} 3 \\ 0 \\ 4 \end{pmatrix}$; $\overrightarrow{CD} = \begin{pmatrix} 0 \\ -5 \\ 0 \end{pmatrix}$, $\overrightarrow{DA} = \begin{pmatrix} -3 \\ 0 \\ -4 \end{pmatrix}$

Es gilt $\overline{AB} = 5 = \overline{BC} = \overline{CD} = \overline{DA}$

und $\overrightarrow{AB} \circ \overrightarrow{BC} = 0$ sowie $\overrightarrow{AB} \circ \overrightarrow{AD} = 0$.

Also ist das Viereck ein Quadrat.

Volumen V der Pyramide:

1. Art

M ist der Mittelpunkt des Quadrats ABCD: M (4,5 | 0,5 | 3).

$\overrightarrow{MS} = \begin{pmatrix} -6 \\ 0 \\ 4,5 \end{pmatrix}$ $\qquad \overline{MS} = \sqrt{62 + 4,5^2} = 7,5$

$\vec{n} = \overrightarrow{AB} \times \overrightarrow{AD} = \begin{pmatrix} 20 \\ 0 \\ -15 \end{pmatrix} = -\frac{20}{6} \begin{pmatrix} -6 \\ 0 \\ 4,5 \end{pmatrix}$; also ist $\vec{n} \parallel \overrightarrow{MS}$.

$V = \frac{1}{3} \cdot \overline{AB}^2 \cdot \overline{MS} = \frac{1}{3} \cdot 25 \cdot 7,5 = \frac{125}{2} = 62,5$

2. Art

Zerlegung von ABCDS in zwei dreiseitige Pyram den (Schnitt durch B, D und S):

$V_{ABCDS} = V_{ABDS} + V_{BCDS}$

$= \frac{1}{6} \cdot \left|(\overrightarrow{AB} \times \overrightarrow{AD}) \circ \overrightarrow{AS} + (\overrightarrow{BC} \times \overrightarrow{BD}) \circ \overrightarrow{BS}\right| =$

$= \frac{1}{6} \cdot \left|\left(\begin{pmatrix} 0 \\ 5 \\ 0 \end{pmatrix} \times \begin{pmatrix} 3 \\ 0 \\ 4 \end{pmatrix}\right) \circ \begin{pmatrix} -4,5 \\ 2,5 \\ 6,5 \end{pmatrix} + \left(\begin{pmatrix} 3 \\ 0 \\ 4 \end{pmatrix} \times \begin{pmatrix} 3 \\ -5 \\ 4 \end{pmatrix}\right) \circ \begin{pmatrix} -4,5 \\ -2,5 \\ 6,5 \end{pmatrix}\right| =$

$= \frac{1}{6} \cdot \left|\begin{pmatrix} 20 \\ 0 \\ -15 \end{pmatrix} \circ \begin{pmatrix} -4,5 \\ 2,5 \\ 6,5 \end{pmatrix} + \begin{pmatrix} 20 \\ 0 \\ -15 \end{pmatrix} \circ \begin{pmatrix} -4,5 \\ -2,5 \\ 6,5 \end{pmatrix}\right| =$

$= \frac{1}{6} \cdot |-90 - 97,5 - 90 - 97,5| = 62,5$

L

1. A (6 | 0 | 0), B (6 | 12 | 0), C (0 | 12 | 0), D (0 | 0 | 0)
E (6 | 0 | 7), F (6 | 12 | 7), G (0 | 12 | 7), H (0 | 0 | 7)
M_1 (3 | 6 | 0), M_3 (3 | 12 | 3,5), M_6 (3 | 6 | 7), M (3 | 6 | 3,5)

2.

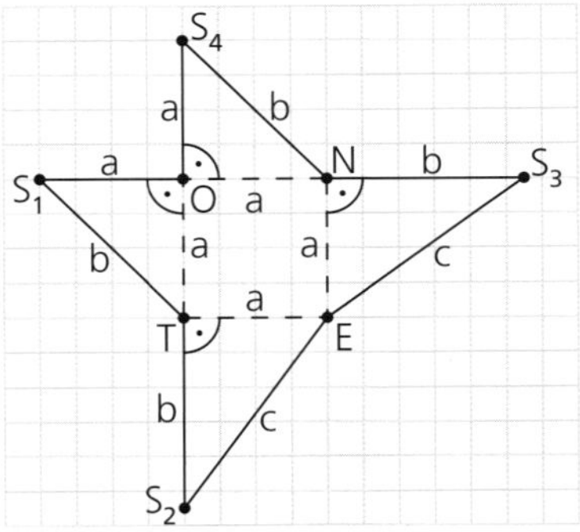

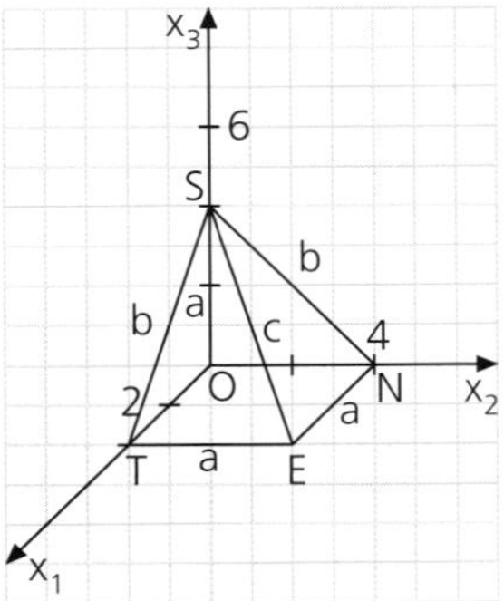

a) O (0 | 0 | 0), S (0 | 0 | a), T (a | 0 | 0), E (a | a | 0), N (0 | a | 0)
$b^2 = a^2 + a^2$ (Satz von Pythagoras)
$b = a\sqrt{2}$
$c^2 = a^2 + b^2 = a^2 + 2a^2 = 3a^2$ (Satz von Pythagoras)
$c = a\sqrt{3}$

b) Individuelle Lösungen.
c) Individuelle Lösungen.
Kantenlänge des Würfels: a

3. a)

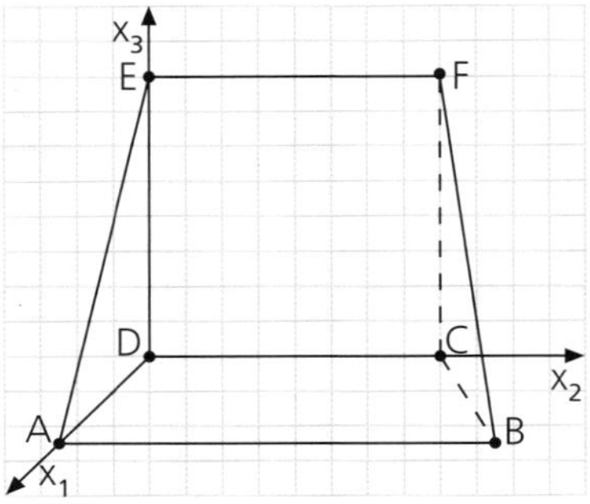

b) $\overrightarrow{AB} = \begin{pmatrix} 0 \\ 6 \\ 0 \end{pmatrix} = 6\begin{pmatrix} 0 \\ 1 \\ 0 \end{pmatrix}$;

$\overrightarrow{EF} = \begin{pmatrix} 0 \\ 4 \\ 0 \end{pmatrix} = 4\begin{pmatrix} 0 \\ 1 \\ 0 \end{pmatrix}$; [AB] ∥ [EF]

$\overrightarrow{AE} = \begin{pmatrix} -2 \\ 0 \\ 4 \end{pmatrix}$; $\overline{AE} = 2\sqrt{5}$

$\overrightarrow{BF} = \begin{pmatrix} -2 \\ -2 \\ 4 \end{pmatrix}$; $\overline{BF} = 2\sqrt{6} \neq \overline{AE}$

$\overrightarrow{AE} \circ \overrightarrow{AB} = 0 + 0 + 0 = 0$, also gilt [AE] ⊥ [AB]
Das Viereck ist ein rechtwinkliges Trapez.

c) Die Dreiecke ADE und BCF sind nicht zueinander kongruent und auch nicht zueinander parallel (vgl. Teilaufgabe b.)

d) $A_{\text{Dreieck ADE}} = \frac{1}{2}\overline{AD} \cdot \overline{DE} = \frac{1}{2} \cdot 2 \cdot 4 = 4$
$V_{\text{Prisma}} = 4 \cdot h = 12$; $h = 3$

d)

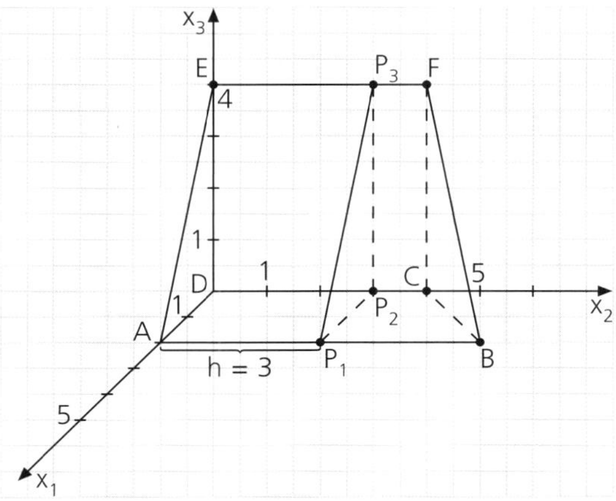

$P_1(2 \mid 3 \mid 0)$ $P_2(0 \mid 3 \mid 0)$,
$P_3(0 \mid 3 \mid 4)$

$\overline{AE} = \sqrt{2^2 + 4^2} = \sqrt{20} = 2\sqrt{5}$

Oberflächeninhalt:

$A_{Prisma} = 2 \cdot A_{ADE} + A_{AP_1P_3E} + A_{AP_1P_2D} + A_{DP_2P_3E} =$

$= 2 \cdot \frac{1}{2} \cdot \overline{AD} \cdot \overline{DE} + \overline{AE} \cdot h + \overline{AD} \cdot h + \overline{DE} \cdot h = 2 \cdot 4 + \sqrt{20} \cdot 3 + 2 \cdot 3 + 4 \cdot 3 =$

$= 8 + 6\sqrt{5} + 6 + 12 = 26 + 6\sqrt{5} \approx 39{,}4$

4. a) $\overrightarrow{AB} = \vec{B} - \vec{A} = \begin{pmatrix} -5 \\ 1 \end{pmatrix} - \begin{pmatrix} 2 \\ 3 \end{pmatrix} = \begin{pmatrix} -7 \\ -2 \end{pmatrix}$ $\quad \overrightarrow{BA} = \vec{A} - \vec{B} = \begin{pmatrix} 2 \\ 3 \end{pmatrix} - \begin{pmatrix} -5 \\ 1 \end{pmatrix} = \begin{pmatrix} 7 \\ 2 \end{pmatrix} = -\overrightarrow{AB}$

b) $\overrightarrow{AB} = \vec{B} - \vec{A} = \begin{pmatrix} 5 \\ -1 \\ -4 \end{pmatrix} - \begin{pmatrix} -5 \\ 1 \\ -2 \end{pmatrix} = \begin{pmatrix} 10 \\ -2 \\ -2 \end{pmatrix}$ $\quad \overrightarrow{BA} = -\overrightarrow{AB} = \begin{pmatrix} -10 \\ 2 \\ 2 \end{pmatrix}$

c) $\overrightarrow{AB} = \vec{B} - \vec{A} = \begin{pmatrix} 2 \\ -1 \\ 3 \end{pmatrix} - \begin{pmatrix} 2 \\ 1 \\ -3 \end{pmatrix} = \begin{pmatrix} 0 \\ -2 \\ 6 \end{pmatrix}$ $\quad \overrightarrow{BA} = -\overrightarrow{AB} = \begin{pmatrix} 0 \\ 2 \\ -6 \end{pmatrix}$

5. $\overrightarrow{CD} = \begin{pmatrix} 2 \\ -3 \\ 1 \end{pmatrix} = \vec{D} - \vec{C}$, also $\vec{D} = \begin{pmatrix} 2 \\ -3 \\ 1 \end{pmatrix} + \vec{C}$ bzw. $\vec{C} = \vec{D} - \begin{pmatrix} 2 \\ -3 \\ 1 \end{pmatrix}$

a) $\vec{D} = \begin{pmatrix} 2 \\ -3 \\ 1 \end{pmatrix} + \begin{pmatrix} 2 \\ 3 \\ -1 \end{pmatrix} = \begin{pmatrix} 4 \\ 0 \\ 0 \end{pmatrix}$, also $D(4 \mid 0 \mid 0)$

b) $\vec{C} = \begin{pmatrix} 2 \\ 3 \\ -1 \end{pmatrix} - \begin{pmatrix} 2 \\ -3 \\ 1 \end{pmatrix} = \begin{pmatrix} 0 \\ 6 \\ -2 \end{pmatrix}$, also $C(0 \mid 6 \mid -2)$

c) $\vec{D} = \begin{pmatrix} 2 \\ -3 \\ 1 \end{pmatrix} + \begin{pmatrix} -c \\ 2 \\ c \end{pmatrix} = \begin{pmatrix} 2 - c \\ -1 \\ 1 + c \end{pmatrix}$, also $D(2 - c \mid -1 \mid 1 + c)$

d) $\vec{C} = \begin{pmatrix} 0 \\ 0 \\ 0 \end{pmatrix} - \begin{pmatrix} 2 \\ -3 \\ 1 \end{pmatrix} = \begin{pmatrix} -2 \\ 3 \\ -1 \end{pmatrix}$, also $C(-2 \mid 3 \mid -1)$

e) $\vec{D} = \begin{pmatrix} 2 \\ -3 \\ 1 \end{pmatrix} + \begin{pmatrix} 2 + c \\ c - 3 \\ 1 \end{pmatrix} = \begin{pmatrix} 4 + c \\ c - 6 \\ 2 \end{pmatrix}$, also $D(4 + c \mid c - 6 \mid 2)$

f) $\vec{D} = \begin{pmatrix} 2 \\ -3 \\ 1 \end{pmatrix} + \begin{pmatrix} c \\ c \\ c \end{pmatrix} = \begin{pmatrix} 2 + c \\ -3 + c \\ 1 + c \end{pmatrix}$, also $D(2 + c \mid c - 3 \mid 1 + c)$

g) $\vec{C} = \begin{pmatrix} 4 \\ 0 \\ 4 \end{pmatrix} - \begin{pmatrix} 2 \\ -3 \\ 1 \end{pmatrix} = \begin{pmatrix} 2 \\ 3 \\ 3 \end{pmatrix}$, also $C(2 \mid 3 \mid 3)$

h) $\vec{D} = \begin{pmatrix} 2 \\ -3 \\ 1 \end{pmatrix} + \begin{pmatrix} -2 \\ 3 \\ -1 \end{pmatrix} = \begin{pmatrix} 0 \\ 0 \\ 0 \end{pmatrix}$, also $D(0 \mid 0 \mid 0)$

6. $\vec{a} = \begin{pmatrix} 2 \\ -1 \end{pmatrix}$, $\vec{b} = \begin{pmatrix} -1{,}5 \\ 1{,}5 \end{pmatrix}$, $\vec{c} = \begin{pmatrix} 3 \\ 0 \end{pmatrix}$, $\vec{d} = \begin{pmatrix} 0 \\ -2 \end{pmatrix}$, $\vec{e} = \begin{pmatrix} 3 \\ 2 \end{pmatrix}$, $\vec{f} = \begin{pmatrix} 1 \\ 2 \end{pmatrix}$

a) $\vec{a} + 2\vec{b} + \vec{c} = \begin{pmatrix} 2 \\ -1 \end{pmatrix} + 2\begin{pmatrix} -1{,}5 \\ 1{,}5 \end{pmatrix} + \begin{pmatrix} 3 \\ 0 \end{pmatrix} = \begin{pmatrix} 2 \\ 2 \end{pmatrix}$

b) $\vec{c} + \vec{d} - \vec{a} = \begin{pmatrix} 3 \\ 0 \end{pmatrix} + \begin{pmatrix} 0 \\ -2 \end{pmatrix} - \begin{pmatrix} 2 \\ -1 \end{pmatrix} = \begin{pmatrix} 1 \\ -1 \end{pmatrix}$

c) $\vec{e} - \vec{f} + 2\vec{c} + \vec{d} = \begin{pmatrix} 3 \\ 2 \end{pmatrix} - \begin{pmatrix} 1 \\ 2 \end{pmatrix} + 2\begin{pmatrix} 3 \\ 0 \end{pmatrix} + \begin{pmatrix} 0 \\ -2 \end{pmatrix} = \begin{pmatrix} 8 \\ -2 \end{pmatrix}$

d) $\vec{a} + \vec{b} + \vec{c} + \vec{d} + \vec{e} + \vec{f} + \begin{pmatrix} 7{,}5 \\ 0 \end{pmatrix} = \begin{pmatrix} 2 \\ -1 \end{pmatrix} + \begin{pmatrix} -1{,}5 \\ 1{,}5 \end{pmatrix} + \begin{pmatrix} 3 \\ 0 \end{pmatrix} + \begin{pmatrix} 0 \\ -2 \end{pmatrix} + \begin{pmatrix} 3 \\ 2 \end{pmatrix} + \begin{pmatrix} 1 \\ 2 \end{pmatrix} + \begin{pmatrix} 7{,}5 \\ 0 \end{pmatrix} = \begin{pmatrix} 15 \\ 2{,}5 \end{pmatrix}$

121

7. a) b)

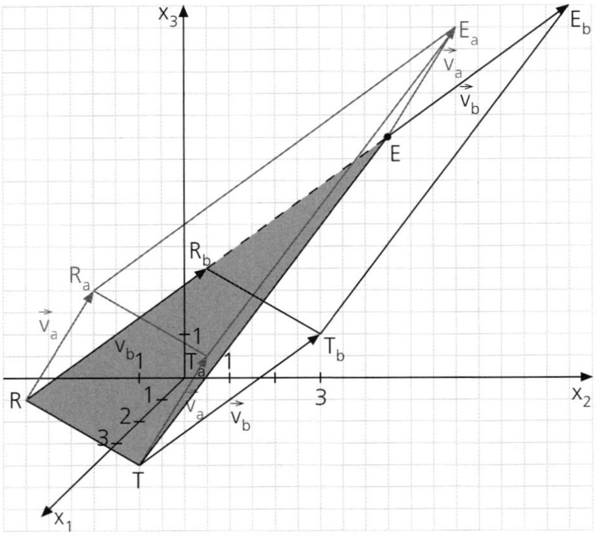

a) $\overrightarrow{T_a} = \vec{T} + \vec{v_a} = \begin{pmatrix} 2 \\ 0 \\ -1 \end{pmatrix} + \begin{pmatrix} 1 \\ 2 \\ 3 \end{pmatrix} = \begin{pmatrix} 3 \\ 2 \\ 2 \end{pmatrix}$, also $T_a(3 \mid 2 \mid 2)$

$\overrightarrow{R_a} = \vec{R} + \vec{v_a} = \begin{pmatrix} 3 \\ -2 \\ 1 \end{pmatrix} + \begin{pmatrix} 1 \\ 2 \\ 3 \end{pmatrix} = \begin{pmatrix} 4 \\ 0 \\ 4 \end{pmatrix}$, also $R_a(4 \mid 0 \mid 4)$

$\overrightarrow{E_a} = \vec{E} + \vec{v_a} = \begin{pmatrix} -1 \\ 4 \\ 5 \end{pmatrix} + \begin{pmatrix} 1 \\ 2 \\ 3 \end{pmatrix} = \begin{pmatrix} 0 \\ 6 \\ 8 \end{pmatrix}$, also $E_a(0 \mid 6 \mid 8)$

b) $\vec{v_b} = \overrightarrow{T_b} - \vec{T} = \begin{pmatrix} 0 \\ 3 \\ 1 \end{pmatrix} - \begin{pmatrix} 2 \\ 0 \\ -1 \end{pmatrix} = \begin{pmatrix} -2 \\ 3 \\ 2 \end{pmatrix}$

$\overrightarrow{R_b} = \vec{R} + \vec{v_b} = \begin{pmatrix} 3 \\ -2 \\ 1 \end{pmatrix} + \begin{pmatrix} -2 \\ 3 \\ 2 \end{pmatrix} = \begin{pmatrix} 1 \\ 1 \\ 3 \end{pmatrix}$, also $R_b(1 \mid 1 \mid 3)$

$\overrightarrow{E_b} = \vec{E} + \vec{v_b} = \begin{pmatrix} -1 \\ 4 \\ 5 \end{pmatrix} + \begin{pmatrix} -2 \\ 3 \\ 2 \end{pmatrix} = \begin{pmatrix} -3 \\ 7 \\ 7 \end{pmatrix}$, also $E_b(-3 \mid 7 \mid 7)$

8.

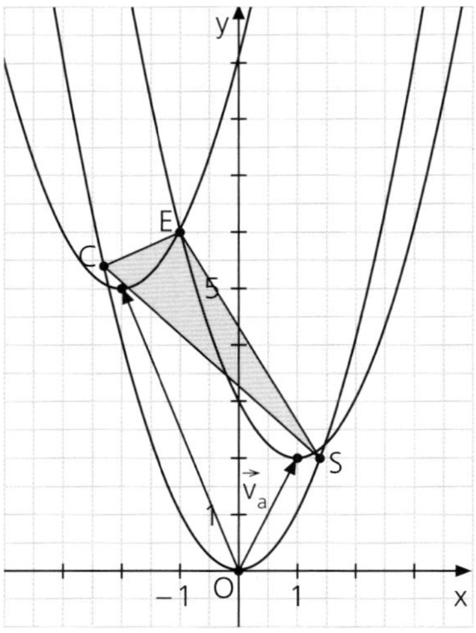

Parabelgleichung allgemein: $y = (x - x_s)^2 + y_s$
Die neuen Scheitelkoordinaten ergeben sich aus $\vec{S} = \begin{pmatrix} 0 \\ 0 \end{pmatrix} + \vec{v} = \vec{v}$.

a) P_a: $x_2 = (x_1 - 1)^2 + 2 = x_1^2 - 2x_1 + 3$

b) P_b: $x_2 = (x_1 - (-2))^2 + 5 = x_1^2 + 4x_1 + 9$

Schnittpunkt der Parabeln P und P_a:

$x_1^2 = x_1^2 - 2x_1 + 3$;

$0 = -2x_1 + 3$;

$x_1 = \frac{3}{2}$;

$x_2 = \left(\frac{3}{2}\right)^2 = \frac{9}{4} \quad S\left(\frac{3}{2} \mid \frac{9}{4}\right)$

Schnittpunkt der Parabeln P und P_b:
$x_1^2 = x_1^2 + 4x_1 + 9;$
$0 = 4x_1 + 9;$
$x_1 = -\frac{9}{4};$
$x_2 = \left(-\frac{9}{4}\right)^2 = \frac{81}{16} \quad C\left(-\frac{9}{4} \mid \frac{81}{16}\right)$
Schnittpunkt der Parabeln P_a und P_b:
$x_1^2 - 2x_1 + 3 = x_1^2 + 4x_1 + 9;$
$6x_1 = -6;$
$x_1 = -1;$
$x_2 = 1 + 2 + 3 = 6 \quad E(-1 \mid 6)$
Umfangslänge des Dreiecks SEC:

$$U_{SEC} = \overline{SE} + \overline{EC} + \overline{CS} = \left|\begin{pmatrix} -1 - \frac{3}{2} \\ 6 - \frac{9}{4} \end{pmatrix}\right| + \left|\begin{pmatrix} -\frac{9}{4} - (-1) \\ \frac{81}{16} - 6 \end{pmatrix}\right| + \left|\begin{pmatrix} \frac{3}{2} - \left(-\frac{9}{4}\right) \\ \frac{9}{4} - \frac{81}{16} \end{pmatrix}\right| =$$

$$= \left|\begin{pmatrix} -\frac{5}{2} \\ \frac{15}{4} \end{pmatrix}\right| + \left|\begin{pmatrix} -\frac{5}{4} \\ -\frac{15}{16} \end{pmatrix}\right| + \left|\begin{pmatrix} \frac{15}{4} \\ -\frac{45}{16} \end{pmatrix}\right| = \frac{1}{16} \cdot \left\{\left|\begin{pmatrix} -40 \\ 60 \end{pmatrix}\right| + \left|\begin{pmatrix} -20 \\ -15 \end{pmatrix}\right| + \left|\begin{pmatrix} 60 \\ -45 \end{pmatrix}\right|\right\} =$$

$$= \frac{1}{16} \cdot \left(20\sqrt{(-2)^2 + 3^2} + 5 \cdot \sqrt{(-4)^2 + (-3)^2} + 15 \cdot \sqrt{4^2 + (-3)^2}\right) =$$

$$= \frac{1}{16} \cdot (20\sqrt{13} + 5 \cdot 5 + 15 \cdot 5) = \frac{1}{16}(100 + 20\sqrt{13}) \approx \frac{25}{4} + \frac{5}{4}\sqrt{13} = \frac{5}{4}(5 + \sqrt{13}) \approx$$

$$\approx 10{,}8$$

9.

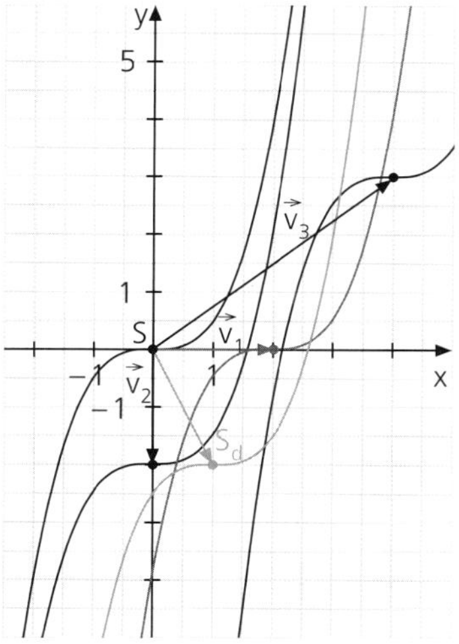

a) $f_1(x) = \frac{1}{2}(x - 2)^3$
b) $f_2(x) = \frac{1}{2}x^3 - 2$
c) $f_3(x) = \frac{1}{2}(x - 4)^3 + 3$
d) $\vec{v} = \vec{S}_d = \begin{pmatrix} 1 \\ -2 \end{pmatrix}$
$f_d(x) = \frac{1}{2}(x - 1)^3 - 2$

10. $f = f(x) = \frac{1}{x}; \quad D_f = \mathbb{R}\setminus\{0\}$

a) f_1: $f_1(x) = \frac{1}{x-1} + 4 = f(x - 1) + 4; \quad D_{f_1} = \mathbb{R}\setminus\{1\}$
Also gilt für den Verschiebungsvektor $\vec{v}_1 = \begin{pmatrix} 1 \\ 4 \end{pmatrix}$.

b) f_2: $f_2(x) = \frac{1}{x+2} = f(x + 2) + 0; \quad D_{f_2} = \mathbb{R}\setminus\{-2\}$
Also gilt für den Verschiebungsvektor $\vec{v}_2 = \begin{pmatrix} -2 \\ 0 \end{pmatrix}$.

11. $\overrightarrow{M} = \overrightarrow{A} + \frac{1}{2}\overrightarrow{AB} = \overrightarrow{A} + \frac{1}{2}(\overrightarrow{B} - \overrightarrow{A}) = \frac{1}{2}(\overrightarrow{A} + \overrightarrow{B})$

a) $\overrightarrow{M} = \frac{1}{2} \cdot \left[\begin{pmatrix} 4 \\ -5 \end{pmatrix} + \begin{pmatrix} 6 \\ 3 \end{pmatrix}\right] = \frac{1}{2} \cdot \begin{pmatrix} 10 \\ -2 \end{pmatrix} = \begin{pmatrix} 5 \\ -1 \end{pmatrix}$; M (5 | −1)

b) $\overrightarrow{M} = \frac{1}{2} \cdot \left[\begin{pmatrix} 0 \\ 3 \\ -4 \end{pmatrix} + \begin{pmatrix} -6 \\ 1 \\ -2 \end{pmatrix}\right] = \frac{1}{2} \cdot \begin{pmatrix} -6 \\ 4 \\ -6 \end{pmatrix} = \begin{pmatrix} -3 \\ 2 \\ -3 \end{pmatrix}$; M (−3 | 2 | −3)

c) $\overrightarrow{M} = \frac{1}{2} \cdot \left[\begin{pmatrix} 8 \\ 0{,}5 \\ -5 \end{pmatrix} + \begin{pmatrix} -3 \\ 1{,}5 \\ -1 \end{pmatrix}\right] = \frac{1}{2} \cdot \begin{pmatrix} 5 \\ 2 \\ -6 \end{pmatrix} = \begin{pmatrix} 2{,}5 \\ 1 \\ -3 \end{pmatrix}$; M (2,5 | 1 | −3)

d) $\overrightarrow{M} = \frac{1}{2} \cdot \left[\begin{pmatrix} 2k \\ k \\ 0 \end{pmatrix} + \begin{pmatrix} 0 \\ -k \\ 10 \end{pmatrix}\right] = \begin{pmatrix} k \\ 0 \\ 5 \end{pmatrix}$; M (k | 0 | 5)

12. Es gibt (5 · 5 · 5 =) 125 verschiedene Summenvektoren.

Hinweis:
$\vec{a} + \vec{a} + \vec{a} + \vec{a} = 4\vec{a}$
$\vec{a} + \vec{a} + \vec{a} - \vec{a} = 2\vec{a}$
$\vec{a} + \vec{a} - \vec{a} - \vec{a} = 0 \cdot \vec{a} = 0$
$\vec{a} - \vec{a} - \vec{a} - \vec{a} = -2\vec{a}$
$-\vec{a} - \vec{a} - \vec{a} - \vec{a} = -4\vec{a}$

13.

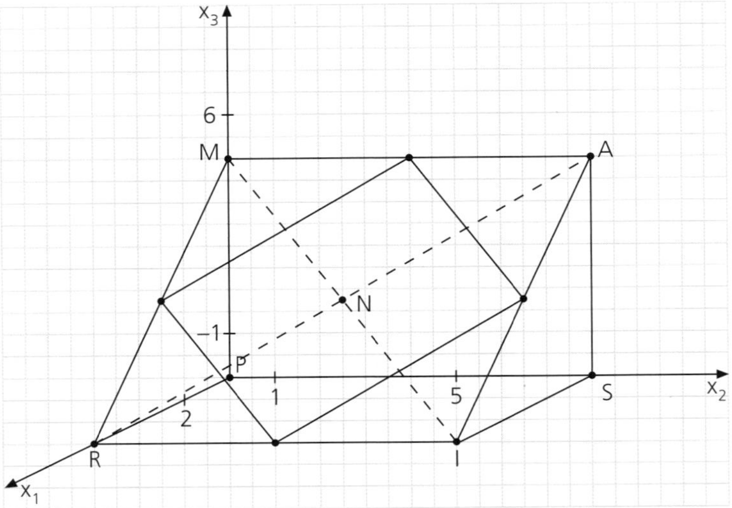

a) Volumen:

$V = \frac{1}{2} \cdot \overline{RP} \cdot \overline{PM} \cdot \overline{PS} = \frac{1}{2} \cdot 6 \cdot 5 \cdot 8 = 120$

Oberflächeninhalt:

$A = 2 \cdot A_{\text{Dreieck RPM}} + A_{\text{Rechteck RIAM}} + A_{\text{Rechteck RISP}} + A_{\text{Rechteck SAMP}} =$
$= 2 \cdot \frac{1}{2} \cdot \overline{RP} \cdot \overline{PM} + \overline{RI} \cdot \overline{IA} + \overline{RI} \cdot \overline{IS} + \overline{PS} \cdot \overline{SA} =$
$= 6 \cdot 5 + 8 \cdot \sqrt{6^2 + 5^2} + 8 \cdot 6 + 8 \cdot 5 =$
$= 30 + 8\sqrt{61} + 48 + 40 = 118 + 8\sqrt{61} \approx 180{,}5$

b) Begründung:

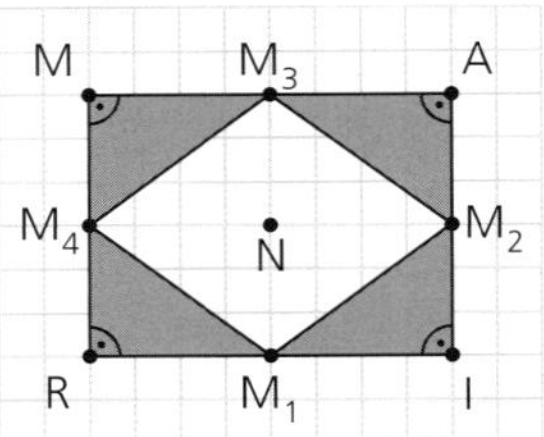

Die vier getönten rechtwinkligen Dreiecke sind nach dem SWS-Satz zueinander kongruent; somit gilt $\overline{M_1M_2} = \overline{M_2M_3} = \overline{M_3M_4} = \overline{M_4M_1}$. Das Viereck $M_1M_2M_3M_4$ ist eine Raute.

Flächeninhalt:

$A_{\text{Raute}} = \frac{1}{2} A_{\text{Rechteck RIAM}} = 4\sqrt{61} \approx 31{,}2$

Ortsvektor von N:

Der Rautenmittelpunkt N ist der Mittelpunkt der Strecke [RA]; deshalb ist

$\overrightarrow{PN} = \frac{1}{2}(\overrightarrow{PR} + \overrightarrow{PA}) = \frac{1}{2} \cdot \left[\begin{pmatrix}6\\0\\0\end{pmatrix} + \begin{pmatrix}0\\8\\5\end{pmatrix}\right] = \begin{pmatrix}3\\4\\2{,}5\end{pmatrix}.$

122

14. a) $\sqrt{6^2 + 8^2} = 10$

b) $\sqrt{3^2 + (-3)^2} = 3\sqrt{2} \approx 4{,}2$

c) $\sqrt{3^2 + 6^2 + (-2)^2} = \sqrt{49} = 7$

d) $\sqrt{9^2 + 6^2 + (-2)^2} = \sqrt{121} = 11$

e) $\sqrt{(-6)^2 + 6^2 + 17^2} = \sqrt{361} = 19$

f) $\sqrt{(-7)^2 + 6^2 + (-6)^2} = \sqrt{121} = 11$

g) $\sqrt{8^2 + (-8)^2 + (-14)^2} = \sqrt{324} = 18$

15. a) $\overrightarrow{AB} = \begin{pmatrix}-5\\4\end{pmatrix}$; $\overline{AB} = \sqrt{25+16} = \sqrt{41}$;
$\overrightarrow{BC} = \begin{pmatrix}-3\\-4\end{pmatrix}$; $\overline{BC} = \sqrt{9+16} = 5$;
$\overrightarrow{CA} = \begin{pmatrix}8\\0\end{pmatrix}$; $\overline{CA} = 8$;
$U = \sqrt{41} + 5 + 8 = 13 + \sqrt{41} \approx 19{,}4$

b) $\overrightarrow{AB} = \begin{pmatrix}-5\\5\\0\end{pmatrix}$; $\overline{AB} = \sqrt{50} = 5\sqrt{2}$;
$\overrightarrow{BC} = \begin{pmatrix}0\\-5\\5\end{pmatrix}$; $\overline{BC} = \sqrt{50} = 5\sqrt{2}$;
$\overrightarrow{CA} = \begin{pmatrix}5\\0\\-5\end{pmatrix}$; $\overline{CA} = 5\sqrt{2}$;
$U = 3 \cdot 5\sqrt{2} = 15\sqrt{2} \approx 21{,}2$

c) $\overrightarrow{AB} = \begin{pmatrix}-4\\-6\\0\end{pmatrix}$; $\overline{AB} = \sqrt{52} = 2\sqrt{13}$;
$\overrightarrow{BC} = \begin{pmatrix}-2\\6\\4\end{pmatrix}$; $\overline{BC} = \sqrt{56} = 2\sqrt{14}$;
$\overrightarrow{CA} = \begin{pmatrix}6\\0\\-4\end{pmatrix}$; $\overline{CA} = \sqrt{52} = 2\sqrt{13}$;
$U = 2\sqrt{13} + 2\sqrt{14} + 2\sqrt{13} = 4\sqrt{13} + 2\sqrt{14} \approx 21{,}9$

16. $\overrightarrow{A_kB_k} = \begin{pmatrix}1+k-5-k\\-k-3k\\-k+1\end{pmatrix} = \begin{pmatrix}-4\\-4k\\1-k\end{pmatrix}$; $\overrightarrow{B_kC_k} = \begin{pmatrix}2-1-k\\3k+k\\3+k\end{pmatrix} = \begin{pmatrix}1-k\\4k\\3+k\end{pmatrix}$; $\overrightarrow{C_kA_k} = \begin{pmatrix}5+k-2\\3k-3k\\-1-3\end{pmatrix} = \begin{pmatrix}3+k\\0\\-4\end{pmatrix}$;
$\overline{A_kB_k}^2 = \overline{B_kC_k}^2$:
$16 + 16k^2 + (1-k)^2 = (1-k)^2 + 16k^2 + (3+k)^2$;
$(3+k)^2 = 16$;
$3 + k = \pm 4$;
$k = \pm 4 - 3$; $k_1 = 1$; $k_2 = -7$
Probe für $k_1 = 1$:
$\overline{A_1B_1} = \left|\begin{pmatrix}-4\\-4\\0\end{pmatrix}\right| = \sqrt{32} = 4\sqrt{2}$;
$\overline{B_1C_1} = \left|\begin{pmatrix}0\\4\\4\end{pmatrix}\right| = \sqrt{32} = 4\sqrt{2}$;
$\overline{C_1A_1} = \left|\begin{pmatrix}4\\0\\-4\end{pmatrix}\right| = \sqrt{32} = 4\sqrt{2}$
Probe für $k_2 = -7$:
$\overline{A_{-7}B_{-7}} = \left|\begin{pmatrix}-4\\28\\8\end{pmatrix}\right| = \sqrt{864} = 12\sqrt{6}$;
$\overline{B_{-7}C_{-7}} = \left|\begin{pmatrix}8\\-28\\-4\end{pmatrix}\right| = \sqrt{864} = 12\sqrt{6}$;
$\overline{C_{-7}A_{-7}} = \left|\begin{pmatrix}-4\\0\\-4\end{pmatrix}\right| = \sqrt{32} \neq 12\sqrt{6}$:
Das Dreieck $A_kB_kC_k$ ist nur für $k = 1$ gleichseitig.

17. a) $M_1(-1 \mid -7 \mid 5)$; $r_1 = 14$
b) $M_2(3 \mid 0 \mid -4)$; $r_2 = 8$
$\overline{M_1M_2} = \sqrt{4^2 + 7^2 + (-9)^2} = \sqrt{146} \approx 12{,}1$
$14 - 8 < \overline{M_1M_2} < 14 + 8$: K_1 und K_2 schneiden einander.
c) K_3: $(x_1 - 5)^2 + (x_2 + 2)^2 + (x_3 - 11)^2 = 25 + 4 + 121 - 101$;
$(x_1 - 5)^2 + (x_2 + 2)^2 + (x_3 - 11)^2 = 49$;
$M_3(5 \mid -2 \mid 11)$; $r_3 = 7$

d) K_4: $(x_1 - 4)^2 + (x_2 + 1)^2 + (x_3 - 2)^2 = 16 + 1 + 4 - 5;$
$(x_1 - 4)^2 + (x_2 + 1)^2 + (x_3 - 2)^2 = 16;$
$M_4\,(4 \mid -1 \mid 2)$; $r_4 = 4$
Da die x_1-Koordinate von M_4 gleich r (= 4) ist, berührt K_4 die x_2-x_3-Ebene;
Berührpunkt: $B\,(0 \mid -1 \mid 2)$.

e) K_5: $(x_1 - 2)^2 + (x_2 - 3)^2 + x_3^2 = 4 + 9 - 9;$
$(x_1 - 2)^2 + (x_2 - 3)^2 + x_3^2 = 4;$
$M_5\,(2 \mid 3 \mid 0)$; $r_5 = 2$
$P \in K_5$:
$(2 - 2)^2 + (p - 3)^2 + 0^2 = 4;$
$(p - 3)^2 = 4;$
$p - 3 = \pm 2;$ $p_1 = 5;$ $p_2 = 1$
$P_1\,(2 \mid 5 \mid 0)$; $P_2\,(2 \mid 1 \mid 0)$
Wenn $r_i > \overline{MM_i} + 1$ ist, liegt K ganz im Inneren von K_i.

K_i	r_i	$\overline{MM_i}$	$\overline{MM_i} + 1$	$r_i > \overline{MM_i} + 1$?	K ganz im Inneren von K_i ?
K_1	14	$\sqrt{75} = 5\sqrt{3}$	$5\sqrt{3} + 1 \approx 9{,}7$	ja	ja
K_2	8	5	6	ja	ja
K_3	7	$\sqrt{150} = 5\sqrt{6}$	$5\sqrt{6} + 1 \approx 13{,}2$	nein	nein
K_4	4	$\sqrt{21}$	$\sqrt{21} + 1 \approx 5{,}6$	nein	nein
K_5	2	$\sqrt{13}$	$\sqrt{13} + 1 \approx 4{,}6$	nein	nein

18. $(x_1 + 1)^2 + (x_2 - 2)^2 + (x_3 + 3)^2 = 1 + 4 + 9 - k;$
$(x_1 + 1)^2 + (x_2 - 2)^2 + (x_3 + 3)^2 = 14 - k$
a) $r^2 = 49 = 14 - k;$
$k = 14 - 49 = -35$
b) $O \in k$: $k = 0;$
K: $(x_1 + 1)^2 + (x_2 - 2)^2 + (x_3 + 3)^2 = 14$

19. a) Vektorgleichung von K: $\left|\vec{x} - \begin{pmatrix}-3\\-4\\2\end{pmatrix}\right| = 5$
Koordinatengleichung von K:
$[x_1 - (-3)]^2 + [x_2 - (-4)]^2 + (x_3 - 2)^2 = 25;$
$(x_1 + 3)^2 + (x_2 + 4)^2 + (x_3 - 2)^2 = 25$
b) $4^2 + 3^2 + 0^2 = 25$: $P_1\,(1 \mid -1 \mid 2) \in K$
$0^2 + 0^2 + 5^2 = 25$: $P_2\,(-3 \mid -4 \mid 7) \in K$
$0^2 + 3^2 + (-4)^2 = 25$: $P_3\,(-3 \mid -1 \mid -2) \in K$
$3^2 + 4^2 + 0^2 = 25$: $P\,(0 \mid 0 \mid 2) \in K$; P liegt auf der x_3-Achse.

20. $V\,(-6 \mid 11 \mid 4)$; r = 8
$\overrightarrow{VA} = \begin{pmatrix}8\\-7\\-4\end{pmatrix}$; $\overline{VA} = \sqrt{64 + 49 + 16} = \sqrt{129} > 8$: A liegt nicht im Kontrollbereich der Kamera.
$\overrightarrow{VB} = \begin{pmatrix}1\\-3\\-4\end{pmatrix}$; $\overline{VB} = \sqrt{1 + 9 + 16} = \sqrt{26} < 8$: B liegt im Kontrollbereich der Kamera.

21. Wenn (für $\vec{a} \neq \vec{o}$ und $\vec{b} \neq \vec{o}$) $\vec{a} \circ \vec{b} = 0$ ist, gilt $\vec{a} \perp \vec{b}$.
a) $\vec{a} \circ \vec{b} = 2 \cdot 5 + 5 \cdot (-2) = 10 - 10 = 0$ ✓
b) $\vec{a} \circ \vec{b} = 2 \cdot 1 + 2 \cdot (-2) + (-1) \cdot (-2) = 2 - 4 + 2 = 0$ ✓
c) $\vec{a} \circ \vec{b} = 1 \cdot 1 + (-3) \cdot 17 + 5 \cdot 10 = 1 - 51 + 50 = 0$ ✓

22. a) $\cos\varphi = \dfrac{\vec{a} \circ \vec{b}}{|\vec{a}| \cdot |\vec{b}|} = \dfrac{1 - 25}{\sqrt{26} \cdot \sqrt{26}} = \dfrac{-24}{26} = -\dfrac{12}{13};$ $\varphi \approx 157{,}4°$

b) $\cos\varphi = \dfrac{\vec{a} \circ \vec{b}}{|\vec{a}| \cdot |\vec{b}|} = \dfrac{2 - 4 - 2}{3 \cdot 3} = -\dfrac{4}{9};$ $\varphi \approx 116{,}4°$

c) $\cos\varphi = \dfrac{\vec{a} \circ \vec{b}}{|\vec{a}| \cdot |\vec{b}|} = \dfrac{1 - 1 - 1}{\sqrt{3} \cdot \sqrt{3}} = -\dfrac{1}{3};$ $\varphi \approx 109{,}5°$

123

23. $\overrightarrow{AB} = \begin{pmatrix} -4 \\ 2 \\ 2 \end{pmatrix}$; $\overline{AB} = \sqrt{24} = 2\sqrt{6}$;

$\overrightarrow{BC} = \begin{pmatrix} -2 \\ -2 \\ 4 \end{pmatrix}$; $\overline{BC} = \sqrt{24} = 2\sqrt{6}$;

$\overrightarrow{CA} = \begin{pmatrix} 6 \\ 0 \\ -6 \end{pmatrix}$; $\overline{CA} = \sqrt{72} = 6\sqrt{2} > \overline{AB} = \overline{BC}$:

$$\cos\beta = \frac{\overrightarrow{BA} \circ \overrightarrow{BC}}{|\overrightarrow{BA}| \cdot |\overrightarrow{BC}|} = \frac{\begin{pmatrix} 4 \\ -2 \\ -2 \end{pmatrix} \circ \begin{pmatrix} -2 \\ -2 \\ 4 \end{pmatrix}}{\sqrt{24} \cdot \sqrt{24}} = \frac{-8 + 4 - 8}{24} = -\frac{1}{2}; \quad \beta = 120°$$

24. a) $\vec{u} \times \vec{v} = \begin{pmatrix} -5 \\ -15 \\ 15 \end{pmatrix} = -5\begin{pmatrix} 1 \\ 3 \\ -3 \end{pmatrix}$; möglicher Lotvektor: $\begin{pmatrix} 1 \\ 3 \\ -3 \end{pmatrix}$

b) $\vec{u} \times \vec{v} = \begin{pmatrix} 0 \\ 1 \\ -1 \end{pmatrix}$; möglicher Lotvektor: $\begin{pmatrix} 0 \\ 1 \\ -1 \end{pmatrix}$

c) $\vec{u} \times \vec{v} = \begin{pmatrix} -4 \\ -3 \\ -9 \end{pmatrix} = -\begin{pmatrix} 4 \\ 3 \\ 9 \end{pmatrix}$; möglicher Lotvektor: $\begin{pmatrix} 4 \\ 3 \\ 9 \end{pmatrix}$

d) $\vec{u} \times \vec{v} = \begin{pmatrix} 14 \\ -21 \\ 14 \end{pmatrix} = 7\begin{pmatrix} 2 \\ -3 \\ 2 \end{pmatrix}$; möglicher Lotvektor: $\begin{pmatrix} 2 \\ -3 \\ 2 \end{pmatrix}$

e) $\vec{u} \times \vec{v} = \begin{pmatrix} 1 \\ 1 \\ 1 \end{pmatrix}$; möglicher Lotvektor: $\begin{pmatrix} 1 \\ 1 \\ 1 \end{pmatrix}$

f) $\vec{u} \times \vec{v} = \begin{pmatrix} 0 \\ 0 \\ -2 \end{pmatrix} = -2\begin{pmatrix} 0 \\ 0 \\ 1 \end{pmatrix}$; möglicher Lotvektor: $\begin{pmatrix} 0 \\ 0 \\ 1 \end{pmatrix}$

25. $A_{\text{Parallelogramm}} = |\vec{u} \times \vec{v}|$

a) $A = |\vec{u} \times \vec{v}| = \left|\begin{pmatrix} 2 \\ 2 \\ 2 \end{pmatrix}\right| = \sqrt{12} = 2\sqrt{3} \approx 3{,}5$

b) $A = |\vec{u} \times \vec{v}| = \left|\begin{pmatrix} 12 \\ 12 \\ 6 \end{pmatrix}\right| = 6 \cdot \left|\begin{pmatrix} 2 \\ 2 \\ 1 \end{pmatrix}\right| = 6 \cdot 3 = 18$

c) $A = |\vec{u} \times \vec{v}| = \left|\begin{pmatrix} 4 \\ -4 \\ 2 \end{pmatrix}\right| = \sqrt{36} = 6$

26. $A_{\text{Dreieck}} = \frac{1}{2}\,|\overrightarrow{AB} \times \overrightarrow{AC}|$

a) $\overrightarrow{AB} = \begin{pmatrix} -3 \\ 4 \\ 0 \end{pmatrix}$; $\overrightarrow{AC} = \begin{pmatrix} -3 \\ 0 \\ 2 \end{pmatrix}$;

$$A = \frac{1}{2}\left|\begin{pmatrix} -3 \\ 4 \\ 0 \end{pmatrix} \times \begin{pmatrix} -3 \\ 0 \\ 2 \end{pmatrix}\right| = \frac{1}{2}\left|\begin{pmatrix} 8 \\ 6 \\ 12 \end{pmatrix}\right| = \left|\begin{pmatrix} 4 \\ 3 \\ 6 \end{pmatrix}\right| = \sqrt{16 + 9 + 36} = \sqrt{61} \approx 7{,}8$$

b) $\overrightarrow{AB} = \begin{pmatrix} -2 \\ 2 \\ 0 \end{pmatrix}$; $\overrightarrow{AC} = \begin{pmatrix} -4 \\ 2 \\ 2 \end{pmatrix}$;

$$A = \frac{1}{2}\left|\begin{pmatrix} -2 \\ 2 \\ 0 \end{pmatrix} \times \begin{pmatrix} -4 \\ 2 \\ 2 \end{pmatrix}\right| = \frac{1}{2}\left|\begin{pmatrix} 4 \\ 4 \\ 4 \end{pmatrix}\right| = \frac{1}{2} \cdot 4\sqrt{3} = 2\sqrt{3} \approx 3{,}5$$

c) $\overrightarrow{AB} = \begin{pmatrix} -1 \\ -2 \\ -2 \end{pmatrix}$; $\overrightarrow{AC} = \begin{pmatrix} -3 \\ -6 \\ -4 \end{pmatrix}$;

$$A = \frac{1}{2}\left|\begin{pmatrix} -4 \\ 2 \\ 0 \end{pmatrix}\right| = \frac{1}{2}\sqrt{20} = \sqrt{5} \approx 2{,}2$$

27. Es gilt $\vec{a} \neq \vec{o}$, $\vec{b} \neq \vec{o}$, $\vec{c} \neq \vec{o}$,

$|\vec{a}| = |\vec{b}|$, $\vec{a} \perp \vec{b}$, $\vec{a} \perp \vec{c}$ sowie $\vec{b} \perp \vec{c}$;

somit ist $\vec{a} \circ \vec{b} = \vec{a} \circ \vec{c} = \vec{b} \circ \vec{c} = 0$.

$\overrightarrow{AC} = \vec{a} + \vec{b}$; $\overrightarrow{HB} = \vec{a} - \vec{b} - \vec{c}$;

$\overrightarrow{AC} \circ \overrightarrow{HB} = (\vec{a} + \vec{b}) \circ (\vec{a} - \vec{b} - \vec{c}) = \vec{a}^2 - \vec{a} \circ \vec{b} - \vec{a} \circ \vec{c} + \vec{a} \circ \vec{b} - \vec{b}^2 - \vec{b} \cdot \vec{c} =$

$= \vec{a}^2 - 0 - 0 + 0 - \vec{b}^2 - 0 = |\vec{a}|^2 - |\vec{b}|^2 = 0$; $\quad \overrightarrow{AC} \neq \vec{0}$; $HB \neq \vec{0}$: $[HB] \perp [AC]$

28. Erläuterungen:

1. Man ermittelt den Höhenfußpunkt als Mittelpunkt z. B. der Parallelogrammdiagonale [AC].
2. Man ermittelt einen Vektor $\vec{v}$ in Richtung des Vektors $\overrightarrow{MS}$, also einen Vektor in Richtung der Pyramidenhöhe, als Vektorprodukt von $\overrightarrow{AB}$ und $\overrightarrow{AD}$.
   Da $\vec{v} = \overrightarrow{AB} \times \overrightarrow{AD}$ ist, bilden die drei Vektoren $\overrightarrow{AB}$, $\overrightarrow{AD}$ und $\overrightarrow{MS}$ und damit auch die Vektoren $\overrightarrow{AB}$, $\overrightarrow{AD}$ und $\overrightarrow{AS}$ ein Rechtssystem ($\vec{v}$ hat die gleiche Orientierung wie $\overrightarrow{MS}$).
   Wegen $\overrightarrow{MS} = h \cdot \vec{v}^0$ ermittelt man den Einheitsvektor $\vec{v}^0$.
3. Man ermittelt mithilfe des Vektorprodukts den Flächeninhalt des Parallelogramms: $A_{ABCD} = |\overrightarrow{AB} \times \overrightarrow{AD}|$.
4. Es gilt $V_{Pyramide} = \frac{1}{3} \cdot A_{Parallelogramm} \cdot h$; somit lässt sich nun h ermitteln.
5. Aus $\overrightarrow{OS} = \overrightarrow{OM} + \overrightarrow{MS} = \overrightarrow{OM} + h \cdot \vec{v}^0$ erhält man den Ortsvektor und damit die Koordinaten von S.

29. a) 1. M (2 | 3 | –1)

2. $\vec{v} = \overrightarrow{AB} \times \overrightarrow{AD} = \begin{pmatrix}4\\-2\\-4\end{pmatrix} \times \begin{pmatrix}-2\\4\\-4\end{pmatrix} = \begin{pmatrix}24\\24\\12\end{pmatrix} = 12 \cdot \begin{pmatrix}2\\2\\1\end{pmatrix}$; $\quad |\vec{v}| = 12 \cdot 3 = 36$;

$\vec{v}^0 = \frac{1}{36} \cdot 12 \cdot \begin{pmatrix}2\\2\\1\end{pmatrix} = \frac{1}{3}\begin{pmatrix}2\\2\\1\end{pmatrix}$

3. $A_{ABCD} = |\vec{v}| = 36$

4. $\frac{1}{3} \cdot 36 \cdot h = 72$; $\quad h = 6$

5. $\overrightarrow{OS} = \overrightarrow{OM} + h \cdot \vec{v}^0 = \begin{pmatrix}2\\3\\-1\end{pmatrix} + 6 \cdot \frac{1}{3}\begin{pmatrix}2\\2\\1\end{pmatrix} = \begin{pmatrix}2\\3\\-1\end{pmatrix} + \begin{pmatrix}4\\4\\2\end{pmatrix} = \begin{pmatrix}6\\7\\1\end{pmatrix}$; $\quad$ S (6 | 7 | 1)

b) 1. M (4 | 5 | –0,5)

2. $\vec{v} = \overrightarrow{AB} \times \overrightarrow{AD} = \begin{pmatrix}9\\3\\3\end{pmatrix} \times \begin{pmatrix}3\\-3\\0\end{pmatrix} = \begin{pmatrix}9\\9\\-36\end{pmatrix} = 9 \cdot \begin{pmatrix}1\\1\\-4\end{pmatrix}$;

$\vec{v}^0 = \frac{1}{\sqrt{18}}\begin{pmatrix}1\\1\\-4\end{pmatrix} = \frac{1}{3\sqrt{2}}\begin{pmatrix}1\\1\\-4\end{pmatrix}$

3. $A_{ABCD} = |\vec{v}| = 27\sqrt{2}$

4. $\frac{1}{3} \cdot 27\sqrt{2} \cdot h = 54$; $\quad h = 3\sqrt{2}$

5. $\overrightarrow{OS} = \begin{pmatrix}4\\5\\-0{,}5\end{pmatrix} + 3\sqrt{2} \cdot \frac{1}{3\sqrt{2}}\begin{pmatrix}1\\1\\-4\end{pmatrix} = \begin{pmatrix}4\\5\\-0{,}5\end{pmatrix} + \begin{pmatrix}1\\1\\-4\end{pmatrix} = \begin{pmatrix}5\\6\\-4{,}5\end{pmatrix}$; $\quad$ S (5 | 6 | –4,5)

c) 1. M (3 | 6,5 | 0,5)

2. $\vec{v} = \overrightarrow{AB} \times \overrightarrow{AD} = \begin{pmatrix}0\\0\\5\end{pmatrix} \times \begin{pmatrix}4\\3\\0\end{pmatrix} = \begin{pmatrix}-15\\20\\0\end{pmatrix} = 5\begin{pmatrix}-3\\4\\0\end{pmatrix}$; $\quad \vec{v}^0 = \frac{1}{5}\begin{pmatrix}-3\\4\\0\end{pmatrix}$

3. $A_{ABCD} = |\vec{v}| = 25$

4. $\frac{1}{3} \cdot 25 \cdot h = \frac{250}{3}$; $\quad h = 10$

5. $\overrightarrow{OS} = \begin{pmatrix}3\\6{,}5\\0{,}5\end{pmatrix} + 10 \cdot \frac{1}{5}\begin{pmatrix}3\\-4\\0\end{pmatrix} = \begin{pmatrix}3\\6{,}5\\0{,}5\end{pmatrix} + \begin{pmatrix}6\\-8\\0\end{pmatrix} = \begin{pmatrix}9\\-1{,}5\\0{,}5\end{pmatrix}$; $\quad$ S (9 | –1,5 | 0,5)

30. Der Würfel war zunächst mit der Fläche ABCD auf der x_1–x_2–Ebene gestanden und wurde dann gegen den Uhrzeigersinn um 45° um die x_1-Achse gedreht. Somit sind die neuen Würfelpunkte A (6 | 0 | 0), B (6 | $3\sqrt{2}$ | $3\sqrt{2}$), C (0 | $3\sqrt{2}$ | $3\sqrt{2}$), D (0 | 0 | 0), E (6 | $-3\sqrt{2}$ | $3\sqrt{2}$), F (6 | 0 | $6\sqrt{2}$), G (0 | 0 | $6\sqrt{2}$) sowie H (0 | $-3\sqrt{2}$ | $3\sqrt{2}$) und die gesuchten Diagonalenschnittpunkte M_3(3 | $1{,}5\sqrt{2}$ | $4{,}5\sqrt{2}$), M_5(3 | $-1{,}5\sqrt{2}$ | $1{,}5\sqrt{2}$) sowie M (3 | 0 | $3\sqrt{2}$).
Hinweise: Der Fußpunkt B* des Lots von B auf die x_1-x_2-Achse ist dritter Eckpunkt des gleichschenklig-rechtwinkligen Dreiecks BAB* mit Hypotenusenlänge $\overline{AB} = 6$ und Kathetenlänge $\overline{AB^*} = 3\sqrt{2} = \overline{B^*B}$. Die Koordinaten des Mittelpunkts einer Strecke sind gleich dem Mittelwert der entsprechenden Koordintaten der Streckenpunkte.

124

31. Koordinaten: $\vec{F} = \vec{B} + \overrightarrow{BF} = \vec{B} + \vec{E}$, also ist F (1 | 4 | 5); entsprechend ergibt sich G (–1 | 10 | 5) und H (–2 | 6 | 5).

a) $\overrightarrow{AB} = \vec{B} - \vec{A} = \vec{B} - \vec{o} = \vec{B} = \begin{pmatrix}1\\4\\0\end{pmatrix}$; $\overrightarrow{CD} = \vec{D} - \vec{C} = \begin{pmatrix}-2\\6\\0\end{pmatrix} - \begin{pmatrix}-1\\10\\0\end{pmatrix} = \begin{pmatrix}-1\\-4\\0\end{pmatrix} = -\overrightarrow{AB}$:

Die Gegenseiten [AB] und [CD] sind also parallel und gleich lang; somit ist das Viereck ABCD ein Parallelogramm.

Flächeninhalt A_P und Umfanglänge U_P: $\vec{v} = \overrightarrow{AB} \times \overrightarrow{AD} = \vec{B} \times \vec{D} = \begin{pmatrix}1\\4\\0\end{pmatrix} \times \begin{pmatrix}-2\\6\\0\end{pmatrix} = \begin{pmatrix}0\\0\\14\end{pmatrix}$;
$|\vec{v}| = 14$; $A_P = 14$;
$U_P = 2 \cdot \overline{AB} + 2 \cdot \overline{DA} = 2 \cdot |\vec{B}| + 2 \cdot |\vec{D}| = 2 \cdot \left|\begin{pmatrix}1\\4\\0\end{pmatrix}\right| + 2 \cdot \left|\begin{pmatrix}-2\\6\\0\end{pmatrix}\right| =$
$= 2\sqrt{17} + 2\sqrt{40} = 2\sqrt{17} + 4\sqrt{10}$
Oberflächeninhalt: $A^* = 2 \cdot A_P + U_P \cdot h^* = 28 + 10\sqrt{17} + 20\sqrt{10} \approx 132$
Volumen: $V^* = A_P \cdot h^* = 14 \cdot 5 = 70$

b) $\overrightarrow{BD} + \overrightarrow{DF} = \overrightarrow{BF}$; $\overrightarrow{AF} + \overrightarrow{FH} + \overrightarrow{HC} + \overrightarrow{CA} = \vec{o}$; $\overrightarrow{EG} + \overrightarrow{GC} = \overrightarrow{AC} - \overrightarrow{AE}$

c) $\frac{1}{3} \cdot A_P \cdot h = 56$; $h = \frac{3 \cdot 56}{14} = 12$

32.

Körper	Flächen	Ecken	Eckpunktverbindungen	Kanten	Flächendiagonalen	Raumdiagonalen	Prozentsatz
Tetraeder	4	4	6	6	0	0	0%
Würfel	6	8	28	12	12	4	14%
Oktaeder	8	6	15	12	0	3	20%
Dodekaeder	12	20	190	30	60	100	53%
Ikosaeder	20	12	66	30	0	36	55%

33. a) $\overline{TR} = \sqrt{4 + 16 + 4} = 2\sqrt{6}$;
$\overline{RE} = \sqrt{4 + 4 + 16} = 2\sqrt{6}$;
$\overline{ET} = \sqrt{16 + 4 + 4} = 2\sqrt{6}$:
TRE ist gleichseitig. ✓
Umfanglänge:
$U_{TRE} = 3 \cdot 2\sqrt{6} = 6\sqrt{6} \approx 14{,}7$
Flächeninhalt:
$A_{TRE} = \frac{1}{2} \cdot \overline{TR} \cdot \frac{1}{2}\overline{TR}\sqrt{3} = 6\sqrt{3} \approx 10{,}4$
oder: $A_{TRE} = \frac{1}{2} \left|\overrightarrow{TR} \times \overrightarrow{TE}\right| =$
$= \frac{1}{2}\left|\begin{pmatrix}-2\\4\\-2\end{pmatrix} \times \begin{pmatrix}-4\\2\\2\end{pmatrix}\right| = \frac{1}{2}\left|\begin{pmatrix}12\\12\\12\end{pmatrix}\right| =$
$= \frac{1}{2} \cdot 12\sqrt{3} = 6\sqrt{3}$

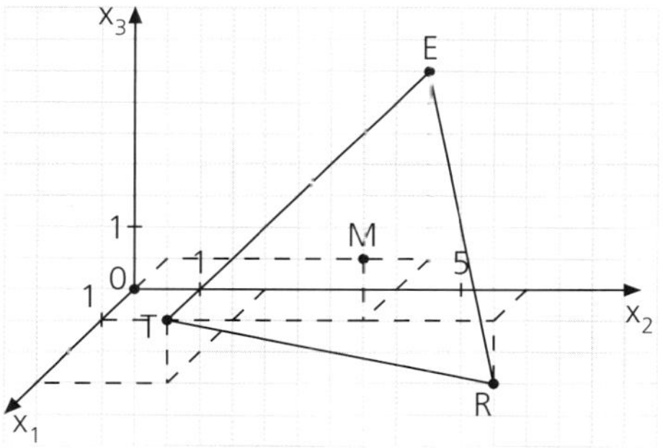

b) $\overline{MT} = \sqrt{4 + 4 + 0} = 2\sqrt{2}$; $\overline{MR} = \sqrt{0 + 4 + 4} = 2\sqrt{2}$; $\overline{ME} = \sqrt{4 + 0 + 4} = 2\sqrt{2}$ ✓
Kugelgleichung: $r_K^2 = (2\sqrt{2})^2 = 8$; K: $(x_1 - 2)^2 + (x_2 - 4)^2 + (x_3 - 1)^2 = 8$
Volumen: $V_K = \frac{4\pi}{3} r_K^3 = \frac{64}{3}\sqrt{2} \cdot \pi \approx 94{,}8$
Oberflächeninhalt: $A_K = 4\pi r_K^2 = 32\pi \approx 100{,}5$

34. Es entsteht ein gerader Doppelkreiskegel mit Spitzen P und R und mit gemeinsamem Grundkreismittelpunkt T (0 | 0 | 1) (= Basisfußpunkt des gleichschenkligen Dreiecks PQR), also Radiuslänge $r = \overline{TQ} = 3$, Mantellinienlänge $s = \overline{PQ} = 5$ und halber Höhe $h = \frac{1}{2}\overline{PR} = 4$.
Volumen: $V = 2 \cdot \frac{1}{3} r^2 h \cdot \pi = 24\pi \approx 75{,}4$
Oberflächeninhalt: $A = 2 \cdot rs \cdot \pi = 30\pi \approx 94{,}2$

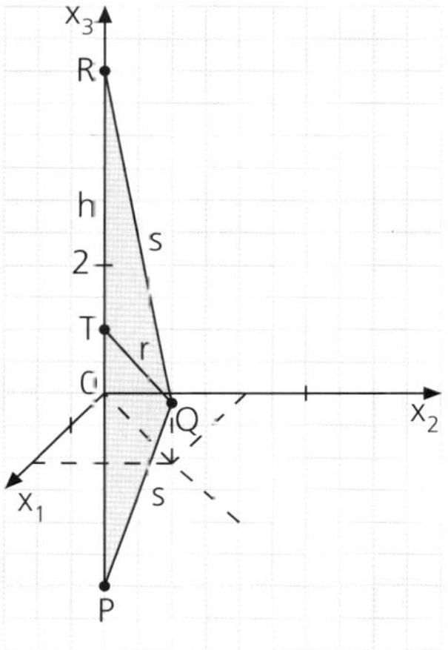

35.

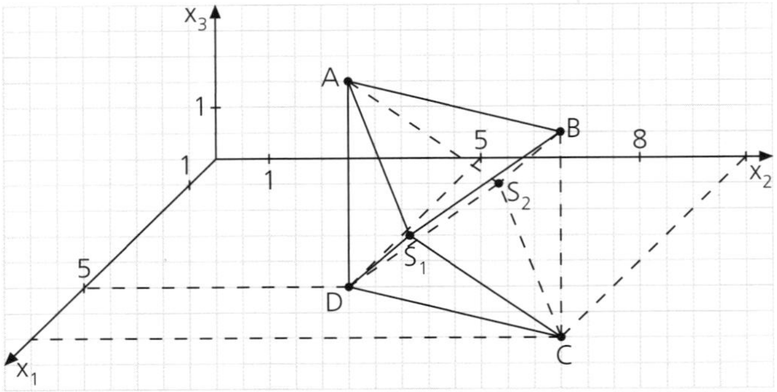

Wegen $\overrightarrow{AB} = \begin{pmatrix}2\\5\\0\end{pmatrix} = -\overrightarrow{CD}$ zusammen mit $\overrightarrow{AB} \circ \overrightarrow{BC} = \begin{pmatrix}2\\5\\0\end{pmatrix} \circ \begin{pmatrix}0\\0\\-4\end{pmatrix} = 0$ ist ABCD ein Parellelogramm mit rechtem Innenwinkel, also ein Rechteck (das wegen $\overline{AB} = \sqrt{29} \neq 4 = \overline{BC}$ kein Quadrat ist). Da außerdem $\overrightarrow{S_1S_2} \circ \overrightarrow{AB} = -4 + 4 + 0 =$ $= 0$ und $\overrightarrow{S_1S_2} \circ \overrightarrow{BC} = 0$ gilt, ist $[S_1S_2]$ Lotstrecke zu ABCD, die wegen $M_{[S_1S_2]}(6 \mid 7{,}5 \mid 2) =$ $= M_{[AC]} = M_{[BD]}$ von ABCD halbiert wird. Jede der beiden Pyramidenhöhen ist also $\frac{1}{2} \cdot \overline{S_1S_2} = \frac{1}{2}\sqrt{4 + 0{,}64 + 0} = \frac{1}{5}\sqrt{29}$.

Volumen der Doppelpyramide: $V = 2 \cdot \frac{1}{3} \cdot \overline{AB} \cdot \overline{BC} \cdot \frac{1}{2} \cdot \overline{S_1S_2} = \frac{8 \cdot 29}{15} = 15\frac{7}{15} \approx 15{,}5$

36. a) Schrägbild: siehe Zeichnung

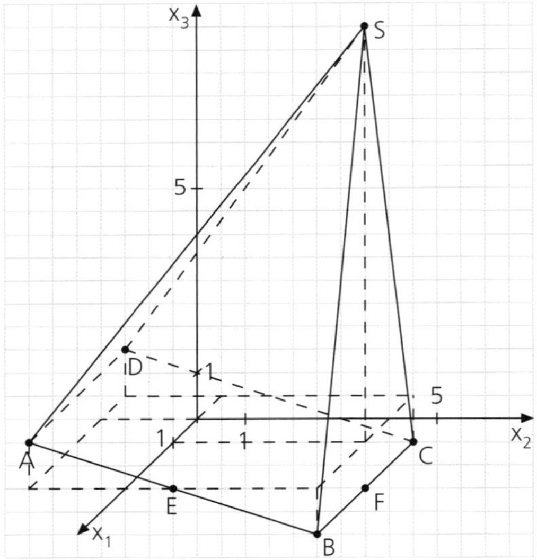

b) $\overrightarrow{AB} = \begin{pmatrix}0\\6\\-2\end{pmatrix} = -\overrightarrow{CD}$; also ist ABCD ein Parallelogramm.

$\overrightarrow{AB} \circ \overrightarrow{BC} = \begin{pmatrix}0\\6\\-2\end{pmatrix} \circ \begin{pmatrix}-4\\0\\0\end{pmatrix} = 0$; also ist das Parallelogramm ABCD ein Rechteck. ✓

c) $\overline{AS} = \sqrt{4 + 36 + 64} = \sqrt{104}$;
$\overline{BS} = \sqrt{4 + 0 + 100} = \sqrt{104}$;
$\overline{CS} = \sqrt{4 + 0 + 100} = \sqrt{104}$;
$\overline{DS} = \sqrt{4 + 36 + 64} = \sqrt{104}$ ✓

d) $\overline{AB} = \sqrt{36 + 4} = 2\sqrt{10}$;
$\overline{AE} = \frac{1}{2}\overline{AB} = \sqrt{10}$;
$\overline{ES} = \sqrt{104 - 10} = \sqrt{94}$;
$\overline{BC} = 4$; $\overline{BF} = 2$;
$\overline{FS} = \sqrt{104 - 4} = 10$

Oberflächeninhalt: $A_P = \overline{AB} \cdot \overline{BC} + 2 \cdot \frac{1}{2} \cdot \overline{AB} \cdot \overline{ES} + 2 \cdot \frac{1}{2} \cdot \overline{BC} \cdot \overline{FS} =$
$= 8\sqrt{10} + 4\sqrt{235} + 40 \approx 126{,}6$

Pyramidenhöhe: $\overline{AC}^2 = \overline{AB}^2 + \overline{BC}^2 = 40 + 16 = 56$; $\frac{1}{2}\overline{AC} = \sqrt{14}$;
$\left(\frac{1}{2}\overline{AC}\right)^2 + h_P^2 = \overline{AS}^2$; $h_P = \sqrt{104 - 14} = 3\sqrt{10}$

Volumen: $V_P = \frac{1}{3} \cdot \overline{AB} \cdot \overline{BC} \cdot h_P = 80$

e) Kegelvolumen: $V_K = \frac{1}{3} \cdot r_K^2 \cdot h_K \cdot \pi$; $r_K = \frac{1}{2}\overline{AC} = \sqrt{14}$;

$h_K = h_P = 3\sqrt{10}$; $V_K = 14\sqrt{10}\pi \approx 139{,}1$

Anteil: $\frac{V_P}{V_K} = \frac{80}{14\sqrt{10}} \cdot \pi = \frac{4\sqrt{10}}{7} \approx 58\%$

125

37. a) Parallelogramm: $\overrightarrow{AB_a} = \begin{pmatrix}2\\a^2\\0\end{pmatrix} = -\overrightarrow{C_aD} = \begin{pmatrix}2\\3a-2\\0\end{pmatrix}$; $a^2 = 3a - 2$; $a_1 = 2$; $a_2 = 1$

Rechteck: $\overrightarrow{AB_a} \circ \overrightarrow{DA} = \begin{pmatrix}2\\a^2\\0\end{pmatrix} \circ \begin{pmatrix}4\\-2\\0\end{pmatrix} = 8 - 2a^2 = 0$; $a_1 = 2$; $a_3 = -2 \notin \mathbb{R}^+$

Quadrat: $a = 2$; $\overline{AB_2} = \sqrt{4 + 16} = 2\sqrt{5} = \overline{DA}$ ✓

Mittelpunkt des Grundquadrats: $A\,(6 \mid 0 \mid 0)$; $C_2\,(4 \mid 6 \mid 0)$; $M_2\,(5 \mid 3 \mid 0)$

Pyramidenvolumen: Das Quadrat AB_2C_2D liegt in der x_1-x_2-Ebene, und $\overrightarrow{M_2S}$ ist Lotvektor zur x_1-x_2-Ebene; also ist $h_P = \overline{M_2S} = 6$, und $V_P = \frac{1}{3} \cdot 20 \cdot 6 = 40$.

b) $\overline{AS} = \sqrt{1 + 9 + 36} = \sqrt{46}$; $\overline{DS} = \sqrt{9 + 1 + 36} = \sqrt{46}$;

$\overline{C_aS} = \sqrt{1 + (3 - 3a)^2 + 36} = \overline{AS}$;

$(3 - 3a)^2 = 9$; $3 - 3a = \pm 3$, $3a = 3 \mp 3$; $a_1 = 2$; $a_4 = 0 \notin \mathbb{R}^+$;

$\overline{B_2S} = \sqrt{9 + (3 - 4)^2 + 36} = \sqrt{46}$ ✓

Seitenflächenhöhe: $h_s^2 = \overline{AS}^2 - \left(\frac{1}{2}\overline{AB_2}\right)^2 = 46 - 5 = 41$;
$h_s = \sqrt{41}$

Oberflächeninhalt:

$A = A_{\text{Quadrat } AB_2C_2D} + 4A_{\text{Dreieck } AB_2S} = 20 + 4 \cdot \frac{1}{2}\; 2\sqrt{5} \cdot \sqrt{41} = 20 + 4\sqrt{205} \approx 77{,}3$

c) $\overline{C_aS} = \sqrt{1 + (3 - 3a)^2 + 36} = 19$; $37 + (3 - 3a)^2 = 361$; $(3 - 3a)^2 = 324$;

$3 - 3a = \pm 18$; $3a = 3 \mp 18$; $a_5 = 7$; $a_6 = -5 \notin \mathbb{R}^+$

$B_7\,(8 \mid 49 \mid 0)$; $C_7\,(4 \mid 21 \mid 0)$; $\overrightarrow{B_7C_7} = \begin{pmatrix} -4 \\ -28 \\ 0 \end{pmatrix}$; $\overrightarrow{B_7S} = \begin{pmatrix} -3 \\ -46 \\ 6 \end{pmatrix}$;

$\overrightarrow{B_7C_7} \circ \overrightarrow{B_7S} = \overline{B_7C_7} \cdot \overline{B_7S} \cdot \cos\varphi$; $12 + 1\,288 = 20\sqrt{2} \cdot \sqrt{2\,161} \cdot \cos\varphi$;

$\cos\varphi = \frac{65}{\sqrt{4\,322}} = 0{,}9887\ldots$; $\varphi \approx 8{,}6°$

38. a) $p_2 = -6$: (1') $5p_1 - 3p_3 = 1$; (2') $p_1 + p_3 = 5$; (3') $3p_1 + 2p_3 = 12$;

(2'') $p_3 = 5 - p_1$ in (1') $5p_1 - 15 + 3p_1 = 1$; $8p_1 = 16$; $p_1 = 2$;

in (2'') $p_3 = 3$; $p_1 = 2$ und $p_3 = 3$ in (3') $6 + 6 = 12$ ✓

$P\,(2 \mid -6 \mid 3)$

b) $P^*(2 \mid -6 \mid -3)$; $\overline{OP} = \sqrt{4 + 36 + 9} = 7 = \overline{P^*O}$; $\overline{PP^*} = 6$;

$\overrightarrow{OP} \times \overrightarrow{P^*O} = \begin{pmatrix} 2 \\ -6 \\ 3 \end{pmatrix} \times \begin{pmatrix} -2 \\ 6 \\ 3 \end{pmatrix} = \begin{pmatrix} -36 \\ -12 \\ 0 \end{pmatrix} = -12\begin{pmatrix} 3 \\ 1 \\ 0 \end{pmatrix}$

Flächennhalt: $A = \frac{1}{2}\left|\overrightarrow{OP} \times \overrightarrow{P^*O}\right| = 6\sqrt{10} \approx 19{,}0$

Umfangslänge: $U = 7 + 6 + 7 = 20$

Winkel an der Spitze O des gleichschenkligen Dreiecks OPP^*:

$\cos\alpha = \frac{\overrightarrow{OP} \circ \overrightarrow{OP^*}}{\overline{OP} \cdot \overline{OP^*}} = \frac{4 + 36 - 9}{7 \cdot 7} = \frac{31}{49} = 0{,}63265\ldots$; $\alpha \approx 50{,}8°$;

also ist $\beta = \gamma = \frac{1}{2}(180° - \alpha) \approx 64{,}6°$: OPP^* ist spitzwinklig.

c) $\vec{v} \circ \overrightarrow{PO} = \begin{pmatrix} 3 \\ 1 \\ 0 \end{pmatrix} \circ \begin{pmatrix} -2 \\ 6 \\ -3 \end{pmatrix} = -6 + 6 + 0 = 0$; $\vec{v} \circ \overrightarrow{P^*O} = \begin{pmatrix} 3 \\ 1 \\ 0 \end{pmatrix} \circ \begin{pmatrix} -2 \\ 6 \\ 3 \end{pmatrix} = -6 + 6 + 0 = 0$ ✓

Prismenvolumen: $V_p = A_{OPP^*} \cdot |\vec{v}| = 6\sqrt{10} \cdot \sqrt{10} = 60$

Kleinster Drehwinkel (Drehung um die x_3-Achse): $\tan\varphi = \left|\frac{p_1}{p_2}\right| = \frac{1}{3}$; $\varphi \approx 18{,}4°$

oder: $\cos\varphi = \begin{pmatrix} 0 \\ -1 \\ 0 \end{pmatrix} \circ \overrightarrow{OM}^0 = \begin{pmatrix} 0 \\ -1 \\ 0 \end{pmatrix} \circ \frac{1}{\sqrt{40}}\begin{pmatrix} 2 \\ -6 \\ 0 \end{pmatrix} = \frac{6}{\sqrt{40}} = \frac{3}{\sqrt{10}}$; $\varphi \approx 18.4°$

Vor der Drehung:

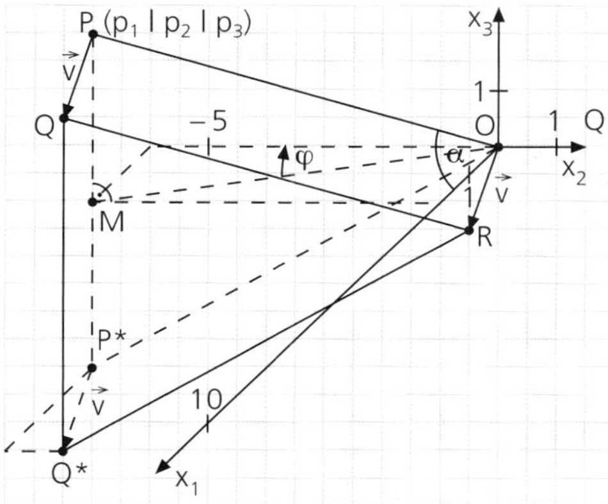

Nach der Drehung:

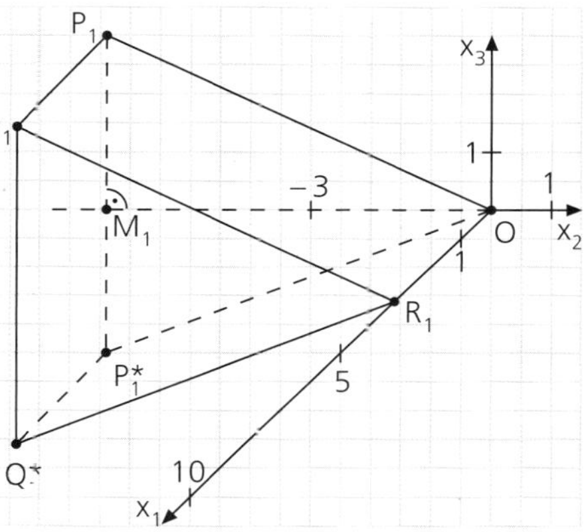

39. a) $\cos\beta = \frac{\overline{OC}}{\overline{OX}}$; $\overline{OC} = R\cos\beta$;

$\cos\lambda = \frac{\overline{OA}}{\overline{OC}} = \frac{x_1}{R\cos\beta}$;

$x_1 = R\cos\lambda\cos\beta$ ✓

$\sin\lambda = \frac{\overline{AC}}{\overline{OC}} = \frac{x_2}{R\cos\beta}$;

$x_2 = R\sin\lambda\cos\beta$ ✓

$\sin\beta = \frac{\overline{CX}}{\overline{OX}} = \frac{x_3}{R}$;

$x_3 = R\sin\beta$ ✓

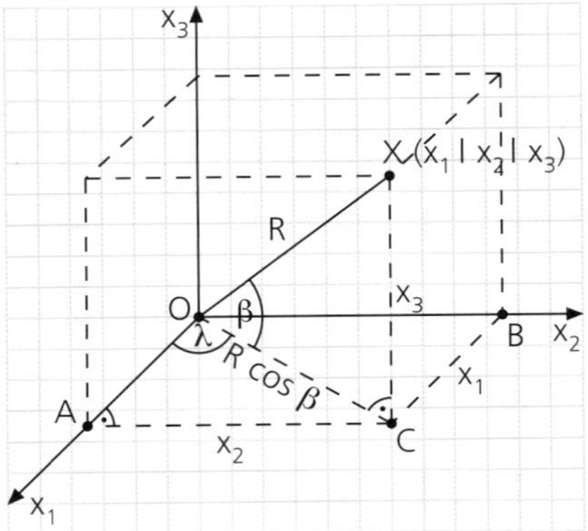

$|\overrightarrow{OX}|^2 = (R\cos\lambda\cos\beta)^2 + (R\sin\lambda\cos\beta)^2 + (R\sin\beta)^2 =$
$= R^2(\cos\beta)^2\,[(\cos\lambda)^2 + (\sin\lambda)^2] + R^2(\sin\beta)^2 = R^2(\cos\beta)^2 + R^2(\sin\beta)^2 =$
$= R^2[(\cos\beta)^2 + (\sin\beta)^2] = R^2$;

$|\overrightarrow{OX}| > 0$; $|\overrightarrow{OX}| = R$ ✓

b)

	Narvik	Windhoek
λ	17°	17°
β	68°	−22°

Diese beiden Städte liegen auf demselben Meridian ($\lambda = 17°$); ihre geographischen Breiten unterscheiden sich um 90°. Deshalb stehen ihre Ortsvektoren aufeinander senkrecht.

Weitere derartige Punktepaare: Individuelle Beiträge

c) Einheitsvektoren: $\overrightarrow{ON}^0 = \begin{pmatrix} n_1 \\ n_2 \\ n_3 \end{pmatrix}$ mit $n_1 = \cos 17°\cos 68°$, $n_2 = \sin 17°\cos 68°$; $n_3 = \sin 68°$;

$\overrightarrow{OW}^0 = \begin{pmatrix} w_1 \\ w_2 \\ w_3 \end{pmatrix}$ mit $w_1 = \cos 17°\,\cos(-22°)$; $w_2 = \sin 17°\cos(-22°)$; $w_3 = \sin(-22°)$

Vektorprodukt: $\vec{v} = \overrightarrow{ON}^0 \times \overrightarrow{OW}^0 = \begin{pmatrix} v_1 \\ v_2 \\ v_3 \end{pmatrix} = \begin{pmatrix} \cos\lambda_v \cdot \cos\beta_v \\ \sin\lambda_v \cdot \cos\beta_v \\ \sin\beta_v \end{pmatrix}$ mit

$v_1 = n_2w_3 - n_3w_2 \approx 0{,}2924$; $v_2 = n_3w_1 - n_1w_3 \approx 0{,}9563$; $v_3 = n_1w_2 - n_2w_1 = 0$;
$\sin\beta_v = v_3 = 0$; $\beta_v = 0°$; $\cos\beta_v = 1$; $\cos\lambda_v = v_1 \approx -0{,}2924$; $\sin\lambda_v = v_2 \approx 0{,}9563$;
$\lambda_v \approx 107°$: der eine der beiden gesuchten Punkte liegt also auf dem Äquator ($\beta_v = 0°$) 90° weiter *östlich* als der gemeinsame Meridian von Narvik und Windhoek (d. h. etwa 300 km ostsüdöstlich von Singapur), der andere ebenfalls auf dem Äquator, aber 90° weiter *westlich* als Narvik bzw. Windhoek (also etwa 300 km östlich des Dreiländerecks Ecuador-Kolumbien-Peru).

W

W1 $x \neq -1$: $x - 1 - \frac{8}{x+1} = \frac{(x-1)(x+1)}{x+1} - \frac{8}{x+1} = \frac{x^2 - 1 - 8}{x+1} = \frac{x^2 - 9}{x+1}$ ✓

W2 Schnittpunktabszisse: $x^2 = -x + 6$ $x^2 + x - 6 = 0$; $x^2 + x - 6 = 0$;
$(x + 3)(x - 2) = 0$; $x > 0$; $x_S = 2$
Steigungen: $m_g = -1$; $\varphi_1 = 135°$; $(x^2)' = 2x$; $m_{t_P} = 2 \cdot 2 = 4$; $\varphi_2 \approx 76{,}0°$
Spitzer Schnittwinkel: $\varphi = \varphi_1 - \varphi_2 \approx 59{,}0°$

W3 p_1 = P(„bei den ersten vier Würfen genau eine Sechs“) $= 4 \cdot \frac{1}{6} \cdot \left(\frac{5}{6}\right)^3$;
p_2 = P(„beim fünften Wurf eine Sechs“) $= \frac{1}{6}$; $p_1 \cdot p_2 = 4 \cdot \left(\frac{1}{6}\right)^2 \cdot \left(\frac{5}{6}\right)^3 \approx 6{,}4\%$

L

1. a) Zeichnung:

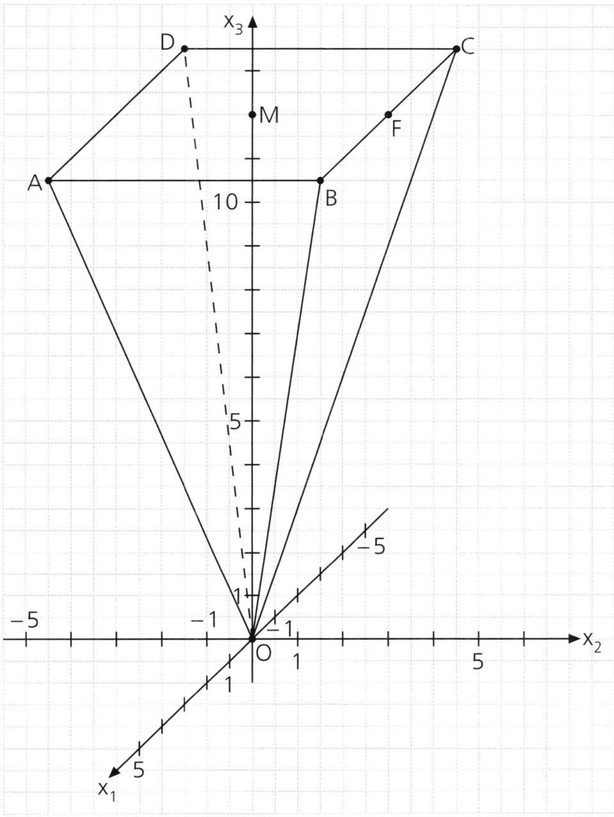

b) Größe φ des Winkels ∢ BOD:

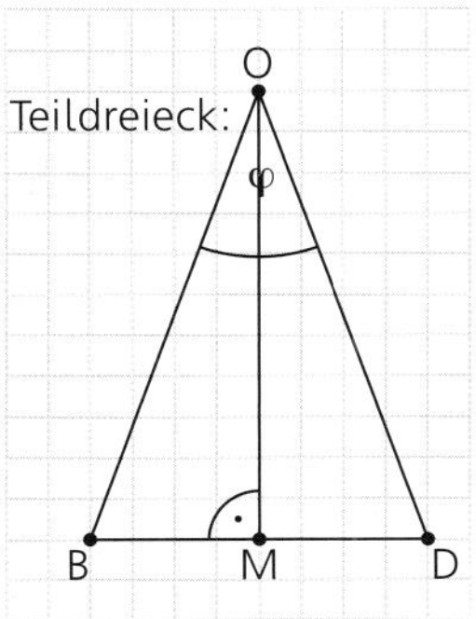

Das Teildreieck BDO ist aufgrund der vorliegenden Symmetrie gleichschenklig mit Basis [BD].

Es gilt: $|\overrightarrow{AB}|^2 + |\overrightarrow{AD}|^2 = |\overrightarrow{BD}|^2$

$|\overrightarrow{BD}| = \sqrt{|\overrightarrow{AB}|^2 + |\overrightarrow{AD}|^2} = \sqrt{(6\text{ cm})^2 + (6\text{ cm})^2} = 6\sqrt{2}$ cm;

$|\overrightarrow{OB}| = \left|\begin{pmatrix} 3 \\ 3 \\ 12 \end{pmatrix}\right|$ cm; $|\overrightarrow{OB}| = \sqrt{(3\text{ cm})^2 + (3\text{ cm})^2 + (12\text{ cm})^2}$

$= 9\sqrt{2}$ cm;

$\sin\frac{\varphi}{2} = \frac{\frac{1}{2}|\overrightarrow{BD}|}{|\overrightarrow{OB}|} = \frac{\frac{1}{2}\cdot 6\sqrt{2}\text{ cm}}{9\sqrt{2}\text{ cm}} = \frac{1}{3};\ \frac{\varphi}{2} = 19{,}47...°;$

$\varphi = ∢\,\text{BOD} \approx 38{,}9°$

Volumen der Pyramide P:

$V_P = \frac{1}{3}\cdot|\overrightarrow{AB}|^2\cdot|\overrightarrow{OM}| = \frac{1}{3}\cdot(6\text{ cm})^2\cdot 12\text{ cm} = 144\text{ cm}^3$

Oberflächeninhalt der Pyramide P:

Aufgrund der Symmetrie der Pyramide gilt:

$A_P = |\overrightarrow{AB}|^2 + 4\cdot A_{\text{Dreieck BOC}} = (6\text{ cm})^2 + 4\cdot\frac{1}{2}\cdot|\overrightarrow{BC}|\cdot\sqrt{|\overrightarrow{OB}|^2 - \left(\frac{|\overrightarrow{BC}|}{2}\right)^2} =$

$= (6\text{ cm})^2 + 4\cdot\frac{1}{2}\cdot 6\text{ cm}\cdot\sqrt{162\text{ cm}^2 - 9\text{ cm}^2} = 12(3 + \sqrt{153})\text{ cm}^2 \approx 184\text{ cm}^2$

c) Die Pyramide P* ist (12 cm – 6 cm =) 6 cm hoch, also halb so hoch wie die Pyramide P.
$V_{Pyramidenstumpf} = V_P - V_{P*} = V_P - \left(\frac{1}{2}\right)^3 V_P = \frac{7}{8} V_P = \frac{7}{8} \cdot 144\ cm^3 = 126\ cm^3$

2. A (–4 | 7 | 2); B (–2 | 9 | 0);
$\overrightarrow{AB} = \begin{pmatrix} -2-(-4) \\ 9-7 \\ 0-2 \end{pmatrix} = \begin{pmatrix} 2 \\ 2 \\ -2 \end{pmatrix}$; $|\overrightarrow{AB}| = \sqrt{2^2 + 2^2 + (-2)^2} = \sqrt{12} = 2\sqrt{3}$;
$\vec{x} = \begin{pmatrix} \frac{4}{a} \\ 2 \\ -\frac{4}{a} \end{pmatrix}$; $|\vec{x}| = \sqrt{\left(\frac{4}{a}\right)^2 + 2^2 + \left(-\frac{4}{a}\right)^2} = \sqrt{\frac{32}{a^2} + 4}$;
$|\overrightarrow{AB}| = |\vec{x}|$;
$2\sqrt{3} = \sqrt{\frac{32}{a^2} + 4}$;
$12 = \frac{32}{a^2} + 4$; $| -4 \quad | \cdot a^2$
$8a^2 = 32$; $| : 8$
$a^2 = 4$; $a = 2$ (wegen $a \in \mathbb{R}^+$)

3. a) Kugel K_1
M (1 | 7 | –4); r = 5
K_1: $(x_1 - 1)^2 + (x_2 - 7)^2 + (x_3 + 4)^2 = 25$

b) Kugel K_2
M (1 | 7 | 4)
Berechnung der Radiuslänge r:
$\overrightarrow{MA} = \begin{pmatrix} 6-1 \\ 7-7 \\ -4-4 \end{pmatrix} = \begin{pmatrix} 5 \\ 0 \\ -8 \end{pmatrix}$;
$r = |\overrightarrow{MA}| = \sqrt{5^2 + 0^2 + (-8)^2} = \sqrt{89}$
K_2: $(x_1 - 1)^2 + (x_2 - 7)^2 + (x_3 - 4)^2 = 89$

c) Kugel K_3
M (1 | 7 | 8)
Der Betrag der x_3-Koordinate von M gibt den Abstand des Kugelmittelpunkts M von der x_1-x_2-Ebene, also die Radiuslänge von K_3, an: r = 8.
K_3: $(x_1 - 1)^2 + (x_2 - 7)^2 + (x_3 - 8)^2 = 64$
Koordinaten des Berührpunkts:
B (1 | 7 | 0), da B in der x_1-x_2-Ebene liegt (also $x_3 = 0$ ist) und senkrecht unter M liegt (also $x_1 = 1$ und $x_2 = 7$ ist); B entsteht durch senkrechte Projektion von M in die x_1-x_2-Ebene.

4. O (0 | 0 | 0); S (9 | 9 | –2); T (4 | –1 | 7)
K: $x_1^2 + x_2^2 + x_3^2 + 6x_1 - 8x_2 - 4x_3 = 140$;
$x_1^2 + 6x_1 + 9 - 9 + x_2^2 - 8x_2 + 16 - 16 + x_3^2 - 4x_3 + 4 - 4 = 140$;
$(x_1 + 3)^2 + (x_2 - 4)^2 + (x_3 - 2)^2 - 9 - 16 - 4 = 140$; $| + 29$
$(x_1 + 3)^2 + (x_2 - 4)^2 + (x_3 - 2)^2 = 13^2$, d. h.
M (–3 | 4 | 2) und r = 13;
$\overrightarrow{OM} = \begin{pmatrix} -3 \\ 4 \\ 2 \end{pmatrix}$; $|\overrightarrow{OM}| = \sqrt{29} < 13$: O liegt innerhalb der Kugel K.
$\overrightarrow{SM} = \begin{pmatrix} -3-9 \\ 4-9 \\ 2-(-2) \end{pmatrix} = \begin{pmatrix} -12 \\ -5 \\ 4 \end{pmatrix}$; $|\overrightarrow{SM}| = \sqrt{185} > 13$: S liegt außerhalb der Kugel K.
$\overrightarrow{TM} = \begin{pmatrix} -3-4 \\ 4-(-1) \\ 2-7 \end{pmatrix} = \begin{pmatrix} -7 \\ 5 \\ -5 \end{pmatrix}$; $|\overrightarrow{TM}| = \sqrt{99} < 13$: T liegt innerhalb der Kugel K.

5. A (4 | −4 | 3); B (−1 | −1 | −1); C (4 | 2 | −5)

$\overrightarrow{AB} = \begin{pmatrix} -1-4 \\ -1-(-4) \\ -1-3 \end{pmatrix} = \begin{pmatrix} -5 \\ 3 \\ -4 \end{pmatrix}$; $|\overrightarrow{AB}| = \sqrt{50} = 5\sqrt{2}$;

$\overrightarrow{CB} = \begin{pmatrix} -1-4 \\ -1-2 \\ -1-(-5) \end{pmatrix} = \begin{pmatrix} -5 \\ -3 \\ 4 \end{pmatrix}$; $|\overrightarrow{CB}| = \sqrt{50} = 5\sqrt{2}$;

Wegen $|\overrightarrow{AB}| = |\overrightarrow{CB}|$ ist das Dreieck ABC gleichschenklig mit Basis [CA].

Wegen $\overrightarrow{AB} \circ \overrightarrow{CB} = (-5) \cdot (-5) + 3 \cdot (-3) + (-4) \cdot 4 = 0$ ist das Dreieck ABC außerdem rechwinklig (mit dem rechten Winkel bei B).

Kugelgleichung in Vektorform:

Da B Mittelpunkt der Kugel ist und A und C auf der Kugel liegen, gilt

$r = |\overrightarrow{AB}| = |\overrightarrow{CB}| = \sqrt{50}$;

K: $\left|\vec{x} - \begin{pmatrix} -1 \\ -1 \\ -1 \end{pmatrix}\right| = \sqrt{50}$

6.

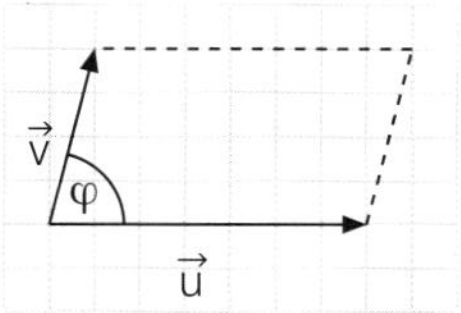

$\vec{u} = \begin{pmatrix} 2 \\ -6 \\ -2 \end{pmatrix}$, $\vec{v} = \begin{pmatrix} 6 \\ 2 \\ -1 \end{pmatrix}$

Flächeninhalt des Parallelogramms:

$\vec{u} \times \vec{v} = \begin{pmatrix} 2 \\ -6 \\ -2 \end{pmatrix} \times \begin{pmatrix} 6 \\ 2 \\ -1 \end{pmatrix} = \begin{pmatrix} (-6) \cdot (-1) - (-2) \cdot 2 \\ (-2) \cdot 6 - 2 \cdot (-1) \\ 2 \cdot 2 - (-6) \cdot 6 \end{pmatrix} = \begin{pmatrix} 10 \\ -10 \\ 40 \end{pmatrix}$

$A_P = |\vec{u} \times \vec{v}| = \sqrt{10^2 + (-10)^2 + 40^2} = \sqrt{1800} = 30\sqrt{2}$

Winkelgröße φ:

$|\vec{u}| = \sqrt{44} = 2\sqrt{11}$;

$|\vec{v}| = \sqrt{41}$;

$|\vec{u} \times \vec{v}| = |\vec{u}| \cdot |\vec{v}| \cdot \sin\varphi$;

$\sin\varphi = \frac{|\vec{u} \times \vec{v}|}{|\vec{u}| \cdot |\vec{v}|} = \frac{30\sqrt{2}}{2\sqrt{11} \cdot \sqrt{41}} = 15\sqrt{\frac{2}{451}}$;

$\varphi \approx 87{,}3°$

7.

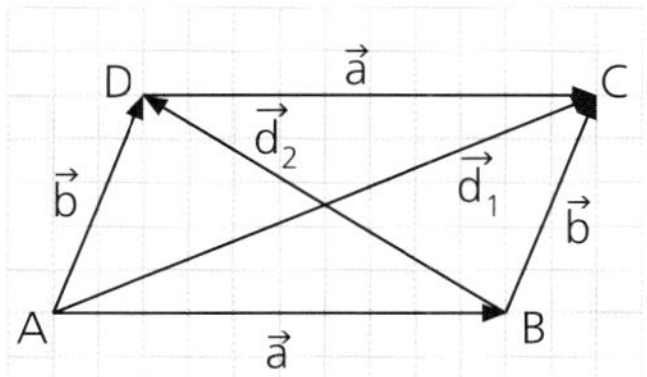

(1) Summe der Quadrate über den vier Seiten:
$|\vec{a}|^2 + |\vec{b}|^2 + |\vec{a}|^2 + |\vec{b}|^2 = 2|\vec{a}|^2 + 2|\vec{b}|^2$

(2) Summe der Quadrate über den Diagonalen:
$|\vec{d}_1|^2 + |\vec{d}_2|^2 =$
$= |\vec{a} + \vec{b}|^2 + |-\vec{a} + \vec{b}|^2 =$
$= |\vec{a}|^2 + 2\vec{a} \circ \vec{b} + |\vec{b}|^2 + |-\vec{a}|^2 - 2\vec{a} \circ \vec{b} + |\vec{b}|^2 =$
$= 2|\vec{a}|^2 + 2|\vec{b}|^2$

Da (1) = (2) ist, folgt die Behauptung.

8. $\vec{a} = \begin{pmatrix} 2 \\ 2 \\ 1 \end{pmatrix}$; $\vec{b} = \begin{pmatrix} -2 \\ 1 \\ 2 \end{pmatrix}$;

$\vec{n} = \begin{pmatrix} 2 \\ 2 \\ 1 \end{pmatrix} \times \begin{pmatrix} -2 \\ 1 \\ 2 \end{pmatrix} = \begin{pmatrix} 3 \\ -6 \\ 6 \end{pmatrix}$;

$\vec{n} \circ \vec{a} = 3 \cdot 2 - 6 \cdot 2 + 6 \cdot 1 = 6 - 12 + 6 = 0$;

$\vec{n} \circ \vec{b} = 3 \cdot (-2) - 6 \cdot 1 + 6 \cdot 2 = -6 - 6 + 12 = 0$ ✓

9. A (2 | −3 | 7); B (1 | 4 | 9), C (−3 | −4 | 5)

a) A′ (2 | −3 | 0); B′ (1 | 4 | 0); C′ (−3 | −4 | 0)

b) $\overrightarrow{AB} = \begin{pmatrix} 1-2 \\ 4-(-3) \\ 9-7 \end{pmatrix} = \begin{pmatrix} -1 \\ 7 \\ 2 \end{pmatrix}$;

$\overrightarrow{AC} = \begin{pmatrix} -3-2 \\ -4-(-3) \\ 5-7 \end{pmatrix} = \begin{pmatrix} -5 \\ -1 \\ -2 \end{pmatrix}$;

$\overrightarrow{AB} \times \overrightarrow{AC} = \begin{pmatrix} -1 \\ 7 \\ 2 \end{pmatrix} \times \begin{pmatrix} -5 \\ -1 \\ -2 \end{pmatrix} = \begin{pmatrix} -12 \\ -12 \\ 36 \end{pmatrix}$;

$|\overrightarrow{AB} \times \overrightarrow{AC}| = \sqrt{1\,584} = 12\sqrt{11}$;

$A_{ABC} = \frac{1}{2} \cdot |\overrightarrow{AB} \times \overrightarrow{AC}| = 6\sqrt{11}$;

$\overrightarrow{A'B'} = \begin{pmatrix} 1-2 \\ 4-(-3) \\ 0-0 \end{pmatrix} = \begin{pmatrix} -1 \\ 7 \\ 0 \end{pmatrix}$;

$\overrightarrow{A'C'} = \begin{pmatrix} -3-2 \\ -4-(-3) \\ 0-0 \end{pmatrix} = \begin{pmatrix} -5 \\ -1 \\ 0 \end{pmatrix}$;

$\overrightarrow{A'B'} \times \overrightarrow{A'C'} = \begin{pmatrix} -1 \\ 7 \\ 0 \end{pmatrix} \times \begin{pmatrix} -5 \\ -1 \\ 0 \end{pmatrix} = \begin{pmatrix} 0 \\ 0 \\ 36 \end{pmatrix}$;

$|\overrightarrow{A'B'} \times \overrightarrow{A'C'}| = 36$;

$A_{A'B'C'} = \frac{1}{2} |\overrightarrow{A'B'} \times \overrightarrow{A'C'}| = 18$;

$\frac{A_{A'B'C'}}{A_{ABC}} = \frac{18}{6\sqrt{11}} = \frac{3}{11}\sqrt{11} \approx 90{,}5\,\%$, d. h.:

Der Flächeninhalt des Dreiecks A′B′C′ ist um etwa 9,5 % kleiner als der Flächeninhalt tdes Dreiecks ABC.

Kapitel 4

Guillaume François Antoine Marquis de l'Hôpital
geb. 1661 in Paris
gest. 1704 in Paris

L'Hôpital gehörte dem französischen Hochadel an, verzichtete aber wegen seiner schlechten Augen auf eine standesgemäße Offizierslaufbahn und wandte sich der Mathematik zu. Er verfolgte die neuen mathematischen Entwicklungen und beteiligte sich erfolgreich am Lösen der damals aktuellen Probleme. Er studierte die Arbeiten von Leibniz zur Differentialrechnung und korrespondierte auch mit Leibniz. Von Johann Bernoulli ließ er sich in die neue Infinitesimalrechnung einführen. 1691/92 schloss er dann mit Johann Bernoulli einen für Wissenschaftler äußerst ungewöhnlichen „Vertrag": Bernoulli verpflichtete sich gegen eine beträchtliche Geldsumme, dem Marquis jeweils seine neuesten Entdeckungen in der Infinitesimalrechnung zu überlassen, aber während l'Hôpitals Lebenszeit über diese Abmachung Stillschweigen zu bewahren. 1696 erschien das weltweit erste Lehrbuch der Differentialrechnung; es war von l'Hôpital verfasst. Dieses Werk *Analyse des infiniment petits* enthält jedoch vor allem Arbeiten von l'Hôpitals Lehrmeister Johann Bernoulli, der sich an die getroffene Abmachung hielt; auch eine in diesem Buch veröffentlichte und nach l'Hôpital benannte Rechenregel für Grenzwerte war von Bernoulli gefunden worden.
Allerdings ist es vor allem den Veröffentlichungen von l'Hôpital zu verdanken, dass die neuen Entwicklungen und Forschungsergebnisse in Frankreich bekannt wurden. Auch ist hervorzuheben, dass die Zusammenfassung und die Darstellung der Materie durch l'Hôpital erfolgt ist. Der in Frankreich sehr angesehene Mathematiker wurde 1699 auf Vorschlag Ludwigs XIV. das erste Ehrenmitglied der Pariser Akademie der Wissenschaften.

Nach l'Hôpitals Tod beanspruchte Johann Bernoulli (ohne die Abmachung zu erwähnen) für einen Teil des Buchs Priorität. Erst viel später, im Jahr 1921, konnte Johann Bernoulli als der wahre Autor des größten Teils von l'Hôpitals Lehrbuch nachgewiesen werden.

Johann Bernoulli
geb. 6.8.1667 in Basel
gest. 1.1.1748 in Basel

Johann Bernoulli war das zehnte Kind eines Basler Ratsherrn und ein jüngerer Bruder des bedeutenden Mathematikers Jakob Bernoulli; er sollte nach dem Wunsch seines Vaters Kaufmann werden. Stattdessen studierte er ab 1683 an der Universität Basel Medizin. Nach Abschluss des Medizinstudiums wandte er sich der Mathematik zu. Sein Bruder Jakob, mit dem er zunächst eng zusammenarbeitete, führte ihn in die neue Analysis ein. 1690 löste Johann Bernoulli das Problem der Kettenlinie. Er arbeitete auf verschiedenen Gebieten der Mathematik, besonders auf dem Gebiet der Analysis; seine Forschungsergebnisse wurden allerdings i. Allg. von l'Hôpital veröffentlicht (s. o.). 1693 begann seine sehr umfangreiche Korrespondenz mit Leibniz. 1695 erhielt er eine Professur in Groningen; 1705 übernahm er nach dem Tod seines Bruders Jakob dessen Mathematiklehrstuhl in Basel, den er bis zu seinem Lebensende innehatte.
Im Prioritätenstreit zwischen Newton und Leibniz ergriff er die Partei Leibniz'. Nach dem Tod von Leibniz war er der Hauptvertreter der Leibniz'schen Infinitesimalrechnung in Europa.

Die Arbeitsgebiete von Johann Bernoulli waren Analysis, Potenzreihen, Differentialgleichungen, Variationsrechnung sowie Mechanik und Hydraulik. Auch löste er (ebenso wie Leibniz, Newton und l'Hôpital) das Brachistochronenproblem. Noch zu Lebzeiten (aber erst nach dem Tod von l'Hôpital) veröffentlichte Johann Bernoulli seine Werke in vier Bänden.

Bedeutende Mathematiker wie Leonhard Euler, Pierre Louis de Maupertuis, Gabriel Cramer und Alexis Clairaut sowie sein Sohn Johann II. Bernoulli zählen zu den Schülern von Johann Bernoulli.

128

Arbeitsaufträge

1. **a)** $s(x) = f(x) + g(x) = x - 1 + x^2 - 1 = x^2 + x - 2 = (x + 2)(x - 1)$;
$s\colon s(x) = x^2 + x - 2$; $D_s = \mathbb{R}$
$p(x) = f(x) \cdot g(x) = (x - 1) \cdot (x^2 - 1) = x^3 - x^2 - x + 1$;
$p\colon p(x) = x^3 - x^2 - x + 1$; $D_p = \mathbb{R}$
$d_1(x) = f(x) - g(x) = x - 1 - x^2 + 1 = -x^2 + x = -x(x - 1)$;
$d_1\colon d_1(x) = -x^2 + x$; $D_{d_1} = \mathbb{R}$
$d_2(x) = g(x) - f(x) = x^2 - 1 - x + 1 = x^2 - x = x(x - 1)$;
$d_2\colon d_2(x) = x^2 - x$; $D_{d_2} = \mathbb{R}$
$q_1(x) = \frac{f(x)}{g(x)} = \frac{x - 1}{x^2 - 1} = \frac{1}{x + 1}$;
$q_1\colon q_1(x) = \frac{1}{x + 1}$; $D_{q_1} = \mathbb{R}\setminus\{-1; 1\}$
$q_2(x) = \frac{g(x)}{f(x)} = \frac{x^2 - 1}{x - 1} = x + 1$;
$q_2\colon q_2(x) = x + 1$; $D_{q_2} = \mathbb{R}\setminus\{1\}$

Funktion	s	p	d_1	d_2	q_1	q_2
Nullstellen	$x_1 = -2$; $x_1 = 1$	$x_1 = -1$; $x_2 = 1$	$x_1 = 0$; $x_2 = 1$	$x_1 = 0$; $x_2 = 1$	–	$x = -1$

b) (1) z. B. $f(x) = x^2 + 2x$; $g(x) = x^2 + 2x + 6$ oder z. B.
$f(x) = 2x^2 + 3$; $g(x) = 4x + 3$
(2) z. B. $f(x) = 4x^2$; $g(x) = x - 2$ oder z. B.
$f(x) = x^3 - x$; $g(x) = x^3 - 4x^2 - 2$
(3) z. B. $f(x) = x^2$; $g(x) = x - 4$ oder z. B.
$f(x) = x$; $g(x) = x^2 - 4x$
(4) z. B. $f(x) = x^2 - 4$; $g(x) = x - 2$ oder z. B.
$f(x) = x^3 + 2x^2$; $g(x) = x^2$

c) $g(f(x)) \neq f(g(x))$
$f_1(g_1(x)) = (3x - 1)^2 = 9x^2 - 6x + 1$ (5. Term)
$f_2(g_2(x)) = \sqrt{x^2 - 1}$ (6. Term)
$f_3(g_3(x)) = 1 + (2 - 3x) = 3 - 3x$ (2. Term)
$g_1(f_1(x)) = 3x^2 - 1$ (4. Term)
$g_2(f_2(x)) = (\sqrt{x})^2 - 1 = x - 1$ (1. Term)
$g_3(f_3(x)) = 2 - 3(1 + x) = -1 - 3x$ (3. Term)

d) Mögliche Funktionsterme sind z. B.
$u(x) = x^2$; $v(x) = x + 4$:
$u(v(x)) = (x + 4)^2 = x^2 + 8x + 16$

2. $h(x) = u(v(x)) =$
$= 4(3x - 5)^2 + 2(3x - 5) =$
$= 36x^2 - 120x + 100 + 6x - 10 =$
$= 36x^2 - 114x + 90$;
$h'(x) = 72x - 114$
$k(x) = v(u(x)) =$
$= 3(4x^2 + 2x) - 5 =$
$= 12x^2 + 6x - 5$;
$k'(x) = 24x + 6 \neq h'(x)$

3. **a)** $(5^2 + 15^2) - (5 + 15)^2 = 250 - 400 = -150$
b) $(\log 10) \cdot (\log 1\,000) + \log (10 \cdot 1\,000) = 1 \cdot 3 + 4 = 7$

4. Individuelle Lösungen

130

- Ja $u(x) = x$; $v(x) = 2x$: $u(v(x)) = v(u(x)) = 2x$
- Mögliches Beispiel:
  $u(x) = 2x$; $v(x) = x - 4$
  $u(v(x)) = 2(x - 4) = 2x - 8$; $v(u(x)) = 2x - 4 \neq u(v(x))$
  $[u(v(x))]' = 2$; $[v(u(x))]' = 2 = [u(v(x))]'$
- $u \circ v = u(v(x)) = x^2 + 2$
  $(u \circ v) \circ w = \left(\frac{2}{x}\right)^2 + 2 = \frac{4}{x^2} + 2$
  $v \circ w = v(w(x)) = \left(\frac{2}{x}\right)^2 = \frac{4}{x^2}$
  $u \circ (v \circ w) = u[v(w(x))] = \frac{4}{x^2} + 2 = (u \circ v) \circ w$

131

L

1.

	$f(x) = u(v(x))$	$g(x) = v(u(x))$
a)	$\frac{1}{2x + 4}$	$\frac{2}{x} + 4$
b)	$\cos[(x + 1)^2]$	$(\cos x + 1)^2$
c)	$\sin(2x^2)$	$[\sin(2x)]^2$
d)	2^{x-1}	$2^x - 1$
e)	$\frac{1}{(\sqrt{2x^2})^2} = \frac{1}{2x^2}$	$\sqrt{2 \cdot \left(\frac{1}{x^2}\right)^2} = \sqrt{\frac{2}{x^4}} = \frac{\sqrt{2}}{x^2}$
f)	$\cos[\pi(x + 2)]$	$\cos(\pi x) + 2$
g)	$2 \cdot (2x^2)^2 = 8x^4$	$8x^4$
h)	$\sqrt{(x^2 + 1) + 1} = \sqrt{x^2 + 2}$	$\sqrt{x^2 + 2}$

2. *Beispiele* für Funktionsterme mit $f(x) = u(v(x))$:

a) $u(x) = x^4$; $v(x) = 1 - x$

b) $u(x) = \log x$; $v(x) = x^2 + 1$

c) $u(x) = x^2$; $v(x) = \frac{x + 1}{x - 1}$

d) $u(x) = \sqrt{x}$; $v(x) = x - 1$

3. $f(x) = u(v(x)) = \sqrt{(x^2 - 4) + 1} = \sqrt{x^2 - 3}$;
$D_f =]-\infty; -\sqrt{3}] \cup [\sqrt{3}; \infty[= \mathbb{R} \setminus]-\sqrt{3}; \sqrt{3}[$;
$-2 \in D_f$; $-\sqrt{3} \in D_f$; $-1 \notin D_f$; $0 \notin D_f$; $1 \notin D_f$; $2 \in D_f$; $3 \in D_f$
$g(x) = v(u(x)) = \left(\sqrt{x + 1}\right)^2 - 4 = x + 1 - 4 = x - 3$:
$-2 \notin D_u$ und deshalb $-2 \notin D_g$
$-\sqrt{3} \notin D_u$ und deshalb $-\sqrt{3} \notin D_g$; die übrigen fünf Zahlen sind Elemente von D_g.

4. a) $f'(x) = 2 \cdot (1 + 3x^2) \cdot 2 \cdot 3x = 12x(1 + 3x^2)$;
$f'(2) = 12 \cdot 2\,(1 + 3 \cdot 4) = 24 \cdot 13 = 312$

b) $f'(x) = 2 \cdot (1 - x^4) \cdot (-4x^3) = -8x^3 \cdot (1 - x^4)$;
$f'(1) = -8 \cdot (1 - 1) = 0$

c) $f'(x) = 2 \cdot (1 + 2x + x^2) \cdot (2 + 2x) = 4 \cdot (1 + x)^2 \cdot (1 + x) = 4 \cdot (1 + x)^3$;
$f'(-1) = 4 \cdot (1 + (-1))^3 = 0$

d) $f'(x) = 2 \cdot (1 - 5x) \cdot (-5) = -10 \cdot (1 - 5x)$;
$f'(0) = -10 \cdot (1 - 0) = -10$

e) $f'(x) = 2 \cdot (x^5 + 1) \cdot 5x = 10x^4(1 + x^5)$;
$f'(-1) = 10 \cdot (1 + (-1)) = 0$

f) $f'(x) = 2 \cdot [x - (3x)^2] \cdot (1 - 2 \cdot 3x \cdot 3) = (2 - 36x) \cdot (x - 9x^2)$;
$f'(2) = (2 - 72) \cdot (2 - 9 \cdot 4) = -70 \cdot (-34) = 2\,380$

g) $f'(x) = 2 \cdot \left(2x + \frac{1}{4x}\right) \cdot \left(2 - \frac{4}{(4x)^2}\right) = \left(4x + \frac{1}{2x}\right) \cdot \left(2 - \frac{1}{4x^2}\right)$;
$f'(0{,}5) = \left(4 \cdot 0{,}5 + \frac{1}{2 \cdot 0{,}5}\right) \cdot \left(2 - \frac{1}{4 \cdot (0{,}5)^2}\right) = 3 \cdot 1 = 3$

h) $f'(x) = -2 \cdot (1 + 4x)^{-3} \cdot 4 = -\frac{8}{(1 + 4x)^3}$;
$f'(0{,}5) = -\frac{8}{(1 + 4 \cdot 0{,}5)^3} = -\frac{8}{27}$;

i) $f'(x) = 2 \cdot \left(\frac{2x + 1}{1 - 4x}\right) \cdot \frac{(1 - 4x) \cdot 2 - (2x + 1) \cdot (-4)}{(1 - 4x)^2} = \frac{4x + 2}{1 - 4x} \cdot \frac{2 - 8x + 8x + 4}{(1 - 4x)^2}$;
$= \frac{(4x + 2) \cdot 6}{(1 - 4x)^3} = \frac{24x + 12}{(1 - 4x)^3}$
$f'(-0{,}5) = \frac{24 \cdot (-0{,}5) + 12}{(1 - 4 \cdot (-0{,}5))^3} = 0$

j) $f'(x) = -4 \cdot (9 - x^2)^2 + (2 - 4x) \cdot 2 \cdot (9 - x^2) \cdot (-2x)$
$= (9 - x^2) \cdot [-36 + 4x^2 - 8x + 16x^2]$
$= (9 - x^2) \cdot (20x^2 - 8x - 36)$;
$f'(3) = (9 - 9) \cdot (20 \cdot 9 - 8 \cdot 9 - 36) = 0$

k) $f'(x) = 4 \cdot (1 + x^2)^3 \cdot 2x = 8x(1 + x^2)^3$;
$f'(2) = 8 \cdot 2\,(1 + 4)^3 = 16 \cdot 125 = 2\,000$

l) $f'(x) = n \cdot (4 - x)^{n-1} \cdot (-1) = -n \cdot (4 - x)^{n-1}$;
$f'(4) = -n \cdot (4 - 4)^{n-1} = 0$

m) $f'(x) = \frac{(x^2 + 1)^3 \cdot 1 - x \cdot 3 \cdot (x^2 + 1)^2 \cdot 2x}{(x^2 + 1)^6} = \frac{x^2 + 1 - 6x^2}{(x^2 + 1)^4} = \frac{1 - 5x^2}{(x^2 + 1)^4}$;
$f'(0) = \frac{1 - 5 \cdot 0}{(0 + 1)^4} = 1$

n) $f'(x) = 2 \cdot \left(\frac{1 - x}{1 + x^2}\right) \cdot \frac{(1 + x^2) \cdot (-1) - (1 - x) \cdot 2x}{(1 + x^2)^2} = \frac{2 - 2x}{1 + x^2} \cdot \frac{-1 + x^2 - 2x}{(1 + x^2)^2}$
$= \frac{(2 - 2x) \cdot (x^2 - 2x - 1)}{(1 + x^2)^3}$;
$f'(0) = \frac{(2 - 0) \cdot (-1)}{(1 + 0)^3} = -2$

o) $f'(x) = -\frac{4 \cdot 2 \cdot (4 + x^2) \cdot 2x}{(4 + x^2)^4} = -\frac{16x}{(4 + x^2)^3}$;
$f'(-2) = \frac{32}{(4 + 4)^3} = \frac{32}{512} = \frac{1}{16}$

p) $f'(x) = 2 \cdot \left(\frac{1 + x^2}{1 - x}\right) \cdot \frac{(1 - x) \cdot 2x - (1 + x^2) \cdot (-1)}{(1 - x)^2} = \frac{2 + 2x^2}{1 - x} \cdot \frac{2x - 2x^2 + 1 + x^2}{(1 - x)^2}$
$= \frac{(2 + 2x^2) \cdot (-x^2 + 2x + 1)}{(1 - x)^3}$;
$f'(-1) = \frac{(2 + 2) \cdot (-1 - 2 + 1)}{(1 + 1)^3} = \frac{-8}{8} = -1$

5. a) $f(x) = u(v(x)) = (x^3)^2 + 1 = x^6 + 1$;
$g(x) = v(u(x)) = (x^2 + 1)^3$;
$g'(x) = 3 \cdot (x^2 + 1)^2 \cdot 2x = 6x \cdot (x^2 + 1)^2$;
$g''(x) = 6 \cdot (x^2 + 1)^2 + 6x \cdot 2(x^2 + 1) \cdot 2x = (x^2 + 1) \cdot (6x^2 + 6 + 24x^2)$
$= (x^2 + 1) \cdot (30x^2 + 6)$

$u(x) = x^2 + 1$	$v(x) = x^3$	$f(x) = x^6 + 1$	$g(x) = (x^2 + 1)^3$
$u'(x) = 2x$	$v'(x) = 3x^2$	$f'(x) = 6x^5$	$g'(x) = 6x \cdot (x^2 + 1)^2$
$u''(x) = 2$	$v''(x) = 6x$	$f''(x) = 30x^4$	$g''(x) = (x^2 + 1) \cdot (30x^2 + 6)$

Symmetrie:
$u(-x) = (-x)^2 + 1 = x^2 + 1 = u(x)$ — G_u ist symmetrisch zur y-Achse
$v(-x) = (-x)^3 = -x^3 = -v(x)$ — G_v ist punktsymmetrisch zum Ursprung
$f(-x) = (-x)^6 + 1 = x^6 + 1 = f(x)$ — G_f ist symmetrisch zur y-Achse
$g(-x) = [(-x)^2 + 1]^3 = (x^2 + 1)^3 = g(x)$ — G_g ist symmetrisch zur y-Achse

Extrempunkte:

$u'(x) = 2x = 0;\ x = 0$

$u''(0) = 2 > 0;$ T (0 | 1) (Tiefpunkt)

$v'(x) = 3x^2 = 0;\ x = 0$

$v''(0) = 6 \cdot 0 = 0;$ W (0 | 0) (Terrassenpunkt)

$f'(x) = 6x^5 = 0;\ x = 0$

$f''(0) = 30 \cdot 0 = 0;$ T (0 | 1) (Tiefpunkt)

$g'(x) = 6x \cdot (x^2 + 1)^2 = 0;\ \ x = 0$

$g''(0) = 1 \cdot 6 = 6 > 0$ T (0 | 1) (Tiefpunkt)

b)

$u(x) = x^5$	$v(x) = \lvert x \rvert = \begin{cases} x;\ x \geqq 0 \\ -x;\ x < 0 \end{cases}$	$f(x) = \lvert x \rvert^5 = \begin{cases} x^5;\ x \geqq 0 \\ -x^5;\ x < 0 \end{cases}$	$g(x) = \lvert x \rvert^5 = \begin{cases} x^5;\ x \geqq 0 \\ -x^5;\ x < 0 \end{cases}$
$u'(x) = 5x^4$	$v'(x) = \begin{cases} 1 \text{ für } x > 0 \\ -1 \text{ für } x < 0 \end{cases}$	$f'(x) = \begin{cases} 5x^4 \text{ für } x > 0 \\ -5x^4 \text{ für } x < 0 \end{cases}$	$g'(x) = f'(x)$
$u''(x) = 20x^3$	$v''(x) = 0 \text{ für } x \neq 0$	$f''(x) = \begin{cases} 20x^3 \text{ für } x > 0 \\ -20x^3 \text{ für } x < 0 \end{cases}$	$g''(x) = f''(x)$

Symmetrie:

$u(-x) = (-x)^5 = -x^5 = -u(x)$ G_u ist punktsymmetrisch zum Ursprung.

$v(-x) = \lvert(-x)\rvert = \lvert x \rvert = v(x)$ G_v ist achsensymmetrisch zur y-Achse.

$f(-x) = \lvert(-x)\rvert^5 = f(x)$ G_f ist achsensymmetrisch zur y-Achse.

$g(-x) = \lvert(-x)^5\rvert = \lvert -x^5 \rvert = \lvert x^5 \rvert = g(x)$ G_g ist achsensymmetrisch zur y-Achse.

Extrempunkte:

$u'(x) = 5x = 0;\ x = 0$ W (0 | 0) Terrassenpunkt

$u''(0) = 0$

T (0 | 0) ist Tiefpunkt von G_v, G_f und G_g.

c)

$u(x) = x + 1$	$v(x) = x^2 - 2x - 1$	$f(x) = x^2 - 2x$	$g(x) = x^2 - 2$
$u'(x) = 1$	$v'(x) = 2x - 2$	$f'(x) = 2x - 2$	$g'(x) = 2x$
$u''(x) = 0$	$v''(x) = 2$	$f''(x) = 2$	$g''(x) = 2$

Symmetrie:

$u(-x) = -x + 1$

$v(-x) = (-x)^2 - 2 \cdot (-x) - 1 = x^2 + 2x - 1$

$f(-x) = (-x)^2 - 2 \cdot (-x) = x^2 + 2x$

$g(-x) = 2(-x)^2 - 1 = 2x^2 - 1 = g(x)$

Von den vier Graphen G_u, G_v, G_f und G_g ist keiner punktsymmetrisch zum Ursprung und nur G_g symmetrisch zur y-Achse.

Extrempunkte:

$v'(x) = 2x - 2 = 0;\ x = 1$

$v''(1) = 2 > 0;$ T_1 (1 | −2) (Tiefpunkt)

$f'(x) = 2x - 2 = 0;\ x = 1$

$f''(1) = 2 > 0;$ T_2 (1 | −1) (Tiefpunkt)

$g'(x) = 2x = 0;\ x = 0$

$g''(x) = 2 > 0;$ T_3 (0 | −2) (Tiefpunkt)

d)

$u(x) = x^{2n}$	$v(x) = x^{2n+1}$	$f(x) = x^{4n^2+2n}$	$g(x) = x^{4n^2+2n}$
$u'(x) = 2n \cdot x^{2n-1}$	$v'(x) = (2n+1) \cdot x^{2n}$	$f'(x) = (4n^2+2n) \cdot x^{4n^2+2n-1}$	$g'(x) = f'(x)$
$u''(x) = (4n^2 - 2n) \cdot x^{2n-2}$	$v''(x) = (4n^2+2n) \cdot x^{2n-1}$	$f''(x) = (16n^4 + 16n^3 - 2n) \cdot x^{4n^2+2n-2}$	$g''(x) = f''(x)$

Symmetrie:

$u(-x) = (-x)^{2n} = x^{2n} = u(x)$ G_u ist symmetrisch zur y-Achse.

$v(-x) = (-x)^{2n+1} = -x^{2n+1} = -v(x)$ G_v ist punktsymmetrisch zum Ursprung.

$f(-x) = (-x)^{4n^2+2n} = (-x)^{2 \cdot (2n^2+n)} = x^{4n^2+2n} = f(x)$ G_f ist symmetrisch zur y-Achse.

$g(-x) = (-x)^{4n^2+2n} = x^{4n^2+2n} = g(x)$ G_g ist symmetrisch zur y-Achse.

Funktion	u	v	f	g
$-\infty < x < 0$:	$u'(x) < 0$	$v'(x) > 0$	$f'(x) < 0$	$g'(x) < 0$
$x = 0$	$u'(x) = 0$	$v'(x) = 0$	$f'(x) = 0$	$g'(x) = 0$
$0 < x < \infty$	$u'(x) > 0$	$v'(x) > 0$	$f'(x) > 0$	$g'(x) > 0$
Der Graph hat einen	Tiefpunkt T (0 I 0)	Terrassenpunkt W (0 I 0)	Tiefpunkt T (0 I 0)	

Es fällt auf, dass sich die Achsensymmetrie bezüglich der y-Achse bei der Verkettung „durchsetzt".

6. a) Nullstellen:

$f(x) = \left(\frac{x+2}{x}\right)^2 = 0;\quad \frac{x+2}{x} = 0;\quad x + 2 = 0;\quad x = -2$

Verhalten für $x \to 0$ bzw. $x \to \pm\infty$:

$\lim\limits_{x \to 0} \left(\frac{x+2}{x}\right)^2 = +\infty$

G_f besitzt eine senkrechte Asymptote a_1: $x = 0$.

$\lim\limits_{x \to \pm\infty} \left(\frac{x+2}{x}\right)^2 = \lim\limits_{x \to \pm\infty} \left(1 + \frac{2}{x}\right)^2 = 1$

G_f besitzt eine waagrechte Asymptote a_2: $y = 1$.

Schnittpunkt S von G_f und a_2:

$\left(\frac{x+2}{x}\right)^2 = 1$

$\frac{x+2}{x} = \pm 1$

$x + 2 = \pm x$

$x + 2 = x \qquad x + 2 = -x$

$2 = 0$ (f) $\qquad 2x = -2$

$x = -1$; S(−1 I 1)

b) Extrempunkte:

$f'(x) = 2 \cdot \left(\frac{x+2}{x}\right) \cdot \frac{x \cdot 1 - (x+2) \cdot 1}{x^2} = \frac{2x+4}{x} \cdot \frac{x - x - 2}{x^2} = \frac{-4x-8}{x^3}$

$f'(x) = \frac{-4x-8}{x^3} = 0$

$-4x - 8 = 0$

$-4x = 8$

$x = -2$; E (−2 I 0)

x	$-\infty < x < -2$	$x = -2$	$-2 < x < 0$
f'(x)	$f'(x) < 0$	$f'(x) = 0$	$f'(x) > 0$
Vorzeichenwechsel von f'(x)	–	von – nach +	–
Der Graph G_f hat einen		Tiefpunkt E (−2 I 0)	

c) Für jeden Wert von $x \in D_f$ gilt $f(x) = \left(\frac{x+2}{x}\right)^2 \geqq 0$: G_f verläuft nicht durch den III. und nicht durch den IV. Quadranten. G_f verläuft durch den I. und den II. Quadranten.

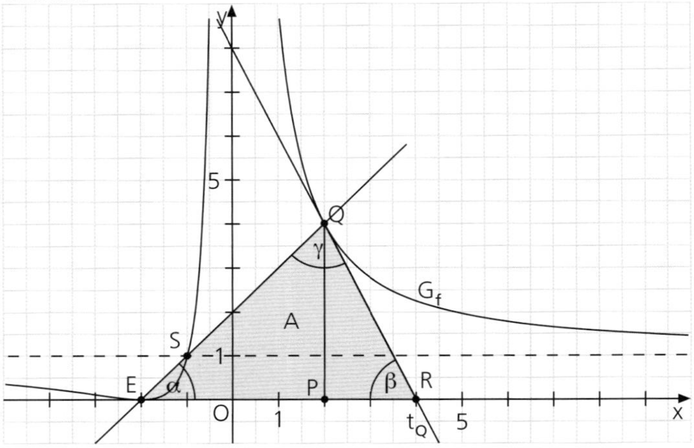

d) Tangente t_Q:
$Q\,(2 \mid 4)$ allgemein $y = m \cdot x + t$
$m = f'(2) = \frac{-4 \cdot 2 - 8}{8} = -2$
t_Q: $y = -2x + 8$. Schnittpunkt mit der x-Achse: $y = 0$; $x_R = 4$
$P\,(2 \mid 0)$; $E\,(-2 \mid 0)$; $Q\,(2 \mid 4)$; $R\,(4 \mid 0)$
Dreiecksfläche:
$A = \frac{1}{2} \cdot g \cdot h = \frac{1}{2} \cdot \overline{ER} \cdot \overline{PQ} = \frac{1}{2} \cdot 6 \cdot 4 = 12$
Dreiecksumfangslänge:
$U = \overline{ER} + \overline{RQ} + \overline{QE}$
$\overline{ER} = 6$
$(\overline{RQ})^2 = (\overline{QP})^2 + (\overline{PR})^2 = 4 + 16 = 20$
$\overline{RQ} = \sqrt{20} = 2\sqrt{5}$
$(\overline{QE})^2 = (\overline{EP})^2 + (\overline{PQ})^2 = 16 + 16 = 32$
$\overline{QE} = \sqrt{32} = 4\sqrt{2}$
$U = 6 + 2\sqrt{5} + 4\sqrt{2} \approx 16{,}1$
Größe des kleinsten Innenwinkels φ:
$\tan\alpha = \frac{\overline{QP}}{\overline{EP}} = \frac{4}{4} = 1$; $\alpha = 45°$
$\tan\beta = \frac{\overline{QP}}{\overline{PR}} = \frac{4}{2} = 2$; $\beta \approx 63{,}4°$
$\alpha + \beta + \gamma = 180°$; $\gamma \approx 71{,}6°$
kleinster Innenwinkel: $\varphi = \alpha = 45°$

e) $E\,(-2 \mid 0)$, $R\,(4 \mid 0)$, $Q\,(2 \mid 4)$

$x_{S^*} = 1$

Parabel P: $y = a(x-1)^2 + b$
$E \in P$: $0 = a(-3)^2 + b$; $\quad b + 9a = 0$ (1)
$Q \in P$: $4 = a \cdot 1^2 + b$ $\quad b + a = 4$ (2)
(2) – (1) $-8a = 4$;
$a = -\frac{1}{2}$ eingesetzt in (1)
$b - 4{,}5 = 0$; $b = 4{,}5$
P: $y = -\frac{1}{2}(x-1)^2 + 4{,}5$
$S^*\,(1 \mid 4{,}5)$

W

W1 f_1: $x - 1 = 0$; $x = 1$; $D_{f_1} = \mathbb{R}\backslash\{1\}$
f_2: $x + 2 \geqq 0$; $x \geqq -2$; $D_{f_2} = [-2; \infty[$
f_3: $x^2 - 1 > 0$; $x > 1 \lor x < -1$; $D_{f_3} =]-\infty; -1[\cup]1; \infty[$
$x \in [-2; -1[\cup]1; \infty[$

W2 $P(x) = (x-1)^2 + 5$; $S_P\,(1 \mid 5)$
$P^*(x) = x^2 + 2x + 1 - 1 - 5 = (x+1)^2 - 6$; $S_{P^*}\,(-1 \mid -6)$
Verschiebungsvektor: $\begin{pmatrix} -1-1 \\ -6-5 \end{pmatrix} = \begin{pmatrix} -2 \\ -11 \end{pmatrix}$

W3 Bogenmaß x eines Winkels α:
Maßzahl der zum Mittelpunktswinkel α gehörenden Bogenlänge am Einheitskreis:
$x = \frac{\pi \cdot \alpha}{180°}$

132

Arbeitsaufträge

1. a) 1. Schritt: Zeichnen der Sinuskurve (G_{f_1})
2. Schritt: Verschieben von G_{f_1} in Richtung der x-Achse um $\frac{\pi}{3}$ nach links (G_{f_2})
3. Schritt: Spiegeln von G_{f_2} an der x-Achse (G_{f_3})
4. Schritt: Strecken von G_{f_3} in Richtung der y-Achse mit dem Faktor 2 (G_{f_4})
5. Schritt: Verschieben von G_{f_4} in Richtung der y-Achse um 1 nach oben ($G_{f_5} = G_f$)

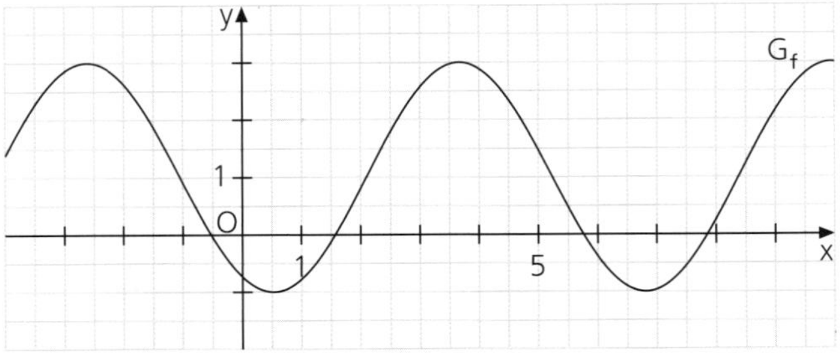

b) 1. Schritt: Zeichnen der Kosinuskurve (G_{g_1})
2. Schritt: Verschieben von G_{g_1} in Richtung der x-Achse um $\frac{\pi}{6}$ nach rechts (G_{g_2})
3. Schritt: Strecken von G_{g_2} in Richtung der y-Achse mit dem Faktor 3 (G_{g_3})
4. Schritt: Verschieben von G_{g_3} in Richtung der y-Achse um 2 nach unten ($G_{g_4} = G_g$)

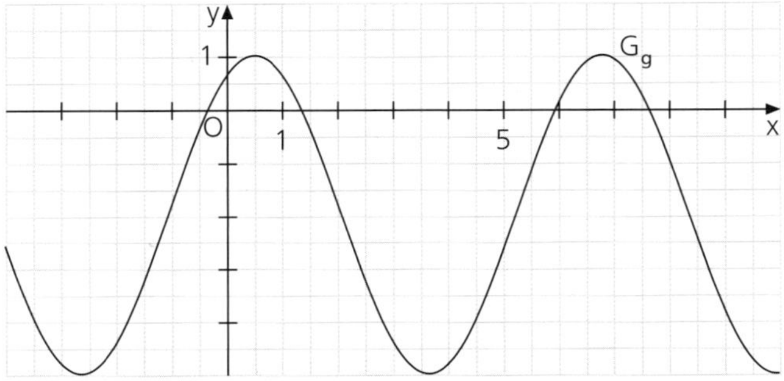

2.

a	b	c	d
④	③	①	②
Die einzige Funktion mit dem Funktionswert 1 an der Stelle x = 0	Die einzige Funktion mit der Periodenlänge $\frac{\pi}{2}$	Die einzige Funktion mit dem Funktionswert −2 an der Stelle x = 0	Die einzige Funktion mit der Wertemenge [1; 2]

3.

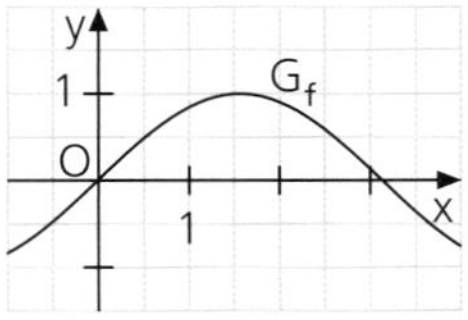

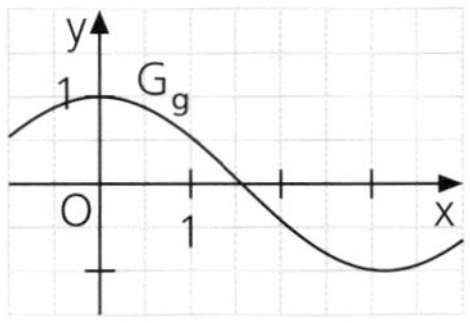

x_0	0	$\frac{\pi}{10}$	$\frac{\pi}{6}$	$\frac{\pi}{4}$	$\frac{\pi}{3}$
$f'(x_0)$	1,00	0,95	0,87	0,71	0,50
$g'(x_0)$	0,00	−0,31	−0,50	−0,71	−0,87

x_0	$\frac{\pi}{2}$	$\frac{2\pi}{3}$	$\frac{3\pi}{4}$	$\frac{5\pi}{6}$	$\frac{9\pi}{10}$	π
$f'(x_0)$	0,00	−0,50	−0,71	−0,87	−0,95	−1,00
$g'(x_0)$	−1,00	−0,87	−0,71	−0,50	−0,31	0,00

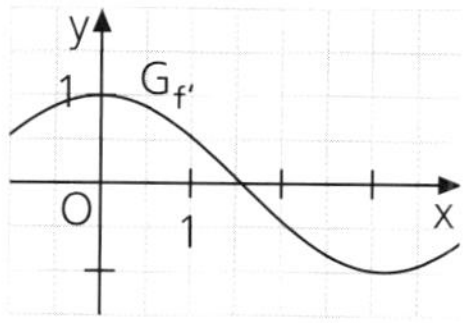

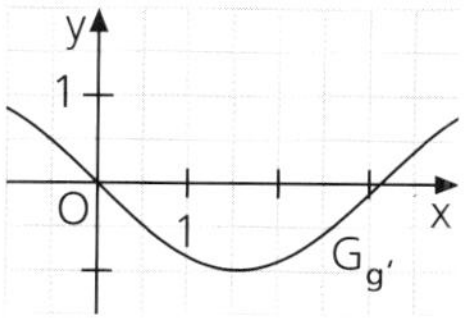

Es fällt auf, dass $G_{f'}$ ähnlich aussieht wie G_g und $G_{g'}$ ähnlich wie G_{f^*} mit $f^*(x) = -f(x)$;
es könnte also $(\sin x)' = \cos x$ und $(\cos x)' = -\sin x$ sein.

4. Bei $B_1(t)$, also in Ruhe, nimmt der Blutdruck z. B. zu den Zeitpunkten 0 s, 1 s; 2 s; 3 s (bzw. 0,5 s; 1,5 s; 2,5 s) besonders stark zu (bzw. ab);
bei $B_2(t)$, also nach dem Sprint, nimmt er z. B. zu den Zeitpunkten 0 s; 0,5 s; 1 s; 1,5 s (bzw. 0,25 s; 0,75 s; 1,25 s) besonders stark zu (bzw. ab).

■ $f(x) = \sin x \quad = f^{(4)}(x) = f^{(8)}(x) = \ldots = f^{(2003)}(x) = \ldots$
$f'(x) = \cos x \quad = f^{(5)}(x) = f^{(9)}(x) = \ldots = f^{(2003)}(x) = \ldots$
$f''(x) = -\sin x \quad = f^{(6)}(x) = f^{(10)}(x) = \ldots = f^{(2010)}(x) = \ldots$
$f'''(x) = -\cos x \quad = f^{(7)}(x) = f^{(11)}(x) = \ldots$

■ $g(x) = \cos x \quad = g^{(4)}(x) = g^{(8)}(x) = \ldots$
$g'(x) = -\sin x \quad = g^{(5)}(x) = g^{(9)}(x) = \ldots$
$g''(x) = -\cos x \quad = g^{(6)}(x) = g^{(10)}(x) = \ldots$
$g'''(x) = \sin x \quad = g^{(7)}(x) = g^{(11)}(x) = \ldots$

$$g^{(n)}(x) = \begin{Bmatrix} -\sin x & \text{für } n = 4k+1 \\ -\cos x & \text{für } n = 4k+2 \\ \sin x & \text{für } n = 4k+3 \\ \cos x & \text{für } n = 4k+4 \end{Bmatrix};\ k \in \mathbb{N}_0$$

■ $h(x) = \sin x$;
$h'(x) = (\sin x)' = \cos x$
$W_{h'} = [-1; 1]$; kleinster Wert: −1; größter Wert: 1

L

1. a) $y' = -\sin(x-3)$
b) $y' = \cos(x^2) \cdot 2x = 2x \cdot \cos(x^2)$
c) $y' = \cos x \cdot \cos x + \sin x \cdot (-\sin x) = (\cos x)^2 - (\sin x)^2$
d) $y' = 2 \cdot \sin x \cdot \cos x$
e) $y' = 2 \cdot \cos x \cdot (-\sin x) = -2\sin x \cdot \cos x$
f) $y' = -\sin(ax+b) \cdot a = -a \cdot \sin(ax+b)$
g) $y' = 2x \cdot \sin x + x^2 \cdot \cos x$
h) $y = (\cos x)^2 \cdot (\cos x)^2 = (\cos x)^4$;
$y' = 4(\cos x)^3 \cdot (-\sin x) = -4\sin x \cdot (\cos x)^3$
i) $y = 1$; $y' = 0$
j) $y = x^3 + x^2 \cdot (-1) + x(-1) + \frac{1}{2}\sqrt{2} = x^3 - x^2 - x + \frac{1}{2}\sqrt{2}$;
$y' = 3x^2 - 2x - 1$

k) $y' = \frac{\sin x \cdot (-\sin x) - \cos x \cdot \cos x}{(\sin x)^2} = -\frac{(\sin x)^2 + (\cos x)^2}{(\sin x)^2} = -\frac{1}{(\sin x)^2}$

l) $y' = 2 \cdot [1 - \sin(2x)] \cdot [-\cos(2x)] \cdot 2 = -4\,[1 - \sin(2x)] \cdot \cos(2x)$

m) $y = (\sin x)^2 \cdot \sin x - (\sin x)^3 = 0;$
$y' = 0$

n) $y' = \frac{\sin x - x \cdot \cos x}{(\sin x)^2}$

o) $y' = \left(-\sin\frac{1}{x}\right) \cdot \left(-\frac{1}{x^2}\right) = \frac{1}{x^2} \cdot \sin\frac{1}{x}$

p) $y' = \cos\left(\frac{\pi}{3} \cdot x\right) \cdot \frac{\pi}{3} = \frac{\pi}{3} \cdot \cos\left(\frac{\pi}{3} \cdot x\right)$

q) $y' = \frac{\cos x \cdot \cos x - \sin x \cdot (-\sin x)}{(\cos x)^2} = \frac{(\cos x)^2 + (\sin x)^2}{(\cos x)^2} = \frac{1}{(\cos x)^2}$

2. a) $y' = \cos x;\ G = [0;\ 2\pi]$
$\cos x = 0$
$x_1 = \frac{\pi}{2} \in G;\ x_2 = \frac{3\pi}{2} \in G$ $\qquad L = \{\frac{\pi}{2};\ \frac{3\pi}{2}\}$

b) $y' = 1 + \sin x;\ G = [-2\pi;\ 2\pi[$
$1 + \sin x = 0;\ \sin x = -1$
$x_1 = -\frac{\pi}{2} \in G;\ x_2 = \frac{3\pi}{2} \in G$ $\qquad L = \{-\frac{\pi}{2};\ \frac{3\pi}{2}\}$

c) $y' = -\sin(2x) - 1;\ G = [-\pi;\ \pi[$
$-\sin(2x) - 1 = 0;\ \sin(2x) = -1;$
$x_1 = -\frac{\pi}{4} \in G;\ x_2 = \frac{3\pi}{4} \in G$ $\qquad L = \{-\frac{\pi}{4};\ \frac{3\pi}{4}\}$

d) $y' = \frac{\pi}{4} \cdot \sin\left(\frac{\pi}{4} \cdot x\right);\ G =]-6;\ 6[$
$\frac{\pi}{4} \cdot \sin\left(\frac{\pi}{4} \cdot x\right) = 0;\ \sin\left(\frac{\pi}{4} \cdot x\right) = 0$
$x_1 = -4 \in G;\ x_2 = 0 \in G;\ x_3 = 4 \in G;$ $\qquad L = \{-4;\ 0;\ 4\}$

e) $y' = \frac{\pi}{3} \cdot \cos\left(\frac{\pi}{6} \cdot x\right);\ G = [0;\ 12]$
$\frac{\pi}{3} \cdot \cos\left(\frac{\pi}{6} \cdot x\right) = 0;\ \cos\left(\frac{\pi}{6} \cdot x\right) = 0$
$x_1 = 3 \in G;\ x_2 = 9 \in G;$ $\qquad L = \{3;\ 9\}$

f) $y' = 4 \cdot \frac{4}{\pi} \sin\left(\frac{4}{\pi} \cdot x\right) = \frac{16}{\pi} \sin\left(\frac{4}{\pi} \cdot x\right);\ G = [-2;\ 2];$
$x_1 = 0;\ x_{2,3} = \pm\frac{\pi^2}{4} \notin G;$ $\qquad L = \{0\}$

135

3. a) $f(x) = \sin x;\ f'(x) = \cos x;\ D_f =]-1{,}6\pi;\ 1{,}6\pi[$
(1) $\cos x = 0;\ x = \frac{(2k+1)\pi}{2};\ k \in \mathbb{Z};$
$x_1 = -\frac{3}{2}\pi;\ x_2 = -\frac{\pi}{2};\ x_3 = \frac{\pi}{2};\ x_4 = \frac{3}{2}\pi$
$f''(x) = -\sin x$
$f''\left(-\frac{3}{2}\pi\right) = -1 < 0$
$f''\left(-\frac{\pi}{2}\right) = 1 > 0$
$f''\left(\frac{\pi}{2}\right) = -1 < 0$
$f''\left(\frac{3}{2}\pi\right) = 1 > 0$

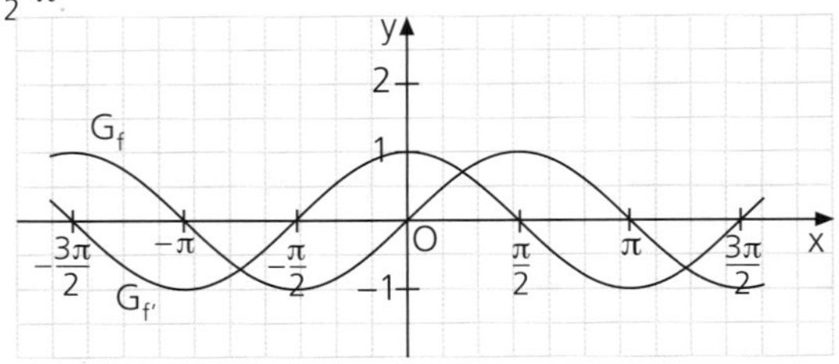

G_f hat zwei Hochpunkte $H_1\ (-\frac{3}{2}\pi \mid 1)$ und $H_2\ (\frac{\pi}{2} \mid 1)$ sowie zwei Tiefpunkte $T_1\ (-\frac{\pi}{2} \mid -1)$ und $T_2\ (\frac{3}{2}\pi \mid -1)$.
(2) $\cos x = 1;\ x = 2k\pi;\ k \in \mathbb{Z};\ x_5 = 0$: $P\ (0 \mid 0)$

b) $f(x) = \cos(2x);\ f'(x) = -2 \cdot \sin(2x);\ D_f =]-2;\ 2[$
(1) $-2 \cdot \sin(2x) = 0;\ 2x = k \cdot \pi;\ k \in \mathbb{Z};\ x = \frac{k\pi}{2};$
$x_1 = -\frac{\pi}{2};\ x_2 = 0;\ x_3 = \frac{\pi}{2}$
$f''(x) = -4\cos(2x);$
$f''\left(-\frac{\pi}{2}\right) = 4 > 0;\ f\left(-\frac{\pi}{2}\right) = -1;$
$f''(0) = -4 < 0;\ f(0) = 1$

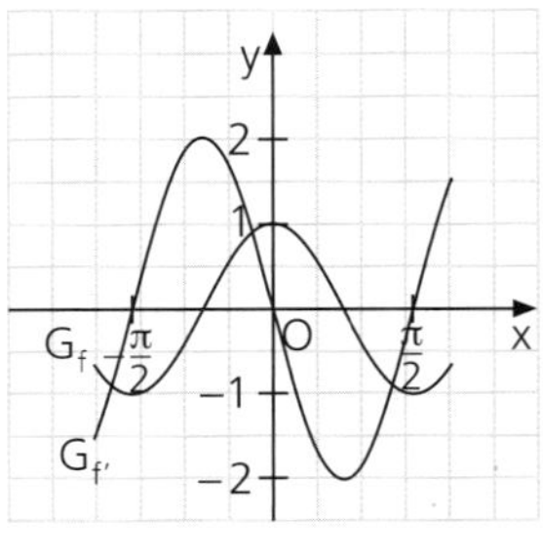

$f''\left(\frac{\pi}{2}\right) = -4 > 0;\ f\left(\frac{\pi}{2}\right) = -1$

G_f hat zwei Tiefpunkte $T_1\ (-\frac{\pi}{2}\ |\ -1)$ und $T_2\ (\frac{\pi}{2}\ |\ -1)$ sowie einen Hochpunkt H (0 | 1).

(2) $-2\sin(2x) = 1;\ \sin 2x = -\frac{1}{2};$

$x_4 = -\frac{\pi}{12};\ x_5 = -\frac{\pi}{12} + \pi = \frac{11}{12}\pi$

An den Stellen $-\frac{5}{12}\pi$ und $-\frac{\pi}{12}$ und $\frac{7}{12}\pi$ hat G_f eine Tangente mit der Steigung 1.

c) $f(x) = \frac{\sin x}{\cos x};\ f'(x) = \frac{1}{(\cos x)^2};\ D_f =]-\frac{\pi}{2};\ \frac{\pi}{2}[$

(1) $\frac{1}{(\cos x)^2} = 0$; G_f hat keinen Extrempunkt.

(2) $\frac{1}{(\cos x)^2} = 1;\ \cos x = \pm 1;\ x = 0 \in D_f$

Im Ursprung hat G_f eine Tangente mit der Steigung 1.

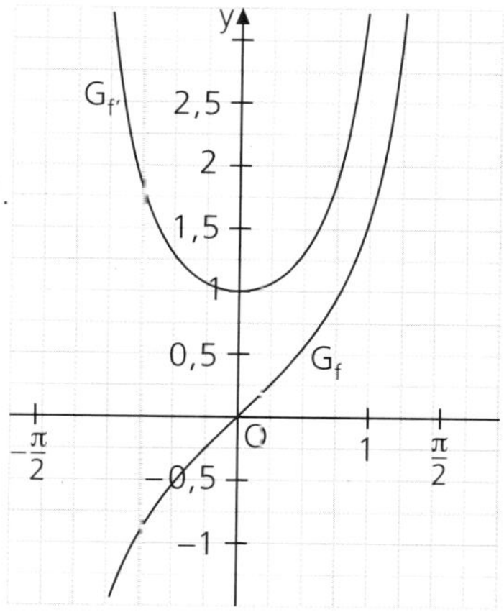

d) $f(x) = 0{,}5 \cdot \cos\left(2x + \frac{\pi}{6}\right);\ f'(x) = -\sin\left(2x + \frac{\pi}{6}\right);\ D_f =]-\pi;\ \pi[$

(1) $-\sin\left(2x + \frac{\pi}{6}\right) = 0;\ 2x + \frac{\pi}{6} = k\pi;\ k \in \mathbb{Z};\ x = \frac{(6k-1)\pi}{12};$

(2) $\sin\left(2x + \frac{\pi}{6}\right) = -1;\ 2x + \frac{\pi}{6} = -\frac{\pi}{2};\ 2x + \frac{\pi}{6} = \frac{3\pi}{2};$

$x_5 = -\frac{\pi}{3};\ x_6 = \frac{2\pi}{3}$

an den Stellen $x_5 = -\frac{\pi}{3}$ und $x_6 = \frac{2\pi}{3}$ hat G_f eine Tangente mit der Steigung 1.

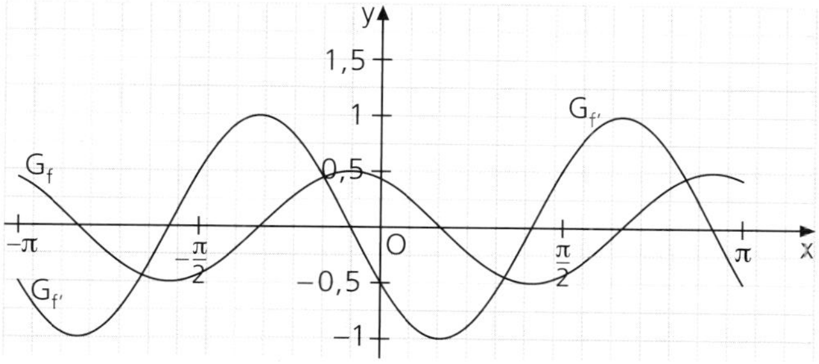

$x_1 = -\frac{\pi}{12};\ x_2 = \frac{5}{12}\pi;\ x_3 = -\frac{7}{12}\pi;\ x_4 = \frac{11}{12}\pi$

$f''(x) = -2\cos\left(2x + \frac{\pi}{6}\right)$

$f''\left(-\frac{\pi}{12}\right) = -2 < 0;\ f\left(-\frac{\pi}{12}\right) = 0{,}5;$

$f''\left(\frac{5}{12}\pi\right) = 2 > 0;\ f\left(\frac{5}{12}\pi\right) = -0{,}5;$

$f''\left(-\frac{7}{12}\pi\right) = 2 > 0;\ f\left(-\frac{7}{12}\pi\right) = -0{,}5;$

$f''\left(\frac{11}{12}\pi\right) = -2 < 0;\ f\left(\frac{11}{12}\pi\right) = 0{,}5$

G_f hat zwei Hochpunkte $H_1\ (-\frac{\pi}{12}\ |\ 0{,}5)$ und $H_2\ (\frac{11}{12}\pi\ |\ 0{,}5)$ sowie zwei Tiefpunkte $T_1\ (-\frac{7}{12}\pi\ |\ -0{,}5)$ und $T_2\ (\frac{5}{12}\pi\ |\ 0{,}5)$.

4. a) $F(x) = -\frac{1}{2}\cos(2x)$

Probe: $F'(x) = -\frac{1}{2}(-\sin 2x) \cdot 2 = \sin(2x) = f(x)$ ✓

b) $F(x) = \pi \cdot \sin\frac{x}{\pi}$

Probe: $F'(x) = \pi \cdot \left(\cos\frac{x}{\pi}\right) \cdot \frac{1}{\pi} = \cos\frac{x}{\pi} = f(x)$ ✓

c) $F(x) = \frac{1}{2}x^2 + \sin x$

Probe: $F'(x) = x + \cos x = f(x)$ ✓

d) $F(x) = -\frac{40}{\pi} \cdot \cos\left(\frac{\pi}{4} \cdot x\right)$

Probe: $F'(x) = -\frac{40}{\pi} \cdot \left(-\sin\left(\frac{\pi}{4}x\right)\right) \cdot \frac{\pi}{4} = 10 \cdot \sin\left(\frac{\pi}{4}x\right) = f(x)$ ✓

5.

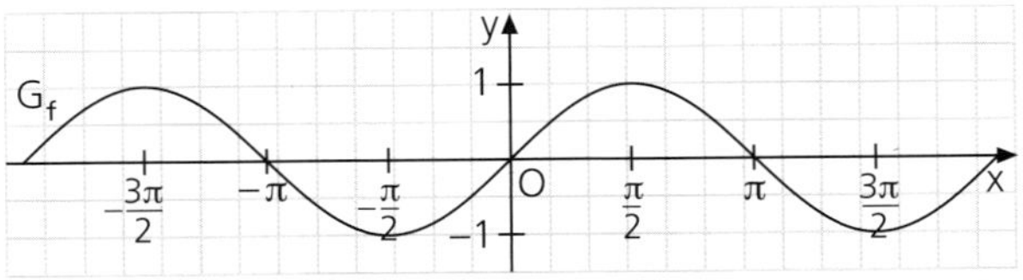

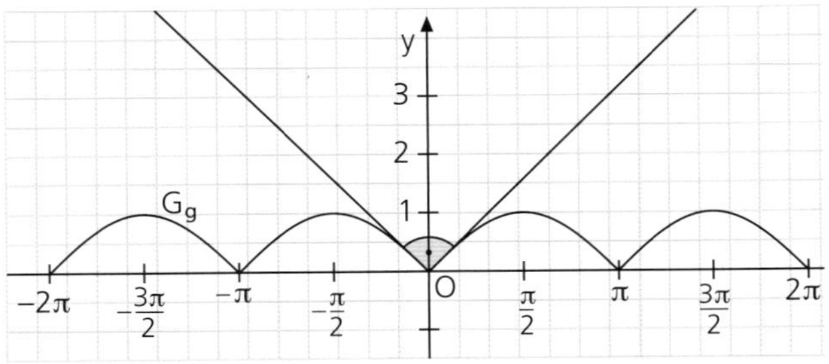

$$g(x) = \begin{cases} \sin x, \text{ falls } x \in [2k\pi; (2k+1)\pi[;\ k \in \mathbb{Z} \\ -\sin x, \text{ falls } x \in [(2k+1)\pi; (2k+2)\pi];\ k \in \mathbb{Z} \end{cases}$$

$$g'(x) = \begin{cases} \cos x, \text{ falls } x \in [2k\pi; (2k+1)\pi[;\ k \in \mathbb{Z} \\ -\cos x, \text{ falls } x \in](2k+1)\pi; (2k+2)\pi[;\ k \in \mathbb{Z} \end{cases}$$

$\lim\limits_{x \to 0+} g'(x) = \lim\limits_{x \to 0+} (\cos x) = 1 = m_1$

$\lim\limits_{x \to 0-} g'(x) = \lim\limits_{x \to 0-} (-\cos x) = -1 = m_2$

$m_1 \cdot m_2 = -1$; senkrechte Geraden; $\varphi = 90°$

g nicht differenzierbar für $x = k\pi$; $k \in \mathbb{Z}$

6. a) x-Achsenpunkte: $\sin(2x) = -1$;

$x_1 = -\frac{\pi}{4}$; $x_2 = \frac{3\pi}{4}$;

$S_1\left(-\frac{\pi}{4} \mid 0\right)$; $S_2\left(\frac{3\pi}{4} \mid 0\right)$

y-Achsenpunkt: U (0 | 1)

Durch Überlegen findet man die Hochpunkte $H_1\left(-\frac{3\pi}{4} \mid 2\right)$ und $H_2\left(\frac{\pi}{4} \mid 2\right)$ sowie die Tiefpunkte $T_1 = S_1\left(-\frac{\pi}{4} \mid 0\right)$ und $T_2 = S_2\left(\frac{3\pi}{4} \mid 0\right)$.

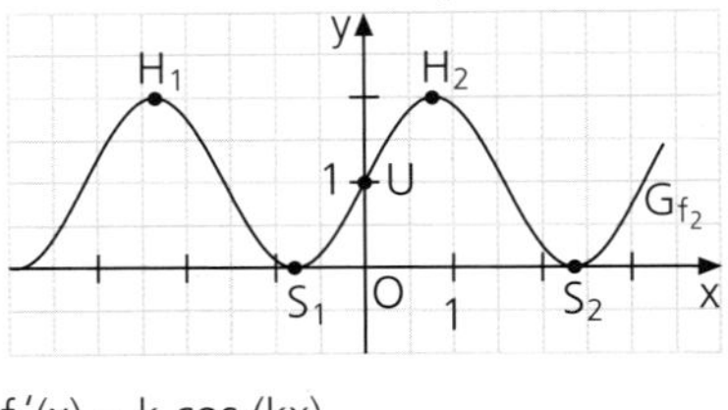

b) $f_k'(x) = k\cos(kx)$

Tangentensteigungen: $f_k'(0) = k = m_A$; $f_k'\left(\frac{\pi}{k}\right) = k\cos\pi = -k = m_B$

Aus $m_A \cdot m_B = k \cdot (-k) = -k^2 = -1$ folgt $k^2 = 1$ und (wegen $k \in \mathbb{R}^+$) $k = 1$.

Tangentengleichungen:

t_A: $y = x + 1$;

t_B: $y = -1 \cdot (x - \pi) + 1$; $y = -x + 1 + \pi$.
Schnittpunkt der Tangenten t_A und t_B: $x + 1 = -x + 1 + \pi$; $2x = \pi$; $x_C = \frac{\pi}{2}$; $y_C = \frac{\pi}{2} + 1$;
$C\left(\frac{\pi}{2} \mid \frac{\pi}{2} + 1\right)$
Flächeninhalt: $A_{ABC} = \frac{1}{2} \cdot \pi \cdot \frac{\pi}{2} = \frac{\pi^2}{4} \approx 2{,}47$

7. a) Die Zeichnung zeigt den Graphen G_{f^*} der Funktion f^* mit $f^*(x) = f(x)$ und Definitionsmenge $D_{f^*} = [1; 365]$; der Graph G_f der Funktion f würde aus 365 einzelnen Punkten der Kurve G_{f^*} bestehen.

b) Größte Tageslänge (am 21.6.): 16,6 h; kürzeste Tageslänge (am 21.12.): 7,8 h.

c) 21. März: $f(80) = 4{,}4 \sin\left(-\frac{2\pi}{365}\right) + 12{,}2 \approx 12{,}1$;
21. Juni: $f(172) \approx 4{,}4 \sin 1{,}566 + 12{,}2 \approx 16{,}6$;
23. September: $f(266) \approx 4{,}4 \sin 3{,}185 + 12{,}2 \approx 12{,}0$;
21. Dezember: $f(355) \approx 4{,}4 \sin 4{,}717 + 12{,}2 \approx 7{,}8$;

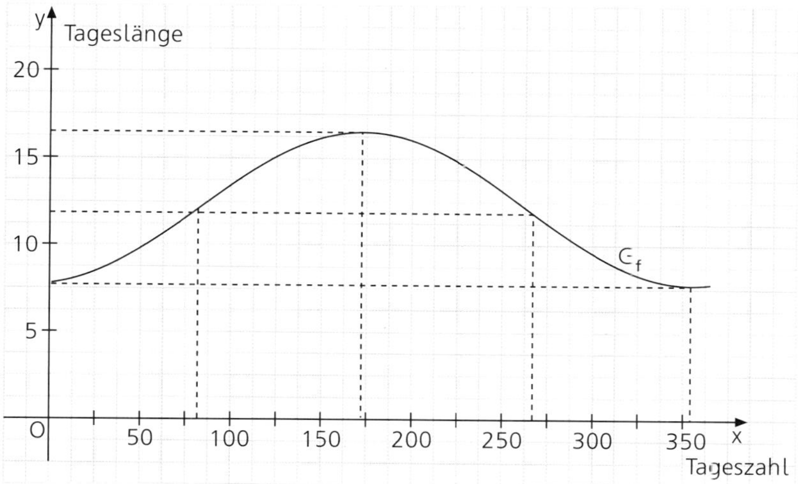

8. a)

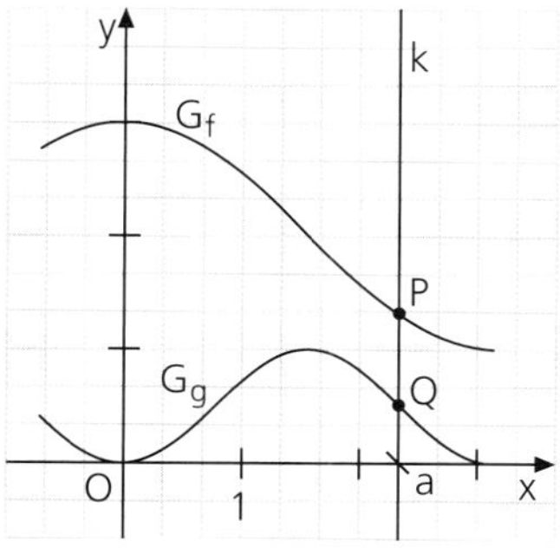

b) $F'(x) = 2 + \cos x + 0 = 2 + \cos x = f(x)$; $D_{F'} = \mathbb{R} = D_f$ ✓
$G'(x) = \frac{1}{2} - \frac{1}{2}\cos x \cdot \cos x - \frac{1}{2} \cdot \sin x \cdot (-\sin x) = \frac{1}{2} - \frac{1}{2}(\cos x)^2 + \frac{1}{2}(\sin x)^2 =$
$= \frac{1}{2}[1 - (\cos x)^2] + \frac{1}{2}(\sin x)^2 =$
$= \frac{1}{2}(\sin x)^2 + \frac{1}{2}(\sin x)^2 = (\sin x)^2 = g(x)$;
$D_{G'} = \mathbb{R} = D_g$ ✓

c) Für jeden Wert des Parameters a ist stets $y_P > y_Q$; deshalb gilt:
$d(a) = y_P - y_Q = 2 + \cos a - (\sin a)^2$; $D_d =]0; \pi[$;
$d'(a) = -\sin a - 2\sin a \cdot \cos a = -\sin a\,(1 + 2\cos a)$;
$d''(a) = -\cos a\,(1 + 2\cos a) - \sin a \cdot (-2\sin a) =$
$= -\cos a - 2(\cos a)^2 + 2(\sin a)^2$;

136

$d'(a) = 0$:

(1) $\sin a = 0$; $a_1 = 0 \notin D_d$; $a_2 = p \notin D_d$

(2) $1 + 2\cos a = 0$;

$2\cos a = -1$;

$\cos a = -\frac{1}{2}$; $a_3 = \frac{2}{3}\pi \in D_d$;

$a^* = \frac{2}{3}\pi$;

$d''(a^*) = d''\left(\frac{2}{3}\pi\right) = \frac{1}{2} - 2 \cdot \left(-\frac{1}{2}\right)^2 + 2 \cdot \left(\frac{\sqrt{3}}{2}\right)^2 =$

$= \frac{1}{2} - \frac{1}{2} + \frac{3}{2} = \frac{3}{2} > 0$:

Für $a = a^* = \frac{2}{3}\pi$ ist die Länge d der Strecke [PQ] minimal; sie beträgt dann $d(a^*) = 2 - \frac{1}{2} - \frac{3}{4} = \frac{3}{4} = 0{,}75$.

Tangentensteigungen:

$P\left(\frac{2}{3}\pi \,\middle|\, \frac{3}{2}\right)$; $Q\left(\frac{2}{3}\pi \,\middle|\, \frac{3}{4}\right)$;

$f'(x) = -\sin x$; $f'(a^*) = f'\left(\frac{2}{3}\pi\right)$; $= -\frac{\sqrt{3}}{2}$

$g'(x) = 2\sin x \cos x$; $g'(a^*) = g'\left(\frac{2}{3}\pi\right) = 2 \cdot \frac{\sqrt{3}}{2} \cdot \left(-\frac{1}{2}\right) = -\frac{\sqrt{3}}{2} = f'(a^*)$:

Für $a = a^*$ ist die Tangente an G_f im Punkt P parallel zur Tangente an G_g im Punkt Q.

9. **a)** f ist überall in definiert, wenn $b \in \mathbb{R}\setminus[-1; 1]$ ist.

b) f besitzt Nullstellen, wenn $a \in [-1; 1]$ ist.

c) f_I: $f_I(x) = \frac{\sin x - 1}{\cos x + 1}$; $D_{f_I} = \mathbb{R}\setminus\{\ldots -3\pi; -\pi; \pi; 3\pi; \ldots\}$

Nullstellen: $\sin x = 1$; $x = \frac{\pi}{2} + 2k\pi$; $k \in \mathbb{Z}$

Nur die Funktion f_I passt zum Graphen (I).

f_{II}: $f_{II}(x) = \frac{\sin x - 2}{\cos x - 1}$; $D_{f_{II}} = \mathbb{R}\setminus\{\ldots -4\pi; -2\pi; 0; 2\pi; \ldots\}$

f_{II} besitzt keine Nullstellen.

$f_{II}(x) > 0$, da für jeden Wert von $x \in D_{f_{II}}$ gilt:

$\sin x - 2 < 0$ und $\cos x - 1 < 0$.

Nur die Funktion f_{II} passt zum Graphen (II).

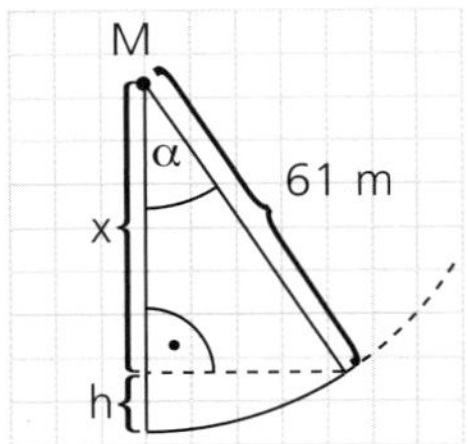

f_{III}: $f_{III}(x) = \frac{\sin x + 1}{\cos x - 2}$; $D_{f_{III}} = \mathbb{R}$

f_{III} besitzt keine Polstellen.

Nullstellen: $\sin x = -1$; $x = \frac{3}{2}\pi + 2k\pi$; $k \in \mathbb{Z}$

Für jeden Wert von $x \in D_{f_{II}}$ gilt $f_{III}(x) \leqq 0$:

$\sin x + 1 \geqq 0$ und $\cos x - 2 < 0$.

Nur die Funktion f_{III} passt zum Graphen (III).

f_{IV}: $f_{IV}(x) = \frac{\sin x + 2}{\cos x + 2}$; $D_{f_{IV}} = \mathbb{R}$

f_{IV} hat weder Nullstellen noch Polstellen; $f(0) = \frac{2}{3}$.

Für jeden Wert von $x \in \mathbb{R}$ gilt $f_{IV}(x) > 0$:

$\sin x + 2 > 0$ und $\cos x + 2 > 0$.

Nur die Funktion f_{IV} passt zum Graphen (IV).

10. 30 min $\triangleq$ 360°; 1 min $\triangleq$ 12°; t min $\triangleq$ 12° · t

$180° \triangleq \pi$; $1° \triangleq \frac{\pi}{180°}$; $12° \triangleq \frac{\pi}{15}$

d. h.: In t Minuten dreht sich das Rad um $\alpha = \frac{\pi}{15} \cdot t$.

$\cos \alpha = \frac{x}{61\text{ m}}$;

$x = 61\text{ m} \cdot \cos \alpha$;

$h = 61\text{ m} - x$;

$h(t) = 61\text{ m} - 61\text{ m} \cdot \cos\left(\frac{\pi}{15} \cdot t\right)$

a)

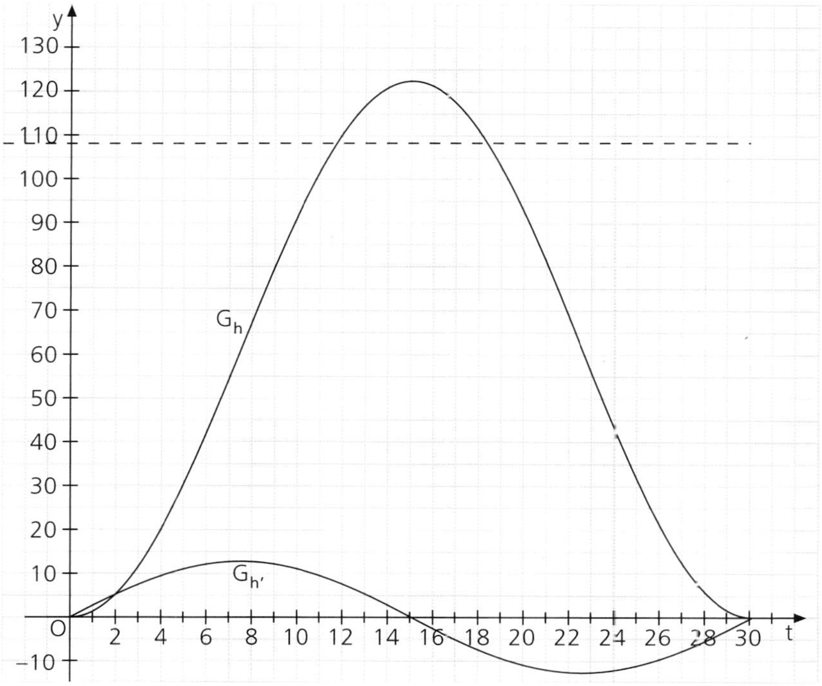

b) $h(t) > 108$ m;

$61 - 61 \cdot \cos\left(\frac{\pi}{15} \cdot t\right) > 108$;

$\cos\left(\frac{\pi}{15} \cdot t\right) < -\frac{47}{61}$;

$0{,}78\pi < \frac{\pi}{15} \cdot t < 1{,}22\,\pi$;

$11{,}7 < t < 18{,}3$;

Jede Gondel befindet sich etwa 6,6 min lang über 108 m Höhe.

c) Die Geschwindigkeitsbeträge haben die Benennung $\frac{m}{min}$; angegeben sind ihre Maßzahlen.

$v(t) = h'(t) = 61 \cdot \frac{\pi}{15} \cdot \sin\left(\frac{\pi}{15}\,t\right) = \frac{61\pi}{15} \sin\left(\frac{\pi}{15}\,t\right)$

$v(8) = \frac{61\pi}{15} \cdot \sin\left(\frac{8\pi}{15}\right) \approx 12{,}7$;

$v(15) = \frac{61\pi}{15} \cdot \sin\pi = 0$;

$v(22) = \frac{61\pi}{15} \cdot \sin\left(\frac{22\pi}{15}\right) \approx -12{,}7$

Auf (etwa) halber Höhe bewegt sich die Gondel mit (etwa) 13 $\frac{m}{min}$ aufwärts bzw. abwärts; ganz oben bewegt sich die Gondel (etwa) waagrecht.

$v(t) = \frac{61\pi}{15} \sin\left(\frac{\pi}{15}\,t\right)$; $v'(t) = \frac{61\pi^2}{15^2} \cos\left(\frac{\pi}{15}\,t\right)$;

$v''(t) = -\frac{61\pi^3}{15^3} \sin\left(\frac{\pi}{15}\,t\right)$

$v'(t^*) = 0$: $\cos\left(\frac{\pi}{15}\,t^*\right) = 0$; $t_{1,2}^* \in [0; 30]$

$\frac{\pi}{15}\,t_1^* = \frac{\pi}{2}$;

$t_1^* = 7{,}5 \in [0; 30]$;

$\frac{\pi}{15}\,t_2^* = \frac{3\pi}{2}$;

$t_2^* = 22{,}5 \in [0; 30]$;

$v''(t_1^*) = -\frac{61\pi^3}{15^3} < 0$;

$v''(_2^*) = -\frac{61\pi^3}{15^3} > 0$;

Hinweis: Die Zeitpunkte t_1^* und t_2^* lassen sich auch ohne die Ableitungen $v'(t)$ und $v''(t)$ durch Überlegen finden.

W

W1

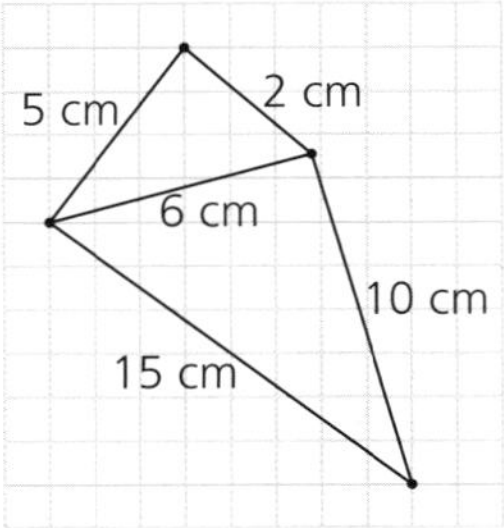

Diese eine Diagonale muss 6 cm lang sein, da nur dann mit den übrigen Streckenlängen eine Viereckkonsruktion möglich ist. (Zeichnung nicht maßstäblich).

W2 $|\overrightarrow{AB}| = \left|\begin{pmatrix} 5 \\ -3 \\ 2 \end{pmatrix} - \begin{pmatrix} 2 \\ -3 \\ -2 \end{pmatrix}\right| = \left|\begin{pmatrix} 3 \\ 0 \\ 0 \end{pmatrix}\right| = \sqrt{3^2 + 0^2 + 0^2} = 3$

W3 $\overline{AM} = \left|\begin{pmatrix} 4 \\ -8 \\ 1 \end{pmatrix} - \begin{pmatrix} 13 \\ 4 \\ 1 \end{pmatrix}\right| = \left|\begin{pmatrix} -9 \\ -12 \\ 0 \end{pmatrix}\right| = \sqrt{81 + 144 + 0} = \sqrt{225} = 15;$

$\overline{BM} = \left|\begin{pmatrix} 4 \\ -8 \\ 1 \end{pmatrix} - \begin{pmatrix} 9 \\ 6 \\ 3 \end{pmatrix}\right| = \left|\begin{pmatrix} -5 \\ -14 \\ -2 \end{pmatrix}\right| = \sqrt{25 + 196 + 4} = \sqrt{225} = 15;$

$\overline{CM} = \left|\begin{pmatrix} 4 \\ -8 \\ 1 \end{pmatrix} - \begin{pmatrix} -3 \\ 8 \\ 3 \end{pmatrix}\right| = \left|\begin{pmatrix} 7 \\ -16 \\ -2 \end{pmatrix}\right| = \sqrt{49 + 256 + 4} = \sqrt{309} \neq 15;$

$\overline{DM} = \left|\begin{pmatrix} 4 \\ -8 \\ 1 \end{pmatrix} - \begin{pmatrix} 14 \\ 2 \\ 6 \end{pmatrix}\right| = \left|\begin{pmatrix} -10 \\ -10 \\ -5 \end{pmatrix}\right| = \sqrt{100 + 100 + 25} = \sqrt{225} = 15;$

Die Punkte A, B und D liegen auf der Kugel K.

L

1. a) $g(-x) = \cos(-x) = \cos x = g(x)$ für jeden Wert von $x \in D_g$:
G_g ist symmetrisch zur y-Achse.
$f^*(-x) = \frac{\sin(-x)}{-x} = \frac{-\sin x}{-x} = \frac{\sin x}{x} = f^*(x)$
für jeden Wert von $x \in D_{f^*}$:
G_{f^*} ist symmetrisch zur y-Achse.

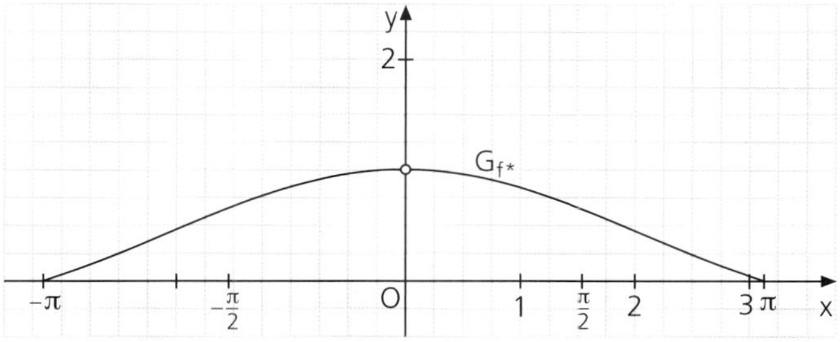

$f^*: f^*(x) = \frac{\sin x}{x}$; $D_{f^*} = \mathbb{R} \setminus \{0\}$

b)

x (im Bogenmaß)	±3	±2	±1	±0,5	±0,1	±0,01	±0,001	±0,0001
sin x	±0,1411	±0,9093	±0,8415	±0,4794	±0,0998	±0,0100	±0,0010	±0,0001
$f^*(x) = \frac{\sin x}{x}$	0,0470	0,4546	0,8415	0,9589	0,9983	1,000	1,000	1,000

Vermutung: $\lim\limits_{x \to 0} \frac{\sin x}{x} = 1$

c) Dreieck OAB: $\overline{OA} = 1$; zugehörige Höhe: $\sin x$;
$A_{\text{Dreieck OAB}} = \frac{1}{2} \cdot 1 \cdot \sin x = \frac{1}{2} \sin x$;
$A_{\text{Sektor OAB}} = \frac{1}{2} \cdot 1^2 \cdot x = \frac{1}{2} x$;
Dreieck OAC: $\overline{OA} = 1$; zugehörige Höhe: $\tan x$;
$A_{\text{Dreieck OAC}} = \frac{1}{2} \cdot 1 \cdot \tan x = \frac{1}{2} \tan x$

2. k': $k'(x) = (\tan x)' = \left(\frac{\sin x}{\cos x}\right)' = \frac{\cos x \cdot \cos x - \sin x \cdot (-\sin x)}{(\cos x)^2} = \frac{(\cos x)^2 - (\sin x)^2}{(\cos x)^2} =$
$= \frac{1}{(\cos x)^2}$; $D_{k'} = D_k$;
$k'(0) = \frac{1}{(\cos 0)^2} = 1$; $k'\left(\frac{\pi}{4}\right) = \frac{1}{\left(\cos \frac{\pi}{4}\right)^2} = \frac{1}{\frac{1}{2}} = 2$

138

Arbeitsaufträge

1. a)

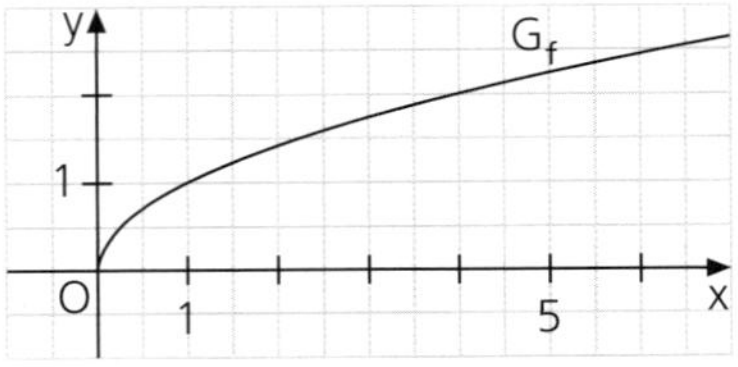

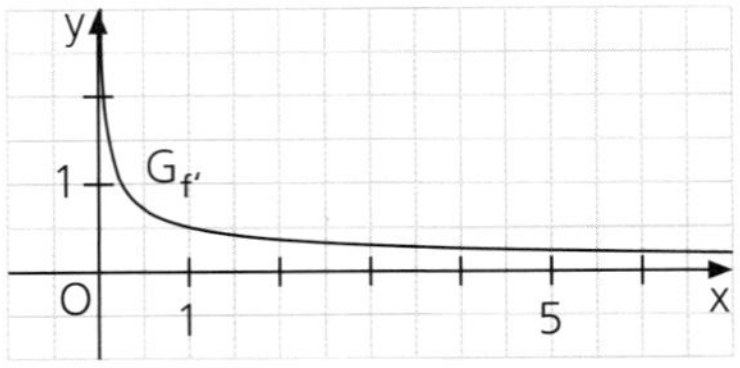

b) Individuelle Lösungen

c) Für $x_0 > 0$ und $x > 0$ gilt

$$f'(x_0) = \lim_{x \to x_0} \frac{\sqrt{x} - \sqrt{x_0}}{x - x_0} = \lim_{x \to x_0} \frac{(\sqrt{x} - \sqrt{x_0})(\sqrt{x} + \sqrt{x_0})}{(x - x_0)(\sqrt{x} + \sqrt{x_0})} =$$

$$= \lim_{x \to x_0} \frac{(x - x_0)}{(x - x_0)(\sqrt{x} - \sqrt{x_0})} = \lim_{x \to x_0} \frac{1}{\sqrt{x} + \sqrt{x_0}} = \frac{1}{2\sqrt{x_0}}, \text{ also } (\sqrt{x})' = \frac{1}{2\sqrt{x}}.$$

2.

	Funktion	f_1	f_2	f_3	f_4	f_5
a)	Abbildung	(II)	(III)	(I)	(V)	(IV)
b)	Wertemenge W_f	$\mathbb{R}_0^+$	[−1; 1]	$\mathbb{R}$	$\mathbb{R}$	$\mathbb{R}_0^+$
c)	Wird jedem Wert von $y \in W_f$ genau ein Wert von $x \in D_f$ zugeordnet?	ja	nein	ja	ja	nein

3. a) Individuelle Lösungen

b) $\left(\sqrt[3]{x}\right)' = \left(x^{\frac{1}{3}}\right)' = \frac{1}{3} x^{-\frac{2}{3}} = \frac{1}{3 \cdot \sqrt[3]{x^2}}$;

$P\,(8 \mid 2)$; $f'(8) = \frac{1}{3 \cdot 4} = \frac{1}{12}$;

t_P: $y = \frac{1}{12} x + t$;

$P \in t_P$: $2 = \frac{8}{12} + t$; $t = \frac{4}{3}$;

t_P: $y = \frac{1}{12} x + \frac{4}{3}$

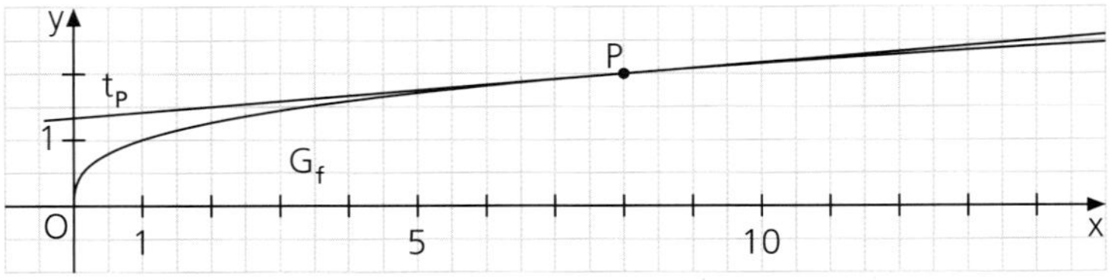

4. $\frac{4}{3} r^3\pi = 10\,000 \text{ m}^3$;

$r = \left(\frac{30\,000}{4\pi}\right)^{\frac{1}{3}} \text{ m} = \sqrt[3]{\frac{30\,000}{4\pi}} \text{ m} \approx 13{,}4 \text{ m}$:

Es müssen mindestens ($4r^2 \approx$) 714,5 m², also rund 720 m², Baugrund freigehalten werden.

140

- Gleichsetzen der Funktionsterme
  $x^{\frac{1}{n}} = x^{\frac{1}{m}}$;
  $\frac{x^{\frac{1}{n}}}{x^{\frac{1}{m}}} = 1$;
  $x^{\frac{1}{n} - \frac{1}{m}} = 1$;
  das ist nur möglich für $x_1 = 0$ und für $x_2 = 1$, da $n \neq m$ ist. G_f und G_g haben stets die beiden Punkte $S_1\,(0 \mid 0)$ und $S_2\,(1 \mid 1)$ gemeinsam.
- Nein. Gegenbeispiel: Die Funktion f: $f(x) = \frac{\sin x}{\cos x}$; $D_f = \mathbb{R}\setminus\{x \mid \cos x = 0\}$ ist überall streng monoton zunehmend, aber nicht umkehrbar.
- $f(x) = \sqrt[3]{x^2} = (x^2)^{\frac{1}{3}}$; $\quad D_f = \mathbb{R}$;
  $f'(x) = \frac{1}{3} \cdot (x^2)^{-\frac{2}{3}} \cdot 2x = \frac{1}{3} \cdot \frac{1}{\sqrt[3]{x^4}} \cdot 2x = \frac{2x}{3\sqrt[3]{x^4}}$
  $D_{f'\,max} = \mathbb{R}\setminus\{0\}$;
  die Funktion f ist an der Stelle x = 0 nicht differenzierbar, da dort die Ableitung nicht definiert ist.
- $f^{-1}(x)$ bezeichnet den Term der Umkehrfunktion einer Funktion f;
  $[f(x)]^{-1}$ bezeichnet den Kehrwert des Terms dieser Funktion f, d. h., $[f(x)]^{-1} = \frac{1}{f(x)}$.
  Beispiel:
  $f(x) = x^3 + 2$; $y = x^3 + 2$; $y - 2 = x^3$; $x = \sqrt[3]{y-2}$; $f^{-1}(x) = \sqrt[3]{x-2}$; $[f(x)]^{-1} = \frac{1}{f(x)} = \frac{1}{x^3 + 2}$

L

1. a) $f'(x) = \frac{1}{4} \cdot x^{\frac{1}{4} - 1} = \frac{1}{4} \cdot x^{-\frac{3}{4}} = \frac{1}{4} \cdot \frac{1}{\sqrt[4]{x^3}}$

b) $f'(x) = \frac{3}{4} \cdot x^{\frac{3}{4} - 1} = \frac{3}{4} \cdot x^{-\frac{1}{4}} = \frac{3}{4} \cdot \frac{1}{\sqrt[4]{x}}$

c) $f(x) = \sqrt{3x^2} = \sqrt{3} \cdot \left(\sqrt{x}\right)^2 = \sqrt{3} \cdot x$ (da x > 0)
$f'(x) = \sqrt{3}$

d) $f(x) = \sqrt[3]{x^6} = \left(\sqrt[3]{x}\right)^6 = \sqrt{x} = x^{\frac{1}{2}}$ (da x > 0)
$f'(x) = \frac{1}{2} \cdot x^{\frac{1}{2} - 1} = \frac{1}{2} \cdot x^{-\frac{1}{2}} = \frac{1}{2} \cdot \frac{1}{\sqrt{x}}$

e) $f(x) = \left(\sqrt{2x}\right)^{-1} = (2x)^{-\frac{1}{2}}$
$f'(x) = -\frac{1}{2} \cdot (2x)^{-\frac{1}{2} - 1} \cdot 2 = -(2x)^{-\frac{3}{2}} = -\frac{1}{\sqrt{(2x)^3}}$

f) $f(x) = x^{\frac{1}{2}} \cdot \sin x$
$f'(x) = \frac{1}{2} \cdot x^{\frac{1}{2} - 1} \cdot \sin x + x^{\frac{1}{2}} \cdot \cos x = \frac{1}{2} \cdot \frac{1}{\sqrt{x}} \cdot \sin x + \sqrt{x} \cdot \cos x$

g) $f(x) = (4x^2 + 1)^{\frac{1}{2}}$
$f'(x) = \frac{1}{2} \cdot (4x^2 + 1)^{-\frac{1}{2}} \cdot 8x = \frac{4x}{\sqrt{4x^2 + 1}}$

h) $f(x) = x^{\frac{1}{2}} + x^{-\frac{1}{2}}$
$f'(x) = \frac{1}{2} \cdot x^{-\frac{1}{2}} + \left(-\frac{1}{2}\right) \cdot x^{-\frac{3}{2}} = \frac{1}{2} \cdot \frac{1}{\sqrt{x}} - \frac{1}{2} \cdot \frac{1}{\sqrt{x^3}}$
$= \frac{1}{2\sqrt{x}}\left(1 - \frac{1}{x}\right) = \frac{x - 1}{2x\sqrt{x}}$

2.

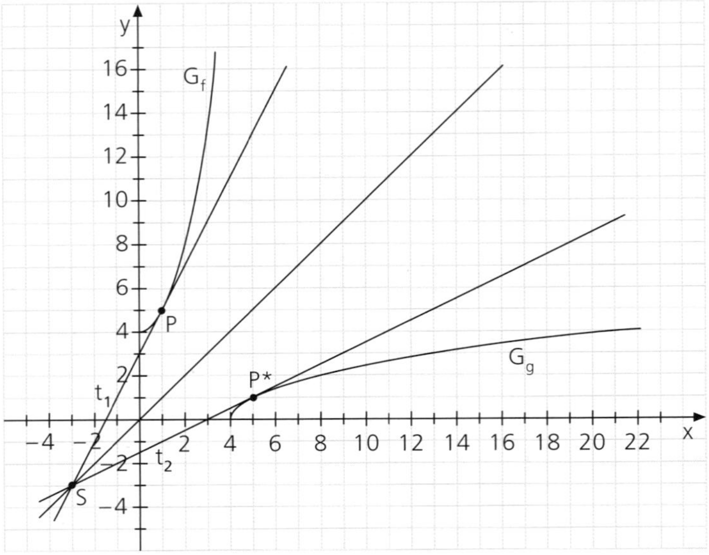

a) $f'(x) = 2x > 0$; da $x \in \mathbb{R}^+$
f ist überall in D_f streng monoton zunehmend.

b) Falls G_f und G_g symmetrisch bezüglich der Winkelhalbierenden w des I. und III. Quadranten sind, müssen sie Umkehrfunktionen voneinander sein.
$f(x) = y = x^2 + 4$; $\quad D_f = \mathbb{R}^+$; $\quad W_f =]4; \infty[$
$y - 4 = x^2$;
$x = \sqrt{y - 4}$, da $x \in \mathbb{R}^+$ ist;
da $D_f = \mathbb{R}^+$, folgt $W_{f^{-1}} = \mathbb{R}^+$, und damit gilt:
$f^{-1}(x) = \sqrt{x - 4} = g(x)$; $D_{f^{-1}} = D_g = W_f =]4; \infty[$.

c) Gleichung der Tangente t_1:
$P(1 \mid 5)$; t_1: $y = m_1 \cdot x + b$; $f'(x) = 2x$
$m_1 = f'(1) = 2$
$P \in t_1$: $5 = 2 \cdot 1 + b_1$; $b_1 = 3$
t_1: $y = 2x + 3$
Gleichung der Tangente t_2:
$P^*(5 \mid 1)$; t_2: $y = m_2 \cdot x + b_2$; $g'(x) = \frac{1}{2\sqrt{x-4}}$
(1) Variante
$m_2 = g'(5) = \frac{1}{2}$
$P^* \in t_2$: $1 = \frac{1}{2} \cdot 5 + b_2$; $b_2 = -\frac{3}{2}$
t_2: $y = \frac{1}{2}x - \frac{3}{2}$
(2) Variante
Spiegelt man G_g an der Winkelhalbierenden w des I. und III. Quadranten, so erhält man G_f: P* ist der Spiegelpunkt zu P an w. Man erhält t_2 durch Spiegelung von t_1 an w: Vertauscht man x und y, so erhält man t_2 aus
$x = 2y + 3$; $2y = x - 3$; $y = \frac{1}{2}x - \frac{3}{2}$.
Schnittpunkt S von t_1 und t_2
$2x + 3 = \frac{1}{2}x - \frac{3}{2}$; $\mid \cdot 2$
$4x + 6 = x - 3$
$x = -3$; $y = \frac{1}{2} \cdot (-3) - \frac{3}{2} = -3$: $S(-3 \mid -3)$ liegt auf der Winkelhalbierenden w.

141

3.

①:	B	$x = 0$; $y = 2$:	blauer Graph
②:	A	$x = 0$; $y = 0$; $x = 1$; $y = 2$:	roter Graph
③:	D	$x = 0$; $y = 0$; $x = 1$; $y = 1$:	grüner Graph
④:	C	$x = 0$; $y = 2 - \sqrt{2}$ $x = -2$; $y = 2$	schwarzer Graph

4. a) $D_{f\,max}$: $4 - x^2 \geqq 0$ muss gelten damit f definiert ist.
$x^2 \leqq 4$; $-2 \leqq x \leqq 2$; $D_{f\,max} = [-2; 2]$
Schnittpunkte mit der x-Achse:
$f(x) = x \cdot \sqrt{4 - x^2} = 0$
$x_1 = 0$ $\quad \sqrt{4 - x^2} = 0$
$4 = x^2$
$x_2 = 2$; $\quad x_3 = -2$
$S_1\,(0 \mid 0)$; $\quad S_2\,(2 \mid 0)$; $\quad S_3\,(-2 \mid 0)$
Schnittpunkt mit der y-Achse:
$f(0) = 0 \cdot \sqrt{4 - 0} = 0$
$T\,(0 \mid 0) = S_1$

b) Da für jeden Wert von $x \in D_f$ gilt $f(-x) = (-x) \cdot \sqrt{4 - (-x)^2} = -x \cdot \sqrt{4 - x^2} = -f(x)$, ist G_f punktsymmetrisch zum Ursprung.

c) $f'(x) = 1 \cdot \sqrt{4 - x^2} + x \cdot \frac{1}{2} \cdot (4 - x^2)^{-\frac{1}{2}} \cdot (-2x) = \sqrt{4 - x^2} - \frac{x^2}{\sqrt{4 - x^2}}$;
$f'(x) = 0$: $\sqrt{4 - x^2} = \frac{x^2}{\sqrt{4 - x^2}} \quad | \cdot \sqrt{4 - x^2}$
$4 - x^2 = x^2$
$x^2 = 2$
$x_T = -\sqrt{2}$ $\quad y_T = f(x_T) = -2$; $\quad T\,(-\sqrt{2} \mid -2)$
$x_H = \sqrt{2}$ $\quad y_H = F(x_H) = 2$; $\quad H\,(\sqrt{2} \quad 2)$
$(\overline{TH})^2 = \sqrt{(x_H - x_T)^2 + (y_H - y_T)^2} = \sqrt{(2\sqrt{2})^2 + 4^2} = \sqrt{24} = 4\sqrt{3}$

d)

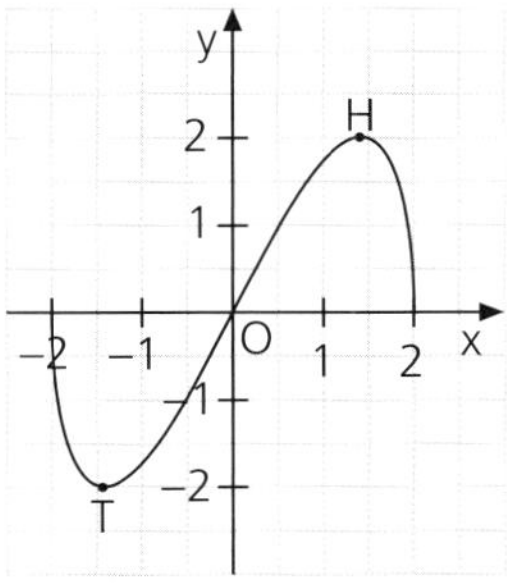

5.

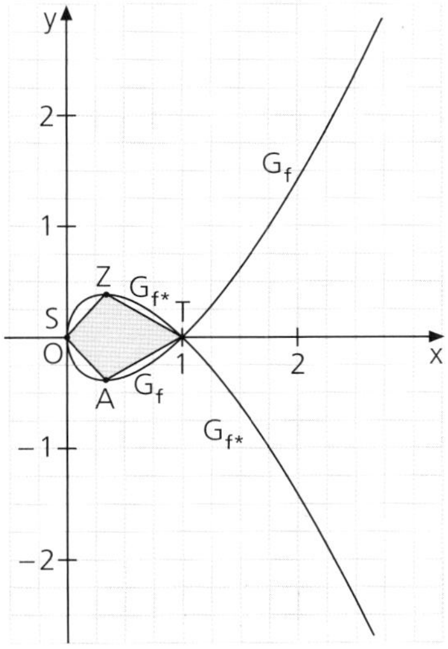

f^*: $f^*(x) = -f(x) = -(x - 1) \cdot \sqrt{x} = (1 - x) \cdot \sqrt{x}$; $D_{f^*} = \mathbb{R}_0^+$
$f^*(x) = f(x)$; $f^*(x) - f(x) = 0$
$(1 - x) \cdot \sqrt{x} - (x - 1) \cdot \sqrt{x} = 0$
$\sqrt{x} - 2x \cdot \sqrt{x} + \sqrt{x} = 0$
$\sqrt{x} \cdot (2 - 2x) = 0$
$x_1 = 0$; $\quad x_2 = 1$; $S\,(0 \mid 0)$; $T\,(1 \mid 0)$

$A_{SATZ} = A_{STZ} + A_{SAT}$; $\overline{ST} = 1$;

$A_{STZ}(b) = \frac{1}{2} \cdot g \cdot h_1 = \frac{1}{2} \cdot 1 \cdot f^*(b) = \frac{1}{2} \cdot (1 - b) \cdot \sqrt{b}$

$A_{SAT}(a) = \frac{1}{2} \cdot g \cdot h_2 = \frac{1}{2} \cdot 1 \cdot |f(a)| = \frac{1}{2} \cdot (1 - a) \cdot \sqrt{a}$

$A'_{STZ}(b) = \frac{1}{2} \cdot \left[(-1) \cdot \sqrt{b} + (1 - b) \cdot \frac{1}{2\sqrt{b}}\right] = \frac{-\sqrt{b}}{2} + \frac{1 - b}{4\sqrt{b}} = \frac{-3b + 1}{4\sqrt{b}} = 0;$

$-3b + 1 = 0;$

$b = \frac{1}{3}$ [für $0 < b < \frac{1}{3}$ ist $A'_{STZ}(b) > 0$, für $\frac{1}{3} < b < 1$ ist $A'_{STZ}(b) < 0$: Maximum]

$A'_{SAT}(a) = \frac{1}{2} \cdot \left[(-1) \cdot \sqrt{a} + (1 - a) \cdot \frac{1}{2\sqrt{a}}\right] = -\frac{\sqrt{a}}{2} + \frac{1 - a}{4\sqrt{a}} = \frac{-3a + 1}{4\sqrt{a}} = 0;$

$-3a + 1 = 0;$

$a = \frac{1}{3}$ [Maximum; vgl. $A_{STZ}(b)$]

$(A_{SATZ})_{max} = (A_{STZ})_{max} + (A_{SAT})_{max} = \frac{1}{2} \cdot f^*\left(\frac{1}{3}\right) + \frac{1}{2} \cdot \left|f\left(\frac{1}{3}\right)\right| = \frac{1}{3} \cdot \sqrt{\frac{1}{3}} + \frac{1}{3} \cdot \sqrt{\frac{1}{3}} = \frac{2}{3} \cdot \sqrt{\frac{1}{3}}$

Das Viereck SATZ hat maximalen Flächeninhalt für $a = b = \frac{1}{3}$; nämlich

$A_{max} = \frac{2}{3} \cdot \sqrt{\frac{1}{3}} = \frac{2}{9}\sqrt{3} \approx 0{,}38.$

6. a) $D_f =]-3; 3[$

x-Achsenpunkte:

$x \cdot \sqrt{9 - x^2} = 0$

$x_1 = 0 \quad \sqrt{9 - x^2} = 0$

$9 = x^2$

$x_2 = -3 \notin D_f \wedge x_3 = 3 \notin D_f$

S (0 I 0)

y-Achsenpunkt:

$f(0) = 0 \cdot \sqrt{9 - 0} = 0$

S (0 I 0)

Symmetrie:

Für jeden Wert von $x \in D_f$ gilt

$f(-x) = -x \cdot \sqrt{9 - (-x)^2} = -x \cdot \sqrt{9 - x^2} = -f(x),$

also ist G_f punktsymmetrisch zum Ursprung.

Extrempunkte:

$f'(x) = 1 \cdot \sqrt{9 - x^2} + x \cdot \frac{1}{2\sqrt{9 - x^2}} \cdot (-2x) = \frac{9 - x^2 - x^2}{\sqrt{9 - x^2}} = \frac{9 - 2x^2}{\sqrt{9 - x^2}}$

$9 - 2x^2 = 0$

$2x^2 = 9$

$x^2 = \frac{9}{2}$

$x_1 = -\frac{3}{\sqrt{2}} = -\frac{3}{2}\sqrt{2}; \quad x_2 = \frac{3}{\sqrt{2}} = \frac{3}{2}\sqrt{2};$

Monotonietabelle:

x	$-3 < x < -\frac{3}{2}\sqrt{2}$	$x = -\frac{3}{2}\sqrt{2}$	$-\frac{3}{2}\sqrt{2} < x < \frac{3}{2}\sqrt{2}$	$x = \frac{3}{2}\sqrt{2}$	$\frac{3}{2}\sqrt{2} < x < 3$
$f'(x)$	$f'(x) < 0$	$f'(x) = 0$	$f'(x) > 0$	$f'(x) = 0$	$f'(x) < 0$
Vorzeichenwechsel von $f'(x)$	—	von – nach +	—	von + nach –	—
Graph G_f	streng monoton fallend	Tiefpunkt $T(-\frac{3}{2}\sqrt{2} \mid -\frac{9}{2})$	streng monoton steigend	Hochpunkt $H(\frac{3}{2}\sqrt{2} \mid \frac{9}{2})$	

$f\left(-\frac{3}{\sqrt{2}}\right) = -\frac{3}{\sqrt{2}} \cdot \sqrt{9 - \frac{9}{2}} = -\frac{9}{2}; \; T\left(-\frac{3}{\sqrt{2}} \mid -\frac{9}{2}\right)$

$f\left(\frac{3}{\sqrt{2}}\right) = \frac{9}{2}; \; H\left(\frac{3}{\sqrt{2}} \quad \frac{9}{2}\right)$

$W_f = \left[-\frac{9}{2}; \frac{9}{2}\right]$

b)

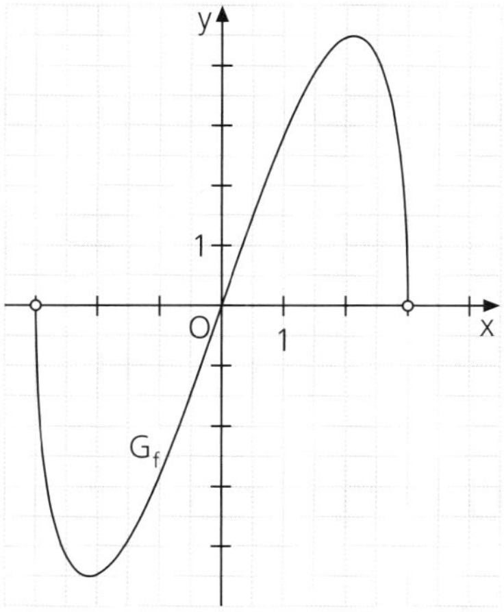

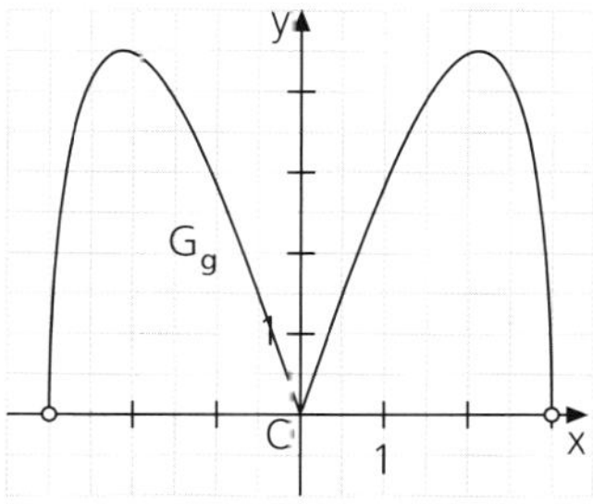

$$g(x) = \left|x \cdot \sqrt{9 - x^2}\right| = \begin{cases} x \cdot \sqrt{9 - x^2} & \text{falls } 0 \leqq x < 3 \\ -x \cdot \sqrt{9 - x^2} & \text{falls } -3 < x < 0 \end{cases}$$

Beispiele für Gemeinsamkeiten:

G_f und G_g haben den gleichen y-Achsenpunkt; $H\left(\frac{3}{2}\sqrt{2} \mid \frac{9}{2}\right)$ ist Hochpunkt von G_f und G_g.

Beispiele für Unterschiede:

G_f ist punktsymmetrisch zum Ursprung.

G_g ist achsensymmetrisch zur y - Achse.

f ist an der Stelle x = 0 differenzierbar, g ist an der Stelle x = 0 nicht differenzierbar.

$W_f = \left[-\frac{9}{2}; \frac{9}{2}\right]$; $W_g = \left[0; \frac{9}{2}\right]$

G_f besitzt einen Hochpunkt und einen Tiefpunkt; G_g besitzt zwei Hochpunkte.

c) $F(x) = 9 - \frac{1}{3} \cdot (9 - x^2)^{\frac{3}{2}}$

$F'(x) = -\frac{1}{3} \cdot \frac{3}{2} \cdot (9 - x^2)^{\frac{1}{2}} \cdot (-2x) = x \cdot \sqrt{9 - x^2} = f(x)$ ✓

$D_F = D_f$

7.

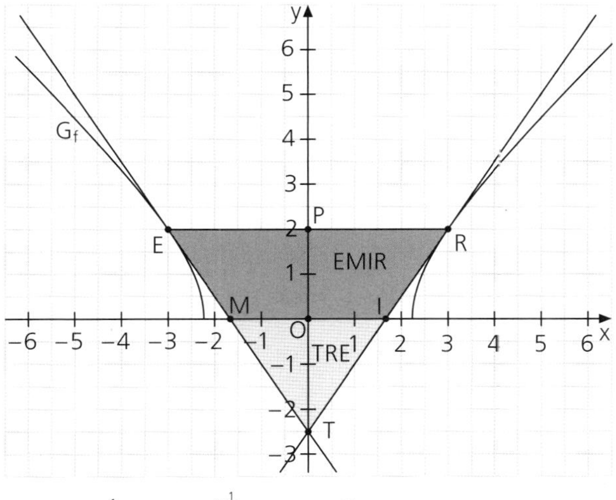

a) $f'(x) = \frac{1}{2} \cdot (x^2 - 5)^{-\frac{1}{2}} \cdot 2x = \frac{x}{\sqrt{x^2 - 5}}$

Tangente t_1 an G_f in R (3 I 2):	Tangente t_2 an G_f in E (−3 I 2):
$m_R = f'(3) = \frac{3}{2}$ $y_R = \frac{3}{2} \cdot x_R + t_R;$ $2 = \frac{3}{2} \cdot 2 + t_R;$ $t_R = -\frac{5}{2}$ t_1: $y = \frac{3}{2} \cdot x - \frac{5}{2}$	$m_E = f'(-3) = -\frac{3}{2}$ $y_E = -\frac{3}{2} \cdot x_E + t_E;$ $2 = -\frac{3}{2} \cdot (-3) + t_E;$ $t_E = -\frac{5}{2}$ t_2: $y = -\frac{3}{2} \cdot x - \frac{5}{2}$
Berechnung von x_T: $\frac{3}{2} \cdot x - \frac{5}{2} = 0;$ $x_I = \frac{5}{3};$ $I(\frac{5}{3} \mid 0)$	Berechnung von x_M: $-\frac{3}{2}x - \frac{5}{2} = 0;$ $x_M = -\frac{5}{3};$ $M(-\frac{5}{3} \mid 0)$

$T\left(0 \mid -\frac{5}{2}\right) \in t_1$ und $T\left(0 \mid -\frac{5}{2}\right) \in t_2$:

$A_{TRE} = \frac{1}{2} \cdot \overline{ER} \cdot \overline{PT} = \frac{1}{2} \cdot 6 \cdot (2 + 2{,}5) = 13{,}5$

$A_{EMIR} = \frac{1}{2} \cdot (\overline{ER} + \overline{MI}) \cdot \overline{PO} = \frac{1}{2} \cdot \left(6 + \frac{10}{3}\right) \cdot 2 = 9\frac{1}{3}$

Anteil: $= \frac{9\frac{1}{3}}{13\frac{1}{2}} = \frac{50}{81} \approx 69{,}1\,\%$

Die Fläche A_{EMIR} nimmt ca. 69% von A_{TRE} ein.

b) $V_{Kegelstumpf} = V_{großer\ Kegel} - V_{kleiner\ Kegel}$

$= \frac{1}{3}x_R^2\pi \cdot \overline{PT} - \frac{1}{3}x_I^2\pi \cdot \overline{OT} = \frac{\pi}{3}(9 \cdot 4{,}5 - \frac{25}{9} \cdot \frac{5}{2}) = \frac{\pi}{3} \cdot \frac{302}{9} = \frac{302}{27}\pi \approx 105{,}4$

c) Es entsteht ein „liegender" Kreiszylinder, aus dem zwei gerade Kreiskegel herausgeschnitten werden.

$A_{gesamt} = M_{Zylinder} + 2 \cdot M_{Kegel}$ (A: Oberflächeninhalt; M: Mantelflächeninhalt)

$M_{Zylinder} = 2y_R \cdot \pi \cdot 2x_R = 2 \cdot 2 \cdot \pi \cdot 6 = 24\pi$

$M_{Kegel} = y_R\pi \cdot m = 2 \cdot \pi \cdot \sqrt{\frac{16}{9} + 4} = 2 \cdot \pi \cdot \sqrt{\frac{52}{9}} = \frac{4}{3} \cdot \pi \cdot \sqrt{13}$

$A_{gesamt} = 24\pi + 2 \cdot \frac{4}{3} \cdot \pi \cdot \sqrt{13} = \left(24 + \frac{8\sqrt{13}}{3}\right) \cdot \pi \approx 105{,}6$

W

W1 Eine irrationale Zahl ist eine Zahl, die sich nicht als Bruch zweier ganzer Zahlen darstellen lässt.
(*Beispiele*: $\sqrt{2}$; $\sqrt[7]{5}$; π)
$\sqrt{a}$ ist diejenige nicht negative Zahl, deren Quadrat gleich a ist.

W2 Für $\frac{\pi}{2} < x < \pi$ gilt
$\tan x = \frac{\sin x}{\cos x} = \frac{\sin x}{-\sqrt{1 - (\sin x)^2}} = \frac{\frac{3}{5}}{-\sqrt{1 - \frac{9}{25}}} = \frac{\frac{3}{5}}{-\frac{4}{5}} = -\frac{3}{4}$

W3 $(x + 2) \cdot (2 - |x|) = 0;$ $G = \mathbb{R}$
$x + 2 = 0;$ $2 - |x| = 0$
$x = -2;$ $|x| = 2$
$x_1 = -2;$ $x_2 = 2;$ $x_3 = -2 = x_1$
$L = \{-2; 2\}$

142

1.

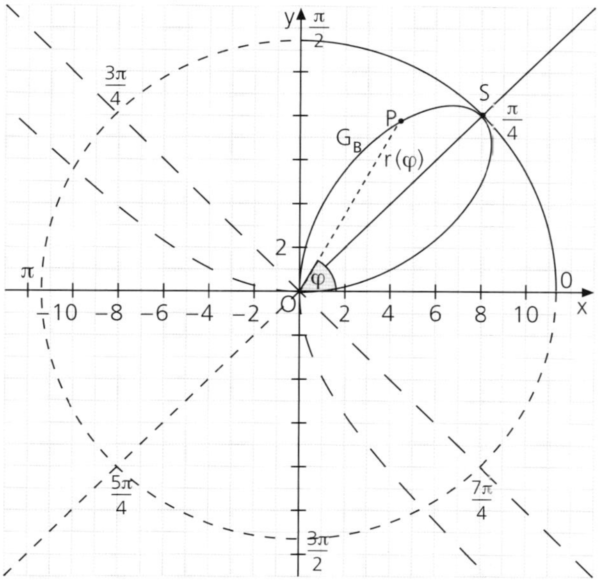

$x^3 + y^3 = 3 \cdot axy$; $\quad$ $P\,(r \cdot \cos\varphi \mid r \cdot \sin\varphi)$

P in die Gleichung des kartesischen Blattes eingesetzt:

$(r \cdot \cos\varphi)^3 + (r \cdot \sin\varphi)^3 = 3a \cdot (r \cdot \cos\varphi) + (r \cdot \sin\varphi)$

$r^3 \cdot (\cos\varphi)^3 + r^3\,(\sin\varphi)^3 = 3a \cdot r^2 \cdot \cos\varphi \cdot \sin\varphi$

$r^3 \cdot [(\cos\varphi)^3 + (\sin\varphi)^3] = r^2 \cdot (3a \cdot \cos\varphi \cdot \sin\varphi)$

$r = \dfrac{3a \cdot \cos\varphi \cdot \sin\varphi}{(\sin\varphi)^3 + (\cos\varphi)^3}$

143

2. a) Lemniskate : $(x^2 + x^2)^2 = 2e^2 \cdot (x^2 - y^2)$

$P\,(x \mid y)$; $\quad F_1\,(-e \mid 0)$; $\quad F_2\,(e \mid 0)$

$\left|\overrightarrow{PF}_1\right| = \overline{PF}_1 = \left|\begin{pmatrix}-e\\0\end{pmatrix} - \begin{pmatrix}x\\y\end{pmatrix}\right| = \left|\begin{pmatrix}-e-x\\-y\end{pmatrix}\right| = \sqrt{(-e-x)^2 + (-y)^2}$

$\left|\overrightarrow{PF}_2\right| = \overline{PF}_2 = \left|\begin{pmatrix}e\\0\end{pmatrix} - \begin{pmatrix}x\\y\end{pmatrix}\right| = \left|\begin{pmatrix}e-x\\-y\end{pmatrix}\right| = \sqrt{(e-x)^2 + (-y)^2}$

$\overline{PF}_1 \cdot \overline{PF}_2 = \sqrt{(-e-x)^2 + (-y)^2} \cdot \sqrt{(e-x)^2 + (-y)^2} =$

$= \sqrt{(e^2 + 2ex + x^2 + y^2) \cdot (e^2 - 2ex + x^2 + y^2)}$

$= \sqrt{e^4 - 2e^2x^2 + 2e^2y^2 + x^4 + 2x^2y^2 + y^4} = \sqrt{e^4 - 2e^2(x^2 - y^2) + (x^2 + y^2)^2}$

$\sqrt{e^4 - 2e^2(x^2 - y^2) + (x^2 + y^2)^2} = e^2 \qquad \mid\ ^2$

$e^4 - 2e^2(x^2 - y^2) + (x^2 + y^2)^2 = e^4 \qquad \mid -e^4$

$-2e^2(x^2 - y^2) + (x^2 + y^2)^2 = 0$

$(x^2 + y^2)^2 = 2e^2(x^2 - y^2)$ ✓ (Gleichung der Lemniskate)

b) $(x^2 + y^2)^2 = 2 \cdot e^2 \cdot (x^2 - y^2)$

in Polarkoordinaten: $x = r \cdot \cos\varphi$; $\quad y = r \cdot \sin\varphi$

$[(r \cdot \cos\varphi)^2 + (r \cdot \sin\varphi)^2]^2 = 2 \cdot e^2 \cdot [r \cdot (\cos\varphi)^2 - r^2 \cdot (\sin\varphi)^2]$;

$[r^2 \cdot ((\cos\varphi)^2 + (\sin\varphi)^2)]^2 = 2e^2 \cdot [r^2 \cdot ((\cos\varphi)^2 - (\sin\varphi)^2)]$

$r^4 = 2e^2r^2 \cdot [(\cos\varphi)^2 - (\sin\varphi)^2]$

$r^2 = 2e^2 \cdot [(\cos\varphi)^2 - (\sin\varphi)^2]$

$r = e \cdot \sqrt{2} \cdot \sqrt{(\cos\varphi)^2 - (\sin\varphi)^2}$

3. Polarkoordinaten: $x = r \cdot \cos\varphi$; $y = r \cdot \sin\varphi$

a) $(x^2 + y^2)^3 = 4a^2x^2y^2$;

$[(r \cdot \cos\varphi)^2 + (r \cdot \sin\varphi)^2]^3 = 4a^2(r \cdot \cos\varphi)^2 \cdot (r \cdot \sin\varphi)^2$;

$[r^2 \cdot ((\cos\varphi)^2 + (\sin\varphi)^2)]^3 = 4a^2r^4(\cos\varphi)^2 \cdot (\sin\varphi)^2$;

$r^6 = 4a^2r^4(\cos\varphi)^2 \cdot (\sin\varphi)^2 \qquad \mid : r^4$

$r^2 = 4a^2 \cdot (\cos\varphi)^2 \cdot (\sin\varphi)^2; \qquad \mid \sqrt{\ }$

$r = 2a \cdot |\cos\varphi \cdot \sin\varphi|$;

dazu gehört Gleichung (2) und die Abbildung „Klee".

b) $(x^2 + y^2 - ax)^2 = a^2(x^2 + y^2)$;
$[(r \cdot \cos\varphi)^2 + (r \cdot \sin\varphi)^2 - a \cdot r \cdot \cos\varphi]^2 = a^2 \cdot [(r \cdot \cos\varphi)^2 + (r \cdot \sin\varphi)^2]$;
$[r^2 \cdot ((\cos\varphi)^2 + (\sin\varphi)^2) - a \cdot r \cdot \cos\varphi]^2 = a^2 \cdot [r^2 \cdot ((\cos\varphi)^2 + (\sin\varphi)^2)]$;
$(r^2 - ar\cos\varphi)^2 = a^2r^2$;
$r^4 - 2ar^3 \cdot \cos\varphi + a^2r^2(\cos\varphi)^2 = a^2r^2; \quad | : r^2$
$r^2 - 2ar\cos\varphi + a^2(\cos\varphi)^2 = a^2$
$r^2 - 2ar\cos\varphi + a^2 \cdot (\cos\varphi)^2 - a^2 = 0$;
$r_{1,2} = \frac{2a\cos\varphi \pm \sqrt{4a^2(\cos\varphi)^2 - 4 \cdot 1 \cdot (a^2 \cdot (\cos\varphi)^2 - a^2)}}{2 \cdot 1} =$
$= \frac{2a\cos\varphi \pm \sqrt{4a^2(\cos\varphi)^2 - 4a^2(\cos\varphi)^2 + 4a^2}}{2 \cdot 1} = \frac{2a\cos\varphi \pm 2a}{2} = a\cos\varphi \pm a$;
Wegen $r \geqq 0$ ist $r = a\cos\varphi + a$ [Gleichung (1)];
dazu gehört die Abbildung „Kardioide".

c) $y = \frac{x^2}{2}$; $r \cdot \sin\varphi = \frac{(r \cdot \cos\varphi)^2}{2}$; $2 \cdot r \cdot \sin\varphi = r^2 \cdot (\cos\varphi)^2$; $2 \cdot \sin\varphi = r \cdot (\cos\varphi)^2$;
$r = \frac{2 \cdot \sin\varphi}{(\cos\varphi)^2}$; dazu gehört Gleichung (3) und die Abbildung „Parabel".

Hinweise zur Zuordnung der Abbildungen:

a) $r = 2a \cdot |\sin\varphi \cdot \cos\varphi|$
$r\left(\frac{\pi}{4}\right) = 2a \cdot \left|\sin\left(\frac{\pi}{4}\right) \cdot \cos\left(\frac{\pi}{4}\right)\right| = 2 \cdot a \cdot \frac{1}{\sqrt{2}} \cdot \frac{1}{\sqrt{2}} = a$
$r\left(\frac{3\pi}{4}\right) = r\left(\frac{5\pi}{4}\right) = r\left(\frac{7\pi}{4}\right) = a$
$r\left(\frac{\pi}{2}\right) = 2 \cdot a \cdot \left|\sin\left(\frac{\pi}{2}\right) \cdot \cos\left(\frac{\pi}{2}\right)\right| = 2 \cdot a \cdot 1 \cdot 0 = 0$
$r(\pi) = r\left(\frac{3\pi}{2}\right) = r(0) = 0$

b) $r = a + a \cdot \cos\varphi$
$r(0) = a + a \cdot \cos 0 = a + a \cdot 1 = 2a$
$r\left(\frac{\pi}{2}\right) = a + a \cdot \cos\left(\frac{\pi}{2}\right) = a + a \cdot 0 = a$
$r\left(\frac{3\pi}{2}\right) = a + a \cdot \cos\left(\frac{3\pi}{2}\right) = a + a \cdot 0 = a$

c) $r = \frac{2 \cdot \sin\varphi}{(\cos\varphi)^2}$
$r(0) = \frac{2 \cdot \sin 0}{(\cos 0)^2} = \frac{2 \cdot 0}{1} = 0$
$r\left(\frac{\pi}{4}\right) = \frac{2 \cdot \sin\left(\frac{\pi}{4}\right)}{\left(\cos\left(\frac{\pi}{4}\right)\right)^2} = \frac{2 \cdot \frac{1}{\sqrt{2}}}{\frac{1}{2}} = 4 \cdot \frac{1}{\sqrt{2}} = \sqrt{2} \cdot \sqrt{2} \cdot 2 \cdot \frac{1}{\sqrt{2}} = 2\sqrt{2}$
$P(2 \mid 2) \in$ Parabel: $\varphi = 45°$ und $r = \sqrt{x^2 + y^2} = \sqrt{8} = 2\sqrt{2}$

4. $f(x) = -x \cdot \frac{\sqrt{4 - x}}{4 + x}$

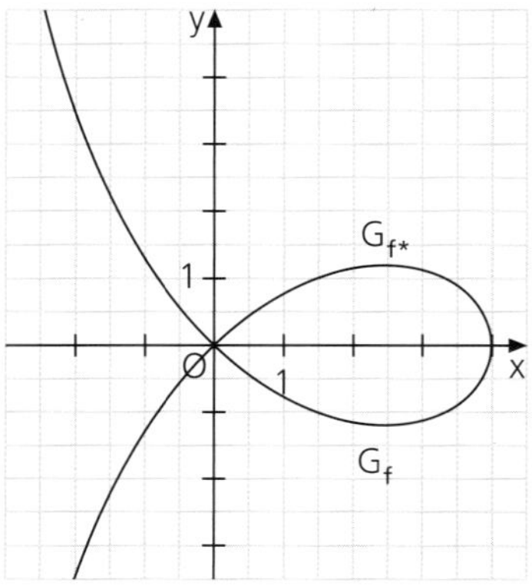

Definitionsbereich: $\frac{4 - x}{4 + x} \geqq 0$

1. Fall: $4 - x \geqq 0 \wedge 4 + x > 0$
$x \leqq 4 \wedge x > -4$
$x \in \,]-4; 4]$

2. Fall: $4 - x \leqq 0 \wedge x < -4$
Es kann nicht beides eintreten, also ist der 2. Fall unmöglich.
$D_f = \,]-4; 4]$

Asymptoten:
$\lim\limits_{x \to -4}\left(-x \cdot \sqrt{\frac{4 - x}{4 + x}}\right) = +\infty$
$\lim\limits_{x \to 4}\left(-x \cdot \sqrt{\frac{4 - x}{4 + x}}\right) = 0$
senkrechte Asymptote a: $x = -4$

Spiegelung:
$f^*(x) = -f(x) = -\left(-x \cdot \sqrt{\frac{4 - x}{4 + x}}\right) = x \cdot \sqrt{\frac{4 - x}{4 + x}}$; $D_{f^*} = D_f$

L

144

1. a)

$f(x) = \frac{1}{x^2}$; $D_f = \mathbb{R}\setminus\{0\}$	$g(x) = \left(\frac{1}{x}\right)^2$; $D_g = \mathbb{R}\setminus\{0\}$
$f(-x) = \frac{1}{(-x)^2} = \frac{1}{x^2} = f(x)$	$g(-x) = \left(\frac{1}{-x}\right)^2 = \left(\frac{1}{x}\right)^2 = g(x)$

Der Graph	G_u	G_v	G_f	G_g
ist punktsymmetrisch zum Ursprung	x	—	—	—
ist achsensymmetrisch zur y-Achse	—	x	x	x

b)

$f(x) = \sqrt{1 + x^2}$; $D_f = \mathbb{R}$	$g(x) = 1 + x$; $D_g = \mathbb{R}_0^+$
$f(-x) = \sqrt{1 + (-x)^2} = \sqrt{1 + x^2} = f(x)$	—

Der Graph	G_u	G_v	G_f	G_g
ist punktsymmetrisch zum Ursprung	—	—	—	—
ist achsensymmetrisch zur y-Achse	—	x	x	—

c)

$f(x) = \cos(2 \cdot 2^x)$; $D_f = \mathbb{R}$	$g(x) = 2^{\cos(2x)}$; $D_g = \mathbb{R}$
$f(-x) = \cos(2 \cdot 2^{-x}) = \cos\left(\frac{1}{2^{x-1}}\right)$	$g(-x) = 2^{\cos(-2x)} = 2^{\cos(2x)} = g(x)$

Der Graph	G_u	G_v	G_f	G_g
ist punktsymmetrisch zum Ursprung	—	—	—	—
ist achsensymmetrisch zur y-Achse	x	—	—	x

d)

$f(x) = \frac{1}{(1 - 2^x)^2}$; $D_f = \mathbb{R}\setminus\{0\}$	$g(x) = 1 - 2^{\frac{1}{x^2}}$; $D_g = \mathbb{R}\setminus\{0\}$
$f(-x) = \frac{1}{(1 - 2^{-x})^2} = \frac{1}{\left(1 - \frac{1}{2^x}\right)^2}$	$g(-x) = 1 - 2^{\frac{1}{(-x)^2}} = 1 - 2^{\frac{1}{x^2}} = g(x)$

Der Graph	G_u	G_v	G_f	G_g
ist punktsymmetrisch zum Ursprung	—	—	—	—
ist achsensymmetrisch zur y-Achse	x	—	—	x

2. a) *Hinweis:* $f(x) = (5x - 10)^2 = [5 \cdot (x - 2)]^2$

$u(x) = (5x)^2 = 25x^2$

Probe: $u(v(x)) = [5 \cdot (x - 2)]^2 = (5x - 10)^2 = f(x)$

b) *Hinweis:* $f(x) = \frac{4}{(x^2+1)^2} = \frac{\frac{4}{x^2}}{\frac{(x^2+1)^2}{x^2}} = \frac{\left(\frac{2}{x}\right)^2}{\left(\frac{x^2+1}{x}\right)^2} = \left(\frac{\frac{2}{x}}{x + \frac{1}{x}}\right)^2$

$u(x) = \left(\frac{2x}{\frac{1}{x} + x}\right)^2 = \left(\frac{2x^2}{1 + x^2}\right)^2;$

Probe: $u(v(x)) = \left(\frac{\frac{2}{x^2}}{1 + \frac{1}{x^2}}\right)^2 = \left(\frac{2}{x^2+1}\right)^2 = \frac{4}{(x^2+1)^2} = f(x)$

3. a) (1) Produktregel: $f(x) = (x + 4) \cdot (3 - x)$

$f'(x) = 1 \cdot (3 - x) + (x + 4) \cdot (-1) = 3 - x - x - 4 = -2x - 1$

(2) Ausmultipliziert: $f(x) = (x + 4) \cdot (3 - x) = -x^2 - x + 12$

$f'(x) = -2x - 1$

$D_{f\,max} = \mathbb{R}$

$f'(x) = -2x - 1 = 0$

$x = -\frac{1}{2};\quad y = f\left(-\frac{1}{2}\right) = \frac{7}{2} \cdot \frac{7}{2} = 12\frac{1}{4}$

$f''(x) = -2 < 0.$ G_f besitzt den Hochpunkt: $H\left(-\frac{1}{2} \mid 12\frac{1}{4}\right)$.

b) (1) Produktregel: $f(x) = (1 - x) \cdot (4 - 2x)^2$

$f'(x) = (-1) \cdot (4 - 2x)^2 + (1 - x) \cdot 2 \cdot (4 - 2x) \cdot (-2) = -(4 - 2x)^2 + (-4 + 4x) \cdot (4 - 2x) =$

$= -16 + 16x - 4x^2 - 16 + 8x + 16x - 8x^2 = -12x^2 + 40x - 32$

(2) Ausmultipliziert:

$f(x) = (1 - x) \cdot (4 - 2x)^2 = (1 - x) \cdot (16 - 16x + 4x^2) =$

$= 16 - 16x + 4x^2 - 16x + 16x^2 - 4x^3 = -4x^3 + 20x^2 - 32x + 16$

$f'(x) = -12x^2 + 40x - 32$

$D_{f\,max} = \mathbb{R}$

$f'(x) = -12x^2 + 40x - 32 = 0$

$x_{1,2} = \frac{-40 \pm \sqrt{1\,600 - 4 \cdot (-12) \cdot (-32)}}{2 \cdot (-12)} = \frac{-40 \pm 8}{-24}$

$x_1 = \frac{4}{3};\ y_1 = f\left(\frac{4}{3}\right) = -\frac{1}{3} \cdot \frac{16}{9} = -\frac{16}{27};\ x_2 = 2;\ y_2 = f(2) = 0$

$f''(x) = -24x + 40$

$f''\left(\frac{4}{3}\right) = 8 > 0;\qquad f''(2) = -8 < 0$

G_f besitzt den Tiefpunkt $T\left(\frac{4}{3} \mid -\frac{16}{27}\right)$ und den Hochpunkt $H(2 \mid 0)$.

c) (1) Kettenregel: $f(x) = \left(1 - \frac{1}{x}\right)^2 = (1 - x^{-1})^2$

$f'(x) = 2 \cdot (1 - x^{-1}) \cdot x^{-2} = 2 \cdot \frac{1}{x^2} \cdot \left(1 - \frac{1}{x}\right) = \frac{2}{x^2} - \frac{2}{x^3} = \frac{2x - 2}{x^3}$

(2) Produktregel: $f(x) = (1 - x^{-1}) \cdot (1 - x^{-1})$

$f'(x) = x^{-2} \cdot (1 - x^{-1}) + (1 - x^{-1}) \cdot x^{-2} = \frac{1}{x^2} \cdot \left(1 - \frac{1}{x}\right) + \frac{1}{x^2} \cdot \left(1 - \frac{1}{x}\right) =$

$= \frac{2}{x^2} \cdot \left(1 - \frac{1}{x}\right) = \frac{2}{x^2} - \frac{2}{x^3} = \frac{2x - 2}{x^3}$

(3) Ausmultiplizieren: $f(x) = \left(1 - \frac{1}{x}\right)^2 = 1 - \frac{2}{x} + \frac{1}{x^2} = 1 - 2 \cdot x^{-1} + x^2$

$f'(x) = 2 \cdot x^{-2} - 2 \cdot x^{-3} = \frac{2}{x^2} - \frac{2}{x^3} = \frac{2x - 2}{x^3}$

$D_{f\,max} = \mathbb{R} \setminus \{0\}$

$f'(x) = \frac{2x - 2}{x^3} = 0$

$2x - 2 = 0$

$x = 1;\quad y = f(1) = 0$

$f'(x) = \frac{2}{x^2} - \frac{2}{x^3};\quad f''(x) = -\frac{4}{x^3} + \frac{6}{x^4}$

$f''(1) = -4 + 6 = 2 > 0$

G_f besitzt den Tiefpunkt $T(1 \mid 0)$.

4. a) $f'(x) = 4 \cdot \cos(4x)$; $D_{f'} =]-\pi; 2\pi[$

$4 \cdot \cos(4x) = 0$; *Hinweis:* $4x = \frac{(2k + 1)\pi}{2}$; $k \in \mathbb{Z}$

Koordinaten der Punkte mit horizontaler Tangente:

x	$-\frac{7\pi}{8}$	$-\frac{5\pi}{8}$	$-\frac{3\pi}{8}$	$-\frac{\pi}{8}$	$+\frac{\pi}{8}$	$+\frac{3\pi}{8}$	$+\frac{5\pi}{8}$	$+\frac{7\pi}{8}$	$+\frac{9\pi}{8}$	$+\frac{11\pi}{8}$	$+\frac{13\pi}{8}$	$+\frac{15\pi}{8}$
y	3	1	3	1	3	1	3	1	3	1	3	1

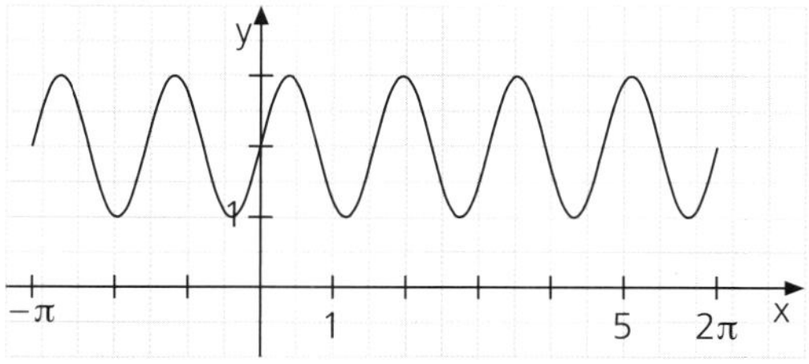

b) $f'(x) = \cos x + \sin x$; $D_{f'} =]\frac{\pi}{2}; \pi[$

$\cos x + \sin x = 0$

$\cos x = -\sin x$; $\tan x = -1$; $x = \frac{3\pi}{4}$

$f\left(\frac{3\pi}{4}\right) = \sqrt{2}$; $P\left(\frac{3\pi}{4} \mid \sqrt{2}\right)$

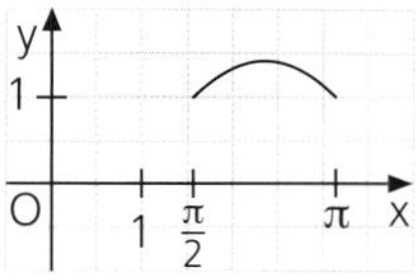

c) $f'(c) = -2 \cdot \sin(2x)$; $D_{f'} =]0; 2\pi[$

$-2 \cdot \sin(2x) = 0$; *Hinweis:* $2x = k\pi$; $k \in \mathbb{Z}$

$x = \frac{k}{2}\pi$

Koordinaten der Punkte mit horizontaler Tangente:

x	$\frac{\pi}{2}$	π	$\frac{3\pi}{2}$
y	−2	0	−2

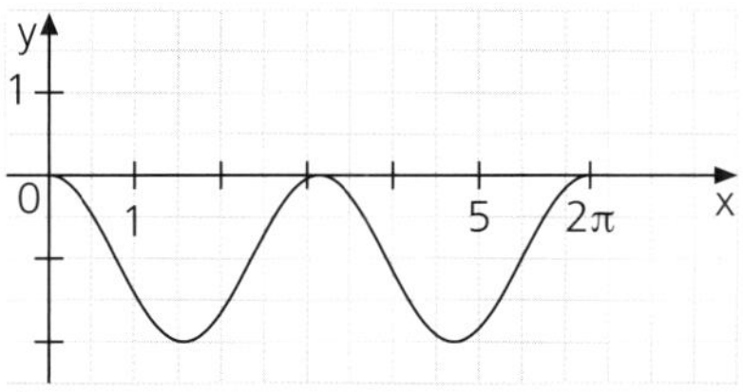

d) $f'(x) = \cos x + 2 \cdot \sin x$; $D_{f'} =]-\pi; \pi[$

$\cos x + 2 \cdot \sin x = 0$

$\cos x = -2 \cdot \sin x \mid : (-2\cos x)$

$\tan x = -\frac{1}{2}$

Koordinaten der Punkte mit horizontaler Tangente:

x ≈	−0,46	2,68
y ≈	−2,2	2,2

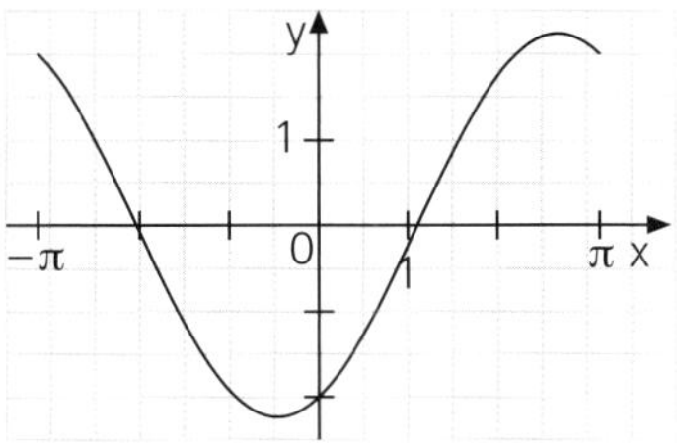

5. $F(x) = 1 + x + \sin x \cdot \cos x;$

$F'(x) = 1 + \cos x \cdot \cos x + \sin x \cdot (-\sin x) =$

$= 1 + (\cos x)^2 - (\sin x)^2 =$

$= [1 - (\sin x)^2] + (\cos x)^2 =$

$= (\cos x)^2 + (\cos x)^2 = 2(\cos x)^2 = f(x);\; D_{F'} = \mathbb{R} = D_f$

6. **a)** x-Achsenpunkte:
$f(x) = \sqrt{2} \cdot \sin x = 0;\; D_f =]-\frac{\pi}{12}; \frac{13\pi}{12}[;$
$\sin x = 0;\; x = k\pi;\; k \in \mathbb{Z};$
$S_1\,(0 \mid 0);\; S_2\,(\pi \mid 0)$
y-Achsenpunkt:
$f(0) = \sqrt{2} \cdot \sin 0 = 0;$
$T\,(0 \mid 0) = S_1$

b) $f'(x) = \sqrt{2} \cdot \cos x = 0;\; D_{f'} =]-\frac{\pi}{12}; \frac{13\pi}{12}[;$
$\cos x = 0;\quad x = \frac{(2k+1)\pi}{2};\; k \in \mathbb{Z}$
Monotonietabelle:

x	$-\frac{\pi}{12} < x < \frac{\pi}{2}$	$x = \frac{\pi}{2}$	$\frac{\pi}{2} < x < \frac{13\pi}{12}$
f'(x)	$f'(x) > 0$	$f'(x) = 0$	$f'(x) < 0$
f	streng monoton zunehmend		streng monoton abnehmend
G_f	streng monoton steigend	Hochpunkt $H\left(\frac{\pi}{2} \mid \sqrt{2}\right)$	streng monoton fallend

$f''(x) = -\sqrt{2} \cdot \sin x;$

$f''\left(-\frac{\pi}{2}\right) = \sqrt{2} > 0;\; f''\left(\frac{\pi}{2}\right) = -\sqrt{2} < 0;\; f''\left(\frac{3\pi}{2}\right) = \sqrt{2} > 0$

$f''\left(\frac{5\pi}{2}\right) = -\sqrt{2} < 0;\; f''\left(\frac{7\pi}{2}\right) = \sqrt{2} > 0;\; f''\left(\frac{9\pi}{2}\right) = -\sqrt{2} < 0;$

$f''\left(\frac{11\pi}{2}\right) = \sqrt{2} > 0$

c) 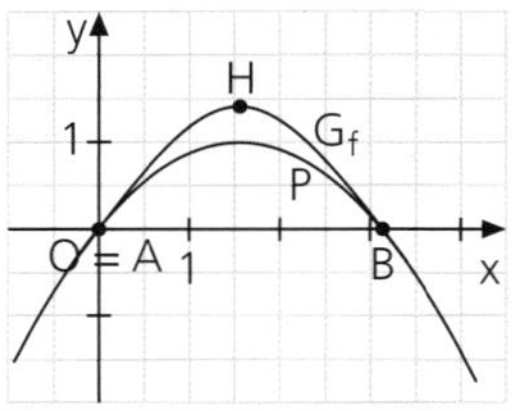

$f(x) = p(x);\; p(x) = -\frac{4}{\pi^2} \cdot x \cdot (x - \pi);$
$\sqrt{2} \cdot \sin x = -\frac{4}{\pi^2} \cdot x \cdot (x - \pi);$
$f'(x) = \sqrt{2} \cdot \cos x;\; p'(x) = -\frac{4}{\pi^2} \cdot (2x - \pi)$
Gemeinsame Punkte:
Man erkennt: $p(0) = 0$ und $f(0) = 0$; $A\,(0 \mid 0)$
$p(\pi) = 0$ und $f(\pi) = 0$; $B\,(\pi \mid 0)$
Bei Berührung von G_f und P müssen beide Graphen in A die gleiche Steigung besitzen und in B ebenfalls.
$f'(0) = \sqrt{2};\; p'(0) = \frac{4}{\pi} \neq \sqrt{2}$: A ist Schnittpunkt;
$f'(\pi) = -\sqrt{2};\; p'(\pi) = -\frac{4}{\pi} \neq -\sqrt{2}$: B ist Schnittpunkt.

d) $F'(x) = -a \cdot \sin x = f(x);\; D_{F'} =]-\frac{\pi}{12}; \frac{13\pi}{12}[;$
$-a \cdot \sin x = \sqrt{2} \cdot \sin x;$
$a = -\sqrt{2};$
$F(x) = -\sqrt{2} \cdot \cos x + b$

$F(0) = -\sqrt{2} \cdot \cos 0 + b = -\sqrt{2} + b = 0;\ b = \sqrt{2}$
$F\colon F(x) = -\sqrt{2} \cdot \cos x + \sqrt{2};\ D_F = D_f$

7. a) $f(x) = \cos\sqrt{x};\ D_f = \mathbb{R}_0^+$
$f'(x) = -\sin\sqrt{x} \cdot \left(\frac{1}{2}x^{-\frac{1}{2}}\right) = -\frac{\sin\sqrt{x}}{2\sqrt{x}}$
$f'(\pi^2) = -\frac{\sin\sqrt{\pi^2}}{2\sqrt{\pi^2}} = 0$

b) $f(x) = \sqrt[3]{4x^2};\ D_f = \mathbb{R}$. Für $x > 0$ gilt $f(x) = \sqrt[3]{4} \cdot x^{\frac{2}{3}}$;
$f'(x) = \sqrt[3]{4} \cdot \frac{2}{3} \cdot x^{-\frac{1}{3}} = \frac{2 \cdot \sqrt[3]{4}}{3 \cdot \sqrt[3]{x}}$;
$f'(1) = \frac{2 \cdot \sqrt[3]{4}}{3} \approx 1{,}06.$

c) $f(x) = 2 \cdot \sqrt{x-4} = 2 \cdot (x-4)^{\frac{1}{2}};\ D_f = [4; \infty[$
$f'(x) = 2 \cdot \frac{1}{2} \cdot (x-4)^{-\frac{1}{2}} = \frac{1}{\sqrt{x-4}}$
$f'(8) = \frac{1}{\sqrt{8-4}} = \frac{1}{2}$

d) $f(x) = \sqrt{\frac{2-x}{x-1}} = \left(\frac{2-x}{x-1}\right)^{\frac{1}{2}};\ D_f =]1; 2]$
$f'(x) = \frac{1}{2} \cdot \left(\frac{2-x}{x-1}\right)^{-\frac{1}{2}} \cdot \frac{(x-1)\cdot(-1) - (2-x)\cdot 1}{(x-1)^2} =$
$= \frac{1}{2} \cdot \frac{1}{\sqrt{\frac{2-x}{x-1}}} \cdot \frac{-1}{(x-1)^2} = \frac{-\sqrt{x-1}}{2 \cdot \sqrt{2-x} \cdot (x-1)^2}$
$f'(1{,}5) = \frac{-\sqrt{1{,}5-1}}{2 \cdot \sqrt{2-1{,}5} \cdot (1{,}5-1)^2} = -\frac{\sqrt{0{,}5}}{2 \cdot \sqrt{0{,}5} \cdot (0{,}5)^2} = -2$

e) $f(x) = \sqrt{\frac{4-x}{4+x}} = \left(\frac{4-x}{4+x}\right)^{\frac{1}{2}};\ D_f =]-4; 4]$
$f'(x) = \frac{1}{2} \cdot \left(\frac{4-x}{4+x}\right)^{-\frac{1}{2}} \cdot \frac{(4+x)\cdot(-1) - (4-x)\cdot 1}{(4+x)^2} = \frac{1}{2} \cdot \frac{1}{\sqrt{\frac{4-x}{4+x}}} \cdot \frac{-8}{(4+x)^2} = -\frac{4\sqrt{4+x}}{\sqrt{4-x} \cdot (4+x)^2}$
$f'(0) = -\frac{4\sqrt{4}}{\sqrt{4} \cdot 4^2} = -\frac{1}{4}$

f) $f(x) = [\sin(\sqrt{x})]^2 + [\cos(\sqrt{x})]^2 = 1;\ D_f = \mathbb{R}_0^+$
$f'(x) = 0$ also auch $f'(4) = 0$

8. 1 U.S. dollar = 1,33 Canadian dollars

a) $x \cdot 1$ U.S. dollar $= x \cdot 1{,}33$ Canadian dollars;
$x \mapsto 1{,}33 \cdot x;\quad f(x) = 1{,}33 \cdot x$

b) Inverse function:
$y = 1{,}33 \cdot x;$
$x = 1{,}33 \cdot y;$
$y = \frac{x}{1{,}33};\qquad f^{-1}(x) = \frac{x}{1{,}33} \approx 0{,}75x$

9. a) $y = 4x + 1;\ D_f = \mathbb{R};$
$y - 1 = 4x;$
$x = \frac{1}{4}y - \frac{1}{4};$
$f^{-1}(x) = \frac{1}{4}x - \frac{1}{4};\qquad D_{f^{-1}} = \mathbb{R};$

b) $f(f^{-1}(x)) = 4 \cdot \left(\frac{1}{4}x - \frac{1}{4}\right) + 1 = x - 1 + 1 = x$

c) $f^{-1}(f(x)) = \frac{1}{4} \cdot (4x + 1) - \frac{1}{4} = x + \frac{1}{4} - \frac{1}{4} = x.$

145

10. a) $y = 25\,000 + 0.4x = f(x)$; $D_f = \mathbb{R}_0^+$; $W_f = [25\,000; \infty[$;
$y - 25\,000 = 0.4x$;
$x = \frac{5}{2}y - 62\,500$;
$f^{-1}(x) = \frac{5}{2}x - 62\,500$; $D_{f^{-1}} = [25\,000; \infty[$
The inverse function f^{-1} gives the proceeds from ticket sales in terms of Alexis' total annual income.

11. $y = \frac{1}{x}$; $D_f = \mathbb{R}\setminus\{0\}$; $W_f = \mathbb{R}\setminus\{0\}$
$xy = 1$
$x = \frac{1}{y}$;
$f^{-1}(x) = \frac{1}{x}$; $D_{f^{-1}} = \mathbb{R}\setminus\{0\}$
Die beiden Funktionen f und f^{-1} sind identisch; ihre Graphen sind symmetrisch zur Winkelhalbierenden des I. und III. Quadranten.

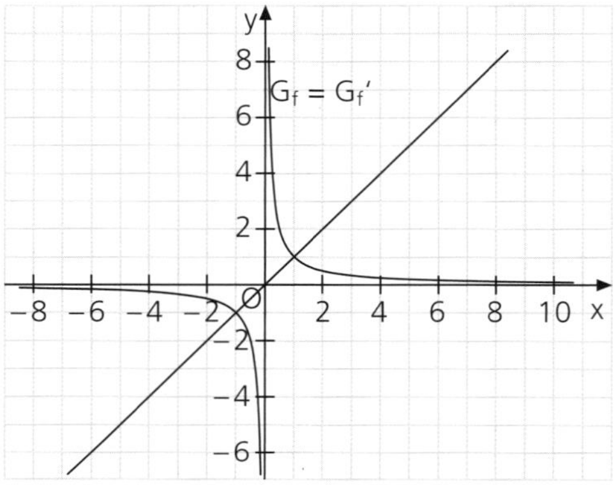

12. $y = 2x + 6$; $D_u = \mathbb{R}$; $W_u = \mathbb{R}$
$y - 6 = 2x$;
$x = \frac{1}{2}y - 3$;
$u^{-1}(x) = \frac{1}{2}x - 3$; $D_{u^{-1}} = W_u = \mathbb{R}$

$$\left.\begin{array}{l} f(x) = u(u^{-1}(x)) = 2 \cdot \left(\frac{1}{2}x - 3\right) + 6 = x - 6 + 6 = x \\ g(x) = u^{-1}(u(x)) = \frac{1}{2} \cdot (2x + 6) - 3 = x + 3 - 3 = x \end{array}\right\} f(x) = g(x)$$

13.

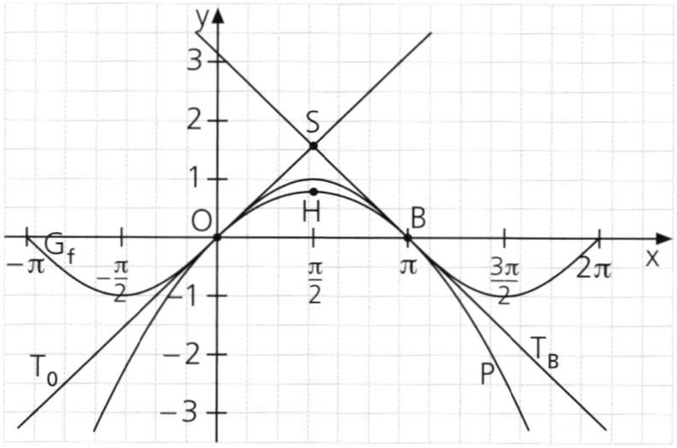

$p(x) = ax^2 + bx + c$; $f(x) = \sin x$; $D_f =]-\pi; 2\pi[$
$p'(x) = 2ax + b$; $f'(x) = \cos x$
O (0 | 0): $p(0) = f(0)$; $p'(0) = f'(0)$
$c = 0$ (1); $b = 1$ (2)
B (π | 0): $p(\pi) = f(\pi)$; $p'(\pi) = f'(\pi)$

$a \cdot \pi^2 + b \cdot \pi \cdot c = 0$ (3); $2a \cdot \pi + b = -1$ (4)

(1) und (2) in (3) und (4):

$a \cdot \pi^2 + 1 \cdot \pi = 0;$ $2a \cdot \pi + 1 = -1$

$a \cdot \pi^2 + \pi = 0;$ $2a \cdot \pi = -2$

$\pi \cdot (a\pi + 1) = 0;$ $a\pi = -1$

$a\pi = -1$

$a = -\frac{1}{\pi}$ (5)

Gleichung der Parabel:

P: $p(x) = -\frac{1}{\pi}x^2 + x$

Tangenten t_0 und t_B:

$f'(x) = \cos x$

t_0: $m_1 = f'(0) = 1;$ t_B: $m_2 = f'(\pi) = -1$

$y = 1 \cdot x + t_1;$ $y = -1 \cdot x + t_2$

$0 = 1 \cdot 0 + t_1;$ $0 = -1 \cdot \pi + t_2$

$t_1 = 0;$ $t_2 = \pi$

t_0: $y = x;$ t_B: $y = -x + \pi$

Schnittpunkt der Tangenten t_0 und t_B:

$x = -x + \pi$

$2x = \pi$

$x = \frac{\pi}{2}$ eingesetzt in t_0: $y = \frac{\pi}{2}$

$S\left(\frac{\pi}{2} \mid \frac{\pi}{2}\right)$

Flächeninhalte der Dreiecke:

$A_{OBS} = \frac{1}{2} \cdot \overline{OB} \cdot y_S = \frac{1}{2} \cdot \pi \cdot \frac{\pi}{2} = \frac{\pi^2}{4}$

Hochpunkt der Parabel:

$p'(x) = -\frac{2}{\pi} \cdot x + 1 = 0$

$-\frac{2}{\pi} \cdot x = 0$

$-\frac{2}{\pi} \cdot x = -1$

$x = \frac{\pi}{2}$ $p\left(\frac{\pi}{2}\right) = -\frac{1}{\pi} \cdot \frac{\pi^2}{4} + \frac{\pi}{2} = \frac{\pi}{4}$

$H\left(\frac{\pi}{2} \mid \frac{\pi}{4}\right)$

$A_{OBH} = \frac{1}{2} \cdot \overline{OB} \cdot y_H = \frac{1}{2} \cdot \pi \cdot \frac{\pi}{4} = \frac{\pi^2}{8}$

$\frac{A_{OBH}}{A_{OBS}} = \frac{\frac{\pi^2}{8}}{\frac{\pi^2}{4}} = \frac{1}{2} = 50\%$

Das Dreieck OBH nimmt 50% der Fläche des Dreiecks OBS ein.

14. Kreis um Mittelpunkt M (0 I 0) mit Radiuslänge r:

$x^2 + y^2 = r^2$

$y^2 = r^2 - x^2$

$y = \pm\sqrt{r^2 - x^2}$

Da G_f durch den I. und III. Quadranten laufen soll:

f: $f(x) = \sqrt{r^2 - x^2}$; $D_f = [-r; r]$; $W_f = [0; r]$

Tangente t_p an G_f in P (a I f(a)); $f(a) = \sqrt{r^2 - a^2}$; $y = m_T \cdot x + t$

$f'(x) = \frac{1}{2 \cdot \sqrt{r^2 - x^2}} \cdot (-2x) = -\frac{x}{\sqrt{r^2 - x^2}}$

Ermittlung der Tangentensteigung m_T

(1) mit Ableitungsregeln

$f'(a) = -\frac{a}{\sqrt{r^2 - a^2}} = m_T$

(2) OP $\perp$ t_P:

$m_{OP} = \frac{\sqrt{r^2 - a^2}}{a};$

$m_{t_P} = -\frac{a}{\sqrt{r^2 - a^2}}$

15.

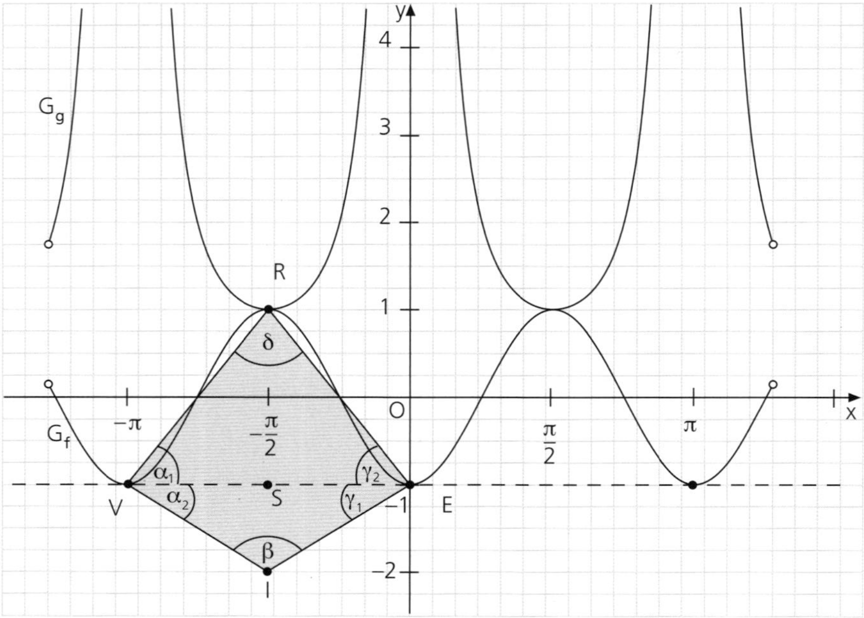

a) Für jeden Wert von $x \in D_f$ gilt:
$f(-x) = 2[\sin(-x)]^2 - 1 = 2(-\sin x)^2 - 1 = 2(\sin x)^2 - 1 = f(x)$;
$g(-x) = \frac{1}{[\sin(-x)]^2} = \frac{1}{(-\sin x)^2} = \frac{1}{(\sin x)^2} = g(x)$:
G_f und G_g sind symmetrisch zur y-Achse.

b) $f(x) = 2(\sin x)^2 - 1$;
$f'(x) = 2 \cdot 2\sin x \cdot \cos x = 4 \cdot \sin x \cdot \cos x$; $D_{f'} = D_f$;
$f''(x) = 4(\cos x)^2 - 4(\sin x)^2$;

$f'(x) = 0$; $\sin x = 0$; $x = -\pi \notin D_f$; $x = 0 \notin D_f$ und $x = \pi \notin D_f$

$\cos x = 0$; $x_1 = -\frac{\pi}{2} \in D_f$; $x_2 = \frac{\pi}{2} \in D_f$;

$f(-\frac{\pi}{2}) = 2 - 1 = 1$; $f''(-\frac{\pi}{2}) = -4 < 0$

$f(\frac{\pi}{2}) = 2 - 1 = 1$; $f''(\frac{\pi}{2}) = -4 < 0$

G_f hat zwei Hochpunkte: $H_1\,(-\frac{\pi}{2} \mid 1)$ und $H_2\,(\frac{\pi}{2} \mid 1)$.
$g(x) = \frac{1}{(\sin x)^2}$; $g'(x) = \frac{-2\sin x \cdot \cos x}{(\sin x)^4} = -\frac{2\cos x}{(\sin x)^3}$;
$g''(x) = \frac{(\sin x)^3 \cdot 2\sin x + 2\cos x \cdot 3(\sin x)^2 \cdot \cos x}{(\sin x)^6} = \frac{2(\sin x)^2 + 6(\cos x)^2}{(\sin x)^4} = \frac{6 - 4(\sin x)^2}{(\sin x)^4}$;
$g'(x) = 0$; $\cos x = 0$; $x_1 = -\frac{\pi}{2} \in D_g$; $x_2 = \frac{\pi}{2} \in D_g$; $g(\pm\frac{\pi}{2}) = 1$;
$g''(-\frac{\pi}{2}) = \frac{2}{1} = 2 > 0$; $g''(\frac{\pi}{2}) = \frac{2}{1} > 0$
G_g hat zwei Tiefpunkte, $T_1\,(-\frac{\pi}{2} \mid 1)$ und $T_2\,(\frac{\pi}{2} \mid 1)$.
Die Extrempunkte von G_f und G_g fallen zusammen.
Gemeinsame Punkte von G_f und G_g:
$2(\sin x)^2 - 1 = \frac{1}{(\sin x)^2}$;
$2(\sin x)^4 - (\sin x)^2 - 1 = 0$; $(\sin x)^2 = z$;
$2z^2 - z - 1 = 0$
$z_{1,2} = \frac{1 \pm \sqrt{1+8}}{4} = \frac{1 \pm 3}{4}$

$z_1 = 1;\quad (\sin x)^2 = 1;\quad \left.\begin{array}{l} x_1 = -\frac{\pi}{2} \\ x_2 = \frac{\pi}{2} \end{array}\right\} \in D_f = D_g$

$z_2 = -\frac{1}{2} < 0$ keine Lösung

$H_1 = T_1$ und $H_2 = T_2$

Die gemeinsamen Punkte sind Extrempunkte beider Graphen.

c) $V\,(-\pi \mid -1);\ I\,(\frac{\pi}{2} \mid -2);\ E\,(0 \mid -1);\ R\,(-\frac{\pi}{2} \mid 1);\ S\,(-\frac{\pi}{2} \mid -1)$

$A_{VIER} = A_{VIE} + A_{VER} = \frac{1}{2} \cdot \overline{VE} \cdot (\overline{SI} + \overline{SR}) = \frac{1}{2} \cdot \pi \cdot (1 + 2) = \frac{3}{2}\pi \approx 4{,}71$

Innenwinkel: $\alpha = \alpha_1 + \alpha_2;\ \beta = \beta_1 + \beta_2;\ \gamma = \gamma_1 + \gamma_2;\ \delta = \delta_1 + \delta_2;$

$\triangle VIE$:

$\tan \alpha_2 = \frac{\overline{SI}}{\overline{SV}} = \frac{1}{\frac{\pi}{2}} = \frac{2}{\pi};\ \alpha_2 \approx 32{,}48° = \gamma_1;$

$\beta = 180° - \alpha_2 - \gamma_1 \approx 115{,}04°;$

$\tan \alpha_1 = \frac{\overline{SR}}{\overline{SV}} = \frac{2}{\frac{\pi}{2}} = \frac{4}{\pi};\ \alpha_1 \approx 51{,}85° = \gamma_2;$

$\delta = 180° - \alpha_1 - \gamma_2 \approx 76{,}29°$

Im Viereck VIER gilt demnach:

$\alpha = \alpha_1 + \alpha_2 \approx 84{,}33° = \gamma;$

$\beta \approx 115{,}04°;\ \delta \approx 76{,}29°$

16. a) $(1 + x)^2 \geqq 1 + 2x$

$1 + 2x + x^2 \geqq 1 + 2x$

$x^2 \geqq 0$

wahre Aussage für alle $x \in \mathbb{R}$

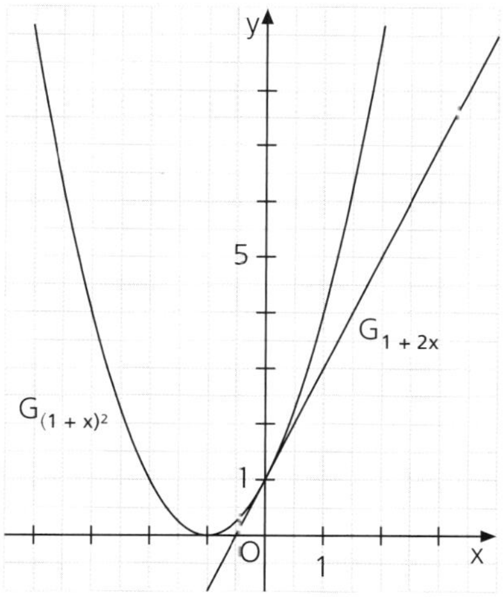

b) $\sqrt{1 + x} \leqq 1 + \frac{x}{2}$ | quad.

$1 + x \leqq \left(1 + \frac{x}{2}\right)^2$

$1 + x \leqq 1 + x + \frac{x^2}{4}$

$0 \leqq \frac{x^2}{4}$

$x^2 \geqq 0$

wahre Aussage für alle $x \in \,]-1; \infty[$

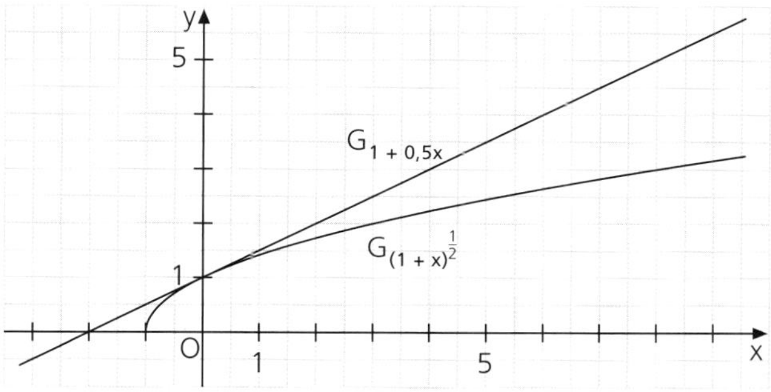

17. a) f_1: $y^2 = x(1 - x) = x - x^2;$

$x^2 - x + \frac{1}{4} + y^2 = \frac{1}{4};$

$\left(x - \frac{1}{2}\right)^2 + y^2 = \frac{1}{4}$ mit $x \in [0;\,1]$ und $y \in [0;\,\frac{1}{2}]$

f_2: $y^2 = 2x - x^2;$

$x^2 - 2x + 1 + y^2 = 1$

$(x - 1)^2 + y^2 = 1$ mit $x \in [0;\,2]$ und $y \in [0;\,1]$

f_3: $y^2 = 3x - x^2$;
$x^2 - 3x + (1{,}5)^2 + y^2 = 1{,}5^2$
$(x - 1{,}5)^2 + y^2 = 1{,}5^2$ mit $x \in [0; 3]$ und $y \in [0; 1{,}5]$
f_4: $y^2 = 4x - x^2$;
$x^2 - 4x + 4 + y^2 = 4$;
$(x - 2)^2 + y^2 = 4$ mit $x \in [0; 4]$ und $y \in [0; 2]$
Die vier Funktionsgraphen stellen Halbkreise mit $M_1\ (\frac{1}{2} \mid 0)$; $r_1 = \frac{1}{2}$; $M_2\ (1 \mid 0)$; $r_2 = 1$; $M_3\ (1{,}5 \mid 0)$; $r_3 = 1{,}5$ und $M_4\ (2 \mid 0)$; $r_4 = 2$ dar.

b) hellblaue Fläche:
$A_h = \frac{1}{2} \cdot r_h^2 \cdot \pi = \frac{1}{2} \cdot \left(\frac{1}{2}\right)^2 \cdot \pi = \frac{1}{8}\pi$
braune Fläche:
$A_b = \frac{1}{2} \cdot r_b^2 \cdot \pi - A_h = \frac{1}{2} \cdot 1^2 \cdot \pi - \frac{1}{8}\pi = \frac{4}{8}\pi - \frac{1}{8}\pi = \frac{3}{8}\pi$
lila Fläche:
$A_l = \frac{1}{2} \cdot r_l^2 \cdot \pi - A_b - A_h = \frac{1}{2} \cdot \left(\frac{3}{2}\right)^2 \cdot \pi - \frac{3}{8}\pi - \frac{1}{8}\pi = \frac{9}{8}\pi - \frac{4}{8}\pi = \frac{5}{8}\pi$
orange Fläche:
$A_o = \frac{1}{2} \cdot r_o^2 \cdot \pi - A_l - A_b - A_h = \frac{1}{2} \cdot 2^2 \cdot \pi - \frac{5}{8}\pi - \frac{3}{8}\pi - \frac{1}{8}\pi = \frac{16}{8}\pi - \frac{9}{8}\pi = \frac{7}{8}\pi$

c) ZACKGETÜM: $\overline{ZA} + \overline{AC} + \overline{CK} + \overline{KG} + \overline{GE} + \overline{ET} + \overline{TÜ} + \overline{ÜM}$
$Z\ (-1 \mid 0)$; $A\ (0 \mid 0)$; $K\ (1 \mid 0)$; $E\ (2 \mid 0)$; $Ü\ (3 \mid 0)$; $M\ (4 \mid 0)$; $C\ (1 \mid f_2(1)) = C\ (1 \mid 1)$; $G\ (2 \mid f_3(2)) = G\ (2 \mid \sqrt{2})$; $T\ (3 \mid f_4(3)) = T\ (3 \mid \sqrt{3})$
$\overline{ZA} = 1$;
$(\overline{AC})^2 = (\overline{AK})^2 + (\overline{KC})^2 = 1^2 + 1^2 = 2$; $\quad \overline{AC} = \sqrt{2}$;
$\overline{CK} = 1$;
$(\overline{KG})^2 = (\overline{KE})^2 + (\overline{EG})^2 = 1^2 + (\sqrt{2})^2 = 3$; $\quad \overline{KG} = \sqrt{3}$;
$\overline{GE} = \sqrt{2}$
$(\overline{ET})^2 = (\overline{EÜ})^2 + (\overline{ÜT})^2 = 1^2 + (\sqrt{3})^2 = 4$; $\quad \overline{ET} = 2$;
$\overline{TÜ} = \sqrt{3}$;
$\overline{ÜM} = 1$;
ZACKGETÜM: $1 + \sqrt{2} + 1 + \sqrt{3} + \sqrt{2} + 2 + \sqrt{3} + 1 = 5 + 2\sqrt{2} + 2\sqrt{3} \approx 11{,}29$

W

W1 Wird dem Doppelten, dem Dreifachen, dem Vierfachen, … dem k-Fachen ($k \in \mathbb{R}$) einer Größe x das Doppelte, das Dreifache, das Vierfache, … das k-Fache einer Größe y zugeordnet, so sind x und y zueinander direkt proportionale Größen.

W2 $A\ (10 \mid -8 \mid -1)$; $B\ (-2 \mid 0 \mid 8)$; $O\ (0 \mid 0 \mid 0)$
$|\overrightarrow{AB}| = |\overrightarrow{OB} - \overrightarrow{OA}| = \left|\begin{pmatrix}-2\\0\\8\end{pmatrix} - \begin{pmatrix}10\\-8\\-1\end{pmatrix}\right| = \left|\begin{pmatrix}-12\\8\\9\end{pmatrix}\right| = \sqrt{(-12)^2 + 8^2 + 9^2} = 17$

W3 $\overrightarrow{TR} = \begin{pmatrix}4\\-8\\0\end{pmatrix}$; $\quad TE = \begin{pmatrix}8\\-8\\-12\end{pmatrix}$;
$A = \frac{1}{2} \cdot |\overrightarrow{TR} \times \overrightarrow{TE}| = \frac{1}{2} \cdot \left|\begin{pmatrix}96\\48\\32\end{pmatrix}\right| = 56$

146

L

1. a) f: $f(x) = u(v(x)) = (\sqrt[3]{x^2})^3 = x^2$; g: $g(x) = v(u(x)) = \sqrt[3]{(x^3)^2} = \sqrt[3]{x^6} = x^2$; $D_f = \mathbb{R} = D_g$
b) f: $f(x) = u(v(x)) = \sin(\cos x)$; g: $g(x) = v(u(x)) = \cos(\sin x)$; $D_f = \mathbb{R} = D_g$

2. $f(x) = \frac{1}{\sqrt{x^2-1}}$; zu $D_{f\,max} = \mathbb{R}\setminus[-1;\,1]$ gehören -10; -2; 2 und 10.

$g(x) = \left(\frac{1}{\sqrt{x}}\right)^2 - 1 = \frac{1}{x} - 1$; zu $D_{g\,max}$ gehören ± 1; ± 2 und ± 10.

3. a) $f'(x) = \frac{1}{3\cdot\sqrt[3]{x^2}}\cos\sqrt[3]{x}$; $f'(\pi^3) = \frac{1}{3\pi^2}\cos\pi = -\frac{1}{3\pi^2} \approx -0{,}034$

b) $f'(x) = \frac{1}{4}\cdot\frac{8x}{\sqrt[4]{(4x^2)^3}} = \frac{2x}{2|x|\sqrt{2|x|}} = \frac{x}{|x|\sqrt{2|x|}}$; $f'(1) = \frac{\sqrt{2}}{2} \approx 0{,}707$

c) $f'(x) = \frac{1}{2}\cdot\sqrt{\frac{x-4}{4+x}}\cdot\frac{x-4-(4+x)}{(x-4)^2} = \frac{1}{2}\sqrt{\frac{x-4}{4+x}}\cdot\frac{-8}{(x-4)^2} = \sqrt{\frac{x-4}{4+x}}\cdot\frac{-4}{(x-4)^2}$;

$f'(8) = \frac{-4}{16\sqrt{3}} = -\frac{\sqrt{3}}{12} \approx -0{,}144$

d) $f'(x) = -2\sin(2x)$
$f'(\pi) = -2\sin(2\pi) = 0$

e) $f'(x) = \frac{\cos x}{2\sqrt{\sin x}}$; $f'(\frac{\pi}{2}) = 0$

f) $f'(x) = 3\left(x + \frac{1}{x}\right)^2 \cdot \left(1 - \frac{1}{x^2}\right)$; $f'(1) = 0$

4. $y = \sin(2x)$ (schwarz); $y' = 2\cos(2x)$ (blau); $y'' = -4\sin(2x)$ (rct)

5. Es ist $f'(x) = -\frac{2}{3\cdot\sqrt[3]{x}} < 0$ für jeden Wert von $x \in D_{f'} = \mathbb{R}^+ = D_f$. Also ist f überall streng monoton abnehmend.
Wertmenge: $W_f =]-\infty;\,2[$

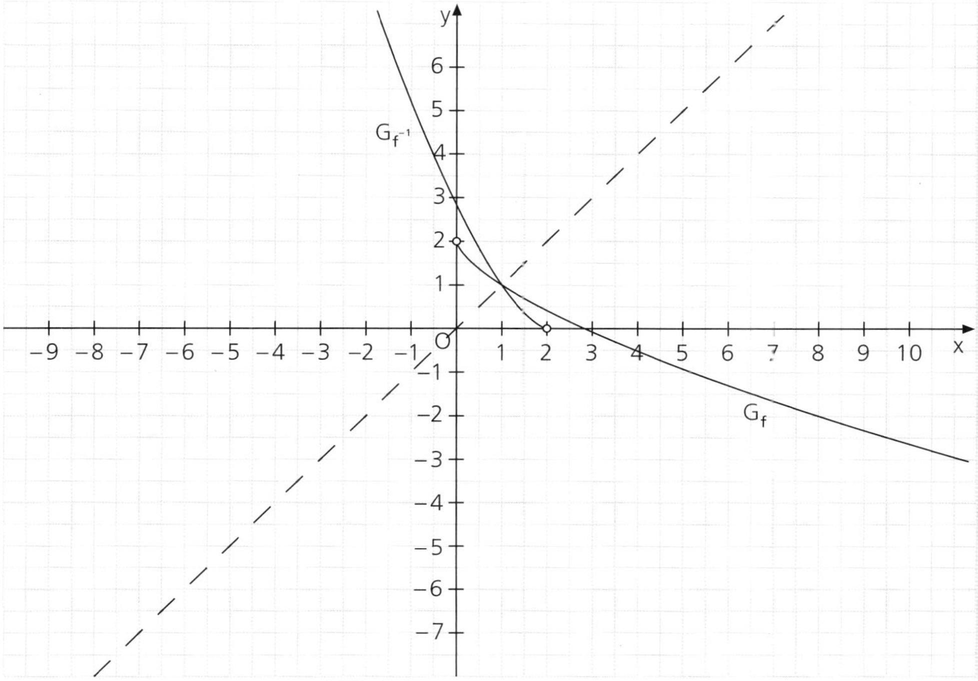

Umkehrfunktion: $y = 2 - \sqrt[3]{x^2}$; $\sqrt[3]{x^2} = 2 - y$; | „hoch 3"
$x^2 = (2-y)^3$; $x = \sqrt{(2-y)^3}$, da $x \in \mathbb{R}^+$; x und y vertauschen:
f^{-1}: $f^{-1}(x) = \sqrt{(2-x)^3}$; $D_{f^{-1}} = W_f =]-\infty\,;\,2[$.

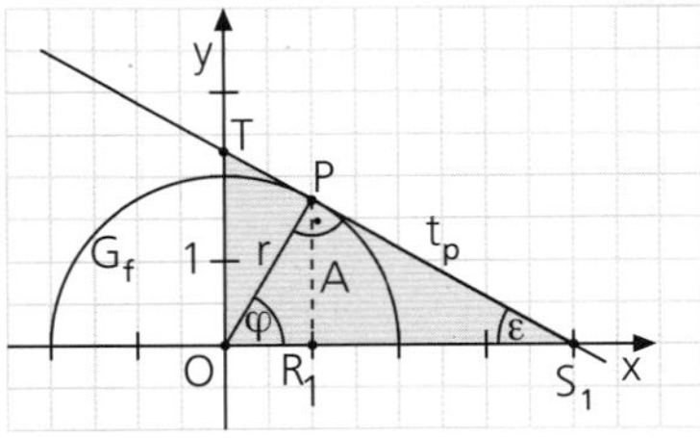

6. a) $y = \sqrt{4 - x^2}$; $y^2 = 4 - x^2$; $| + x^2$
$x^2 + y^2 = 4$

b) (1) $P \in G_f$: $y_P = f(1) = \sqrt{3}$; $P\,(1 \mid \sqrt{3})$; $m_{OP} = \sqrt{3}$. Die Tangente t_P steht senkrecht auf OP; also ist $m_{t_P} = -\frac{1}{m_{OP}} = -\frac{1}{\sqrt{3}}$.

(2) $f(x) = \sqrt{4 - x^2}$; $f'(x) = \frac{-2x}{2\sqrt{4 - x^2}} = \frac{-x}{\sqrt{4 - x^2}}$; $m_{t_P} = f'(1) = \frac{-1}{\sqrt{4 - 1}} = -\frac{1}{\sqrt{3}}$.

c) $t_P : y = -\frac{x}{\sqrt{3}} + t$; $P \in t_P$: $\sqrt{3} = -\frac{1}{\sqrt{3}} + t$; $t = \sqrt{3} + \frac{1}{\sqrt{3}} = \frac{4}{3}\sqrt{3}$; t_P: $y = -\frac{x}{\sqrt{3}} + \frac{4\sqrt{3}}{3}$

Schnittpunkt S von t_P mit der x-Achse: $0 = -\frac{x}{\sqrt{3}} + \frac{4\sqrt{3}}{3}$; $| \cdot \sqrt{3}$ $\quad x = 4$; $S\,(4 \mid 0)$

Schnittpunkt T von t_P mit der y-Achse: $T\,(0 \mid \frac{4}{3}\sqrt{3})$

Flächeninhalt des Dreiecks OST: $A_{OST} = \frac{1}{2} \cdot 4 \cdot \frac{4\sqrt{3}}{3}$ FE $= \frac{8}{3}\sqrt{3}$ FE $\approx 4{,}62$ FE

7. a) $V(r) = 3r^3\pi - \frac{2}{3}r^3\pi = \frac{7}{3}r^3\pi$ $\quad$ b) $r^3 = \frac{3V}{7\pi}$; $r(V) = \sqrt[3]{\frac{3V}{7\pi}}$

8.

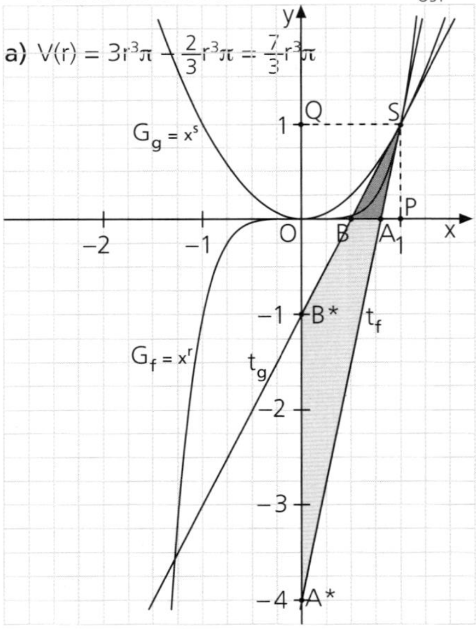

Die Graphen G_f und G_g haben den Punkt S (1 | 1) gemeinsam.
Tangente t_1 an G_f in Punkt S: $f'(x) = rx^{r-1}$; $f'(1) = r$;
t_1: $y = rx + t$; $\quad S \in t_1$: $1 = r + t$; $\quad t = 1 - r$; $\quad t_1$: $y = rx + 1 - r$
Schnittpunkt von t_1 mit der x-Achse: $A\,(1 - \frac{1}{r} \mid 0)$
Schnittpunkt von t_1 mit der y-Achse $A^*\,(0 \mid 1 - r)$
Tangente t_2 am G_g im Punkt S: $g'(x) = sx^{s-1}$; $g'(1) = s$;
t_2: $y = sx + t^*$; $\quad S \in t_2$: $1 = s + t^*$; $\quad t^* = 1 - s$; $\quad t_2$: $y = sx + 1 - s$
Schnittpunkt von t_2 mit der x-Achse: $B\,(1 - \frac{1}{s} \mid 0)$
Schnittpunkt von t_2 mit der y-Achse: $B^*\,(0 \mid 1 - s)$
Flächeninhalt des Dreiecks BAS: $A_{BAS} = \frac{1}{2}\left(1 - \frac{1}{r} - 1 + \frac{1}{s}\right) \cdot 1 = \frac{r - s}{2rs}$

Flächeninhalt des Dreiecks B*A*S: $A_{B^*A^*S} = \frac{1}{2}(1 - s - 1 + r) \cdot 1 = \frac{r-s}{2}$

$A_{B^*A^*S} = rs \cdot A_{BAS}$

9.

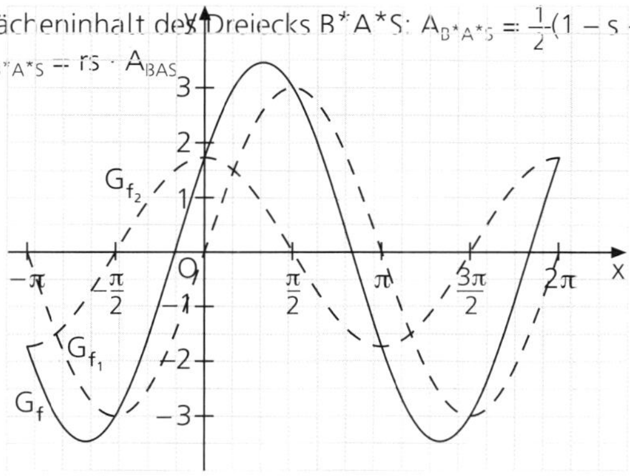

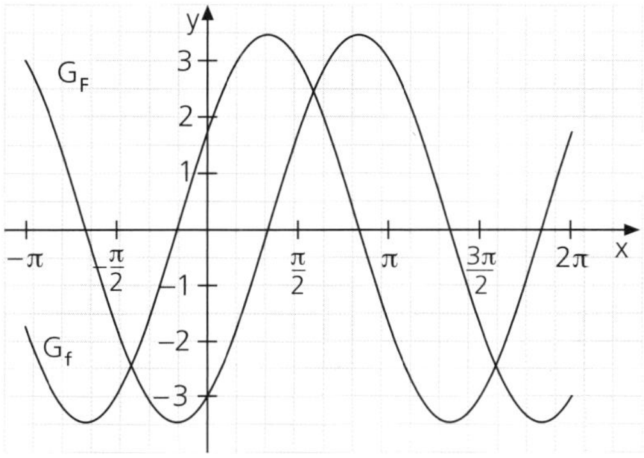

a) G_f hat den Punkt T $(0 \mid \sqrt{3})$ mit der y-Achse gemeinsam.
Gemeinsame Punkte von G_f mit der x-Achse:
$f(x) = 3 \sin x + \sqrt{3} \cos x = 0 \mid : (3 \cos x)$
$\tan x = -\frac{\sqrt{3}}{3}$; $x = -\frac{\pi}{6}$; $x_2 = \frac{5\pi}{6}$; $x_3 = \frac{11\pi}{6}$
$S_1\,(-\frac{\pi}{6} \mid 0)$; $S_2\,(\frac{5\pi}{6} \mid 0)$; $S_3\,(\frac{11\pi}{6} \mid 0)$
Extrempunkte: $f'(x) = 3 \cos x - \sqrt{3} \sin x = 0$; $\mid : (\sqrt{3} \cos x)$
$\tan x = \sqrt{3}$; $x_4 = -\frac{2\pi}{3}$; $x_5 = \frac{\pi}{3}$; $x_6 = \frac{4\pi}{3}$
$f\left(-\frac{2\pi}{3}\right) = -2\sqrt{3}$
$f''(x) = -3 \sin x - \sqrt{3} \cos x$
$f''(x_4) = -3 \sin\left(-\frac{2\pi}{3}\right) - \sqrt{3} \cos\left(-\frac{2\pi}{3}\right) = 2\sqrt{3} > 0$:
Der Punkt $T_1\,(-\frac{2\pi}{3} \mid -2\sqrt{3})$ ist ein Tiefpunkt von G_f.
$f''(x_5) = 3 \sin \frac{\pi}{3} - \sqrt{3} \cos \frac{\pi}{3} = -2\sqrt{3} < 0$:
$f\left(\frac{4p}{3}\right) = 2\sqrt{3}$
Der Punkt H $(\frac{\pi}{3} \mid 2\sqrt{3})$ ist ein Hochpunkt von G_f.
$f''(x_6) = -3 \sin \frac{4\pi}{3} - \sqrt{3} \cos \frac{4\pi}{3} = 2\sqrt{3} > 0$:
Der Punkt $T_2\,(\frac{4\pi}{2} \mid -2\sqrt{3})$ ist ein Tiefpunkt von G_f.

b) $F'(x) = 3 \sin x + \sqrt{3} \cos x = f(x)$; $D_{F'} = D_f$ ✓
$f\left(x - \frac{\pi}{2}\right) = 3 \sin\left(x - \frac{\pi}{2}\right) + \sqrt{3} \cos\left(x - \frac{\pi}{2}\right) = -3 \cos x + \sqrt{3} \sin x = F(x)$ ✓

Kapitel 5

Leonard Euler
geb. 15. 4. 1707 in Basel
gest. 18. 9. 1783 in St. Petersburg

Leonhard Euler wurde 1707 in Basel als ältester Sohn eines Pfarrers geboren. Nach dem Besuch des Gymnasiums begann er bereits im Jahr 1720 sein Studium an der Universität Basel; dort studierte er Medizin, Theologie sowie orientalische Sprachen und außerdem Mathematik u. a. bei Johann Bernoulli (gemeinsam mit dessen Söhnen Daniel, Nikolaus und Johann II).

Im Jahr 1727 holte ihn sein Freund Daniel Bernoulli an die drei Jahre zuvor von Zar Peter dem Großen gegründete Akademie der Wissenschaften in St. Petersburg; sie war damals eines der bedeutendsten Wissenschaftszentren Europas. Dort erhielt er zunächst eine Professur für Physik; später übernahm er dann Daniel Bernoullis Lehrstuhl für Höhere Mathematik.
1734 heiratete Euler Katharina Gsell, die Tochter eines in St. Petersburg lebenden Schweizer Malers; das Ehepaar hatte 13 Kinder, von denen aber nur fünf das Erwachsenenalter erreichten.

1741 wurde Euler von König Friedrich II. von Preußen an die neu gegründete Akademie der Wissenschaften in Berlin berufen; dort war er fünfundzwanzig Jahre, bis zum Jahr 1766, als Direktor der Mathematischen Klasse, aber auch für die Sternwarte, für den Botanischen Garten und für die Wasserversorgung des königlichen Schlosses und Parks von Sanssouci bei Potsdam tätig und kehrte dann in das St. Petersburg der Zarin Katharina der Großen zurück.

Trotz einer zunächst erfolgreichen Operation erblindete Euler 1740 zuerst halbseitig und dann 1771 völlig, ließ sich jedoch durch diesen Schicksalsschlag nicht entmutigen. Er soll gesagt haben: „Nun werde ich weniger abgelenkt sein." Bis zu seinem Tod im Jahr 1783 war Euler unermüdlich tätig: Fast die Hälfte seines Lebendswerks entstand mit Unterstützung seiner Söhne Johann Albrecht und Christoph in der zweiten St. Petersburger Zeit.

Zahlreiche seiner fast 1 000 Publikationen waren schon zu seinen Lebzeiten „Bestseller"; manche zählen auch heute noch zu den Standardwerken. Euler war in vielen Bereichen der reinen und angewandten Mathematik tätig. Er erzielte bahnbrechende Resultate auf vielen mathematischen Gebieten und war ein äußerst produktiver und vielseitiger Vertreter der mathematisch orientierten Naturwissenschaft.

1736 veröffentlichte er die *Solutio problematis ad geometriam situs pertinentis* zum Königsberger Brückenproblem, eines der ersten Werke zur Topologie und zur Graphentheorie. Das *Tentamen novae theoriae musicae* befasste sich mit der Mathematik in der Musik. Besondere Bedeutung erlangte in der breiten Öffentlichkeit die auch heute noch erhältliche populärwissenschaftliche Schrift *Lettres à une princesse d'Allemagne*, in der Euler in Form von Briefen an die Prinzessin von Anhalt-Dessau, eine Nichte Friedrichs II. von Preußen, die Grunzüge der Physik, Astronomie, Mathematik, Philosophie und Theologie vermittelt.
Viele Symbole der Mathematik [u. a. Σ für Summe; Δ für Differenz; f(x)...] gehen auf Euler zurück. Zu Ehren Eulers wurde ein Mondkrater benannt; auf der Schweizer 10-Franken-Banknote ist Euler abgebildet, ebenso auf einer Reihe von Briefmarken verschiedener Länder.

148

Arbeitsaufträge

1. If a person passes along a rumor to two persons, and each of these two persons communicates it to two more persons, and the spreading of the rumor continues in this fashion, the number of persons informed of the rumor will increase as in the sequence 1; 2; $4 = 2^2$; $8 = 2^3$; $16 = 2^4$;....; that is, it will exhibit exponential growth properties.

2. Individuelle Lösungen

Jahr	1908	1910	1920	1930	1950	1960	1970	1990	2000	2010
in Sekunden	10 450	9 500	9 200	8 850	8 750	8 000	7 850	7 500	7 450	7 450

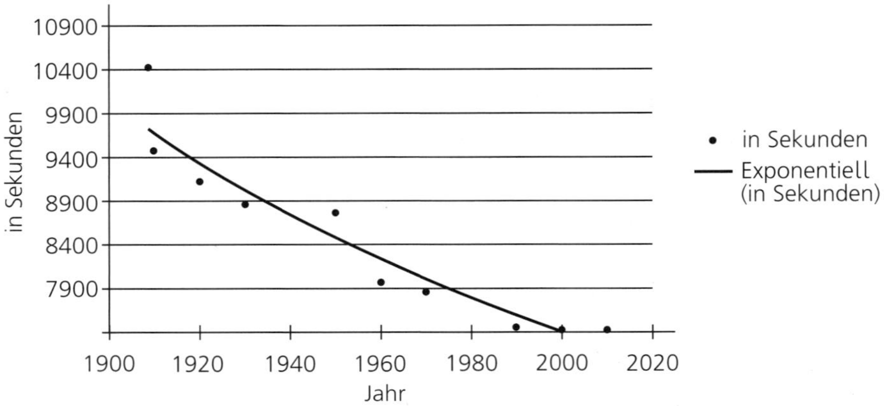

3.

n	$\left(1+\frac{1}{n}\right)^4$	$1 + 1! + \frac{1}{2!} + \frac{1}{3!} + \ldots + \frac{1}{n!}$
1	2,0000	2,0000
2	2,2500	2,5000
3	2,3704	2,6667
4	2,4414	2,7083
5	2,4883	2,7167
6	2,5216	2,7181
7	2,5465	2,7183
8	2,5658	2,7183
9	2,5812	2,7183
10	2,5937	2,7183
⋮	⋮	⋮
100	2,7048	2,7183
⋮	⋮	⋮
1 000	2,7169	2,7183
⋮	⋮	⋮
1 000 000	2,7183	2,7183
⋮	⋮	⋮

- Beispiel für eine mögliche Funktion:
  f: $f(x) = 2^x$; $D_f = \mathbb{R}$ $f(a + b) = 2^{a+b} = 2^a \cdot 2^b = f(a) \cdot f(b)$
- f: $f(x) = e^{3x}$; $D_f = \mathbb{R}$
  Probe: $(e^{3x})' = 3 \cdot e^{3x} = 3 \cdot f(x)$
- f: $f(x) = \frac{1}{3}e^{\frac{x}{3}}$; $D_f = \mathbb{R}$
  F: $F(x) = e^{\frac{x}{3}}$; $F'(x) = \frac{1}{3}e^{\frac{x}{3}} = \frac{1}{3}F(x)$
  Es ist $f(x) = \frac{1}{3}F(x)$ und somit $F(x) = 3f(x)$.
- $e^{\ln x} = x$ gilt nur für jeden Wert von $x \in \mathbb{R}^+$.

L

1. a) $x = \log_3 0{,}5 = \frac{\ln 0{,}5}{\ln 3} \approx -0{,}631$

b) $2^x - \frac{1}{2}\sqrt{2} = 0$; $2^x = 2^{-\frac{1}{2}}$; $x = -0{,}500$

c) $0{,}25^{x+2} = 256$; $4^{-(x+2)} = 4^4$; $-x - 2 = 4$; $x = -6$

d) $e^{x+1} = 10$; $x + 1 = \ln 10$; $x = \ln 10 - 1 \approx 1{,}303$

e) $1 + e^{-1{,}5x+1} = 2$
$e^{-1{,}5+1} = 1$; $-1{,}5x + 1 = 0$; $x = \frac{2}{3}$

f) $e^{x^2} = 2\,500$; $x^2 = \ln 2\,500$; $x = \pm\sqrt{\ln 2\,500}$;
$x_1 \approx 2{,}797$; $x_2 \approx -2{,}797$

g) $e^x > 0$; $e^x = e$; $x = 1$

h) $e^x - 2 + e^{-x} = 0$; $| \cdot e^x$
$e^{2x} - 2e^x + 1 = 0$; $(e^x - 1)^2 = 0$; $e^x = 1$; $x = 0$

i) $e^{3x-4} = e^{1-x}$; $3x - 4 = 1 - x$; $4x = 5$; $x = 1{,}25$

j) $\sqrt{e^x} - \frac{e^3}{e^x} = 0$; $| \cdot e^x$ $e^{\frac{x}{2}} \cdot e^x = e^3$; $e^{1{,}5x} = e^3$;
$1{,}5x = 3$; $x = 2$

k) $(e^{2x} - 5e^x + 4) = (e^x - 4)(e^x - 1) = 0$;
$e^x = 4$; $x_1 = \ln 4 \approx 1{,}386$; $e^x = 1$; $x_2 = 0$

l) $e^x(e^{2x} + 3e^x - 4) = 0$;
$e^x(e^x + 4)(e^x - 1) = 0$;
$e^x > 0$; $e^x + 4 > 0$; $e^x - 1 = 0$; $x = 0$

m) $2^{2x} - 16 \cdot 2^x + 64 = 0$;
$(2^x - 8)^2 = 0$; $2^x = 8$; $x = 3$

n) $e^x = \sin\frac{\pi}{2} = 1$; $x = 0$

o) $x^2 - 4x + 3 = 0$; $(x - 3)(x - 1) = 0$;
$x_1 = 3$; $x_2 = 1$

2. a) $f'(x) = 2e^{2x}$;

b) $f'(x) = e^{x+1}$;

c) $f'(x) = -3e^{-3x}$;

d) $f'(x) = \cos x \cdot e^{\sin x}$

e) $f'(x) = 6e^{1-0{,}5x} \cdot (-0{,}5) = -3e^{1-0{,}5x}$

f) $f'(x) = e^x + xe^x = (1 + x)e^x$

g) $f'(x) = 1 + \frac{1}{2\sqrt{x}}$

h) $f(x) = e^{\frac{x}{2}}$; $f'(x) = \frac{1}{2}e^{\frac{x}{2}} = \frac{1}{2}\sqrt{e^x}$

i) $f'(x) = e^{\sqrt{x}} \cdot \frac{1}{2\sqrt{x}} = \frac{1}{2\sqrt{x}}\, e^{\sqrt{x}}$

j) $f'(x) = -e^{2x} + (1 - x)e^{2x} \cdot 2 = e^{2x}(-1 + 2 - 2x) = (1 - 2x)e^{2x}$

k) $f'(x) = 2xe^{0,5x} + (x^2 + 1)e^{0,5x} \cdot 0,5 = e^{0,5x}\left(2x + \frac{1}{2}x^2 + \frac{1}{2}\right) = e^{0,5x}\left(\frac{1}{2}x^2 + 2x + \frac{1}{2}\right)$

l) $f'(x) = \frac{2x}{e^2}$

m) $f'(x) = \frac{-e^x}{(e^x + 1)^2}$

n) $f'(x) = 2(x + e^x) \cdot (1 + e^x)$

o) $f(x) = e^1 = e$; $f'(x) = 0$

p) $f'(x) = 2e^{2x}$

q) $f(x) = x \cdot e^{x \ln 10}$;
$f'(x) = 10^x + xe^{x \ln 10} \cdot \ln 10 = 10^x + x \ln 10 \cdot 10^x = 10^x(1 + x \ln 10)$

r) $f(x) = 5^{\frac{x}{2}} + x^5 = e^{\frac{x}{2}\ln 5} + x^5$;
$f'(x) = 5^{\frac{x}{2}} \cdot \frac{1}{2} \ln 5 + 5x^4 = \sqrt{5^x} \cdot \ln\sqrt{5} + 5x^4$

s) $f'(x) = \frac{(x^2 + 1) \cdot 2x - (x^2 - 1) \cdot 2x}{(x^2 + 1)^2} = \frac{2x^3 + 2x - 2x^3 + 2x}{(x^2 + 1)^2} = \frac{4x}{(x^2 + 1)^2}$

t) $f'(x) = \frac{(e^x + 1)e^x - (e^x - 1)e^x}{(e^x + 1)^2} = \frac{e^x(e^x + 1 - e^x + 1)}{(e^x + 1)^2} = \frac{2e^x}{(e^x + 1)^2}$

u) $f'(x) = 2xe^{3x} + x^2e^{3x} \cdot 3 = xe^{3x}(2 + 3x)$

v) $f'(x) = 3x^2 + 2x = x(3x + 2)$

w) $f'(x) = 1 + \cos x$

x) $f(x) = \begin{cases} x - 1 & \text{für } x \geqq 1 \\ -x + 1 & \text{für } x < 1 \end{cases}$

$f'(x) = \begin{cases} 1 & \text{für } x > 1 \\ -1 & \text{für } x < 1 \end{cases}$

3.

Funktionsterm f(x)	Stammfunktionsterm F(x)
(1)	I
(2)	IV
(3)	II
(4)	III

Begründung:
I: $[(e^x + e^{-x})^2]' = 2(e^x + e^{-x}) \cdot (e^x - e^{-x}) = 2e^{2x} - 2e^{-2x}$ (1)
II: $(e^{x+2})' = e^{x+2} = e^2 \cdot e^x$ (3)
III: $\left(x^3 + \frac{1}{3}e^{3x}\right)' = 3x^2 + \frac{1}{3}e^{3x} \cdot 3 = 3x^2 + e^{3x}$ (4)
IV: $(x + e^{-x})' = 1 - e^{-x} = 1 - \frac{1}{e^x}$ (2)

152

4. Es wird jeweils eine mögliche Stammfunktion durch Überlegen gefunden; anschließend wird die Richtigkeit durch eine Probe untersucht.

a) F: $F(x) = e^x + x + 1$; $D_F = \mathbb{R}$
Probe: $(e^x + x + 1)' = e^x + 1$ ✓

b) F: $F(x) = -e^{-x}$; $D_F = \mathbb{R}$
Probe: $(-e^{-x})' = -e^{-x} \cdot (-1) = e^{-x}$ ✓

c) F: $F(x) = 0,5(e^x - e^{-x}) + 10$; $D_F = \mathbb{R}$
Probe: $[0,5(e^x - e^{-x}) + 10]' = 0,5(e^x + e^{-x})$ ✓

d) F: $F(x) = \frac{1}{2}x^2 + 2x + e^{x+2} - 4$; $D_F = \mathbb{R}$
Probe: $\left(\frac{1}{2}x^2 + 2x + e^{x+2} - 4\right)' = x + 2 + e^{x+2}$ ✓

e) F: $F(x) = e^{1+x} + e$; $D_F = \mathbb{R}$
Probe: $(e^{1+x} + e)' = e^{1+x}$

f) F: $F(x) = 2e^{0,5x} - e^2$; $D_F = \mathbb{R}$
Probe: $(2e^{0,5x} - e^2)' = 2 \cdot e^{0,5x} \cdot 0,5 = e^{0,5x}$ ✓

5. a) größter Wert von sin x: 1
kleinster Wert von sin x: -1
größter Funktionswert: e^2
kleinster Funktionswert: $e^0 = 1$

b) größter Wert von cos x: 1
kleinster Wert von cos x: -1
größter Funktionswert: e
kleinster Funktionswert: e^{-3}

6.

DIN	Länge	Breite	x
A6	14,87 cm	10,51 cm	$x \leqq 2,70$
A5	21,02 cm	14,87 cm	$x \leqq 3,05$
A4	29,73 cm	21,02 cm	$x \leqq 3,39$
A3	42,04 cm	29,73 cm	$x \leqq 3,74$

$e^x \approx 14,87$; $x \approx \ln 14,87$; $x \approx 2,70$ | $e^x \approx 21,02$; $x \approx \ln 21,02$; $x \approx 3,05$; | $e^x \approx 29,73$; $x \approx \ln 29,73$; $x \approx 3,39$ | $e^x \approx 42,04$; $x \approx \ln 42,04$; $x \approx 3,74$

DIN-A-Maße:
Ein Rechteck, dessen Flächeninhalt 1 m² beträgt, hat die Länge x und die Breite y. Die Seiten sollen sich so verhalten, dass beim Halbieren das Seitenverhältnis erhalten bleibt.

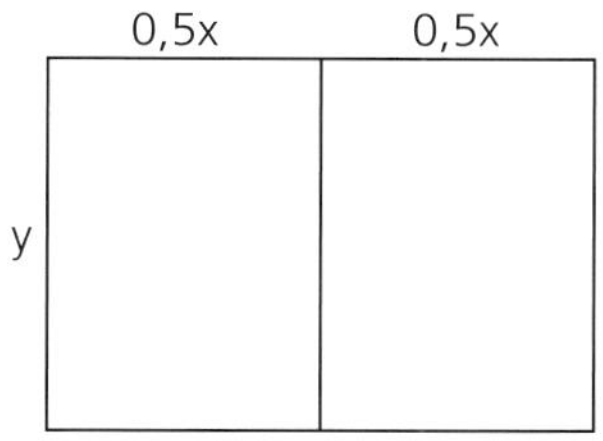

(1) $xy = 1$;
(2) $x : y = y : 0,5x$; $y^2 = 0,5x^2$;
$y = x\sqrt{0,5}$; in (1) $x = 1,19$ m; $y = 0,841$ m

DIN	Länge	Breite
A0	1,19 m	0,841 m
A1	84,1 cm	59,46 cm
A2	59,46 cm	42,04 cm
A3	42,04 cm	29,73 cm
A4	29,73 cm	21,02 cm
A5	21,02 cm	14,87 cm
A6	14,87 cm	10,51 cm

7. a) $f(0) = 1$: $P\,(0 \mid 1)$
$f(2) = e^2$: $Q\,(2 \mid e^2)$
$f'(x) = e^x$; $f'(0) = 1$; $f'(2) = e^2$
t_P: $y = x + t_1$; $P \in t_P$: $1 = t$
t_P: $y = x + 1$
t_Q: $y = e^2x + t_2$; $Q \in t_Q$: $e^2 = e^2 \cdot 2 + t_2$; $t_2 = -e^2$
t_Q: $y = e^2x - e^2$
$\tan \varphi = \left|\frac{e^2 - 1}{1 + e^2}\right|$; $\varphi \approx 37,3°$

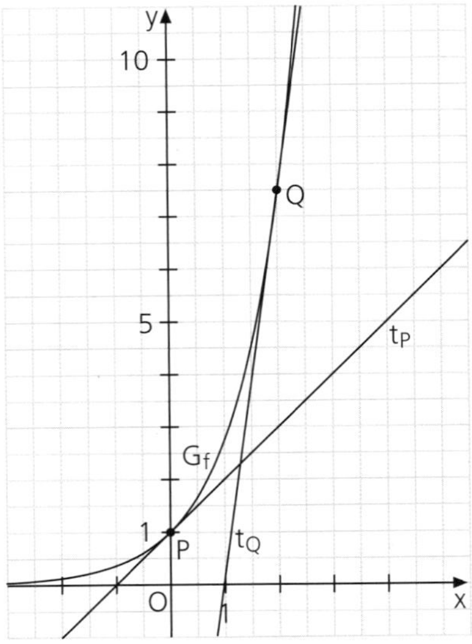

b)

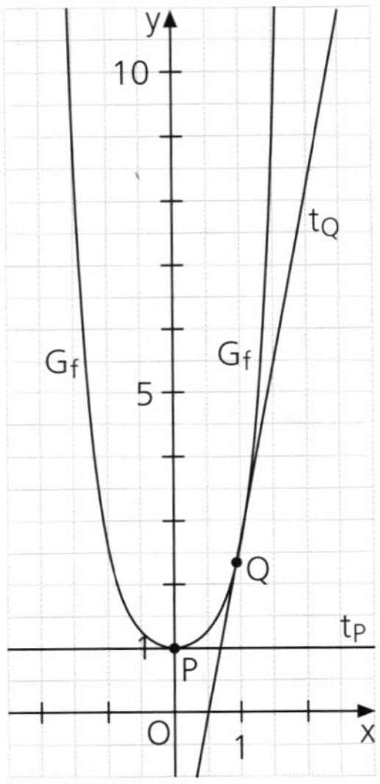

$e^{x^2} = 1$; $x = 0$: $P\,(0 \mid 1)$
$f(1) = e$: $Q\,(1 \mid e)$
$f'(x) = 2xe^{x^2}$;
$f'(0) = 0$; $f'(1) = 2e$
t_P: $y = 0$
t_Q: $y = 2ex + t$
$Q \in t_Q$: $e = 2e + t$; $t = -e$
t_Q: $y = 2ex - e$
$\tan \varphi = 2e$; $\varphi \approx 79{,}6°$

8.

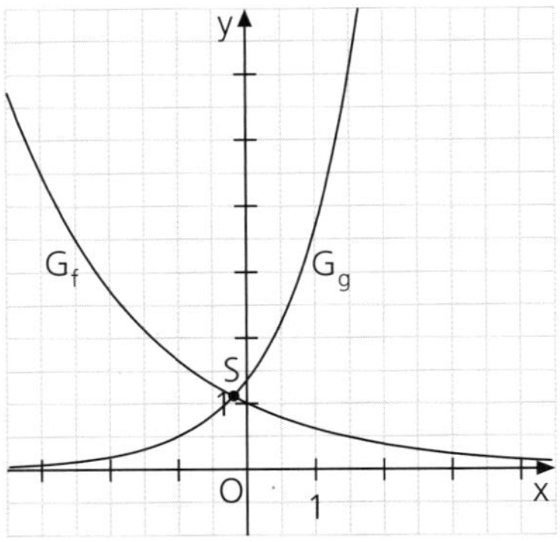

a) Schnittpunkt der Graphen G_f und G_g:

$e^{-\frac{x}{2}} = \frac{1}{2}e^{x+1}$; $\quad | : e^{x+1}$

$e^{-\frac{x}{2} - x - 1} = \frac{1}{2}$;

$e^{-1,5x - 1} = \frac{1}{2}$

$-1,5x - 1 = \ln 0,5$

$-1,5x = 1 + \ln 0,5$

$x = -\frac{2}{3}(\ln e + \ln 0{,}5) = -\frac{2}{3}\ln\frac{e}{2} \approx -0{,}205$

$f\left(-\frac{2}{3}\ln\frac{e}{2}\right) = e^{\frac{1}{3}\ln\frac{e}{2}} = e^{\ln\sqrt[3]{\frac{e}{2}}} = \sqrt[3]{\frac{e}{2}} \approx 1{,}108$

$S\left(-\frac{2}{3}\ln\frac{e}{2} \,\middle|\, \sqrt[3]{\frac{e}{2}}\right)$; $S(\approx -0{,}205 \mid 1{,}108)$;

$f'(x) = -\frac{1}{2}e^{\frac{x}{2}}$

$f'\left(-\frac{2}{3}\ln\frac{e}{2}\right) = -\frac{1}{2}e^{\frac{1}{3}\ln\frac{e}{2}} \approx -0{,}55385$

$g'(x) = \frac{1}{2}e^{x+1}$

$g'\left(-\frac{2}{3}\ln\frac{e}{2}\right) = \frac{1}{2}e^{\left(1-\frac{2}{3}\ln\frac{e}{2}\right)} = 1{,}1077$

$\tan\varphi_1 = -0{,}55385$; $\varphi_1 \approx 151{,}020°$

$\tan\varphi_2 = 1{,}1007$; $\varphi_2 \approx 47{,}925°$

$\varphi = \varphi_1 - \varphi_2 \approx 103°$

b) $t_A \parallel h$: $-\frac{1}{2}e^{-\frac{x}{2}} = -0{,}5$;

$e^{-\frac{x}{2}} = 1$; $x = 0$

$A(0 \mid 1)$

$t_B \perp k$: $\frac{1}{2}e^{x+1} = \frac{1}{2}$;

$e^{x+1} = 1$;

$x + 1 = 0$; $x = -1$

$g(-1) = \frac{1}{2}$

$B\left(-1 \mid \frac{1}{2}\right)$

9.

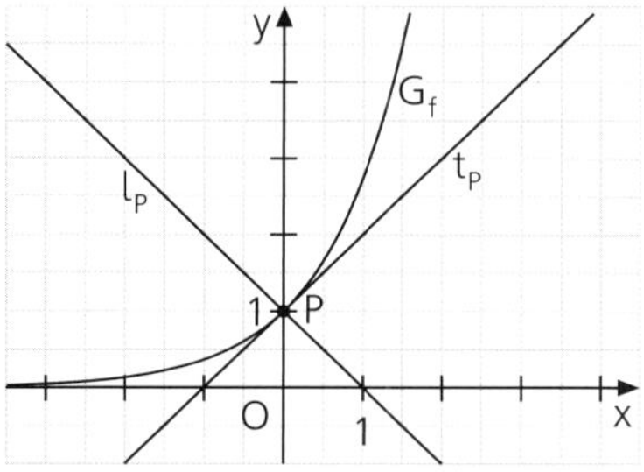

$P(0 \mid 1)$ $f'(x) = e^x$

$f'(0) = 1$; $m_{t_P} = 1$; $m_{l_P} = -1$

t_P: $y = x + 1$; l_P: $y = -x + 1$

Die Eckpunkte des Dreiecks sind $S(-1 \mid 0)$, $E(1 \mid 0)$ und $P(1 \mid 1)$.

Das Dreieck SEP ist gleichschenklig-rechtwinklig $A_{SEP} = \frac{1}{2} \cdot 2 \cdot 1 = 1$.

Größe der Innenwinkel: 45°; 45° und 90°.

10. $V(\ln a \mid a)$ $(e^x = a;\ x = \ln a)$

$I(-\ln a \mid a)$ $(e^{-x} = a;\ x = -\ln a)$

$E\left(-\ln a \mid \frac{1}{a}\right)$ $\left(e^x = \frac{1}{a};\ x = -\ln a\right)$

$R\left(\ln a \mid \frac{1}{a}\right)$ $\left(e^{-x} = \frac{1}{a};\ -x = -\ln a;\ x = \ln a\right)$

Das Viereck VIER ist ein Rechteck.

Länge seiner Seiten:

$2 \ln a$ bzw. $a - \frac{1}{a}$.

Die Diagonalen schneiden einander auf der y-Achse.

$A = \left|2 \ln a\left(a - \frac{1}{a}\right)\right|$

$U = \left|2 \cdot 2 \ln a + 2\left(a - \frac{1}{a}\right)\right| = \left|4 \ln a + 2\left(a - \frac{1}{a}\right)\right|$

Zeichnung für a = 2:

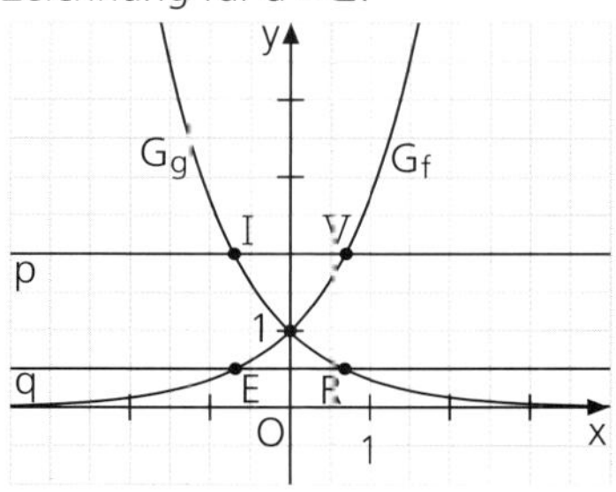

11.

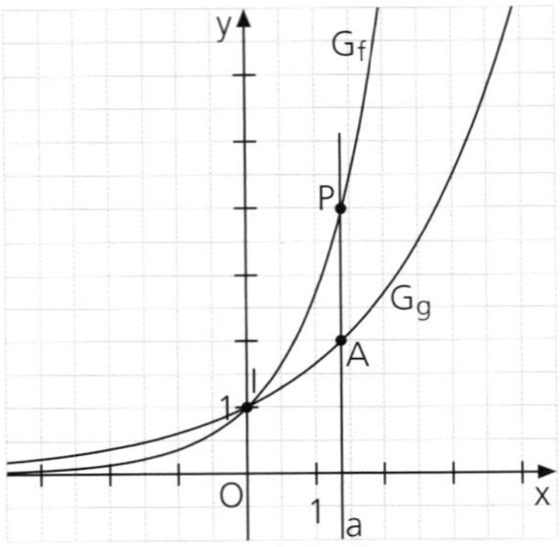

$P \in G_f$; $P(a \mid e^a)$

$A \in G_g$; $A(a \mid e^{\frac{a}{2}})$

Die Graphen G_f und G_g schneiden einander im Punkt $I(0 \mid 1)$.

$A_{PIA} = \frac{1}{2} \cdot (e^a - e^{\frac{a}{2}}) \cdot a = \frac{a}{2}(e^a - e^{\frac{a}{2}})$

$a = 2$

$P_2(2 \mid e^2)$; $A_2(2 \mid e)$

$\overline{P_2 I} = \sqrt{4 + (e^2 - 1)^2} \approx 6{,}69478$

$\overline{IA_2} = \sqrt{4 + (e - 1)^2} \approx 2{,}63676$

$\overline{A_2P_2} = \sqrt{(e^2 - e)^2} = e^2 - e \approx 4{,}67077$

$U_2 \approx 14{,}00$

Der größte Innenwinkel hat den Scheitel A

$g'(x) = \frac{1}{2}e^{\frac{x}{2}}$; $g'(2) = \frac{1}{2}e$;

$\tan\varphi = \frac{1}{2}e$; $\varphi \approx 53{,}656°$

$\sphericalangle PAI \approx 90° + 53{,}656° \approx 143{,}7°$

12.

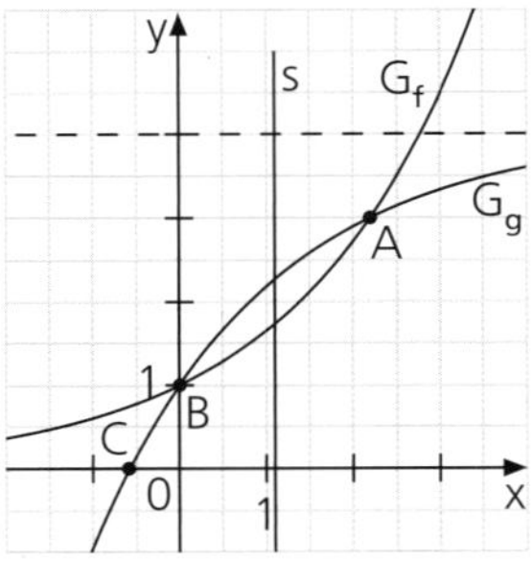

a) x-Achsenpunkt(e)

von G_f: $e^{0,5x} = 0$ keine Lösung

von G_g: $4 - 3e^{-0,5x} = 0$

$e^{-0,5x} = \frac{4}{3}$;

$-0{,}5x = \ln\frac{4}{3}$;

$x = -2\ln\frac{4}{3} = 2\ln\frac{3}{4} = \ln\frac{9}{16} \approx -0{,}57$

$S(\ln\frac{9}{16} \mid 0)$

y-Achsenpunkt

von G_f: $T_1(0 \mid 1) = B$

von G_g: $T_2(0 \mid 1) = B$

gemeinsame Punkte von G_f und G_g:

$e^{0,5x} = 4 - 3e^{-0,5x}$; $\mid \cdot e^{0,5x}$

$(e^{0,5x})^2 - 4e^{0,5x} + 3 = 0$;

$(e^{0,5x} - 1)(e^{0,5x} - 3) = 0$;

$e^{0,5x} = 1$; $x_1 = 0$: $B(0 \mid 1)$

$e^{0,5x} = 3$; $0{,}5x = \ln 3$; $x_2 = 2\ln 3 = \ln 9$

$f(2\ln 3) = e^{0,5 \cdot 2 \cdot \ln 3} = e^{\ln 3} = 3$

$A(\ln 9 \mid 3)$

b) $S\,(a \mid e^{0,5a})$, $T\,(a \mid 4 - e^{-0,5a})$

für $0 < a < \ln 9$ ist $4 - 3e^{-0,5a} > e^{0,5a}$

$\overline{ST} = d(a) = 4 - 3e^{-0,5a} - e^{0,5a}$

$d'(a) = -3e^{-0,5a} \cdot (-0,5) - 0,5 \cdot e^{0,5a} = 1,5e^{-0,5a} - 0,5e^{0,5a}$

$d''(a) = 1,5 \cdot e^{-0,5a} \cdot (-0,5) - 0,5e^{0,5a} \cdot 0,5 = -0,75 \cdot e^{-0,5a} - 0,25e^{0,5a}$

$d'(a) = 0$: $\quad 1,5e^{-0,5a} - 0,5e^{0,5a} = 0 \mid : e^{-0,5a}$

$1,5 - 0,5e^{a} = 0;$

$e^{a} = \frac{1,5}{0,5} = 3;$

$a = \ln 3$

$d''(a)$ ist für jeden zulässigen Wert von a negativ.

Die Strecke [ST] ist für $a = \ln 3$ maximal.

$d_{max} = 4 - 3e^{-0,5\ln 3} - e^{0,5\ln 3} = 4 - \sqrt{3} - \sqrt{3} = 4 - 2\sqrt{3} \approx 0,54$

153

13. a) (1) Da $f(-x) = (e^{-x} - 1)^2 = \left(\frac{1}{e^x} - 1\right)^2 = \left(\frac{1 - e^x}{e^x}\right)^2 \neq f(x)$ ist, ist G_f nicht symmetrisch zur y-Achse.

(2) Da $f(-x) \neq -f(x)$ ist, ist G_f nicht punktymmetrisch zum Ursprung [vgl. (1)].

(3) x-Achsenpunkte: $f(x) = (e^x - 1)^2 = 0$

$e^x = 1;\quad x = 0;\quad S\,(0 \mid 0) = O\,(0 \mid 0)$

y-Achsenpunkt: $f(0) = 0$: $O\,(0 \mid 0)$

(4) Extrempunkte:

$f'(x) = 2(e^x - 1) \cdot e^x = 2(e^{2x} - e^x)$

$f''(x) = 2(2e^{2x} - e^x)$

$f'(x) = 0;\quad e^x = 1;\quad x = 0$

$f''(0) = 2 \cdot (2 - 1) = 2 > 0$

Der Ursprung ist Tiefpunkt des Graphen G_f.

(5) $\lim\limits_{x \to \infty} (e^x - 1)^2 = \infty$

$\lim\limits_{x \to -\infty} (e^x - 1)^2 = 1$

G_f hat die Gerade a: $y = 1$ als waagrechte Asymptote.

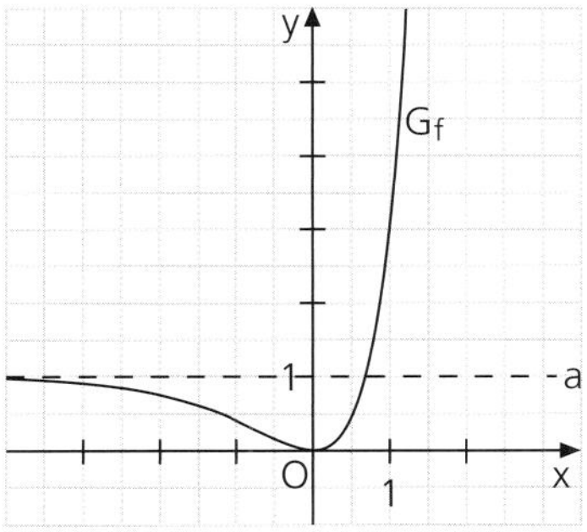

b) (1) Da $f(-x) = e^{-x}(e^{-x} + 2) = \frac{1 + 2e^x}{e^{2x}} \neq f(x)$ ist, ist G_f nicht achsensymmetrisch zur y-Achse.

(2) Da $f(-x) \neq -f(x)$ ist, ist G_f nicht punktsymmetrisch zum Ursprung.

(3) x-Achsenpunkte:

$e^x(e^x - 2) = 0;\qquad e^x > 0$

$e^x = 2;\quad x = \ln 2$: $\quad S\,(\ln 2 \mid 0)$

y-Achsenpunkt:

$f(0) = e^0(e^0 - 2) = -1$: $\quad T\,(0 \mid -1)$

(4) Extrempunkte:

$f'(x) = e^x(e^x - 2) + e^x \cdot e^x = e^x(e^x - 2 + e^x) = e^x(2e^x - 2) = 2e^x(e^x - 1)$

$f''(x) = 2e^x(e^x - 1) + 2e^x \cdot e^x = 2e^x(e^x - 1 + e^x) = 2e^x(2e^x - 1)$

$f'(x) = 0$: $\quad 2e^x(e^x - 1) = 0;$

$e^x > 0;\quad e^x - 1 = 0$: $\quad x = 0$

$f''(0) = 2 \cdot (2 - 1) = 2 > 0.$

G_f hat den Tiefpunkt $T\,(0 \mid -1)$.

(5) $\lim\limits_{x \to \infty} e^x(e^x - 2) = \infty$; $\lim\limits_{x \to -\infty} e^x(e^x - 2) = 0$

Die x-Achse ist (waagrechte) Asymptote von G_f.

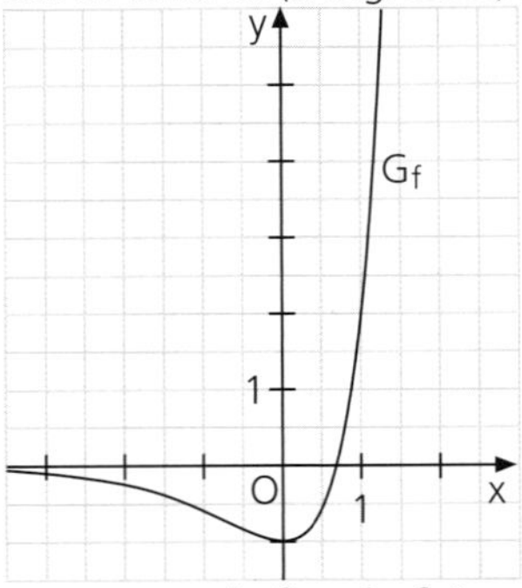

c) (1) Da $f(-x) = \frac{e^{-x} - 2}{e^{-x} + 1} = \frac{1 - 2e^x}{1 + e^x} \neq f(x)$ ist, ist G_f nicht symmetrisch zur y-Achse.

(2) Da $f(-x) \neq -f(x)$ ist, ist G_f nicht punktsymmetrisch zum Ursprung.

(3) x-Achsenpunkt(e):

$\frac{e^x - 2}{e^x + 1} = 0$; $e^x - 2 = 0$; $e^x = 2$; $x = \ln 2$; $S\,(\ln 2 \mid 0)$

y-Achsenpunkt:

$f(0) = \frac{1 - 2}{1 + 1} = -\frac{1}{2}$; $T\,(0 \mid -\frac{1}{2})$

(4) Extrempunkte:

$f'(x) = \frac{(e^x + 1) \cdot e^x - (e^x - 2) \cdot e^x}{(e^x + 1)^2} = \frac{e^{2x} + e^x - e^{2x} + 2e^x}{(e^x + 1)^2} = \frac{3e^x}{(e^x + 1)^2}$

Für jeden Wert von $x \in D_f$ gilt $f'(x) > 0$: G_f besitzt keinen Extrempunkt.

(5) $\lim\limits_{x \to \infty} \frac{e^x - 2}{e^x + 1} = \lim\limits_{x \to \infty} \frac{1 - \frac{2}{e^x}}{1 + \frac{1}{e^x}} = 1$; $\lim\limits_{x \to -\infty} \frac{e^x - 2}{e^x + 1} = \frac{-2}{1} = -2$

G_f besitzt zwei waagrechte Asymptoten: a_1: $y = 1$ und a_2: $y = -2$

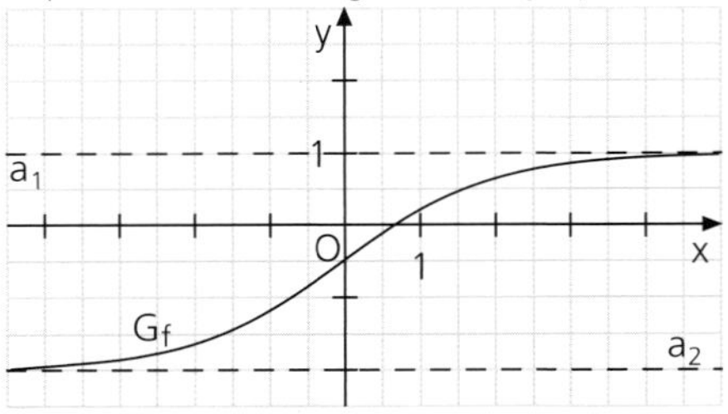

d) (1) und (2) $f(-x) = \frac{1 - e^{-2x}}{1 + e^{-2x}} = \frac{e^{2x} - 1}{e^{2x} + 1} = -\frac{1 - e^{2x}}{1 + e^{2x}} = -f(x) \neq f(x)$

G_f ist nicht achsensymmetrisch zur y-Achse, jedoch punktsymmetrisch zum Ursprung.

(3) x-Achsenpunkt(e):

$\frac{1 - e^{2x}}{1 + e^{2x}} = 0$; $e^{2x} = 1$; $x = 0$; $S\,(0 \mid 0)$

y-Achsenpunkt: $f(0) = 0$: $S\,(0 \mid 0)$

(4) Extrempunkte:

$f'(x) = \frac{(1 + e^{2x})(-2e^{2x}) - (1 - e^{2x}) \cdot 2e^{2x}}{(1 + e^{2x})^2} = \frac{2e^{2x}(-1 - e^{2x} - 1 + e^{2x})}{(1 + e^{2x})^2} = \frac{-4e^{2x}}{(1 + e^{2x})^2} < 0$

für jeden Wert von $x \in D_f$: G_f besitzt keinen Extrempunkt.

(5) $\lim\limits_{x \to \infty} \frac{1 - e^{2x}}{1 + e^{2x}} = \lim\limits_{x \to \infty} \frac{\frac{1}{e^{2x}} - 1}{\frac{1}{e^{2x}} + 1} = -1$; $\lim\limits_{x \to -\infty} \frac{1 - e^{2x}}{1 + e^{2x}} = \frac{1}{1} = 1$

G_f besitzt zwei waagrechte Asymptoten: a_1: $y = -1$ und a_2: $y = 1$.

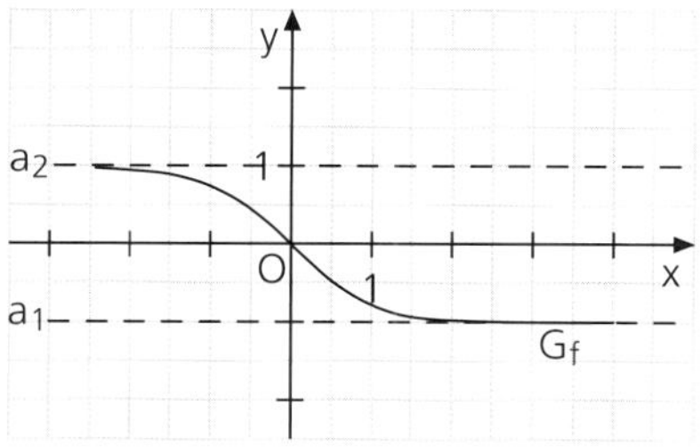

14. a: Es gilt $a(0) = 2$ und $\lim\limits_{x \to -\infty} a(x) = 0$: Dies trifft nur für $G_{③}$ zu.
a: ③
b: $\lim\limits_{x \to \infty}(3 - e^x) = -\infty$; $\lim\limits_{x \to -\infty}(3 - e^x) = 3$: Dies trifft nur für $G_{④}$ zu.
b: ④
c: $\lim\limits_{x \to +\infty} \frac{1 - e^x}{1 + e^x} = \lim\limits_{x \to +\infty} \frac{\frac{1}{e^x} - 1}{\frac{1}{e^x} + 1} = -1$; $\lim\limits_{x \to -\infty} \frac{1 - e^x}{1 + e^x} = 1$
Nur $G_{⑤}$ besitzt die beiden waagrechten Asymptoten $a_1: y = -1$ und $a_2: y = 1$.
c: ⑤
d: $G_{②}$ besitzt als einziger Graph eine senkrechte Asymptote:
d: ②
e: Die einzige Funktion, deren Graph durch die Punkte S (1 I 0) und T (0 I 1) verläuft, ist $G_{⑥}$.
$e(1) = 0$; $e(0) = 1$
e: ⑥
f: Die einzige Funktion mit der Definitionsmenge $\mathbb{R}^+$:
f: ①
Zusammenfassung:

①	②	③	④	⑤	⑥
f	d	a	b	c	e

15. a) x-Achsenpunkt(e):
$(x^2 - 3) \cdot 3^x = 0$; $3^x > 0$
$x^2 = 3$; $x_1 = \sqrt{3}$; $x_2 = -\sqrt{3}$; $S_1(\sqrt{3} \mid 0)$; $S_2(-\sqrt{3} \mid 0)$
y-Achsenpunkt: $f(0) = (-3)3^0 = -3$; T (0 I −3)

b) $f'(x) = 2x \cdot 3^x + (x^2 - 3) \cdot 3^x \cdot \ln 3 = 3^x(x^2 \cdot \ln 3 + 2x - 2\ln 3) = 0$
$f'(x) = 0$
$x^2 \ln 3 + 2x - 2\ln 3 = 0$
$x = \frac{-2 \pm \sqrt{4 + 12(\ln 3)^2}}{2\ln 3}$
$x = \frac{-1 \pm \sqrt{1 + 3(\ln 3)^2}}{\ln 3}$
$x_1 = \frac{1}{\ln 3}\left(-1 + \sqrt{1 + 3(\ln 3)^2}\right) \approx 1{,}04$
$x_2 = \frac{1}{\ln 3}\left(-1 - \sqrt{1 + 3(\ln 3)^2}\right) \approx -2{,}87$
G_f steigt im Intervall $I_1 =]-\infty; -2{,}87[$ sowie im Intervall $I_3 =]1{,}04; +\infty[$;
G_f fällt im Intervall $I_2 =]-2{,}87; 1{,}04[$.
G_f hat einen Hochpunkt H (−2,87 I 0,22) und einen Tiefpunkt T (1,04 I −6,01).

x	$-\infty < x < x_2$	$x = x_2$	$x_2 < x < x_1$	$x = x_1$	$x_1 < x < \infty$
f'(x)	$f'(x) > 0$	$f'(x) = 0$	$f'(x) < 0$	$f'(x) = 0$	$f'(x) > 0$

c)

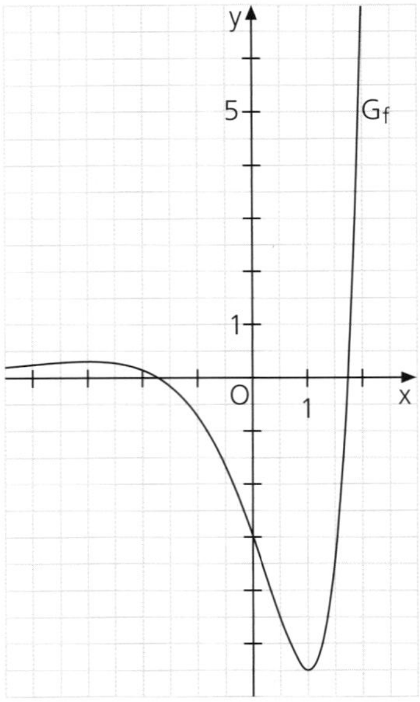

16. a) $f'(x) = e^x + xe^x = (x + 1)e^x$

$a = 1$

b) $F'(x) = e^x + (x + b)e^x = (x + 1 + b)e^x = f(x)$

$1 + b = 0;\; b = -1$

17. $\lim\limits_{x \to +\infty} x^n\, e^{-x} = 0$

Wir ersetzen x durch −z:

$\lim\limits_{x \to +\infty} (x^n\, e^x) = \lim\limits_{z \to +\infty} (-z)^n\, e^{-z} = \lim\limits_{z \to +\infty} [(-1)^n z^n e^{-z}] = 0$

154

18. a) $f(x) = 9xe^{-x};\quad f(0) = 9 \cdot 0 \cdot 1 = 0$:

$0 \in G_f$

$\lim\limits_{x \to \infty} (9xe^{-x}) = 0$

$\lim\limits_{x \to -\infty} (9xe^{-x}) = -\infty$

c) $f'(x) = 9e^{-x} + 9xe^{-x} \cdot (-1) = 9e^{-x}(1 - x)$;

$f''(x) = 9e^{-x}(-1)(1 - x) + 9e^{-x}(-1) = -9e^{-x}(1 - x + 1) = -9e^{-x}(2 - x)$

$f'(x) = 0;\quad x = 1;\quad f(1) = 9e^{-1} = \frac{9}{e} \approx 3{,}31$

$f''(1) = -9e^{-1} \cdot 1 < 0$

G_f besitzt den Hochpunkt $H\left(1 \,\middle|\, \frac{9}{e}\right)$.

d)

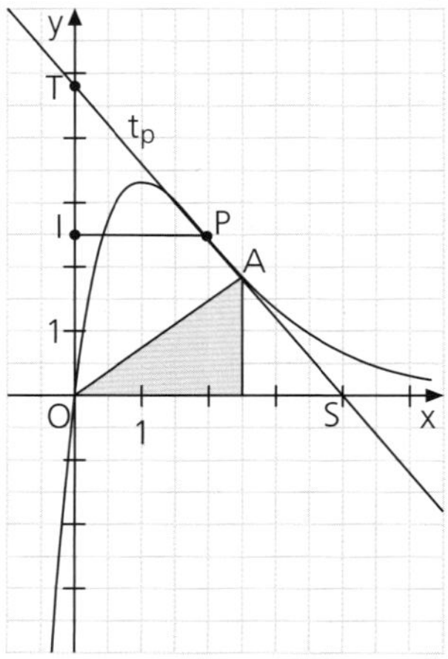

e) $f(2) = 18e^{-2} = \frac{18}{e^2} \approx 2{,}44$

$P\left(2 \,\middle|\, \frac{18}{e^2}\right)$; $f'(2) = \frac{9}{e^2} \cdot (-1) = -\frac{9}{e^2}$

t_P: $y = -\frac{9}{e^2}x + t$;

$P \in t_P$: $\frac{18}{e^2} = -\frac{18}{e^2} + t$; $t = \frac{36}{e^2}$

t_P: $y = -\frac{9}{e^2}x + \frac{36}{e^2}$

Schnittpunkt von t_P mit der y-Achse: $T\left(0 \,\middle|\, \frac{36}{e^2}\right)$

Schnittpunkt von t_p mit der x-Achse:

$\frac{9}{e^2}x + \frac{36}{e^2} = 0$; $-9x + 36 = 0$ $x = 4$ $S\,(4 \mid 0)$

$A_{OST} = \frac{1}{2} \cdot 4 \cdot \frac{36}{e^2} = \frac{72}{e^2} \approx 9{,}74$

$A_{TIP} = \frac{1}{2} \cdot 2 \cdot \frac{36}{e^2} - \frac{18}{e^2} = \frac{18}{e^2} = \frac{1}{4}A_{OST}$

Das Dreieck TIP nimmt 25% der Fläche des Dreiecks OST ein.

f) $A_{OLA} = A(s) = \frac{1}{2}s \cdot f(s) = \frac{s}{2} \cdot 9se^{-s} = \frac{9}{2}s^2e^{-s}$

$A'(s) = 9se^{-s} + \frac{9}{2}s^2e^{-s}(-1) = \frac{9}{2}(2s - s^2)e^{-s} = \frac{9}{2}s(2 - s)e^{-s}$

$A''(s) = \frac{9}{2}(2 - 2s)e^{-s} + \frac{9}{2}(2s - s^2)e^{-s} \cdot (-1) = \frac{9}{2}(2 - 2s - 2s + s^2)e^{-s} = \frac{9}{2}(2 - 4s + s^2)e^{-s}$

$A'(s) = 0$: $s_1 = 0$, $s_2 = 2$

$A''(0) = 9 > 0$; $A''(2) = \frac{9}{2} \cdot (-2) \cdot e^{-2} = -9e^{-2} < 0$

Für s = 2 wird der Flächeninhalt dieses Dreiecks maximal.

$A_{OLA} = \frac{1}{2} \cdot 2 \cdot (9 \cdot 2 \cdot e^{-2}) = \frac{18}{e^2} \approx 2{,}44$

19. a) $f(0) = \frac{4(1 - 1)}{1} = 0$; $O \in G_f$.

$f(x) = 4e^{-x} - 4e^{-2x}$;

$f'(x) = -4e^{-x} - 4 \cdot (-2)e^{-2x} = -4e^{-x} + 8e^{-2x}$

$f'(0) = -4 + 8 = 4$; $\tan\varphi = 4$; $\varphi \approx 76{,}0°$

b) $f'(x) = -4e^{-x} + 8e^{-2x} = \frac{8 - 4e^x}{e^{2x}} = \frac{4(2 - e^x)}{e^{2x}}$

$f'(x) = 0$; $2 - e^x = 0$; $x = \ln 2$; $f(\ln 2) = \frac{4}{4} = 1$

x	$-\infty < x < \ln 2$	$x = \ln 2$	$\ln 2 < x < +\infty$
$f'(x)$	$f'(x) > 0$	$f'(x) = 0$	$f'(x) < 0$
Vorzeichenwechsel von $f'(x)$		von + nach –	
G_f	steigt streng monoton	hat einen Hochpunkt H (ln 2 I 1)	fällt streng monoton

c) $\lim\limits_{x \to +\infty} \frac{4(e^x - 1)}{e^{2x}} = \lim\limits_{x \to +\infty} \frac{4\left(\frac{1}{e^x} - \frac{1}{e^{2x}}\right)}{1} = 0$:

Die x-Achse ist horizontale Asymptote von G_f.

d)

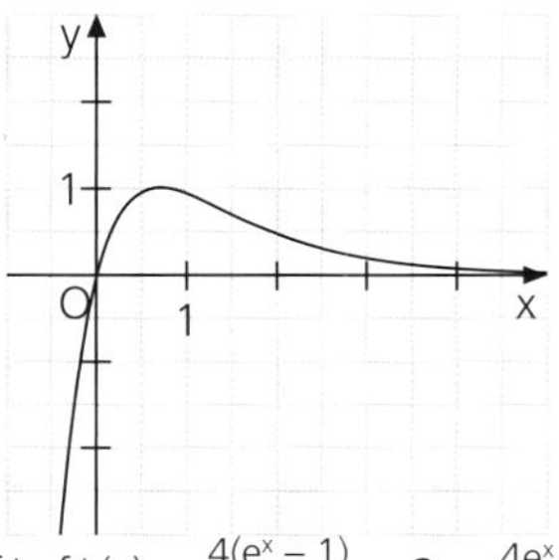

e) f^*: $f^*(x) = \frac{4(e^x - 1)}{e^{2x}} + 2 = \frac{4e^x - 4 + 2e^{2x}}{e^{2x}} = \frac{2(e^{2x} + 2e^x - 2)}{e^{2x}}$; $D_{f^*} = \mathbb{R}$

Der Graph G_g einer Funktion g: $x \mapsto g(x)$; $D_g = D_{g\,max}$ wird in Richtung der y-Achse so verschoben, dass er durch den Punkt S (0 I t) verläuft.

g^*: $g^*(x) = g(x) + t$

20. a) $h(0) = \frac{180}{1 + k} = 3{,}0; \quad k = 59$

$h(5) = \frac{180}{1 + 59e^{-5a}} = 20{,}0; \quad 1 + 59e^{-5a} = 9{,}0; \quad e^{-5a} = \frac{8{,}0}{59}; \quad a = -0{,}2 \ln \frac{8{,}0}{59} \approx 0{,}40$

$h(x) = \frac{180}{1 + 59e^{-0{,}40x}}$

b)

x (in Wochen)	0	5	10	12	15	20	25	30
Höhe h (in cm)	3,0	20,0	86,5	121	157	177	180	180

c) $h'(x)$ bedeutet die Wachstumsgeschwindigkeit der Pflanzen (in $\frac{\text{cm}}{\text{Woche}}$), und $h''(x) = 0$ liefert den Zeitpunkt, zu dem die Wachstumsgeschwindigkeit am größten (oder am kleinsten) ist.

d) $h'(x) = \frac{-180 \cdot 59 \cdot (-0{,}40)e^{-0{,}40x}}{(1 + 59e^{-0{,}40x})^2} = \frac{4248e^{-0{,}40x}}{(1 + 59e^{-0{,}40x})^2} \approx 4{,}2 \cdot 10^3 \cdot \frac{e^{-0{,}40x}}{(1 + 59e^{-0{,}40x})^2}; \quad D_{h'} =]0\,;\,30[$

$h''(x) = \frac{(1 + 59e^{-0{,}40x})^2 \cdot (-4248 \cdot 0{,}40e^{-0{,}40x}) - 4248e^{-0{,}40x} \cdot 2 \cdot (1 + 59e^{-0{,}40x}) \cdot (-59 \cdot 0{,}40e^{-0{,}40x})}{(1 + 59e^{-0{,}40x})^4} =$

$= \frac{(1 + 59e^{-0{,}40x}) \cdot (-4248 \cdot 0{,}40e^{-0{,}40x}) - 4248e^{-0{,}40x} \cdot 2 \cdot (-59 \cdot 0{,}40e^{-0{,}40x})}{(1 + 59e^{-0{,}40x})^3} =$

$= \frac{(-4248 \cdot 0{,}40e^{-0{,}40x})}{(1 + 59e^{-0{,}40x})^3}(1 + 59e^{-0{,}40x} - 118e^{-0{,}40x}) = \frac{(-4248 \cdot 0{,}40e^{-0{,}40x})}{(1 + 59e^{-0{,}40x})^3}(1 - 59e^{-0{,}40x});$

$D_{h''} =]0\,;\,30[$

$h''(x) = 0: \quad 59e^{-0{,}40x} = 1; \quad e^{-0{,}40x} \approx 0{,}0169; \quad -0{,}40x \approx \ln 0{,}0169; \quad x \approx 10 \in D_{h''}.$

Nach etwa 10 Wochen ist die Wachstumsgeschwindigkeit am größten, nämlich etwa 18 $\left(\frac{\text{cm}}{\text{Woche}}\right)$; ganz zu Anfang ist sie erst etwa 1,2 $\left(\frac{\text{cm}}{\text{Woche}}\right)$ und gegen Ende nur noch etwa 0,03 $\left(\frac{\text{cm}}{\text{Woche}}\right)$.

W

W1 p; 1,2 p; 1,44 p; 1,728 p; 2,0736 p
Beim fünften Test hat sie mehr als das Doppelte der Punktanzahl des ersten Tests erreicht.

W2 Seitenlängen des Dreiecks: a, b

Anteil: $\frac{ab - 2 \cdot \frac{1}{2} \cdot \frac{a}{2} \cdot \frac{b}{2}}{ab} = \frac{\frac{3}{4}ab}{ab} = 0{,}75 = 75\%$

W3 Henri Becquerel, Marie Curie and Pierre Curie received a Nobel Prize for their discovery of spontaneous radioactivity.
Marie Curie was the first person to receive two Nobel Prizes.

L

1. a) $f(x) = \frac{a}{2}\left(e^{\frac{x}{a}} + e^{-\frac{x}{a}}\right) - a; \quad -640\text{ m} \leqq x \leqq 640\text{ m};$

$f(-x) = \frac{a}{2}\left(e^{-\frac{x}{a}} + e^{\frac{x}{a}}\right) - a = \frac{a}{2}\left(e^{\frac{x}{a}} + e^{-\frac{x}{a}}\right) - a = f(x):$

K ist symmetrisch zur y-Achse (auch D_f ist symmetrisch zur y-Achse).

$f(-640\text{ m}) = 686\text{ m}\left(e^{-\frac{640}{1\,372}} + e^{\frac{640}{1\,372}}\right) - 1\,372\text{ m} \approx 152\text{ m} = y_B$ ✓

$f(0) = 686\text{ m}(1 + 1) - 1\,372\text{ m} = 1\,372\text{ m} - 1\,372\text{ m} = 0 = y_C$ ✓

$f(640\text{ m}) = 686\text{ m}\left(e^{\frac{640}{1\,372}} + e^{-\frac{640}{1\,378}}\right) - 1\,372\text{ m} \approx 152\text{ m} = y_D$: ✓

B, C und D liegen auf K.

b) $f'(x) = \frac{a}{2}\left(\frac{1}{a}e^{\frac{x}{a}} - \frac{1}{a}e^{-\frac{x}{a}}\right) = \frac{1}{2}\left(e^{\frac{x}{a}} - e^{-\frac{x}{a}}\right);$

$f'(640\text{ m}) = \frac{1}{2}\left(e^{\frac{640}{1\,372}} - e^{-\frac{640}{1\,372}}\right) = 0{,}48357\ldots;$

$\tan\varphi = 0{,}48357\ldots;$

$\varphi \approx 25{,}8° \approx 26°$

c) $f'(x) = \frac{1}{2}\left(e^{\frac{x}{1\,372\text{ m}}} - e^{-\frac{x}{1\,372\text{ m}}}\right) \leqq 0{,}2; \mid \cdot 2$

$e^{\frac{x}{1\,372\text{ m}}} - e^{-\frac{x}{1\,372\text{ m}}} \leqq 0{,}4; \mid \cdot e^{\frac{x}{1\,372\text{ m}}}$

$e^{\frac{2x}{1\,372\text{ m}}} - 1 \leqq 0{,}4 \cdot e^{\frac{x}{1\,372\text{ m}}};$

$e^{\frac{2x}{1\,372\text{ m}}} - 0{,}4e^{\frac{x}{1\,372\text{ m}}} - 1 \leqq 0$

$e^{\frac{x}{1\,372\text{ m}}} = u;$

$u^2 - 0{,}4u - 1 \leqq 0;$

$u^2 - 0{,}4u + 0{,}2^2 \leqq 0{,}2^2 + 1;$

$(u - 0{,}2)^2 \leqq 1{,}04;$

$-1{,}0198 \leqq u - 0{,}2 \leqq 1{,}0198; \mid + 0{,}2$

$-0{,}8198 \leqq u \leqq 1{,}22;$

$0 < u \leqq 1{,}22$ wegen $u > 0$;

$e^{\frac{x}{1\,372\text{ m}}} \leqq 1{,}22; \mid \ln(\ldots)$

$\frac{x}{1\,372\text{ m}} \leqq \ln 1{,}22; \mid \cdot 1\,372\text{ m}$

$x \leqq 272{,}6\ \ldots$

Der Stuntman könnte das Tragseil im Bereich $-272\text{ m} \leqq x \leqq 272\text{ m}$ befahren.

156

Arbeitsaufträge

1. Ⓐ ③ ⓐ
ⓐ ⑤ ⓓ
Ⓒ ④ ⓑ
Ⓓ ① ⓔ
Ⓔ ⑥ ⓒ
Ⓕ ② ⓕ

2. Individuelle Lösungen

3. a)

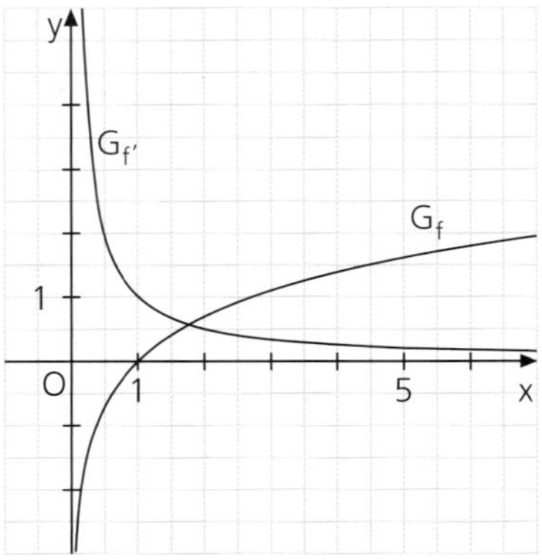

b) $g(x) = e^x$; $g'(x) = e^x$; $g'(x_0) = e^{x_0} = \tan\alpha$;
$f'(y_0) = \tan\beta = \tan(90° - \alpha) = \frac{1}{\tan\alpha} = \frac{1}{e^{x_0}} = \frac{1}{e^{\ln y_0}} = \frac{1}{y_0}$;
also hat f: $f(x) = \ln x$; $D_f = \mathbb{R}^+$, die Ableitung f': $f'(x) = \frac{1}{x}$; $D_{f'} = \mathbb{R}^+$.

158

- Ja: $(\ln x)' = \frac{1}{x}$; $D_f = D_{f'} = \mathbb{R}^+$
- Ja: $[\ln(-x)]' = \frac{1}{x}$; $D_f = D_{f'} = \mathbb{R}^-$
- $g(x) = \ln(ax) + b = \ln x + (\ln a + b)$
  G_g geht aus G_f durch Verschiebung um $\ln a + b$ in Richtung der y-Achse hervor.

L

1. a) 10 b) $\ln 2 + 2$ c) $2 - 1 = 1$
d) $\ln e^2 = 2$ e) $\ln \frac{24}{12} = \ln 2$

2. a) $2x - 1 = 1$; $2x = 2$; $x = 1 \in G$ $L = \{1\}$
b) $\ln x - 2 = 0$; $\ln x = 2$; $x = e^2 \in G$
$x = 0 \notin G$ $L = \{e^2\}$
c) $x^2 + 1 = 1$; $x = 0 \in G$ $L = \{0\}$
d) $\ln(x^2) = 2$; $x^2 = e^2$;
$x_1 = -e \in G$; $x_2 = e \in G$
$\ln(x^2) = 0$; $x_3 = -1 \in G$; $x_4 = 1 \in G$ $L = \{-e; -1; 1; e\}$
e) $(x-5)(x-1) = 0$; $x_1 = 5 \in G$; $x_2 = 1 \in G$; $L = \{1; 5\}$
f) $(\ln x - 5)\cdot(\ln x - 1) = 0$;
$\ln x = 5$; $x_1 = e^5 \in G$;
$\ln x = 1$; $x_2 = e \in G$ $L = \{e; e^5\}$

3. a) $f'(x) = \frac{3x^2}{x^3} = \frac{3}{x}$; $f'(4) = \frac{3}{4}$

b) $f'(x) = \frac{1 \cdot 2}{2x+3} = \frac{2}{2x+3}$; $f'(1) = \frac{2}{5}$

c) $f'(x) = \frac{\ln x \cdot 1 - x \cdot \frac{1}{x}}{(\ln x)^2} = \frac{\ln x - 1}{(\ln x)^2}$; $f'(2) = \frac{\ln 2 - 1}{(\ln 2)^2} \approx -0{,}64$

d) $f(x) = x \ln x - x$;
$f'(x) = \ln x + \frac{x}{x} - 1 = \ln x + 1 - 1 = \ln x$;
$f'(e) = \ln e = 1$

e) $f(x) = e^{x \ln x}$;
$f'(x) = e^{x \ln x} \cdot (1 \cdot \ln x + \frac{x}{x}) =$
$= e^{x \ln x} \cdot (\ln x + 1)$;
$f'(1) = e^0 \cdot (0 + 1) = 1$

f) $f(x) = \ln \sqrt{x} = \frac{1}{2} \ln x$;
$f'(x) = \frac{1}{2} \cdot \frac{1}{x} = \frac{1}{2x}$;
$f'(e^{-4}) = \frac{1}{2e^{-4}} = \frac{e^4}{2} \approx 27{,}30$

g) $f(x) = \frac{x+1}{x-1}$;
$f'(x) = \frac{(x-1) \cdot 1 - (x+1) \cdot 1}{(x-1)^2} = \frac{x - 1 - x - 1}{(x-1)^2} = -\frac{2}{(x-1)^2}$;
$f'(0) = -2$

h) $f(x) = e^{\frac{x+1}{x-1}}$;
$f'(x) = e^{\frac{x+1}{x-1}} \cdot \left[-\frac{2}{(x-1)^2}\right] = -\frac{2}{(x-1)^2} e^{\frac{x+1}{x-1}}$ [vgl. g)]
$f'(0) = -2 \cdot e^{-1} = -\frac{2}{e} \approx -0{,}74$

i) $f'(x) = 2 \cdot \frac{x+1}{x-1} \cdot \left[-\frac{2}{(x-1)^2}\right] = -\frac{4(x+1)}{(x-1)^3}$ · [vgl. g)]
$f'(3) = -\frac{16}{2^3} = -\frac{16}{8} = -2$

j) $f'(x) = 2 \ln \left(\frac{x+1}{x-1}\right) = 2 \ln (x+1) - 2 \ln (x-1)$;
$f'(x) = \frac{2}{x+1} - \frac{2}{x-1} = \frac{2x - 2 - 2x - 2}{x^2 - 1} = \frac{-4}{x^2-1}$;
$f'(3) = -\frac{4}{9-1} = -\frac{4}{8} = -\frac{1}{2}$
oder:
$f'(x) = \frac{1}{\left(\frac{x+1}{x-1}\right)^2} \cdot 2 \cdot \frac{x+1}{x-1} \cdot \frac{(x-1) \cdot 1 - (x+1) \cdot 1}{(x-1)^2} =$
$= \frac{(x-1)^2 \cdot 2(x+1) \cdot (-2)}{(x+1)^2(x-1) \cdot (x-1)^2} =$
$= \frac{-4}{(x+1) \cdot (x-1)} = -\frac{4}{x^2-1}$

4. a) Durch Probieren findet man

x	35	36
$\frac{\ln x}{x}$	0,1015...	0,0995...

kleinste natürliche Zahl: 36

Durch Probieren findet man

x	647	648
$\frac{\ln x}{x}$	0,0100003...	0,009905...

kleinste natürliche Zahl: 648

b) Durch Probieren findet man

x	$\frac{1}{35}$	$\frac{1}{36}$
$x \ln x$	−0,101...	−0,0995...

kleinste natürliche Zahl: 36

Durch Probieren findet man

x	$\frac{1}{647}$	$\frac{1}{648}$
$x \ln x$	−0,010003...	−0,99905....

kleinste natürliche Zahl: 648

c) $\lim\limits_{x \to 0+} \frac{\ln x}{x} = 0$ $\qquad \lim\limits_{x \to \infty} x \ln x = 0$

5. Individuelle Lösungen
Grenzwerte:
$\lim\limits_{x \to \infty} \frac{x^r}{e^x} = 0$ für $r \in \mathbb{R}$; $\lim\limits_{x \to \infty} \frac{\ln x}{x^r} = 0$ für $r \in \mathbb{R}^+$
$\lim\limits_{x \to 0+} (x^r \cdot \ln x) = 0$ für $r \in \mathbb{R}^+$

6. x-Achsenpunkt:
$(1 - \ln x)^2 = 0$; $\ln x = 1$; $x = e$
$S\,(e \mid 0)$
$f'(x) = 2(1 - \ln x) \cdot \left(-\frac{1}{x}\right) = -\frac{2}{x}(1 - \ln x)$

x	$0 < x < e$	$x = e$	$e < x < +\infty$
$f'(x)$	$f'(x) < 0$	$f'(x) = 0$	$f'(x) > 0$
f	nimmt streng monoton ab		nimmt streng monoton zu
Vorzeichenwechsel von f'		von – nach +	
G_f	fällt streng monoton	hat einen Tiefpunkt T (e ǀ 0)	steigt streng monoton

Die x-Achse ist senkrechte Asymptote: y = 0.

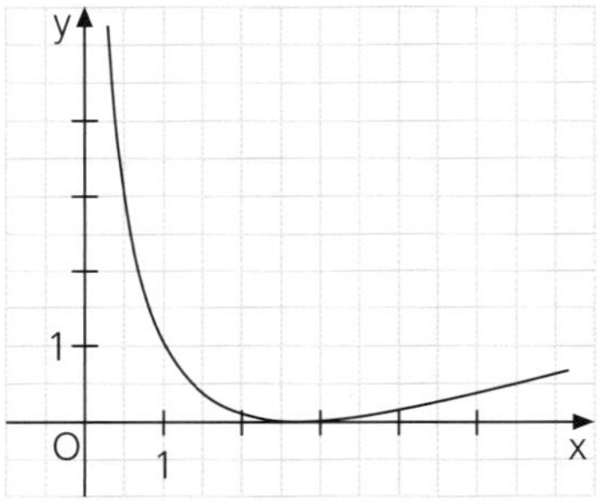

7.

①	②	③	④	⑤	⑥
b	a	e	d	f	c

Begründungen:
a: G_a Graph der ln-Funktion: a: ②
b: $b(x) = \ln(e^x) = x \ln e = x$
G_b ist eine Gerade durch den Ursprung: b: ①
c: G_c ist symmetrisch zur y-Achse
$0 \notin G_c$: c: ⑥
d: $0 \notin G_d$
Für $x < 0$ gilt $0 < e^x < 1$, also $-1 < e^x - 1 < 0 < 1$,
also $\ln |e^x - 1| < 0$: d : ④
e: $f(x) = (\ln x)^2$
Für jeden Wert von $x \in D_f$ gilt $f(x) \geqq 0$.
Da $D_f = \mathbb{R}^+$ ist, kommt nur ③ in Frage: e : ③
f: G_f ist symmetrisch zur y-Achse, $D_f = \mathbb{R}$. Dies trifft nur für ⑤ zu: f: ⑤.

160

8. **a)** $f(x) = -\ln(1 - e^{-x})$;
$1 - e^{-x} > 0$; $-e^{-x} > -1$; $\frac{1}{e^x} < 1$; $e^x > 1$; $x > 0$;
$D_{f\,max} = \mathbb{R}$
Wegen $e^{-x} > 0$ ist stets $1 - e^{-x} < 1$ und deshalb stets $f(x) > 0$; f besitzt also keine Nullstelle.

b) $f'(x) = -\frac{-e^{-x} \cdot (-1)}{1 - e^{-x}} = -\frac{e^{-x}}{1 - e^{-x}} = -\frac{1}{e^x - 1} = \frac{1}{1 - e^x}$;
Für jeden Wert von $x \in D_f$ ist $1 - e^x < 0$; also ist f streng monoton abnehmend.

c) G_f hat die y-Achse als senkrechte Asymptote
Wegen $\lim\limits_{x \to \infty} [-\ln(1 - e^{-x})] = -\ln 1 = 0$ hat G_f die x-Achse als waagrechte Asymptote.
Die beiden Asymptoten schneiden einander im Ursprung O (0 | 0).

d) 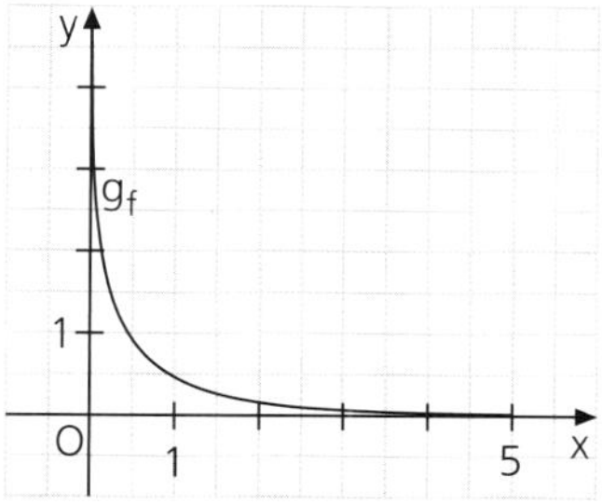

e) f ist in ganz D_f streng monoton (abnehmend), also umkehrbar.
$y = -\ln(1 - e^{-x})$;
$y = \ln \frac{1}{1 - e^{-x}}$;
$e^y = \frac{1}{1 - e^{-x}}$
Vertauschen von x und y:
$e^x = \frac{1}{1 - e^{-y}}$
Auflösen nach y:
$e^x - e^x \cdot e^{-y} = 1$;
$-e^{-y} = \frac{1 - e^x}{e^x}$;
$e^{-y} = \frac{e^x - 1}{e^x} = 1 - e^{-x}$;
$-y = \ln(1 - e^{-x})$;
$y = -\ln(1 - e^{-x})$
f^{-1}: $f^{-1}(x) = -\ln(1 - e^{-x}) = f(x)$;
$D_{f^{-1}} = W_f = \mathbb{R}^+ = D_f$: f fällt mit seiner Umkehrfunktion zusammen.
G_f ist symmetrisch zur Winkelhalbierenden des I. (und III.) Quadranten.

9. a) $f_{0,5}(x) = x^2 - \ln(x^2 + 0,25)$; $f_{0,5}(0) = -\ln 0,25 \approx 1,4$
$f_1(x) = x^2 - \ln(x^2 + 1)$; $f_1(0) = -\ln 1 = 0$
$f_2(x) = x^2 - \ln(x^2 + 4)$; $f_2(0) = -\ln 4 \approx -1,4$
$G_{f_{0,5}}$ „oberer" Graph
G_{f_1} „mittlerer" Graph
G_{f_2} „unterer" Graph

b) Allgemein: $f_a(x) = x^2 - \ln(x^2 + a^2)$; $a \in \{0,5; 1; 2\}$
$f_a(-x) = (-x)^2 - \ln[(-x)^2 + a^2] =$
$= x^2 - \ln(x^2 + a^2) = f_a(x)$:
Jeder der drei Graphen $G_{f_{0,5}}$, G_{f_1} und G_{f_2} ist somit symmetrisch zur y-Achse.

c) $f'_{0,5}(x) = 2x - \frac{2x}{x^2 + 0,25} = \frac{2x(x^2 + 0,25 - 1)}{x^2 + 0,25} =$
$= \frac{2x(x^2 - 0,75)}{x^2 + 0,25} = \frac{2x\left(x - \frac{\sqrt{3}}{2}\right)\left(x + \frac{\sqrt{3}}{2}\right)}{x^2 + 0,25}$
$f'_{0,5}(x) = 0$; $x_1 = 0$; $x_2 = \frac{\sqrt{3}}{2}$; $x_3 = -\frac{\sqrt{3}}{2}$
$f'_{0,5}(0) = -\ln \frac{1}{4} = \ln 4$; $E_1\ (0 \mid \ln 4)$
$f'_{0,5}\left(\pm\frac{\sqrt{3}}{2}\right) = \frac{3}{4} - \ln 1 = \frac{3}{4}$; $E_2\left(\frac{\sqrt{3}}{2} \,\middle|\, \frac{3}{4}\right)$; $E_3\left(-\frac{\sqrt{3}}{2} \,\middle|\, \frac{3}{4}\right)$
E_2 und E_3 sind die globalen Tiefpunkte von $G_{f_{0,5}}$;
$G_{f_{0,5}}$ besitzt keinen globalen Hochpunkt.

$f_1'(x) = 2x - \frac{2x}{1 + x^2} = \frac{2x(1 + x^2 - 1)}{1 + x^2} = \frac{2x^3}{1 + x^2}$;

$f_1'(x) = 0$: $x = 0$; $f_1(0) = 0$; $E_4\ (0 \mid 0)$

G_{f_1} besitzt den globalen Tiefpunkt E_4, aber keinen globalen Hochpunkt.

$f_2'(x) = 2x - \frac{2x}{x^2 + 4} = \frac{2x(x^2 + 4 - 1)}{x^2 + 4} = \frac{2x(x^2 + 3)}{x^2 + 4}$;

$f_2'(x) = 0$: $x = 0$; $x^2 + 3 \neq 0$; $f(0) = -\ln 4$; $E_5\ (0 \mid -\ln 4)$

G_{f_2} besitzt den globalen Tiefpunkt E_5, aber keinen globalen Hochpunkt.

Monotonietabellen:

$f_{0,5}(x) = x^2 - \ln(x^2 + 0{,}25)$

x	$-\infty < x < -\frac{\sqrt{3}}{2}$	$x = -\frac{\sqrt{3}}{2}$	$-\frac{\sqrt{3}}{2} < x < 0$	$x = 0$	$0 < x < \frac{\sqrt{3}}{2}$	$x = \frac{\sqrt{3}}{2}$	$\frac{\sqrt{3}}{2} < x < \infty$
$f_{0,5}'(x)$	$f_{0,5}'(x) < 0$	$f_{0,5}'(x) = 0$	$f_{0,5}'(x) > 0$	$f_{0,5}'(x) = 0$	$f_{0,5}'(x) < 0$	$f_{0,5}'(x) = 0$	$f_{0,5}'(x) > 0$
Vorzeichen-wechsel von $f_{0,5}'(x)$		von – nach +		von + nach –		von – nach +	
G_f	fällt streng monoton	hat einen Tiefpunkt $T_1\ (-\frac{\sqrt{3}}{2} \mid \frac{3}{4})$ $= E_3$	steigt streng monoton	hat einen Hochpunkt $H\ (0 \mid \ln 4)$ $= E_1$	fällt streng monoton	hat einen Tiefpunkt $T_2\ (\frac{\sqrt{3}}{2} \mid \frac{3}{4})$ $= E_2$	steigt streng monoton

$f_1(x) = x^2 - \ln(x^2 + 1)$

x	$-\infty < x < 0$	$x = 0$	$0 < x < \infty$
$f_1'(x)$	$f_1'(x) < 0$	$f_1'(x) = 0$	$f_1'(x) > 0$
Vorzeichen wechsel von $f_1'(x)$		von – nach +	
G_{f_1}	fällt streng monoton	hat einen Tiefpunkt $T_3\ (0 \mid 0) = E_4$	steigt streng monoton

$f_2(x) = x^2 - \ln(x^2 + 4)$

x	$-\infty < x < 0$	$x = 0$	$0 < x < +\infty$
$f_2'(x)$	$f_2'(x) < 0$	$f_2'(x) = 0$	$f_2'(x) > 0$
Vorzeichen wechsel von $f_2'(x)$		von – nach +	
G_{f_4}	fällt streng monoton	hat einen Tief-punkt $T_4\ (0 \mid -\ln 4) = E_5$	steigt streng monoton

d) $f_{0,5}(x) - f_1(x) = x^2 - \ln(x^2 + 0{,}25) - x^2 + \ln(x^2 + 1)$

$= \ln(x^2 + 1) - \ln(x^2 + 0{,}25) > 0$,

da für jeden Wert von $x \in \mathbb{R}$ stets $x^2 + 1 > x^2 + 0{,}25$ ist.

Also liegt $G_{f_{0,5}}$ überall oberhalb von G_{f_1}.

$f_1(x) - f_2(x) = x^2 - \ln(x^2 + 1) - x^2 + \ln(x^2 + 4) =$

$= \ln(x^2 + 4) - \ln(x^2 + 1) > 0$,

da für jeden Wert von $x \in \mathbb{R}$ stets $x^2 + 4 > x^2 + 1$ ist.

Also liegt G_{f_1} überall oberhalb von G_{f_2}.

$d(x) = x^2 - \ln(x^2 + 1) - x^2 + \ln(x^2 + 4) = \ln(x^2 + 4) - \ln(x^2 + 1) = \ln \frac{x^2 + 4}{x^2 + 1}$

ist die Entfernung übereinander liegender Punkte von G_{f_1} und G_{f_2}.

$\lim\limits_{x \to \pm\infty} d(x) = \lim\limits_{x \to \pm\infty} \left(\ln \frac{x^2+4}{x^2+1}\right) = \lim\limits_{x \to \pm\infty} \left(\ln \frac{1+\frac{4}{x^2}}{1+\frac{1}{x^2}}\right) = \ln 1 = 0$:

Die Graphen nähern sich einander, ohne einander zu berühren.

10. a) x-Achsenpunkt(e):

$\ln\left(x^2 + \frac{1}{4}\right) - \ln x = 0;\ \ln\left(x^2 + \frac{1}{4}\right) = \ln x;$

$x^2 + \frac{1}{4} = x;$

$x^2 - x + \frac{1}{4} = 0;$

$\left(x - \frac{1}{2}\right)^2 = 0;$

$x = \frac{1}{2}$

$S\left(\frac{1}{2} \mid 0\right)$

Extrempunkte:

$f'(x) = \frac{2x}{x^2+\frac{1}{4}} - \frac{1}{x} = \frac{2x^2 - x^2 - \frac{1}{4}}{x\left(x^2+\frac{1}{4}\right)} = \frac{x^2 - \frac{1}{4}}{x\left(x^2+\frac{1}{4}\right)};$

$f'(x) = 0;\ x^2 - \frac{1}{4} = 0;\quad x_1 = \frac{1}{2} \in D_f;$

$x_2 = -\frac{1}{2} \notin D_f$

Für $0 < x < \frac{1}{2}$ gilt stets $f'(x) < 0$; für $\frac{1}{2} < x < +\infty$ gilt stets $f'(x) > 0$:

G_f hat den Tiefpunkt $S\left(\frac{1}{2} \mid 0\right)$.

b) $\lim\limits_{x \to 0+} \left[\ln \frac{x^2+\frac{1}{4}}{x}\right] = +\infty$: Dieser Grenzwert existiert nicht und die y-Achse ist senkrechte Asemptote von G_f.

$\lim\limits_{x \to \infty} \left[\ln \frac{x^2+\frac{1}{4}}{x}\right] = \lim\limits_{x \to \infty} \left[\ln\left(x + \frac{1}{4x}\right)\right] = \infty$: Dieser Grenzwert existiert ebenfalls nicht.

$\lim\limits_{x \to \infty} \left[\ln\left(x^2 + \frac{1}{4}\right) - \ln x - \ln x\right] =$

$\lim\limits_{x \to \infty} \left[\ln\left(x^2 + \frac{1}{4}\right) - \ln(x^2)\right] =$

$\lim\limits_{x \to \infty} \left[\ln \frac{x^2+\frac{1}{4}}{x^2}\right] = \lim\limits_{x \to \infty} \left[\ln\left(1 + \frac{1}{4x^2}\right)\right] = \ln 1 = 0$:

G_f kommt für hinreichend große Werte von x dem Graphen G_g der Funktion g: $g(x) = \ln x$; $D_g = \mathbb{R}^+$, beliebig nahe.

c)

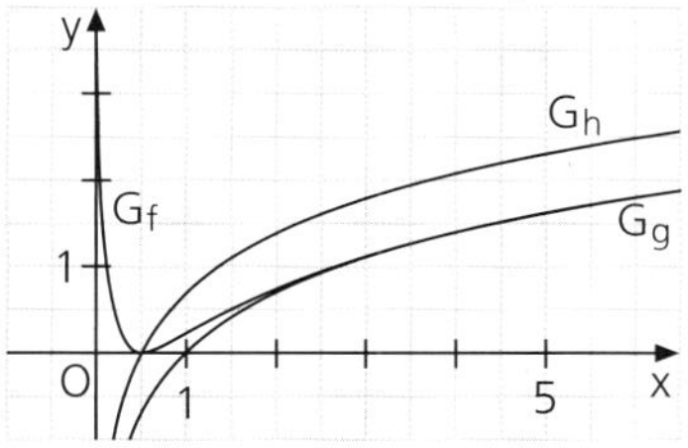

d) $h(x) = \ln(2x) = \ln x + \ln 2$:

G_h geht aus G_g durch Verschieben von G_g in Richtung der y-Achse um $\ln 2$ nach oben hervor. Schnittpunkt S von G_h und G_f:

$\ln\left(x^2 + \frac{1}{4}\right) - \ln x = \ln(2x);$

$\ln\left(x^2 + \frac{1}{4}\right) = \ln(2x) + \ln x;$

$\ln\left(x^2 + \frac{1}{4}\right) = \ln(2x^2);$

$x^2 + \frac{1}{4} = 2x^2;$

$x^2 = \frac{1}{4},\ x = \pm\frac{1}{2}$

$x_1 = \frac{1}{2} \in D_f = D_h;\ x_2 = -\frac{1}{2} \notin D_f;$

$S\left(\frac{1}{2} \mid 0\right)$

$f'\left(\frac{1}{2}\right) = 0;\ h'(x) = \frac{1}{x};\ h'\left(\frac{1}{2}\right) = 2$

$\tan\varphi = 2;\ \varphi \approx 63{,}4°$

e) Skizze:

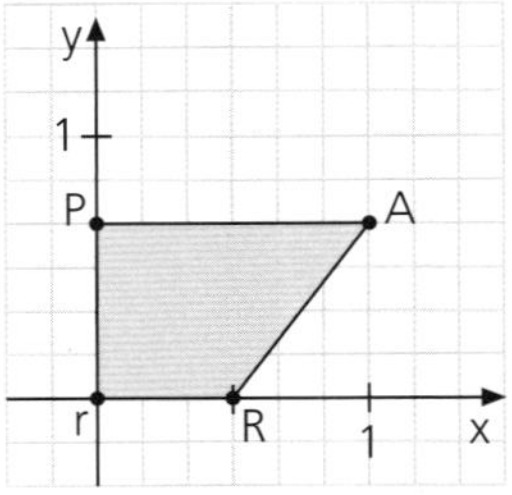

Der Rotationskörper ist ein gerader Kreiszylinder, aus dem ein gerader Kreiskegel herausgefräst ist.

$r_Z = \ln 2;\quad h_Z = 1;$

$r_K = \ln 2;\quad h_K = 0{,}5;\ s_K = \sqrt{(\ln 2)^2 + 0{,}5^2}$

$$V = r_Z^2\,\pi\,h_Z - \frac{1}{3}\,r_K^2\,\pi\,h_K = (\ln 2)^2 \cdot \pi \cdot 1 - \frac{1}{3} \cdot (\ln 2)^2 \cdot \pi \cdot 0{,}5 = (\ln 2)^2 \cdot \pi \cdot \left(1 - \frac{1}{6}\right) = \frac{5}{6}\,\pi\,(\ln 2)^2 \approx 1{,}26$$

$$A = 2r_Z \cdot \pi \cdot h_Z + r_Z^2 \cdot \pi + r_K\,\pi\,s_K = 2 \cdot \ln 2 \cdot \pi \cdot 1 + (\ln 2)^2 \cdot \pi + (\ln 2)\,\pi\,\sqrt{(\ln 2)^2 + 0{,}25} = \pi \cdot \ln 2 \cdot \left(2 + \ln 2 + \sqrt{(\ln 2)^2 + 0{,}25}\right) \approx 7{,}73$$

W

W1 (1) $x_1 = -8$; $x_2 = -1$; (2) $x_3 = 8$; $x_4 = -1$; (3) $x_5 = 4$; $x_6 = -2$. Value of the sum: 0.

W2 $x = 1$ must be excluded.

W3 25 should be added.

L

161

1. Individuelle Lösungen

2. Zählerfunktionsterm: u(x)
Nennerfunktionsterm: v(x)

a) Für $x \to \infty$ strebt u(x) wie auch v(x) gegen ∞.

$$\lim_{x \to \infty} \frac{x}{e^x} = \lim_{x \to \infty} \frac{1}{e^x} = 0$$

b) $u(x) = \ln x$; $v(x) = x^{-1}$

Für $x \to 0+$ strebt u(x) gegen $-\infty$, v(x) gegen $+\infty$.

$$\lim_{x \to 0+} \frac{\ln x}{\frac{1}{x}} = \lim_{x \to 0+} \left(\frac{\frac{1}{x}}{-\frac{1}{x^2}} \right) = \lim_{x \to 0+} (-x) = 0$$

c) Für $x \to 0$ strebt u(x) wie auch v(x) gegen 0.

$$\lim_{x \to 0} \frac{2\sin x}{e^x - e^{-x}} = \lim_{x \to 0} \frac{2\cos x}{e^x + e^{-x}} = \frac{2 \cdot 1}{1 + 1} = 1$$

d) Für $x \to -\infty$ strebt u(x) wie auch v(x) gegen ∞.

$$\lim_{x \to -\infty} \frac{x^2}{e^{-x}} = \lim_{x \to -\infty} \frac{2x}{-e^{-x}} = \lim_{x \to -\infty} \frac{2}{e^{-x}} = \lim_{x \to -\infty} (2e^x) = 0$$

3. a) $\lim\limits_{x \to 0} \frac{\sin x}{x} = \lim\limits_{x \to 0} \frac{\cos x}{1} = 1$

b) $\lim\limits_{x \to 0} \frac{x}{\sin x} = \lim\limits_{x \to 0} \frac{1}{\cos x} = 1$

c) $\lim\limits_{x \to 0} \frac{x}{\ln(1 + x)} = \lim\limits_{x \to 0} \frac{1}{\frac{1}{1 + x}} = \lim\limits_{x \to 0} (1 + x) = 1$

d) $\lim\limits_{x \to 0} \frac{e^x - 1}{4x} = \lim\limits_{x \to 0} \frac{e^x}{4} = \frac{1}{4}$

e) $\lim\limits_{x \to \infty} \frac{x^2}{e^x} = \lim\limits_{x \to \infty} \frac{2x}{e^x} = \lim\limits_{x \to \infty} \frac{2}{e^x} = 0$

f) $\lim\limits_{x \to \infty} \frac{4x}{x + \sin x} = \lim\limits_{x \to \infty} \frac{4}{1 + \frac{\sin x}{x}} = 4$ (*ohne* l´Hôpital´sche Regel)

g) $\lim\limits_{x \to e} \frac{\ln x - 1}{x - e} = \lim\limits_{x \to e} \frac{\frac{1}{x}}{1} = \frac{1}{e}$

h) $\lim\limits_{x \to 1} \frac{e^x - e}{1 - x} = \lim\limits_{x \to 1} \frac{e^x}{-1} = -e$

i) $\lim\limits_{x \to 0} \frac{2^x - 3^x}{x} = \lim\limits_{x \to 0} \frac{2^x \ln 2 - 3^x \ln 3}{1} = \ln 2 - \ln 3 = \ln \frac{2}{3} \approx -0{,}405$

L

162

1. Individuelle Lösungen

2.

Jahre	0	1	2	3	4	5
Bestand	800	1 216	1 598	1 950	2 174	2 572

S = 6 000
Sättigungsmanko zu Beginn:
6 000 – 800 = 5 200.
Zuwachs nach 1 Jahr: 1 216

Jahre	Sättigungs-manko	Zuwachs	Bestand
2	4 784	382	1 598
3	4 401	352	1 950
4	4 049	324	2 274
5	3 726	298	2 572

Nach 5 Jahren sind $\frac{2\,572}{6\,000} \approx 42{,}9\%$ der Sättigungsgrenze erreicht.

163

3. $B'(t) = k \cdot B(t) \cdot [S - B(t)]$

$B(t) = \frac{aS}{a + (S - a)e^{-Skt}}$

$B'(t) = \frac{0 \cdot [a + (S - a)e^{-Skt}] - aS \cdot [(S - a)e^{-Skt} \cdot (-Sk)]}{[a + (S - a)e^{-Skt}]^2} = k \cdot \frac{aS}{a + (S - a)e^{-Skt}} \cdot \left[S - \frac{aS}{a + (S - a)e^{-Skt}}\right]$

4. $S \approx 35;\ a = 5$

$h(t) = \frac{5 \cdot 35}{5 + 30e^{-35kt}} = \frac{35}{1 + 6 \cdot e^{-35kt}}$

Berechnung von k: t = 1:

$h(1) = 8{,}8 = \frac{35}{1 + 6 \cdot e^{-35k}}$

$e^{-35k} = 0{,}4962$

$k = 0{,}02$

Berechnung der Tabelle:

$h(t) = 35 : (1 + 6 \cdot e^{-0{,}7t}) = \frac{35}{1 + 6e^{-0{,}7t}}$

Zeit (in Wochen)	2	3	4	5	6	7	8	9	10
Höhe (in cm)	14,1	20,2	25,6	29,6	32,1	33,5	34,2	34,6	34,8

Das Wachstumsmodell gibt das wirkliche Wachstum gut wieder.

5. **a)** exponentielle Zunahme:

$B(0) = a \cdot e^0 = 5;\ a = 5;\ B(t) = a \cdot e^{kt}$

Berechnung von k:

$B(1)\colon 25 = 5 \cdot e^{k \cdot 1};\ k = \ln 5 = 1{,}61$

$B(t) = 5 \cdot e^{1{,}61 \cdot t}$

b) logistisches Wachstum:

$B'(t) = k \cdot B(t) \cdot [S - B(t)]$

Nach 3. gilt: $B(t) = \frac{a \cdot S}{a + [S - a]e^{-Skt}}$

Berechnung von k:

$S = 600;\ a = 5$

$B(1) = 25 = \frac{5 \cdot 600}{5 + 595 \cdot e^{-600k}};$

$1 + 119e^{-600t} = 24;$

$e^{-600t} = \frac{23}{119} = 0{,}193;$

$k \approx 0{,}003$

also $B(t) = \frac{5 \cdot 600}{5 + 595e^{-1{,}65t}} = \frac{600}{1 + 119e^{-1{,}65t}}$

L

1. a) $e^{2x} - 2 + e^{-2x} + 2 = e^{2x} + e^{-2x}$

b) $2e^x - (e \cdot e^x) : e - e^x = 2e^x - e^x - e^x = 0$

c) $\frac{1 - e^{2x}}{1 - e^x} = \frac{(1 - e^x)(1 + e^x)}{1 - e^x} = 1 + e^x$

d) $\frac{(\sqrt{e^x} + 1) \cdot (\sqrt{e^x} - 1)}{\sqrt{e^x} + 1} = \sqrt{e^x} - 1$

e) e^{2x}

f) $e^{0,5 - x} : e^{0,5} = e^{0,5 - x - 0,5} = e^{-x} = \frac{1}{e^x}$

2. a) $y' = 2xe^e = 2e^e \cdot x$

b) $y' = 2e^x - 2e^{2x} = 2e^x(1 - e^x)$

c) $y' = e^{1-x} = + xe^{1-x} \cdot (-1) = e^{1-x}(1 - x)$

d) $y' = 4e^x + 4(x - 1)e^x = 4e^x(1 + x - 1) = 4xe^x$

e) $y' = 2(2 - e^x) \cdot (-e^x) = -2e^x(2 - e^x)$

f) $y' = e^{1 - 0,5x^2} \cdot (-2 \cdot 0,5x) = -xe^{1 - 0,5x^2}$

g) $y = 2e^{-x} - e^{-2x}$
$-2e^{-x} - (-2)e^{-2x} = -2e^{-x} + 2e^{-2x} = -\frac{2}{e^x} + \frac{2}{e^{2x}} = \frac{2(1 - e^x)}{e^{2x}}$
oder
$y' = \frac{e^{2x} \cdot 2e^x - (2e^x - 1)2e^{2x}}{e^{4x}} = \frac{2e^x - 4e^x + 2}{e^{2x}} = \frac{2 - 2e^x}{e^{2x}} = \frac{2(1 - e^x)}{e^{2x}}$

h) $y' = \frac{(e^x + e^{-x})(e^x + e^{-x}) - (e^x - e^{-x})(e^x - e^{-x})}{(e^x + e^{-x})^2} = \frac{e^{2x} + 2 + e^{-2x} - e^{2x} + 2 - e^{-2x}}{(e^x + e^{-x})^2} = \frac{4}{(e^x + e^{-x})^2}$

i) $y' = \frac{(4 + e^{2x}) \cdot 0 - 2e^2(2e^{2x})}{(4 + e^{2x})^2} = \frac{-4e^{2x+2}}{(4 + e^{2x})^2}$

j) $y' = \frac{(x^2 + 1)e^x - e^x \cdot 2x}{(x^2 + 1)^2} = \frac{e^x(x^2 - 2x + 1)}{(x^2 + 1)^2} = \frac{e^x(x - 1)^2}{(x^2 + 1)^2}$

k) $y' = e^x(x - 2) + e^x \cdot 1 = e^x(x - 1)$

l) $y' = e^x(e^x - 2) + e^x \cdot e^x = e^x(e^x - 2 + e^x) = 2e^x(e^x - 1)$

m) $y' = -2(2 + e^x)^{-3} \cdot e^x = \frac{-2e^x}{(2 + e^x)^3}$

n) $y' = 0 + 0 + 2e^{2x} = 2e^{2x}$

o) $y' = e^{\sin x} \cdot \cos x = \cos x \cdot e^{\sin x}$

p) $y' = (2x - 2)e^x + (x^2 - 2x + 2) \cdot e^x = (2x - 2 + x^2 - 2x + 2) \cdot e^x = x^2e^x$

3. I: $F'(x) = \frac{-4e^x}{(1 + e^x)^2}$ I: (C)
II: $F'(x) = -e^{4-x} \cdot (-1) = e^{4-x}$ II: (A)
III: $F'(x) = 4e^{4x}$ III: (D)
IV: $F'(x) = 0,25 \cdot 2(e^{2x} + e^{-2x})(2e^{2x} - 2e^{-2x}) = 1 \cdot (e^{2x} + e^{-2x})(e^{2x} - e^{-2x}) = e^{4x} - e^{-4x}$ IV: (B)
Zuordnung:

(A)	(B)	(C)	(D)
II	IV	I	III

4. a) $\ln(\ln e) = \ln 1 = 0$

b) $[\ln(e^2)]^2 + 2 \ln e = 2^2 + 2 = 4 + 2 = 6$

c) $\ln(e^2) + \ln\left(\frac{1}{e^2}\right) - 3 \ln(e^3) + e^{\ln 2} = 2 + (-2) - 3 \cdot 3 + 2 = -7$

d) $\ln(3e) - \ln(e^3) - \ln 3 = \ln 3 + \ln e - 3 \ln e - \ln 3 = 1 - 3 = -2$

5. a) $\ln(x^2) + 2 \ln x = 1;$
$2 \ln x + 2 \ln x = 1;$
$4 \ln x = 1;$
$\ln x = \frac{1}{4};$
$x = e^{\frac{1}{4}} = \sqrt[4]{e} \in G;$ $L = \{\sqrt[4]{e}\}$

b) $(\ln x)^2 + 2 \ln x = 1$; Substitution: $\ln x = u$

$u^2 + 2u - 1 = 0$;

$u_{1,2} = \frac{-2 \pm \sqrt{4+4}}{2} = \frac{-2 \pm 2\sqrt{2}}{2} = -1 \pm \sqrt{2}$

$(\ln x)_1 = -1 + \sqrt{2}$; $(\ln x)_2 = -1 - \sqrt{2}$

$x_1 = e^{-1+\sqrt{2}} \approx 1{,}51$ $x_2 = e^{-1-\sqrt{2}} \approx 0{,}09$

$L = \left\{e^{-1-\sqrt{2}}; e^{-1+\sqrt{2}}\right\}$

c) $\ln x + \ln (x + 2) = \ln 6 - \ln 2$;

$\ln [x(x + 2)] = \ln 3$;

$x^2 + 2x = 3$;

$x^2 + 2x - 3 = 0$;

$(x + 3)(x - 1) = 0$

$x_1 = -3 \notin G$; $x_2 = 1$; $L = \{1\}$

d) $(\ln x + 1)(\ln x - 2) = 0$

$\ln x = -1$; $x_1 = \frac{1}{e} \in G$

$\ln x = 2$; $x_2 = e^2 \in G$ $L = \left\{\frac{1}{e}; e^2\right\}$

e) $e^x + e^{-x} = 2$;

$e^x - 2 + e^{-x} = 0; \mid \cdot e^x$

$e^{2x} - 2e^x + 1 = 0$;

$(e^x - 1)^2 = 0$;

$e^x = 1$;

$x = 0 \notin G$ $L = \{\}$

f) $e^x = 2$; $x_1 = \ln 2 \in G$; $x_2 = 2 \in G$; $L = \{\ln 2 ; 2\}$

6. a) $y' = 2 \ln x \cdot \frac{1}{x} = \frac{2}{x} \ln x$

b) $y' = \frac{1}{5+x} - \frac{1 \cdot (-1)}{5-x} = \frac{5 - x + 5 + x}{(5+x)(5-x)} = \frac{10}{25 - x^2}$

c) $y' = \frac{\ln x \cdot 1 - x \cdot \frac{1}{x}}{(\ln x)^2} = \frac{\ln x - 1}{(\ln x)^2}$

d) $y' = \frac{1}{\frac{4}{x} - 1} \cdot \left(-\frac{4}{x^2}\right) = \frac{4}{x^2 - 4x}$

e) $y' = \frac{x \cdot \frac{4}{x} - 4 (\ln x) \cdot 1}{x^2} = \frac{4 - 4 \ln x}{x^2}$

f) $y' = \frac{\cos x}{\sin x}$

7. a) $f'(x) = 2e^x + (2x + 1)e^x = e^x(2x + 3)$

$f'(x) = 0$: $x = -1{,}5$

Monotonietabelle:

x	$-\infty < x < -1{,}5$	$x = -1{,}5$	$-1{,}5 < x < +\infty$
f'(x)	$f'(x) < 0$	$f'(x) = 0$	$f'(x) > 0$
Vorzeichenwechsel von f'(x)		von – nach +	
G_f	fällt streng monoton	hat einen Tiefpunkt $T(-1{,}5 \mid -2^{-1{,}5})$	steigt steng monoton

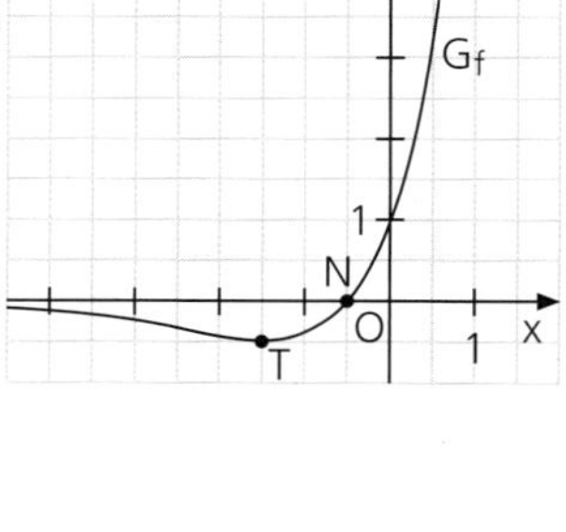

b) $f(x) = (2 - e^x)^2$

$f'(x) = 2(2 - e^x) \cdot e^x = 2e^x(2 - e^x)$

$f'(x) = 0; \quad e^x = 2; \quad x = \ln 2$

$f(\ln 2) = (2 - 2)^2 = 0$

Monotonietabelle:

x	$-\infty < x < \ln 2$	$x = \ln 2$	$\ln 2 < x < +\infty$
$f'(x)$	$f'(x) < 0$	$f'(x) = 0$	$f'(x) > 0$
Vorzeichenwechsel von $f'(x)$		von – nach +	
G_f	fällt streng monoton	hat einen Tiefpunkt T (ln 2 I e)	steigt steng monoton

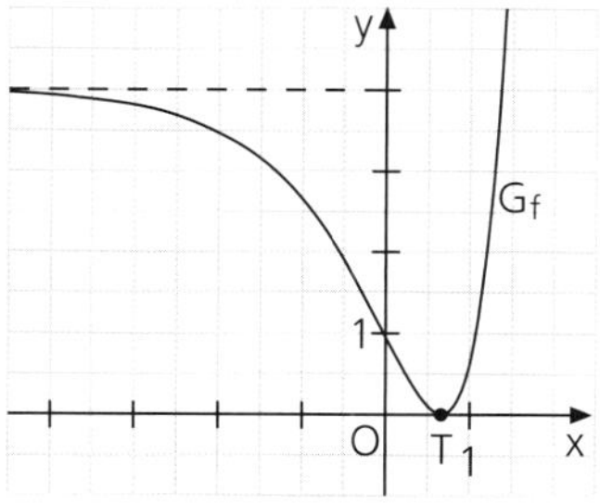

c) $f(x) = (\ln x - 1)^2$

$f'(x) = 2(\ln x - 1) \cdot \frac{1}{x} = \frac{2}{x} \cdot (\ln x - 1)$

$f'(x) = 0$: $\ln x = 1; \quad x = e$

$f(e) = (1 - 1)^2 = 0$

Monotonietabelle:

x	$-\infty < x < e$	$x = e$	$e < x < +\infty$
$f'(x)$	$f'(x) < 0$	$f'(x) = 0$	$f'(x) > 0$
Vorzeichenwechsel von $f'(x)$		von – nach +	
G_f	fällt streng monoton	hat einen Tiefpunkt T (e I 0)	steigt steng monoton

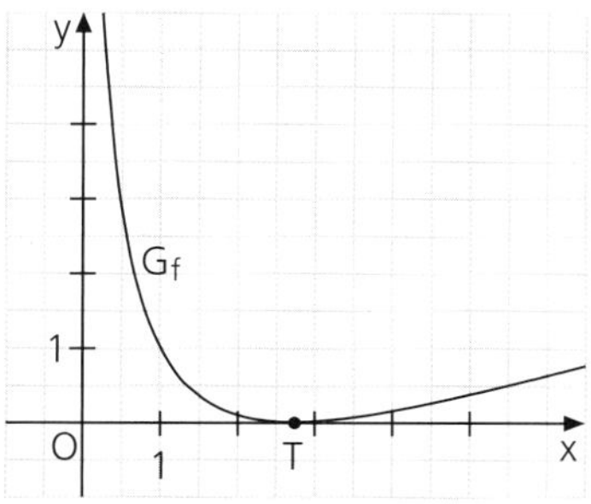

d) $f(x) = \ln \sqrt{x^2 + 1}$

$f'(x) = \frac{1}{\sqrt{x^2 + 1}} \cdot \frac{2x}{2\sqrt{1 + x^2}} = \frac{x}{x^2 + 1}$

$f'(x) = 0;\ x = 0$

$f(0) = 0$

Monotonietabelle:

x	$-\infty < x < 0$	$x = 0$	$0 < x < \infty$
f'(x)	$f'(x) < 0$	$f'(x) = 0$	$f'(x) > 0$
Vorzeichenwechsel von f'(x)		von – nach +	
G_f	fällt streng monoton	hat einen Tiefpunkt T (0 I 0)	steigt steng monoton

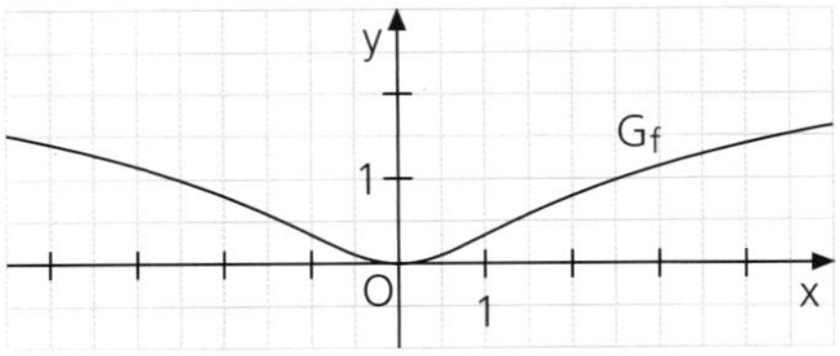

8. a) $f'(x) = e^x + xe^x = e^x(1 + x)$

$f(x) = 0$: $x = 0$

G_f schneidet die x-Achse im Ursprung S (0 I 0).

$f'(0) = 1$

t_S: $y = x$; $\tan \varphi = 1$; $\varphi = 45°$

b) $f(x) = 0$: $2 \ln \frac{1}{x} = 0$; $\ln \frac{1}{x} = 0$; $x = 1$

G_f schneidet die x-Achse im Punkt S (1 I 0).

$f'(x) = \frac{2}{\frac{1}{x}} \cdot \left(-\frac{1}{x^2}\right) = \frac{-2}{x}$

$f'(1) = -\frac{2}{1} = -2$; $\tan \varphi = -2$; $\varphi \approx 117°$

t_S: $y = -2x + t$;

$S \in t_S$: $0 = -2 + t$; $t = 2$

t_S: $y = -2x + 2$

c) $f(x) = 0$: $x = 1$

G_f schneidet die x-Achse im Punkt S (1 I 0)

$f'(x) = 0{,}2 \cdot e^x + 0{,}2(x - 1)e^x = 0{,}2e^x(1 + x - 1) = 0{,}2xe^x$;

$f'(1) = 0{,}2e$; $\tan \varphi = 0{,}2e$; $\varphi \approx 28{,}5°$

t_S: $y = 0{,}2e \cdot x + t$

$S \in t_S$: $0 = 0{,}2 \cdot e + t$; $t = -0{,}2e$

t_S: $y = 0{,}2e \cdot x - 0{,}2e$; $y = 0{,}2e(x - 1)$

d) $f(x) = 1{,}5x^2 \ln (x - 2)$

$f(x) = 0$: $x_1 = 0 \notin D_f$ $\ln (x - 2) = 0$; $x = 3$

G_f schneidet die x-Achse im Punkt S (3 I 0).

$f'(x) = 1{,}5 \cdot 2x \cdot \ln (x - 2) + 1{,}5x^2 \cdot \frac{1}{x - 2} = 3x \ln (x - 2) + \frac{1{,}5x^2}{(x - 2)}$

$f'(3) = 9 \ln 1 + \frac{1{,}5 \cdot 9}{3 - 2} = 0 + 13{,}5$

$f'(3) = 13{,}5$; $\tan \varphi = 13{,}5$; $\varphi \approx 85{,}8°$

t_S: $y = 13{,}5x + t$;

$S \in t_S$: $0 = 40{,}5 + t$; $t = -40{,}5$

t_S: $y = 13{,}5x - 40{,}5$

e) $f(x) = (2 + x)e^{-0,5x}$
$f(x) = 0$: $x = -2$
G_f schneidet die x-Achse im Punkt S (–2 | 0).
$f'(x) = e^{-0,5x} + (2 + x)e^{-0,5x} \cdot (-0,5) = e^{-0,5x}(1 - 1 - 0,5x) = -0,5xe^{-0,5x}$
$f'(-2) = 1 \cdot e^1 = e$; $\tan\varphi = e$; $\varphi \approx 69,8°$
t_S: $y = ex + t$;
$S \in t_S$: $0 = -2e + t$; $t = 2e$ t_S: $\varphi = ex + 2e$

9. a) $e^x = e^{-x}$; $| \cdot e^x$; $e^{2x} = 1$; $x = 0$; $f(0) = 1$
Gemeinsamer Punkt : S (0 | 1)
$f'(x) = e^x$; $f'(0) = 1$
$g'(x) = -e^{-x}$; $g'(0) = -1$
Größe des Schnittwinkels: 90°
$m_1 = 1$; $m_2 = -1 = -\frac{1}{m_1}$

b) $e^{-x+0,5} = e^{-0,5x^2}$;
$-x + 0,5 = -0,5x^2 \mid : (-0,5)$
$2x - 1 = x^2$;
$x^2 - 2x + 1 = 0$;
$(x - 1)^2 = 0$; $x = 1$ $f(1) = e^{0,5}$
Gemeinsamer Punkt: B $(1 \mid e^{0,5})$
$f'(x) = e^{-x+0,5}$; $m_1 = f'(1) = -e^{-0,5}$
$g'(x) = -0,5 \cdot 2xe^{-0,5x^2} = -xe^{-0,5x^2}$
$m_2 = g(1) = -e^{-0,5} = m_1$
Die Graphen berühren einander im Punkt B $(1 \mid e^{0,5})$; sie haben in B die Steigung $-e^{-0,5}$.

c) $e^x = e^{\frac{1}{x}}$; $x = \frac{1}{x}$; $x^2 = 1$; $x_1 = 1 \in D_f$, $x_2 = -1 \notin D_f$
$f(1) = g(1) = e$ Gemeinsamer Punkt: S (1 | e)
$f'(x) = e^x$, $f'(1) = e$
$g'(x) = -\frac{1}{x^2} e^{\frac{1}{x}}$; $g'(1) = -e$
$\tan\varphi = \left|\frac{e - (-e)}{1 + e \cdot (-e)}\right| = \left|\frac{2e}{1 - e^2}\right| = 0,8509...$
Größe des Schnittwinkels: $\varphi \approx 40,4°$.

d) $\frac{2e^x}{1 + e^x} = \frac{2e^{0,5x}}{1 + e^{0,5x}}$; $| (1 + e^x) \cdot (1 + e^{0,5x})$
$2e^x(1 + e^{0,5x}) = 2e^{0,5x}(1 + e^x) \mid : 2$
$e^x + e^{1,5x} = e^{0,5x} + e^{1,5x}$; $\mid -e^{1,5x}$
$e^x = e^{0,5x}$;
$x = 0,5x$;
$0,5x = 0$; $x = 0$; $f(0) = \frac{2}{1 + 1} = 1$
Gemeinsamer Punkt: S (0 | 1)
$f'(x) = \frac{(1 + e^x) \cdot 2e^x - 2e^x \cdot e^x}{(1 + e^x)^2} = \frac{2e^x + 2e^{2x} - 2e^{2x}}{(1 + e^x)^2} = \frac{2e^x}{(1 + e^x)^2}$;
$f'(0) = \frac{2}{(1 + 1)^2} = \frac{2}{4} = \frac{1}{2}$
$g'(x) = \frac{(1 + e^{0,5x}) \cdot 2 \cdot 0,5 \cdot e^{0,5x} - 2e^{0,5x} \cdot 0,5e^{0,5x}}{(1 + e^{0,5x})^2} = \frac{e^{0,5x} + e^x - e^x}{(1 + e^{0,5x})^2} = \frac{e^{0,5x}}{(1 + e^{0,5x})^2}$; $f'(0) = \frac{1}{4}$
$\tan\varphi = \left|\frac{\frac{1}{2} - \frac{1}{4}}{1 + \frac{1}{2} \cdot \frac{1}{4}}\right| = \left|\frac{\frac{1}{4}}{\frac{9}{8}}\right| = \frac{2}{9}$
Größe des Schnittwinkels: $\varphi \approx 12,5°$

e) $\ln x = \ln (x^2)$; $x = x^2$;
$x(x - 1) = 0$; $x_1 = 0 \notin D_f (= D_g)$
$x_2 = 1 \in D_f (= D_g)$; $f(1) = 0$
Gemeinsamer Punkt: S (1 | 0)
$f'(x) = \frac{1}{x}$; $f'(1) = 1$
$g'(x) = \frac{2x}{x^2} = \frac{2}{x}$; $g'(1) = 2$
$\tan\varphi = \left|\frac{2 - 1}{1 + 1 \cdot 2}\right| = \left|\frac{1}{3}\right| = \frac{1}{3}$; $\tan\varphi = \frac{1}{3}$;
Größe des Schnittwinkels: $\varphi \approx 18,4°$

165

f) $\ln x = \ln \frac{1}{x}$; $x = \frac{1}{x}$; $x^2 = 1$; $x_1 = 1 \in D_f\ (= D_g)$; $x_2 = -1 \notin D_f\ (=D_g)$
$f(1) = 0$
Gemeinsamer Punkt: S (1 I 0)
$f'(x) = \frac{1}{x}$; $f'(1) = 1$
$g'(x) = -\frac{1}{x}$; $g'(1) = -1 \ = -\frac{1}{f(1)}$
Größe des Schnittwinkels: $\varphi = 90°$

10. a) Nullstelle: $f(x) = 0$: $x = 0$

b) $f'(x) = 2xe^{2-x} + x^2\, e^{2-x} \cdot (-1) = 2xe^{2-x} - x^2e^{2-x} = xe^{2-x}(2 - x)$
$f'(x) = 0$: $x_1 = 0 \in D_f$; $x_2 = 2 \in D_f$; $f(2) = 4$
Montonietabelle:

x	$-\infty < x < 0$	$x = 0$	$0 < x < 2$	$x = 2$	$2 < x < +\infty$
$f'(x)$	$f'(x) < 0$	$f'(x) = 0$	$f'(x) > 0$	$f'(x) = 0$	$f'(x) < 0$
Vorzeichen-wechsel von $f'(x)$		von – nach +		von + nach –	
G_f	fällt streng monoton	hat einen Tiefpunkt T (0 I 0)	steigt steng monoton	hat einen Hochpunkt H (2 I 4)	fällt streng monoton

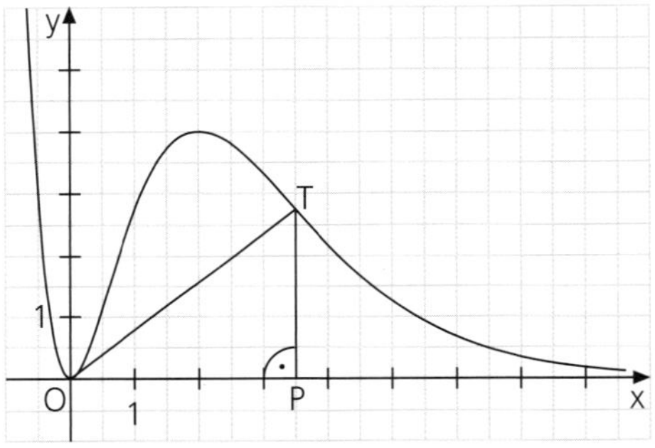

c) $A_{TOP} = A(u) = \frac{1}{2}u \cdot f(u) = \frac{1}{2}u \cdot u^2 \cdot e^{2-u} = \frac{1}{2}u^3 \cdot e^{2-u}$
$A'(u) = \frac{3}{2}\, u^2\, e^{2-u} + \frac{u^3}{2}\, e^{2-u} \cdot (-1) = \frac{u^2}{2}\, e^{2-u}(3 - u)$
$A'(u) = 0$; $u_1 = 0$ keine Lösung: $A(0) = 0$
$u_2 = 3$
Für $0 < u < 3$ gilt $A'(u) > 0$; für $3 < u < +\infty$ gilt $A'(u) < 0$.
A_{TOP} ist für a = 3 maximal.
$A_{TOP\,max} = \frac{1}{2} \cdot 27e^{-1} = \frac{13{,}5}{e} = 4{,}9663\ldots \approx 5{,}0$
$\lim\limits_{u \to \infty}\left(\frac{e^2}{2} \cdot \frac{u^3}{e^u}\right) = \lim\limits_{u \to \infty}\left(\frac{e^2}{2} \cdot \frac{3u^2}{e^u}\right) = \lim\limits_{u \to \infty}\left(3e^2 \frac{u}{e^u}\right) = \lim\limits_{u \to \infty}\left(3e^2 \cdot \frac{1}{e^u}\right) = 0$

11. Für jeden Wert von $x \in \mathbb{R}$ gilt stets
$f(-x) = e^{-(-x)^2} = e^{-x^2} = f(x)$:
Also ist G_f achsensymmetrisch zur y-Achse.

a) $\lim\limits_{x \to \pm\infty} e^{-x^2} = 0$: Also ist die x-Achse Asymptote von G_f.
$f'(x) = -2xe^{-x^2}$; $f''(x) = -2e^{-x^2} - 2x(-2x)e^{-x^2}$
$f''(x) = -2e^{-x^2}\,(1 - 2x^2)$
$f'(x) = 0$: $x = 0$; $f(0) = e^0 = 1$
$f''(0) = -2e^0 \cdot (1 - 0) = -2 < 0$
G_f hat den Hochpunkt H (0 I 1).
Da außerdem für jeden Wert von $x \in \mathbb{R}$ stets $f(x) > 0$ ist, gilt $W_f =]0\,;\,1]$

b) $\sqrt{\ln 2} \approx 0{,}8$ $\qquad$ $f(\sqrt{\ln 2}) = \frac{1}{2}$

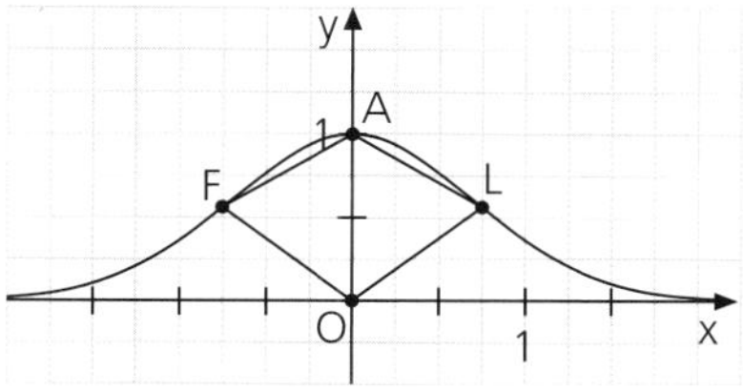

c) [AO] ⊥ [LF]
Der Punkt $M\left(0 \mid \frac{1}{2}\right)$ halbiert sowohl [OA] als auch [LF]; somit ist das Viereck OLAF eine Raute.
$A_{OLAF} = \frac{1}{2}\,\overline{OA} \cdot \overline{LF} = \frac{1}{2} \cdot 1 \cdot 2\sqrt{\ln 2} = \sqrt{\ln 2} \approx 0{,}83$

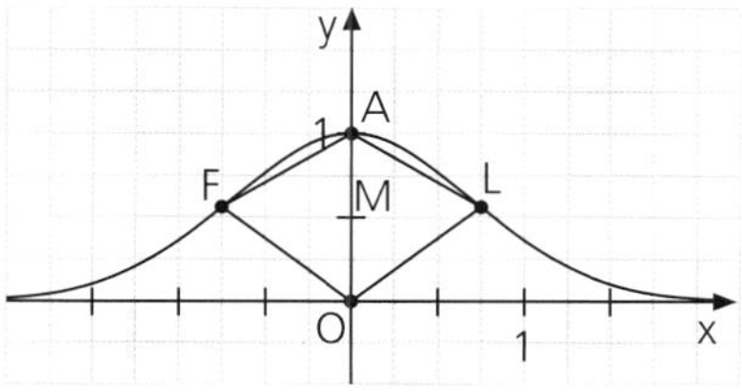

12. a) Da $f(0) = \frac{e^0 - e^0}{e^0 + e^0} = \frac{0}{2} = 0$ ist, verläuft G_f durch den Ursprung.
$f'(x) = \frac{(e^x + e^{-x})(e^x + e^{-x}) - (e^x - e^{-x})(e^x - e^{-x})}{(e^x + e^{-x})^2} = \frac{e^{2x} - 2 + e^{-2x} - e^{2x} + 2 - e^{-2x}}{(e^x + e^{-x})^2} = \frac{4}{(e^x + e^{-x})^2}$
$f'(0) = \frac{4}{2^2} = 1;$
G_f schneidet die x-Achse unter einem 45°-Winkel.

b) $\lim\limits_{x \to \infty} \frac{e^x - e^{-x}}{e^x + e^{-x}} = \lim\limits_{x \to \infty} \frac{1 - e^{-2x}}{1 + e^{-2x}} = \frac{1}{1} = 1$

$\lim\limits_{x \to -\infty} \frac{e^x - e^{-x}}{e^x + e^{-x}} = \lim\limits_{x \to -\infty} \frac{e^{2x} - 1}{e^{2x} + 1} = -\frac{1}{1} = -1$

Gleichungen der beiden waagrechten Asymptoten:
a_1: y = 1 und a_2: y = −1

c) $f'(x) = \frac{4}{(e^x + e^{-x})^2}$; für jeden Wert von $x \in \mathbb{R}$ gilt $f'(x) > 0$.
f ist in ganz $\mathbb{R}$ streng monoton zunehmend.

d) $f(-x) = \frac{e^{-x} - e^x}{e^{-x} + e^x} = -\frac{e^x - e^{-x}}{e^x + e^{-x}} = -f(x)$:
Also ist G_f punktsymmetrisch zum Ursprung

e)

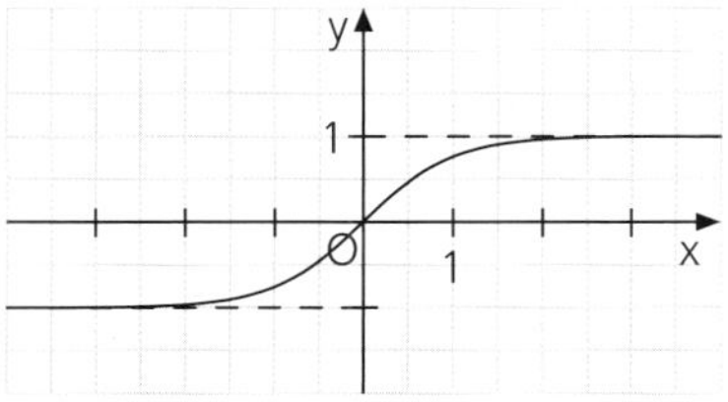

f) Einer Drehung um 90° gegen den Uhrzeigersinn entspricht eine Spiegelung an der Winkelhalbierenden w des I. und III. Quadranten mit anschließender Spiegelung an der y-Achse.
1. Schritt.
G_f an w gespiegelt:
x und y werden vertauscht:
$x = \frac{e^y - e^{-y}}{e^y + e^{-y}}$

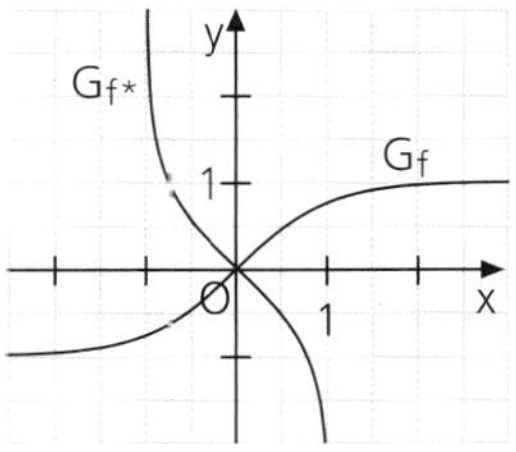

2. Schritt

Diese Gleichung wird nach y aufgelöst.

$xe^y + xe^{-y} = e^y - e^{-y} \mid \cdot e^y$

$xe^{2y} + x = e^{2y} - 1$

$e^{2y}(x - 1) = -1 - x$

$e^{2y} = \frac{1 + x}{1 - x}$

$2y = \ln\left(\frac{1 + x}{1 - x}\right)$

$y = \frac{1}{2} \ln\left(\frac{1 + x}{1 - x}\right)$

$f_1(x) = \frac{1}{2} \ln\left(\frac{1 + x}{1 - x}\right)$

Es muss gelten $\frac{1 + x}{1 - x} > 0$

(I) $1 + x > 0 \quad \wedge \quad 1 - x > 0$

$x > -1 \quad \wedge \quad x < 1$, also $x \in]-1\,;\,1[$

(II) $1 + x < 0 \quad \wedge \quad 1 - x < 0$;

$x < -1 \quad \wedge \quad x > 1$ (Widerspruch)

Also: $D_{f_1} =]-1\,;\,1[$

3. Schritt

G_{f_1} wird an der y-Achse gespiegelt: x wird durch $-x$ ersetzt.

$f^*\colon f^*(x) = \frac{1}{2} \ln\left(\frac{1 - x}{1 + x}\right)$; $D_{f^*} = D_{f_1} =]-1\,;\,1[$

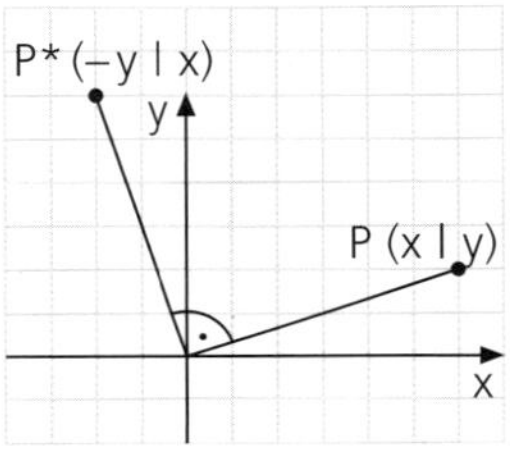

(„alt") („neu")

x durch +y ersetzen

−y durch +x ersetzen

$-x = \frac{e^y - e^{-y}}{e^y + e^{-y}}$

Nach y auflösen:

$-xe^y - xe^{-y} = e^y - e^{-y}$;

$e^y(-x - 1) = -e^{-y} + xe^{-y}$;

$e^y(1 + x) = e^{-y}(1 - x)$; $\mid : e^{-y}$

$e^{2y}(1 + x) = 1 - x$;

$e^{2y} = \frac{1 - x}{1 + x}$;

$2y = \ln\left(\frac{1 - x}{1 + x}\right)$;

$y = \frac{1}{2} \ln\left(\frac{1 - x}{1 + x}\right)$

13. a) vgl. auch 12. f)

$\frac{1 + x}{1 - x} > 0$ I. $1 + x > 0 \quad \wedge \quad 1 - x > 0$;

$x > -1 \quad \wedge \quad x < 1$ also $x \in]-1\,;\,1[$

II. $1 + x < 0 \quad \wedge \quad 1 - x < 0$

$x < -1 \quad \wedge \quad x > 1$ (Widerspruch)

Also ist $D_{f\,max} =]-1\,;\,1[$

b) $\lim\limits_{x \to 1-} \left(\ln \frac{1 + x}{1 - x}\right) = +\infty$

$\lim\limits_{x \to -1+} \ln\left(\frac{1 + x}{1 - x}\right) = -\infty$

G_f hat zwei senkrechte Asymptoten:

$a_1\colon x = 1$ und $a_2\colon x = -1$

c) $f(0) = \ln \frac{1}{1} = \ln 1 = 0$:

G_f verläuft durch den Ursprung.

$f(x) = \ln(1 + x) - \ln(1 - x)$;
$f'(x) = \frac{1}{1+x} - \frac{1}{1-x} = \frac{1 - x + 1 + x}{(1+x)(1-x)} = \frac{2}{1-x^2}$
$f'(0) = \frac{2}{1} = 2$; $\tan\varphi = 2$; $\varphi \approx 63{,}4°$

d) $f'(x) = \frac{2}{1-x^2} > 0$ für jeden Wert von $x \in]-1\,;\,1[$
f ist in $D_{f\,max}$ streng monoton zunehmend.

e) $f(-x) = \ln\frac{1-x}{1+x} = \ln\left[\left(\frac{1+x}{1-x}\right)^{-1}\right] = -\ln\frac{1+x}{1-x} = -f(x)$;
also ist G_f punktsymmetrisch zum Ursprung.

f) 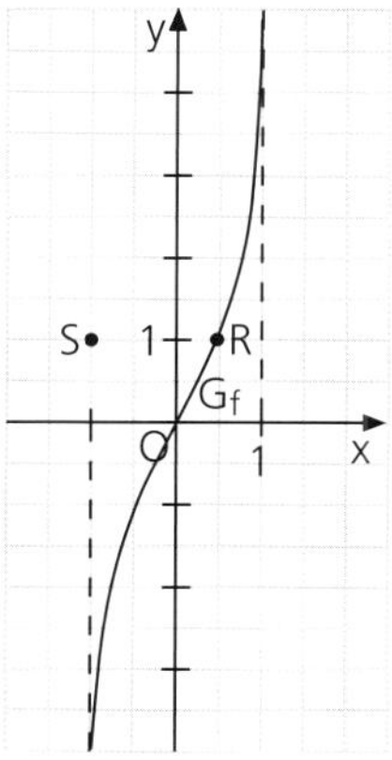

g) $f(x_R) = 1$; $\ln\frac{1+x_R}{1-x_R} = 1$; $\frac{1+x_R}{1-x_R} = e$; $1 + x_R = e - ex_R$;
$x_R + ex_R = e - 1$; $x_R(e+1) = e - 1$; $x_R = \frac{e-1}{e+1}$; $\overline{SR} = 1 + x_R = \frac{2e}{e+1}$;

$f^*\colon f^*(x) = f(x + \overline{SR}) = \ln\frac{1 + x + \frac{2e}{e+1}}{1 - x - \frac{2e}{e+1}} = \ln\frac{\frac{3e+1}{e+1} + x}{-\frac{e-1}{e+1} - x}$;

$D_{f^*} =]-1 - \overline{SR}\,;\,1 - \overline{SR}[= \left]\frac{-3e-1}{e+1}\,;\,\frac{-e+1}{e+1}\right[$

14. 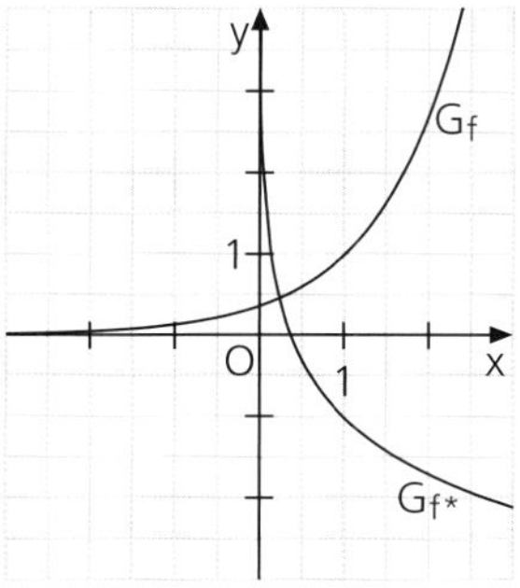

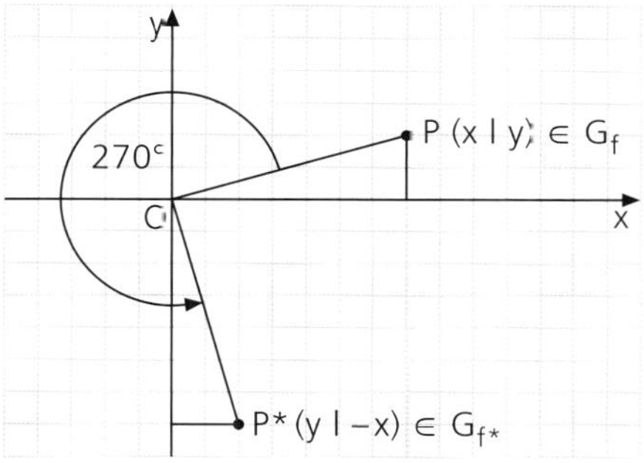

Gleichung von G_f: $y = e^{x-1}$;
$-x$ durch $+y$ und
y durch x ersetzen:
$x = e^{-y-1}$
$-y - 1 = \ln x$;
$y = -1 - \ln x$
$f^*\colon f^*(x) = -1 - \ln x$; $D_{f^*} = \mathbb{R}^+$

166

15. a) f_1: $f_1(x) = e^x + 2$, $D_{f_1} = \mathbb{R}$

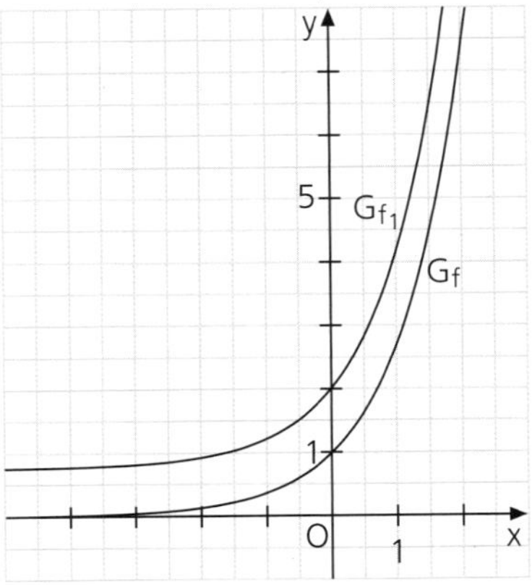

b) f_2: $f_2(x) = e^{x+1}$; $D_{f_2} = \mathbb{R}$

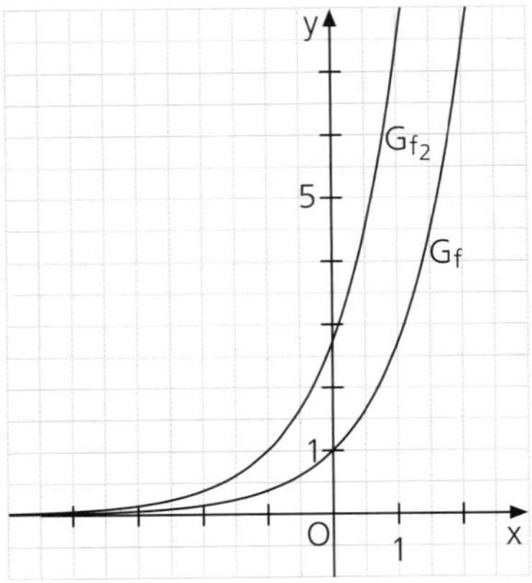

c) f_3: $f_3(x) = -e^x$; $D_{f_3} = \mathbb{R}$

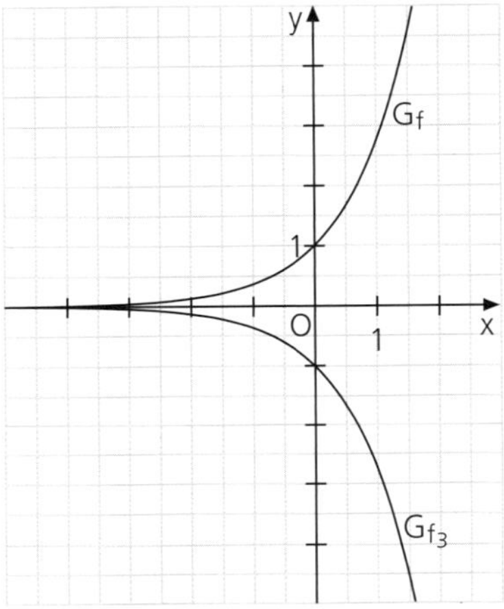

d) f_4: $f_4(x) = -e^{-x} + 2$; $D_{f_4} = \mathbb{R}$

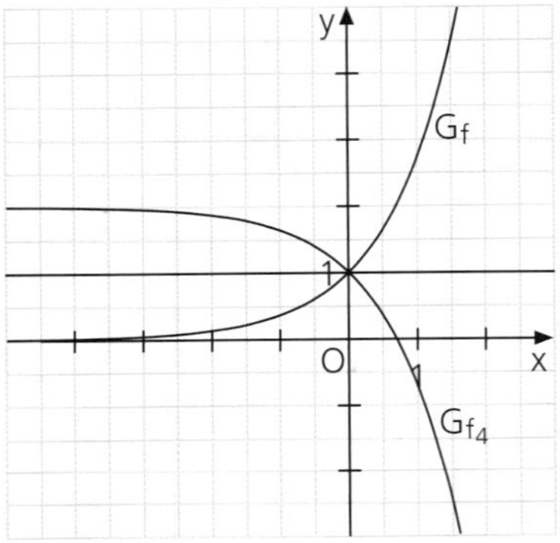

Hinweis zu d): G_f wird zuerst an der x-Achse gespiegelt (y wird durch –y ersetzt); dann wird der neue Graph um 2 in Richtung der y-Achse nach oben verschoben.

e) f_5: $f_5(x) = e^{-x}$; $D_{f_5} = \mathbb{R}$

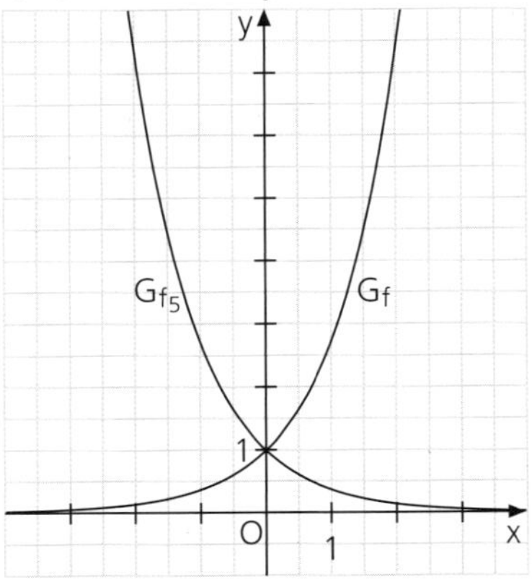

f) f_6: $f_6(x) = -e^{-x}$; $D_{f_6} = \mathbb{R}$

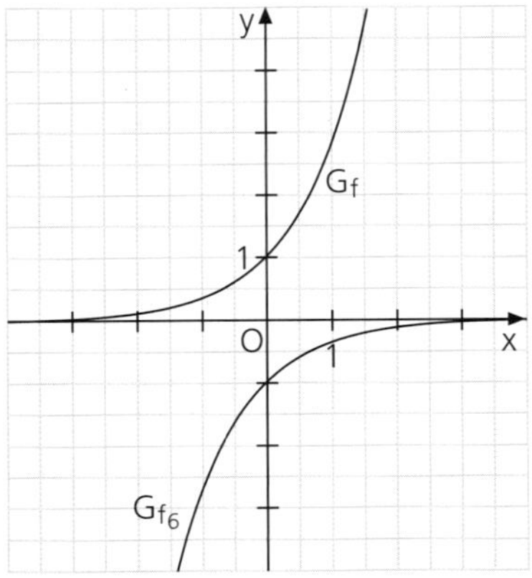

16. a) f_1: $f_1(x) = \ln x + 2$; $D_{f_1} = \mathbb{R}^+$

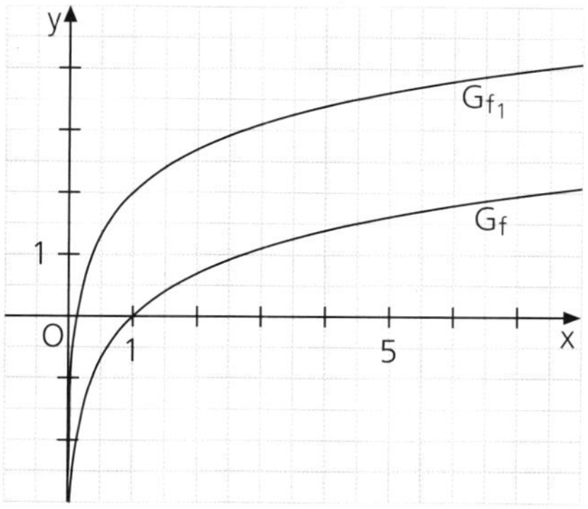

b) f_2: $f_2(x) = \ln(x+1)$; $D_{f_2} =]-1\,;+\infty[$

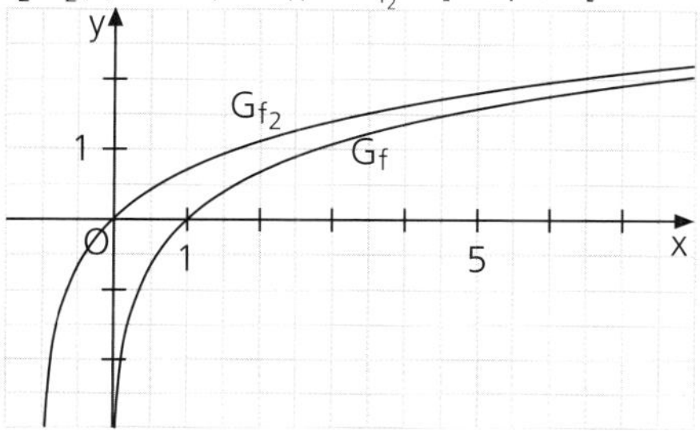

c) f_3: $f_3(x) = -\ln x$; $D_{f_3} = \mathbb{R}^+$

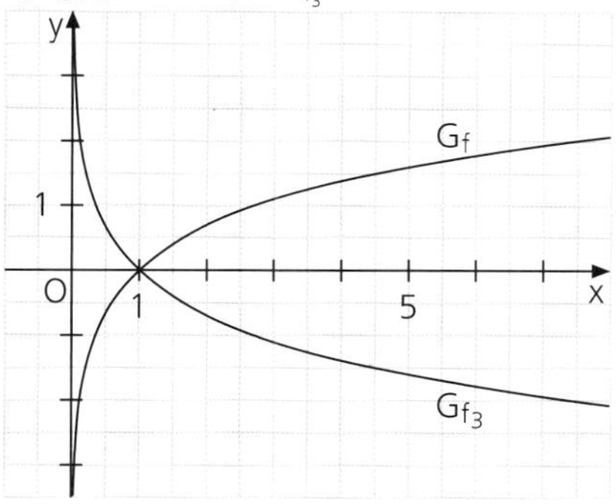

d) f_4: $f_4(x) = \ln(-x)$; $D_{f_4} = \mathbb{R}^-$

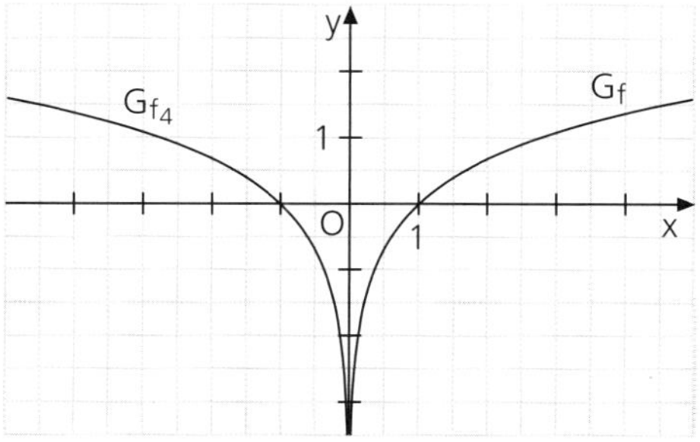

e) f_5: $f_5(x) = \ln(-x + 2)$; $D_{f_5} =]-\infty\,;\,2[$

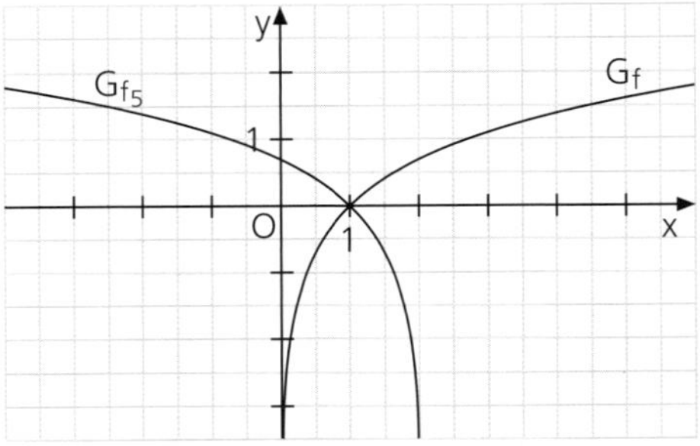

Hinweis: G_f wird zuerst an der y-Achse gespiegelt (x wird durch −x ersetzt); dann wird der neue Graph um 2 nach rechts verschoben.

f) f_6: $f_6(x) = -\ln(-x)$; $D_{f_6} = \mathbb{R}^-$

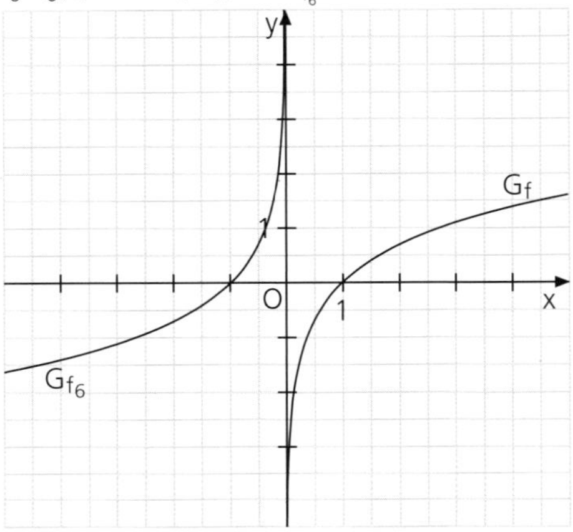

17. a) $f'(x) = \dfrac{(e^{1,5x} + 1) \cdot 4 \cdot 1{,}5e^{1,5x} - 4 \cdot e^{1,5x} \cdot 1{,}5e^{1,5x}}{(e^{1,5x} + 1)^2} = \dfrac{6e^{3x} + 6e^{1,5x} - 6x^{3x}}{(e^{1,5x} + 1)^2} = \dfrac{6e^{1,5x}}{(e^{1,5x} + 1)^2}$

$\frac{3}{8}f(x)[4 - f(x)] = \frac{3}{8} \cdot \dfrac{4e^{1,5x}}{e^{1,5x} + 1}\left[4 - \dfrac{4e^{1,5x}}{e^{1,5x} + 1}\right] = \frac{3}{2} \cdot \dfrac{e^{1,5x}}{e^{1,5x} + 1} \cdot \dfrac{4e^{1,5x} + 4 - 4e^{1,5x}}{e^{1,5x} + 1} = \dfrac{6 \cdot e^{1,5x}}{(e^{1,5x} + 1)^2} =$
$= f'(x)$

b) $f(0) = \dfrac{4}{1 + 1} = 2$

Es gilt für jeden Wert von $x \in \mathbb{R}$, dass $f'(x) > 0$ ist: $f_2(x) = f(x)$; $D_{f_2} = \mathbb{R}$

$f_1(x) = f(-x)$, $D_{f_1} = \mathbb{R}$

$f_3(2) = 2$

$f_3(x) = f(x - 2) = \dfrac{4e^{1,5(x-2)}}{e^{1,5(x-2)} + 1}$

c) Beispiele für Eigenschaften der Funktion f': $D_{f'} = \mathbb{R} = D_f$

$f'(x) > 0$ für jeden Wert von $x \in \mathbb{R}$

$\lim\limits_{x \to \pm\infty} f'(x) = 0$

Maximum von $f'(x)$ ist $f'(0)$.

$f'(0) = \frac{3}{2}$; $\tan\varphi = \frac{3}{2}$; $\varphi \approx 56{,}3°$

167

18. $d_{max} = \lim\limits_{t \to \infty} d(1) = 1$

$\dfrac{1}{1 + e^{-0,05(t-60)}} = 0{,}9$

$\dfrac{10}{9} = 1 + e^{-0,05(t-60)}$

$e^{-0,05(t-60)} = \dfrac{1}{9}$

$-0{,}05(t - 60) = \ln\dfrac{1}{9}$

$t - 60 = -\dfrac{1}{0{,}05} \cdot \ln\dfrac{1}{9}$

$t = 60 - 20\ln\dfrac{1}{9} \approx 104$

Nach etwa 104 Jahren hat die Fichte 90% ihrer maximalen Durchmesserlänge erreicht.

19. a) $f(t) = 10 + t^2e^{4-t}$

t	0	1	2	3	4	5	6	7	8	9	10
f(t)	10	30,1	39,6	34,5	26	19,2	14,9	12,4	11,2	10,5	10,2

b) $f'(t) = 2te^{4-t} + t^2 \cdot (-1)e^{4-t} = e^{4-t} \cdot t(2-t)$;
$f''(t) = -e^{4-t}(2t - t^2) + e^{4-t}(2 - 2t) = e^{4-t}(-2t + t^2 + 2 - 2t) = e^{4-t}(t^2 - 4t + 2)$
$f'(t) = 0$; $(t_1 = 0)$ $t_2 = 2$
$f''(2) = e^2(4 - 8 + 2) = -2e^2 < 0$
Nach 2 Stunden ist der Bestand am größten.

c) Im Zeitintervall 0 h < t < 2 h wächst die Population; im Zeitintervall 2 h < t < 10 h nimmt sie ab.
$f''(t) = 0$
Da $e^{4-t} \neq 0$ ist, gilt
$t^2 - 4t + 2 = 0$;
$t_{3,4} = \frac{4 \pm \sqrt{16-8}}{2} = \frac{4 \pm 2\sqrt{2}}{2} = 2 \pm \sqrt{2}$;
$t_3 \approx 3{,}41$; $t_4 \approx 0{,}59$
$f'''(t) = -e^{4-t}(t^2 - 4t + 2) + e^{4-t}(2t - 4) = e^{4-t}(2t - 4 - t^2 + 4t - 2) = e^{4-t}(-t^2 + 6t - 6)$;
$f'''(2 + \sqrt{2}) \approx 5{,}1 > 0$
$f'''(2 - \sqrt{2}) \approx -80 < 0$
Nach etwa 0,6 h ist die Zunahme am größten; nach etwa 3,4 h ist die Abnahme am größten.

20. a) $\lim\limits_{x \to \infty} \frac{5}{1 + 9e^{-\frac{1}{2}x}} = \frac{5}{1} = 5$
$\lim\limits_{x \to -\infty} \frac{5}{1 + 9e^{-\frac{1}{2}x}} = 0$
G_f hat die beiden waagrechten Asymptoten a_1: $y = 5$ und a_2: $y = 0$

b) Beispiele für Eigenschaften der Funktion f':
$D_{f'} = \mathbb{R} = D_f$
$f'(x) > 0$ für jeden Wert von $x \in \mathbb{R}$
$\lim\limits_{x \to \pm\infty} f'(x) = 0$
Maximum von $f'(x)$ für $x \approx 5$.

c) $f(4 \ln 3) = \frac{5}{1 + 9e^{-\frac{1}{2} \cdot 4 \ln 3}} = \frac{5}{1 + 9e^{-2 \ln 3}} = \frac{5}{1 + 9e^{-\ln 9}} = \frac{5}{1 + 9 \cdot \frac{1}{9}} = \frac{5}{2} = 2{,}5$;
$f'(4 \ln 3) \approx \frac{1{,}8 \text{ LE}}{3 \text{ LE}} \approx 0{,}6$

d)
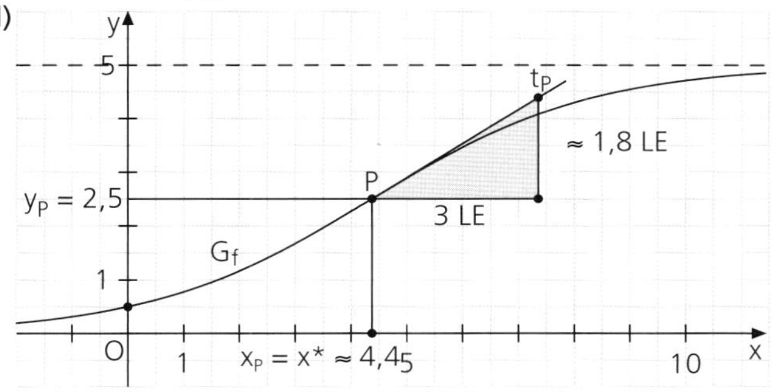

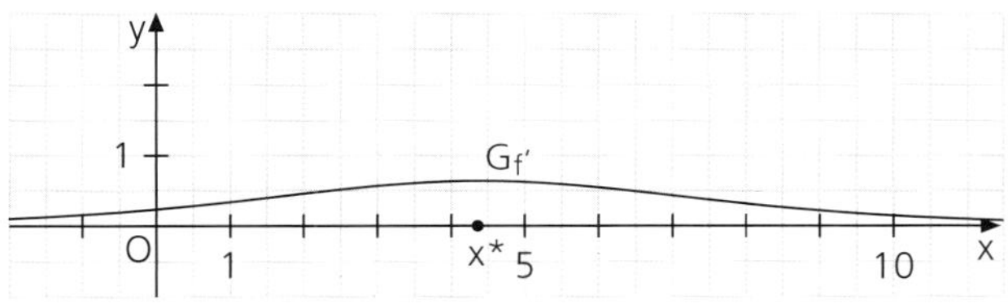

e) (1) $2\,000 \cdot f(0) = 2\,000 \cdot \frac{5}{1+9} = 1\,000$

$2\,000 \cdot \lim\limits_{x \to \infty} f(x) = 2\,000 \cdot 5 = 10\,000.$

Am Anfang (Zeitpunkt x = 0) waren bereits 1 000 Stück verkauft; insgesamt kann der Hersteller mit einem Absatz von 10 000 Stück rechnen.

(2) $f'(x) = \frac{-5 \cdot \left(-\frac{1}{2}\right) \cdot 9e^{-0,5x}}{(1 + 9 \cdot e^{-0,5x})^2} = \frac{22,5 \cdot e^{-0,5x}}{(1 + 9 \cdot e^{-0,5x})^2};$

$f''(x) = \frac{(1 + 9 \cdot e^{-0,5x})^2 \cdot (-11,25e^{-0,5x}) - 22,5 \cdot e^{-0,5x} \cdot 2 \cdot (1 + 9e^{-0,5x})(-4,5e^{-0,5x})}{(1 + 9e^{-0,5x})^4} =$

$= \frac{-11,25 \cdot e^{-0,5x}(1 + 9e^{-0,5x} - 18e^{-0,5x})}{(1 + 9e^{-0,5x})^3} = \frac{-11,25 \cdot e^{-0,5x}(1 - 9e^{-0,5x})}{(1 + 9e^{-0,5x})^3};$

$f''(x^*) = 0$

$1 - 9e^{-0,5x^*} = 0;$

$e^{-0,5x^*} = \frac{1}{9};$

$-0,5x^* = \ln \frac{1}{9};$

$x^* = 2 \ln 9 = 4 \ln 3 \approx 4,39$

Für $0 < x < x^*$ nimmt die pro Zeiteinheit abgesetzte Stückzahl streng monoton zu, für $x^* < x < +\infty$ nimmt sie streng monoton ab; somit hat also f'(x) an der Stelle x* ein Maximum.

(3) $f(x) = 0,9 \cdot 5 = 4,5;$

$\frac{5}{1 + 9e^{-0,5x}} = 4,5;$

$4,5(1 + 9e^{-0,5x}) = 5;$

$1 + 9^{-0,5x} = \frac{10}{9};$

$9e^{-0,5x} = \frac{1}{9}$

$e^{-0,5x} = \frac{1}{81};$

$e^{0,5x} = 81;$

$0,5x = \ln 81;$

$x = 2 \ln 81 \approx 8,79$

Nach etwa 880 Tagen, also nach etwa $2\frac{1}{2}$ Jahren, sind etwa 90% des Gesamtabsatzes erreicht.

21. $f(x) = 0,015 \cdot 3^{kx};$

$f(0) = 0,015 \cdot 1 = 0,015$

Zu Beginn der Beobachtung war die Pflanze 1,5 cm hoch.

$f(5) = 0,015 \cdot 3^{5k} = 0,015 + 0,22 = 0,235;$

$0,015 \cdot 3^{5k} = 0,235;$

$3^{5k} = \frac{0,235}{0,015} = \frac{47}{3};$

$5k \ln 3 = \ln \frac{47}{3};$

$k = \frac{\ln \frac{47}{3}}{5 \cdot \ln 3} \approx 0,50$

Höhe nach 8 Wochen (in m):

$f(8) = 0,015 \cdot 3^{0,50 \cdot 8} = 0,015 \cdot 3^4 = 1,215:$

Nach weiteren 3 Wochen müsste die Pflanze 1,215 m hoch sein.

$g(x) = a + b \cdot 3^{0,5x};$ $\quad x \geqq 5;$

(1) $0,235 = a + b \cdot 3^{0,5 \cdot 5};$ $\quad a + b \cdot 3^{2,5} = 0,235;$

(2) $1,08 = a + b^{0,5 \cdot 8};$ $\quad a + b \cdot 3^4 = 1,08;$

(2) – (1) $\quad b \cdot (3^4 - 3^{2,5}) = 0,845$

$b = \frac{0,845}{3^4 - 3^{2,5}} \approx 0,013$ eingesetzt in (2)

$a + 0,013 \cdot 81 = 1,08;$

$a \approx 0,027;$

$g(x) = 0,027 + 0,013 \cdot 3^{0,5x}$

W

W1 $A \cap B$ Menge, deren Elemente sowohl der Menge A als auch der Menge B angehören.

$\overline{A} \cup B$ Menge, deren Elemente der Menge $\overline{A}$ oder der Menge B oder beiden Mengen angehören.

$A \cap B = \{4\}$;

$\overline{A} = \{3;\ 5;\ 6\}$;

$\overline{A} \cup B = \{3;\ 4;\ 5;\ 6\}$

W2 $P_C(D) = \frac{P(C \cap D)}{P(C)} = \frac{0{,}48\%}{2{,}47\%} \approx 19\%$

$P_{\overline{D}}(C) = \frac{P(C \cap \overline{D})}{P(\overline{D})} = \frac{1{,}99\%}{99{,}50\%} = 2\%$

W3 $\left(\frac{5}{6}\right)^4 \approx 48\%$

168

L

1. a) $\frac{e^x - 1}{e^x + 1} = 0$; $e^x - 1 = 0$; $e^x - 1 = 0$; $e^x = 1$; $x = 0 \in G$;
$L = \{0\}$

b) $\ln(2 - e^{-x}) = 0$; $2 - e^{-x} = 1$; $e^{-x} = 1$; $e^{-x} = 1$; $x = 0 \in G$;
$L = \{0\}$

c) $\frac{\ln x^2 + k^2}{x} = 0$; $\frac{x^2 + k^2}{x} = 1$;
$x^2 + k^2 = x$; $x^2 - x + k^2 = 0$;
$D = 1 - 4k^2$;
$x_{1,2} = \frac{1 \pm \sqrt{1 - 4k^2}}{2}$
Fallunterscheidung:
I. $D = 1 - 4k^2 > 0$, $4k^2 < 1$; $k^2 < \frac{1}{4}$; $-\frac{1}{2} < k < \frac{1}{2}$;
da $k > 0$ ist: $0 < k < \frac{1}{2}$
Es gibt zwei Lösungen $\in G$, wenn $0 < k < \frac{1}{2}$ ist:
$L = \left\{\frac{1 - \sqrt{1 - 4k^2}}{2}; \frac{1 + \sqrt{1 - 4k^2}}{2}\right\}$
II. $D = 1 - 4k^2 = 0$; $k_1 = -\frac{1}{2}$: nicht möglich, da $k > 0$ ist;
$k_2 = \frac{1}{2}$: Es gibt genau eine Lösung, nämlich
$x = \frac{1}{2} \in G$:
$L = \{\frac{1}{2}\}$
III. $D = 1 - 4k^2 < 0$: Es gibt keine Lösung $\in G$; also ist $L = \{\}$.

d) $e^x - 3 + 2e^{-x} = 0; \mid \cdot e^x$
$e^{2x} - 3e^x + 2 = 0$;
$(e^x - 2)(e^x - 1) = 0$;
$e^x = 2$;
$x_1 = \ln 2 \in G$;
$e^x = 1$
$x_2 = 0 \in G$;
$L = \{0; \ln 2\}$

2. a) $\ln(e^{-1}) + \ln(e^e) + e^{\ln 2} = -1 + e + 2 = e + 1$

b) $\ln[\ln(e^e)] = \ln(e \ln e) = \ln e = 1$

c) $(e^{\ln 5} + e^{\ln 2}) : e^{\ln 7} = (5 + 2) : 7 = 1$

3. a) Der kleinste Wert von $f(x) = \left(\frac{3}{4}\right)^{\sin x - 2}$ ist $\left(\frac{3}{4}\right)^{1-2} = \left(\frac{3}{4}\right)^{-1} = \frac{4}{3} \approx 1{,}33$;
er wird für $x = \frac{\pi}{2} + 2n\pi$ ($n \in \mathbb{Z}$) angenommen.

b) Der größte Wert von $g(x) = (\sqrt{2})^{2\cos x + 1}$ ist $(\sqrt{2})^{2+1} = (\sqrt{2})^3 = 2\sqrt{2} \approx 2{,}83$;
er wird für $x = 2n\pi$ ($n \in \mathbb{Z}$) angenommen.

4. a) $y' = 2(2x + 1) \cdot 2 \cdot e^x + (2x + 1)^2 e^x = (2x + 1)(2x + 5)e^x$

b) $y = e^{\ln x} = x$; $y' = 1$, falls $x > 0$ ist.

c) $y' = \frac{(4 + e^x) \cdot 4e^x - 4e^x \cdot e^x}{(4 + e^x)^2} = \frac{4e^x(4 + e^x - e^x)}{(4 + e^x)^2} = \frac{16e^x}{(4 + e^x)^2}$

d) $y' = \frac{2e^{2x}}{2\sqrt{1 + e^{2x}}} = \frac{e^{2x}}{\sqrt{1 + e^{2x}}}$

e) $y' = -e^{\cos x} \cdot \sin x$

f) $y = \ln \frac{e}{x} = \ln e - \ln x = 1 - \ln x$;
$y' = -\frac{1}{x}$

g) $y' = \frac{(\ln x)^2 \cdot \left(-\frac{1}{x}\right) - (1 - \ln x) \cdot 2(\ln x) \cdot \frac{1}{x}}{(\ln x)^4} = \frac{-\ln x - 2 + 2\ln x}{x(\ln x)^3} = \frac{\ln x - 2}{x(\ln x)^3}$

h) $y' = \frac{1 - \frac{1}{x^2}}{x + \frac{1}{x}} = \frac{x^2 - 1}{x(x^2 + 1)}$

i) $y' = \frac{-\frac{1}{x^2}}{\frac{1}{x} - 1} = -\frac{1}{x(1-x)} = \frac{1}{x(x-1)}$

5.

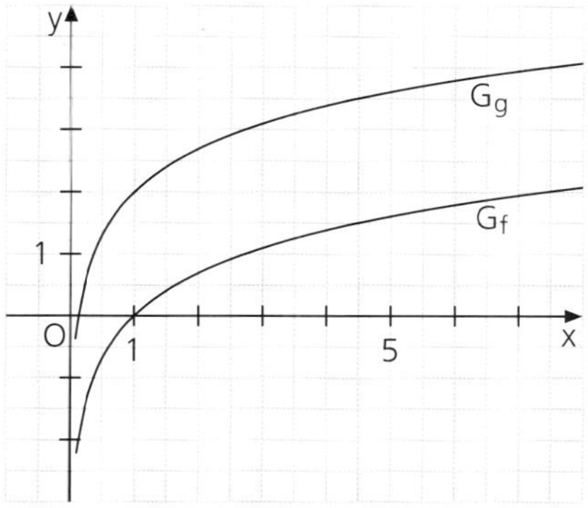

$\ln(e^2x) = \ln e^2 + \ln x = 2 + \ln x$:
Man erhält G_g, indem man G_f um 2 Einheiten in Richtung der y-Achse nach oben verschiebt.
$\ln(ax) = \ln a + \ln x$:
Man erhält den Graphen der Funktion G_a, indem man G_f um $\ln a$ Einheiten in Richtung der y-Achse nach oben (für $a > 1$) bzw. um $|\ln a|$ Einheiten nach unten (für $0 < a < 1$) verschiebt.

6. $T(t) - T_0 = (T_1 - T_0)e^{-kt}$
Rechnung mit Maßzahlen:
$105 - 24 = (120 - 24) \cdot e^{-k \cdot 1}$;
$81 = 96e^{-k}$; $\quad e^{-k} = \frac{81}{96}$;
$-k = \ln \frac{81}{96} = -0{,}16989\ldots$;
$k \approx 0{,}17$;
$40 - 24 = (105 - 24) \cdot e^{-0{,}17t}$;
$16 = 81 \cdot e^{-0{,}17t}$;
$e^{-0{,}17t} = \frac{16}{81}$; $\qquad -0{,}17t = \ln \frac{16}{81}$;
$t = -\frac{1}{0{,}17} \cdot \ln \frac{16}{81} = 9{,}540\ldots \approx 10$
Innerhalb von weiteren rund 10 Minuten kühlt sich die Pfanne von 105 °C auf 40 °C ab.

7. a) Schnittpunkt mit der x-Achse: $x + 1 = 0$; $x = -1$; $\quad S(-1 \mid 0)$
Schnittpunkt mit der y-Achse: $f(0) = \frac{1}{e^0} = \frac{1}{1} = 1$; $\quad T(0 \mid 1)$
b) Ableitung:
$f'(x) = \frac{e^x \cdot 1 - (x+1)e^x}{e^{2x}} = \frac{e^x(1 - x - 1)}{e^{2x}} = -\frac{x}{e^x}$;
$f'(0) = 0$

x	$-\infty < x < 0$	$x = 0$	$0 < x < +\infty$
$f'(x)$	$f'(x) > 0$	$f'(x) = 0$	$f'(x) < 0$
Vorzeichenwechsel von $f'(x)$		von + nach −	
G_f hat		den Hochpunkt $H(0 \mid 1) = T$	

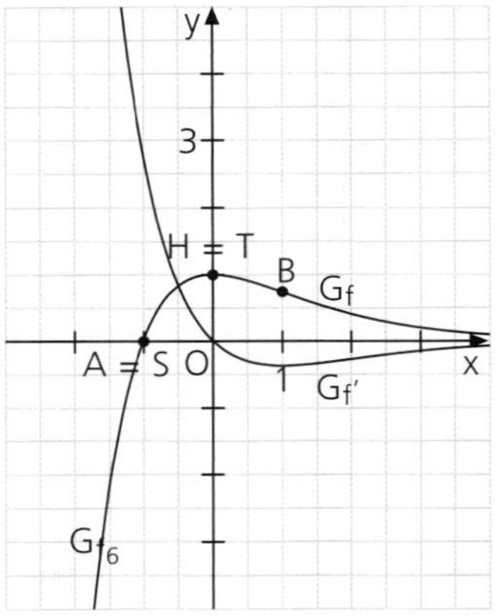

$\lim\limits_{x \to \infty} f(x) = 0$ (Hinweis: vgl. 5.1 Aufgabe 17.);

für $x \to -\infty$ gilt $f(x) \to -\infty$.

c) $f'(-1) = \frac{1}{e^{-1}} = e$;

$f'(1) = -\frac{1}{e}$; da $f'(-1) \cdot f'(1) = e \cdot \left(-\frac{1}{e}\right) = -1$ ist, stehen die Tangenten t_A und t_B an G_f in den Graphpunkten A bzw. B aufeinander senkrecht.

d) $F'(x) = \frac{e^x \cdot b - (a + bx) \cdot e^x}{(e^x)^2} = \frac{b - a - bx}{e^x} = f(x)$;

$\frac{b - a - bx}{e^x} = \frac{1 + x}{e^x}$;

Es muss gelten $-b = 1$, d. h. $b = -1$, und $b - a = 1$; also $-1 - a = 1$, d. h. $a = -2$:

$F(x) = \frac{-2 - x}{e^x}$

Probe $F'(x) = \frac{e^x \cdot (-1) - (-2 - x)e^x}{e^{2x}} = \frac{-1 + 2 + x}{e^x} = \frac{x + 1}{e^x} = f(x)$ ✓

8. $f(0) = \frac{4}{2} = 2$; der Punkt T (0 | 2) $\in G_f$ liegt nicht auf G_{III}.

$f'(x) = \frac{(1 + e^x) \cdot 4e^x - 4e^x \cdot e^x}{(1 + e^x)^2} = \frac{4e^x(1 + e^x - e^x)}{(1 + e^x)^2} = \frac{4e^x}{(1 + e^x)^2}$;

$f'(0) = \frac{4}{4} = 1 > 0$;

Die Tangentensteigung im Punkt T ist nur bei G_{II} positiv: $G_{II} = G_f$.

G_I: $f_I(x) = \frac{4e^{-x}}{1 + e^{-x}} = \frac{4}{e^x + 1}$;

G_{III}: $f_{III}(x) = \frac{4e^{x-2}}{1 + e^{x-2}} = \frac{4e^x}{e^2 + e^x}$

Kapitel 6

Andrej Nikolajewitsch Kolmogorow
geb. 25. 4. 1903 in Tambow
gest. 20. 10. 1987 in Moskau

Andrej Nikolajewitsch Kolmogorow lernte seine Eltern nie kennen. Seine Mutter starb bei seiner Geburt; sein Vater lebte wegen der Mitgliedschaft in einer revolutionären Vereinigung in der Verbannung und starb 1919. So wuchs Andrej Kolmogorow bei einer Tante, der Schwester seiner Mutter, auf, die ihn adoptierte.
Von 1910 bis 1920 besuchte er eine höhere Schule in Moskau und arbeitete dann nach dem Schulabschluss zunächst als Eisenbahnschaffner. Zu Beginn seines Studiums an der Moskauer Universität belegte er die Fächer Metallurgie, Russische Geschichte und Mathematik. Einem seiner Lehrer, Nikolai Nikolajewitsch Lusin, ist zu verdanken, dass sich Kolmogorow schließlich der Mathematik zuwandte. Schon vor Abschluss seines Studiums arbeitete Kolmogorow an einer Moskauer Schule und veröffentlichte außerdem Arbeiten, die ihm nationale und internationale Anerkennung brachten. 1925, nach Abschluss seines Studiums, bereiste Kolmogorow mit seinem Freund und Kollegen Pawel Sergejewitsch Aleksandrov Europa und besuchte u. a. die Städte Berlin, München, Göttingen und Paris.

1931 erhielt Kolmogorow einen Lehrstuhl für Mathematik an der Universität in Moskau. Ab 1937 hatte er dort bis zu seinem Lebensende den Lehrstuhl für Wahrscheinlichkeitstheorie inne. 1939 wurde er Mitglied der Akademie der Wissenschaften der UdSSR und leitete bis 1959 die Abteilung für Wahrscheinlichkeitstheorie und Mathematische Statistik. Er war Mitglied zahlreicher wissenschaftlicher Akademien, so auch der deutschen Akademie der Naturforscher Leopoldina in Halle. Aufgrund seiner Verdienste erhielt er eine Reihe von Auszeichnungen, u. a. als einer der ersten Wissenschaftler den 1940 eingeführten Stalinpreis, 1962 den Balzan-Preis, 1965 den Leninpreis, 1978 den Lobatschewskij-Preis.
Andrej Nikolajewitsch Kolmogorow gilt als einer der bedeutendsten Mathematiker des 20. Jahrhunderts. Er leistete fundamentale Beiträge u. a. zur Wahrscheinlichkeitstheorie, zur mathematischen Statistik, zur mathematischen Logik, zur Topologie, zur Funktionalanalysis und zur Theorie der dynamischen Systeme. Auch hatte er großen Einfluss auf die Entwicklung des russischen Schulwesens: Er wirkte bei der Erstellung von Lehrplänen mit, schrieb Schulbücher für den Mathematikunterricht und förderte mathematisch interessierte und begabte Jugendliche.

Kolmogorow starb 1987 in Moskau. In einem Nachruf in der *Times* hieß es: „Kolmogorov was loved and admired by colleagues in all parts of the world. For two generations, every probabilistic compass needle pointed to Moscow …".

Eine der portugiesischen Millenniums-Briefmarken aus dem Jahr 2000 ist drei bedeutenden Mathematikern des 20. Jahrhunderts gewidmet: dem Franzosen Jules Henri Poincaré, dem Österreicher Kurt Gödel und dem Russen Andrej Nikolajewitsch Kolmogorow.

170

Arbeitsaufträge

1. Individuelle Ergebnisse

2. a) Ein Axiom ist eine Aussage (oder eine Aussageform), die beweislos vorausgesetzt wird.
   b) Individuelle Beiträge

3. Er könnte die relativen Häufigkeiten der Ergebnisse „**W**appen" und „**Z**ahl" beim Werfen dieser Münze (oder die Ergebnisse **WW**, **WZ** und **ZZ** beim doppelten Münzenwurf) nach hinreichend langen Versuchsreihen ermitteln.

172

- Ein Experiment, dessen Ergebnis man nicht vorhersagen kann, ist ein Zufallsexperiment.
- Nein
- Man kann aus keinem Axiom des betreffenden Axiomensystems Folgerungen ziehen, die einem oder mehreren der übrigen Axiome widersprechen.

L

173

1. a) $A \cup \overline{A} = \Omega$, also gilt (nach Axiom II) $P(A \cup \overline{A}) = P(\Omega) = 1$ (1)
   $A \cap \overline{A} = \{\}$, also gilt (nach Axiom III) $P(A \cup \overline{A}) = P(A) + P(\overline{A})$ (2)
   aus (1) und (2) folgt
   $P(A) + P(\overline{A}) = 1$ und damit $P(\overline{A}) = 1 - P(A)$.
   b) Aus $P(A) + P(\overline{A}) = 1$ [Teilaufgabe a)] und $P(\overline{A}) \geqq 0$ (Axiom I) folgt $P(A) = 1 - P(\overline{A}) \leqq 1$.

2.

Größe	XS	S	M	L	XL
Anteil	$\frac{5}{50} = 0{,}1$	$\frac{15}{50} = 0{,}3$	$\frac{15}{50} = 0{,}3$	$\frac{10}{50} = 0{,}2$	$\frac{5}{50} = 0{,}1$

   a) $P(L) = 0{,}2 = 20\%$
   b) $P(\overline{XL}) = 1 - 0{,}1 = 0{,}9 = 90\%$
   c) $P(S \cup XS) = 0{,}3 + 0{,}1 = 0{,}4 = 40\%$

3. a) $E_1 \cap E_2 = E_2 \cap E_3 = E_3 \cap E_1 = \{\}$ (oder kurz: $E_1 \cap E_2 \cap E_3 = \{\}$);
   $E_1 \cup E_2 \cup E_3 = \Omega$;
   $P(E_1 \cup E_2 \cup E_3) = P(E_1) + P(E_2) + P(E_3) = 0{,}2 + 0{,}5 + 0{,}5 = 1{,}2 \neq 1$
   b) Wenn $P(E_3) = 0{,}3$ ist, gilt $P(E_1) + P(E_2) + P(E_3) = 1$. Dann ist $P(\{w_1;\ w_2\}) = 0{,}2$ und deshalb [wegen $P\{w_1\} = 4 \cdot P\{w_2\}$]
   $P(\{w_2\}) = 0{,}2 : 5 = 0{,}04$ sowie
   $P(\{w_1\}) = 4 \cdot 0{,}04 = 0{,}16$; außerdem ist
   $P(\{w_3\}) = P(E_2) = 0{,}5$ und $P(w_4) = P(E_3) = 0{,}3$.

4. a) $(0{,}05 + 0{,}10) \cdot 1\,000 = 150$:
   150 Glühlampen erreichen die 2. Teststufe ohne Schaden.
   b) $P(T_3) = 1 - (0{,}05 + 0{,}10 + 0{,}25) = 1 - 0{,}40 = 0{,}60$;
   $P(T_4) \cdot 1\,000 = 0{,}25 \cdot 1\,000 = 250$ oder
   $1 - [P(T_1) + P(T_2) + P(T_3)] =$
   $1 - [0{,}05 + 0{,}10 + 0{,}40] = 1 - 0{,}75 = 0{,}25$;
   $P(T_4) \cdot 1\,000 = 0{,}25 \cdot 1\,000 = 250$:
   Nach der dritten Teststufe sind noch 250 Glühlampen übrig.

5. a) $P(A) + P(B) + P(C) = P(\Omega) = 1;$

$3 \cdot P(C) + 3 \cdot P(C) + P(C) = 1;$

$7 \cdot P(C) = 1;$

$P(C) = \frac{1}{7};$

$P(A) = \frac{3}{7};\ P(B) = \frac{3}{7};\ P(C) = \frac{1}{7}$

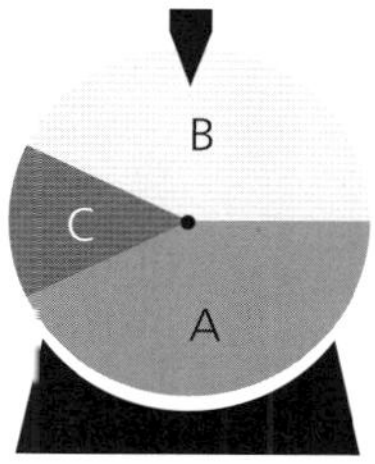

b) $P(B \cup C) = P(B) + P(C) = \frac{3}{7} + \frac{1}{7} = \frac{4}{7}$

Beispiele:

(1) Ein Glücksrad mit den Zentriwinkeln 154,3° (A), 154,3° (B) und 51,4° (C) wird gedreht.

(2) Aus einer Lostrommel, in der sich eine goldene (C) Kugel sowie drei rote (B) und drei blaue (A) Kugeln befinden, wird genau eine Kugel gezogen.

6. a)

Anzahl der Würfe	P(„höchstens einmal eine 4")
3	$P(\bar{4}; \bar{4}; \bar{4}) + P(4; \bar{4}; \bar{4}) + P(\bar{4}; 4; \bar{4}) + P(\bar{4}; \bar{4}; 4) = = \left(\frac{5}{6}\right)^3 + 3 \cdot \left(\frac{5}{6}\right)^2 \cdot \frac{1}{6} = \frac{25}{27} \approx 93\%$
4	$P(\bar{4}; \bar{4}; \bar{4}; \bar{4}) + 4 \cdot P(\bar{4}; \bar{4}; \bar{4}; 4) = = \left(\frac{5}{6}\right)^4 + 4 \cdot \left(\frac{5}{6}\right)^3 \cdot \frac{1}{6} = \frac{125}{144} \approx 87\%$
5	$P(\bar{4}; \bar{4}; \bar{4}; \bar{4}; \bar{4}) + 5 \cdot P(\bar{4}; \bar{4}; \bar{4}; \bar{4}; 4) = = \left(\frac{5}{6}\right)^5 + 5 \cdot \left(\frac{5}{6}\right)^4 \cdot \frac{1}{6} = \frac{3\,125}{3\,888} \approx 80\%$
n	$\left(\frac{5}{6}\right)^n + n \cdot \left(\frac{5}{6}\right)^{n-1} \cdot \frac{1}{6} = = \frac{5^n + n \cdot 5^{n-1}}{6^n} \to 0\%$ für $n \to \infty$

b)

Anzahl der Würfe	P(„mindestens einmal eine 4")
3	$1 - P(\bar{4}; \bar{4}; \bar{4}) = 1 - \left(\frac{5}{6}\right)^3 = \frac{91}{216} \approx 42\%$
4	$1 - P(\bar{4}; \bar{4}; \bar{4}; \bar{4}) = 1 - \left(\frac{5}{6}\right)^4 = \frac{671}{1\,296} \approx 52\%$
5	$1 - P(\bar{4}; \bar{4}; \bar{4}; \bar{4}; \bar{4}) = 1 - \left(\frac{5}{6}\right)^5 = \frac{4\,651}{7\,776} \approx 60\%$
n	$1 - \left(\frac{5}{6}\right)^n \to 100\%$ für $n \to \infty$

7. Rechnungen zu

c) $\frac{1}{2}a + \frac{1}{3}a + \frac{1}{6}a + a = 1;$

$2a = 1;$

$a = \frac{1}{2}$

d) $\frac{1}{2}a + \frac{1}{3}a + \frac{1}{6}a + \frac{1}{2}a + a = 1;$

$\frac{5}{2}a = 1;$

$a = \frac{2}{5}$

Ergebnisse:

a) $n = 4$

ω_i	ω_1	ω_2	ω_3	ω_4
$P(\{\omega_i\})$	0,24	0,16	0,50	0,10

b) $n = 5$

ω_i	ω_1	ω_2	ω_3	ω_4	ω_5
$P(\{w_i\})$	0,15	0,25	0,15	0,35	0,10

c) $n = 4$

ω_i	ω_1	ω_2	ω_3	ω_4
$P(\{w_i\})$	$\frac{1}{2}a = \frac{1}{4}$	$\frac{1}{3}a = \frac{1}{6}$	$\frac{1}{5}a = \frac{1}{12}$	$a = \frac{1}{2}$

174

d) n = 5

ω_i	ω_1	ω_2	ω_3	ω_4	ω_5
$P(\{w_i\})$	$\frac{1}{2}a = \frac{1}{5}$	$\frac{1}{3}a = \frac{2}{15}$	$\frac{1}{6}a = \frac{1}{15}$	$\frac{1}{2}a = \frac{1}{5}$	$a = \frac{2}{5}$

8. a)

	J	M	
tanzt gerne	0,32	0,38	0,70
tanzt nicht gerne	0,08	0,22	0,30
	0,40	0,60	1,00

b) Die Jugendgruppe könnte 50 (100; 150; 200; ...) Mitglieder haben.

9. Rechnung:
$P(k = 4) = 0{,}4^4 = 0{,}0256$
$P(k = 3) = 4 \cdot 0{,}4^3 \cdot 0{,}6 = 0{,}1536$
$P(k \leqq 2) = 1 - P(k = 4) - P(k = 3) = 0{,}8208$

Tabelle:

Anzahl k der Ziffern 1	0; 1; 2	3	4
Ausbezahlter Geldbetrag A	0 €	2 €	4 €
Wahrscheinlichkeit P	0,8208 ≈ 82%	0,1536 ≈ 15%	0,0256 ≈ 3%

Säulendiagramm:

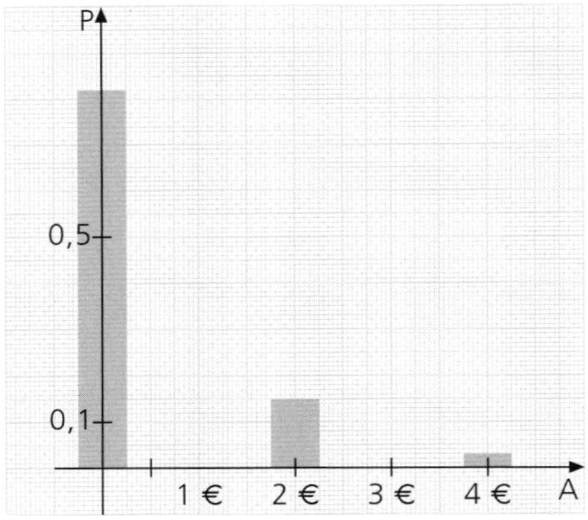

W

W1 a) K_3, da die Koordinaten von O die Gleichung von K_3 erfüllen.
b) K_1
c) K_4 berührt (wegen $m_2 = r$) die x_1-x_3-Ebene [im Punkt $T(-3 \mid 0 \mid -5)$].
d) K_1 (wegen $\overline{M_1M_5} = 18 = r_1 + r_5$)

W2 $V = \frac{1}{3} \cdot 6 \cdot 4 \cdot 12 = 96$

W3 a) I $x + y = 6$; I′ $y = 6 - x$ eingesetzt in II
II $3x + 2y = 18$;
$3x + 2(6 - x) = 18$;
$3x + 12 - 2x = 18$; $\mid -12$
$x = 6$ eingesetzt I′: $y = 0$; $L = \{(6; 0)\}$

b) I $x + y = 6$
II $2x + 2y = 18$; $\mid : 2$
II′ $x + y = 9$ Widerspruch zu I: $L = \{\}$

6.1 Axiomatische Definition der Wahrscheinlichkeit

Geometrische Deutung:

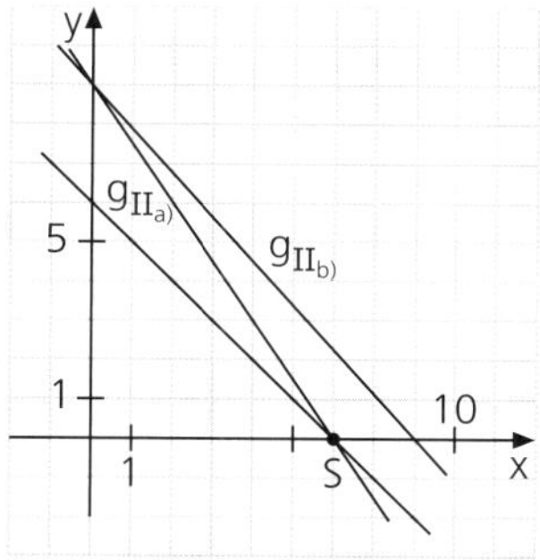

a) Die beiden Geraden g_I und $g_{IIa)}$ schneiden einander im Punkt S (6 I 0).

b) Die beiden Geraden g_I und $g_{IIb)}$ sind zueinander echt parallel, besitzen also keinen gemeinsamen Punkt.

Themenseite – Simpson-Paradoxon

L

175

1. Individuelle Lösungen

2. Individuelle Lösungen

3.

	Mädchen			Jungen		
	bestanden	nicht bestanden	Durchfall-quote	bestanden	nicht bestanden	Durchfall-quote
1. Tag	2	0	0%	14	2	12,5%
2. Tag	4	2	$33\frac{1}{3}$%	2	2	50%
Gesamt	6	2	25%	16	4	20%

Beispiele:
„Mädchen liegen vorn“: An jedem der beiden Prüfungstage schnitten die Mädchen besser ab als die Jungen.
„Jungen hängen Mädchen ab“: 80% der Jungen, aber nur 75% der Mädchen waren beim zweitägigen Einstellungstest erfolgreich.

176

Arbeitsaufträge

1. a) Menge der Ergebnisse, bei denen
Alex gewinnt: {1; 3; 5; 7; 9; 11; 13; 15; 17; 19; 21; 23; 25; 27; 29}
Marie gewinnt: {2; 4; 6; 8; 10; 12; 14; 16; 18; 20; 22; 24; 26; 28; 30}

Neuer Vorschlag:
Menge der Ergebnisse, bei denen Marie gewinnt:
{2; 3; 4; 6; 8; 9; 10; 12; 14; 15; 16; 18; 20; 21; 22; 24; 26; 27; 28; 30};
Menge der Ergebnisse, bei denen Alex gewinnt:
{1; 2; 3; 5; 7; 9; 11; 13; 15; 17; 19; 21; 23; 25; 27; 29}

b) Die neuen Spielregeln legen nicht eindeutig fest, wer gewinnt, wenn eine der Zahlen 2; 3; 9; 15; 21 und 27 geworfen wird: individuelle Änderungsvorschläge

2. a) Jedes Lebewesen, das entweder keine Katze, aber männlich, oder eine Katze, aber weiblich, oder weder eine Katze noch männlich ist.

b) Individuelle Ergebnisse

3. $p = 1 - \frac{9}{10} - \frac{1}{20} - \frac{1}{25} = 1\%$
Die Person könnte z. B. von einer Schlange gebissen worden sein.

4. a) P(„Summenwert 6") =
P(„1 + 5"; „2 + 4"; „3 + 3"; „4 + 2"; „5 + 1") = $\frac{5}{36}$

b) 8 = 2 + 6 = 3 + 5 = 4 + 4 = 5 + 3 = 6 + 2:
fünf verschiedene günstige Ergebnisse, also ebenso viele wie beim Augensummenwert 6
2 = 1 + 1; 12 = 6 + 6:
P(„Summenwert 2") = P(„Summenwert 12") = $\frac{1}{36}$
3 = 1 + 2 = 2 + 1; 11 = 5 + 6 = 6 + 5:
P(„Summenwert 3") = P(„Summenwert 11") = $\frac{2}{36}$
4 = 1 + 3 = 2 + 2 = 3 + 1; 10 = 4 + 6 = 5 + 5 = 6 + 4:
P(„Summenwert 4") = P(„Summenwert 10") = $\frac{3}{36}$
5 = 1 + 4 = 2 + 3 = 3 + 2 = 4 + 1; 9 = 3 + 6 = 4 + 5 = 5 + 4 = 6 + 3:
P(„Summenwert 5") = P(„Summenwert 9") = $\frac{4}{36}$

178

■ 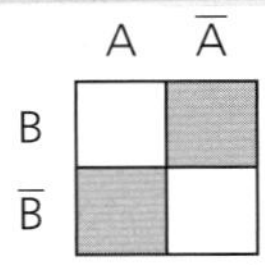

„Entweder A oder B tritt ein": Es tritt *genau eines* der beiden Ereignisse ein.

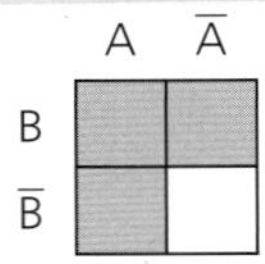

„A oder B tritt ein": Es tritt *mindestens eines* der beiden Ereignisse ein.

■ „Das Ereignis A tritt ein" bedeutet, dass *zusätzlich* zu A noch andere Ereignisse eintreten *können*.
„Genau das Ereignis A tritt ein" bedeutet, dass *kein anderes* Ereignis außer A eintritt.

■ (1) $A \cap B = A$ gilt genau dann, wenn alle Elemente der Menge A auch Elemente der Menge B sind, wenn also A eine (echte oder unechte) Untermenge von B ist: $A \subseteq B$.
(2) $A \cap B = \overline{A}$ gilt genau dann, wenn $A = \Omega$ und $B = \{\}$ ist.

L

1. a) $A \cap B$ b) $\overline{A} \cap \overline{B}$
c) $A \cup B$ d) $(\overline{A} \cap B) \cup (A \cap \overline{B})$

2. $p = \frac{3}{6} = \frac{1}{2}$; P(„Mindestens eine gerade Augenanzahl") $= 1 - \left(1 - \frac{1}{2}\right)^3 = 1 - \frac{1}{8} = \frac{7}{8} = 87{,}5\%$

3. Wahrscheinlichkeiten:

a) $P(E_a) = \frac{1}{6}$

b) $P(E_b) = \frac{5}{6}$

c) $P(E_c) = \frac{4}{6} = \frac{2}{3}$

b) $P(E_d) = \frac{1}{6}$

e) $P(E_e) = P_{E_1}(E_2) = \frac{P(E_1 \cap E_2)}{P(E_1)} = \frac{\frac{1}{6}}{\frac{1}{2}} = \frac{1}{3}$

	E_1 $(Z \geqq 4)$	$\overline{E_1}$ $(Z < 4)$	
E_2 (Z Primzahl)	$\frac{1}{6}$	$\frac{2}{6}$	$\frac{1}{2}$
$\overline{E_2}$ (Z nicht Primz.)	$\frac{2}{6}$	$\frac{1}{6}$	$\frac{1}{2}$
	$\frac{1}{2}$	$\frac{1}{2}$	1

Mengenschreibweise:

a) $E_a = E_1 \cap E_2$

b) $E_b = E_1 \cup E_2$

c) $E_c = (\overline{E_1} \cap E_2) \cup (E_1 \cap \overline{E_2})$

d) $E_d = \overline{E_1} \cap \overline{E_2} = \overline{E_1 \cup E_2}$

e) $E_e = (E_2)_{E_1}$

4. Es gibt (3! =) 6 verschiedene Möglichkeiten.

	Gold	Silber	Bronze
a)	Britta	Lisbeth	Natalie
b)	Lisbeth	Britta	Natalie
c)	Britta	Natalie	Lisbeth
d)	Natalie	Britta	Lisbeth
e)	Natalie	Britta	Lisbeth
f)	Britta Britta Lisbeth Natalie	Natalie Lisbeth Natalie Lisbeth	Lisbeth Natalie Britta Britta

5. Es können sich 3^n verschiedene natürliche Zahlen ergeben.

a)

Z	22	23	26	32	33	36	62	63	66
P (Z)	$\frac{1}{4}$	$\frac{1}{6}$	$\frac{1}{12}$	$\frac{1}{6}$	$\frac{1}{9}$	$\frac{1}{18}$	$\frac{1}{12}$	$\frac{1}{18}$	$\frac{1}{36}$

$P(Z > 20) = 1 = 100\%$; $P(Z > 30) = \frac{1}{6} + \frac{1}{9} + \ldots + \frac{1}{36} = \frac{1}{2} = 50\%$;

$P(Z > 60) = \frac{1}{12} + \frac{1}{18} + \frac{1}{36} = \frac{6}{36} = \frac{1}{6} \approx 17\%$;

$P(Z > 600) = 0 = 0\%$

b) $20 = 6 + 6 + 6 + 2$; $\quad 14 = 6 + 3 + 3 + 2$;

$P(20) = 4 \cdot \left(\frac{1}{6}\right)^3 \cdot \frac{1}{2} \approx 0{,}93\%$;

$P(14) = 12 \cdot \frac{1}{6} \cdot \left(\frac{1}{3}\right)^2 \cdot \frac{1}{2} = \frac{1}{9} \approx 11\%$

c) $P(6) = \frac{1}{6}$; $P(\overline{6}) = 1 - P(6) = \frac{5}{6}$;

$1 - \left(\frac{5}{6}\right)^n > 0{,}99$;

$\left(\frac{5}{6}\right)^n < 0{,}01$;

$n \log \frac{5}{6} < \log 0{,}01$; $\mid : \log \frac{5}{6} \quad [\log \frac{5}{6} < 0]$

$n > \frac{\log 0{,}01}{\log \frac{5}{6}} = 25{,}2585\ldots$; $n \in \mathbb{N}$:

$n \geqq 26$

Man muss das Glücksrad mindestens 26-mal drehen.

180

6. a) $E_1 \cap E_2$: Die Löwen L_1 und L_2 befinden sich in ihrem Käfig.
$\overline{E_1 \cup E_2 \cup E_3 \cup E_4} = \overline{E_1} \cap \overline{E_2} \cap \overline{E_3} \cap \overline{E_4}$:
Keiner der vier Löwen befindet sich im Käfig.

b) $A = E_1 \cap E_2 \cap \overline{E_3} \cap E_4$;
$B = (\overline{E_1} \cap E_2 \cap E_3 \cap E_4) \cup (E_1 \cap \overline{E_2} \cap E_3 \cap E_4) \cup (E_1 \cap E_2 \cap \overline{E_3} \cap E_4) \cup (E_1 \cap E_2 \cap E_3 \cap \overline{E_4})$

7. a) Jeder der drei Schüler tanzt mit seiner Freundin.

b) Mindestens einer der drei Schüler tanzt mit seiner Freundin.

c) Keiner der drei Schüler tanzt mit seiner Freundin.

d) Nur Schüler 3 tanzt nicht mit seiner Freundin.

8. $\Omega = \{11; 12; 13; 14; 15; 16; 21; \ldots; 61; 62; 63; 64; 65; 66\}$;
$E_1 = \{51; 52; 53; 54; 55; 56; 61; 62; 63; 64; 65; 66\}$;
$E_2 = \{11; 12; 13; 21; 22; 23; 31; 32; 33; 41; 42; 43; 51; 52; 53; 61; 62; 63\}$;
$E_3 = \{46; 55; 56; 64; 65; 66\}$;

$P(E_1) = \frac{12}{36} = \frac{1}{3} \approx 33\%$

$P(E_2) = \frac{18}{36} = \frac{1}{2} = 50\%$

$P(E_3) = \frac{6}{36} = \frac{1}{6} \approx 17\%$

(1) $E_1 \cap E_2 = \{51; 52; 53; 61; 62; 63\} \subset \overline{E_3}$; also ist $(E_1 \cap E_2) \cup \overline{E_3} = \overline{E_3}$: die Aussage (1) ist wahr.

(2) Da $E_3 \subset \overline{E_2}$ und deshalb $E_3 \subset E_1 \cup \overline{E_2}$ ist, ist $(E_1 \cup \overline{E_2}) \cap E_3 = E_3 \neq \{\,\}$; die Aussage (2) ist falsch.

(3) Die Aussage ist falsch, da $E_1 \cup E_2 \cup E_3$ z. B. die Ergebnisse 14,15 und 16 (und acht weitere) nicht enthält.

9. a) $4! = 24$

b) $E_1 = \{BACD; BADC; BCAD; BCDA; BDAC; BDCA\}$
$E_2 = \{BDAC; BDCA; DBAC; DBCA; DABC; DCBA; DACB; DCAB\}$

c) $P(E_1) = \frac{6}{24} = \frac{1}{4} = 25\%$

$P(E_2) = \frac{8}{24} = \frac{1}{3} \approx 33{,}3\%$

$P(E_1 \cap E_2) = \frac{2}{24} = \frac{1}{12} \approx 8{,}3\%$

$P(E_1 \cup E_2) = \frac{12}{24} = \frac{1}{2} = 50\%$

d) $\overline{E_2}$: Anton oder Cecilia oder beide werden vor Doreen geprüft;
$P(\overline{E_2}) = \frac{16}{24} = \frac{2}{3} \approx 66{,}7\%$
$\overline{E_1 \cap \overline{E_2}} = \overline{E_1} \cup E_2$:
Bertram wird nicht zuerst geprüft oder Anton und Cecilia werden nach Doreen geprüft (oder beides).
$P(\overline{E_1 \cap \overline{E_2}}) = 1 - P(E_1 \cap \overline{E_2}) =$
$= 1 - \frac{4}{24} = \frac{20}{24} = \frac{5}{6} \approx 83{,}8\%$

e) $(E_1 \cap E_2) \cup (\overline{E_1} \cap \overline{E_2})$

10.

	E	$\overline{E}$	
I	0,30	0,10	0,40
$\overline{I}$	0,40	0,20	0,60
	0,70	0,30	1,00

$P_I(E) = \frac{P(E \cap I)}{P(I)} = \frac{0{,}30}{0{,}40} = \frac{3}{4} = 75\%$

11. a) Chart ①: der getönte Bereich ist $A \cap B \cap C$, die angeforderte Person muss also männlich, verheiratet und älter als 24 Jahre sein; dies trifft auf Max zu.
Chart ②: $\overline{A} \cap \overline{B} \cap C$, also weiblich, ledig und älter als 24: Helena
Chart ③: $\overline{A} \cap B \cap \overline{C}$, also weiblich, verheiratet und nicht älter als 24: dieses Anforderungsprofil trifft auf keine der vier Personen zu.
Chart ④: $A \cap \overline{B} \cap C$, also männlich, ledig und älter als 24: Niklas

b) Individuelle Lösungen

W

W1 Im Punkt $P\,(x_0 \mid f(x_0)) \in G_f$ ist die Tangente an G_f waagrecht.

W2 $M_{[AB]}\,(-1 \mid 4)$

W3 Wenn ein Prozentsatz von x% auf (x + 1)% zunimmt, dann ist er „um einen Prozentpunkt" größer geworden.
Beispiel: Wenn ein Prozentsatz von 5% auf 6% zunimmt, ist er zwar um 20%, aber nur um 1 Prozentpunkt größer geworden.

181

L

1. Es gibt sechs verschiedene Zuordnungsmöglichkeiten:

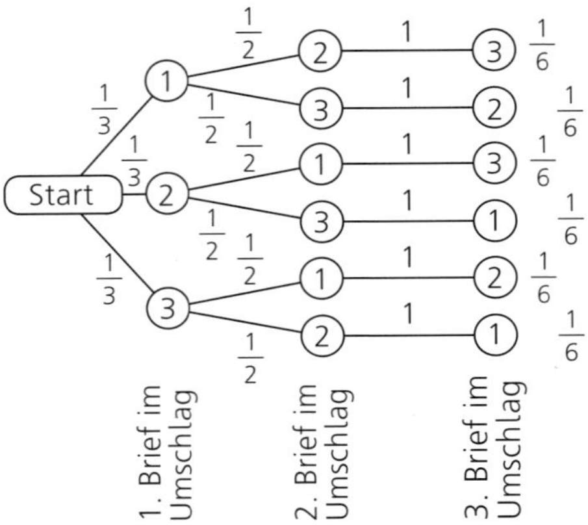

Brief 1 in U1	Brief 2 in U2	Brief 3 in U3	(3 r.)
Brief 1 in U1	Brief 2 in U3	Brief 3 in U2	(1 r.)
Brief 1 in U2	Brief 2 in U1	Brief 3 in U3	(1 r.)
Brief 1 in U2	Brief 2 in U3	Brief 3 in U1	(0 r.)
Brief 1 in U3	Brief 2 in U1	Brief 3 in U2	(0 r.)
Brief 1 in U3	Brief 2 in U2	Brief 3 in U1	(1 r.)

(1) a) $\frac{1}{6}$ b) $\frac{2}{6} = \frac{1}{3}$ c) $\frac{3}{6} = \frac{1}{2}$ d) $\frac{4}{6} = \frac{2}{3}$ e) $\frac{5}{6}$

(2) In einer Urne sind drei mit 1, 2 bzw. 3 beschriftete Kugeln („Briefe"). Man zieht dreimal je eine Kugel ohne Zurücklegen („Umschläge").

2.

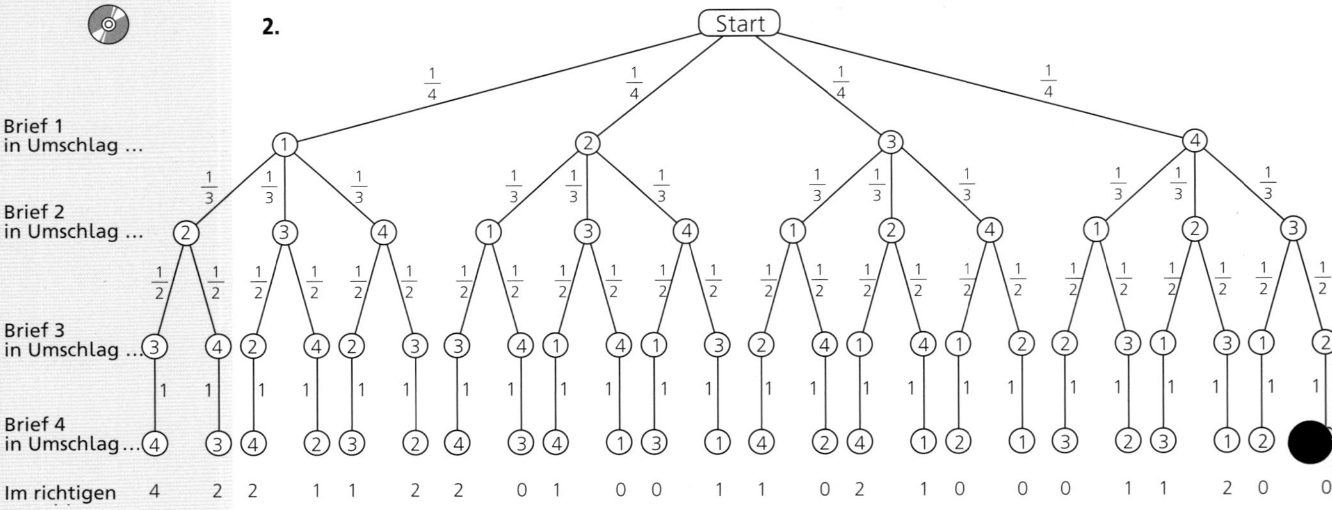

a) $p(4) = \frac{1}{24}$

b) $p(0) = \frac{9}{24} = \frac{3}{8}$

c) $p(3) + p(4) = \frac{1}{24}$

d) $p(1) + p(2) + p(3) + p(4) = 1 - p(0) = \frac{15}{24} = \frac{5}{8}$

e) p(x) = P(„Genau x Briefe stecken im richtigen Umschlag")

x	0	1	2	3	4
p(x)	$\frac{9}{24} = \frac{3}{8}$	$\frac{8}{24} = \frac{1}{3}$	$\frac{6}{24} = \frac{1}{4}$	$\frac{0}{24} = 0$	$\frac{1}{24}$

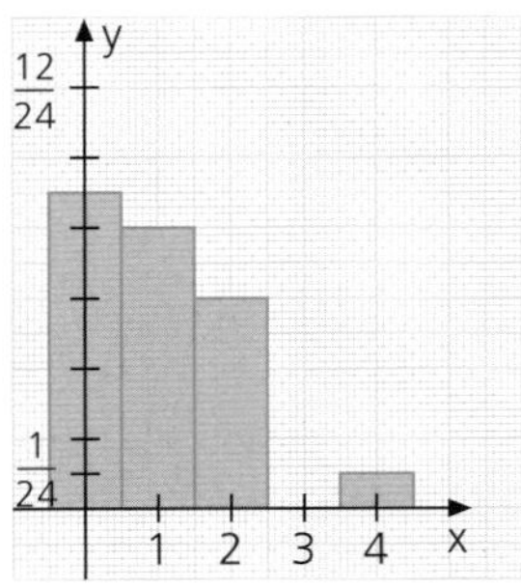

3. a) $p_3 = 1 - \frac{1}{1!} + \frac{1}{2!} - \frac{1}{3!} = \frac{1}{2} - \frac{1}{6} = \frac{1}{3}$

$p_4 = 1 - \frac{1}{1!} + \frac{1}{2!} - \frac{1}{3!} + \frac{1}{4!} = \frac{1}{2} - \frac{1}{6} + \frac{1}{24} = \frac{3}{8}$

b) $\frac{1}{e} = 0{,}3678794412\ldots$

n	p_n	Vergleich	$\left\lvert \frac{p_n - \frac{1}{e}}{\frac{1}{e}} \right\rvert$
5	$p_5 = p_4 - \frac{1}{5!} = \frac{11}{30} = 0{,}3666666666\ldots$	$p_5 < \frac{1}{e}$	0,32967 %
6	$p_6 = p_5 + \frac{1}{6!} = \frac{53}{144} = 0{,}3680555556\ldots$	$p_6 > \frac{1}{e}$	0,04787 %
7	$p_7 = p_6 - \frac{1}{7!} = \frac{103}{280} = 0{,}3678571429\ldots$	$p_7 < \frac{1}{e}$	0,00606 %
8	$p_8 = p_7 + \frac{1}{8!} = \frac{2\,119}{5\,760} = 0{,}3678819444\ldots$	$p_8 > \frac{1}{e}$	0,00068 %
9	$p_9 = p_8 - \frac{1}{9!} = 0{,}3678791887\ldots$	$p_9 < \frac{1}{e}$	0,00007 %
10	$p_{10} = p_9 + \frac{1}{10!} = 0{,}3678794643\ldots$	$p_{10} > \frac{1}{e}$	0,00001 %

Der Wert von p_n konvergiert sehr rasch gegen $\frac{1}{e}$; z. B. unterscheidet sich p_8 von $\frac{1}{e}$ um weniger als $\frac{1}{100\,000}$.

182

Arbeitsaufträge

1. a)

	S	$\overline{S}$	
A	0,017	0,083	0,100
$\overline{A}$	0,153	0,747	0,900
	0,170	0,830	1,00

b) $P_A(S) = \frac{0{,}017}{0{,}100} = 0{,}17 = 17\%$

$P_{\overline{A}}(S) = \frac{0{,}153}{0{,}900} = 0{,}17 = 17\%$

c) Individuelle Stellungnahmen

2. a) $P(\text{„rouge"}) = \frac{18}{37} \approx 48{,}6\%$

$P(\text{„noir"}) = \frac{19}{37} \approx 51{,}4\%$

$P(\text{„douze premier"}) = \frac{12}{37} \approx 32{,}4\%$

$P(\text{„douze dernier"}) = \frac{12}{37} \approx 32{,}4\%$

$P(\text{„...colonne"}) = \frac{12}{37} \approx 32{,}4\%$ (bzw. $\frac{13}{37} \approx 35{,}1\%$)

b) $P_{\text{„douze demier"}}(\text{„Markus gewinnt"}) = \frac{6}{12} = 50\%$

c) $P(\text{„première colonne"}) = \frac{12}{37}$;

$P_{\text{„première colonne"}}(\text{„Markus gewinnt"}) = \frac{\frac{6}{37}}{\frac{12}{37}} = \frac{6}{12} = 50\%$

d) $P_{\text{„seconde colonne"}}(\text{„rouge"}) = \frac{4}{13}$; $P_{\text{„seconde colonne"}}(\text{„noir"}) = \frac{8}{13}$ (und *nicht* $\frac{9}{13}$, weil bei 0 nicht die *Spieler*, sondern die *Bank* gewinnt):
Pauline sollte auf („seconde colonne" und) „noir" setzen.

3. a) $P_{\text{„rot"}}(\text{„Sportwagen"}) = \frac{1}{3} \approx 33\%$

b) $P_{\text{„rot"}}(\text{„Sportwagen"}) \approx 33\ \%$;

$P_{\text{„blau"}}(\text{„Sportwagen"}) = 100\%$;

$P_{\text{„grün"}}(\text{„Sportwagen"}) = 0\%$

184

■ Von den beiden Ereignissen A und B tritt höchstens eines ein:
$\overline{A \cap B} = \overline{A} \cup \overline{B}$.
Beispiel:
Beim Werfen eines Spielwürfels sind z. B. die beiden Ereignisse „Die geworfene Augenanzahl ist gerade" und „Die geworfene Augenanzahl ist ungerade" miteinander unvereinbar (während z. B. die beiden Ereignisse „Die geworfene Augenanzahl ist gerade" und „Die geworfene Augenanzahl ist eine Primzahl") *nicht* miteinander unvereinbar sind).

■ *Beispiele*:
Zweimaliger Wurf mit einem Spielwürfel, dreimaliges Werfen einer 2-€-Münze; viermaliges Ziehen je einer Kugel aus einer Urne mit Zurücklegen.

L

1. a) $P(E_1) = \frac{3}{6} = \frac{1}{2}$;

$P(E_2) = \frac{18}{36} = \frac{1}{2}$;

$P(E_1 \cap E_2) = \frac{9}{36} = \frac{1}{4}$;

$P(E_1) \cdot P(E_2) = \frac{1}{2} \cdot \frac{1}{2} = \frac{1}{4} = P(E_1 \cap E_2)$:

Die beiden Ereignisse E_1 und E_2 sind voneinader unabhängig.

b) $P(E_1) = \frac{3}{6} = \frac{1}{2}$;
$P(E_2) = 1 - \frac{9}{36} = \frac{27}{36} = \frac{3}{4}$;
$P(E_1 \cap E_2) = \frac{18}{36} = \frac{1}{2}$;
$P(E_1) \cdot P(E_2) = \frac{1}{2} \cdot \frac{3}{4} = \frac{3}{8} \neq P(E_1 \cap E_2)$:
Die beiden Ereignisse E_1 und E_2 sind *nicht* voneinader unabhängig.

2. Nichtraucher: N; Frau: F; Mann: M

a) $P(N) = 0{,}73$; $P_F(N) = 0{,}78$; $P_M(N) = 0{,}67$:
da $P_F(N) \neq P(N)$ und $P_M(N) \neq P(N)$ ist, sind die Merkmale voneinander abhängig.

b) 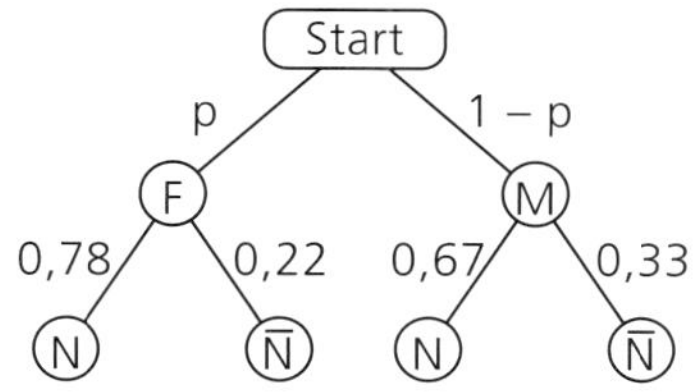

Anteil der befragten Frauen: p

$P(F \cap N) + P(M \cap N) = 0{,}73$;
$0{,}78p + 0{,}67(1 - p) = 0{,}73$;
$0{,}78p + 0{,}67 - 0{,}67p = 0{,}73$;
$0{,}11p = 0{,}06$;
$p = \frac{0{,}06}{0{,}11} = 0{,}545\ldots$:
Etwa 55% der befragten Personen waren Frauen.

c)

	F	M	
N	0,425	0,305	0,73
$\overline{N}$	0,120	0,150	0,27
	0,545	0,455	1,00

N: Nichtraucher
$\overline{N}$: Raucher

P („Männlicher Raucher") = $P(M \cap \overline{N}) \approx 15\%$

3. a) $P(M \cap B) = P(M) \cdot P(B)$, wenn die Merkmale voneinander unabhängig sind; dann ist also $P(M \cap B) = \frac{60}{100} \cdot \frac{25}{100} = 0{,}15 = 15\%$. Wegen $15\% \cdot (60 + 40) = 15$ ergibt sich die Vierfeldertafel

	M	F	
B	15	10	25
$\overline{B}$	45	30	75
	60	40	100

M: Mann; F: Frau;
B: „Mit einer 1 vor dem Komma bestanden"

b) $P_B(F) = \frac{P(F \cap B)}{P(B)} = \frac{\frac{10}{100}}{\frac{25}{100}} = \frac{10}{25} = 0{,}40 = 40\%$

4. P(„Regalboden ist brauchbar") = P(B) = 0,99;
P(„Seitenwand ist brauchbar") = P(S) = 0,95

a) $P(B \cap S) = P(B) \cdot P(S) = 0{,}99 \cdot 0{,}95 = 0{,}9405 \approx 94\%$

b) P(„Genau ein Regalboden ist unbrauchbar") =
$= 5 \cdot 0{,}99^4 \cdot 0{,}01 \approx 0{,}048$

c) P(„Alle Böden und Seitenwände sind brauchbar") = $[P(B)]^5 \cdot [P(S)]^2 =$
$= 0{,}99^5 \cdot 0{,}95^2 \approx 0{,}858 \approx 86\%$

185

5. Vierfeldertafel:
Wenn die Ereignisse A und B voneinander unabhängig sind, gilt $P(A \cap B) = P(A) \cdot P(B)$.

	A	$\overline{A}$	
B	$P(A \cap B)$	$P(\overline{A} \cap B)$	$P(B)$
$\overline{B}$	$P(A \cap \overline{B})$	$P(\overline{A} \cap \overline{B})$	$P(\overline{B})$
	$P(A)$	$P(\overline{A})$	1

a) $P(\overline{A} \cap \overline{B}) = P(\overline{B}) - P(A \cap \overline{B}) =$
$= P(\overline{B}) - [P(A) - P(A \cap B)] =$
$= P(\overline{B}) - P(A) + P(A \cap B) =$
$= P(\overline{B}) - P(A) + P(A) \cdot P(B) =$
$= P(\overline{B}) - P(A) \cdot [1 - P(B)] =$
$= P(\overline{B}) - P(A) \cdot P(\overline{B}) =$
$= [1 - P(A)] \cdot P(\overline{B}) =$
$= P(\overline{A}) \cdot P(\overline{B})$:
Die Ereignisse $\overline{A}$ und $\overline{B}$ sind voneinander unabhängig.

b) $P(\overline{A} \cap B) = P(B) - P(A \cap B) =$
$= P(B) - P(A) \cdot P(B) =$
$= [1 - P(A)] \cdot P(B) =$
$= P(\overline{A}) \cdot P(B)$:
Die Ereignisse $\overline{A}$ und B sind voneinander unabhängig.

c) $P(A \cap \overline{B}) = P(\overline{B}) - P(\overline{A} \cap \overline{B}) =$
$= P(\overline{B}) - P(\overline{A}) \cdot P(\overline{B})$ [vgl. 5. a)]
$= [1 - P(\overline{A})] \cdot P(\overline{B}) =$
$= P(A) \cdot P(\overline{B})$:
Die Ereignisse A und $\overline{B}$ sind voneinander unabhängig.

6. $P(E_1) = \frac{1}{6}$; $P(E_2) = \frac{3}{6} = \frac{1}{2}$; $P(E_3) = \frac{4}{6} = \frac{2}{3}$

a) (1) $P(E_1 \cap E_2) = \frac{3}{36} = \frac{1}{12}$;
$P(E_1) \cdot P(E_2) = \frac{1}{6} \cdot \frac{1}{2} = \frac{1}{12} = P(E_1 \cap E_2)$:
Die Ereignisse E_1 und E_2 sind voneinander unabhängig.

(2) $P(E_2 \cap E_3) = \frac{12}{36} = \frac{1}{3}$;
$P(E_2) \cdot P(E_3) = \frac{1}{2} \cdot \frac{2}{3} = \frac{1}{3} = P(E_2 \cap E_3)$:
Die Ereignisse E_2 und E_3 sind voneinander unabhängig.

(3) $P(E_3 \cap E_1) = \frac{4}{36} = \frac{1}{9}$;
$P(E_3) \cdot P(E_1) = \frac{2}{3} \cdot \frac{1}{6} = \frac{1}{9} = P(E_3 \cap E_1)$:
Die Ereignisse E_3 und E_1 sind voneinander unabhängig.

b) *Beispiel*: E_4: „Bei jedem der beiden ersten Würfe wird die Augenanzahl 2 geworfen"; dann ist $P(E_4) = \frac{1}{36}$ sowie $P(E_1 \cap E_4) = \frac{1}{36}$; also ist $P(E_1) \cdot P(E_4) = \frac{1}{6} \cdot \frac{1}{36} = \frac{1}{216} \neq P(E_1 \cap E_4)$ und somit E_4 von E_1 abhängig.

7. a) $P(E_1) = \frac{654}{1\,200} = \frac{109}{200} = 54{,}5\%$;
$P(E_2) = \frac{580}{1\,200} = \frac{29}{60} \approx 48{,}3\%$;
$P(E_1 \cap E_2) = \frac{232}{1\,200} = \frac{29}{150} \approx 19{,}3\%$;
$P(E_1) \cdot P(E_2) \approx 26{,}3\% \neq P(E_1 \cap E_2)$:
Die Ereignisse E_1 und E_2 sind voneinander abhängig.

b) $P_{E_1}(E_2) = \frac{P(E_1 \cap E_2)}{P(E_1)} = \frac{\frac{29}{150}}{\frac{109}{200}} = \frac{116}{327} \approx 35{,}5\%$

8. a) $d = 0$; $p_a = \frac{1}{6} \approx 16{,}7\%$ b) $a = 0 = c$; $p_b = \frac{1}{36} \approx 2{,}8\%$ c) $b = 0 = d$; $p_c = \frac{1}{36} \approx 2{,}8\%$

d) $f(x) = ax(x + 1)(x + 2) = ax^3 + 3ax^2 + 2ax$ mit $a \neq 0$:
$a = 1$; $b = 3$; $c = 2$; $d = 0$;
$p_d = \frac{1}{6} \cdot \frac{2}{6} \cdot \frac{2}{6} \cdot \frac{1}{6} = \frac{4}{1\,296} = \frac{1}{324} \approx 0{,}3\%$

e) $f(x) = x^3 + 3x^2 + 3x + 1$:
$a = 1; b = 3; c = 3; d = 1;$
$p_e = \frac{1}{6} \cdot \frac{2}{6} \cdot \frac{2}{6} \cdot \frac{1}{6} = \frac{4}{1\,296} = \frac{1}{324} \approx 0{,}3\%$

f) $f(x) = (x-1)^2 + 1 = x^2 - 2x + 2$:
$a = 0; b = 1; c = -2; d = 2;$
$p_f = \frac{1}{6} \cdot \frac{1}{6} \cdot \frac{0}{6} \cdot \frac{2}{6} = 0 = 0{,}0\%$

g) $f(x) = 0$:
$a = b = c = d = 0;$
$p_g = \left(\frac{1}{6}\right)^4 = \frac{1}{1\,296} \approx 0{,}1\%$

h) $f(x) = 3x$:
$a = b = d = 0; c = 3;$
$p_h = \left(\frac{1}{6}\right)^3 \cdot \frac{2}{6} = \frac{1}{648} \approx 0{,}2\%$

9. a) $P(A) \cdot P(B) = P(A \cap B)$; $0{,}5 \cdot P(B) = 0{,}4$;
$P(B) = 0{,}8$:

	B	$\overline{B}$	
A	0,4	0,1	0,5
$\overline{A}$	0,4	0,1	0,5
	0,8	0,2	1,0

b) Rechnung:
$P(A \cap \overline{B}) = x$; $P(\overline{A} \cap B) = y$;
$P(A) = 0{,}12 + x$; $P(B) = 0{,}12 + y$;
$P(A) \cdot P(B) = P(A \cap B)$; $(0{,}12 + x) \cdot (0{,}12 + y) = 0{,}12$ (1)
$P(A) + P(\overline{A}) = P(\Omega) = 1$; $0{,}12 + x + 0{,}32 + y = 1$;
$x + y = 0{,}56$; $y = 0{,}56 - x$ (2) eingesetzt in (1)
$(0{,}12 + x) \cdot (0{,}12 + 0{,}56 - x) = 0{,}12$;
$(0{,}12 + x) \cdot (0{,}68 - x) - 0{,}12 = 0$;
$0{,}0816 - 0{,}12x + 0{,}68x - x^2 - 0{,}12 = 0$; $| \cdot (-1)$
$x^2 - 0{,}56x + 0{,}0384 = 0$;
$x_{1,2} = \frac{0{,}56 \pm \sqrt{0{,}56^2 - 4 \cdot 1 \cdot 0{,}0384}}{2} =$
$= \frac{0{,}56 \pm 0{,}40}{2}$; $x_1 = 0{,}48$ und $x_2 = 0{,}08$ in (2)
$y_1 = 0{,}56 - 0{,}48 = 0{,}08$; $y_2 = 0{,}56 - 0{,}08 = 0{,}48$
Vierfeldertafeln:

	B	$\overline{B}$	
A	0,12	0,48	0,60
$\overline{A}$	0,08	0,32	0,40
	0,20	0,80	1,00

	B	$\overline{B}$	
A	0,12	0,08	0,20
$\overline{A}$	0,48	0,32	0,80
	0,60	0,40	1,00

W

W1 $b + \sqrt{a} + \sqrt{a} - b = 2\sqrt{a}$

W2 $\frac{a_1 + a_2 + \ldots + a_{10}}{10} = 10$; $| \cdot 10$
$a_1 + a_2 + \ldots + a_{10} = 100$;
$1 + 2 + 3 + 4 + 5 + 6 + 7 + 8 + 9 + (a_{10})_{max} = 100$;
$45 + (a_{10})_{max} = 100$; $(a_{10})_{max} = 55$

W3 Da $\lim\limits_{x \to \pm\infty} \frac{1}{x} = 0$ ist, ist der Term c) $x + 1$ für betragsgroße Werte von x die beste Näherung für f(x).

186

L

1. Individuelle Lösungen

2. $z(n) = \frac{n^2 + 1}{2}$; $n \in \mathbb{N}\setminus\{1\}$ und n ungerade:

$z(3) = 5$;
$z(5) = 13$;
$z(7) = 25$;
$z(99) = 4\,901$;

$$\lim_{n \to \infty} \frac{z(n)}{n^2} = \lim_{n \to \infty} \frac{\frac{n^2 + 1}{2}}{n^2} = \lim_{n \to \infty} \left(\frac{1}{2} + \frac{1}{2n^2}\right) = \frac{1}{2}$$

187

3. Individuelle Ergebnisse

4. a) Das Volumen ist von der Zylinderhöhe h und der Radiuslänge r abhängig: $V_{Zylinder} = r^2\pi h$.

b) $y = a\left[x^2 + \frac{b}{a}x + \left(\frac{b}{2a}\right)^2\right] - \frac{b^2}{4a} + c = a\left(x + \frac{b}{2a}\right)^2 + c - \frac{b^2}{4a}$; $a \neq 0$

Die Abszisse x_S des Parabelscheitels S ist von a und b abhängig (seine Ordinate y_S dagegen von a, b und c):

$x_S = -\frac{b}{2a}$ $\left(y_S = c - \frac{b^2}{4a}\right)$.

c) Die Steigung m ist von a und b abhängig:

$y = -\frac{b}{a}x - \frac{c}{a}$; $m = -\frac{b}{a}$ $(a \neq 0)$.

d) $T = 2\pi\sqrt{\frac{l}{g}}$: Die Schwingungsdauer ist von der Pendellänge l und vom Ortsfaktor g abhängig.

5. Roberta: $f(n) = n^2$; $n \in \mathbb{N}$
Robert: $g(n) = 2^{n-1}$; $n \in \mathbb{N}$
Graphische Veranschaulichung (beide Funktionsgraphen bestehen aus isolierten Punkten, da die Definitionsmenge jeweils $\mathbb{N}$ ist): siehe die Abbildung.

Verglichen mit polynomialem Wachstum (Funktion f) erweist sich exponentielles Wachstum (Funktion g) für hinreichend große Werte von n als rascher.

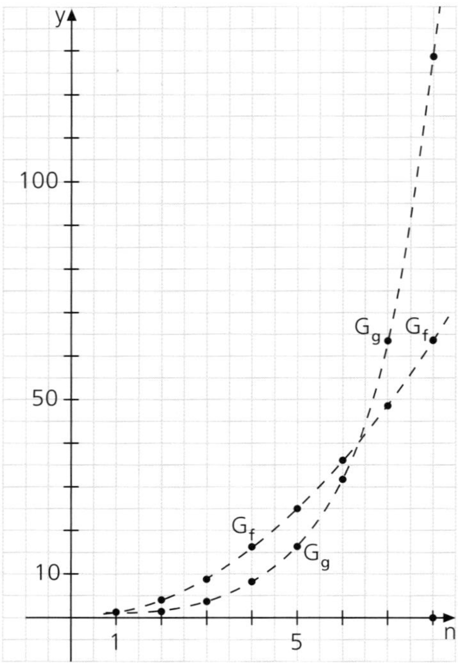

L

188

1. $P(1) = x;\ x + 2x + 3x + 4x + 5x + 6x = 1;$
$21x = 1;\ x = \frac{1}{21}$

Augenzahl	1	2	3	4	5	6
Wahrscheinlichkeit	$\frac{1}{21}$	$\frac{2}{21}$	$\frac{3}{21}$	$\frac{4}{21}$	$\frac{5}{21}$	$\frac{6}{21}$

Wahrscheinlichkeiten:
$P(E_1) = \frac{2}{21} + \frac{4}{21} + \frac{6}{21} = \frac{12}{21} = \frac{4}{7} \approx 57{,}1\%$
$P(E_2) = \frac{1}{21} + \frac{3}{21} + \frac{5}{21} = \frac{9}{21} = \frac{3}{7} \approx 42{,}9\%$
$P(E_3) = \frac{2}{21} + \frac{3}{21} + \frac{5}{21} = \frac{10}{21} \approx 47{,}6\%$
$P(E_4) = \frac{2}{21} + \frac{4}{21} = \frac{6}{21} = \frac{2}{7} \approx 28{,}6\%$
$P(E_5) = P\,(E_1) + \frac{3}{21} + \frac{5}{21} = \frac{12}{21} + \frac{8}{21} = \frac{20}{21}$ oder
$P(E_5) = 1 - P\,(1) = 1 - \frac{1}{21} = \frac{20}{21} \approx 95{,}2\%$
$P(E_6) = P\,(2) = \frac{2}{21} \approx 9{,}5\%$

2. a) $6^{10} = 60\,466\,176$
b) $3^{10} = 59\,049$
c) $10 \cdot 5^9 = 19\,531\,250$
d) *Hinweis:* $59 = 9 \cdot 6 + 1 \cdot 5$; $60 = 10 \cdot 6$
Anzahl der verschiedenen Ergebnisse: $10 + 1 = 11$
e) $6 \cdot \frac{10 \cdot 9 \cdot 8 \cdot 7 \cdot 6 \cdot 5}{6!} \cdot 5 \cdot 4 \cdot 3 \cdot 2 = 151\,200$

3. $P(E_1) = \frac{2}{3} \cdot \frac{3}{4} \cdot \frac{1}{2} = \frac{1}{4} = 25\%$
$P(E_2) = \frac{1}{3} \cdot \frac{1}{4} \cdot \frac{1}{2} = \frac{1}{24} \approx 4{,}2\%$
$P(E_3) = P(E_1) + \frac{2}{3} \cdot \frac{3}{4} \cdot \frac{1}{2} + \frac{2}{3} \cdot \frac{1}{4} \cdot \frac{1}{2} + \frac{1}{3} \cdot \frac{3}{4} \cdot \frac{1}{2} = \frac{1}{4} + \frac{1}{4} + \frac{1}{12} + \frac{1}{8} = \frac{17}{24} \approx 70{,}8\%$
$P(E_1) \cdot P(E_1) = \frac{1}{4} \cdot \frac{1}{4} = \frac{1}{16} \approx 6{,}3\%$

4. a) $P(a) = 1 - \frac{a-30}{100}$
b) (1) $[P(31)]^{50} = \left(1 - \frac{1}{100}\right)^{50} = 0{,}99^{50} \approx 60{,}5\%$
(2) $1 - [P(35)]^{50} = 1 - \left(1 - \frac{35-30}{100}\right)^{50} = 1 - 0{,}95^{50} \approx 92{,}3\%$
(3) $1 - [1 - P(99)]^{50} = 1 - \left[1 - \left(1 - \frac{99-30}{100}\right)\right]^{50} = 1 - [1 - (1 - 0{,}69)]^{50} = 1 - 0{,}69^{50} \approx$ 100,0%

5.

	S	$\overline{S}$	
V	471	151	622
$\overline{V}$	148	230	378
	619	381	1000

$P(V \cap S) = 0{,}471;$
$P(V) = 0{,}622;$
$P(V) = 0{,}619;$
$P(V) \cdot P(S) = 0{,}622 \cdot 0{,}619 \approx 0{,}385 \neq P(V \cap S)$:
Die beiden Merkmale waren nicht unabhängig voneinander.

6. Rechnung:

(1) $P(B) + P(\overline{B}) = 1$; $P(B) = 1 - P(\overline{B}) = 1 - 0{,}20 = 0{,}80$

Unabhängigkeit: $P(A) \cdot P(B) = P(A \cap B)$; $P(A) \cdot 0{,}80 = 0{,}30$;

$P(A) = 0{,}375$

Lösung:

	B	$\overline{B}$	
A	0,30	0,075	0,375
$\overline{A}$	0,50	0,125	0,625
	0,80	0,20	1,00

(2) Ansatz:

	B	$\overline{B}$	
A	0,48	x	0,48 + x
$\overline{A}$	y	0,08	0,08 + y
	0,48 + y	0,08 + x	1,00

Rechnung:

$P(A) \cdot P(B) = P(A \cap B)$ (Unabhängigkeit);

$(0{,}48 + x) \cdot (0{,}48 + y) = 0{,}48$ (1)

$P(A) + P(\overline{A}) = 1$; $(0{,}48 + x) + (0{,}08 + y) = 1$; $0{,}56 + x + y = 1$;

$x + y = 0{,}44$; $y = 0{,}44 - x$ (2) in (1) eingesetzt:

$(0{,}48 + x) \cdot (0{,}92 - x) = 0{,}48$; $0{,}4416 + 0{,}44x - x^2 = 0{,}48$;

$x^2 - 0{,}44x + 0{,}0384 = 0$; $D = 0{,}44^2 - 4 \cdot 1 \cdot 0{,}0384 = 0{,}04 = 0{,}2^2$;

$x_{1,2} = \frac{0{,}44 \pm 0{,}2}{2} = 0{,}22 \pm 0{,}1$; $x_1 = 0{,}32$ und $x_2 = 0{,}12$ in (2):

$y_1 = 0{,}12$; $y_2 = 0{,}32$

Lösung: entweder

	B	$\overline{B}$	
A	0,48	0,32	0,80
$\overline{A}$	0,12	0,08	0,20
	0,60	0,40	1,00

oder

	B	$\overline{B}$	
A	0,48	0,12	0,60
$\overline{A}$	0,32	0,08	0,40
	0,80	0,20	1,00

(3) $P(A \cap B) = P(A) \cdot P(B) = 0{,}90 \cdot 0{,}20 = 0{,}18$

Lösung:

	B	$\overline{B}$	
A	0,18	0,72	0,90
$\overline{A}$	0,02	0,08	0,10
	0,20	0,80	1,00

a) $P(A \cap B)$:
(1) 0,30
(2) 0,48
(3) 0,18

b) $P(A \cup B) = 1 - P(\overline{A} \cap \overline{B})$:
(1) $0{,}075 + 0{,}50 + 0{,}30 = 0{,}875$ oder
$1 - 0{,}125 = 0{,}875$
(2) $1 - 0{,}08 = 0{,}92$
(3) $1 - 0{,}08 = 0{,}92$

c) $P(A \cap \overline{B}) + P(\overline{A} \cap B)$:
(1) $0{,}075 + 0{,}50 = 0{,}575$
(2) $0{,}32 + 0{,}12 = 0{,}44$ bzw. $0{,}12 + 0{,}32 = 0{,}44$
(3) $0{,}72 + 0{,}02 = 0{,}74$

d) $P_A(B) = \frac{P(A \cap B)}{P(A)}$
(1) $P_A(B) = \frac{0{,}30}{0{,}375} = 0{,}80$
(2) $P_A(B) = \frac{0{,}48}{0{,}80} = 0{,}60$ bzw.
$P_A(B) = \frac{0{,}48}{0{,}60} = 0{,}80$
(3) $P_A(B) = \frac{0{,}18}{0{,}90} = 0{,}20$

e) $P_B(A) = \frac{P(A \cap B)}{P(B)}$
(1) $P_B(A) = \frac{0{,}30}{0{,}80} = 0{,}375$
(2) $P_B(A) = \frac{0{,}48}{0{,}60} = 0{,}80$ bzw.
$P_B(A) = \frac{0{,}48}{0{,}80} = 0{,}60$
(3) $P_B(A) = \frac{0{,}18}{0{,}20} = 0{,}90$

7. $F(J) = \frac{9}{20}$; $F(K) = \frac{5}{20}$; $F(J \cap K) = \frac{4}{20} = \frac{1}{5} = 0{,}20$;
$F(J) \cdot F(K) = \frac{9}{20} \cdot \frac{5}{20} = 0{,}1125 \neq F(J \cap K)$:
Das Fehlen von Jakob und Kathrin sind stochastisch nicht unabhängig voneinander.

8. $P(E_1) = 0{,}5 \cdot 0{,}7 \cdot 0{,}8^3 \approx 17{,}9\%$
$P(E_2) = 0{,}5 \cdot 0{,}3 \cdot 0{,}2^3 \approx 0{,}1\%$
$P(E_3) = 1 - P(E_1) \approx 82{,}1\%$
$P(E_4) = 0{,}5 \cdot 0{,}7 \cdot 0{,}8^3 + 0{,}5 \cdot 0{,}3 \cdot 0{,}8^3 + 3 \cdot 0{,}5 \cdot 0{,}7 \cdot 0{,}2 \cdot 0{,}8^2 =$
$= 0{,}5 \cdot 0{,}8^2 \cdot (0{,}7 \cdot 0{,}8 + 0{,}3 \cdot 0{,}8 + 3 \cdot 0{,}7 \cdot 0{,}2) = 0{,}32 \cdot (0{,}56 + 0{,}24 + 0{,}42) =$
$= 0{,}32 \cdot 1{,}22 \approx 39{,}0\%$
$P(E_5) = P(E_1) + P(E_4) \approx 17{,}9\% + 39{,}0\% = 56{,}9\%$

9. Individuelle Lösungen
Beispiel für eine mögliche Aufgabenstellung:
Untersuchen Sie, ob die Ereignisse E_1: „Eine Person ist Raucher" und E_2: „Eine Person leidet an Reizhusten" voneinander stochastisch abhängig sind.

$P(E_1) = \frac{1\,450}{2\,000} = \frac{29}{40} = 0{,}725$;

$P(E_2) = \frac{1\,506}{2\,000} = 0{,}753$;

$P(E_1 \cap E_2) = \frac{1\,155}{2\,000} = 0{,}5775 \approx 0{,}578$;

$P(E_1) \cdot P(E_2) \approx 0{,}546 \neq P(E_1 \cap E_2)$:
Die Ereignisse sind voneinander stochastisch abhängig.

10. a) p_a = P(„Alle neun Personen haben den Jahresbeitrag bezahlt") =
$= 0{,}8^4 \cdot 0{,}92^2 \cdot 0{,}88^3 \approx 23{,}6\%$

b) P(„Höchstens eine Person hat den Jahresbeitrag nicht gezahlt") =
$= p_a + 4 \cdot 0{,}8^3 \cdot 0{,}2 \cdot 0{,}92^2 \cdot 0{,}88^3 + 2 \cdot 0{,}8^4 \cdot 0{,}92 \cdot 0{,}08 \cdot 0{,}88^3 +$
$3 \cdot 0{,}8^4 \cdot 0{,}92^2 \cdot 0{,}88^2 \cdot 0{,}12 \approx 61{,}0\%$

190

11. a)

	J	M	
Note 1; 2 oder 3	38	30	68
Note 4; 5 oder 6	37	14	51
	75	44	119

J: Junge
M: Mädchen

b) (1) $P(A) = \frac{68}{119} \approx 57{,}1\%$

(2) $P(B) = \frac{75}{119} \approx 63{,}0\%$

(3) $P(A \cap B) = \frac{38}{119} \approx 31{,}9\%$;

$P(A) \cdot P(B) \approx 36{,}0\% \neq P(A \cap B)$

Die Ereignisse A und B sind nicht voneinander unabhängig.

(4) $P_{\text{Mädchen}}$(„Note 3 oder besser") $= \frac{\frac{30}{119}}{\frac{44}{119}} = \frac{15}{22} \approx 68{,}2\%$

c) Individuelle Lösungen

12. $P(E_1) = 0{,}95^{10} \approx 59{,}9\%$;
$P(E_2) = 0{,}05^3 : 0{,}95^7 \approx 0{,}009\%$;
$P(E_3) = 0{,}05^2 \cdot 0{,}95^8 \cdot 9 \approx 1{,}5\%$

13.

	B	$\overline{B}$	
A	60	270	330
$\overline{A}$	180	90	270
	240	360	600

$P(A) \cdot P(B) = \frac{330}{600} \cdot \frac{240}{600} = \frac{11}{50} = 0{,}22$;

$P(A \cap B) = \frac{60}{600} = 0{,}10 \neq P(A) \cdot P(B)$:

Die Ereignisse A und B sind nicht unabhängig voneinander.
Beispiel für eine mögliche Abänderung und Ergänzung:

$P(A) \cdot \frac{240}{600} = \frac{60}{600}$; $P(A) = \frac{60}{240} = \frac{1}{4}$; $600 \cdot P(A) = 150$; $600 \cdot P(\overline{A}) = 450$

	B	$\overline{B}$	
A	60	90	150
$\overline{A}$	180	270	450
	240	360	600

Beispiel für eine mögliche Interpretation:
An einem Test, bei dem zwei Aufgaben zu bearbeiten waren, nahmen 600 Personen teil. Von ihnen lösten 60 sowohl die Aufgabe 1 (A) wie auch die Aufgabe 2 (B) richtig; 180 lösten zwar die Aufgabe 2 richtig, aber nicht die Aufgabe 1.

14.

	F_1	$\overline{F_1}$	
F_2	0,25%	6%	6,25%
$\overline{F_2}$	3,75%	90%	93,75%
	4%	96%	100%

a) $P(F_2) = 6{,}25\% > P(F_1) = 4\%$:
Der Fehler 2 tritt häufiger auf als der Fehler 1.

b) $P(F_1) \cdot P(F_2) = 0{,}04 \cdot 0{,}0625 = 0{,}25\% = P(F_1 \cap F_2)$:
Die beiden Fehler treten unabhängig voneinander auf.

c) $1 - (1 - 0{,}0025)^n \geqq 0{,}95;$
$1 - 0{,}9975^n \geqq 0{,}95;$
$-0{,}9975^n \geqq -0{,}05;$
$0{,}9975^n \leqq 0{,}05;$
$n \cdot \log 0{,}9975 \leqq \log 0{,}05;$
$n \geqq \frac{\log 0{,}05}{\log 0{,}9975};$
$n \geqq 1\,196{,}794\ldots;\ n \in \mathbb{N}:$
$n \geqq 1\,197$

15. a) $\left(\frac{364}{365}\right)^n$

b) $1-\left(\frac{364}{365}\right)^n$

c) $1 - \left(\frac{364}{365}\right)^n > 0{,}5;$
$-\left(\frac{364}{365}\right)^n > -0{,}5;$
$\left(\frac{364}{365}\right)^n < 0{,}5;$
$n \log \frac{364}{365} < \log 0{,}5;$
$n > \frac{\log 0{,}5}{\log \frac{364}{365}} = 252{,}65\ldots:$

Man muss mindestens 253 Personen befragen.

16. a) Individuelle Lösungen

b) (1)

	Anzahl der Personen, bei denen das Testergebnis zugetroffen hat	nicht zugetroffen hat	
Rechtshänder	0,648	0,242	0,890
Linkshänder	0,0894	0,0206	0,110
	0,7374	0,2626	1,000

(2) $\frac{1\,313}{5\,000} = 0{,}2626 \approx 26\%$

(3) Rechtshänder: $\frac{3\,240}{4\,450} \approx 0{,}7281 \approx 73\%$

Linkshänder: $\frac{447}{550} = 0{,}81\overline{27} \approx 81\%$

191

17.

	w	m	
kauft am Abend ein	0,45	0,05	0,50
kauft nicht am Abend ein	0,15	0,35	0,50
	0,60	0,40	1,00

w: weiblich
m: männlich

$P(E_1) = 1 - 60\% = 0{,}40$; $P(E_2) = 0{,}50$;
$P(E_1) \cdot P(E_2) = 0{,}40 \cdot 0{,}50 = 0{,}20$;
$P(E_1 \cap E_2) = 0{,}05 \neq P(E_1) \cdot P(E_2)$:
Die beiden Ereignisse E_1 und E_2 waren nicht unabhägig voneinander.

18. Anzahl der **F**rauen: $\frac{2}{3} \cdot 24 = 16$
Anzahl der **M**änner: $24 - 16 = 8$
Anzahl der **M**änner mit **H**ochschulabschluss: 2
Anzahl der **F**rauen mit **H**ochschulabschluss: 8

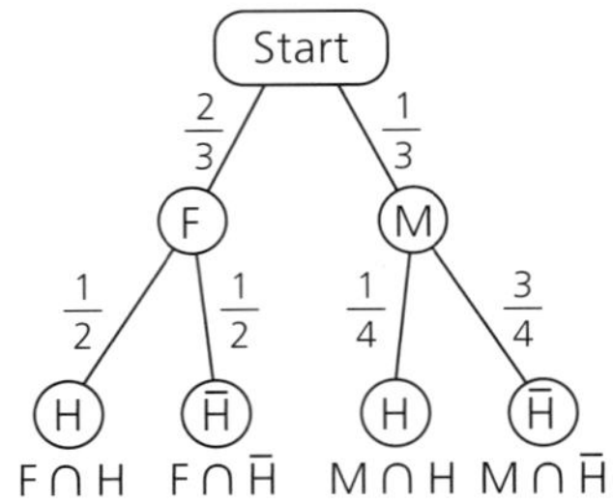

a) $\frac{1}{3} \cdot \frac{1}{4} = \frac{1}{12} \approx 8{,}3\%$

b) $P_F(H) = \frac{\frac{2}{3} \cdot \frac{1}{2}}{\frac{2}{3}} = \frac{1}{2} = 50\%$

c) (1) $24! \approx 6{,}2 \cdot 10^{23}$
(2) $(2 + 8)! \cdot (24 - 10)! \approx 3{,}2 \cdot 10^{17}$

W

W1 Wenn zwei Dreiecke ABC und A'B'C' in allen **Längenverhältnissen entsprechender Seiten** übereinstimmen, dann sind sie zueinander ähnlich.
Wenn zwei Dreiecke ABC und A'B'C' in den Größen aller **Winkel** übereinstimmen, dann sind sie zueinander ähnlich.

W2 G_f ist punktsymmetrisch zum Ursprung, da für jeden Wert von $x \in D_f$ stets
$f(-x) = 2(-x)\sqrt{16 - (-x)^2} = -2x\sqrt{16 - x^2} = -f(x)$ gilt.

W3

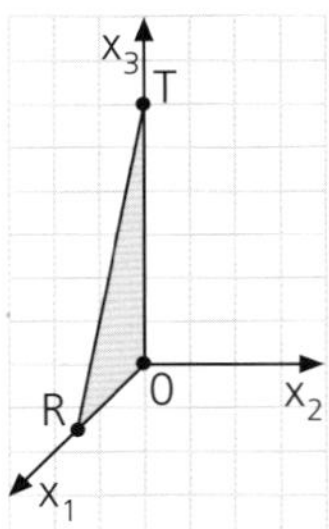

$\overline{TO} = 6$; $\overline{OR} = 3$; $\overline{RT} = \sqrt{36 + 9} = \sqrt{45} = 3\sqrt{5}$

Bei Rotation um die x_1-Achse entsteht ein gerader Kreiskegel mit $r_1 = 6$ und $h_1 = 3$:
$V_1 = \frac{1}{3} \cdot 6^2 \cdot \pi \cdot 3 = 36\pi \approx 113{,}1$;
$A_1 = 6^2 \cdot \pi + 6 \cdot \pi \cdot 3\sqrt{5} = 18\pi(2 + \sqrt{5}) \approx 239{,}5$
Bei Rotation um die x_3-Achse entsteht ein gerader Kreiskegel mit $r_2 = 3$ und $h_2 = 6$:
$V_2 = \frac{1}{3} \cdot 3^2 \cdot \pi \cdot 6 = 18\pi \approx 56{,}5$;
$A_2 = 3^2 \cdot \pi + 3\pi \cdot 3\sqrt{5} = 9\pi(1 + \sqrt{5}) \approx 91{,}5$

L

1. a) $\Omega = \{1; 2; 3; 4; 5; 6; 7; 8; 9\}$
$A = \{1; 3; 5; 7; 9\}$; $P(A) = 0{,}5$; $B = \{3; 6; 9\}$; $P(B) = 0{,}3$;
$C = \{0; 1; 2; 3; 4\}$; $P(C) = 0{,}5$; $D = \{2; 3; 5; 7\}$; $P(D) = 0{,}4$;
$E = \{1; 4; 9\}$; $P(E) = 0{,}3$; $F = \{9\}$; $P(F) = 0{,}1$

b) $A \cap B = \{3; 9\}$: „Die Nummer ist ungerade und durch 3 teilbar"
$A \cup B = \{1; 3; 5; 6; 7; 9\}$: „Die Nummer ist ungerade und/ oder durch 3 teilbar"
$\overline{A \cup C} = \{6; 8\}$: „Die Nummer ist gerade und mindestens gleich 5"
$\overline{D \cap E} = \Omega$: „Die Nummer ist nicht gleichzeitig Primzahl und Quadrazahl"

c) (1) $B \cap \overline{E} = \{3; 6\}$ (2) $(A \cap \overline{E}) \cup (\overline{A} \cap E) = \{3; 4; 5; 7\}$ (3) $A \cup E = \{1; 3; 4; 5; 7; 9\}$

2. a) P(„genau ein Bauteil ist defekt") $= 5 \cdot 0{,}88^4 \cdot 0{,}12 \approx 36{,}0\%$
P(„höchstens ein Bauteil ist defekt") $= 5 \cdot 0{,}88^4 \cdot 0{,}12 + 0{,}88^5 \approx 88{,}8\%$
P(„mindestens ein Bauteil ist defekt") $= 1 - 0{,}88^5 \approx 47{,}2\%$

b) Baumdiagramm:

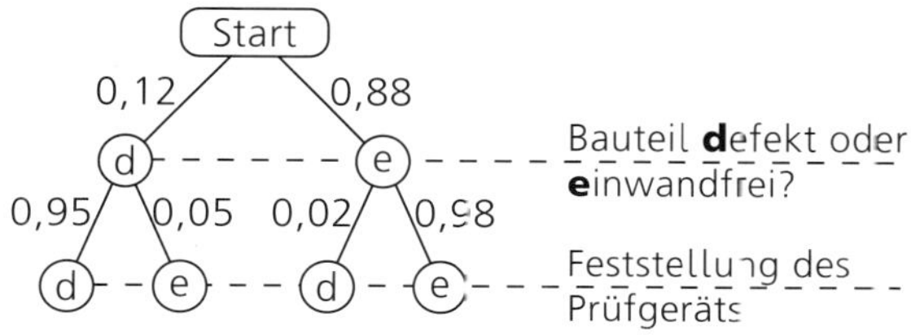

(1) P(„Das Prüfgerät zeigt ein Bauteil als defekt an") $= 0{,}12 \cdot 0{,}95 + 0{,}88 \cdot 0{,}02 \approx 13{,}2\%$

(2) $P_{\text{„Das Prüfgerät zeigt ‚defekt' an"}}(\text{„Bauteil ist defekt"}) = \dfrac{0{,}12 \cdot 0{,}95}{0{,}12 \cdot 0{,}95 + 0{,}88 \cdot 0{,}02} \approx 86{,}6\%$

(3) $P_{\text{„Das Prüfgrät zeigt ‚einwandfrei' an"}}(\text{„Bauteil ist einwandfrei"}) = \dfrac{0{,}88 \cdot 0{,}98}{0{,}12 \cdot 0{,}05 + 0{,}88 \cdot 0{,}98} \approx 99{,}3\%$

3. Anzahlen:

	K	$\overline{K}$	
A	x	12 – x	12
$\overline{A}$	39 – x	5x	59
	39	32	71

Relative Häufigkeiten:

	K	$\overline{K}$	
A	0,070	0,099	0,169
$\overline{A}$	0,479	0,352	0,831
	0,549	0,451	1,000

$39 - x = 59 - 5x$; $| + 5x - 39$
$4x = 20$; $| : 4$
$x = 5$; $5x = 25$; $12 - x = 7$; $39 - x = 34$

a) Genau eines dieser beiden Mathematikprobleme haben (7 + 34 =) 41 der Befragten; das sind etwa 58%

b) $h(A \cap K) \approx 0{,}070$; $h(A) \cdot h(K) \approx 0{,}169 \cdot 0{,}549 \approx 0{,}093 \neq h(A \cap K)$:
Die beiden Probleme treten stochastisch nicht unabhängig voneinander auf.

4.

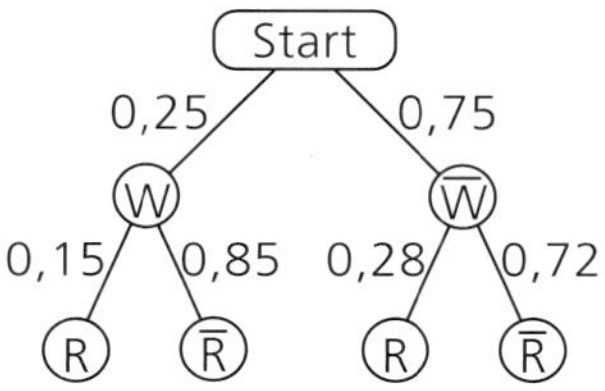

	W	$\overline{W}$	
R	0,0375	0,21	0,2475
$\overline{R}$	0,2125	0,54	0,7525
	0,25	0,75	1,000

a) $P_{\text{„Person nimmt teil"}}(\text{„Person wiederholt"}) = \dfrac{0{,}25 \cdot 0{,}85}{0{,}25 \cdot 0{,}85 + 0{,}75 \cdot 0{,}72} \approx 28{,}2\%$

b) $P(W \cap R) = 0{,}0375$;
$P(W) \cdot P(R) = 0{,}25 \cdot 0{,}2475 \approx 0{,}0619 \neq P(W \cap R)$:
Die Ereignisse W und R sind stochastisch nicht voneinander unabhängig.

c) P(„Spätestens an 6. Stelle steht ein Wiederholer/ eine Wiederholerin")
$= 1 - 0{,}75^6 \approx 82{,}2\%$

Kapitel 7

Iris Anna Runge
geb. 1888 in Hannover
gest. 1966 in Ulm

Iris Runge war die älteste Tochter des Mathematikprofessors Carl Runge und seiner Frau Aimée, geb. du Bois-Reymond. Ihre Eltern ließen allen vier Töchtern und den beiden Söhnen eine angemessene Berufsausbildung zuteil werden. Die älteste Tochter Iris wurde schon früh in die wissenschaftliche Denkweise ihres Vaters Carl Runge, eines der Begründer der Numerischen Mathematik, einbezogen. Sie erhielt bereits im Alter von fünf Jahren Privatunterricht; später besuchte sie zunächst die Höhere Töchterschule und dann realgymnasiale Kurse in Hannover und legte 1907 am Realgymnasium Johanneum in Lüneburg als Externe die Abiturprüfung ab.
Ab dem Sommersemester 1907 studierte sie an der Universität Göttingen Mathematik, Physik und Geographie. Während eines Studiensemesters in München regte sie der Theoretische Physiker Arnold Sommerfeld zu ihrer ersten wissenschaftlichen Arbeit *Anwendungen der Vektorrechnung auf die geometrische Optik* an. Nach dem Staatsexamen unterrichtete Iris Runge zunächst an verschiedenen Reformschulen; sie studierte außerdem Chemie und schloss dieses Studium mit einer Dissertation „Über Diffusion im festen Zustande" ab.
Nach der Promotion und während der Tätigkeit an der Schule Schloss Salem am Bodensee bewarb sich Iris Runge um eine Anstellung in der Industrieforschung; sie arbeitete zunächst bei der Firma Osram und dann bei Telefunken und hatte verschiedene Positionen am Mathematischen Institut der TU Berlin und am Physikalischen Institut der Humboldt-Universität inne, von der sie 1950 nach ihrer Habilitation zur Professorin für Theoretische Physik ernannt wurde.
Bei ihrer Tätigkeit in den Forschungslaboratorien von Osram und Telefunken konnte Iris Runge ihre mathematischen Kenntnisse zur Lösung von technischen Anwendungsproblemen, so z. B. in der Produktionskontrolle, einsetzen; auch ihre wissenschaftlichen Veröffentlichungen (u. a. Arbeiten zur Theorie der Elektronenemission, Berechnungen von Röhrendimensionen, mathematisch-statistische und physikalisch-technische Arbeiten im Bereich der Leuchtmittel- und Elektronenröhrenforschung) dokumentieren das enge Zusammengehen von Wissenschaft und Praxis.

194

Arbeitsaufträge

1. **a)** Seitenlängen: x cm; y cm mit $x + y = 9$, also $y = 9 - x$ (und $x > 0$; $y > 0$)

x	1	2	3	4	4,5	5	6	7	8
y	8	7	6	5	4,5	4	3	2	1
A (in cm²)	8	14	18	20	20,25	20	18	14	8

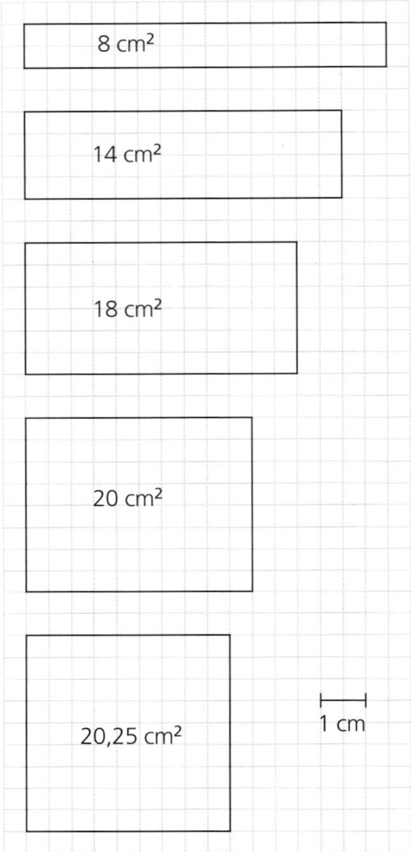

b) Rechnung in Maßzahlen (Einheiten: cm bzw. cm²):

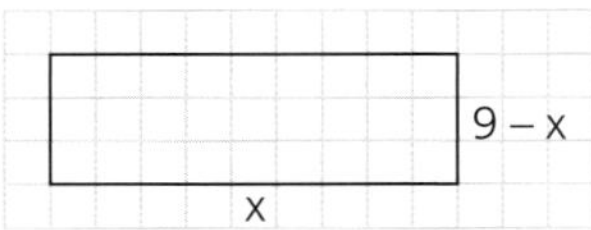

A: $A(x) = x \cdot (9 - x)$; $D_A =]0; 9[$;

$\lim\limits_{x \to 0+} [x(9 - x)] = 0$;

$\lim\limits_{x \to 9-} [x(9 - x)] = 0$

c) $A(x) = 9x - x^2$;

$A'(x) = 9 - 2x$; $A'(x) = 0$; $x = 4{,}5 \in D_A$;

$A''(x) = -2$; $A''(4{,}5) = -2 < 0$:

A nimmt für $x = 4{,}5$ sein Maximum $A(4{,}5) = 4{,}5 \cdot 4{,}5 = 20{,}25$ an.

d) Das Rechteck mit (Umfangslänge 18 cm und) maximalem Flächeninhalt ist ein Quadrat mit einer Seitenlänge von 4,5 cm und einem Flächeninhalt von 20,25 cm².

2. **a)** Individuelle Bearbeitungen

b) Rechnung in Maßzahlen (Einheiten: cm bzw. cm^2):

DIN-A4-Blatt: $l \approx 29{,}7$; $b \approx 21{,}0$

Volumen: V: $V(x) = x \cdot (29{,}7 - 2x) \cdot (21{,}0 - 2x)$; $0 < x < 10{,}5$

Nullstellen: keine

Grenzwerte: $\lim\limits_{x \to 0+} V(x) = 0$; $\lim\limits_{x \to 10{,}5-} V(x) = 0$

Extremstellen:

$V(x) = (29{,}7x - 2x^2) \cdot (21{,}0 - 2x)$;

$V'(x) = (29{,}7 - 4x) \cdot (21{,}0 - 2x) + (29{,}7x - 2x^2) \cdot (-2)$

$= 623{,}7 - 59{,}4x - 84x + 8x^2 - 59{,}4x + 4x^2 =$

$= 12x^2 - 202{,}8x + 623{,}7$;

$V''(x) = 24x - 202{,}8$;

$V'(x) = 0$; $\quad 12x^2 - 202{,}8x + 623{,}7 = 0$; | : 12

$x^2 - 16{,}9x + 51{,}975 = 0$;

$$x_{1,2} = \frac{16{,}9 \pm \sqrt{16{,}9^2 - 4 \cdot 51{,}975}}{2} = \frac{16{,}9 \pm \sqrt{77{,}71}}{2};$$

$x_1 = 12{,}85\ldots \notin D_V$;

$x_2 = 4{,}042\ldots \in D_V$; $V''(4{,}04) \approx -106 < 0$;

$V_{max} \approx V(4{,}04) \approx 4{,}04 \cdot 21{,}62 \cdot 12{,}92 \approx 1\,128$:

Das maximale Volumen beträgt etwa 1,13 dm^3; man erhält es für x cm $\approx 4{,}04$ cm ≈ 4 cm.

3. Es gilt (1) $20\text{ m} = 30\,\frac{\text{m}}{\text{s}} \cdot t \cdot \cos\alpha$ und

(2) $h = 1{,}5\text{ m} + 30\,\frac{\text{m}}{\text{s}} \cdot t \cdot \sin\alpha - \frac{1}{2} \cdot 9{,}81\,\frac{\text{m}}{\text{s}^2} \cdot t^2$.

Aus (1) folgt $t = \dfrac{20\text{ m}}{30\,\frac{\text{m}}{\text{s}} \cdot \cos\alpha} = \dfrac{2\text{ s}}{3\cos\alpha}$;

eingesetzt in (2):

$$h(\alpha) = 1{,}5\text{ m} + 30\,\frac{\text{m}}{\text{s}} \cdot \frac{2\text{ s} \cdot \sin\alpha}{3\cos\alpha} - 4{,}905\,\frac{\text{m}}{\text{s}^2} \cdot \left(\frac{2\text{ s}}{3\cos\alpha}\right)^2 =$$

$$= 1{,}5\text{ m} + 20\text{ m} \cdot \frac{\sin\alpha}{\cos\alpha} - 4{,}905\,\frac{\text{m}}{\text{s}^2} \cdot \frac{4\text{ s}^2}{9 \cdot (\cos\alpha)^2} =$$

$$= 1{,}5\text{ m} + 20\text{ m} \cdot \frac{\sin\alpha}{\cos\alpha} - 2{,}18\text{ m} \cdot \frac{1}{(\cos\alpha)^2};$$

$$h'(\alpha) = 20\text{ m} \cdot \frac{(\cos\alpha)^2 + (\sin\alpha)^2}{(\cos\alpha)^2} - 2{,}18\text{ m} \cdot \frac{2\sin\alpha}{(\cos\alpha)^3}$$

$$= 20\text{ m} \cdot \frac{1}{(\cos\alpha)^2} - 4{,}36\text{ m} \cdot \frac{\sin\alpha}{(\cos\alpha)^3} =$$

$$= \frac{20\text{ m} \cdot \cos\alpha - 4{,}36\text{ m} \cdot \sin\alpha}{(\cos\alpha)^3};$$

$h'(\alpha) = 0$: $20\text{ m} \cdot \cos\alpha - 4{,}36\text{ m} \cdot \sin\alpha = 0$; | : $(4{,}36\text{ m} \cdot \sin\alpha)$

$\tan\alpha = \frac{20}{4{,}36} \approx 4{,}59$; $\alpha \approx 77{,}7°$

$0° < \alpha < 77{,}7°$: $h'(\alpha) > 0$; $77{,}7° < \alpha < 90°$: $h'(\alpha) < 0$;

also ist $\alpha \approx 77{,}7°$ der optimale Anstellwinkel und

$h_{max} \approx h(77{,}7°) \approx 1{,}5\text{ m} + 91{,}7\text{ m} - 48{,}0\text{ m} \approx 45{,}2\text{ m}$ die größte mit dem Löschwasserstrahl an der Hauswand erreichbare Höhe; dort trifft der Strahl von (leicht) schräg oben kommend auf.

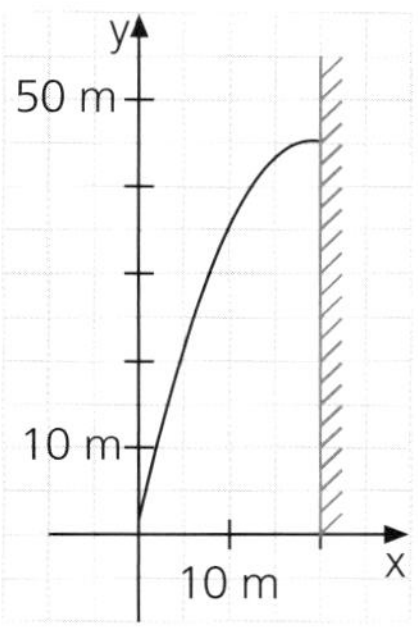

196

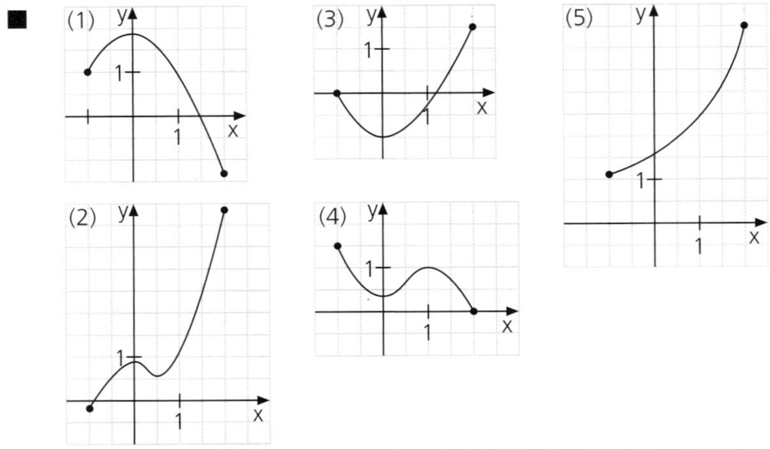

L

197

1. a) (1) $f(x) = -(x^2 - 6x + 9) + 9 - 1 = -(x - 3)^2 + 8$
(2) $f'(x) = -2x + 6 = -2(x - 3)$
$f''(x) = -2 < 0$
$f'(x) = 0$: $x = 3$
f wird für $x = 3$ maximal: $f(3) = 8$

b) (1) $f(x) = -0{,}5(x^2 - 2x + 1) + 0{,}5 + 3 = -0{,}5(x - 1)^2 + 3{,}5$
(2) $f'(x) = -x + 1$; $f''(x) = -1 < 0$
f wird für $x = 1$ maximal: $f(1) = 3{,}5$

c) (1) $f(x) = -\frac{1}{3}(x^2 - 6x + 9) + 3 + 2 = -\frac{1}{3}(x - 3)^2 + 5$
(2) $f'(x) = -\frac{2}{3}x + 2$; $f''(x) = -\frac{2}{3} < 0$
$f'(x) = 0$: $-\frac{2}{3}x = -2$; $x = 3$
f wird für $x = 3$ maximal: $f(3) = 5$

d) (1) $f(x) = -2\left(x^2 - \frac{1}{2}x + \frac{1}{16}\right) + \frac{1}{8} + 4 = -2\left(x - \frac{1}{4}\right)^2 + 4\frac{1}{8}$
(2) $f'(x) = -4x + 1$; $f''(x) = -4 < 0$
$f'(x) = 0$; $x = -\frac{1}{4}$
f wird für $x = -\frac{1}{4}$ maximal: $f(-\frac{1}{4}) = 4\frac{1}{8}$

2. a) (1) $f(x) = x^2 + 6x - 1 = (x^2 + 6x + 9) - 9 - 1 = (x + 3)^2 - 10$
(2) $f'(x) = 2x + 6$; $f''(x) = 2 > 0$
$f'(x) = 0$; $x = -3$
$x = -3$ makes f(x) a minimum.

b) (1) $f(x) = 2x^2 + 4x + 3 = 2(x^2 + 2x + 1) - 2 + 3 = 2(x + 1)^2 + 1$
(2) $f'(x) = 4x + 4$; $f''(x) = 4 > 0$
$f'(x) = 0$; $x = -1$
$x = -1$ makes f(x) a minimum.

c) (1) $f(x) = \frac{1}{2}x^2 + 2x + 1 = \frac{1}{2}(x^2 + 4x + 4) - 2 + 1 = \frac{1}{2}(x + 2)^2 - 1$
(2) $f'(x) = x + 2$; $f''(x) = 1 > 0$
$x = -2$ makes f(x) a minimum.

d) (1) $f(x) = 0{,}1x^2 + x + 4 = 0{,}1(x^2 + 10x + 25) - 2{,}5 + 4 = 0{,}1(x + 5)^2 + 1{,}5$
(2) $f'(x) = 0{,}2x + 1$; $f''(x) = 0{,}2 > 0$
$f'(x) = 0$; $x = -5$
$x = -5$ makes f(x) a minimum.

3. a) $\overline{OQ}^2 = f(x) = x^2 + (x^2 + 4)^2$;
$f'(x) = 2x + 2(x^2 + 4) \cdot 2x =$
$= 2x + 4x^3 + 16x = 4x^3 + 18x = 2x(2x^2 + 9)$;
$f''(x) = 12x^2 + 18$;
$f'(x) = 0$: $x_1 = 0$; ($2x^2 + 9 \geqq 9$: keine weiteren reellen Lösungen)
$f''(x_1) = 18 > 0$
Q (0 | 4) hat von O die kleinste Entfernung ($\overline{OQ} = 4$).

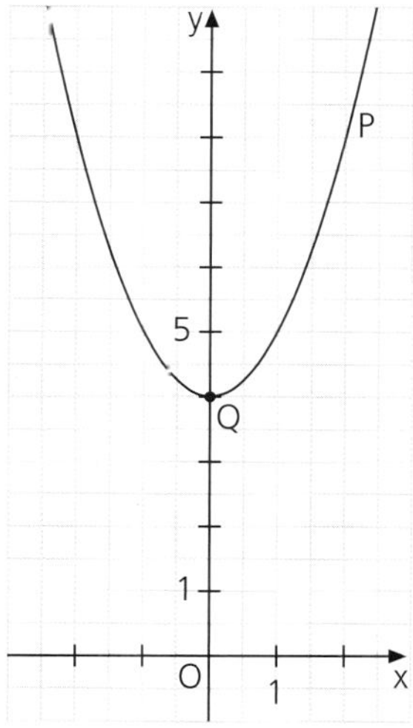

b) $\overline{OQ}^2 = f(x) = x^2 + (x^2 - 1)^2$;
$f'(x) = 2x + 2(x^2 - 1) \cdot 2x =$
$= 2x + 4x^3 - 4x = 4x^3 - 2x =$
$= 2x(2x^2 - 1)$;
$f''(x) = 12x^2 - 2$;
$f'(x) = 0$: $x_1 = 0$;
$2x^2 - 1 = 0$; $x_2 = \frac{1}{2}\sqrt{2}$; $x_3 = -\frac{1}{2}\sqrt{2}$
$f''(0) = -2 < 0$;
$f''(\pm\frac{1}{2}\sqrt{2}) = 6 - 2 = 4 > 0$
Die Punkte Q_1 ($-\frac{1}{2}\sqrt{2}$ | $-\frac{1}{2}$) und Q_2 ($\frac{1}{2}\sqrt{2}$ | $-\frac{1}{2}$) haben von O die kleinste Entfernung
($\overline{OQ}_1 = \overline{OQ}_2 = \frac{1}{2}\sqrt{3}$).

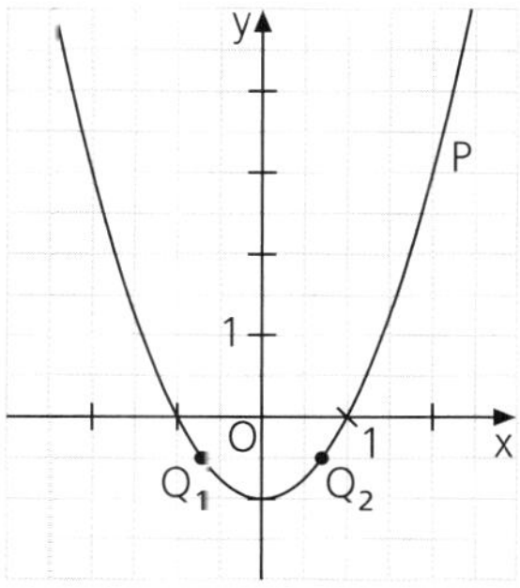

c) $\overline{OQ}^2 = g(x) = x^2 + (x - 1)^4 =$
$= x^2 + x^4 - 4x^3 + 6x^2 - 4x + 1 =$
$= x^4 - 4x^3 + 7x^2 - 4x + 1$;
$g'(x) = 4x^3 - 12x^2 + 14x - 4$; $g''(x) = 12x^2 - 24x + 14$;
$g'(x) = 0$;
$4x^3 - 12x^2 + 14x - 4 = 0$;
$2x^3 - 6x^2 + 7x - 2 = 0$;
$f(x) = 2x^3 - 6x^2 + 7x - 2$; $f'(x) = 6x^2 - 12x + 7$

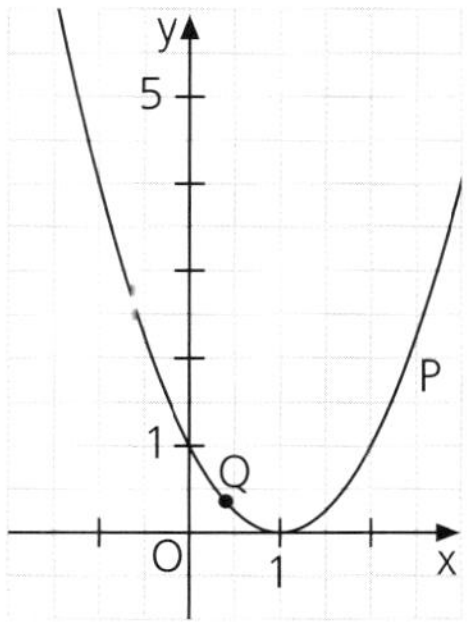

Startwert:
$x_1 = 0$; $f(0) = -2$; $f'(0) = 7$
$x_2 = 0 - \frac{-2}{7} = \frac{2}{7} \approx 0{,}285714$;
$x_3 = \frac{2}{7} - \frac{-0{,}443149}{4{,}061224} \approx 0{,}394831$;
$x_4 = 0{,}394831 - \frac{-0{,}048430}{3{,}197375} \approx 0{,}409978$;
$x_5 = 0{,}409978 - \frac{-0{,}000826}{3{,}088756} \approx 0{,}410245$;
$x_6 = 0{,}410245 - \frac{-0{,}000000}{3{,}086863} \approx 0{,}410245$; …
$g''(0{,}410\ldots) = 6{,}17\ldots > 0$
Der Punkt Q (0,4102… | 0,3478…) hat von O die kleinste Entfernung ($\overline{OQ} \approx 0{,}538$).

4. a) $f'(x) = \frac{4}{3}x^3 - 4x$; $f''(x) = 4x^2 - 4$;
$f'(x) = 0$; $4x\left(\frac{x^2}{3} - 1\right) = 0$; $x_1 = 0$; $x_2 = -\sqrt{3}$ $(x_3 = \sqrt{3} \notin D_f)$;
$f''(0) = -4 < 0$; $f''(-\sqrt{3}) = 8 > 0$

x	-3	$-\sqrt{3}$	0	1
f(x)	9	-3	0	$-\frac{5}{3}$
f	globales Maximum 9	globales Minimum -3	lokales Maximum 0	lokales Minimum $-\frac{5}{3}$

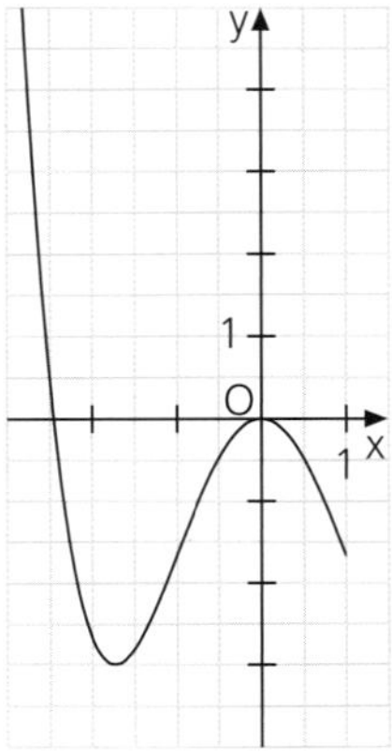

b) $f'(x) = 3x^2 - 4x$; $f''(x) = 6x - 4$;
$f'(x) = 0$; $x(3x - 4) = 0$; $x_1 = 0$; $x_2 = \frac{4}{3}$
$f''(0) = -4 < 0$;
$f''(\frac{4}{3}) = 4 > 0$

x	0	$\frac{4}{3}$	4
f(x)	4	$2\frac{22}{27}$	36
f	lokales Maximum 4	globales Minimum $2\frac{22}{27} \approx 2{,}81$	globales Maximum 36

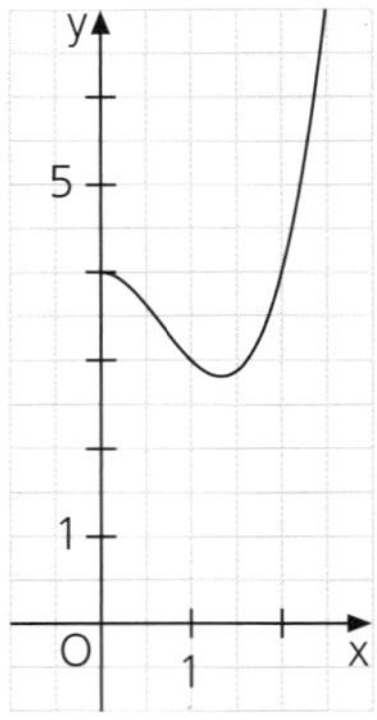

c) $f(x) = (x - 1)^2(0{,}5x + 1)$;
$f'(x) = 2(x - 1)(0{,}5x + 1) + (x - 1)^2 \cdot 0{,}5 =$
$= (x - 1)(x + 2 + 0{,}5x - 0{,}5) =$
$= (x - 1)(1{,}5x + 1{,}5) = 1{,}5(x - 1)(x + 1) =$
$= 1{,}5(x^2 - 1)$;
$f''(x) = 1{,}5 \cdot 2x = 3x$;
$f'(x) = 0$; $x_1 = 1$; $x_2 = -1$;
$f''(1) = 3 > 0$; $f''(-1) = -3 < 0$

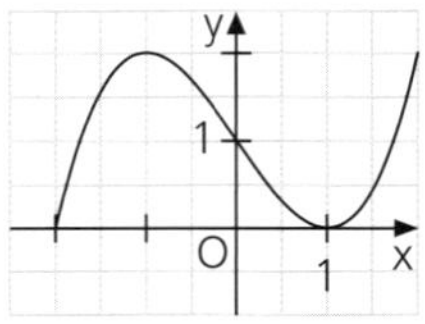

x	-2	-1	1	2
f(x)	0	2	0	2
f	globales Minimum 0	globales Maximum 2	globales Minimum 0	globales Maximum 2

d) $f'(x) = \frac{e^x \cdot 3 - (3x - 1)e^x}{e^{2x}} = \frac{3 - 3x + 1}{e^x} = \frac{4 - 3x}{e^x}$;
$f'(x) = 0$; $x = \frac{4}{3}$;
$f''(x) = \frac{e^x(-3) - (4 - 3x)e^x}{e^{2x}} = \frac{-3 - 4 + 3x}{e^x} = \frac{3x - 7}{e^x}$;
$f''(\frac{4}{3}) = \frac{-3}{e^{\frac{4}{3}}} < 0$

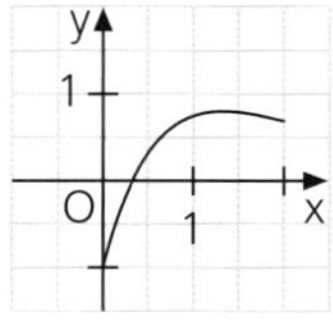

x	0	$\frac{4}{3}$	2
f(x)	-1	$\approx 0{,}791$	$\frac{5}{e^2} \approx 0{,}677$
f	globales Minimum -1	globales Maximum $3e^{-\frac{4}{3}}$	lokales Minimum $5e^{-2}$

5. a) $f(x) = x^3 - 3x^2 - 3x$;
$f'(x) = 3x^2 - 6x - 3$; $f''(x) = 6x - 6$;
$f'(x) = 0$: $x^2 - 2x - 1 = 0$;
$$x_{1,2} = \frac{2 \pm \sqrt{8}}{2} = 1 \pm \sqrt{2};$$
$f''(1 + \sqrt{2}) = 6 + 6\sqrt{2} - 6 = 6\sqrt{2} > 0$
$f''(1 - \sqrt{2}) = 6 - 6\sqrt{2} - 6 = -6\sqrt{2} < 0$
Für $x \to +\infty$ gilt $f(x) \to +\infty$;
für $x \to -\infty$ gilt $f(x) \to -\infty$:
$x_1 = 1 + \sqrt{2}$ ist ein lokales Minimum;
$x_2 = 1 - \sqrt{2}$ ist ein lokales Maximum.

b) $f(x) = 2x^4 - 8x^2$;
$f'(x) = 8x^3 - 16x = 8x(x^2 - 2)$;
$f''(x) = 24x^2 - 16$;
$f'(x) = 0$: $x_1 = 0$; $x_2 = \sqrt{2}$; $x_3 = -\sqrt{2}$
$f''(0) = -16 < 0$; $f''(\pm\sqrt{2}) = 32 > 0$
Für $x \to \pm\infty$ gilt $f(x) \to +\infty$:
$x_1 = 0$ ist ein lokales Maximum,
$x_2 = \sqrt{2}$ und $x_3 = -\sqrt{2}$ sind globale Minima.

c) $f(x) = \sqrt{|x|}$; $f(0) = 0$
Für jeden Wert von $x \in \mathbb{R}$ gilt $f(x) \geqq 0$
f hat an der Stelle $x = 0$ ein globales Minimum.

6. Individuelle Lösungen

a) U in cm; A in cm^2

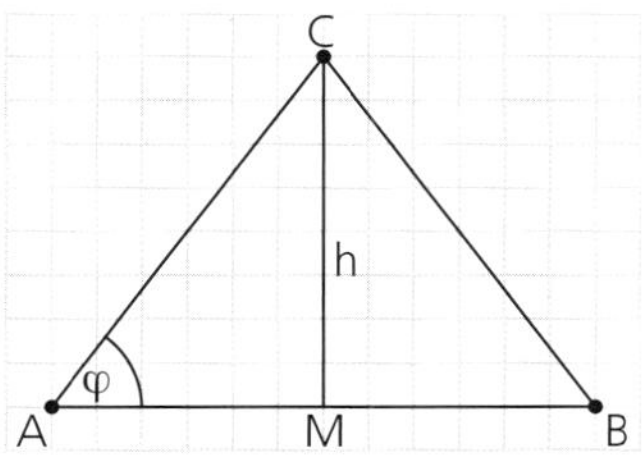

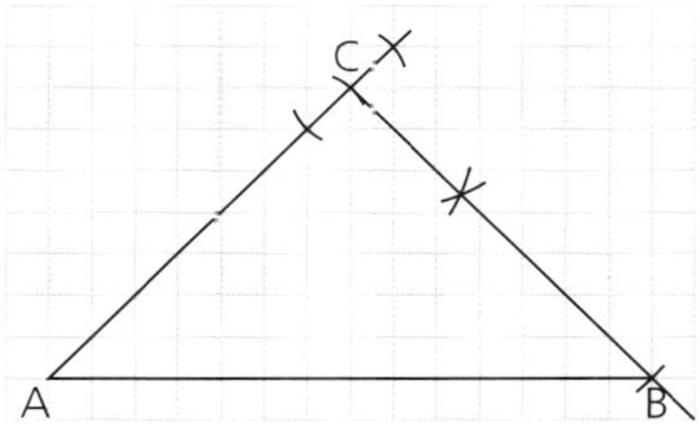

$A = \frac{1}{2} \cdot \overline{AB} \cdot \overline{MC}$; $\overline{AM} = 5 \cdot \cos\varphi$; $\overline{MC} = 5 \sin\varphi$
$A(\varphi) = \frac{1}{2} \cdot 2 \cdot 5 \cdot \cos\varphi \cdot \sin\varphi = 5 \sin\varphi \cdot \cos\varphi$
$[A(\varphi)]' = 5 \cos\varphi \cdot \cos\varphi + 5 \sin\varphi(-\sin\varphi) = 5[(\cos\varphi)^2 - (\sin\varphi)^2]$
$[A(\varphi)]'' = 5 \cdot [2 \cos\varphi(-\sin\varphi) - 2 \sin\varphi \cdot \cos\varphi] = -20 \sin\varphi \cdot \cos\varphi$
$[A(\varphi)]' = 0$; $5[1 - (\sin\varphi)^2 - (\sin\varphi)^2] = 5 \cdot [1 - 2(\sin\varphi)^2] = 0$;
$1 - 2(\sin\varphi)^2 = 0$;
$(\sin\varphi)^2 = \frac{1}{2}$;
$\sin\varphi = _{(\pm)} \frac{1}{2}\sqrt{2}$ ($\varphi < 90°$);
$\varphi = 45°$
$[A(\varphi)]''|_{\varphi = 45°} = -20 \cdot \frac{1}{2}\sqrt{2} \cdot \frac{1}{2}\sqrt{2} = -10 < 0$
Das Dreieck mit dem größten Flächeninhalt (nämlich 2,5) ist gleichschenklig rechtwinklig.

b) $\overline{AM} = 5 \cos\varphi$; $\overline{AB} = 10 \cos\varphi$
$U(\varphi) = 10 + 10 \cos\varphi = 10(1 + \cos\varphi)$
$0° < \varphi < 90°$; $0 < \cos\varphi < 1$
$W_U =]10; 20[$

7. Es gilt $r^2 + h^2 = 5^2$ (Satz von Pythagoras)
$r^2 = 25 - h^2$
$V(h) = \frac{1}{3}(25 - h^2) \cdot \pi \cdot h = \frac{\pi}{3}(25h - h^3)$
$V'(h) = \frac{dV}{dh} = \frac{\pi}{3}(25 - 3h^2);$
$V''(h) = \frac{\pi}{3}(-6h) = -2h\pi$
$V'(h) = 0;\ 3h^2 = 25;\ h = \frac{5}{3}\sqrt{3}\ (h > 0)$
$V''(\frac{5}{3}\sqrt{3}) = -\frac{10}{3}\sqrt{3}\,\pi < 0$
Es gibt einen Kegel größten Volumens:
$V_{max} = \frac{\pi}{3} \cdot \frac{5}{3}\sqrt{3} \cdot \left(25 - \frac{25}{3}\right) = \frac{5\pi\sqrt{3}}{9} \cdot \frac{50}{3} = \frac{250}{27}\pi\sqrt{3} \approx 50{,}38$
Das Volumen beträgt etwa 50 cm^3.
Achsenschnitt: $\frac{5}{3}\sqrt{3}\,cm \approx 2{,}9\ cm$

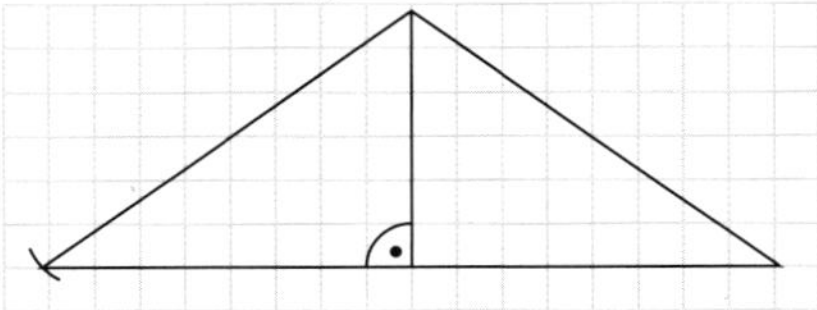

8. Rechnung mit Maßzahlen (Einheit m):

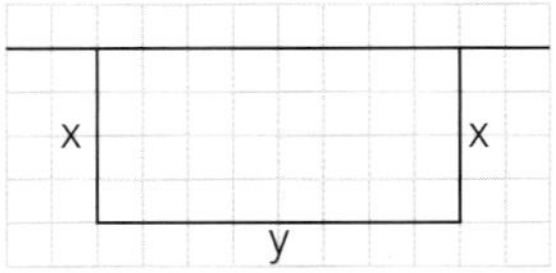

$A = x \cdot y$ (1)
$2x + y = 6$ (2)
$y = 6 - 2x$ eingesetzt in (1)
$A(x) = x(6 - 2x) = 6x - 2x^2;$
$A'(x) = 6 - 4x;\ A''(x) = -4 < 0$
$A'(x) = 0:\ 6 = 4x;\ x = 1{,}5;$
$y = 6 - 2 \cdot 1{,}5 = 3$
Der optimale Gehege ist 3 m lang und 1,5 m breit; sein Flächeninhalt beträgt (1,5 m · 3 m =) 4,5 m^2.

198

9. Rechnung mit Maßzahlen (Einheit m):

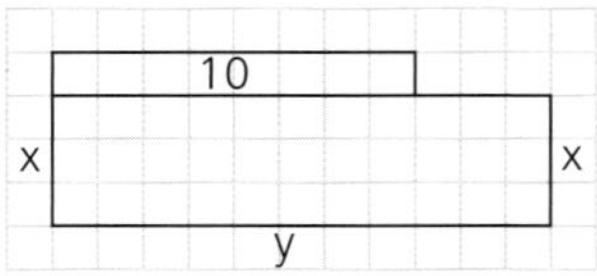

$A = x \cdot y$ (1)
$2x + y + (y - 10) = 50;$
$2x + 2y = 60;\ |:2$
$x + y = 30$ (2) aus (2) $y = 30 - x$ eingesetzt in (1)
$A(x) = x(30 - x) = 30x - x^2$
$A'(x) = 30 - 2x;\ A''(x) = -2 < 0$
$A'(x) = 0;\ x = 15$ und aus (2) $y = 15$
Die optimale Weide ist ein 15 m langes (und 15 m breites) Quadrat.

10. Rechnung mit Maßzahlen (Einheit m):

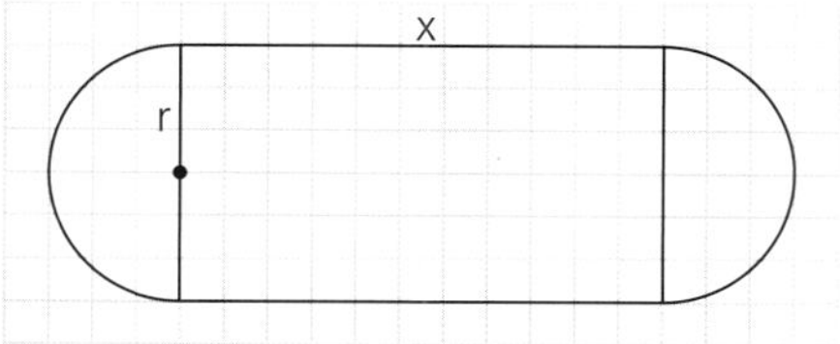

$A = 2rx$ (1)
Ferner gilt $2 \cdot x + 2 \cdot r \cdot \pi = 400$;
$x + r\pi = 200$;
$x = 200 - r\pi$ (2)
eingesetzt in (1)
$A(r) = 2r(200 - r\pi) = 2(200r - r^2\pi)$;
$A'(r) = 2(200 - 2r\pi)$;
$A''(r) = 2(-2\pi) = -4\pi < 0$
$A'(r) = 0$: $2r\pi = 200$; $r\pi = 100$ eingesetzt in (2)
$x = 200 - 100 = 100$
Jede der beiden Strecken ist 100 m lang, der Radius beträgt jeweils etwa 31,8 m.
Länderspielmaße: $100 \text{ m} \leqq l \leqq 110 \text{ m}$
$64 \text{ m} \leqq b \leqq 75 \text{ m}$
Die Maße verfehlen die Vorschriften knapp ($2 \cdot 31{,}8 \text{ m} = 63{,}6 \text{ m}$).

11. a) $A_{OLAF} = x_A \cdot y_A = x(4 - 1{,}5x)$;
$A(x) = 4x - 1{,}5x^2$;
$A'(x) = 4 - 3x$; $A''(x) = -3 < 0$
$A'(x) = 0$: $x = \frac{4}{3}$: $A\left(\frac{4}{3} \mid 2\right)$
Für $A\left(\frac{4}{3} \mid 2\right)$ wird der Flächeninhalt des Rechtecks OLAF maximal ($A_{max} = \frac{8}{3}$).

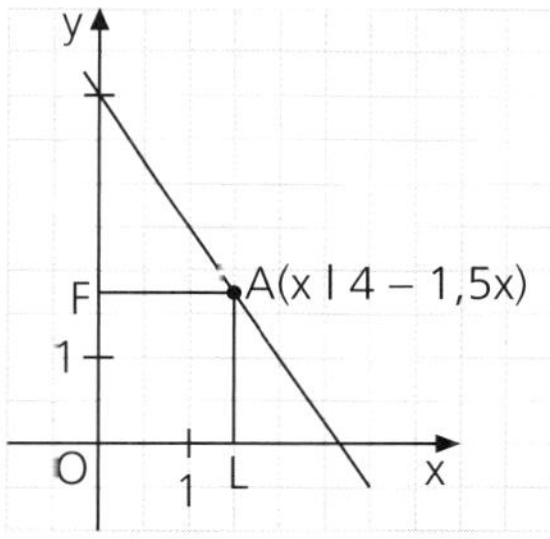

b) $A_{ODER} = x_E \cdot y_E$
$A(x) = x(mx + t) = mx^2 + xt$;
$A'(x) = 2mx + t$;
$A''(x) = 2m < 0$, da $m \in \mathbb{R}^-$ ist.
$A'(x) = 0$: $2mx = t$; $x_E = \frac{-t}{2m}$; $y_E = -\frac{tm}{2m} + t = \frac{t}{2}$
Für $E\left(\frac{t}{2m} \mid \frac{t}{2}\right)$ wird der Flächeninhalt des Rechtecks ODER maximal ($A_{max} = -\frac{t^2}{4m}$).
Hinweis: $A_{max} > 0$, da $m \in \mathbb{R}^-$.

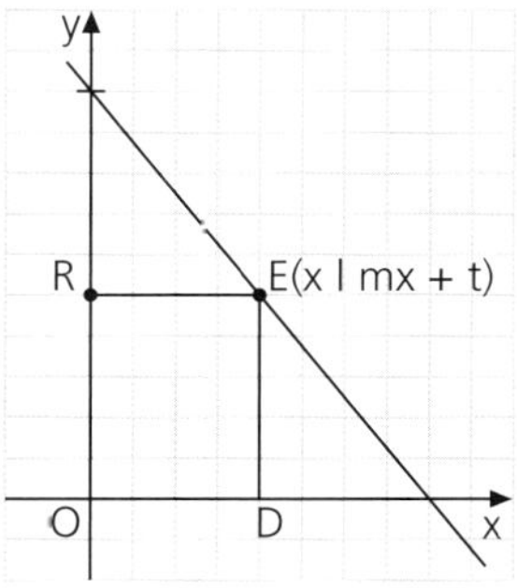

c) $U(x) = 2x + 2y = 2x + 2mx + 2t = 2(x + mx + t)$
(1) $|m| = 1$; da $m \in \mathbb{R}^-$: $m = -1$
$U_{(1)}(x) = 2(x - x + t) = 2t$
(2) $|m| > 1$; da $m \in \mathbb{R}^-$: $m < -1$
$U_{(2)}(x) < 2t$
(3) $|m| < 1$; da $m \in \mathbb{R}^-$: $-1 < m < 0$
$U_{(3)}(x) > 2t$

12. $y = -\frac{1}{2}x^2 + 3$

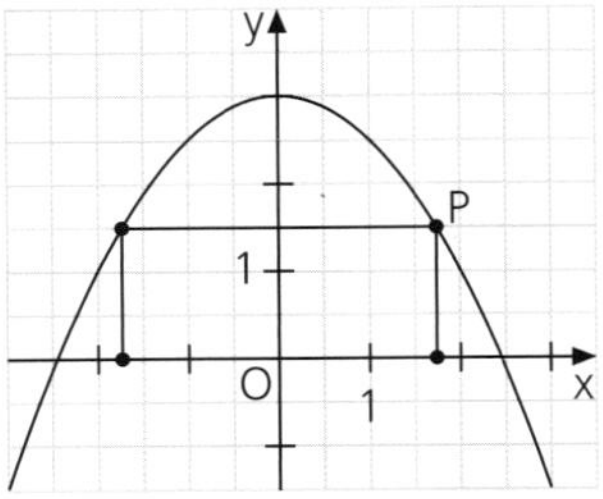

I a) $P \in G_f$: $P\,(x \mid 3 - \frac{1}{2}x^2)$

Rechteck R: $A_R(x) = 2x \cdot \left(3 - \frac{1}{2}x^2\right) = 6x - x^3$; $D_A =]0; \sqrt{6}[$

$A_R'(x) = 6 - 3x^2$;

$A_R''(x) = -6x$

$A_R'(x) = 0$: $6 - 3x^2 = 0$; $x^2 = 2$; $x = _{(\pm)}\sqrt{2}$ $\qquad x \in]0; \sqrt{6}[$

$A_R''(\sqrt{2}) = -6\sqrt{2} < 0$

Das optimale Rechteck hat die Seitenmaßzahlen $2\sqrt{2}$ und 2, sein Flächeninhalt A_R beträgt $4\sqrt{2}$.

b) Bei Rotation von R um die x-Achse entsteht ein gerader Kreiszylinder;

(1) $r_{(1)} = y_p = 2$; $h_{(1)} = 2x_p = 2\sqrt{2}$

$A_{(1)} = 2r^2\pi + 2r\pi h = 8\pi + 8\pi\sqrt{2} = 8\pi(1 + \sqrt{2})$

(2) Bei Rotation von R um die y-Achse entsteht ebenfalls ein gerades Kreiszylinder.

$r_{(2)} = x_p$; $h_{(2)} = y_p$

$A_{(2)} = 2r^2\pi + 2r\pi h = 2 \cdot 2\pi + 2\pi \cdot \sqrt{2} \cdot 2 = 4\pi + 4\pi\sqrt{2} = 4\pi(1 + \sqrt{2})$

$A_{(1)} = 2A_{(2)}$

II

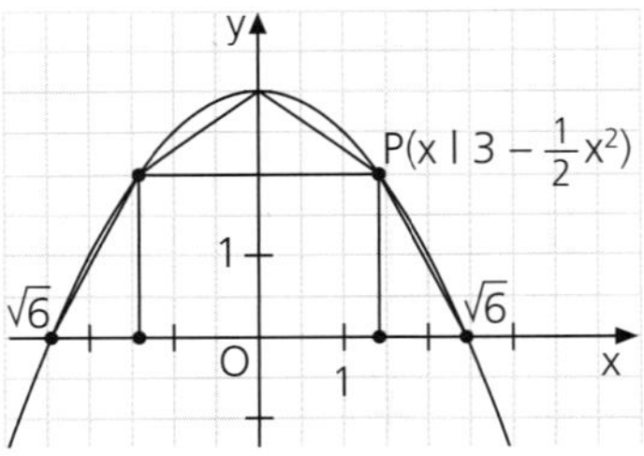

a) $A = A_{TRAPEZ} + A_{DREIECK}$

$A_F(x) = \frac{2\sqrt{6} + 2x}{2} \cdot \left(3 - \frac{1}{2}x^2\right) + \frac{1}{2} \cdot 2x\left(3 - 3 + \frac{x^2}{2}\right) = (\sqrt{6} + x)\left(3 - \frac{1}{2}x^2\right) + x \cdot \frac{x^2}{2} =$

$= 3\sqrt{6} - \frac{\sqrt{6}}{2}x^2 + 3x - \frac{1}{2}x^3 + \frac{1}{2}x^3 = 3\sqrt{6} - \frac{\sqrt{6}}{2}x^2 + 3x$;

$A_F'(x) = -\sqrt{6}\,x + 3$; $A''(x) = -\sqrt{6} < 0$;

$A_F'(x) = 0$: $x_p = \frac{3}{\sqrt{6}} = \frac{1}{2}\sqrt{6}$; $3 - \frac{9}{12} = 2\frac{1}{4} = y_p$;

$A_F = 3\sqrt{6} - \frac{\sqrt{6}}{2} \cdot \frac{6}{4} + \frac{3}{2}\sqrt{6} = \frac{15}{4}\sqrt{6}$

Vergleich: $A_R = 4\sqrt{2}$; $A_F = \frac{15}{4}\sqrt{6}$; $A_F \approx 1{,}6 \cdot A_R$

II **b)** (1) Der Rotationskörper besteht aus zwei geraden Kreiskegelstümpfen und zwei „angesetzten" Kreiskegeln.

$$V_{(1)} = 2 \cdot \frac{1}{3} \cdot x_p\pi(3^2 + 3y_p + y_p^2) + 2 \cdot \frac{1}{3} \cdot y_p^2 \cdot \pi \cdot (\sqrt{6} - x_p) =$$
$$= 2 \cdot \frac{1}{3} \cdot \frac{1}{2}\sqrt{6}\pi\left(9 + 3 \cdot \frac{9}{4} + \frac{81}{16}\right) + 2 \cdot \frac{1}{3} \cdot \frac{81}{16}\pi(\sqrt{6} - \frac{1}{2}\sqrt{6}) =$$
$$= \frac{\pi\sqrt{6}}{3} \cdot \frac{333}{16} + \frac{27}{8}\pi\frac{\sqrt{6}}{2} =$$
$$= \frac{69}{8}\pi\sqrt{6} \approx 66{,}4$$

(2) Der Rotationskörper besteht aus einem geraden Kreiskegelstumpf und einem angesetzten geraden Kreiskegel.

$$V_{(2)} = \frac{1}{3} \cdot y_p \cdot \pi \cdot (6 + \sqrt{6} \cdot x_p + x_p^2) + \frac{1}{3}x_p^2\pi \cdot (3 - y_p) =$$
$$= \frac{1}{3} \cdot \frac{9}{4} \cdot \pi\left(6 + \sqrt{6} \cdot \frac{\sqrt{6}}{2} + \frac{6}{4}\right) + \frac{1}{3} \cdot \frac{6}{4} \cdot \pi\left(3 - \frac{9}{4}\right) = \frac{3}{4}\pi \quad 10{,}5 + \frac{1}{2}\pi \cdot \frac{3}{4} = \frac{3}{4}\pi \cdot 11 =$$
$$= \frac{33}{4}\pi \approx 25{,}9$$

13.

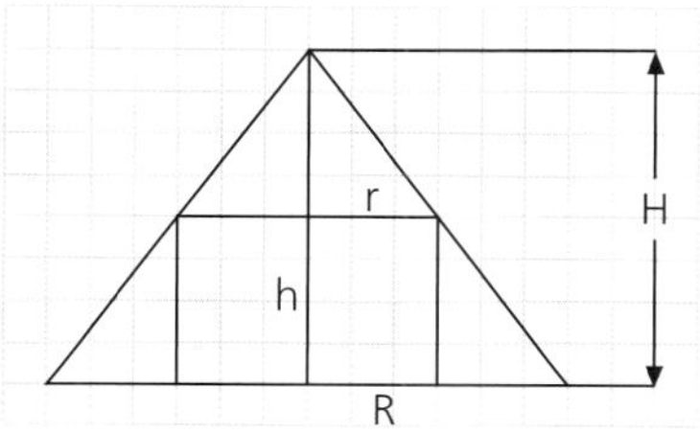

Kegel: R; H Zylinder: r; h

$V_{Kegel} = \frac{1}{3}R^2\pi H$; $V_{Zylinder} = r^2\pi h$; $V_Z = r^2\pi h$

Es gilt $\frac{r}{R} = \frac{H-h}{H}$ (2. Strahlensatz)

$r = \frac{R}{H}(H - h)$;

$V_Z(h) = \frac{R^2}{H^2}(H - h)^2\pi h = \frac{R^2}{H^2}\pi(H^2 \cdot h - 2Hh^2 + h^3)$;

$[V_Z(h)]' = \frac{R^2\pi}{H^2}(H^2 - 4Hh + 3h^2)$;

$[V_Z(h)]'' = \frac{R^2\pi}{H^2}(-4H + 6h)$;

$[V_Z(h)]' = 0$: $3h^2 - 4Hh + H^2 = 0$;

$h_{1,2} = \frac{4H \pm \sqrt{16H^2 - 12H^2}}{6} = \frac{4H \pm 2H}{6}$

$h_1 = H$ (nicht möglich)

$h_2 = \frac{H}{3}$

$[V_Z(h)]''\Big|_{h=\frac{H}{3}} = \frac{R^2\pi}{H^2}(-4H + 2H) = -2 \cdot \frac{R^2\pi}{H} < 0$

$V_{Z\,max} = V_Z(\frac{H}{3}) = \frac{R^2}{H^2}\pi\left(\frac{H^3}{3} - 2 \cdot \frac{H^3}{9} + \frac{H^3}{27}\right) = \frac{4}{27}\pi R^2 H$

$V_{Kegel} = \frac{\pi}{3}R^2H$

Anteil: $\frac{V_{Z\,max}}{V_{Kegel}} = \frac{\frac{4}{27}\pi R^2H}{\frac{1}{3}\pi R^2H} = \frac{4}{9}$

d. h. $V_{Zylinder}$ kann höchstens $\frac{4}{9}$ von V_{Kegel} einnehmen.

199

14.

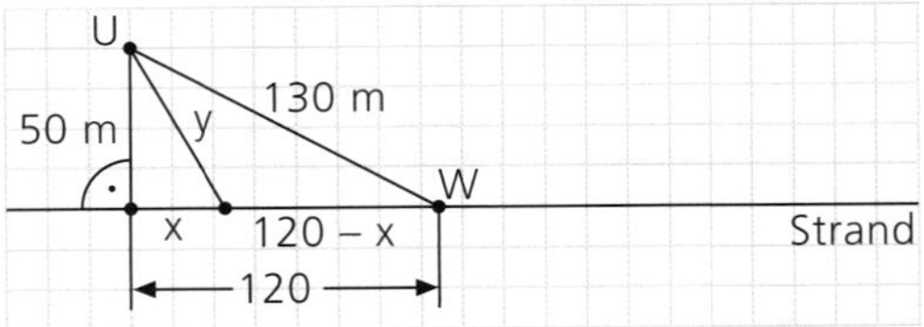

U: Unfallort
W: Wasserwacht-Stützpunkt

Es gilt $v = \frac{s}{t}$; $t = \frac{s}{v}$

Gesamtzeit: $f(x) = \frac{120\,\text{m} - x}{8\frac{\text{m}}{\text{s}}} + \frac{y}{1{,}6\frac{\text{m}}{\text{s}}}$

$y^2 = x^2 + (50\,\text{m})^2$; $y = _{(\pm)}\sqrt{x^2 + (50\,\text{m})^2}$; $y > 0$

$f(x) = \frac{120\,\text{m} - x}{8\frac{\text{m}}{\text{s}}} + \frac{\sqrt{x^2 + (50\,\text{m})^2}}{1{,}6\frac{\text{m}}{\text{s}}}$

Rechnung mit Maßzahlen:

$f(x) = 15 - \frac{x}{8} + \frac{5}{8}\sqrt{x^2 + 2\,500}$;

$f'(x) = -\frac{1}{8} + \frac{5}{8}\frac{2x}{2\sqrt{x^2 + 2\,500}} = -\frac{1}{8} + \frac{5}{8}\frac{x}{\sqrt{x^2 + 2\,500}}$;

$f'(x) = 0$; $\frac{5x}{8\sqrt{x^2 + 2\,500}} = \frac{1}{8}$; $|\cdot 8\sqrt{x^2 + 2\,500}$

$5x = \sqrt{x^2 + 2\,500}$;

$25x^2 = x^2 + 2\,500$;

$24x^2 = 2\,500$;

$x^2 = \frac{2\,500}{24}$;

$x = _{(\pm)}\frac{25}{6}\sqrt{6} \approx 10{,}2$

Er sollte etwa 110 m vom Wasserwacht-Stützpunkt entfernt ins Wasser gehen.

Gesamtzeit:

$t_{min} \approx f(10{,}2) \approx 15 - \frac{10{,}2}{8} + \frac{5}{8} \cdot 51{,}0 \approx 45{,}6$:

Er braucht mindestens 46 Sekunden.

Prüfen, ob das Extremum wirklich ein Minimum ist:

$f''(x) = \frac{\frac{5}{8}\sqrt{x^2 + 2500} - \frac{x \cdot 2x}{2\sqrt{x^2 + 2\,500}}}{x^2 + 2\,500}$;

$x \approx 10{,}2$ wird ohne Vereinfachung von $f''(x)$ eingesetzt:

$f''(10{,}2) \approx \frac{5}{8} \cdot \frac{51{,}0 - \frac{104}{51{,}0}}{2\,604} = \frac{5}{8} \cdot \frac{49{,}0}{2\,604} > 0$

d. h.: Das Extremum ist wirklich ein Minimum.

15. P(„rot") = $\frac{2}{6} = \frac{1}{3}$

P(„nicht rot") = $\frac{4}{6} = \frac{2}{3}$

$1 - \left(\frac{2}{3}\right)^n > 0{,}9$;

$-\left(\frac{2}{3}\right)^n > -0{,}1$;

$\left(\frac{2}{3}\right)^n < 0{,}1$; | log

$n\log\frac{2}{3} < \log 0{,}1$; | : $\log\frac{2}{3}$

$n > \frac{\log 0{,}1}{\log\frac{2}{3}} = 5{,}6788\ldots$

$n_{min} = 6$

Man muss mindestens sechsmal würfeln.

16.

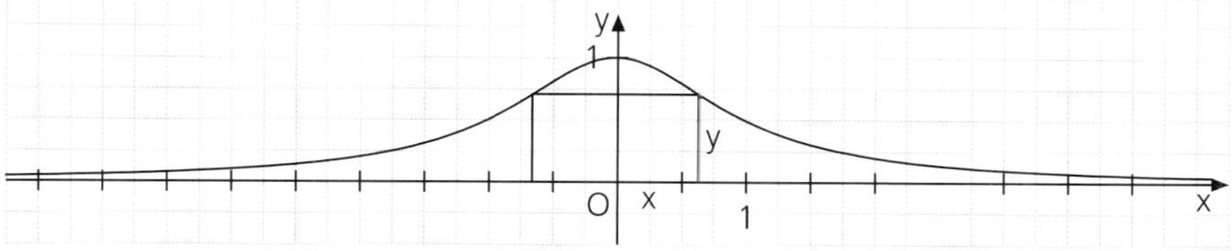

a) $A(x) = 2 \cdot x \cdot f(x) = \frac{2x}{1 + x^2}$;

$A'(x) = \frac{(1 + x^2) \cdot 2 - 2x \cdot 2x}{(1 + x^2)^2} = \frac{2 - 2x^2}{(1 + x^2)^2} = \frac{2(1 - x^2)}{(1 + x^2)^2}$

$A'(x) = 0;\ x^2 = 1;\ x_1 = 1;\ x_2 = -1$

Monotonietabelle:

x	$-\infty < x < -1$	$x = -1$	$-1 < x < 1$	$x = 1$	$1 < x < +\infty$
$f'(x)$	$f'(x) < 0$	$f'(x) = 0$	$f'(x) > 0$	$f'(x) = 0$	$f'(x) < 0$
Vorzeichen-wechsel	—	von – nach +	—	von + nach –	
Funktion f	streng monoton abnehmend	Minimum	streng monoton zunehmend	Maximum	streng monoton abnehmend

$A_{max} = A(1) = \frac{2}{2} = 1$

b) $V = (f(x))^2\pi \cdot 2x$

$V(x) = \frac{2\pi x}{(x^2 + 1)^2};\ x > 0$

$V'(x) = \frac{(x^2 + 1)^2 \cdot 2\pi - 2\pi x \cdot 2(x^2 + 1) \cdot 2x}{(x^2 + 1)^4} = \frac{2\pi(x^2 + 1 - 4x^2)}{(x^2 + 1)^3} = \frac{2\pi(1 - 3x^2)}{(x^2 + 1)^3}$

$V'(x) = 0$: $1 - 3x^2 = 0;\ x^2 = \frac{1}{3}$;

$x_1 = \frac{1}{3}\sqrt{3};\ (x_2 = -\frac{1}{3}\sqrt{3} < 0)$

Für $0 < x < \frac{1}{3}\sqrt{3}$ gilt $f'(x) > 0$, $f'(\frac{1}{3}\sqrt{3}) = 0$ und

für $x > \frac{1}{3}\sqrt{3}$ gilt $f'(x) < 0$, d. h. Vorzeichenwechsel von + nach – :
Maximum von f an der Stelle $x = \frac{1}{3}\sqrt{3}$.

$V_{max} = V(\frac{1}{3}\sqrt{3}) = \frac{2\pi\frac{1}{3}\sqrt{3}}{\left(\frac{1}{3} + 1\right)^2} = \frac{2\pi\sqrt{3}}{3 \cdot \frac{16}{9}} = \frac{3\pi\sqrt{3}}{8} \approx 2{,}0$

c)

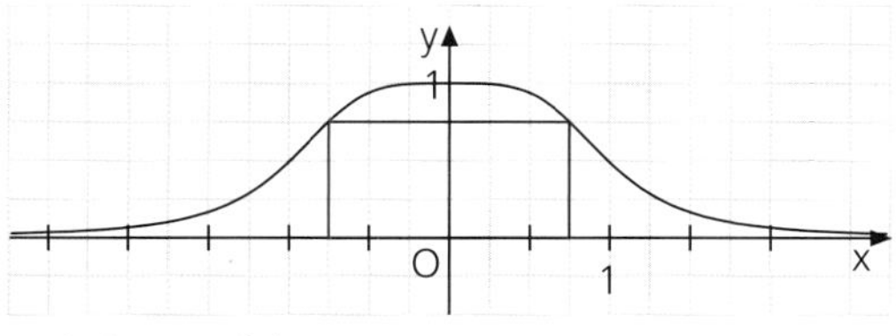

Variation von a)

$A^*(x) = 2x \cdot f^*(x) = \frac{2x}{1 + x^4};\ x > 0$

$[A^*(x)]' = \frac{(1 + x^4) \cdot 2 - 2x \cdot 4x^3}{(1 + x^4)^2} = \frac{2 - 6x^4}{(1 + x^4)^2} = \frac{2(1 - 3x^4)}{(1 - x^4)^2}$;

$[A^*(x)]' = 0$: $3x^4 = 1;\ x^4 = \frac{1}{3};\ x = \sqrt[4]{\frac{1}{3}}$

Für $0 < x < \sqrt[4]{\frac{1}{3}}$ gilt $[A^*(x)]' > 0$; $[A^*(x)]' \,\big|_{x = \sqrt[3]{\frac{1}{4}}} = 0$

und für $x > \sqrt[4]{\frac{1}{3}}$ gilt $[A^*(x)]' < 0$, d. h. Vorzeichenwechsel von + nach – :
Maximum von A^* an der Stelle $x = \sqrt[4]{\frac{1}{3}}$.

Variation von b)

$V^*(x) = [f^*(x)]^2 \cdot \pi \cdot 2x;\ x > 0$

$V^*(x) = \dfrac{2\pi x}{(1 + x^4)^2};$

$[V^*(x)]' = 2\pi \cdot \dfrac{(1 + x^4)^2 \cdot 1 - x \cdot 2(1 + x^4) \cdot 4x^3}{(1 + x^4)^4} = 2\pi \cdot \dfrac{1 + x^4 - 8x^4}{(1 + x^4)^3} = 2\pi \cdot \dfrac{1 - 7x^4}{(1 + x^4)^3};$

$[V^*(x)]' = 0$: $x^4 = \frac{1}{7};\ x = \sqrt[4]{\frac{1}{7}};\ x > 0$

Für $0 < x < \sqrt[4]{\frac{1}{7}}$ gilt $[V^*(x)]' > 0$;

$[V^*(x)]' \big|_{x=\sqrt[4]{\frac{1}{7}}} = 0$ und

für $x > \sqrt[4]{\frac{1}{7}}$ gilt $[V^*(x)]' < 0$, d. h. Vorzeichenwechsel von + nach – :

V^* hat an der Stelle $x = \sqrt[4]{\frac{1}{7}}$ ein Maximum.

$V^*_{max} = V^*\left(\sqrt[4]{\frac{1}{7}}\right) = \dfrac{2\pi \cdot \sqrt[4]{\frac{1}{7}}}{\left(1 + \frac{1}{7}\right)^2} = \dfrac{2\pi\sqrt[4]{\frac{1}{7}}}{\frac{64}{49}} = \frac{49}{32}\pi \cdot \sqrt[4]{\frac{1}{7}} \approx 3{,}0$

17. a)

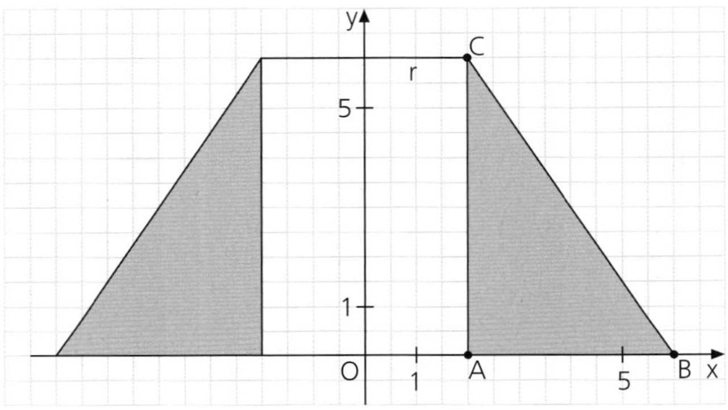

Es entsteht ein gerader Kreiskegelstumpf, aus dem ein gerader Kreiszylinder herausgeschnitten worden ist.

b) $V_{Kegelstumpf} = \frac{1}{3}h\pi(R^2 + Rr + r^2)$ *Hinweis*: vgl. delta11, S. 198 Randspalte

$V(r) = V_{Rotationskörper} = \frac{1}{3} \cdot 6 \cdot \pi\,(36 + 6r + r^2) - r^2\pi \cdot 6 =$
$= 72\pi + 12r\pi + 2r^2\pi - 6r^2\pi = 72\pi - \pi(4r^2 - 12r + 9) + 9\pi =$
$= 81\pi - \pi(2r - 3)^2$

V(r) wird maximal für $r = 1{,}5$.

c) (1) $\lim\limits_{r \to 0+} [81\pi - \pi(2r - 3)^2] = 81\pi - 9\pi = 72\pi$:

Volumen eines Kreiskegels ($r = 6$; $h = 6$)

(2) $\lim\limits_{r \to 6-} [81\pi - \pi(2r - 3)^2] = 0$

Gerader Kreiszylindermantel

18.

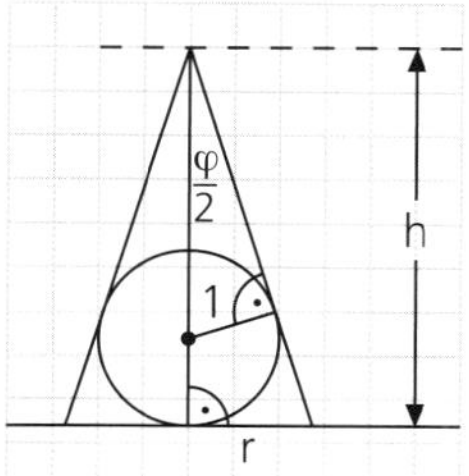

a) $\sin \frac{\varphi}{2} = x$; $x = \frac{1}{h-1} = \frac{r}{\sqrt{r^2+h^2}}$

aus $x = \frac{1}{h-1}$ flogt $h - 1 = \frac{1}{x}$;

$h = \frac{1+x}{x}$

aus $x = \frac{r}{\sqrt{r^2+h^2}}$ ergibt sich $\sqrt{r^2+h^2} = \frac{r}{x}$; I quad

$r^2 + h^2 = \frac{r^2}{x^2}$; $r^2\left(\frac{1}{x^2} - 1\right) = h^2 = \frac{(1+x)^2}{x^2}$

$r^2 = \frac{(1+x)^2}{x^2\left(\frac{1}{x^2} - 1\right)} = \frac{(1+x)^2}{1-x^2} = \frac{(1+x)^2}{(1+x)(1-x)} = \frac{1+x}{1-x}$;

$V = \frac{1}{3} r^2 \pi h = \frac{\pi}{3} \cdot \frac{1+x}{1-x} \cdot \frac{1+x}{x} = \frac{\pi}{3} \cdot \frac{(1+x)^2}{x(1-x)}$

$V(x) = \frac{\pi}{3} \cdot \frac{(1+x)^2}{x(1-x)}$

V(x) ist somit direkt proportional zu $\frac{(1+x)^2}{x(1-x)}$.

b) $V'(x) = \frac{\pi}{3} \cdot \frac{x(1-x)2(1+x) - (1+x)^2(1-2x)}{x^2(1-x)^2} = \frac{\pi}{3} \cdot \frac{(1+x)[(2x-2x^2) - (1 - 2x + x - 2x^2)]}{x^2(1-x)^2} =$

$= \frac{\pi}{3} \cdot \frac{(1+x)(2x - 2x^2 - 1 + x + 2x^2)}{x^2(1-x)^2} = \frac{\pi}{3} \cdot \frac{(1+x)(3x-1)}{x^2(1-x)^2}$;

$V'(x) = 0$: $x_1 = -1$, da $\sin \frac{\varphi}{2} > 0$ ist.

$x_2 = \frac{1}{3}$

$V'(x) \begin{cases} < 0 \text{ für } 0 < x < \frac{1}{3} \\ = 0 \text{ für } x = \frac{1}{3} \\ > 0 \text{ für } \frac{1}{3} < x < 1 \end{cases}$

Das Volumen V ist minimal, wenn $x = \frac{1}{3}$ ist.

$\sin \frac{\varphi}{2} = \frac{1}{3}$; $\frac{\varphi}{2} = 19{,}47°\ldots$; $\varphi \approx 38{,}94°$

$\frac{\varphi}{2} = 160{,}52\ldots$ nicht möglich

$V\left(\frac{1}{3}\right) = V_{max} = \frac{\pi}{3} \cdot \frac{\left(\frac{4}{3}\right)^2}{\frac{1}{3} \cdot \frac{2}{3}} = \frac{\pi}{3} \cdot 8 = \frac{8\pi}{3}$;

$V_{Kugel} = \frac{4}{3} \cdot 1^3 \pi = \frac{4}{3}\pi$

$V_{Kegel} = 2 \cdot V_{Kugel}$

c) $D_{f\,max} = \mathbb{R} \setminus \{0, 1\}$

$f(x) = \frac{(1+x)^2}{x(1-x)}$

x-Achsenpunkt H (−1 | 0)

G_f hat mit der y-Achse keinen Punkt gemeinsam.

$f'(x) = \frac{(1+x)(3x-1)}{x^2(1-x)^2}$ vgl. Teilaufgabe b)

$f'(x) = 0$;

$x_1 = -1$

$x_2 = \frac{1}{3}$

$$f'(x) \begin{cases} > 0 \text{ für } -\infty < x < -1 \\ = 0 \text{ für } x = -1 \\ < 0 \text{ für } -1 < x < 0 \\ < 0 \text{ für } 0 < x < \frac{1}{3} \\ = 0 \text{ für } x = \frac{1}{3} \\ > 0 \text{ für } \frac{1}{3} < x < 1 \\ > 0 \text{ für } 1 < x < +\infty \end{cases}$$

G_f hat einen Hochpunkt H (– 1 I 0) und einen Tiefpunkt T ($\frac{1}{3}$ I 8).
f hat an der Stelle x = 0 und an der Stelle x = 1 einen Pol mit Vorzeichenwechsel.

$$\lim_{x \to \pm\infty} \frac{(1+x)^2}{x(1-x)} = \lim_{x \to \pm\infty} \frac{\left(\frac{1}{x}+1\right)^2}{1 \cdot \left(\frac{1}{x}-1\right)} = \frac{1}{-1} = -1$$

G_f hat eine waagrechte Asymptote a mit der Gleichung a: y = – 1.

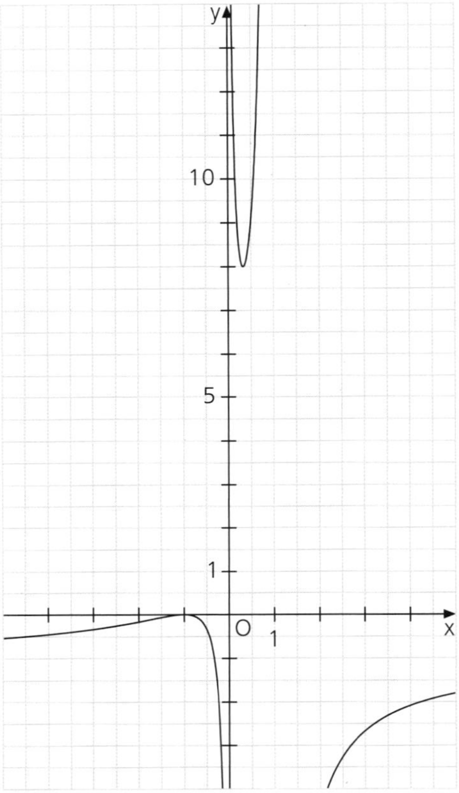

W

W1 Wolfgang hat am 31.12. Geburtstag.

W2 Seitenlänge der Quadrats: $3\sqrt{2}$ cm
$A_{getönt} = (3\text{ cm})^2\pi - (3\sqrt{2}\text{ cm})^2 = 9\pi\text{ cm}^2 - 18\text{ cm}^2 \approx 10{,}3\text{ cm}^2$

W3 $10 \cdot 9 \cdot 7 \cdot 4 = 2\,520$

L

200

1. Individuelle Lösungen

2. Individuelle Lösungen

3. a) $2r\pi = 2s\pi \frac{\varphi}{360°} = 2s \cdot \pi \cdot x;\ \ r = sx$

b) $V = \frac{1}{3}r^2\pi h;\ \ h^2 + r^2 = s^2$ (Satz von Pythagoras)

$V = \frac{\pi}{3}s^2x^2 \cdot \sqrt{s^2 - s^2x^2} = \frac{\pi}{3}s^3\, x^2\sqrt{1 - x^2}$,

also $V = kx^2\sqrt{1 - x^2}$

201

4. a) $D_{f_k\,max} = [-1; 1]$

Nullstellen von f_k: $x_1 = 0;\ x_2 = -1;\ x_3 = 1$

Für jeden Wert von $x \in D_{f_k}$ gilt

$f_k(-x) = k(-x)^2\sqrt{1 - (-x)^2} = kx^2\sqrt{1 - x^2} = f_k(x)$:

G_{f_k} ist also symmetrisch zur y-Achse.

b) $f_k'(x) = 2kx\sqrt{1 - x^2} + kx^2 \cdot \frac{(-2x)}{2\sqrt{1 - x^2}} = \frac{2kx(1 - x^2) - kx^3}{\sqrt{1 - x^2}} = \frac{2kx - 3kx^3}{\sqrt{1 - x^2}} = \frac{kx(2 - 3x^2)}{\sqrt{1 - x^2}}$;

$f_k'(x) = 0;\ x_1 = 0;\ x_4 = -\frac{1}{3}\sqrt{6};\ x_5 = \frac{1}{3}\sqrt{6}$

Monotonietabelle:

x	$-\infty < x < -\frac{1}{3}\sqrt{6}$	$x = -\frac{1}{3}\sqrt{6}$	$-\frac{1}{3}\sqrt{6} < x < 0$	$x = 0$	$0 < x < \frac{1}{3}\sqrt{6}$	$x = \frac{1}{3}\sqrt{6}$	$\frac{1}{3}\sqrt{6} < x < \infty$
f'(x)	$f'(x) > 0$	$f'(x) = 0$	$f'(x) < 0$	$f'(x) = 0$	$f'(x) > 0$	$f'(x) = 0$	$f'(x) < 0$
Vorzeichenwechsel von f'		von + nach –		von – nach +		von + nach –	
G_f		Hochpunkt H_1 $(-\frac{1}{3}\sqrt{6} \mid \frac{2k}{9}\sqrt{3})$		Tiefpunkt T (0 | 0)		Hochpunkt H_2 $(\frac{1}{3}\sqrt{6} \mid \frac{2k}{9}\sqrt{3})$	

$f_k(-\frac{1}{3}\sqrt{6}) = k \cdot \frac{2}{3} \cdot \frac{1}{3}\sqrt{3} = \frac{2k}{9}\sqrt{3};\ f_k(0) = 0;\ f_k(\frac{1}{3}\sqrt{6}) = \frac{2k}{9}\sqrt{3}$

c)

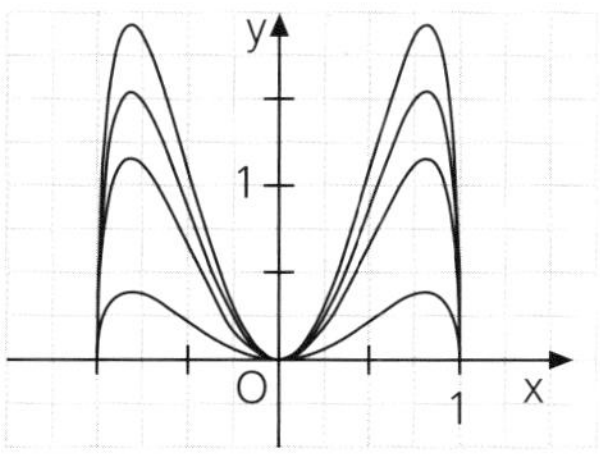

G_{f_k} erhält man für $k \neq 1$ durch Streckung (bzw. Strauchug) von G_{f_1} mit dem Faktor k in Richtung der y-Achse.

d) $[f_k^*(x)]' = -\frac{kx(2 - 3x^2)}{\sqrt{1 - x^2}}$

Gleichung der Tangente an G_{f_k} und an G_{f_k} im Achsenpunkt T (0 | 0):

t_1: y = 0 (x-Achse)

$\lim\limits_{x \to 1-} [f_k^*(x)]' = +\infty$

$\lim\limits_{x \to -1+} [f_k^*(x)]' = -\infty$

Gleichungen der Halbtangenten an G_{f_k} und an G_{f_k} in den Achsenpunkten N_2 (–1 | 0) und N_3 (1 | 0):

t_2: x = –1; t_3: x = 1   (Parallelen zur y-Achse)

5. $V = \frac{\pi}{3}s^3x^2\sqrt{1-x^2}$; $0 < \varphi < 360°$; $0 < x < 1$:
V wird maximal für $x = \frac{1}{3}\sqrt{6}$ [vgl. 4. b)]
$\frac{1}{3}\sqrt{6} = \frac{\varphi_{opt}}{360°}$; $\varphi_{opt} = \frac{1}{3}\sqrt{6} \cdot 360° \approx 294°$
Individuelle Lösungen

6. a) Individuelle Lösungen

b) $h_1^2 = (11\text{ cm})^2 - (4\text{ cm})^2$; $h_1 = \sqrt{105}$ cm;
$V_1 = \frac{1}{3} \cdot \pi \cdot (4\text{ cm})^2 \cdot \sqrt{105}$ cm;
$V_1 \approx 172\text{ cm}^3$
$h_2^2 = (7\text{ cm})^2 - (4{,}5\text{ cm})^2$; $h_2 = \frac{1}{2}\sqrt{115}$ cm;
$V_2 = \frac{1}{3} \cdot \pi \cdot (4{,}5\text{ cm})^2 \cdot \frac{1}{2}\sqrt{115}$ cm;
$V_2 \approx 114\text{ cm}^3$

c) $V_1^* = \frac{1}{3} \cdot \pi \cdot (2\text{ cm})^2 \cdot \frac{1}{2}\sqrt{105}\text{ cm} = \frac{V_1}{8}$;
$V_2^* = \frac{1}{3} \cdot \pi \cdot \left(\frac{4{,}5}{2}\text{ cm}\right)^2 \cdot \frac{1}{2} \cdot \frac{1}{2}\sqrt{115}\text{ cm} = \frac{V_2}{8}$
Verallgemeinerung: $V = \frac{1}{3}r^2\pi h$;
$V^* = \frac{1}{3}\left(\frac{r}{2}\right)^2\pi \cdot \frac{h}{2} = \frac{1}{8} \cdot \frac{1}{3}r^2\pi h = \frac{V}{8}$

d)

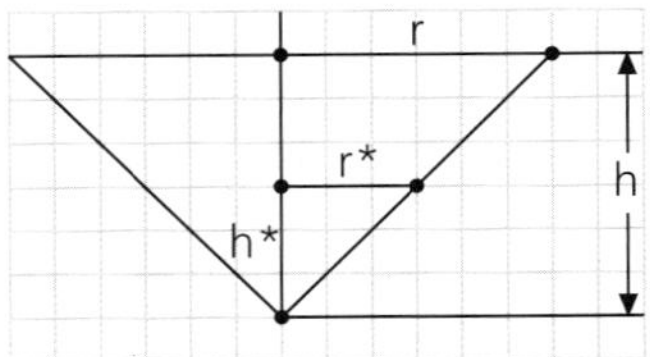

Allgemeine Lösung:
$V = \frac{1}{3}\pi r^2 h$;
$V^* = \frac{1}{2} \cdot V = \frac{1}{6}\pi r^2 h = \frac{1}{3}\pi r^{*2} h^*$;
$\frac{r^*}{h^*} = \frac{r}{h}$; $r^* = \frac{r}{h} \cdot h^*$;
$V^* = \frac{1}{3}\pi \cdot \frac{r^2}{h^2} \cdot h^{*2} \cdot h^* = \frac{1}{3}\pi \cdot \frac{r^2}{h^2} \cdot h^{*3}$;
$\frac{1}{3}\pi \cdot \frac{r^2}{h^2} \cdot h^{*3} = \frac{1}{6}\pi r^2 h$;
$h^{*3} = \frac{1}{2} \cdot h^3$; $h^* = \sqrt[3]{\frac{1}{2}}\,h \approx 0{,}794h$
Spezielle Lösungen:
$h_1^* \approx 0{,}794 \cdot \sqrt{105}\text{ cm} \approx 8{,}13$ cm
$h_1^* \approx 0{,}794 \cdot \frac{1}{2}\sqrt{115}\text{ cm} \approx 4{,}26$ cm

e) $V = \frac{1}{3}\pi \cdot r^2 \cdot h$; $s^2 = h^2 + r^2$; $h = \sqrt{s^2 - r^2}$;
$V(r) = \frac{1}{3}\pi r^2\sqrt{s^2 - r^2}$;
$V'(r) = \frac{\pi}{3} \cdot 2r\sqrt{s^2 - r^2} + \frac{\pi}{3}r^2 \cdot \frac{-2r}{2\sqrt{s^2 - r^2}} = \frac{\pi}{3} \cdot \frac{2r(s^2 - r^2) - r^3}{\sqrt{s^2 - r^2}} =$
$= \frac{\pi}{3} \cdot \frac{2rs^2 - 3r^3}{\sqrt{s^2 - r^2}} = \frac{\pi}{3} \cdot \frac{r(2s^2 - 3r^2)}{\sqrt{s^2 - r^2}}$;
$V'(r) = 0$: $3r^2 = 2s^2$; $r^2 = \frac{2}{3}s^2$;
$r = \frac{\sqrt{6}}{3}s$;
$0 < r < \frac{\sqrt{6}}{3}s$. $V'(r) > 0$; $r > \frac{\sqrt{6}}{3}s$: $V'(r) < 0$: Maximum;
$r_1 = \frac{\sqrt{6}}{3} \cdot 11$ cm; $d_1 = \frac{2\sqrt{6}}{3} \cdot 11\text{ cm} \approx 18{,}0$ cm;
$r_2 = \frac{\sqrt{6}}{3} \cdot 7$ cm; $d_2 = \frac{2\sqrt{6}}{3} \cdot 7\text{ cm} \approx 11{,}4$ cm

L

1. **Nutzenschwelle (NS):** Betrachtet man beginnend mit der Null zunehmende Ausbringungsmengen, so ist der erste Schnittpunkt des Graphen der Gesamtkostenfunktion mit dem Graphen der Erlösfunktion die Nutzenschwelle (der sogenannte **Break-even-point**). Bei dieser Ausbringungsmenge x_{NS} sind Kosten und Erlöse gleich, das Unternehmen verlässt bei dieser Stückzahl die Verlustzone.
Rechnerische Bestimmung: K(x) = E(x)

Nutzenmaximum (NM): Der vertikale Abstand des Graphen der Gesamtkostenfunktion und des Graphen der Erlösfunktion (d. h. der Gewinn) ist im Intervall $[x_{NS}; x_{NG}]$ bei dieser Ausbringungsmenge x_{NM} am größten.
Rechnerische Bestimmung: K′(x) = E′(x) = p

Nutzenschwelle (NG): Der zweite Schnittpunkt des Graphen der Gesamtkostenfunktion mit dem Graphen der Erlösfunktion gibt die Nutzengrenze an. Bei dieser Ausbringungsmenge x_{NG} sind Kosten und Erlöse wieder gleich; das Unternehmen verlässt bei dieser Stückzahl die Gewinnzone.
Rechnerische Bestimmung: K(x) = E(x)

2. Geht man von einem ertragsgesetzlichen Gesamtkostenverlauf und einem linearen Erlösverlauf aus (vgl. Abb.), so erkennt man, dass eine Steigerung der Ausbringungsmenge über die Menge x_{NG} hinaus betriebswirtschaftlich nicht sinnvoll ist, da das Unternehmen dann wieder mit Verlust arbeiten würde. Berücksichtigt man nur kostenrelevante Aspekte, sollte das Unternehmen versuchen, die Ausbringungsmenge x_{NM} zu realisieren; jedoch können auch viele andere Faktoren (z. B. Konkurrenzsituation am Markt) diese Entscheidung beeinflussen.
Folgen Gesamtkosten und Erlös jedoch beide einem linearen Verlauf, so stellt immer die Kapazitätsgrenze die gewinnoptimale Ausbringungsmenge dar, da mit jedem zusätzlich verkauften Stück der Gesamtgewinn zunimmt.
Beispiel: K(x) = 200 € + 3 · x; E(x) = 5 € · x; x = 400 ist die Kapazitätsgrenze.

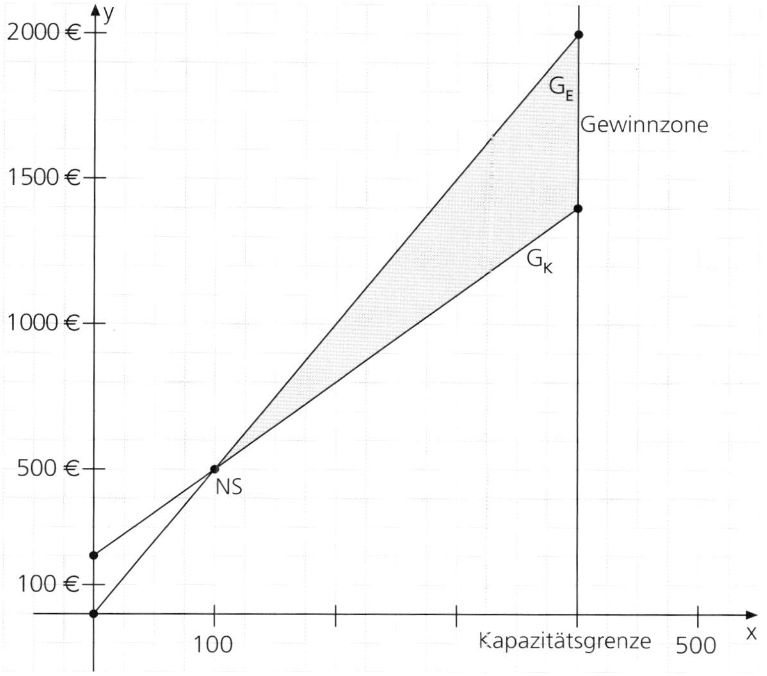

3. Gewinnfunktion G(x):

$G(x) = E(x) - K(x) = 200x - (x^3 - 14x^2 + 160x + 250) =$
$= 200x - x^3 + 14x^2 - 160x - 250 =$
$= -x^3 + 14x^2 + 40x - 250;$

Bestimmung von x_{NM}: $G'(x_{NM}) = 0$ und $G''(x_{NM}) < 0$:

$G'(x) = -3x^2 + 28x + 40 \overset{!}{=} 0;$

$x_{1,2} = \frac{-28 \pm \sqrt{28^2 - 4 \cdot (-3) \cdot 40}}{2 \cdot (-3)};$

$x_1 \approx 1{,}26$ (betriebswirtschaftlich unsinnige Ausbringungsmenge)

$x_2 \approx 10{,}59$

$G''(x) = -6x + 28$

$G''(x_2) < 0;$ $x^2 = x_{NM}$ (gewinnmaximale Ausbringungsmenge)

Die gewinnmaximale Ausbringungsmenge x_{NM} kann man auch graphisch ermitteln; x_{NM} befindet sich genau an der Stelle, an der die Tangentensteigung des Graphen der Gesamtkostenfunktion gleich der Steigung der Erlösfunktion ist (rechnerisch: $K'(x) = E'(x) = p$).

203

4. Das Kostenoptimum kann allgemein auf zwei Arten bestimmt werden:

1. Art: $k(x) = K'(x)$
2. Art: $k'(x) = 0$ und $k''(x) > 0$

In beiden Fällen ergibt sich ein Term, der in der Regel nur durch Probieren gelöst werden kann. Im obigen Fallbeispiel ergibt sich aus der Bedingung $k(x) = K'(x)$ beispielsweise:

$x^2 - 14x + 160 + \frac{250}{x} = 3x^2 - 28x + 160$ und somit $-2x^2 + 14x + \frac{250}{x} = 0$.

Bestimmung der kurzfristigen Preisuntergrenze (Betriebsminimum) für das Fallbeispiel:

Die variablen Stückkosten müssen minimal sein, d. h. es muss $k_v'(x) = 0$ und $k_v''(x) > 0$ gelten.

$k_v(x) = x^2 - 14x + 160$ und damit $k_v'(x) = 2x - 14$.

Da die erste Ableitung für $x = 7$ null ergibt, und $k_v''(7) = 2 > 0$ ist, gilt für die kurzfristige Preisuntergrenze: $k_v(7) = 49 - 14 \cdot 7 + 160 = 111$.

Arbeitsaufträge

1. a) $f(x) = ax^2 + bx + c;\ a \neq 0$
$f'(x) = 2ax + b;$
$S \in G_f$: $f(-4) = 0;\quad 16a - 4b + c = 0$ (1)
$T \in G_f$: $f(0) = -4;\ c = -4$ (2) in (1)
$f'(0) = \pm 1;\ b = \pm 1$ (3) in (1)
$16a \mp 4 - 4 = 0;\ a_1 = \frac{1}{2}\quad (a_2 = 0)$
$f(x) = \frac{1}{2}x^2 + x - 4 = \frac{1}{2}(x^2 + 2x - 8)$
$= \frac{1}{2}(x + 4)(x - 2)$:
G_f hat mit der x-Achse den Punkt S und den Punkt S* (2 | 0) gemeinsam.

2. Scheitel S (b | c)
(1) Alle Parabeln haben den gleichen Scheitel $S_{(1)}$ (1 | 1), sind aber verschieden weit geöffnet: Der Parameter a wurde variiert; „grüne" Parabel: $y = 2(x - 1)^2 + 1$
(2) Die Abszisse b der Parabelscheitel und die „Weite" der Parabeln wurden nicht verändert: Der Parameter c wurde variiert; „grüne" Parabel: $y = 0{,}5(x - 1)^2 + 2{,}5$
(3) Die Ordinate c der Parabelscheitel und die „Weite" der Parabeln blieben unverändert: Der Parameter b wurde variiert; „grüne" Parabel: $y = 0{,}5(x - 2)^2 + 1$

3. a) Wenn man den Parablenscheitel als Ursprung O des Koordinatensystems (Einheit: 1 cm) wählt, also die Parabel durch die Punkte O (0 | 0), P (33 | 8) und P* (–33 | 8) verlaufen lässt, ergibt sich die Parabelgleichung $y = \frac{8}{1\,089}x^2$.
b) Der Ursprung O des Koordinatensystems (Einheit: 1 cm) kann auf dem *rechten* Seitenprofil in (etwa) halber Höhe gewählt werden; der Funktionsgraph G_f verläuft dann durch O (0 | 0) sowie durch P $(\frac{33-5}{2}$ | 49) = P (14 | 49) und hat laut Abbildung in O (etwa) die Tangentensteigung $\frac{7}{3}$, gehört also zum Funktionsterm
$f(x) = \frac{7}{3}x + \frac{1}{168}x^3$.
Bei entsprechender Wahl des Koordinatensystems ergibt sich als Funktionsterm zum *linken* Seitenprofil durch die Punkte O (0 | 0) und P* (–14 | 49): $f^*(x) = -\frac{7}{3}x - \frac{1}{168}x^3$.
Anmerkung: Als Betrag des Steigungswinkels am unteren Ende jedes der beiden Modellprofile erhält man statt 90° nun etwa 80°.
c) Individueller Graphenvergleich

- Funktionsterm einer ganzrationalen Funktion dritten Grads:
  $f(x) = ax^3 + bx^2 + cx + d;\ a \neq 0$
  Ist G_f punktsymmetrisch zum Ursprung, dann gilt $b = d = 0$.
- Funktionsterm einer ganzrationalen Funktion vierten Grads:
  $f(x) = ax^4 + bx^3 + cx^2 + dx + e;\ a \neq 0$.
  Ist G_f achsensymmetrisch zur y-Achse, so gilt $b = d = 0$.

L

1. a) $f(x) = a(x - 3)^2 + 3$.
$O \in G_f$: $0 = a \cdot 9 + 3;\ a = -\frac{1}{3}$
P: $y = -\frac{1}{3}(x - 3)^2 + 3$
b) Ansatz: $f(x) = a(x + 4)^2 + b$
$f'(x) = 2a(x + 4)$
$A \in G_f$: $0 = a \cdot 8^2 + b;\ b + 64a = 0;$ (1)
$f'(4) = 1$: $2a \cdot 8 = 1;\ a = \frac{1}{16}$ eingesetzt in (1):
$b = -\frac{64}{16} = -4$
P: $y = \frac{1}{16}(x + 4)^2 - 4$

c) Ansatz: $y = f(x) = ax^2 + bx + c$
$A \in G_f$: $10 = c$ (1)
$B \in G_f$: $0 = 25a + 5b + c$ (2)
$C \in G_f$: $-8 = 9a + 3b + c$ (3)
(1) eingesetzt in (2) und in (3):
(2') $25a + 5b = -10$; | : 5 $\quad$ $5a + b = -2$ (2")
(3') $9a + 3b = -18$; | : 3 $\quad$ $3a + b = -6$ (3")
(2") – (3"): $2a = 4$
$a = 2$ eingesetzt in (2")
$10 + b = -2$; $b = -12$
P: $y = 2x^2 - 12x + 10 = 2(x^2 - 6x + 9) - 8$; $y = 2(x - 3)^2 - 8$

2. Ansatz: $f(x) = ax^3 + bx^2 + cx + d$
Ableitungen: $f'(x) = 3ax^2 + 2bx + c$
$f''(x) = 6ax + 2b$

a) $A \in G_f$: $-8a + 4b - 2c + d = -1$ (1)
$0 \in G_f$: $d = 0$ (2)
A ist Extrempunkt: $f'(-2) = 0$; $f''(-2) \neq 0$
$12a - 4b + c = 0$ (3)
0 ist Extrempunkt: $f'(0) = 0$; $f''(0) \neq 0$
$c = 0$ (4)
(2) und (4) eingesetzt in (1) und (3)
(1') $-8a + 4b = -1$
(3') $12a - 4b = 0$
(1') + (3') $4a = -1$; $a = -\frac{1}{4}$ eingesetzt in (3')
$-3 - 4b = 0$; $b = -\frac{3}{4}$
$y = -\frac{1}{4}x^3 - \frac{3}{4}x^2$
Probe: $f''(x) = -\frac{6}{4}x - \frac{3}{2}$; $f''(-2) = \frac{3}{2} \neq 0$; $f''(0) = -\frac{3}{2} \neq 0$

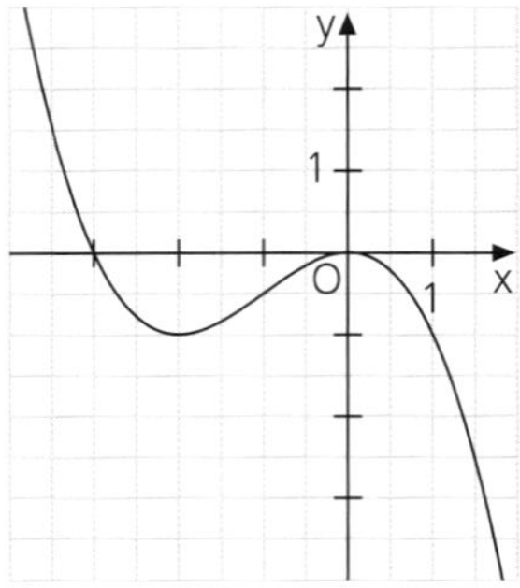

b) $0 \in G_f$: $d = 0$ (1)
G_f berührt die x-Achse im Ursprung: $f'(0) = 0$
$c = 0$ (2)
$N \in G_f$: $27a + 9b + 3c + d = 0$ (3)
$f'(x_N) = f'(3) = 1$: $\quad 27a + 6b + c = 1$ (4)
(1) und (2) eingesetzt in (3) und (4):
(3') $27a + 9b = 0$
(4') $27a + 6b = 1$
(4') – (3'): $-3b = 1$; $b = -\frac{1}{3}$ eingesetzt in (3')
$27a - 3 = 0$; $a = \frac{1}{9}$
$y = \frac{1}{9}x^3 - \frac{1}{3}x^2$

c) $H \in G_f$: $-a + b - c + d = 5$; (1)
H ist Hochpunkt: $f'(-1) = 0$; $f''(-1) < 0$
$3a - 2b + c = 0$; (2)
$0 \in G_f$: $d = 0$ (3)
$A \in G_f$: $-8a + 4b - 2c + d = -2$ (4)
(3) eingesetzt in (1) und in (4)
(1') $-a + b - c = 5$;
(2) $3a - 2b + c = 0$;
(4') $-8a + 4b - 2c = -2$; | : 2
(4") $-4a + 2b - c = -1$;
(1') + (2): $2a - b = 5$ (I)
(2) + (4"): $-a = -1$; $a = 1$ eingesetzt in I $\quad b = -3$
eingesetzt in (2): $c = -9$
$y = x^3 - 3x^2 - 9x$
Prüfen: $f''(-1) = -6 - 3 = -9 < 0$ ✓

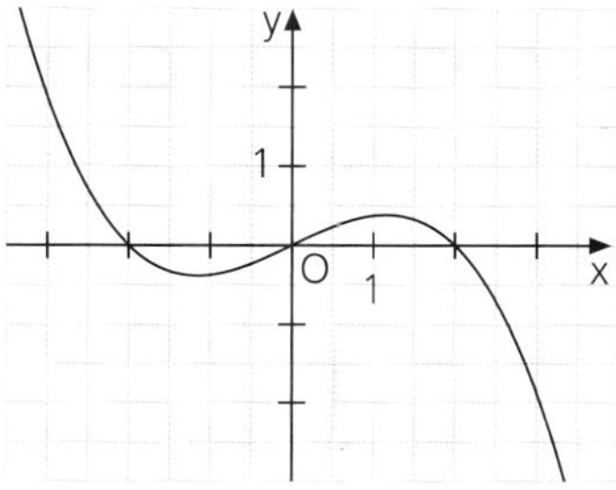

d) Da G_f punktsymmetrisch zum Ursprung ist, gilt:
$f(x) = ax^3 + cx$
$N \in G_f$: $8a + 2c = 0$; I : 2 (1)
$f'(2) = -1$: $12a + c = -1$; (2)
$4a + c = 0$; (1')
$12a + c = -1$ (2)
(2) – (1'): $8a = -1$; $a = -\frac{1}{8}$ eingesetzt in (1')
$-\frac{1}{2} + c = 0$; $c = \frac{1}{2}$
$y = -\frac{1}{8}x^3 + \frac{1}{2}x$

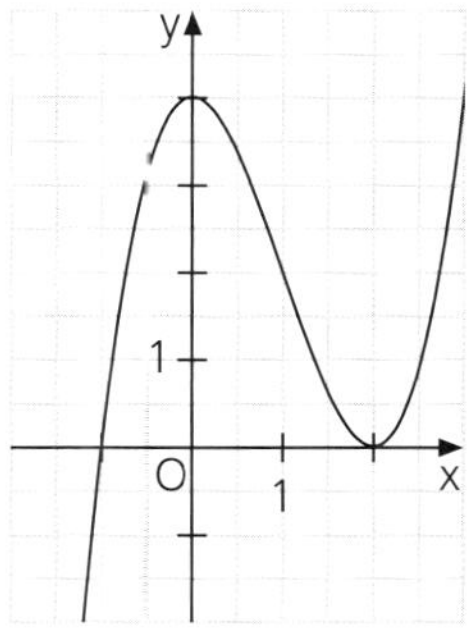

e) P_1 (–1 I 0), P_2 (1 I 2), P_3 (3 I 4)
$T \in G_f$: $d = 4$ (1)
$P_1 \in G_f$: $-a + b - c + d = 0$ (2)
$P_2 \in G_f$: $a + b + c + d = 2$ (3)
$P_3 \in G_f$: $27a + 9b + 3c + d = 4$ (4)
(1) eingesetzt in (2), (3) und (4)
(2') $-a + b - c + 4 = 0$;
(3') $a + b + c + 4 = 2$;
(4') $27a + 9b + 3c = 0$; I : 3
(4'') $9a + 3b + c = 0$
(2') + (3'): $2b + 8 = 2$; $2b = -6$; $b = -3$
(4'') + (2'): $8a + 4b + 4 = 0$: (I)
$b = -3$ eingesetzt: $8a - 12 + 4 = 0$; $8a = 8$; $a = 1$
$a = 1$ und $b = -3$ eingesetzt in (2'):
$1 - 3 + c + 4 = 2$; $c = 0$
$y = x^3 - 3x^2 + 4$

3. $f(x) = ax^4 + bx^3 + cx^2 + dx + e$
$f'(x) = 4ax^3 + 3bx^2 + 2cx + d$
$f''(x) = 12ax^2 + 6bx + 2c$

a) Ansatz: $f(x) = ax^4 + cx^2 + e$
$T \in G_f$: $9a + 3c + e = -3$; (1)
$f'(\sqrt{3}) = 0$: $12\sqrt{3}a + 3\sqrt{3}c + e = 0$; (2) $f''(\sqrt{3}) > 0$
$N(\sqrt{6} \mid 0) \in G_f$: $36a + 6c + e = 0$ (3)
(3) – (1) : $27a + 3c = 3$; I : 3 $9a + c = 1$ (I)
(3) – (2): $(36 - 12\sqrt{3})a + (6 - 2\sqrt{3})c = 0$
$12(3 - \sqrt{3})a + 2(3 - \sqrt{3})c = 0$; I : $2(3 - \sqrt{3})$
$6a + c = 0$ (II)
(I) – (II): $3a = 1$; $a = \frac{1}{3}$ eingesetzt in (I)
$3 + c = 1$; $c = -2$
$a = \frac{1}{3}$ und $c = -2$ eingesetzt in (1)
$3 - 6 + e = -3$, $e = 0$
Funktionsgleichung: $y = \frac{1}{3}x^4 - 2x^2$
Prüfen: $f''(\sqrt{3}) = 4 \cdot 3 - 4 = 8 > 0$ ✓

b) Ansatz: $f(x) = ax^4 + cx^2 + e$
$T \in G_f$: $e = 3$ (1)
$y_B = y_C = 1^2 = 1$
$B \in G_f$: $a + c + e = 1$ (2)
Steigung der Normalparabel im Punkt B: $2 \cdot 1 = 2$
$f'(1) = 4a + 2c = 2$; $| : 2$
$2a + c = 1$ (3)
$e = 3$ eingesetzt in (2)
$a + c + 3 = 1$
$a + c = -2$ (2')
(3) – (2') $a = 3$ eingesetzt in (3)
$6 + c = 1$; $c = -5$
Funktionsgleichung: $y = 3x^4 - 5x^2 + 3$

c) M (1 | 0)
Ansatz: $f(x) = ax(x - 1)(x + 2)(x - 2) = ax(x - 1)(x^2 - 4)$
$P \in G_f$: $-3 = a \cdot (-2) \cdot (-3)$
$a = -\frac{1}{2}$
Funktionsgleichung: $y = -\frac{1}{2}x(x - 1)(x^2 - 4)$

209

4. a) Abbildung (1): Graph einer ganzrationalen Funktion f dritten Grads; Abbildungen (2) und (3): Graphen von ganzrationalen Funktionen zweiten Grads; einer von ihnen ist G_f. Aus Abbildung (1) folgt, dass $f'(0) < 0$ ist, also zeigt Abbildung (2) $G_{f'}$.

b) Abbildungen (2) und (3): Graphen ganzrationaler Funktionen vierten Grads; Abbildung (1) zeigt den Graphen einer ganzrationalen Funktion dritten Grads, also $G_{f'}$. Aus Abbildung (1) folgt, dass für $x > 1$ stets $f'(x) > 0$ ist; dies ist bei Abbildung (3) der Fall, bei (2) dagegen nicht.

5. a) $f(x) = a^x = e^{x \ln a}$
$f'(x) = \ln a e^{x \ln a} = \ln a \cdot a^x$
$f'(0) = \ln a$; $\tan 60° = \sqrt{3}$
$\ln a_1 = \sqrt{3}$; $\ln a_2 = -\sqrt{3}$
$a_1 = e^{\sqrt{3}}$; $a_2 = e^{-\sqrt{3}}$

b) $f(x) = e^x$; $f'(x) = e^x$
$g(x) = ax^2$; $g'(x) = 2ax$
(1) $e^x = ax^2$; (2) $e^x = 2ax$
also gilt $ax^2 = 2ax$; $| : a$
$x_1 = 0$; $x_2 = 2$
$x_1 = 0$ ist keine Lösung, da $e^0 \neq a \cdot 0$ ist.
$x_2 = 2 = x_B$
$y_B = e^2$; $y_B = a \cdot 4$; B (2 | e^2)
also $4a^* = e^2$, $a = \frac{e^2}{4}$;
$g_a(x) = \frac{e^2}{4} \cdot x^2$; $g_a'(x) = \frac{e^2}{2} \cdot x$
Probe: $x = 2$; $f(2) = e^2$; $g(2) = \frac{e^2}{4} \cdot 4 = e^2$ ✓
$f'(2) = e^2$; $g'(2) = \frac{e^2}{2} \cdot 2 = e^2$ ✓

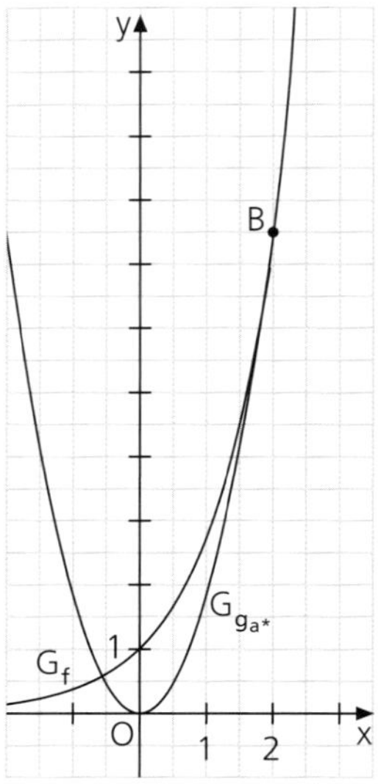

c) Abszisse des gemeinsamen Punkts von G_f und G_g:
$1 - e^x = te^{-x}$; $| \cdot e^x$
$e^x - e^{2x} - t = 0$
$e^{2x} - e^x + t = 0$; $e^x = z$;
$z^2 - z + t = 0$;
$z_{1,2} = \frac{1 \pm \sqrt{1 - 4t}}{2}$

Wenn die Graphen einander berühren, gilt
$1 - 4t = 0;\ t = \frac{1}{4}$
$z = e^x = \frac{1}{2};\ x_C = -\ln 2$
$f(x_C) = y_C = 1 - e^{-\ln 2} = 1 - \frac{1}{2} = \frac{1}{2}$ *oder:*
$g(x_C) = \frac{1}{4} \cdot e^{\ln 2} = \frac{1}{4} \cdot 2 = \frac{1}{2};$
$C\,(-\ln 2 \mid \frac{1}{2}).$
Anderer Lösungsweg:
(1) $f(x_C) = g(x_C);\quad 1 - e^{x_C} = te^{-x_C}$ (1)
(2) $f'(x_C) = g'(x_C);\ -e^{x_C} = -te^{-x_C}$ (2)
$t = e^{2x_C}$
eingesetzt in (1)
$1 - \sqrt{t} = t \cdot \frac{1}{\sqrt{t}};\ 2\sqrt{t} = 1;\ \sqrt{t} = \frac{1}{2};\ t = \frac{1}{4}$
und weiter $e^{2x_C} = \frac{1}{4};\ 2x_C = \ln \frac{1}{4}$
$x_C = \ln \frac{1}{2} = -\ln 2$

6. Gleichung der Geraden: $y = -6x - 6$
$f''(x) = -6x - 6$
Gleichung der Parabel P: $y = ax(x + 2)$
$S\,(-1 \mid 3) \in P: 3 = -a \cdot 1;\ a = -3$
$f'(x) = -3x(x + 2) = -3x^2 - 6x$
Probe: $f''(x) = -6x - 6$ ✓
$f(x) = -x^3 - 3x^2 + c$
Beispiele für mögliche Funktionsgleichungen:
(1) $y = -x^3 - 3x^2$
(2) $y = -x^3 - 3x^2 + 1$
(3) $y = -x^3 - 3x^2 - 10$
Zu jeder Funktion g gibt es unendlich viele Stammfunktionen.

7.

Parabel P		Sinuskurve k
$y = a\left(x - \frac{\pi}{2}\right)^2 + b$		$y = \sin x$
$y' = 2a\left(x - \frac{\pi}{2}\right)$		$y' = \cos x$
P	O liegt auf	k
	$a \cdot \frac{\pi^2}{4} + b = 0$ (1)	
P	B liegt auf	k
	$a \cdot \frac{\pi^2}{4} + b = 0$ (1)	

P berührt k in O
$-a\pi = 1$ (2)
$a = -\frac{1}{\pi}$
eingesetzt in (1)
$-\frac{1}{\pi} \cdot \frac{\pi^2}{4} + b = 0;\ b = \frac{\pi}{4}$
Gleichung der Parabel P:
$y = -\frac{1}{\pi}\left(x - \frac{\pi}{2}\right)^2 + \frac{\pi}{4};$
$y = -\frac{1}{\pi}x^2 + x - \frac{\pi}{4} + \frac{\pi}{4}$
$y = -\frac{1}{\pi}x^2 + x$
Prüfen, ob k und P einander in B berühren: $x = \pi$; Steigung der Farabel: $-\frac{2}{\pi} \cdot \frac{\pi}{2} = -1$
Steigung der Sinuskurve: $\cos \pi = -1$ ✓

8. (1) Aufgrund der Achsensymmetrie kommt nur eine Funktion von Grad 2n; $n \in \mathbb{N}$, in Frage.

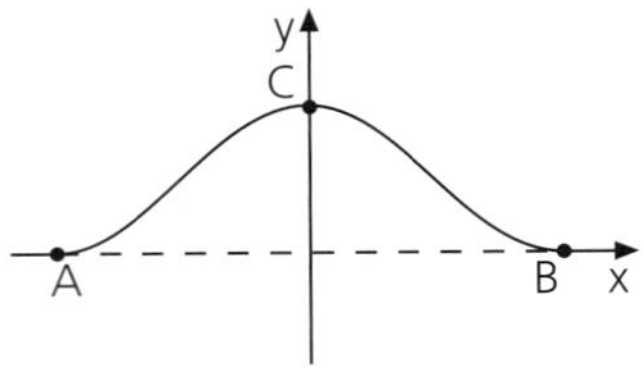

Kleinstmöglicher Grad: 2n = 4

Ansatz: $f(x) = ax^4 + bx^2 + c$;

C: f(0) = 5; also gilt c = 5 (1)

A, B : f(–10) = f(10) = 0;

also gilt $10^4 \cdot a + 10^2 \cdot b + c = 0$ (2)

c = 5 eingesetzt:

$10^4 \cdot a + 10^2 \cdot b + 5 = 0$ (2′)

f′(–10) = f′(10) = 0;

$f'(x) = 4ax^3 + 2bx$;

$4 \cdot 10^3 \cdot a + 2 \cdot 10b = 0$; | : 20

200a + b = 0; b = –200a (3) eingesetzt in (2′)

$10\,000a - 100 \cdot 200a + 5 = 0$;

$-10\,000a = -5$; $a = \frac{1}{20\,000}$

$b = -200 \cdot \frac{1}{2\,000} = -\frac{1}{10}$

Mögliche Modellierung:

$f(x) = 0{,}0005x^4 - 0{,}1x^2 + 5 = 0{,}0005\,(x^2 - 100)^2$; $D_f = [-10; 10]$

Steilste Stelle:

$f'(x) = 0{,}002x^3 - 0{,}2x$

$f''(x) = 0{,}006x^2 - 0{,}2 = 0$

$0{,}006x^2 = 0{,}2$;

$x^2 = \frac{100}{3}$; $x_1 = \frac{10}{3}\sqrt{3}$; $x_2 = -\frac{10}{3}\sqrt{3}$

$f'\left(\frac{10}{3}\sqrt{3}\right) = 0{,}002 \cdot \frac{100}{3} \cdot \frac{10}{3}\sqrt{3} - 0{,}2 \cdot \frac{10}{3}\sqrt{3}$

$\frac{2}{9}\sqrt{3} - \frac{2}{3}\sqrt{3} = -\frac{4}{9}\sqrt{3} \approx -0{,}77$

$f'\left(-\frac{10}{3}\sqrt{3}\right) = -f\left(\frac{10}{3}\sqrt{3}\right) = \frac{4}{9}\sqrt{3} \approx 0{,}77$

(2) g: $g(x) = 2{,}5 + 2{,}5\cos\left(\frac{\pi x}{10}\right)$; $D_g = [-10; 10]$

$g'(x) = -\frac{2{,}5\pi}{10}\sin\left(\frac{\pi x}{10}\right) = -0{,}25\pi\sin\left(\frac{\pi x}{10}\right)$

größte Steigung: $0{,}25\pi \approx 0{,}79$; größter Steigungswinkel: ≈ 38°

steilste Stelle: x = –5

9.

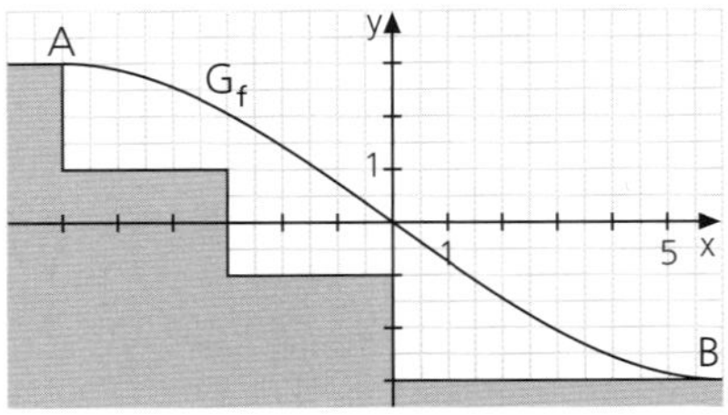

A (–6 | 3)
B (6 | –3)

(1) Modellierung mit ganzrationaler Funktion dritten Grads:

G_f ist punktsymmetrisch zum Ursprung.

$f(x) = ax^3 + bx$; $f'(x) = 3ax^2 + b$

f(6) = –3: 216a + 6b = –3 (1)

f′(6) = 108a + b = 0 (2)

b = –108a eingesetzt in (1)

216a – 648a = –3;

–432a = –3;

$a = \frac{1}{144}$; $b = -\frac{3}{4}$

f: $f(x) = \frac{1}{144}x^3 - \frac{3}{4}x$; $D_f\,[-6; 6]$

(2) Modellierung mit trigonometrischer Funktion:
$g(x) = a \sin bx$; $g'(x) = ab \cos bx$;
$a = -3$
$g'(6) = 0$: $6b = \frac{\pi}{2}$; $b = \frac{\pi}{12}$
g: $g(x) = -3 \sin\left(\frac{\pi x}{12}\right)$; $D_g = [-6; 6]$

W

W1 Wenn die Ecke C eines Dreiecks ABC auf dem Thaleskreis über die Strecke [AB] liegt, dann ist das Dreieck ABC rechtwinklig und C der Scheitel des rechten Winkels. (Satz des Thales)

W2 Die Vektoren $\vec{a}$ und $\vec{b}$ stehen aufeinander senkrecht.

W3 Die Vektoren $\vec{a}$ und $\vec{b}$ sind zueinander parallel.

210

L

1. Individuelle Lösungen

2. Individuelle Lösungen
$M_{[BP]}(\frac{a}{2} \mid 2)$; $m_{[BP]} = \frac{4-0}{0-a} = -\frac{4}{a}$
Steigung der Mittelsenkrechten: $\frac{a}{4}$
Gleichung der Mittelsenkrechen m_S: $y = \frac{a}{4}x + t$
$M \in m_S$: $2 = \frac{a^2}{8} + t$; $t = 2 - \frac{a^2}{8}$
m_S: $y = \frac{a}{4}x + 2 - \frac{a^2}{8}$

3. $f(a) = \frac{a^2}{8} + 2$; $f'(x) = \frac{1}{4}x$; $f'(a) = \frac{a}{4}$
t_Q: $y = \frac{a}{4}x + t$; $Q \in t_Q$: $\frac{a^2}{8} + 2 = \frac{a^2}{4} + t$.
$t = 2 - \frac{a^2}{8}$
t_Q: $y = \frac{a}{4}x + 2 - \frac{a^2}{8}$
$t_Q = m_S$.

4. a) Individuelle Lösungen
b) vgl. 3.; individuelle Lösungen
c) Individuelle Lösungen

5.

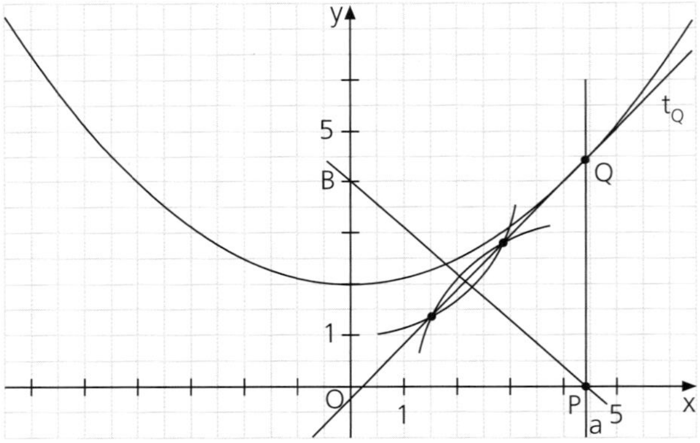

Die Tangente an die Parabel im Parabelpunkt Q ist die Mittelsenkrechte der Strecke [BP].

6.

	a)	b)	c)
1. Schritt: Differenzieren von f_a nach a ergibt den Term	$x - \frac{a}{2}$.	$-\frac{a}{2}x + 1$.	$x + \frac{10a}{\sqrt{a^2+1}}$.
2. Schritt: Auflösen der Gleichung	$x - \frac{a}{2} = 0$ nach a ergibt $a^* = 2x$.	$-\frac{a}{2}x + 1 = 0$ nach a ergibt $a^* = \frac{2}{x}$.	$x + \frac{10a}{\sqrt{a^2+1}} = 0$ nach a ergibt $a^* = \pm \frac{x}{\sqrt{100-x^2}}$.
3. Schritt: Einsetzen von a* für a in die Gleichung $y = f_a(x)$ ergibt die Funktionsgleichung der Hüllkurve H:	$y = x^2 + 2x \cdot x - \frac{(2x)^2}{4}$ $= x^2 + 2x^2 - x^2 = 2x^2$; H: $y = 2x^2$	$y = -\frac{1}{x} + \frac{2}{x} = \frac{1}{x}$; H: $y = \frac{1}{x}$	$y = \pm \frac{x^2}{\sqrt{100-x^2}} + \frac{100}{\sqrt{100-x^2}} = \frac{\pm x^2 + 100}{\sqrt{100-x^2}}$ H: $y = \frac{\pm x^2 + 100}{\sqrt{100-x^2}}$

7. 5 m : 50 = 10 cm

a)

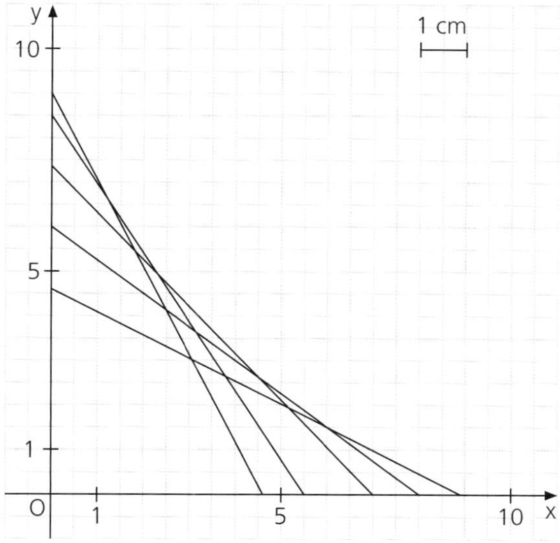

b) $q = _{(\pm)}\sqrt{s^2 - p^2}$; $q \geqq 0$ $s = 10$

$q = \sqrt{100 - p^2}$ (1′) eingesetzt in (2)

$y = -\frac{\sqrt{100 - p^2}}{p}x + \sqrt{100 - p^2} = \sqrt{100 - p^2}\left(-\frac{x}{p} + 1\right)$

1. Schritt: Differenzieren nach p

$y' = \frac{1 \cdot (-2p)}{2\sqrt{100 - p^2}}\left(-\frac{x}{p} + 1\right) + \sqrt{100 - p^2}\left(\frac{x}{p^2}\right)$

$y' = \frac{+x - p + \frac{x}{p^2}(100 - p^2)}{\sqrt{100 - p^2}} =$

$= \frac{x - p + \frac{100x}{p^2} - x}{\sqrt{100 - p^2}} = \frac{-p + \frac{100x}{p^2}}{\sqrt{100 - p^2}}$

2. Schritt: Auflösen der Gleichung nach p

$\frac{-p + \frac{100x}{p^2}}{\sqrt{100 - p^2}} = 0$

$-p + \frac{100x}{p^2} = 0$

$p^3 = 100x;$ $p^* = \sqrt[3]{100x}$

3. Schritt: Einsetzen von $p^* = \sqrt[3]{100x}$ für p in die Gleichung

$y = \sqrt{100 - p^2}\left(-\frac{x}{p} + 1\right)$

$y = \sqrt{100 - \sqrt[3]{10^4 \cdot x^2}}\left(-\frac{x}{\sqrt[3]{100}} + 1\right)$

c)

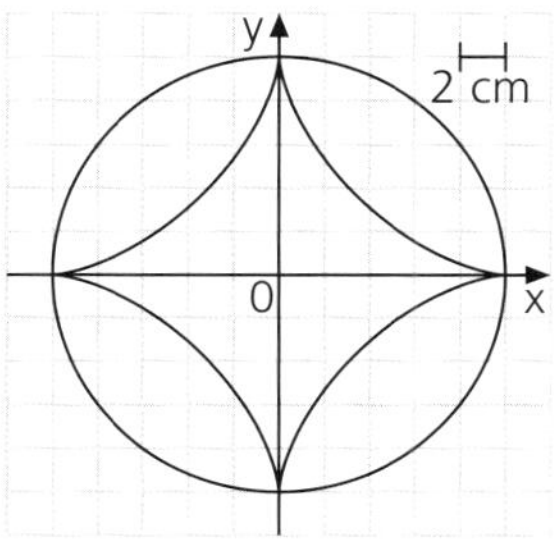

212

L

1.

Rechteck	1	2
a	12 cm	12 cm – s
b	5 cm	5 cm + 2s
A	60 cm²	(12 cm – s)(5 cm + 2s)

$A(s) = (12\text{ cm} - s)(5\text{ cm} + 2s) =$
$= 60\text{ cm}^2 + 24s\text{ cm} - 5s\text{ cm} - 2s^2 =$
$= 60\text{ cm}^2 + 19s\text{ cm} - 2s^2$
$A'(s) = 19\text{ cm} - 4s;$
$A''(s) = -4 < 0$
$A'(s) = 0$
$19\text{ cm} - 4s = 0; \quad s = 4{,}75\text{ cm}$
Da $A''(s) = -4 < 0$ ist, ist der Flächeninhalt A für s = 4,75 cm ein Maximum.
$A_{max} = A(4{,}75\text{ cm}) = 7{,}25\text{ cm} \cdot 14\text{ cm} = 105{,}125\text{ cm}^2$.

2. $y = -(x^2 - 6ax + 9a^2) + 9a^2 - 18a + 1$
$y = -(x - 3a)^2 + 9a^2 - 18a + 1$
$S\ (3a \mid 9a^2 - 18a + 1)$
Der Scheitel liegt möglichst tief, wenn $f(x) = 9a^2 - 18a + 1$ minimal ist.
$f'(a) = 18a - 18; \quad f''(a) = 18 > 0$
$f'(a) = 0 : a = 1$
$S\ (3 \mid -8)$
Für a = 1 liegt der Scheitel S der Parabel am tiefsten: $S\ (3 \mid -8)$.

3. Rechnung in Maßzahlen (Einheit m):
$A(b) = 100 \cdot b + 100 \cdot \frac{4}{b} \cdot 2; \quad b > 0$
$A'(b) = 100 - \frac{800}{b^2};$
$A''(b) = \frac{1\,600}{b^3};$
$A'(b) = 0: \quad 100 - \frac{800}{b^2} = 0; \quad 100b^2 = 800,$
$b^2 = 8,$
$b = _{(\pm)}\ 2\sqrt{2} \approx 2{,}83$
$h = \frac{4}{b} = \frac{4}{2\sqrt{2}} = \sqrt{2} \approx 1{,}41$
$A''(2\sqrt{2}) \approx 566 > 0$
Der Kanal muss etwa 2,83 m breit und etwa 1,41 m hoch gebaut werden, damit möglichst wenig Material erforderlich ist.

4.

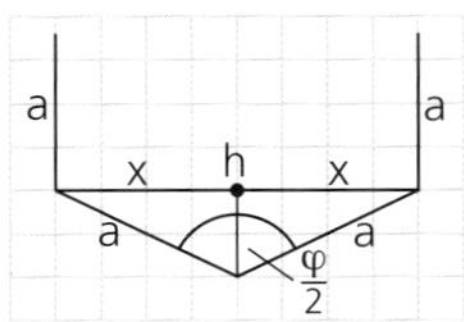

$x = a \sin \frac{\varphi}{2}; \quad h = a \cos \frac{\varphi}{2}$

a) Querschnittfläche: $a \cdot 2x + \frac{1}{2} \cdot 2x \cdot h = 2ax + xh =$
$= 2a^2 \sin \frac{\varphi}{2} + a^2 \sin \frac{\varphi}{2} \cdot \cos \frac{\varphi}{2}$
$A(\varphi) = 2a^2 \sin \frac{\varphi}{2} + a^2 \sin \frac{\varphi}{2} \cos \frac{\varphi}{2}$

$$A'(\varphi) = \frac{1}{2} \cdot 2a^2 \cos\frac{\varphi}{2} + a^2\left(\cos\frac{\varphi}{2} \cdot \frac{\cos\varphi}{2} \cdot \frac{1}{2} - \sin\frac{\varphi}{2} \cdot \sin\frac{\varphi}{2} \cdot \frac{1}{2}\right) =$$
$$= a^2 \cos\frac{\varphi}{2} + \frac{a^2}{2}\left[\left(\cos\frac{\varphi}{2}\right)^2 - \left(\sin\frac{\varphi}{2}\right)^2\right] =$$
$$= a^2 \cos\frac{\varphi}{2} + \frac{a^2}{2}\left[\left(\cos\frac{\varphi}{2}\right)^2 - 1 + \left(\cos\frac{\varphi}{2}\right)^2\right] =$$
$$= a^2 \cos\frac{\varphi}{2} + \frac{a^2}{2}\left[2\left(\cos\frac{\varphi}{2}\right)^2 - 1\right]$$

$A'(\varphi) = 0$

$a^2 \cos\frac{\varphi}{2} + \frac{a^2}{2}\left[2\left(\cos\frac{\varphi}{2}\right)^2 - 1\right] = 0; \mid : \frac{a}{2}$

$2 \cos\frac{\varphi}{2} + 2\left(\cos\frac{\varphi}{2}\right)^2 - 1 = 0;$

$2 \cos\left(\frac{\varphi}{2}\right)^2 + 2 \cos\frac{\varphi}{2} - 1 = 0;$

$\cos\frac{\varphi}{2} = \frac{-2 \pm \sqrt{4+8}}{4} = \frac{-2 \pm 2\sqrt{3}}{4}$

$\left(\cos\frac{\varphi}{2}\right)_1 = \frac{\sqrt{3}-1}{2}; \quad 0° < \varphi < 90°$

$\left(\cos\frac{\varphi}{2}\right)_2 = \frac{-1-\sqrt{3}}{2} < -1$ (nicht möglich)

$\frac{\varphi}{2} = 68{,}529\ldots \qquad \varphi \approx 137°$

b) $\sin\frac{\varphi}{2} = \sqrt{1 - \left(\cos\frac{\varphi}{2}\right)^2} = \sqrt{1 - \frac{1}{4}(3 + 1 - 2\sqrt{3})} = \sqrt{1 - 1 + \frac{1}{2}\sqrt{3}} = \sqrt{\frac{\sqrt{3}}{2}} = 0{,}9306.$

$A \approx 2a^2 \cdot 0{,}9306 + a^2 \cdot 0{,}9306 \cdot 0{,}3660 = 4;$

$a^2 \cdot 2{,}2018 \approx 4$

$a^2 \approx 1{,}81668$

$a \approx 1{,}3478$

$a \approx 1{,}3$

Materialbedarf: $100 \cdot a \cdot 4 \approx 100 \cdot 1{,}3 \cdot 4 = 540$

Materialbedarf bei Aufgabe 3: $2{,}83 \cdot 100 + 2 \cdot 1{,}41 \cdot 100 \approx 566$

Aufgabe 3: Es ist Material für 566 m² erforderlich.

Aufgabe 4: Es ist Material für 540 m² erforderlich.

5. 1. $D_{f\,max} = \mathbb{R}$
2. f hat keine Nullstellen.
3. f hat keine Polstellen.
4. G_f ist symmetrisch zur y-Achse.
5. G_f hat den y-Achsenpunkt T (0 | 0,25).

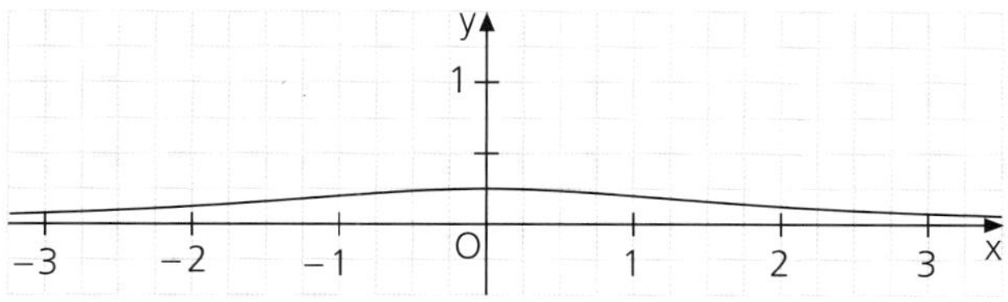

$f'(x) = \frac{-2x}{(x^2+4)^2};$

$f''(x) = \frac{-2 \cdot (x^2+4)^2 + 2x \cdot 2(x^2+4) \cdot 2x}{(x^2+4)^4} = \frac{-2x^2 - 8 + 8x^2}{(x^2+4)^3} = \frac{6x^2 - 8}{(x^2+4)^3}$

$f''(x) = 0: \quad 6x^2 - 8 = 0$

$x^2 = \frac{8}{6} = \frac{4}{3}$

$x_1 = \frac{2}{3}\sqrt{3}; \quad x_2 = -\frac{2}{3}\sqrt{3}$

$-\infty < x < -\frac{2}{3}\sqrt{3}: \quad f''(x) > 0$

$-\frac{2}{3}\sqrt{3} < x < \frac{2}{3}\sqrt{3}: \quad f''(x) < 0$

$\frac{2}{3}\sqrt{3} < x < +\infty: \quad f''(x) > 0$

$f\left(\pm\frac{2}{3}\sqrt{3}\right) = \frac{1}{\frac{4}{3}+4} = \frac{3}{16}$

Im Punkt P $\left(-\frac{2}{3}\sqrt{3} \,\middle|\, \frac{3}{16}\right)$ steigt G_f am steilsten, im Punkt Q $\left(\frac{2}{3}\sqrt{3} \,\middle|\, \frac{3}{16}\right)$ fällt G_f am steilsten ab.

$f'\left(-\frac{2}{3}\sqrt{3}\right) = \frac{\frac{4}{3}\sqrt{3}}{\left(\frac{16}{3}\right)^2} = \frac{4 \cdot 9\sqrt{3}}{3 \cdot 256} = \frac{3\sqrt{3}}{64} \approx 0{,}08$

Steigungswinkel ≈ 5°

6.

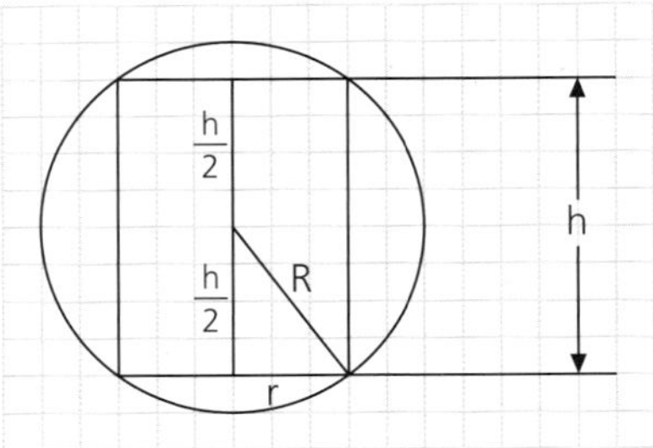

$V_{Zylinder} = r^2\pi h; \quad r^2 + \left(\frac{h}{2}\right)^2 = R^2$ (Satz von Pythagoras)

$r^2 = R^2 - \frac{h^2}{4}$

$V(h) = \left(R^2 - \frac{h^2}{4}\right) \cdot \pi h = \pi\left(R^2 h - \frac{h^3}{4}\right);$

$V'(h) = \pi\left(R^2 - \frac{3}{4}h^2\right);$

$V''(h) = \pi\left(-\frac{3}{2}h\right) = -\frac{3}{2}\pi h$

$V'(h) = 0; \quad \frac{3}{4}h^2 = R^2; \quad h^2 = \frac{4R^2}{3};$

$h = \frac{2}{3}R\sqrt{3}; \quad (h > 0)$

$r^2 = R^2 - \frac{12}{9} \cdot \frac{1}{4}R^2$

$r^2 = \frac{2}{3}R^2; \quad r = \frac{R}{3}\sqrt{6}; \quad r > 0$

$V''(h) = -\frac{3}{2}\pi \cdot \frac{2}{3}R\sqrt{3} = -R\pi\sqrt{3} < 0$

Für $r = \frac{R}{3}\sqrt{6}$ und $h = \frac{2}{3}R\sqrt{3}$ wird das Volumen des Zylinders maximal.

Anteil: $\frac{\frac{2}{3}R^2\pi \cdot \frac{2}{3}R\sqrt{3}}{\frac{4}{3}R^3\pi} = \frac{\sqrt{3}}{3} \approx 58\%$

7.

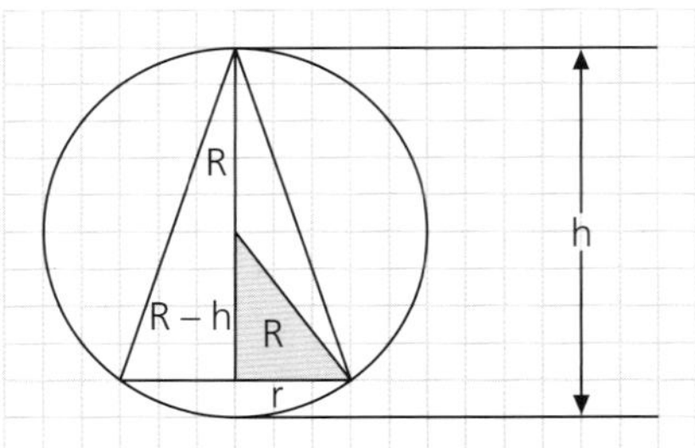

$V_{Kegel} = \frac{1}{3}r^2\pi h$

$r^2 + (R - h)^2 = R^2;$ (Satz von Pythagoras)

$r^2 = R^2 - (R - h)^2 =$

$= R^2 - R^2 + 2Rh - h^2 =$

$= 2Rh - h^2$ eingesetzt in „V_{Kegel}"

$V_{Kegel} = V(h) = \frac{\pi}{3}(2Rh - h^2) \cdot h = \frac{\pi}{3}(2Rh^2 - h^3);$

$V'(h) = \frac{\pi}{3}(4Rh - 3h^2)$;

$V''(h) = \frac{\pi}{3}(4R - 6h)$

$V'(h) = 0$; $h(4R - 3h) = 0$;

$h_1 = 0$ nicht sinnvoll: $h > 0$

$h = \frac{4}{3}R$;

$V''(\frac{4}{3}R) = \frac{\pi}{3}(4R - 8R) = -\frac{4\pi}{3}R < 0$

$V_{max} = V(\frac{4}{3}R) = \frac{\pi}{3}\left(\frac{32}{9}R^3 - \frac{64}{27}R^3\right) = \frac{32}{81}R^3\pi$

Anteil: $\dfrac{\frac{32}{81}\pi R^3}{\frac{4}{3}\pi R^3} \approx 29{,}6\%$

8. a)

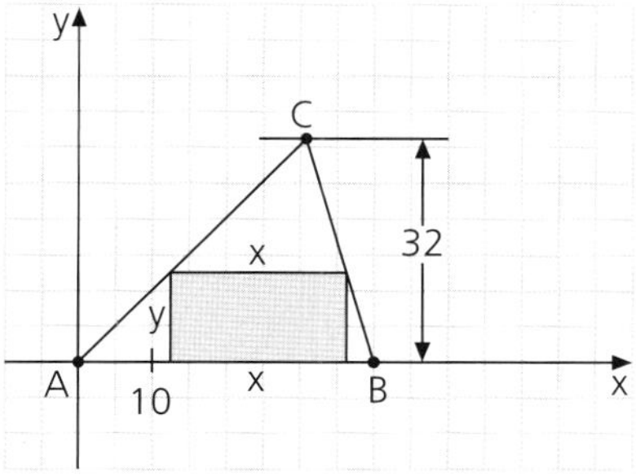

b) $\frac{x}{\overline{AB}} = \frac{32 - y}{32}$ (2. Strahlensatz)

$x = 40 \cdot \frac{32 - y}{32} = \frac{5}{4}(32 - y)$ (1) eingesetzt in (2)

$A = x \cdot y$ (2)

$A(y) = \frac{5}{4}(32 - y) \cdot y = \frac{5}{4}(32y - y^2)$

$A'(y) = \frac{5}{4}(32 - 2y)$;

$A''(y) = -\frac{5}{2} < 0$

$A'(y) = 0$; $\frac{5}{4}(32 - 2y) = 0$; $y = 16$ eingesetzt in (1)

$x = \frac{5}{4}(32 - 16) = 20$

Die Halle ist 20 m lang und 16 m breit; ihr Grundflächeninhalt beträgt 320 m².

9. $f(x) = ax^3 + bx^2 + cx + d$; $f'(x) = 3ax^2 + 2bx + c$

$O(0 \mid 0) \in G_f$: $d = 0$ (1)

$P(4 \mid 4) \in G_f$: $64a + 16b + 4c + d = 4$ (2)

$S(6 \mid 0) \in G_f$: $216a + 36b + 6c + d = 0$ (3)

$f'(6) = 0$: $108a + 12b + c = 0$ (4)

$d = 0$ eingesetzt in (2) und (3)

(2′) $64a + 16b + 4c = 4 \mid : 4$

(2″) $16a + 4b + c = 1$;

(3′) $216a + 36b + 6c = 0; \mid : 6$

(3″) $36a + 6b + c = 0$

(4) – (3″): $72a + 6b = 0$; $b = -12a$ (I)

(4) – (2″): $92a + 8b = -1$ (II)

(I) eingesetzt in (II):

$92a - 96a = -1$

$-4a = -1$; $a = \frac{1}{4}$ eingesetzt in (I)

$b = -3$

$a = \frac{1}{4}$ und $b = -3$ eingesetzt in (2″)

$4 - 12 + c = 1$; $c = 9$

$f(x) = \frac{1}{4}x^3 - 3x^2 + 9x$

213

10. a)

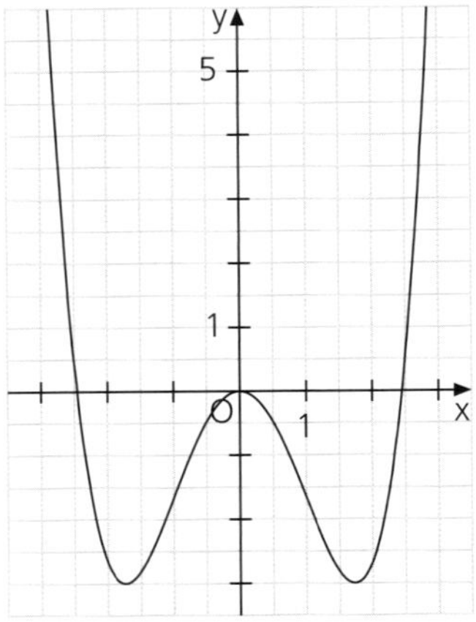

b) Da G_f symmetrisch zur y-Achse ist, gilt

$f(x) = ax^4 + bx^2 + c$; $f'(x) = 4ax^3 + 2bx$;

$f''(x) = 12ax^2 + 2b$

$0 \in G_f$: $c = 0$ (1)

O ist Hochpunkt von G_f: $f'(0) = 0$; $f''(0) < 0$ also $2b > 0$

$T \in G_f$: $9a + 3b + c = -3$ (2)

T ist Tiefpunkt von G_f: $f'(\sqrt{3}) = 0$; $f''(\sqrt{3}) = 36a + 2b > 0$

$12a\sqrt{3} + 2b\sqrt{3} = 0$; (3)

c = 0 eingesetzt in (2)

(2′) $9a + 3b = -3$; | : 3 | (3′) $6a + b = 0$

(2″) $3a + b = -1$

(3′) – (2″): $3a = 1$; $a = \frac{1}{3}$ eingesetzt in (2″)

$b = -2$

$f(x) = \frac{1}{3}x^4 - 2x^2$

Prüfen, ob O (0 | 0) Hochpunkt von G_f ist:

$f''(0) = 0 + 2 \cdot (-2) = -4 < 0$ ✓

Prüfen, ob T ($\sqrt{3}$ | −3) Tiefpunkt von G_f ist:

$f''(\sqrt{3}) = \frac{12}{3} \cdot 3 + 2 \cdot (-2) = 12 - 4 = 8 > 0$ ✓

Nullstellen von f: $\frac{1}{3}x^2(x^2 - 6) = 0$

$x_1 = 0$; $x_2 = -\sqrt{6}$; $x_3 = \sqrt{6}$

c) Für $0 < a < \sqrt{6}$ ist $f(a) < 0$.

$A_{Dreieck} = \left|\frac{1}{2}af(a)\right| = -\frac{1}{2}af(a)$

$A(a) = -\frac{1}{2}a\left(\frac{1}{3}a^4 - 2a^2\right) = -\frac{1}{6}a^5 + a^3$

$A'(a) = -\frac{5}{6}a^4 + 3a^2$; $A''(a) = -\frac{10}{3}a^3 + 6a$

$A'(a) = 0$: $a^2(-\frac{5}{6}a^2 + 3) = 0$;

$a = 0$ Widerspruch zu $0 < a < \sqrt{6}$

$-\frac{5}{6}a^2 = -3$; $a^2 = \frac{18}{5}$; $a = _{(\pm)} 3\sqrt{\frac{2}{5}} = \frac{3}{5}\sqrt{10}$, da $0 < a < \sqrt{6}$

$a = \frac{3}{5}\sqrt{10}$

$A''\left(\frac{3}{5}\sqrt{10}\right) = -\frac{10}{3} \cdot \frac{27}{125} \cdot 10\sqrt{10} + \frac{18}{5}\sqrt{10}$

$= -\frac{18}{5}\sqrt{10} < 0$

Für $a = \frac{3}{5}\sqrt{10}$ wird A_{SOL} maximal.

$A_{max} = -\frac{1}{6}\left(\frac{3}{5}\sqrt{10}\right)^5 + \left(\frac{3}{5}\sqrt{10}\right)^3$

$= \frac{27}{125}10\sqrt{10} - \frac{243}{6 \cdot 3125}100\sqrt{10}$

$= \frac{108}{125}\sqrt{10} \approx 2{,}73$

11. $f(x) = ax^3 + bx^2 + cx + d$; $f'(x) = 3ax^2 + 2bx + c$,
$f''(x) = 6ax + 2b$

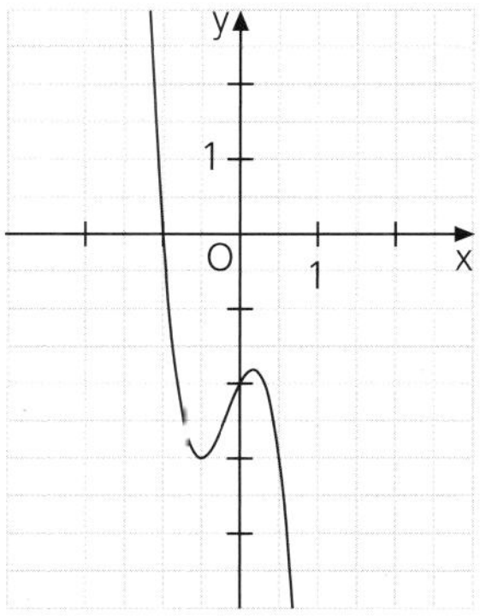

$T(-\frac{1}{2} \mid -3) \in G_f$:
$-\frac{1}{8}a + \frac{1}{4}b - \frac{1}{2}c + d = -3$ (1)

T ist Tiefpunkt von G_f: $f'(-\frac{1}{2}) = 0$;
$f''\left(-\frac{1}{2}\right) > 0$: $\frac{3}{4}a - b + c = 0$ (2)

$S(-1 \mid 0) \in G_f$: $-a + b - c + d = 0$ (3)

$Q(\frac{1}{2} \mid 3) \in G_f$: $\frac{1}{8}a + \frac{1}{4}b + \frac{1}{2}c + d = -3$ (4)

Gleichungssystem

(1) $-\frac{1}{8}a + \frac{1}{4}b - \frac{1}{2}c + d = -3$

(2) $\frac{3}{4}a - b + c = 0$

(3) $-a + b - c + d = 0$

(4) $\frac{1}{8}a + \frac{1}{4}b + \frac{1}{2}c + d = -3$

1. Schritt: Eliminieren von d:

(4) – (1): $\frac{1}{4}a + c = 0$ (I)

(4) – (3): $\frac{9}{8}a - \frac{3}{4}b + \frac{3}{2}c = -3 \mid : \left(-\frac{3}{4}\right)$ (II)

(2): $\frac{3}{4}a - b + c = 0$ (III)

2. Schritt: Eliminieren von b:

(II′) $-\frac{3}{2}a + b - 2c = 4$

3. Schritt: Eliminieren von c, Ermitteln von a:

(II′) + (III): $-\frac{3}{4}a - c = 4$ (IV)

(I): $\frac{1}{4}a + c = 0$

(IV) + (I): $-\frac{1}{2}a = 4$; $a = -8$ eingesetzt in (I)

4. Schritt: Ermitteln von c:

$-2 + c = 0$; $c = 2$

5. Schritt: Ermitteln von b:

$a = -8$ und $c = 2$ eingesetzt in (2)

$-6 - b + 2 = 0$; $b = -4$

6. Schritt: Ermitteln von d:

$a = -8$, $c = 2$ und $b = -4$ eingesetzt in (3)

$d = -8 + 4 + 2 = -2$

$f(x) = -8x^3 - 4x^2 + 2x - 2$

12. a) $f(x) = ax^4 + bx^3 + cx^2 + dx + e$
$f'(x) = 4ax^3 + 3bx^2 + 2cx + d$
$f''(x) = 12ax^2 + 6bx + 2c$
$O \in G_f$: $e = 0$
Horizontale Tangente an G_f in $O(0 \mid 0)$: $f'(0) = 0$: $d = 0$
Somit gilt:
$f(x) = ax^4 + bx^3 + cx^2$; $f'(x) = 4ax^3 + 3bx^2 + 2cx$;
$f''(x) = 12ax^2 + 6bx + 2c$;
$S(4 \mid 0) \in G_f$: $256a + 64b + 16c = 0$ (1)
$T(3 \mid -2{,}25) \in G_f$: $81a + 27b + 9c = -2{,}25$ (2)
T ist Tiefpunkt von G_f:
$f'(3) = 0$; $f''(3) > 0$
$108a + 27b + 6c = 0$ (3) $108a + 18b + 2c > 0$
Gleichungssystem:
$256a + 64b + 16c = 0 \mid : 16$ (1)
$81a + 27b + 9c = -2{,}25 \mid : 9$ (2)
$108a + 27b + 6c = 0 \mid : 6$ (3)

(1') $16a + 4b + c = 0$
(2') $9a + 3b + c = -0{,}25$
(3') $18a + 4{,}5b + c = 0$

(1') – (2'): $7a + b = +0{,}25$ (I)
(1') – (3): $-2a - 0{,}5b = 0; | \cdot 2$ (II)
(II'): $-4a - b = 0$
(I) + (II'): $3a = 0{,}25$; $a = \frac{1}{12}$ eingesetzt in (II')
$b = -4a = -\frac{1}{3}$ $a = \frac{1}{12}$ und $b = -\frac{1}{3}$ eingesetzt in (1')

$\frac{16}{12} - \frac{4}{3} + c = 0$; $c = 0$
$f(x) = \frac{1}{12}x^4 - \frac{1}{3}x^3$
Prüfen, ob $f''(3) > 0$ ist:
$f'(x) = \frac{1}{3}x^3 - x^2$
$f''(x) = x^2 - 2x$; $f''(3) = 9 - 6 = 3 > 0$ ✓

b) Ansatz: $f(x) = ax(x - 6)^2$
$H(2 \mid 8) \in G_f$: $8 = 2a \cdot 16$; $a = \frac{1}{4}$
$f(x) = \frac{1}{4}x(x - 6)^2$
Prüfen, ob H (2 | 8) Hochpunkt von G_f ist:
$f'(x) = \frac{1}{4}(x - 6)^2 + \frac{1}{4}x \cdot 2(x - 6)$
$f'(x) = \frac{1}{4}(x - 6)(x - 6 + 2x) = \frac{1}{4}(x - 6)(3x - 6)$
$f'(x) = \frac{3}{4}(x - 6)(x - 2)$
$f'(x) = 0$: $x_1 = 6$; $x_2 = 2$
$f''(x) = \frac{3}{4}(x - 2) + \frac{3}{4}(x - 6) = \frac{3}{4}(2x - 8) =$
$= \frac{3}{2}(x - 4)$
$f''(2) = -3 < 0$ ✓ H (2 | 8) ist Hochpunkt von G_f.
$f''(6) = 3 > 0$ ✓ T (0 | 0) ist Tiefpunkt von G_f.

13. a) $f(x) = \frac{x^2 + a}{x^2 + b}$;
$f(\pm 2) = 0$: $a = -4$
$f(0) = -4$: $\frac{a}{b} = -4$; $b = -\frac{a}{4} = 1$:
$f(x) = \frac{x^2 - 4}{x^2 + 1}$
G_f ist symmetrisch zur y-Achse.
P (0 | –4) ist Tiefpunkt von G_f.
Die Gerade mit der Gleichung y = 1 ist waagrechte Asymptote von G_f.
$D_{f\,max} = \mathbb{R}$.

b) $g(x) = c \cdot \ln(c + x)$
$g(-1) = 0$
$c \cdot \ln(c - 1) = 0$ $c \neq 0$
$c - 1 = 1$
$c = 2$
$g(x) = 2\ln(2 + x)$
$g(3) = 2\ln 5 = \ln 25$ ✓
$D_{g\,max} =]-2; +\infty[$
S (–1 | 0)
$g'(x) = \frac{2}{2 + x}$; $g'(-1) = 2$
t: $y = 2x + t^*$;
$S \in t$: $0 = -2 + t^*$; $t^* = 2$
t: $y = 2x + 2$
T (0 | 2)
$A_{SOT} = \frac{1}{2} \cdot 1 \cdot 2 = 1$

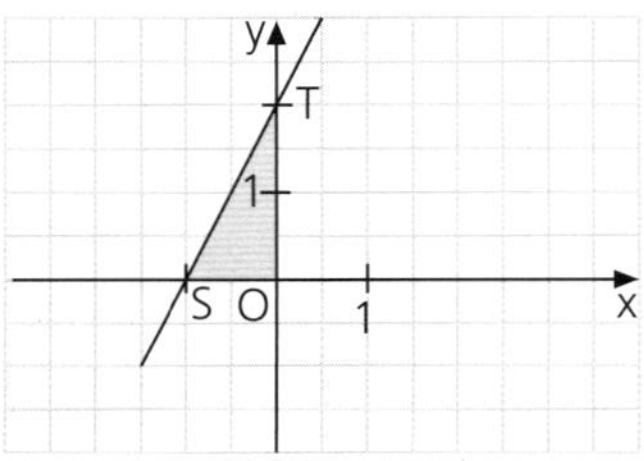

214

14. $n(t) \;= 30 + t^2 \cdot e^{5-t}; \quad 0 \leqq t \leqq 8$

$n'(t) \;= 2te^{5-t} + t^2e^{5-t} \cdot (-1) = e^{5-t}(2t - t^2) = t \cdot e^{5-t}(2 - t)$

$n''(t) = -e^{5-t}(2t - t^2) + e^{5-t}(2 - 2t) = e^{5-t}(-2t + t^2 + 2 - 2t) = e^{5-t}(t^2 - 4t + 2)$

$n'''(t) = \; -e^{5-t}(t^2 - 4t + 2) + e^{5-t}(2t - 4) = e^{5-t}(-t^2 + 4t - 2 + 2t - 4) = e^{5-t}(-t^2 + 6t - 6)$

„n(t) maximal“: $n'(t) = 0$: $\quad te^{5-t}(2 - t) = 0$

$t_1 = 2; \; t_2 = 0 \; [e^{5-t} > 0]$

$n''(2) = e^3(4 - 8 + 2) = -2e^3 < 0$

t	0	1	2	3	4	5	6	7	8
n(t)	30	84,6	110,3	96,5	73,5	55	43	36,6	33

$n(t) \;= 30 + t^2 \cdot e^{5-t}$

$n(0) = 30$

$n(1) = 30 + 1 \cdot e^4$

$n(2) = 30 + 4 \cdot e^3$

$n(3) = 30 + 9 \cdot e^2$

$n(4) = 30 + 16 \cdot e^1$

$n(5) = 30 + 25 \cdot e^0$

$n(6) = 30 + 36 \cdot e^{-1}$

$n(7) = 30 + 49 \cdot e^{-2}$

$n(8) = 30 + 64e^{-3}$

Für $t = 2 \; [0 < 2 < 8]$ ist n(t) maximal.

„maximale Zuwachsrate“: $n''(t) = 0; \quad n'''(t < 0)$

$e^{5-t}(t^2 - 4t + 2) = 0; \quad [e^{5-t} > 0]$

$t^2 - 4t + 2 = 0;$

$t_{3,4} = \frac{4 \pm \sqrt{16 - 8}}{2} = \frac{4 \pm 2\sqrt{2}}{2} = 2 \pm \sqrt{2}$

$t_3 = 2 + \sqrt{2}; \quad t_4 = 2 - \sqrt{2} = t_2$

$n'''(2 + \sqrt{2}) = e^{5-2+\sqrt{2}} \cdot (-4 - 4\sqrt{2} - 2 + 12 + 6\sqrt{2} - 6) =$

$= e^{3-\sqrt{2}} \cdot 2\sqrt{2} > 0$

$n'''(2 - \sqrt{2}) = e^{5-2+\sqrt{2}} \cdot (-4 + 4\sqrt{2} - 2 + 12 - 6\sqrt{2} - 6) = e^{3+\sqrt{2}} \cdot (-2\sqrt{2}) < 0$

$n(2 - \sqrt{2}) = 30 + 28{,}4 \approx 58{,}4 \qquad 2 - \sqrt{2} \approx 0{,}586$

Die Zuwachsrate ist für $t_2 = 2 - \sqrt{2}$ ($\approx 0{,}59$) am größten ($0 < 2 - \sqrt{2} < 8$).

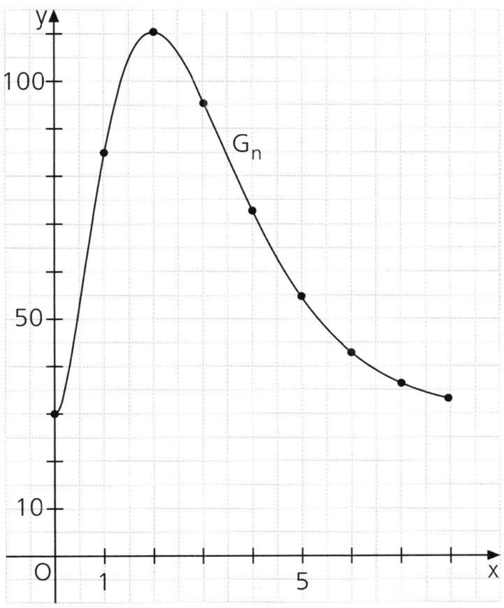

15. a) und d)

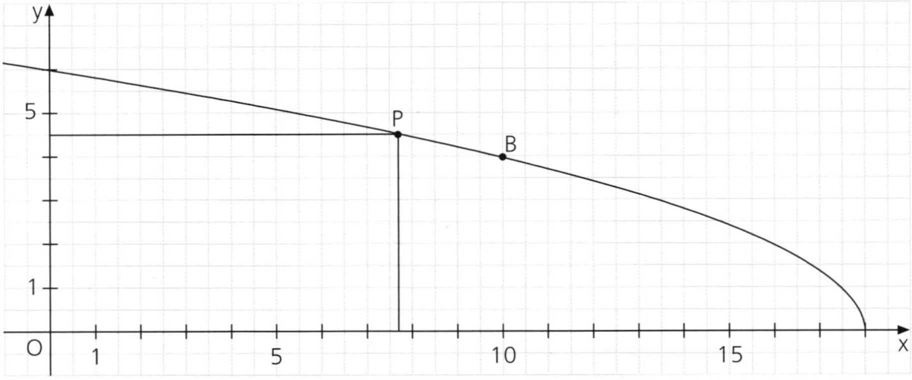

b) $\sqrt{36-2x} = \frac{26-x}{4}$

$36 - 2x = \frac{1}{16}(676 - 52x + x^2)$;

$576 - 32x - 676 + 52x - x^2 = 0$

$x^2 - 20x + 100 = 0$

$(x - 10)^2 = 0$

$x = 10$

t berührt G_f im Punkt B (10 | 4)

Nachweis, dass $f'(10) = m_t = -\frac{1}{4}$ ist:

$f'(x) = \frac{-2}{2\sqrt{36-2x}} = \frac{-1}{\sqrt{36-2x}}$

$f'(10) = \frac{-1}{\sqrt{36-20}} = -\frac{1}{4}$ ✓

c) $g(10) = 4; \quad 4 = \sqrt{a + 16 \cdot 10}$

$16 = a + 160$

$a = -144$

$g(x) = \sqrt{16x - 144} = 4\sqrt{x-9}$

$g'(x) = \frac{4}{2\sqrt{x-9}}; \quad g'(10) = \frac{4}{2} = 2 \quad f'(10) = -\frac{1}{4}$

$\tan \varphi = \left| \frac{2 + \frac{1}{4}}{1 - 2 \cdot \frac{1}{4}} \right| = 4{,}5$

$\varphi \approx 77{,}5°$

d) $A(p) = p \cdot f(p) = p \cdot \sqrt{36 - 2p}$

$A'(p) = \sqrt{36-2p} + \frac{p \cdot (-2)}{2\sqrt{36-2p}} =$

$= \sqrt{36-2p} - \frac{p}{\sqrt{36-2p}} =$

$= \frac{36-3p}{\sqrt{36-2p}}$

$A'(p) = 0; \quad 36 - 3p = 0; \quad p = 12$

$p < 12 \quad A'(p) > 0$

$12 < p < 18 \quad A'(p) < 0$

Vorzeichenwechsel von + nach –, also ist A(12) ($= 24\sqrt{3} \approx 42$) maximal.

16. $f''(x) = -x^2 + 2x$

$f'(x) = -\frac{x^3}{3} + x^2 + a$

$f(x) = -\frac{x^4}{12} + \frac{x^3}{3} + ax + b$

O (0 | 0) $\in G_f$: b = 0

G_f berührt die x-Achse im Ursprung:

$f'(0) = 0$: a = 0

$f(x) = -\frac{x^4}{12} + \frac{x^3}{3} = \frac{x^3}{12}(-x + 4)$

$f(4) = 0$: N (4 | 0)

Extrempunkt E von G_f:
$f'(x) = -\frac{x^3}{3} + x^2$;
$f''(x) = -x^2 + 2x$
$f'(x) = 0$: $x^2\left(1 - \frac{x}{3}\right) = 0$
$x_1 = 3$
$f''(3) = -9 + 6 = -3 < 0$; $f(3) = \frac{9}{4}$
Der Punkt E $(3 \mid \frac{9}{4})$ ist Hochpunkt von G_f.
$x_2 = 0$
$f'(0) = 0$
Für $-\infty < x < 0$ gilt $f'(x) > 0$; für $0 < x < 3$ gilt $f'(x) > 0$.
Der Ursprung O (0 | 0) ist Terrassenpunkt.

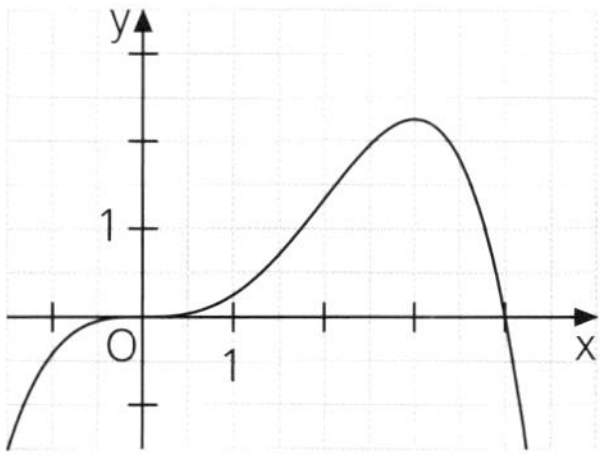

17. a)

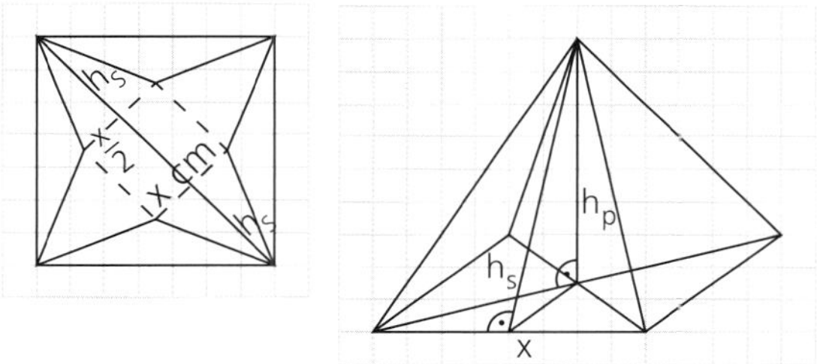

$V_{Pyramide} = \frac{1}{3}x^2 \cdot h_P$
h_S: Basishöhe der (gleichschenkligen) Seitenflächendreiecke.
Rechnung mit Maßzahlen (Einheit cm):
(1) $2h_S + x = 20\sqrt{2}$; (2) $h_P^2 = h_S^2 - \frac{x^2}{4}$ (Satz von Pythagoras)
(1') $h_S = \frac{20\sqrt{2} - x}{2} = 10\sqrt{2} - \frac{x}{2}$
eingesetzt in (2)
$h_P^2 = 200 - 10\sqrt{2} \cdot x + \frac{x^2}{4} - \frac{x^2}{4}$
$h_P^2 = 200 - 10\sqrt{2}x$
$10\sqrt{2} \cdot x = 200 - h_P^2$
(2) $x = \frac{\sqrt{2}}{20}(200 - h_P^2)$

$V_{Pyramide} = \frac{1}{3} \cdot \frac{2}{400}(200 - h_P^2)^2 \cdot h_p$

$V_{Pyramide} = V(h_P) = \frac{1}{600}(200 - h_P^2)^2 \cdot h_p$

$V'(h_P) = \frac{1}{600}[2(200 - h_P^2)(-2h_P) \cdot h_P + (200 - h_P^2)^2]$

$= \frac{1}{600}(200 - h_P^2)(-4h_P^2 + 200 - h_P^2)$

$= \frac{1}{600}(200 - h_P^2)(200 - 5h_P^2)$

$V''(h_P) = \frac{1}{600}[(-2h_P)(200 - 5h_P^2) + (200 - h_P^2)(-10h_P)]$

$= -\frac{2h_P}{600}(200 - 5h_P^2 + 1000 - 5h_P^2)$

$= -\frac{h_P}{300}(1200 - 10h_P^2)$

$= -\frac{h_P}{30}(120 - h_P^2)$

$V'(h_P) = 0$: $h_P^2 = 200$; $(h_P)_1 = 10\sqrt{2}$ $\quad h_P > 0$
$h_P^2 = 40$; $(h_P)_2 = 2\sqrt{10}$

$(h_P)_1$ ist keine Lösung, da sonst $x_1 = \frac{\sqrt{2}}{20} \cdot 0 = 0$, was nicht möglich ist.

$x_2 = \frac{\sqrt{2}}{20}(200 - 40) = 8\sqrt{2}$

$V''(2\sqrt{10}) = -\frac{2\sqrt{10}}{30}(120 - 40)$

$= -\frac{16}{3}\sqrt{10} < 0$

Für die optimale Pyramide ist die Grundkante etwa 11,3 cm lang zu wählen.

$V_{max} = \frac{1}{3}(8\sqrt{2})^2 \cdot 2\sqrt{10} = \frac{250}{3}\sqrt{10}$

Oberflächeninhalt:

Aus (1') folgt

$h_S = 10\sqrt{2} - 4\sqrt{2} = 6\sqrt{2}$

$A = x^2 + 4 \cdot \frac{1}{2} \cdot x \cdot h_S$

$= (8\sqrt{2})^2 + 2 \cdot 8\sqrt{2} \cdot 6\sqrt{2}$

$= 128 + 192 =$

$= 320$

b) Individuelle Lösungen

c) Anteil: $\frac{320}{400} = 80\%$

18. a)

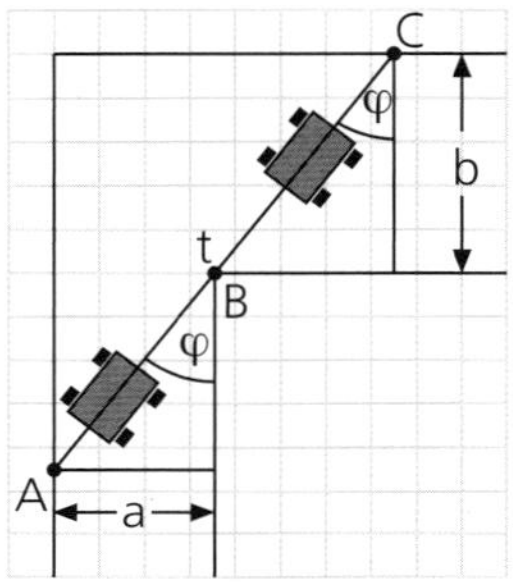

$\overline{AB} = t_1$; $\overline{BC} = t_2$

$\frac{a}{t_1} = \sin\varphi$; $t_1 = \frac{a}{\sin\varphi}$

$\frac{b}{t_2} = \cos\varphi$; $t_2 = \frac{b}{\cos\varphi}$

$t = t_1 + t_2$;

$t = \frac{a}{\sin\varphi} + \frac{b}{\cos\varphi}$

b) $t(\varphi) = \frac{a}{\sin\varphi} + \frac{b}{\cos\varphi}$

$t'(\varphi) = \frac{-a\cos\varphi}{(\sin\varphi)^2} + \frac{-b(-\sin\varphi)}{(\cos\varphi)^2} = \frac{-a(\cos\varphi)^3 + b(\sin\varphi)^3}{(\sin\varphi)^2 \cdot (\cos\varphi)^2}$

$t'(\varphi) = 0$: $-a(\cos\varphi)^3 + b(\sin\varphi)^3 = 0; | : (\cos\varphi)^3$

$b(\tan\varphi)^3 = a$

$(\tan\varphi)^3 = \frac{a}{b} = \frac{1{,}8\text{ m}}{2{,}5\text{ m}}$

$(\tan\varphi)^3 = \frac{18}{25} = 0{,}72$

$\tan\varphi = \sqrt[3]{0{,}72}$

$0° < \varphi < 90°$; $\varphi \approx 42°$

$t''(\varphi) = a\left[\frac{(\sin\varphi)^2\sin\varphi + \cos\varphi\, 2\sin\varphi \cdot \cos\varphi}{(\sin\varphi)^4}\right] + b\left[\frac{(\cos\varphi)^2\cos\varphi + \sin\varphi\, 2\cos\varphi\sin\varphi}{(\cos\varphi)^4}\right]$

$= a\,\frac{(\sin\varphi)^2 + 2(\cos\varphi)^2}{(\sin\varphi)^3} + b\,\frac{(\cos\varphi)^2 + 2(\sin\varphi)^2}{(\cos\varphi)^3} = a\,\frac{1 + (\cos\varphi)^2}{(\sin\varphi)^3} + b\,\frac{1 + (\sin\varphi)^2}{(\cos\varphi)^3}$

Hinweis: $(\sin\varphi)^2 + (\cos\varphi)^2 = 1$

$t''(42°) > 0$

$l_{max} = \frac{1{,}8\text{ m}}{\sin 42°} + \frac{2{,}5\text{ m}}{\cos 42°} \approx 2{,}69\text{ m} + 3{,}36\text{ m} \approx 6{,}05\text{ m}$

Die Rolle darf höchstens 6 m lang sein.

19. a)

	n	Produkt	Produktwert
(1)	2	$50 \cdot 50$	2 500
(2)	10	10^{10}	10^{10}
(3)	20	5^{20}	$9{,}5367...\ 10^{13}$
(4)	30	$\left(\frac{10}{3}\right)^{30}$	$4{,}8569...\ 10^{15}$
(5)	50	2^{50}	$1{,}1258...\ 10^{15}$
(6)	80	$\left(\frac{5}{4}\right)^{80}$	$5{,}6597...\ 10^{7}$

Der Produktwert scheint ein Maximum zwischen 30 und 50 zu besitzen.

b) $f(n) = \left(\frac{100}{n}\right)^n = e^{g(n)}$

mit $g(n) = n \ln \frac{100}{n}$

$f(n) = e^{n \ln \frac{100}{n}}$;

$f'(n) = e^{n \ln \frac{100}{n}}\left[\ln \frac{100}{n} + n \cdot \frac{1}{\frac{100}{n}} \cdot \left(-\frac{100}{n^2}\right)\right] = e^{n \ln \frac{100}{n}}\left(\ln \frac{100}{n} - 1\right)$

$f'(n) = 0$: $\ln \frac{100}{n} = 1$ $\left[e^{n \ln \frac{100}{n}} > 0\right]$

$\frac{100}{n} = e$

$n = \frac{100}{e} \approx 36{,}79$

$n \in \mathbb{N}$ $n = 36$: $f(36) = 9{,}3996...10^{15}$

$n = 37$: $f(37) = 9{,}4796...10^{15}$

20. a) x-Achsenpunkt:

$e - e^{kx} = 0$;

$e^{kx} = e$

$kx = 1$

$x = \frac{1}{k}$ $S_k\left(\frac{1}{k} \mid e\right)$

y-Achsenpunkt:

$f_k(e) = e - 1$ $T(0 \mid e - 1)$

$f_k'(x) = -ke^{Kx}$

$f_k'\left(\frac{1}{K}\right) = -ke$; $f_k'(0) = -k$

t_{S_k}: $y = -kex + t$

$S_k \in t_{S_k}$: $0 = -he \cdot \frac{1}{k} + t$; $t = e$

t_k: $y = -kex + e$

t_T: $y = -kx + e - 1$

b) $\lim\limits_{x \to -\infty} (e - e^{kx}) = e$

G_{f_k} besitzt (unabhängig von k) die waagrechte Asymptote mit der Gleichung $y = e$.

c)

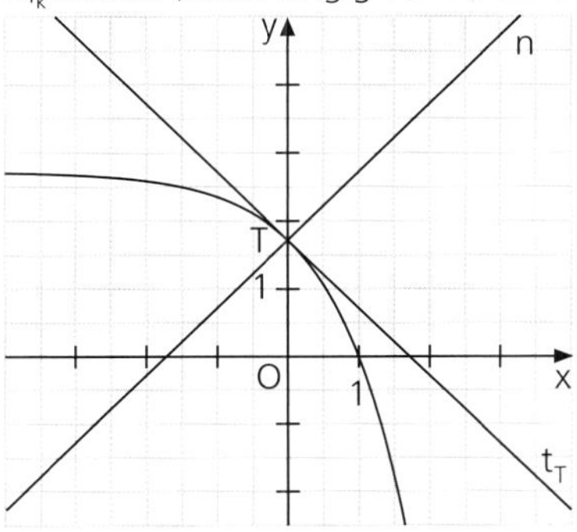

215

d) t_T: $y = -kx + e - 1$
Schnittpunkt von t_T mit der x-Achse:
$kx = e - 1; \quad x = \frac{e-1}{k}$
$U\left(\frac{e-1}{k} \mid 0\right)$
Kurvennormale n:
$m_n = \frac{1}{k}$
$y = \frac{1}{k}x + t_n$
$T \in n$: $y = \frac{1}{k}x + e - 1$
Schnittpunkt mit der x-Achse:
$\frac{1}{k}x = 1 - e$
$x = k(1 - e)$
$V\,(k(1 - e) \mid 0)$
$s(k) = \frac{e-1}{k} - k(1 - e)$
$(s(k))' = -\frac{e-1}{k^2} - (1 - e); \quad (s(k))'' = \frac{2(e-1)}{k^3}$
$\frac{1-e}{k^2} - (1 - e) = 0;$
$k^2 = 1; \quad k = 1 \quad (k \in \mathbb{R}^+)$
$s_{min} = s(1) = e - 1 - (1 - e) = 2e - 2 \approx 3{,}4$
$(s(k))''|_{k=1} = 2(e - 1) > 0;$ für k = 1 ist s(k) minimal.

21. a) Höhe h des Außenbogens: h = 192 m
Breite b des Außenbogens:
$f(x) = 0$: $0{,}0213x^2 = 192$
$x^2 = \frac{192}{0{,}0213}$
$x_{1,2} = \pm 94{,}94\ldots$
$b = 2 \cdot x_1 \approx 190$ m

b) Höhe h* des Innenbogens: h* = 187,5 m
Breite b* des Innenbogens:
$1{,}988 \cdot 10^{-6}x^4 + 1{,}579 \cdot 10^{-2}x^2 - 187{,}5 = 0$
$x^2 = z$ wird substituiert:
$1{,}988 \cdot 10^{-6}z^2 + 1{,}579 \cdot 10^{-2}z - 187{,}5 = 0$
$$z_{1,2} = \frac{-1{,}579 \cdot 10^{-2} \pm \sqrt{1{,}579^2 \cdot 10^{-4} + 4 \cdot 1{,}988 \cdot 10^{-6} \cdot 187{,}5}}{2 \cdot 1{,}988 \cdot 10^{-6}} =$$
$$= \frac{-1{,}579 \cdot 10^{-2} \pm \sqrt{2{,}493241 \cdot 10^{-4} + 14{,}91 \cdot 10^{-4}}}{3{,}976 \cdot 10^{-6}} =$$
$$= \frac{-1{,}579 \cdot 10^{-2} \pm 4{,}1717 \cdot 10^{-2}}{3{,}976 \cdot 10^{-6}}$$
$z_1 \approx 0{,}65209 \cdot 10^4 \qquad z_2 < 0$ keine Lösung
$x_1 = \sqrt{z_1} \approx 80{,}75; \quad b^* = 2x_1 \approx 161{,}5$
Der Innenbogen ist etwa 187,5 m hoch und etwa 162 m breit.

c)

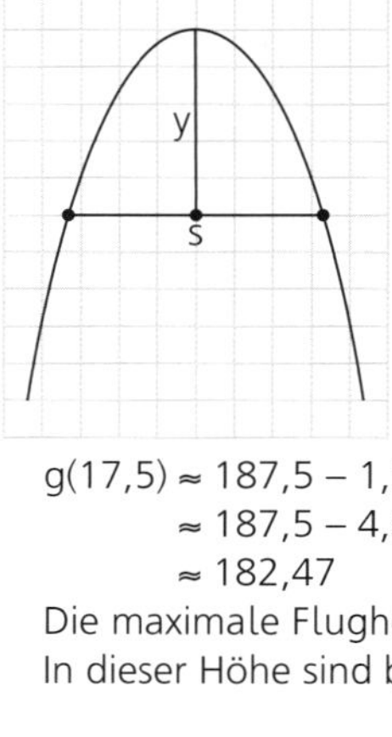

$s \geqq 10 + 15 + 10 = 35$
$\frac{s}{2} \geqq 17{,}5$

$g(17{,}5) \approx 187{,}5 - 1{,}579 \cdot 10^{-2} \cdot 17{,}5^2 - 1{,}988 \cdot 10^{-6} \cdot 17{,}5^4$
$\approx 187{,}5 - 4{,}84 - 0{,}19$
$\approx 182{,}47$
Die maximale Flughöhe ist etwa (187,5 m – 13 m ≈) 174 m.
In dieser Höhe sind beide Nebenbedingungen erfüllt.

22. **a)** Benennung von A: m^2; Benennung von B: s^4

Größen	Benennungen
v	$\frac{m}{s}$
v^3	$\frac{m^3}{s^3}$
ρ	$\frac{kg}{m^3}$
E	$\frac{kgm}{s^3}$
m	kg
m^2	$(kg)^2$

b) $E(v) = v^3 \cdot A \cdot \rho + \frac{m^2}{vB\rho}$

$E'(v) = 3v^2 \cdot A \cdot \rho = \frac{m^2}{v^2B\rho}$

$E''(v) = 6v \cdot A \cdot \rho + \frac{2m^2}{v^3 \cdot B \cdot \rho}$

$E'(v) = 0;\quad 3v^2A\rho = \frac{m^2}{v^2B\rho}$

$v^4 = \frac{m^2}{B\rho \cdot A\rho} = \frac{m^2}{AB\rho^2}$

$v = \sqrt[4]{\frac{m^2}{AB\rho^2}};\quad v_{min} = \sqrt[4]{\frac{m^2}{AB\rho^2}}$

$E''(v)$ ist für jeden Wert von $v > 0$ positiv. ✓

c) Die Geschwindigkeit v ist konstant: A ist eine Konstante.

$T_1 = v^2 \cdot A \cdot \rho$

T_1 ist zur Dichte ρ proportional. Je größer (kleiner) ρ ist, um so größer (kleiner) ist T_1.

$T_2 = \frac{m^2}{vB\rho}$

T_2 ist umgekehrt proportional zu ρ. Je größer (kleiner) ρ ist, umso kleiner (größer) ist T_2.

$E = T_1 + T_2 = v^2 \cdot A \cdot \rho + \frac{m^2}{vB\rho}$

Differentiation nach ρ:

$E'(\rho) = \frac{dE}{d\rho} = v^2A - \frac{m^2}{vB\rho^2}$

$E''(\rho) = \frac{2m^2}{vB\rho^3} > 0$

$E'(\rho) = 0:\; v^2A - \frac{m^2}{vB\rho^2} = 0$

$\rho^2v^2A = \frac{m^2}{vB};\quad \rho^2 = \frac{m^2}{v^3AB}$

$\rho = (\pm)\frac{m}{v}\sqrt{\frac{1}{AB}};\quad \rho > 0$

Die optimale Dichte ist $\rho = \frac{m}{v}\sqrt{\frac{1}{AB}}$.

W

W1 Die Tangente an G_f im Punkt P mit der Abszisse 2 hat die Steigung –3.

W2

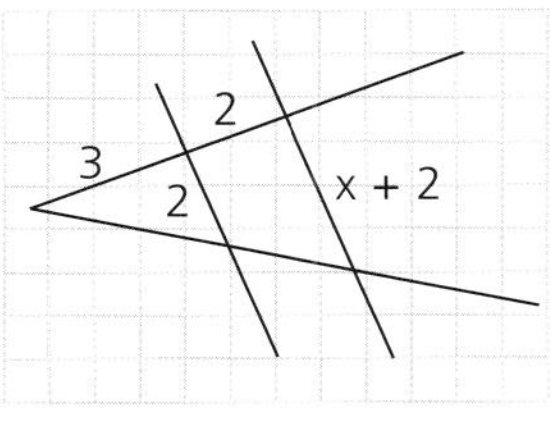

W3 99

216

L

1. $f'(x) = 0{,}5 \cdot 2(x-1)(x+2) + 0{,}5(x-1)^2 \cdot 1 =$
$= 0{,}5(x-1)(2x+4+x-1) =$
$= 0{,}5(x-1)(3x+3);$
$f''(x) = 0{,}5(3x+3) + 0{,}5(x-1) \cdot 3 =$
$= 0{,}5(3x+3+3x-3) =$
$= 3x;$
$f'(x) = 0;\quad x_1 = 1;\quad x_2 = -1;$
$f''(1) = 3 > 0;\quad f''(-1) = -3 < 0:$
G_f hat einen Hochpunkt H (–1 | 2) und einen Tiefpunkt T (1 | 0).

a) $f(-2{,}5) = 0{,}5 \cdot (-3{,}5)^2 \cdot (-0{,}5) = -3{,}0625;$
$f(1{,}5) = 0{,}5 \cdot 0{,}5^2 \cdot 3{,}5 = 0{,}4375$
Die Funktion f hat im Intervall I_a das globale Maximum $f(-1) = 2$ und das globale Minimum $f(-2{,}5) = -3{,}0625$ (Randminimum).

b) $f(-1{,}5) = 0{,}5 \cdot (-2{,}5)^2 \cdot 0{,}5 = 1{,}5625;$
$f(2{,}5) = 0{,}5 \cdot 1{,}5^2 \cdot 4{,}5 = 5{,}0625$
Die Funktion f hat im Intervall I_b das globale Maximum $f(2{,}5) = 5{,}0625$ (Randmaximum) und das globale Minimum $f(1) = 0$.

2. $f_a'(x) = 1 - \frac{a^2}{x^2};\quad f_a''(x) = \frac{2a^2}{x^3};$
$f_a'(x) = 0:\ x^2 = a^2;\quad x = \pm a;$
$f_a''(a) = \frac{2a^2}{a^3} = \frac{2}{a} > 0$, da $a \in \mathbb{R}^+;$
$f(a) = a + a + \frac{8}{a} = 2a + \frac{8}{a};$
$f_a''(-a) = \frac{2a^2}{(-a)^3} = -\frac{2}{a} < 0;\quad f(-a) = -2a + \frac{8}{a}:$
lokaler Tiefpunkt von G_{f_a}: T $(a \mid 2a + \frac{8}{a})$;
$y_T(a) = 2a + \frac{8}{a};\quad y_T'(a) = 2 - \frac{8}{a^2};\quad y_T''(a) = \frac{16}{a^3};$
$y_T'(a) = 0:\ 2 - \frac{8}{a^2} = 0;\quad a^2 = 4;\quad a^* = 2;$ da $a^* \in \mathbb{R}^+;$
$y_T''(2) = \frac{16}{8} = 2 > 0:$
Für $a^* = 2$ ist die y-Koordinate des lokalen Tiefpunkts am kleinsten: $y_T(2) = 8$.

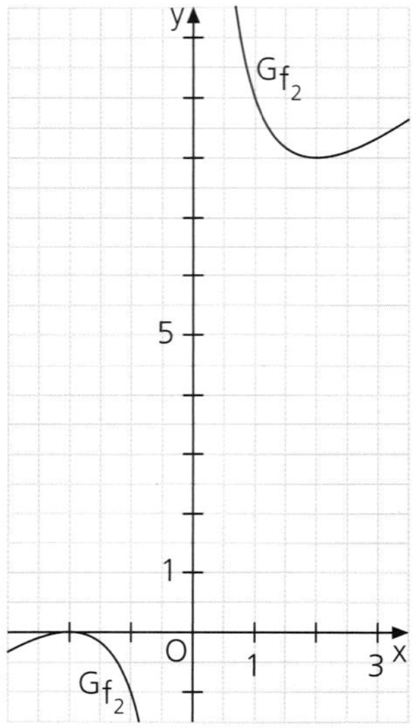

3. a) $F(x) = \frac{a}{x^2+3};\quad F'(x) = \frac{-2ax}{(x^2+3)^2} = f(x):$
$-2ax = 20x;\quad a = -10\ (D_{F'} = \mathbb{R} = D_f).$

b) $F'(x) = ae^{-\frac{x^2}{2}}\left(-\frac{2x}{2}\right) = -axe^{-\frac{x^2}{2}} = -4xe^{-\frac{x^2}{2}}:$
$a = 4\ (D_{F'} = \mathbb{R} = D_f).$

4. a) Ansatz: $f(x) = Kx(x+3)(x-3) = K(x^3 - 9x);$
$f'(x) = K(3x^2 - 9);$
$f'(0) = -9K;$
$m_{t_0} = \frac{4{,}5}{1{,}5} = 3 = f'(0);$
$-9K = 3;\quad K = -\frac{1}{3}$
Funktionsterm: $f(x) = -\frac{x}{3}(x^2 - 9) = -\frac{x^3}{3} + 3x$

b)

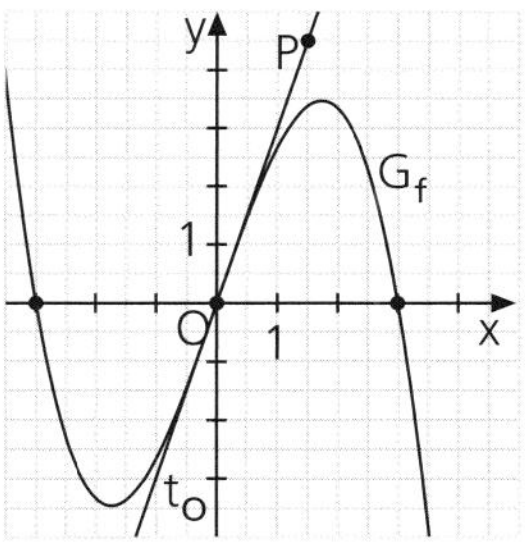

Eckpunkte:
V $(-a \mid f(-a))$, I $(a \mid f(-a))$,
E $(a \mid f(a))$, R $(-a \mid f(a))$ mit
$f(a) = -\frac{a^3}{3} + 3a$;
$f(-a) = \frac{a^3}{3} - 3a$
Flächeninhalt:
$A_{VIER} = A(a) = 2a \cdot 2f(a) = 2a \cdot 2\left(-\frac{a^3}{3} + 3a\right) = -\frac{4}{3}a^4 + 12a^2$;
$A'(a) = -\frac{16}{3}a^3 + 24a$; $A''(a) = -16a^2 + 24$;
$A'(a) = 0$: $-\frac{16}{3}a\left(a^2 - \frac{9}{2}\right) = 0$; $0 < a < 3$:
$a = \frac{3}{2}\sqrt{2}$;
$A''\left(\frac{3}{2}\sqrt{2}\right) = -16 \cdot \frac{9}{2} + 24 = -48 < 0$:
$A\left(\frac{3}{2}\sqrt{2}\right) = -\frac{4}{3} \cdot \frac{81}{4} + 12 \cdot \frac{9}{2} = -27 + 54 = 27$ ist das Maximum von A_{VIER}

5. **a)** Die Graphen sind für $k \neq 0$ Parabeln mit dem Scheitel S $(0 \mid k - 1)$; für $k = 0$ ergibt sich eine zur x-Achse parallele Gerade mit der Gleichung $y = -1$.

b)

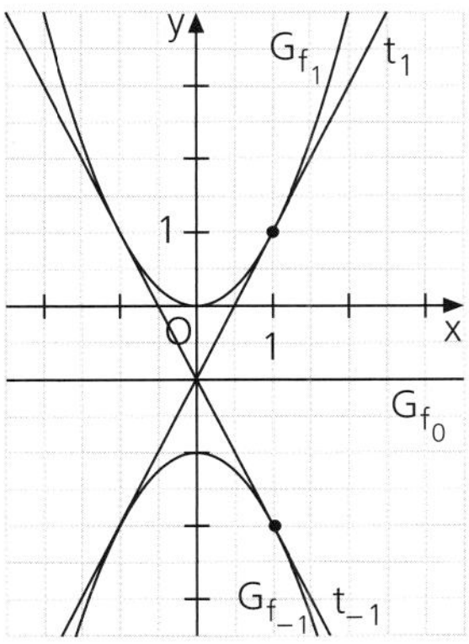

c) P $(1 \mid 2k - 1)$
$f_k'(x) = 2kx$; $f'_k(1) = 2k$;
t_k: $y = 2kx + t$;
$P \in t_k$: $2k - 1 = 2k + t$; $t = -1$;
t_k: $y = 2kx - 1$; daraus folgt, dass t_k für jeden Wert von k den gleichen y-Achsenabschnitt -1 hat, also durch T $(0 \mid -1)$ verläuft.

d) x-Achsenabschnitt von t_k:
$2kx - 1 = 0$; $x = \frac{1}{2k}$ $(k \neq 0)$
Flächeninhalt:
$A(k) = \left|\frac{1}{2} \cdot 1 \cdot \frac{1}{2k}\right| = \left|\frac{1}{4k}\right|$;
$A(-0{,}25) = \left|\frac{1}{4 \cdot (-0{,}25)}\right| = 1$
$\lim\limits_{k \to \infty} A(k) = \lim\limits_{k \to \infty} \left|\frac{1}{4k}\right| = 0$

6. $A(r) = 2r\pi h + 4r^2\pi$; Rechnung in Maßzahlen (Einheit mm, mm^2 bzw mm^3):

$4r^2\pi + 2r\pi h = 250$;

$h = \frac{250 - 4r^2\pi}{2r\pi}$;

Volumen des Zylinders:

$V_Z = r^2\pi h$;

$$V_Z(r) = \frac{(250 - 4r^2\pi)r^2\pi}{2r\pi} = \frac{r}{2}(250 - 4r^2\pi) = 125r - 2r^3\pi;$$

$V_Z'(r) = 125 - 6r^2\pi$;

$V_Z''(r) = -12r\pi < 0$ wegen $r > 0$

$V_Z'(r) = 0$: $6r^2\pi = 125$;

$$r^2 = \frac{125}{6\pi};$$

$$r = \sqrt{\frac{125}{6\pi}} \approx 2{,}58;$$

$$h \approx \frac{250 - 4 \cdot \frac{125}{6\pi} \cdot \pi}{2\pi\sqrt{\frac{125}{6\pi}}} = \frac{\frac{500}{3}}{2\pi \cdot \sqrt{\frac{125}{6\pi}}} \approx 10{,}30$$

Gesamtvolumen der Kapsel:

$V_K \approx 2{,}58^2\pi \cdot 10{,}30 + \frac{4}{3} \cdot 2{,}58^3 \cdot \pi \approx 286{,}1$:

Mit $r_0 \approx 2{,}58$ mm und $h_0 \approx 10{,}30$ mm (die optimale Kapsel ist also eta $1\frac{1}{2}$ cm lang und $\frac{1}{2}$ cm breit) ergibt sich ein Kapselvolumen von etwa 286 mm^3.

7. a) Graph von f ist B und Graph von f' ist A, da nur dann $f'(-1) = 0$, $f'(1) = 0$ und $f'(0) < 0$ ist.
Graph von g ist D und Graph von g'' ist C, da nur dann $g''(x) < 0$ für $x < 1$ und $g''(x) > 0$ für $x > 1$ ist.

b) Jakob kann $(3 + 2 + 1 =)$ 6 verschiedene Kartenpaare ziehen; er zieht also mit der Wahrscheinlichkeit $(\frac{2}{6} \approx)$ 33% ein zusammenpassendes Paar.